Estratégias cognitivo-comportamentais de intervenção em situações de crise

A Artmed é a editora oficial da FBTC

E82 Estratégias cognitivo-comportamentais de intervenção em situações de crise / Organizadores, Frank M. Dattilio, Daniel I. Shapiro, D. Scott Greenaway; tradução: Sandra Maria Mallmann da Rosa; revisão técnica: Bernard Rangé. – 4. ed. – Porto Alegre : Artmed, 2025.
xxx, 410 p. ; 25 cm.

ISBN 978-65-5882-255-4

1. Psicologia. 2. Terapia cognitivo-comportamental. I. Dattilio, Frank M. II. Shapiro, Daniel I. III. Greenaway, D. Scott.

CDU 159.942

Catalogação na publicação: Karin Lorien Menoncin – CRB 10/2147

Frank M. **Dattilio**
Daniel I. **Shapiro**
D. Scott **Greenaway**
(orgs.)

Estratégias cognitivo- -comportamentais de intervenção em situações de crise

4ª edição

Tradução
Sandra Maria Mallmann da Rosa

Revisão técnica
Bernard Rangé
Professor do Programa de Pós-graduação em Psicologia do Instituto de Psicologia,
Universidade Federal do Rio de Janeiro. Doutor em Psicologia.
Especialista em Terapia Cognitiva pelo Beck Institute.

Porto Alegre
2025

Obra originalmente publicada sob o título *Cognitive-Behavioral Strategies in Crisis Intervention*, 4th Edition
ISBN 9781462552597

Copyright © 2023 The Guilford Press
A Division of Guilford Publications, Inc.

Coordenadora editorial
Cláudia Bittencourt

Assistente editorial
Francelle Machado Viegas

Capa
Paola Manica | Brand&Book

Preparação de original
Camila Wisnieski Heck

Leitura final
Caroline Castilhos Melo

Editoração
Ledur Serviços Editoriais Ltda.

Reservados todos os direitos de publicação, em língua portuguesa, ao
GA EDUCAÇÃO LTDA.
(Artmed é um selo editorial do GA EDUCAÇÃO LTDA.)
Rua Ernesto Alves, 150 – Bairro Floresta
90220-190 – Porto Alegre – RS
Fone: (51) 3027-7000

SAC 0800 703 3444 – www.grupoa.com.br

É proibida a duplicação ou reprodução deste volume, no todo ou em parte, sob quaisquer formas ou por quaisquer meios (eletrônico, mecânico, gravação, fotocópia, distribuição na Web e outros), sem permissão expressa da Editora.

IMPRESSO NO BRASIL
PRINTED IN BRAZIL

Organizadores

Frank M. Dattilio, PhD, ABPP, é professor associado clínico de Psiquiatria da Faculdade de Medicina da University of Pennsylvania Perelman, onde atuou no corpo docente desde 1989. Foi professor de Psiquiatria em período parcial da Faculdade de Medicina da Harvard University por 14 anos e atualmente é professor associado em período parcial. É clínico praticante e psicólogo forense, com título concedido pelo American Board of Professional Psychology. Também é membro fundador da Academy of Cognitive Therapy. Já participou de conferências no mundo todo sobre o tratamento de uma ampla gama de transtornos usando terapia cognitivo-comportamental (TCC). Suas mais de 300 publicações foram traduzidas para 30 idiomas. Recebeu inúmeros prêmios por realizações notáveis nos campos da psicologia, da psicoterapia e da terapia com casais e famílias.

Daniel I. Shapiro, PhD, é professor assistente do Departamento de Psiquiatria e Ciências Comportamentais da University of California, na cidade de Davis, Estados Unidos, e diretor de operações no UC Davis Early Psychosis Programs. É especialista em TCC e em identificação e tratamento dos estágios iniciais de doenças mentais graves. Participou da organização da implementação de programas de tratamento baseado em evidências em contextos acadêmicos e extra-acadêmicos de saúde mental. É fervoroso defensor da melhoria no acesso aos cuidados baseados em evidências para doenças mentais graves em âmbito global e do treinamento da próxima geração de clínicos e educadores em âmbito local. Tem particular interesse no modo como fatores como cultura, estresse, neurocognição e crenças sobre doença mental e bem-estar afetam os caminhos e as decisões sobre o tratamento. Ele publicou inúmeros artigos revisados por pares e capítulos de livros.

D. Scott Greenaway, PhD, ABPP, é psicólogo clínico na prática privada no Marsh Landing Behavioral Group, em Jacksonville Beach, Flórida, nos Estados Unidos. Desde sua entrada na prática privada, em 2005, ele se especializou em TCC com crianças e adultos que enfrentam depressão, ansiedade, comportamentos opositores e transtorno de déficit de atenção/hiperatividade. Além da prática clínica, é codiretor do Training Certification Program em TCC no Atlanta Center for Cognitive Therapy. Seus textos foram publicados em livros e revistas, e ele apresenta um canal no YouTube intitulado PsychologyWorks. É certificado em TCC, com título concedido pelo American Board of Professional Psychology.

Autores

Akash Kumar Mahato, PhD, MPhil, é professor associado de Psicologia Clínica e diretor do Amity Institute of Behavioral Health and Allied Sciences, na Amity University, Kolkata, Índia. O Dr. Mahato tem mais de 15 anos de experiência em contextos clínicos e acadêmicos. Contribuiu como membro docente e psicólogo clínico em vários departamentos de ensino de pós-graduação em faculdades e universidades de Medicina. Suas áreas de interesse estão associadas à psicoterapia baseada em evidências, indicação terapêutica para funções neurocognitivas e saúde mental comunitária. O Dr. Mahato tem mais de 45 publicações em revistas revisadas por pares e indexadas.

Allison Schoenly, BS, é mestranda em Psicologia de Aconselhamento na Kutztown University e assistente de pesquisa e psicologia de Frank M. Dattilio em sua prática forense e clínica. Tem experiência no trabalho com adolescentes em um programa de internação parcial e auxilia Dattilio sob sua supervisão direta na condução e pontuação de avaliações psicológicas. Seus interesses profissionais incluem a terapia cognitivo-comportamental (TCC) com indivíduos e casais/famílias. Ela também é coautora de diversos capítulos de livros profissionais.

Daniella C. Cavenagh, PhD, ABPP, é psicóloga clínica na Pensilvânia. Antes de ingressar na prática privada, foi professora clínica assistente do Departamento de Psiquiatria da Faculdade de Medicina da University of California, São Francisco; foi diretora de educação do Beck Institute; e psicóloga dos Philadelphia Veterans Affairs. Atuou como professora da Argosy University, da Drexel University College of Medicine e do Beck Institute, onde desenvolveu e apresentou *workshops* de terapia cognitiva para prevenção do suicídio. Membro ativo da Association for Behavioral and Cognitive Therapies (ABCT), é clínica certificada em TCC no Beck Institute, diplomada na Academy of Cognitive and Behavioral Therapies e certificada em Psicologia Comportamental e Cognitiva pela American Board of Professional Psychology.

Daphna Canetti, PhD, é professora de Psicologia Política e diretora da Herta and Paul Amir Faculty of Social Sciences, da University of Haifa, Israel. Sua pesquisa e áreas de interesse incluem os microfundamentos dos conflitos políticos no Oriente Médio, com particular interesse pelo impacto no indivíduo da exposição ao ciberterrorismo e à violência política nas atitudes de guerra/

paz. Escreveu extensamente sobre as reações psicológicas a guerra, violência e terrorismo, e já publicou artigos em inúmeras revistas científicas.

Dara G. Friedman-Wheeler, PhD, ABPP, é psicóloga clínica licenciada em Maryland e psicóloga pesquisadora do Johns Hopkins Center for Psychedelic and Consciousness Research. Atende em consultório privado e é uma das oradoras docentes do Beck Institute for Cognitive Behavior Therapy, onde apresenta *workshops* sobre TCC para transtornos por uso de substâncias. É coautora de mais de 10 artigos em revistas científicas, além de outros trabalhos acadêmicos, e é coautora de *Being the Change: A Guide for Advocates and Activists on Staying Healthy, Inspired, and Driven*, em que ela e sua coautora Jamie Bodenlos aplicam a TCC e outras estratégias baseadas em evidências a esse trabalho difícil e essencial.

David A. Jobes, PhD, ABPP, é professor de Psicologia, diretor do Laboratório de Prevenção ao Suicídio e diretor associado de treinamento clínico da Catholic University of America. Também é professor adjunto de Psiquiatria na Faculdade de Medicina da Uniformed Services University. Criou a avaliação colaborativa e gerenciamento da suicidalidade (CAMS), uma intervenção clínica focada no suicídio com extenso apoio de ensaios clínicos, incluindo metanálises. Ele é membro da American Psychological Association, mantém uma clínica privada e dá consultoria em Washington, DC, e em Maryland.

Ethan W. Graure, MA, é doutorando em Psicologia Clínica na Catholic University of America, onde é membro do Suicide Prevention Lab, dirigido por David A. Jobes. É interessado principalmente na relação entre prevenção do suicídio e regulação emocional, tanto em sua pesquisa quanto nos esforços clínicos.

HaeDong Kim, PhD, é professor assistente do Departamento de Estudos da Família e Desenvolvimento da Comunidade, da Towson University. Sua pesquisa aborda como os indivíduos e as famílias são afetados por vários estressores sociais na vida (p. ex., discriminação, trauma e conflito familiar) e como usam os recursos para lidar com o estresse. O principal objetivo de sua pesquisa é reduzir a lacuna entre pesquisa e prática na ajuda a indivíduos e famílias por meio da conexão entre o conhecimento empírico e as aplicações práticas.

Hillary L. Ditmars, MA, é candidata a PhD no Programa de Psicologia Clínica da Boston University. Concluiu treinamento clínico no Boston University Center for Anxiety and Related Disorders (CARD), incluindo o Programa de Medicina Comportamental no CARD, sob a supervisão de John Otis, PhD. Também concluiu a prática clínica no 3East Adolescent DBT continuum, do McLean Hospital, e no Serviço de Neuropsicologia Psiquiátrica do Rhode Island Hospital. Seus interesses de pesquisa incluem medicina comportamental, predição e prevenção do suicídio e epidemiologia psiquiátrica.

Jaclyn M. Zocca, PsyD, é professora assistente de Psicologia Médica (em Psiquiatria) da Columbia University Irving Medical Center, em Nova York. É neuropsicóloga pediátrica e coordenadora de operações clínicas na Promise Clinic, Columbia, onde também coordena pesquisas baseadas na comunidade que visam melhorar a identificação precoce do risco de transtornos de aprendizagem. Ela também realiza avaliações neuropsicológicas no Columbia Doctors' Neuropsychological Evaluation Service.

James W. Sturges, PhD, é professor de Psicologia da California State Polytechnic University, Pomona, onde leciona em nível de graduação sobre problemas relacionados ao uso de substâncias, e tem atuado no University Alcohol, Tobacco and Other Drug Committee. Anteriormente, foi membro do corpo docente do Centro Médico da University of Mississippi. Atua em prática privada e é membro da American Psychological Association e da ABCT. Já publicou 17 artigos científicos revisados por pares e capítulos em livros, principalmente sobre psicologia clínica da saúde.

Jaqulyn Stilson, MSM, LSW, é assistente social licenciada e clínica em situações de crise da Resolve Crisis Services, em Pittsburgh, Pensilvânia. Trabalhou em uma variedade de contextos de condições graves, incluindo programas correcionais comunitários, abrigos para pessoas em situação de rua e hospitalização parcial. Tem experiência na aplicação de inúmeras modalidades diferentes em formas criativas de resposta a crises. Suas principais qualidades residem na terapia breve focada na solução, terapia comportamental dialética (DBT) e TCC.

Jeffery E. Barnett, PsyD, ABPP, é professor do Departamento de Psicologia da Loyola University Maryland. Também é psicólogo licenciado certificado pelo American Board of Professional Psychology em Psicologia Clínica e em Psicologia Clínica da Criança e do Adolescente, além de profissional destacado da National Academies of Practice. Publicou 13 livros, mais de 100 artigos científicos revisados por pares e capítulos de livros nas áreas de ética e questões legais e da prática profissional para profissionais de saúde mental. É ex-diretor do Comitê de Ética da American Psychological Association e recebeu o prêmio Outstanding Ethics Educator Award.

Jenna Sandler Eilenberg, MA, MPH, é candidata a PhD no Programa de Psicologia Clínica da Boston University, onde contribui para pesquisa qualitativa concebida para entender melhor o contexto familiar e cultural da doença e incapacidade. Nos últimos anos, conduziu o trabalho clínico no Programa de Medicina Comportamental do CARD da Boston University, sob supervisão de John Otis, PhD. Também concluiu a prática clínica no VA Boston Healthcare System, no Serviço de Psicologia Psiquiátrica do Rhode Island Hospital e na Clínica de Pediatria Desenvolvimental e Comportamental do Boston Medical Center.

John D. Otis, PhD, é professor de pesquisa associado e diretor de Medicina Comportamental do CARD, da Boston University. Por mais de duas décadas, tem trabalhado como psicólogo clínico do Department of Veterans Affairs, onde presta serviços de gerenciamento da dor para veteranos com dor crônica e outras comorbidades, incluindo transtorno de estresse pós-traumático, lesão cerebral traumática e lesões na coluna vertebral. Já publicou mais de 60 artigos e capítulos de livros focando o desenvolvimento de abordagens inovadoras para gerenciamento da dor, adaptadas a populações de pacientes específicas.

John Paul Ryan, BA, é doutorando em Psicologia Clínica na Catholic University of America, em Washington, DC. É membro do Laboratório de Prevenção do Suicídio dirigido por David A. Jobes. É interessado no papel dos capelães e das relações interpessoais na prevenção do suicídio.

John S. Rozel, MD, MSL, DFAPA, é professor associado de Psiquiatria e professor adjunto de Direito da University of Pittsburg. Certificado em Psiquiatria Geral, Infantil e Forense, divide seu tempo entre o trabalho com violência e psiquiatria de emergência. Atua em emergências em saúde mental desde que foi voluntário como conselheiro em uma linha telefônica de emergência na faculdade e é ex-presidente da American Association for Emergency Psychiatry. Atualmente é diretor médico da Resolve Crisis Services do UPMC Western Psychiatric Hospital e um dos líderes da UPMC Systemwide Threat Assessment and Response Team. Trabalhou intensamente na integração do gerenciamento de ameaças à prática clínica por meio de projetos com o National Council for Mental Wellbeing, o National Suicide Prevention Lifeline e o Department of Homeland Security.

Joseph R. Pellizzari, PhD, CPsych, é psicólogo clínico, atual diretor de prática profissional da St. Joseph's Healthcare Hamilton e professor associado do Departamento de Psiquiatria e Neurociências Comportamentais da McMaster University. É psicólogo hospitalar há mais de 20 anos, trabalhando na interface entre medicina e saúde mental. Presta consulta em unidades médicas/cirúrgicas agudas no hospital e está envolvido no desenvolvimento das conexões entre os serviços de saúde mental e especialidades médicas, incluindo transplante renal, respirologia e cuidados paliativos. Ele é ativo no ensino e na supervisão de estudantes de Psicologia e Medicina. Seus interesses de pesquisa incluem aspectos da recuperação em unidades de cuidados intensivos.

Justin R. Misurell, PhD, é diretor clínico do NU Langone Child Study Center, *campus* de Nova Jersey, e professor clínico assistente do Departamento de Psiquiatria de Crianças e Adolescentes da NYU Grossman School of Medicine. É codesenvolvedor da TCC baseada em jogos, uma abordagem integrativa e transdiagnóstica para tratar dificuldades na infância. Publicou inúmeros artigos e livros sobre a abordagem baseada em jogos e é coautor do livro *Game-Based Cognitive-Behavioral Therapy for Child Sexual Abuse: An Innovative Treatment Approach*. É psicólogo licenciado em Nova York e Nova Jersey, credenciado pelo Council for the National Register of Health Service Providers in Psychology.

Kate Hardy, ClinPsyD, é professora clínica da Stanford University e psicóloga licenciada na Califórnia, especializada no trabalho com indivíduos com psicose, com mais de 15 anos de pesquisa, desenvolvimento de serviços e contextos clínicos. É codiretora do Stanford Department of Psychiatry e da Behavioral Sciences INSPIRE Early Psychosis Clinic e codirigiu o Psychosis-Risk and Early Psychosis Program Network (PEPPNET) nos Estados Unidos. Promove intervenções psicossociais para indivíduos com psicose e suas famílias e é treinadora nacionalmente renomada em TCC para psicose (TCCp) e modelos de cuidado para psicose precoce.

Katherine Eisen, PhD, é professora clínica assistente e psicóloga clínica licenciada na Califórnia, especializada no trabalho com indivíduos com psicose. Trabalha na INSPIRE Early Psychosis Clinic, em Stanford, e é diretora de serviços psicológicos hospitalares em unidades psiquiátricas de internação para pacientes agudos do Stanford Hospital. Há 15 anos, promove intervenções orientadas para a recuperação baseadas em evidências para indivíduos com doença mental grave, em contextos hospitalares e ambulatoriais. Tem treinamento em TCCp e trabalha com colegas para treinar terapeutas, equipes de enfermagem e multidisciplinares, além de estudantes e residentes de Medicina, para integrar as habilidades informadas pela TCCp ao seu trabalho com indivíduos com psicose.

Lata K. McGinn, PhD, é professora de Psicologia e diretora do Programa de Treinamento em TCC da Ferkauf Graduate School of Psychology, Yeshiva University, e confundadora do Cognitive and Behavioral Consultants (CBC), um centro de tratamento e treinamento baseado em evidências. Especializou-se em vulnerabilidade, prevenção, tratamento e disseminação de ansiedade, trauma, transtorno obsessivo-compulsivo, depressão e transtornos relacionados usando a TCC. Suas extensas publicações abrangem artigos revisados por pares, capítulos e livros em coautoria, incluindo *Treatment of Obsessive–Compulsive Disorder* e *Treatment Plans and Interventions for Depression and Anxiety Disorders*. É editora associada da *Cognitive Therapy and Research* e participa dos conselhos editoriais de várias outras publicações. Recebeu o título de Beck Scholar, é membro da ABCT e membro fundador, treinadora e ex-presidente da Academy of Cognitive and Behavioral Therapies. Faz parte do conselho de diretores da World Confederation of Cognitive and Behavioural Therapies, da International Association of Cognitive Behavioral Therapy e da Access Psychology Foundation.

Lauren Bonavitacola, PsyD, MT-BC, é psicóloga clínica licenciada e diretora do Programa de Trauma do CBC de Wetchester e Manhattan, onde trabalha com adolescentes, adultos, casais, famílias e escolas. É especializada na implementação da DBT para transtorno da personalidade *borderline* e condições associadas, além de TCC para ansiedade e transtornos do humor, especialmente transtorno de estresse pós-traumático em adolescentes e adultos. É clínica certificada em DBT pelo DBT-Linehan Board of Certification, consultora de exposição prolongada e terapeuta registrada de terapia de processamento cognitivo. É autora de inúmeras publicações revisadas por pares e fez apresentações sobre tópicos específicos do tratamento com TCC e DBT, além de ser um membro ativo da International Society for the Improvement and Teaching of Dialetical Behavioral Therapy (ISITDBT) e da ABCT.

Laurence Miller, PhD, é psicólogo clínico, forense e de polícia, autor, palestrante, professor universitário e instrutor na aplicação da lei. É uma autoridade reconhecida na psicologia da força policial letal e já testemunhou em vários casos de grande visibilidade sobre o uso da força nos Estados Unidos e no Canadá. Também é consultor especialista muito requisitado e comentarista na mídia de questões relacionadas a neurociência, psicologia, aplicação da lei e justiça criminal.

Lindsay Anderson, PsyD, é psicóloga licenciada, psicóloga escolar certificada e fundadora do Caring Cove, uma prática em grupo em Nova Jersey especializada em prestar tratamento baseado em evidências a jovens e famílias. Além disso, é psicóloga supervisora do Newark Beth Israel Medical Center's Metro Diagnostic and Treatment Center e supervisora clínica visitante na Graduate School of Applied and Professional Psychology, da Rutgers, The State University of New Jersey. Também atua como testemunha especialista em casos de maus-tratos infantis e se dedica intensamente a ajudar crianças e famílias a receber assistência baseada em evidências. Suas experiências clínicas alimentaram sua pesquisa e sua paixão pelo treinamento de outros profissionais. Escreveu capítulos de livros, publicou artigos em revistas científicas revisadas por pares e participou de conferências nacionais e internacionais sobre trauma na infância e tratamento baseado em evidências para jovens.

Misti Storie, MS, NCC, LPC, é psicoterapeuta e consultora em Atlanta, Georgia, com especialização em adição, trauma e pessoas lésbicas, *gays*, bissexuais, transgênero, *queer*, intersexuais, assexuais e dois-espíritos (LGBTQIA2). É conselheira nacional certificada, conselheira *master* em adição, profissional clínica certificada em trauma e conselheira profissional associada licenciada. Atua em clínica privada e oferece assistência técnica/consultoria em treinamento para indivíduos, organizações sem fins lucrativos e empresas referente a triagem, intervenção breve e encaminhamento para tratamento (Tibet) e outros tópicos sobre saúde mental e uso de substâncias. Contribuiu para inúmeros artigos, capítulos de livros, currículos nacionais e manuais de treinamento, incluindo *NAADAC Basics of Addiction Counseling: Desk Reference and Study Guide, the Learner's Guide to Adolescent SBIRT* e *Integrating Co-Occurring Disorders: An Introduction to What Every Addiction Counselor Needs to Know*.

Norman B. Epstein, PhD, é professor emérito do Departamento de Ciência da Família da University of Maryland, College Park. É membro da American Psychological Association, membro clínico da American Association for Marriage and Family Therapy, membro fundador da Academy of Cognitive Therapy, membro da ABCT e diplomado na Society of Assessment Psychology. É pioneiro no desenvolvimento da TCC com casais e famílias. Sua pesquisa, escrita, ensino e treinamento de clínicos focam a avaliação e o tratamento dos relacionamentos íntimos; casais e famílias lidando com estresse; agressão do parceiro; e trabalho transcultural com casais e relações familiares. Publicou seis livros, 74 artigos em revistas científicas e 76 capítulos em livros com coautoria. Além disso, apresentou 140 trabalhos de pesquisa e 96 *workshops* de treinamento em reuniões profissionais nacionais e internacionais.

Patricia J. Watson, PhD, é psicóloga clínica do National Center for PTSD desde 1998. Dedica-se intensivamente à tradução da ciência para a prática e ao desenvolvimento de intervenções e implementação de programas, incluindo coautoria no *Psychological First Aid (PFA) Field Operations Guide* e no manual *Skills for Psychological Recovery (SPR)*, concebidos para intervir nas fases imediata e intermediária depois de desastres e terrorismo. É coautora de versões de modelos de autocuidado e apoio a colegas de trabalho nos primeiros socorros em situações de estresse para aqueles que trabalham em funções com alto nível de estresse e foi coeditora de três livros sobre intervenções comportamentais de saúde em situações de desastre, além de inúmeras publicações e cursos sobre saúde mental em situações de desastre, estresse em combate e operacional, cultura militar, intervenção precoce e resiliência.

Patrick McCormick, MA, é Senior Treatment Clinician do Programa SAFETY e concluiu sua residência clínica na Unidade Diagnóstica Forense da Downstate Correctional Facility. É membro da comunidade do UPMC Western Psychiatric Hospital desde 2014, passando para a equipe do SAFETY do UPMC Western Psychiatric Hospital Adolescent Acute Partial Hospitalization e Resolve Crisis Services. Tem experiência no uso de tratamentos baseados em evidências para uma variedade de questões clínicas, como trauma, ansiedade, depressão, letalidade e comportamentos problemáticos. Também é membro da Association of Threat Assessment Professionals.

Randi E. McCabe, PhD, CPsych, é psicóloga clínica e professora do Departamento de Psiquiatra e Neurociências Comportamentais da McMaster University, em Hamilton, Ontário, Canadá. Também é diretora clínica do

Programa de Saúde Mental e Adições da St. Joseph's Healthcare Hamilton, onde supervisiona programas em ansiedade e transtornos do humor. A pesquisa da Dra. McCabe é centrada em avaliações do transtorno de ansiedade, bem como no desenvolvimento e na avaliação de novas intervenções de TCC para uma variedade de transtornos. É líder de desenvolvimento da Diagnostic Assessment Research Tool para o *Manual diagnóstico e estatístico de transtornos mentais, 5ª edição* (DSM-5). Publicou mais de 190 artigos e capítulos revisados por pares, além de oito livros, incluindo *Cognitive-Behavioral Therapy in Groups*. É membro da ABCT em reconhecimento a suas contribuições notáveis na área.

Robert J. Berchick, PhD, ABPP, A-CBT, CCTP, é certificado em Psicologia Cognitivo-comportamental pela American Board of Professional Psychology, membro fundador honorário da Academy of Cognitive Therapy e profissional clínico certificado em atendimento a trauma. Atuou como diretor clínico do Center for Cognitive Therapy original, da University of Pennsylvania, fundado por Aaron T. Beck. Participou das primeiras pesquisas influentes sobre terapia cognitiva e supervisionou muitos dos clínicos, pesquisadores e educadores de TCC atuais. Além disso, trabalhou em várias funções como docente de Psicologia e Psiquiatria da Perelman School of Medicine, da University of Pennsylvania, e foi profissional auxiliar de assistência à saúde do Hospital of the University of Pennsylvania por 40 anos. Atualmente, atua na prática privada, aplicando TCC presencialmente e em telessaúde.

Sharon M. Freeman Clevenger, DSc, MSN, MA, CARN-AP, PMHCNS-BC, é proprietária e fundadora do Indiana Center for Cognitive Behavior Therapy e professora adjunta da Purdue University. É ex-presidente da NAADAC, Association for Addiction Professionals, e tem certificações nacionais como enfermeira clínica psiquiátrica na prática avançada (American Nurses Credentialing Center) e enfermeira certificada em adições com prática avançada (International Nurses Society on Addictions). Já fez conferências para profissionais no mundo todo e foi autora e coautora de inúmeros capítulos, artigos e livros, incluindo *Living and Surviving in Harm's Way: A Psychological Treatment Handbook for Pre- and Post-Deployment of Military Personnel* e *Behind the Badge: A Psychological Treatment Handbook for Law Enforcement Officers*.

Sripriya Chari, PhD, é professora clínica assistente do Departamento de Psiquiatria em Ciências Comportamentais da Stanford University e atua como psicóloga clínica na Califórnia. Seus interesses incluem a identificação precoce da síndrome do risco de psicose e intervenções psicoterápicas baseadas em evidências por uma perspectiva orientada para a recuperação. Antes de trabalhar na Stanford, foi assessora clínica do North American Prodrome Longitudinal Study, que visava o estudo dos preditores de conversão para psicose em jovens em alto risco clínico de psicose. Também trabalhou para o County of Santa Clara Behavioral Health Services em contextos de internação, ambulatoriais e forenses, fornecendo psicoterapia e serviços de avaliação.

Stephania L. Hayes, PhD, OTR, CPS, é acadêmica em período de pós-doutorado no Departamento de Psiquiatria e Ciências Comportamentais da University of California, Davis. Na University of California, Berkeley, pesquisou questões relacionadas à administração de serviços de apoio aos pares, apreensão com o tratamento em consumidores de saúde mental e a utilidade potencial do compromisso ambulatorial civil em Victoria, Austrália. É terapeuta ocupacional registrada, com experiência de trabalho em uma equipe de tratamento assertivo na comunidade e em uma unidade de internação psiquiátrica para pacientes com necessidades médicas complexas. Como especialista em apoio aos pares com experiência em tratamento psiquiátrico coercitivo, trabalha para conciliar os achados de pesquisa, as perspectivas clínicas e a *expertise* vivida na utilização dos serviços.

Stephen E. Schlesinger, PhD, é psicólogo licenciado, atuando na prática privada em Oak Park, Illinois, e cofundador do The Couple's Workshop, uma organização que ensina habilidades de relacionamento efetivas para casais. Sua pesquisa e suas publicações se concentram nas áreas de adição e terapia conjugal e de família.

Stephen Timchack, PsyD, ABPP, é psicólogo licenciado, atuando na prática privada em tempo integral, em Kingston, Pensilvania. É certificado em Psicologia Clínica pela ABPP e analista de comportamento certificado – doutorado (BCBA-D). Suas principais áreas de prática incluem psicologia clínica e forense, TCC e análise do comportamento aplicada.

Stevan E. Hobfoll, PhD, ABPP, é autor e editor de 14 livros e mais de 300 artigos científicos, capítulos de livros e relatórios técnicos. É Professor Distinguido de Psicologia da Kent State University e Presidential Professor of Behavioral Sciences, Medicine and Preventive Medicine da Rush University Medical Center. Liderou *workshops* na Organização do Tratado do Atlântico Norte (OTAN) e foi codiretor da American Psychological Association National Commission on Stress and War durante a Guerra do Golfo, orientando as políticas sobre o tratamento do pessoal militar e suas famílias. Foi membro do Subcomitê de Saúde Mental em Situações de Desastre: Comitê de Ciência de Biodefesa Nacional (NBSB) do Departamento de Saúde e Serviços Humanos dos Estados Unidos. Após o ataque terrorista de novembro de 2009 em Fort Hood, foi consultor principal do exército dos Estados Unidos para recuperação e resiliência naquela localidade. Sua teoria da conservação de recursos (COR) é a principal teoria do estresse. Liderou também um grupo internacional de especialistas para desenvolver os Cinco Elementos Essenciais para Intervenção no Trauma em Massa Imediata e de Médio Prazo, que se tornou padrão mundial para organizar e orientar a resposta a mortes em massa e eventos de estresse em massa (p. ex., fuga e adaptação de refugiados). Recebeu muitos prêmios por realizações ao longo da vida pelo trabalho relativo a estresse traumático e estresse e saúde.

Susmita Halder, PhD, MPhil, é professora associada e diretora do Departamento de Psicologia da St. Xavier University, Kolkata, Índia. É psicóloga clínica licenciada, professora e consultora e trabalhou com os principais institutos, incluindo universidades, faculdades de medicina e hospitais de especialidades na Índia. Foi pesquisadora do Centre for the Study of Developing Societies (CSDS), em Nova Delhi. Também trabalhou com o Cognition Group no desenvolvimento da bateria de testes neuropsicológicos Cogtest e o Pearson Group para padronização e adaptação de instrumentos psicológicos na Índia. Seus interesses de pesquisa incluem neuropsicologia, remediação cognitiva e TCC. Emprega sua experiência para ter um *insight* mais abrangente da adaptação de processos de psicoterapia, particularmente a TCC, com seus clientes. Tem mais de 80 publicações em revistas revisadas por pares e indexadas.

Tyler G. Tulloch, PhD, CPsych, é professor assistente do Departamento de Psiquiatria e Neurociências Comportamentais da McMaster University. Também é psicólogo clínico da saúde do Kidney Urinary Program, em St. Joseph's Healthcare Hamilton. Seus interesses clínicos e de pesquisa incluem a aplicação de intervenções cognitivo-comportamentais em contextos hospitalares interdisciplinares para pacientes com doença crônica, visando melhorar o autogerenciamento da doença, o enfrentamento e os resultados de saúde.

William Buerger, PsyD, é psicólogo clínico licenciado e diretor de Educação Continuada e coordenador do Programa de Trauma do CBC. É especialista em TCC e DBT, com *expertise* particular em trauma, transtorno da personalidade *borderline* e abuso de substâncias. Nutre uma paixão por adaptar tratamentos apoiados empiricamente (ESTs), como terapia de processamento cognitivo e exposição prolongada à apresentação única e completa de cada indivíduo. Tem extensa experiência na aplicação de ESTs em uma variedade de contextos clínicos, incluindo hospitais privados e hospitais de Assuntos de Veteranos, clínicas ambulatoriais especializadas e clínicas comunitárias de saúde mental. Já publicou artigos e capítulos de livros e se apresentou em conferências nacionais de psicologia. Também é membro ativo de muitas organizações profissionais.

In memoriam

A 4ª edição deste livro é dedicada a Arthur Freeman, EdD, ABPP, uma das grandes figuras na história da terapia cognitivo-comportamental (TCC). O Dr. Freeman desempenhou um papel seminal na expansão da influência da ciência e da prática da TCC pela sua dedicação ao estudo e ao treinamento de novas gerações de pensadores e realizadores. Foi um dos dois organizadores precursores deste livro, além de organizador e autor de mais de 25 outros. Infelizmente, faleceu durante a concepção e o planejamento inicial desta 4ª edição. Enfrentou muitas crises durante seus 77 anos – a última lamentavelmente custou sua vida.

A morte do Dr. Freeman nos faz lembrar que momentos penosos são inevitáveis para os seres humanos e que ninguém está imune. Só nos resta aspirar que sejamos capazes de enfrentar tais adversidades com a mesma coragem e dignidade que ele demonstrou durante seus últimos anos neste mundo.

Seu talento sobreviverá por muito tempo, embora a perda de sua bondade e dignidade deixe um vazio em nossos corações.

Frank M. Dattilio
Daniel I. Shapiro
D. Scott Greenaway

Agradecimentos

Somos afortunados por termos um grupo de colaboradores formado não apenas por escritores experientes, mas também por excelentes clínicos. Muitos desses autores são colegas com quem trabalhamos em obras anteriores ou na prática clínica real ou foram autores de guias seminais ou de outros trabalhos influentes que nos inspiraram. Assim, estendemos a eles nossos sinceros agradecimentos. Foi uma honra e um prazer trabalhar com eles.

Nosso conhecimento e nossa inspiração como organizadores e escritores também devem ser atribuídos ao nosso professor e mentor, Aaron T. Beck, MD, a quem devemos muito do que sabemos sobre a terapia cognitiva. Sua pesquisa e seu trabalho estimularam nossa determinação para registrar por escrito o que sabemos e reunir o conhecimento de nossos colegas.

Um trabalho como este não pode ser produzido sem uma excelente equipe de apoio. Agradecemos a Tara Andrews, por suas excepcionais habilidades organizacional e de processamento de texto, e também a Allison Schoenly, por sua assistência na pesquisa e na edição desta obra, além de sua participação como coautora em vários capítulos. Também somos gratos à ótima equipe editorial e de produção da Guilford Press, em particular Jim Nageotte e Jane Keislar, com quem é sempre um prazer trabalhar.

Por fim, agradecemos a nossos cônjuges e familiares por sua paciência e tolerância enquanto estávamos absortos neste projeto.

Frank M. Dattilio
Daniel I. Shapiro
D. Scott Greenaway

Apresentação

Esta nova edição de *Estratégias cognitivo-comportamentais de intervenção em situações de crise*, organizada por Frank M. Dattilio, Daniel I. Shapiro e D. Scott Greenaway, é uma contribuição essencial para o conjunto de ferramentas do clínico. Quando se fala em intervenção em situações de crise, não se trata de correr atrás de uma ambulância ou de estar no local de um desastre. De fato, uma intervenção em situações de crise faz parte da experiência de todos os clínicos. Em muitos anos de atendimento regular a pacientes e de supervisão de terapeutas das mais diferentes especialidades, percebi que crises fazem parte da experiência humana para muitos de nós. Podemos ver que algumas pessoas experienciam crises devido a traumas, à perda de uma pessoa amada, à perda do seu emprego, à ruína financeira, por ter que lidar com uma doença debilitante, com as consequências de um episódio maníaco, com o abuso de substâncias, com uma tentativa de suicídio, com o risco de uma tentativa de suicídio ou com um conflito de relacionamento que se intensificou. As crises são onipresentes, e não tenho conhecimento de nenhum outro livro que aborde essas questões de forma tão abrangente.

Lembro-me de quando conversava com um colega, anos atrás, sobre o que precisamos saber para trabalhar com pessoas com transtorno bipolar. Ele sabiamente respondeu: "Você precisa saber *tudo*. Você precisa saber como lidar com episódios maníacos, com depressão debilitante, risco de suicídio, abuso de substância, gerenciamento da raiva, conflito nos relacionamentos, perda do emprego e várias outras crises". Isso também se aplica a clínicos que trabalham em quase todos os contextos. Praticamente nenhum indivíduo chega a nós com um único diagnóstico. Sabemos que o *Manual diagnóstico e estatístico de transtornos mentais, 5ª edição, texto revisado* (DSM-5-TR) é como um guia fictício, já que quase todos os pacientes que atendemos se qualificarão para inúmeros diagnósticos. Comorbidade é uma característica comum na prática clínica. Este livro oferece ao clínico inúmeras ferramentas, *insights* e técnicas para avaliar e trabalhar com uma ampla variedade de crises psicológicas que encontrará em seu trabalho clínico. Se estiver envolvido ativamente no trabalho clínico, você precisa deste livro. Sua ampla gama de capítulos é extremamente útil, já que o clínico frequentemente recebe pessoas que estão passando por uma crise e sofrendo com inúmeros problemas. Cada capítulo clínico fornece um bom embasamento teórico, modelos pertinentes, ferramentas para avaliação, intervenções e técnicas, exemplos de casos e *insights* e orientações sobre como lidar com os entraves que surgem, inevitavelmente, no mundo real. Fica muito evidente que cada um dos talentosos colaboradores desta obra tem experiência clínica direta com essas questões, e sua sabedoria adquirida é uma grande dádiva para o leitor.

Às vezes é fácil esquecermos como a vida pode ser difícil para nossos pares. Este livro nos ajuda a reconhecer que as pessoas com quem trabalhamos, as pessoas em nossas vidas e até mesmo nossas próprias experiências frequentemente são afetadas por crises que parecem insuperáveis e, em alguns casos, oferecem perigo à vida. Na minha experiência supervisionando terapeutas, quando surge uma crise, é ali que trabalhamos mais arduamente – e com o maior benefício potencial. Frequentemente questionamos nossa habilidade para lidar com essas crises inevitáveis. É como se os tratamentos empiricamente validados, desenvolvidos em contextos acadêmicos e em circunstâncias controladas, parecessem ter relevância limitada no mundo real da crise existencial e de vida. Este livro satisfaz essa importante necessidade. Ele é sobre o caos, a tragédia e, em última análise, a nossa capacidade de fazer a diferença no mundo real como terapeutas. O mundo real não está "lá fora". Nós somos parte dele. Este livro é o guia que você vai precisar.

Após um excelente panorama sobre a ideia de intervenção em situações de crise e as questões éticas envolvidas, os capítulos deste livro abrangem praticamente todas as crises psicológicas imagináveis que podem surgir. Para muitos clínicos, o risco de suicídio é uma das crises mais angustiantes que podemos enfrentar. Os dois capítulos deste livro sobre risco de suicídio são um excelente fundamento para o trabalho com pacientes que consideram tirar a própria vida. Esse embasamento é especialmente relevante para aqueles que trabalham com pacientes com níveis muito altos de depressão, personalidade *borderline*, transtorno bipolar, histórico de automutilação ou perdas repentinas e traumas. Em outras palavras, o risco de suicídio é relevante para todos os clínicos que trabalham com pessoas em sofrimento. Não há benefício maior que salvar uma vida humana. Como nos lembra o sábio ditado: "Aquele que salva uma única vida salva o mundo inteiro". Não somos capazes de salvar todas as vidas que estão em crise, mas nosso trabalho fará a diferença. Fazer parte dessa luta é uma grande responsabilidade – mas também uma grande honra.

Um grupo de crises que podem afetar quase todas as famílias são as relacionadas a questões médicas, como demência, doença grave, crônica ou terminal, ou outros problemas médicos. Felizmente, os capítulos deste livro fornecem ao clínico um excelente conjunto de ferramentas para utilizar e um modo compassivo e efetivo de abordar essas experiências quase universais. A seção sobre problemas com a criança e a família é uma contribuição extremamente importante. Aqueles que já trabalharam com crianças em risco de abuso sexual ou físico sabem o quanto essa experiência pode ser difícil, não só para as famílias envolvidas, como também para o clínico. Saber como trabalhar com agências governamentais, com os limites da confidencialidade e com o dever de proteger será essencial. Este é um guia em resposta a esse problema complexo.

A turbulência que surge entre os casais e a intensidade das emoções envolvidas nas sessões de terapia podem ser uma das razões pelas quais alguns clínicos às vezes evitam trabalhar com esses casos. Eles podem ser desafiadores e, muitas vezes, levantar questões muito próximas às do terapeuta. No entanto, tentar evitar trabalhar com casais é como tentar nadar sem se molhar. Muitos dos nossos clientes chegam para terapia individual, mas o que emerge são problemas do casal que parecem ser uma crise, e frequentemente são. Um dos melhores preditores de depressão é conflito no relacionamento. Saber como avaliar isso e como intervir fortalecerá enormemente seu trabalho como clínico. Além disso, trabalhar com adultos idosos que podem apresentar seus dilemas e dificuldades característicos é, com frequência, um desafio. A compreensão das questões envolvidas pode ajudar no trabalho com essa população crescente.

Há seções neste livro sobre crises ambientais e situacionais, incluindo capítulos sobre terrorismo, trauma, violência e casos em que a polícia está envolvida com força letal. São contribuições valiosas para a compreensão do horror tão comum à vida cotidiana de tantas pessoas. Esses podem ser capítulos que os leitores optem por evitar, achando que podem exercer sua prática clínica, de alguma forma, sem lidar com o horror do mundo real fora do consultório. Entretanto, arrisco dizer que podem ser alguns dos capítulos mais importantes para refletir sobre as realidades com as quais algumas vezes nos defrontamos inesperadamente. A intervenção em situações de crise é importante, pois a vida frequentemente envolve situações que a ameaçam.

E, por fim, algo que realmente aprecio neste livro é a ênfase no autocuidado. Os clínicos têm a honra de ser efetivos no auxílio a pessoas que estão atravessando crises ou passando por sofrimentos comuns, mas também precisamos priorizar nossa própria saúde e bem-estar, assim como os das nossas famílias. Como um clínico disse: "O avião não vai decolar sem o piloto". Precisamos ser capazes de usar nossas orientações para apoiar a nós mesmos. Para que possamos resgatar as pessoas do sofrimento com que se defrontam em uma crise em suas vidas, precisamos primeiro resgatar a nós mesmos. A chave para isso é estabelecer limites, reconhecer o que podemos e o que não podemos fazer, normalizar nosso estresse, defender nossos direitos e manter nosso equilíbrio. Com frequência é difícil evitar um pensamento catastrófico quando o paciente está enfrentando uma crise. Mas o que o paciente precisa é de um terapeuta saudável que possa ver a luz no fim do túnel, não um terapeuta afundado em suas próprias crises. Este é um livro que todos os clínicos devem ler. E depois reler. Você não vai escapar da crise, mas pode estar preparado para ela.

Robert L. Leahy, PhD
American Institute for Cognitive Therapy

Prefácio

As duas primeiras décadas do século XXI foram, talvez, mais bem caracterizadas como um tempo de globalização e de avanços tecnológicos sem precedentes; uma era que promoveu o contato entre pessoas, lugares e ideias muito diferentes entre si. Os abismos geográficos, culturais e linguísticos estão sendo superados a passos largos, criando oportunidades para exposição a diferentes visões de mundo e ao crescimento e aos novos desafios que as acompanham. Essa alteração profunda tem focado clínicos e pesquisadores em dois objetivos algumas vezes conflitantes: (1) a ampliação do alcance da terapia cognitivo-comportamental (TCC) para abranger linhas transdiagnósticas, abordar novos problemas e atender cada indivíduo complexo; e (2) o trabalho para entender como intervenções que são sabidamente eficazes em um local ou com uma população precisam ser moldadas, mudadas ou questionadas para se adequarem às necessidades e às perspectivas únicas de pessoas que vivem em diferentes lugares. É nesse contexto que se concretizou a 4ª edição de *Estratégias cognitivo-comportamentais de intervenção em situações de crise*. O mundo obviamente mudou nos 16 anos desde que a 3ª edição foi publicada. Este volume visa atualizar os tópicos apresentados nas três edições anteriores para refletir os avanços na pesquisa, na prática clínica e na proximidade entre todos nós, ao mesmo tempo que aborda crises novas e únicas que atingiram a sociedade.

Para alcançar esses objetivos, a 4ª edição inicia com uma introdução revisada em que os autores definem o conceito de gerenciamento de crise, discutem a história e o desenvolvimento da TCC como uma abordagem para gerenciamento de crises e descrevem estratégias gerais – como avaliação e gerenciamento de risco e *burnout* do clínico – que são relevantes para os clínicos que se defrontam com crises em todas as suas formas. Um novo capítulo define as questões legais e éticas que podem surgir no trabalho com clientes em crise.

A segunda seção se concentra em inúmeras crises psicológicas específicas, incluindo vários capítulos da edição anterior que foram atualizados, apresentando novos achados de pesquisa, avanços na prática clínica, aplicação aos tempos atuais e vinhetas atualizadas. Os autores dos capítulos também acrescentaram uma discussão dos fatores culturais atuais que precisam ser explorados para fornecer cuidados de qualidade a clientes distintos. Destacando o crescimento acentuado da abordagem multidisciplinar para cuidados médicos e psiquiátricos, a Parte II também apresenta um capítulo novo sobre as crises enfrentadas por trabalhadores de saúde mental em contextos de saúde comportamental integrada. Igualmente, os capítulos das Partes III e IV delineiam um leque de crises e agitações medicamente relacionadas que surgem em crianças e famílias. Isso inclui novos capítulos sobre transtornos neurocognitivos e capítulos atualizados sobre crises, incluindo aquelas que decorrem de doenças com risco de morte, dor aguda e crônica e crises com casais. Além disso, são abordadas crises que comumente se desenvolvem durante estágios específicos da vida.

Por fim, foram feitas mudanças importantes na seção sobre crises ambientais e situacionais (Parte V) para refletir um estado transformado do mundo. Incluímos um capítulo sobre resposta a pandemias e desastres, particularmente em relação à pandemia de covid-19. Também foram incluídos novos capítulos que focam no manejo dos processos de hospitalização involuntária e na prevenção e resposta a terrorismo e violência em massa na comunidade (p. ex., tiroteios em massa, rebeliões), além de outras crises de saúde pública. O resultado é um livro abrangente e coeso, que serve como uma cartilha tanto para aqueles que buscam orientação especializada para lidar com crises na sua prática clínica quanto para aqueles que procuram revisões modernas da literatura científica sobre tratamento.

Frank M. Dattilio
Daniel I. Shapiro
D. Scott Greenaway

Nota pessoal do organizador principal

Como um dos organizadores originais, achei prudente expor um pouco da história deste livro, que agora está na sua segunda geração de leitores. Tendo vendido uma grande quantidade de cópias no mundo todo, ele se tornou um dos textos mais populares sobre intervenção em crises no mundo. À medida que crises progressivamente proliferaram em âmbito mundial, com a devastação da pandemia mais recente, *Estratégias cognitivo-comportamentais de intervenção em situações de crise* se tornou um recurso inestimável para aqueles que trabalham no campo da saúde mental.

Durante os últimos 30 anos, tive a sorte de apresentar inúmeros *workshops* sobre intervenção em situações de crise no mundo todo, e com frequência os participantes se aproximavam de mim com edições anteriores do livro, pedindo meu autógrafo, com parágrafos destacados em caneta colorida e com as páginas marcadas pelos cantos dobrados. Eles geralmente se desculpavam pela bagunça, mas eu adorava o que para mim serve como testemunho da utilidade do livro.

Durante o final da década de 1980, eu e Arthur Freeman, EdD, ABPP, estávamos palestrando juntos no leste da Europa quando um jovem residente de psiquiatria se aproximou de nós, durante um intervalo, e mencionou que vinha aplicando os princípios da terapia cognitivo-comportamental (TCC) em seu trabalho em uma unidade de atendimento a situações de crise no hospital. Ouvimos atentamente sua descrição das modificações de muitas das intervenções que ele aplicava a vítimas de todas as formas de crise, desde desastres ambientais até guerras, crises médicas e até mesmo turbulências na vida familiar.

Isso nos deu motivos para reflexão, já que, na época, não havia um recurso disponível que abordasse diretamente estratégias cognitivo-comportamentais em situações de crise. Essa conversa desencadeou o nascimento de ideias para este livro, e a 1ª edição foi posteriormente lançada pela Guilford Publications, em 1994. Desde então, este texto já foi revisado muitas vezes para acompanhar o ritmo das pesquisas atualizadas e os novos dilemas enfrentados por várias culturas em todo o mundo.

Quando a condição médica fatal do Dr. Freeman se tornou iminente em 2020, ele selecionou criteriosamente dois jovens colegas que eventualmente iriam assumir sua posição como coorganizadores comigo: Daniel I. Shapiro e D. Scott Greenaway, os quais contribuem com uma nova perspectiva e toda uma experiência que foram incorporadas à 4ª edição deste texto popular. Trabalhei com eles incansavelmente na orquestração e no refinamento deste conteúdo e fiquei muito satisfeito com suas contribuições e seu comprometimento com este projeto. É com prazer que ofereço, juntamente com meus coorganizadores, o que acreditamos ser uma atualização abrangente sobre o uso de estratégias cognitivo-comportamentais em situações de crise, em memória do nosso falecido colega e bom amigo, Arthur Freeman.

Frank M. Dattilio

Sumário

Apresentação ... xxi
Robert L. Leahy

Prefácio ... xxv
Frank M. Dattilio, Daniel I. Shapiro, D. Scott Greenaway

Nota pessoal do organizador principal ... xxvii
Frank M. Dattilio

PARTE I Introdução

1 Intervenção em crises: uma visão geral ... 3
Frank M. Dattilio, Daniel I. Shapiro e D. Scott Greenaway

2 Questões éticas e legais na intervenção em situações de crise ... 25
Jeffrey E. Barnett

PARTE II Crises psicológicas

3 Gerenciamento efetivo de crises suicidas ... 45
David A. Jobes, Ethan W. Graure e John Paul Ryan

4 Terapia cognitivo-comportamental para crises relacionadas à ansiedade ... 60
D. Scott Greenaway

5 Trabalhando com psicose em contextos hospitalares ... 79
Katherine Eisen, Sripriya Chari e Kate Hardy

6 Prevenção do suicídio com transtorno da personalidade *borderline* ... 98
Daniella C. Cavenagh e Dara G. Friedman-Wheeler

PARTE III Crises relacionadas a questões médicas

7 Crises relacionadas à demência ... 119
Susmita Halder, Akash Kumar Mahato e D. Scott Greenaway

8 Crises em abuso e dependência de substâncias ... 136
Sharon M. Freeman Clevenger, James W. Sturges e Misti Storie

9	Crises relacionadas às dores aguda e crônica *Hillary L. Ditmars, Jenna Sandler Eilenberg e John D. Otis*	153
10	Crises em contextos de saúde integrada e doenças que ameaçam a vida *Joseph R. Pellizzari, Tyler G. Tulloch e Randi E. McCabe*	169

PARTE IV Crises na infância e na família

11	Abuso sexual e abuso físico infantis *Justin R. Misurell, Jaclyn M. Zocca e Lindsay Anderson*	191
12	Casais em crise *Norman B. Epstein, Stephen E. Schlesinger e HaeDong Kim*	209
13	Famílias em crise *Frank M. Dattilio e Allison Schoenly*	230
14	Transtornos em crianças e adolescentes *Stephen Timchack*	248
15	Crises com idosos *Allison Schoenly e Robert J. Berchick*	265

PARTE V Crises ambientais e situacionais

16	Trauma em situações de catástrofe *Lata K. McGinn, Lauren Bonavitacola e William Buerger*	285
17	O processo de hospitalização involuntária *Daniel I. Shapiro e Stephania L. Hayes*	305
18	Terrorismo *Patricia J. Watson, Daphna Canetti e Stevan E. Hobfoll*	331
19	Ameaças graves de violência: avaliação e manejo *John S. Rozel, Patrick McCormick e Jaqulyn Stilson*	346
20	Intervenção para agentes da polícia após confrontos com força letal *Laurence Miller*	363

PARTE VI Tópicos finais

21	Autocuidado de profissionais de saúde mental que trabalham em situações de crise *Frank M. Dattilio*	381
22	Epílogo *Frank M. Dattilio, Daniel I. Shapiro e D. Scott Greenaway*	394
	Índice	397

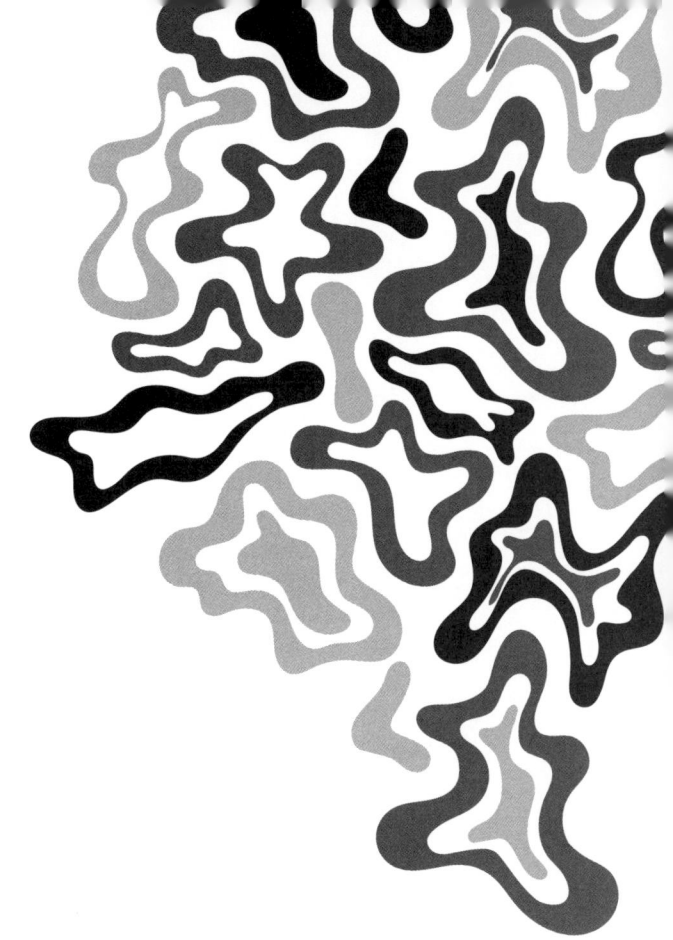

PARTE I

Introdução

1

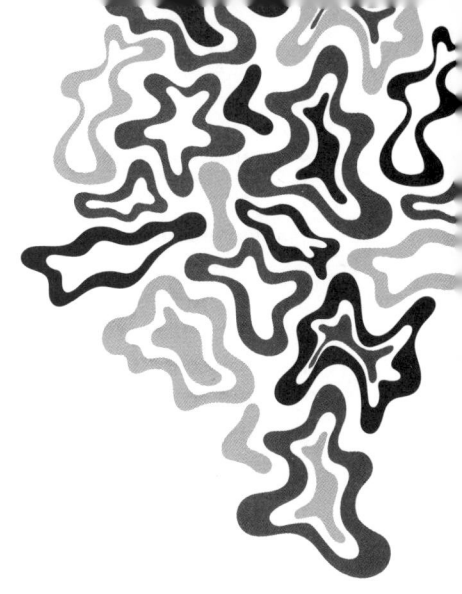

Intervenção em crises
Uma visão geral

Frank M. Dattilio, Daniel I. Shapiro e D. Scott Greenaway

As crises acompanham a civilização desde o tempo em que os humanos começaram a habitar a Terra. Algumas das crises mais intensas envolveram situações que vão de desastres naturais, pandemias e guerras até abuso de drogas ilícitas e álcool, doenças físicas e mentais, suicídios e homicídios. Embora a magnitude e a frequência das situações de crise possam variar, sua ocorrência em geral permanece consistente. Se algo mudou com o tempo, foi a percepção das crises e do modo como elas são manejadas. Devido ao número elevado de situações de crise, nosso mundo carece, mais do que nunca, de intervenções mais eficazes.

O termo *crise* geralmente evoca uma imagem de inúmeros eventos negativos extremos na vida. Desastres catastróficos, ataques terroristas, ausência esmagadora ou manipulação opressiva dos recursos, estupros e outras violências sexuais, doença e perda devastadora; todos esses acontecimentos, pela sua própria natureza, envolvem situações de proporções que ameaçam a vida. As imagens e as histórias das vítimas dessas crises terríveis tocam a todos nós profundamente. Isso acontece principalmente quando observamos os eventos globais que envolvem tempestades, incêndios, nações devastadas pela guerra, abusos dos direitos humanos e, recentemente, até a publicação deste livro, os efeitos de uma pandemia global que afetou o mundo inteiro, com uma taxa de mortalidade ultrapassando 15 milhões e ainda crescendo (Associated Press, 2022). No entanto, uma crise também pode estar relacionada a circunstâncias ou experiências que ameaçam nossa casa, família, propriedade, saúde ou nosso senso de bem-estar. Uma crise psicológica pode envolver uma perda ou ameaça de perda ou uma mudança radical na relação da pessoa consigo mesma ou com uma pessoa significativa (Goldenberg, 1983). Para uma criança, isso pode envolver uma transferência repentina da sua família para outro Estado e ter de dizer adeus aos amigos. Para um adolescente, pode ser o rompimento de um relacionamento romântico ou ser excluído pelos pares, *cyberbullying* ou mesmo o aparecimento de acne resistente ao tratamento. O que produz ou estimula uma crise não é definido simplesmente por uma situação particular ou uma série de circunstâncias definidas, mas pela percepção que o indivíduo tem do evento e por sua capacidade (ou incapacidade) de lidar efetivamente com essa circunstância. Diante da mesma situação, diferentes indivíduos lidam com uma crise potencial com graus variados de competência ou sucesso. Dito de modo mais simples, uma crise ocorre quando o estresse e a tensão na vida de um indivíduo ou de uma família assumem proporções incomuns e produzem um efeito significativamente negativo neles (Greenstone & Leviton, 1993). A perda do equilíbrio na tentativa de lidar com um revés importante dá origem a uma situação de crise. Ainda por cima, crises podem afetar qualquer um sem aviso prévio, o que as torna ainda mais emocionais.

História da intervenção em situações de crise

Historicamente, o conceito de intervenção em situações de crise remonta à Lemberger Freiwillige Rettungsgesellschaft (Lemberg Rescue Society), organizada em Viena, na Áustria, no final do século XIX (1883–1906). Em 1906, foi organizado em Londres, na Inglaterra, o Anti-Suicide Department of the Salvation Army, e, em Nova York, nos Estados Unidos, a National Save-a-Life League (Farberow & Schneidman, 1961). O aconselhamento em tempos de crise foi desenvolvido durante a Segunda Guerra Mundial, quando psicólogos e psiquiatras que trabalhavam perto do campo de batalha viram casos extremos de "fadiga de batalha" (*neurose de guerra* na Primeira Guerra Mundial; *transtorno de estresse pós-traumático* [TEPT] nas guerras e conflitos posteriores). Eles descobriram que lidar com a crise perto da linha de combate, em vez de ser mandado de volta para um hospital da retaguarda, era benéfico para parte do contingente. A intervenção usada na época adotou uma abordagem focada, cujo objetivo era mandar o soldado que sofria de estresse de volta para o serviço ativo o mais rápido possível. De fato, é aí que o tratamento de grupo se tornou popular: como havia um número muito grande de soldados afetados, eles tiveram de ser tratados em grupos (Dattilio, 1984).

Com a abertura do Centro de Prevenção de Suicídio, em Los Angeles, nos Estados Unidos, no início da década de 1950, foi estabelecido um modelo básico para os centros de crise modernos, e, logo em seguida, em todo o país, começaram a surgir centros similares de prevenção de suicídio e linhas diretas de atendimento para intervenção geral em situações de crise. Em grande parte, esses caminhos se desenvolveram em resposta à demanda geral da preocupação e consciência social do final das décadas de 1950 e 1960. Esse movimento se tornou particularmente acentuado com a promulgação, em 1963, da lei de criação dos Centros Comunitários de Saúde Mental pelo então presidente John F. Kennedy, em que as unidades de crise desempenharam um papel importante (Dattilio, 1984). Com a inovação da linha direta de prevenção do suicídio, os atendimentos telefônicos para intervenção em situações de crise começaram a se diversificar e especificar seu foco. Isso ocorreu porque os centros de intervenção de suicídio foram solicitados a ajudar as pessoas a lidarem com todos os tipos de crise. A partir dessa necessidade, foram desenvolvidas as linhas de atendimento direto para adolescentes, para usuários de drogas, para vítimas de agressão sexual e para idosos. O telefone começou a ser usado como um meio para manter contato e acompanhar os pacientes que tiveram alta de hospitais psiquiátricos. Foram criadas linhas telefônicas diretas para controle de envenenamento, controle de rumores na comunidade e serviços comunitários em geral. Esses recursos surgiram para ajudar aquelas pessoas que telefonavam devido a problemas como remoção de lixo, controle de pestes, baixo padrão habitacional, registro eleitoral, poluição e muitos outros tipos de questões.

Refletindo e servindo como modelo para crescimento similar no mundo todo, atualmente nos Estados Unidos há mais de 1.400 centros populares de intervenção em crises e unidades de atendimento a crises filiados à Association of Suicidology ou a centros comunitários de saúde mental locais. Também há mais de 11 mil programas de assistência a vítimas, intervenção em casos de estupro e abuso sexual infantil, além de mais de 1.000 abrigos e linhas de atendimento direto para violência doméstica (Yeager & Roberts, 2015). Recentemente, Roberts e Camasso (1994) estimaram que, a cada ano, 4,3 milhões de chamadas documentadas acessam as linhas de atendimento direto a crises. Roberts (2005, p. 11) ainda fez a projeção de que, se tomássemos esse número e o ampliássemos para incluir todas as linhas de emergência 24 horas para atendimento a crises naturais e locais, incluindo aquelas para vítimas de crimes, sobreviventes de ataques terroristas, vítimas de violência doméstica, vítimas de agressão sexual, trabalhadores problemáticos, adolescentes que fogem de casa e vítimas de abuso infantil, além das unidades de intervenção em crises nos centros de saúde mental, o total estimado seria de 35 a 45 milhões de indivíduos em crise que fazem essas ligações por ano. Isso sem incluir os milhares de serviços de crise disponíveis nos prontos-socorros de hospitais comunitários ou centros de emergência psiquiátrica.

Em 2005, a Substance Abuse and Mental Health Services Administration (SAMHSA) e a Vibrant Emotional Health (anteriormente Mental Health Association of New York City) se uniram para lançar o 988, Suicide and Crisis Lifeline (anteriormente National Suicide Prevention Lifeline), com mais de 200 centros qualificados para intervenção em crises atendendo aos chamados de quem disca para o 988; desde julho de 2022, todos os telefones fixos e celulares nos Estados Unidos têm acesso a esse serviço. Outros países (p. ex., Inglaterra, Austrália e Canadá) seguiram o exemplo. Em seus primeiros cinco meses, a 988 Lifeline recebeu mais de 1,7 milhão de ligações, mensagens de texto e *chats*, e, desde a sua concepção, mais de 2,1 milhões de indivíduos a utilizaram – e o número de usuários aumenta constantemente a cada ano. Os dados específicos sobre a utilização e os resultados são limitados, mas podem ser acessados pelo *website* da 988 Lifeline (*988lifeline.org*).

Esses números aumentaram desde 2020, com o início da covid-19 – a primeira crise global de saúde do século XXI e primeira pandemia em gerações a afetar todos os países no mundo. Assim como outras epidemias recentes (p. ex., SARS, aids), essa grave ameaça à saúde física também estimulou uma crise generalizada de saúde mental e comportamental, mas desta vez causando impacto significativo no bem-estar de pessoas, sistemas e recursos em todas as nações. Multidões de trabalhadores da saúde na linha de frente ficaram tão sobrecarregados física e emocionalmente que sobrecarregaram os centros de crise e os profissionais da saúde mental (Nelson & Kaminsky, 2020). As cadeias de suprimentos foram rompidas, e as práticas públicas levaram à perda dos meios de subsistência no mundo inteiro, afetando desproporcionalmente aqueles indivíduos que já eram desprivilegiados. Em consequência, em 5 de outubro de 2020, o presidente Donald Trump assinou a Ordem Executiva 13594, salvando vidas pelo aumento no suporte às necessidades de saúde mental e comportamental. Esse suporte visava prevenir a tragédia do suicídio, ajudar a acabar com a crise dos opioides nos Estados Unidos e melhorar os sistemas de saúde mental e comportamental em geral (Substance Abuse and Mental Health Services Administration, 2020).

Teoria da crise

A intervenção em situações de crise, baseada na teoria da crise, é um dos tipos de tratamento breve mais amplamente usado por profissionais da saúde mental que trabalham em contextos comunitários (Ell, 1996). Burgess e Roberts (2005) e Burgess e Holstrom (1974) postulam que a crise resulta quando a homeostase é rompida – isto é, quando o equilíbrio do indivíduo, por mais precário ou firme que seja, é perturbado, e ele já não é capaz de lidar com a situação de modo efetivo. O resultado é o indivíduo manifestar inúmeros sintomas que se tornam os marcadores clínicos da resposta de crise, frequentemente justificando alguma intervenção. Em geral, a intervenção na crise visa à resolução psicológica de uma crise imediata na vida de um indivíduo e ao seu retorno, pelo menos, a um nível de funcionamento igual ao anterior à crise (Aguilera, 1990). Rosenbaum e Calhoun (1977) consideram que uma crise envolve algum evento precipitante que tem duração limitada e perturba as capacidades habituais do indivíduo de enfrentamento e solução de problemas. Slaiku (1990, p. 15) sintetiza as definições de crise como "um estado temporário de perturbação e desorganização, caracterizado principalmente pela incapacidade de um indivíduo de lidar com uma situação particular usando os métodos costumeiros de solução de problemas e pelo potencial para um resultado radicalmente positivo ou negativo". Essa definição foca em várias áreas específicas. A primeira parte da definição aborda a natureza "temporária" das situações de crise. Para a maioria dos indivíduos, as crises são imediatas, transitórias e temporárias. Para outros, no entanto, a natureza temporária da crise pode levar a anos de sofrimento. Suas crises de vida podem se tornar parte de um estresse pós-traumático de longa duração e crônico. Outros indivíduos têm uma predisposição a perceber certos estímulos como perigosos e, portanto, prejudiciais. Eles podem ver muitas circunstâncias como carregadas de crise. Para eles, não existe uma crise isolada, mas uma série de "pequenos incêndios" que continuam a perturbar sua capacidade de enfrentamento durante a vida toda.

A segunda parte da definição aborda a resposta do indivíduo quando se sente perturbado. O termo *perturbação* pode ser ampliado para incluir as respostas mais comuns à crise: ansiedade e depressão. Em reações mais graves, o indivíduo também pode estar desorganizado, podendo apresentar confusão e capacidade reduzida para solucionar problemas. Na sua forma mais grave, pode incluir psicoses reativas breves ou delírio. A desorganização pode ser cognitiva (p. ex., confusão mental), comportamental (p. ex., agir de maneira aleatória ou não característica) ou emocional (p. ex., labilidade emocional). A incapacidade de enfrentamento do indivíduo, foco da parte seguinte da definição, gira mais especificamente em torno da questão da capacidade para solução de problemas. Se o equilíbrio de um indivíduo é rompido e resulta em alguma forma de ansiedade, sua flexibilidade cognitiva diminui, sua capacidade para solução de problemas sofre, e podem ser usada esquiva ou negação como estratégias de enfrentamento. Ao utilizarem as técnicas comuns ou tradicionais de enfrentamento pessoal, muitos indivíduos se sentem sobrecarregados. Seus métodos costumeiros de solução de problemas não são adequados para as exigências da tarefa em questão (Roberts, 2000).

A parte final da definição envolve o potencial para consequências mais profundas. A perda de saúde, propriedade ou pessoas amadas e a morte estão incluídas na definição de consequências profundas que podem levar a resultados radicalmente positivos ou negativos. Os resultados negativos incluiriam perda da autoestima, perda da estima de outros ou, em contextos culturais, perda da "imagem". Slaiku (1990) sugere a possibilidade de que a situação de crise também conduza a resultados positivos importantes, incluindo a oportunidade para novas experiências, reinícios ou obtenção de novas habilidades, comportamentos e até mesmo *insights*, incluindo o reconhecimento da nossa vulnerabilidade humana diante dos perigos da vida.

Embora o conceito de crise possa ser visto de várias maneiras, Yeager e Roberts (2015, p. 13) o enfatizam muito bem como um ponto de virada na vida de uma pessoa.

Exemplos clássicos ficam evidentes em algumas crises recentes, nos anos anteriores à publicação deste livro: a guerra civil na Síria, os tiroteios em escolas e em massa nos Estados Unidos, a invasão da Ucrânia pela Rússia e a epidemia da aids, além da epidemia global de covid-19. Nos Estados Unidos, os eventos de 11 de setembro e o furacão Katrina também servem como exemplos. Todos esses acontecimentos produziram consequências graves, incluindo perda de vida, saúde e propriedade, sem falar no aumento da vulnerabilidade aos perigos da vida. De fato, os acontecimentos de 11 de setembro representaram a maior perda de vidas de cidadãos norte-americanos em um dia na história dessa nação (Roberts, 2005). Incontáveis vidas foram perdidas na Síria, na Ucrânia e pela pandemia mundial que começou em 2020.

Todos os que responderam à crise, particularmente aqueles envolvidos nas crises em grande escala, aprenderam uma lição poderosa com todos esses eventos: que precisamos estar preparados para eventos que ameaçam a vida a qualquer momento e que, como seres humanos, sempre estamos, por natureza, vulneráveis a crises inesperadas.

Normalmente, quando os indivíduos estão em uma situação de crise e seus recursos atuais não são adequados para a tarefa, eles recorrem a reservas pouco utilizadas de fortaleza e coragem pessoal para levar a bom termo. Eles também podem recorrer a habilidades praticadas com pouca frequência para ajudá-los a triunfar. Ou ainda, caso tenham a vantagem adicional de uma rede familiar ou social/comunitária a quem podem pedir ajuda, apoio ou encorajamento, eles usam essa rede como um recurso adicional. Além disso, eles podem procurar ou criar sistemas de apoio temporários para auxiliá-los a atravessar o período de crise. Com um extenso repertório de estratégias de enfrentamento e as técnicas para implementá-las, um sistema familiar apoiador, uma comunidade cultural ou religiosa ativa, bons amigos ou um terapeuta a quem recorrer, as crises potenciais na vida podem ser mais facilmente suportadas.

O motivo pelo qual uma situação ou evento particular é levado ao nível de uma crise em determinado momento, e não em outro, é uma questão central subjacente ao tratamento do indivíduo que acaba em crise. As estratégias e as técnicas para intervenção em situações de crise são o foco deste livro. Nosso objetivo neste capítulo introdutório é fornecer uma base teórica e conceitual, além de uma justificativa para um formato cognitivo-comportamental, para a oferta de serviços de intervenção em situações de crise.

A teoria psicossocial do desenvolvimento de Erikson (1950) foi formulada como uma "teoria da crise" baseada no conceito de que crises não são necessariamente ocorrências de vida negativas que prejudicam ou destroem o indivíduo, mas sim servem como momentos de crescimento. Esse crescimento pode aumentar a força do indivíduo, proporcionar-lhe um repertório de enfrentamento e ajudá-lo a ter sucesso em todas as áreas da vida. Erikson também acreditava que a falta de resolução dessas crises levava a um estilo de enfrentamento deficiente. Essa teoria obviamente foi contrariada por algumas vítimas de crises em curto prazo. A maioria dos indivíduos que são vítimas de desastres ou ataques violentos não consegue entender o conceito de crise de Erikson. Este é um conceito que provavelmente será aceito somente anos depois da ocorrência do evento de crise.

O modelo de Erikson (1950) postula que, durante toda a sua vida, um indivíduo se depara com inúmeras crises previsíveis (Erikson identificou oito). É pela natureza e pelo grau de resolução ou não resolução dessas crises que o indivíduo cresce e se desenvolve em determinada direção. Esse crescimento e desenvolvimento conduzem à conceituação de uma visão idiossincrásica da vida e de seus comportamentos, cognições e emoções correspondentes. Individualmente, e em combinação, as oito crises incluem praticamente todos os esquemas de vida possíveis. De maneira geral, a resolução ou não resolução das crises de vida determinam o desenvolvimento dos esquemas pessoais, familiares, culturais, de gênero e relacionados à idade do indivíduo (Freeman, 1993). Esse esquema, então, se torna um modelo para o comportamento desse indivíduo. Erikson via a resolução inicial dessas crises como passíveis de mudança durante a vida, na medida em que todas as oito crises ocorrem paralelamente, em vez de sequencialmente (envelhecimento, morte, doença, etc.); determinada crise pode ser mais prevalente em determinado momento na vida (i.e., as crises não começam e terminam durante um período particular do desenvolvimento). Esse fato, então, apresenta uma visão muito mais otimista para a resolução continuada de crises. Se um indivíduo não conseguir lidar com sucesso com determinada crise ou resolvê-la de forma positiva, ele terá outras oportunidades de resolvê-la ao longo da vida.

Para apresentar esse modelo em termos da terapia cognitivo-comportamental (TCC), ao compreender os tipos específicos de comportamento que emergem da resolução ou não resolução dessas crises de vida, o terapeuta pode compreender o estilo e as estratégias de enfrentamento do indivíduo. A compreensão dos conjuntos de esquemas do indivíduo cria as condições para adequar as intervenções de forma mais efetiva, a fim de ajudar os indivíduos e as famílias a resolverem ou lidarem com as crises de vida no presente. A primeira grande tarefa terapêutica é discernir e manifestar um esquema específico que permitirá que os terapeutas trabalhem com seus pacientes para examinar (1) o esquema, (2) as vantagens e as desvantagens de mantê-lo e (3) os métodos para contestá-lo e/ou alterá-lo. Esse foco esquemático é central na abordagem cognitivo-comportamental para intervenção em situações de crise.

Esquemas

Os esquemas são estruturas hipotetizadas que guiam e organizam o processamento da informação e o entendimento das experiências de vida. Beck (1967, 1976) sugeriu que eles são o substrato cognitivo que gera as várias distorções cognitivas observadas nos pacientes. Esses esquemas ou regras básicas de vida servem para aumentar ou diminuir a vulnerabilidade do indivíduo a várias situações, e começam a se formar como uma força na cognição e no comportamento desde o início da vida, já estando bem fixados nos anos do período médio da infância. Eles são o acúmulo da aprendizagem e da experiência do indivíduo dentro do grupo familiar; do grupo religioso; do subgrupo étnico, de gênero ou regional; e dos demais grupos da sociedade. A extensão ou o efeito específico que dado esquema tem sobre a pessoa dependem: (1) de quão solidamente esse esquema é mantido; (2) de quão essencial a pessoa considera o esquema para a sua segurança, seu bem-estar ou sua existência; (3) da aprendizagem prévia da pessoa diante da importância e natureza essencial do esquema específico; (4) de quão cedo o esquema específico foi internalizado; e (5) de quão poderosamente, e por quem, o esquema foi reforçado.

Os esquemas podem estar ativos ou adormecidos, sendo que os mais ativos acabam sendo as regras que controlam o comportamento no dia a dia. Os esquemas adormecidos são acionados para controlar o comportamento em momentos de estresse. O esquema pode ser incentivador ou não incentivador. Quanto mais incentivador o esquema, maior a probabilidade de o indivíduo ou a família responder a ele. Um bom exemplo disso é o trabalho do psicólogo social Paul Slovic, que estudou o "entorpecimento psíquico" nas pessoas ao observarem o sofrimento de outras com assassinato em massa e/ou genocídio (Slovic et al., 2013). Tudo isso se reduz ao esquema que as pessoas mantêm em relação ao julgamento moral.

Os esquemas estão em constante estado de mudança e evolução. Dados e experiências ambientais só são absorvidos pela pessoa à medida que ela pode utilizá-los em termos das suas estruturas já aprendidas, as quais foram construídas pela sua experiência subjetiva. Se a nova aprendizagem não se adaptar à estrutura existente, o indivíduo pode ser capaz de construir uma nova estrutura para assimilar a nova visão da informação; alguns indivíduos podem ser melhores nisso do que outros. Os esquemas do *self* se tornam seletivos à medida que o indivíduo pode ignorar estímulos ambientais que não se encaixam em suas noções pré-concebidas. Há um processo ativo e evolutivo pelo qual todas as percepções e estruturas cognitivas são aplicadas a novas funções (*assimilação*), enquanto novas estruturas cognitivas são desenvolvidas para servir a antigas funções em novas situações (*acomodação*). Alguns indivíduos insistem em utilizar antigas estruturas, sem ajustá-las às novas circunstâncias em que estão envolvidos – eles as usam sem avaliar sua adaptação ou adequação. Poderão, ainda, não conseguir acomodar ou criar novas estruturas.

Os esquemas são estruturas cognitivas que podem ser descritas com muitos detalhes. Também é possível deduzi-los a partir de comportamentos ou pensamentos automáticos. O componente comportamental envolve a maneira como o sistema de crenças controla as respostas do indivíduo a determinado estímulo ou conjunto de estímulos. Ao tentar alterar um esquema específico que persiste há muito tempo, o profissional precisa ajudar a pessoa a lidar com a crença de tantas perspectivas diferentes quanto for possível. Uma estratégia cognitiva pura não tocaria no comportamental nem no afetivo. A estratégia afetiva pura é igualmente limitada, e, evidentemente, a abordagem comportamental estrita é limitada por desconsiderar os elementos cognitivo-afetivos. Em muitos casos, descobrimos que os esquemas específicos do indivíduo são consensualmente validados.

A abordagem cognitivo-comportamental envolve primeiramente um foco intrapsíquico nos pensamentos automáticos e nos esquemas do indivíduo. Essa parte do trabalho terapêutico se refere aos sistemas de crença da pessoa, às suas suposições em relação ao *self*, ao mundo, às suas experiências, ao futuro e às suas percepções gerais. Um segundo foco da terapia é interpessoal e se refere ao estilo da pessoa ao se relacionar com os outros.

O terceiro foco da terapia é externo e envolve o entendimento de como as diferentes maneiras de resposta estão associadas a mudanças nas emoções e nos pensamentos. Com essa avaliação e, idealmente, consciência, a mudança de comportamentos pode influenciar um estilo de enfrentamento mais produtivo. Esse foco externo envolve a aprendizagem de novos comportamentos/ respostas, a tentativa de novos comportamentos, a avaliação dos resultados dos novos comportamentos e o desenvolvimento e uso dos recursos disponíveis. As pessoas geralmente fazem o melhor que podem para lidar com as situações, mas podem usar estratégias de enfrentamento que inadvertidamente mantêm seu estresse ou dependem de estratégias que não as levam, efetivamente, a melhores resultados.

Os atributos específicos da terapia cognitiva a tornam ideal para o trabalho de intervenção em crises. Os oito atributos específicos envolvem a *atividade* do modelo. Essa parte do modelo convida o paciente a ser um agente ativo na sua terapia, ajudando-o a recuperar um senso de controle sobre sua vida.

A *diretividade* do modelo é importante porque incentiva o terapeuta a ser ativo e direto ao orientar a terapia. A função do terapeuta vai além da reafirmação e da reformulação. Ele vai propor hipóteses, utilizar a descoberta orientada, incentivar o paciente, atuar como uma pessoa-recurso, ser um administrador do caso e, às vezes, um advogado de defesa do paciente. O terapeuta ajuda o cliente a se tornar mais consciente de cada elemento do modelo, quando possível, e aponta quando considera que estratégias adicionais parecem justificáveis.

A *estrutura da terapia* requer a definição de uma lista de problemas específicos que ajude tanto o paciente quanto o terapeuta a esclarecerem para onde a terapia está indo, além de avaliarem como ela está progredindo. Essa estrutura é essencial para o paciente em crise e compatível com a maioria dos modelos de intervenção em crises (Greenstone & Leviton, 1993; Yeager & Roberts, 2015).

O conteúdo e a direção da terapia são estabelecidos no início da colaboração. Tendo estabelecido e concordado com a lista de problemas e com o foco da terapia, o terapeuta e o paciente estruturam as sessões individuais, estabelecendo uma agenda e a tarefa de casa.

A definição de uma agenda visa possibilitar o máximo de sucesso no mínimo de tempo geralmente disponível durante uma sessão típica de terapia. Em vez de deixar a sessão se perder e dar voltas, o terapeuta pode trabalhar com o paciente a fim de estabelecer uma agenda para a sessão, o que o ajuda a focalizar o trabalho terapêutico e usar melhor o tempo, a energia e as habilidades existentes. Estabelecer uma agenda no início da sessão permite ao paciente e ao terapeuta colocarem na agenda do dia as questões que os preocupam. Para cumprir os itens da agenda, o terapeuta necessita ser capaz de estabelecer prioridades e dar um ritmo à sessão, levando em consideração as necessidades do paciente. Esta é uma habilidade que é aprimorada por meio da prática e da experiência. Entretanto, mesmo terapeutas experientes podem ficar tensos e ansiosos, e até sofrer uma perda de eficiência em suas primeiras tentativas de regular o ritmo de uma sessão construída em torno de uma agenda colaborativa. Esta é uma parte natural da adaptação às necessidades do paciente e do estabelecimento de um ritmo no tratamento.

A *natureza breve da terapia* é um quarto requerimento da intervenção em situações de crise. Os protocolos de pesquisa para testar a eficácia da terapia cognitiva geralmente envolvem de 12 a 20 sessões em um período não superior a 20 semanas, enquanto o tratamento de uma situação de crise talvez precise ser mais rápido, mas não necessariamente limitado a 20 semanas. Para certos pacientes, a duração da terapia pode ser de seis sessões; para outros, de 50 sessões. A duração da terapia e a frequência e duração das sessões são negociáveis. Também há uma discussão na literatura profissional sobre os prós e os contras das técnicas de intervenção precoce (Brom & Kleber, 1989; Foa et al., 1995; Schützwohl, 2000; Dattilio & Freeman, 2007). Esse aspecto é algo que os terapeutas precisam considerar seriamente em relação à eficácia de uma intervenção.

Além do que foi mencionado, os problemas que estão sendo abordados, as habilidades do paciente e do terapeuta, o tempo disponível para a terapia e os recursos financeiros têm o potencial para determinar os parâmetros do tratamento.

Outro aspecto que se destaca, que é a espinha dorsal da TCC, é o desenvolvimento da *colaboração* (Beck et al., 1979). A colaboração nem sempre é de 50:50, mas pode, com o paciente em crise, ser de 70:30 ou de 90:10, cabendo ao terapeuta a maior parte da energia ou do trabalho na sessão ou na terapia de modo geral. Quanto mais estressado estiver o paciente, menos energia ele terá disponível para usar na terapia. O foco terapêutico será ajudar esses pacientes a usarem ao máximo sua reserva de energia e a aumentarem esses recursos – e, posteriormente, equilibrar melhor a proporção da sua participação na terapia para apoiar a manutenção e a independência.

Um sexto aspecto é que a terapia cognitiva reflete um modelo *dinâmico* de terapia. O caráter dinâmico da abordagem cognitiva promove a autorrevelação rápida de cognições pelo indivíduo, a fim de aumentar o entendimento por meio de um maior conhecimento e compreensão de pensamentos, crenças e atitudes. Os esquemas iniciais se desenvolvem e são modificados dentro do grupo familiar, e a terapia cognitiva com famílias oferece um contexto que permite observarmos esses esquemas em ação (ver Dattilio, 2010).

Além disso, a terapia cognitiva consiste em um modelo *psicoeducacional* de terapia. É um modelo de terapia que envolve o desenvolvimento de habilidades ou de enfrentamento, em oposição a um modelo de cura. Na terapia cognitiva, os pacientes idealmente adquirem habilidades para lidar mais efetivamente com seus próprios pensamentos e comportamentos disfuncionais. Em vez de curar, o terapeuta cognitivo ajuda o paciente a adquirir uma variedade de estratégias de enfrentamento para as exigências presentes e futuras da vida.

Por fim, o modelo de terapia cognitiva é *social/interpessoal*. Nós não existimos em vácuos sociais. Todas as relações do indivíduo com familiares, amigos e colegas de trabalho são baseadas em esquemas e constituem os focos essenciais da terapia. Se o indivíduo estiver socialmente isolado, pode haver grandes lacunas em sua rede de recursos.

Obviamente, se a pessoa não tem recursos externos e tem poucos recursos internos aos quais recorrer, o resultado será uma crise. Em alguns casos, o indivíduo tem o que objetivamente parece refletir uma fonte rica de apoio, porém o apoio não é aceito por ele ou é percebido como insuficiente ou indisponível. No poema *Richard Cory* (1897), de Edwin Arlington Robinson, parecia que Cory tinha tudo: ele era rico, bonito, bem-vestido e sofisticado. No entanto, a despeito de todos esses recursos aparentes, "em uma calma noite de verão, [Richard Cory] foi para casa e meteu uma bala na cabeça" (cf. Scheick, 2007).

Destacando a importância de se compreender os esquemas do indivíduo, os recursos disponíveis e sua crença nesses recursos, podemos examinar a Escala de Reajustamento Social (Holmes & Rahe, 1967). Nessa escala, a morte do cônjuge vale 1, sendo considerada o estressor mais grave e o padrão em comparação ao qual todos os outros estressores de vida são medidos. A morte de um membro próximo da família é avaliada como 5 na escala, e a morte de um amigo, como 7. Se o cônjuge era muito amado, é facilmente compreensível porque sua morte é percebida como uma situação de máximo estresse. Se o casal mantinha um relacionamento amargo e distante, a morte do cônjuge pode ser a solução para um prolongado estresse, trazendo alívio e até mesmo segurança financeira. No caso de um cônjuge amado com uma doença terminal e dor intratável, a morte desse cônjuge, membro da família ou amigo pode ser desejada como forma de amor e carinho. Sua morte pode representar um grande alívio pela paz e o descanso que trará à pessoa que está sofrendo. Nesses casos, o nível de avaliação na Escala de Reajustamento Social seria mais baixo.

Slaiku (1990, p. 98) afirma: "A terapia de curto prazo, de tempo limitado, é o tratamento de escolha em situações de crise". A natureza ativa, diretiva, orientada para o objetivo, estruturada, colaborativa e de resolução de problemas da terapia cognitiva a torna o modelo de tratamento ideal para a intervenção em situações de crise. Os objetivos imediatos das estratégias cognitivo-comportamentais de intervenção em crises são triplos: (1) avaliação da proximidade da situação de crise, (2) avaliação do repertório de técnicas de enfrentamento do indivíduo para lidar com a crise e (3) produção de opções de pensamento/percepção, emoção e comportamento. Alguns indivíduos apresentam um déficit de habilidades para a resolução de problemas, o que requer o ensino direto dessas habilidades. Outros contam com estratégias e técnicas de resolução de problemas, mas se veem como bem menos capazes do que realmente são. Na primeira situação, é necessária uma abordagem mais comportamental, ao passo que na segunda é preciso uma abordagem mais cognitiva.

Partindo da definição de Slaiku (1990) descrita anteriormente, temos vários pontos possíveis de intervenção. O ponto inicial é o reconhecimento de que a situação que provoca a perturbação e a desorganização é *temporária*. Isso implica que, ao ver a situação com um foco de longo prazo, pode ser possível "esperar com calma o seu término". Por exemplo, pacientes com pânico têm dificuldade de enxergar em longo prazo porque a imediatez dos sintomas psicológicos e a interpretação equivocada do perigo atraem o foco da sua atenção para o "aqui e agora" (ver Dattilio & Kendall, 2007). A ideia de esperar a resposta corporal e não responder fugindo é de alguma maneira vista como impossível pelo paciente com pânico. Trabalhar com ele para desenvolver uma visão de longo prazo pode ajudar a diminuir a percepção de crise. A percepção de perigo imediato e a necessidade de evitá-lo levam os pacientes com pânico a agir de maneira autoderrotista no intuito de salvar sua vida.

Um segundo ponto de intervenção se refere à *perturbação*. É claro, se a situação não fosse tão perturbadora, não haveria crise. A perturbação é causada por uma percepção que pode ser questionada ou desafiada. Por exemplo, um homem de negócios relatou estar em crise devido às perdas econômicas e à possível falência de seu negócio. Ele disse que, sempre que pensava na possibilidade de perder seu empreendimento, estendia esse pensamento para a possibilidade de perder tudo. Imaginava-se perdendo sua casa, seu carro, sua esposa, seus filhos, o autorrespeito e o respeito dos outros. Ele acabaria, na sua opinião, morando nas ruas, abrigado em uma grande caixa de papelão. Sua perturbação não decorria simplesmente da realidade de suas dificuldades nos negócios, e sim de seu estilo catastrófico de pensamento.

O terceiro ponto de intervenção se relaciona à *desorganização*. Se os pensamentos, as ações e as emoções da pessoa estão confusos e desorganizados, a estratégia terapêutica indicada é oferecer estrutura e um formato para a resolução de problemas. O terapeuta precisa reconhecer que confusão e desorganização são temas comuns em praticamente todos os problemas psicológicos. As queixas de pacientes de que "precisam organizar sua vida/cabeça/casamento" são muito comuns. Para pacientes que se veem em crise, essa tentativa de reunir partes ou pedaços pode ser mais urgente. O modelo da terapia cognitiva é especialmente útil com o paciente desorganizado. Por exemplo, uma mulher que foi agredida sexualmente em um encontro amoroso via como única saída abandonar seu emprego e a faculdade. Ela se sentia esmagada pelos pensamentos, imagens e sentimentos relacionados ao estupro. Ficava ainda mais confusa com os conselhos e as informações contraditórias oferecidos pelas pessoas, não bastando as questões legais e as ameaças. Ela descreveu sua reação como se estivesse correndo simultaneamente em dez direções. Nenhuma direção lhe proporcionava respostas ou paz.

Cada um de nós usa um repertório bastante limitado de técnicas para enfrentar a vida. Nossa vida cotidiana é muito conhecida e confortável; podemos esperar certas consequências quando agimos de determinadas maneiras. Se, por exemplo, uma mulher sai para o trabalho às 6h30min da manhã, ela provavelmente pegará pouco tráfego, mas, se sair às 8h da manhã, poderá pegar a hora do tráfego mais pesado. Então, ela saberá que precisa sair mais cedo para evitar a "crise" do *rush* matinal. Se ela morar em uma área onde neva muito no inverno, vai considerar dirigir na neve como parte do risco ou como o preço a ser pago por morar naquela área. Idealmente, ela lidou com a situação usando pneus para neve, areia no porta-malas, uma pá, acessórios para o frio, um cobertor e foguetes de sinalização. Se nevar em uma região onde as pessoas não estão preparadas, mesmo uma fina camada de neve se torna uma crise de grandes proporções.

Um último ponto de intervenção é ajudar a pessoa a *reduzir o potencial de um resultado radical*. Se os resultados forem incômodos em vez de catastróficos, o potencial de crise será significativamente reduzido.

Avaliação

Como em qualquer outra circunstância, a avaliação é crucial durante situações de crise, particularmente porque a situação pode ser crítica e exigir uma resposta quase imediata. O que dificulta a avaliação é que ela precisa ser realizada quase três vezes mais rápido do que nos prazos normais de tratamento e, em alguns casos, em circunstâncias difíceis. Quando uma situação de crise se apresenta com pouca ou nenhuma chance de implementação de inventários ou questionários formais de avaliação, é recomendado um protocolo de entrevista estruturada rápida. Greenstone e Leviton (1993) recomendam seguir os seguintes passos:

1. *Ação imediata*. A intervenção normalmente começa quando o terapeuta se encontra com o indivíduo em crise. O terapeuta deve imediatamente tentar avaliar a situação, aliviar a ansiedade, evitar maior desorientação e garantir que a pessoa que está sofrendo não faça mal a si mesma ou a outros.

2. *Assumir o controle*. Aqui é importante que esteja claro para o terapeuta o que e quem ele está tentando controlar. O propósito de assumir o controle não é dominar ou oprimir a vítima, mas ajudar a reorganizar o caos existente no seu mundo no momento da crise. A pessoa que está conduzindo a intervenção proporciona a estrutura necessária

até que a(s) vítima(s) seja(m) capaz(es) de readquirir o controle. Consequentemente, é importante entrar com cautela no cenário da crise.

Abordar a situação de crise devagar e com cuidado pode evitar sofrimento desnecessário e dar ao profissional o tempo necessário para absorver mentalmente o que está acontecendo. É importante que o profissional tente se manter estável, apoiador e capaz de estabelecer um ambiente estruturado. Isso pode envolver o uso da presença pessoal, incluindo o controle pelo uso da força, e o máximo esforço para obter um efeito calmante sobre a situação de crise e exercer algum controle emocional sobre a vítima. Em geral, as pesquisas indicam que as vítimas respondem bem às tentativas de restabelecimento da estrutura e àqueles que a representam se sentirem que o profissional que realiza a entrevista está sendo genuíno e sincero.

3. *Avaliação*. Intervir normalmente envolve fazer uma avaliação rápida e imediata. Isso significa tentar compreender como e por que o indivíduo entrou em uma situação de crise nesse momento particular e quais problemas específicos são de preocupação imediata. A avaliação também envolve o gerenciamento e a identificação das variáveis que poderiam atrapalhar o processo de intervenção. Isso vale particularmente para aqueles indivíduos que experienciaram múltiplas situações de crise ou traumas. Por essa razão, um novo diagnóstico foi adotado na 11ª edição da *Classificação internacional de doenças e problemas relacionados à saúde* (CID-11; Maercker et al., 2022): "transtorno de estresse pós-traumático complexo". Indivíduos com TEPT complexo costumam ter múltiplas exposições constantes a traumas – como abuso na infância e outras incidências traumáticas – que podem fazer sua condição ser mais refratária e resistente a intervenções de tratamento.

O mais importante é saber como o profissional pode ser mais efetivo no menor período possível. Consequentemente, longas histórias são preteridas a favor do foco na avaliação da crise atual e nos eventos que ocorreram nas horas imediatas à crise – mais especificamente na identificação de eventos desencadeantes.

Inúmeros inventários foram planejados para uso em situações de crise, embora, lamentavelmente, seja surpreendente a falta de instrumentos padronizados com propriedades psicométricas fortes disponíveis para os profissionais de saúde mental envolvidos no trabalho com crises.

Uma medida de avaliação que foi planejada para fornecer uma avaliação rápida visando medir o trauma psicológico, bem como os problemas percebidos na eficácia do enfrentamento, é a Crisis State Assessment Scale (Lewis, 2002). Essa escala ainda está em processo de validação, porém oferece os construtos mencionados anteriormente e é usada para predizer ou indicar a magnitude de um estado de crise. Essa medida de avaliação pode ser útil, inicialmente, para auxiliar na direção do tratamento futuro.

Outro inventário é a versão modificada da Entrevista Clínica Estruturada para os Transtornos do DSM-5 (QuickSCID-5). Esta é uma versão abreviada da Entrevista Clínica Estruturada que permite ao entrevistador usar um método de avaliação mais conveniente em situações de crise (First & Williams, 2021). Além disso, há outras escalas, como a American Academy of Crisis Interveners Lethality Scale (Greenstone & Leviton, 1993, p. 19–20), que permite avaliar rapidamente os critérios em uma situação de crise, ao somar os escores e comparar o total com os critérios.

4. *Decidir como lidar com a situação depois da avaliação*. Isso envolve essencialmente o uso do material obtido no estágio de avaliação e a decisão por um caminho de inter-

venção. Pode também envolver a exploração das opções disponíveis para o indivíduo em crise e a decisão entre lidar com a situação no momento ou encaminhar o caso conforme necessário.

Sugerimos mais dois outros passos:

5. *Desenvolver a implementação de um plano para crises.* Após escolher uma ação, você precisará de um plano para implementá-la em tempo real. Frequentemente um plano para crises ou um plano de segurança é escrito passo a passo, ou os principais passos e lembretes são anotados em um cartão de enfrentamento. Então, eles são compartilhados com pessoas de apoio importantes para que o que seja desenvolvido no contexto ideal da sala de terapia possa ser colocado em ação na situação não tão ideal de uma crise.

6. *Avaliar e acompanhar.* Discuta como o plano funcionou e faça mudanças para torná-lo melhor ou mais flexível para crises futuras. Idealmente, você terá um resultado mensurável em mente, planejado antes da implementação do seu plano, como a redução da ansiedade ou a realização de uma tarefa.

O leitor deve consultar os capítulos específicos deste livro para mais detalhes sobre os vários instrumentos de avaliação para as respectivas situações de crise.

Tratamento

Obviamente, modelos de psicoterapia breve têm sido o tratamento de escolha em contextos de crise. Há vários modelos de psicoterapia breve – entretanto, todos têm o objetivo comum de remover e aliviar sintomas específicos de forma adequada. A intervenção pode envolver alguma reconstrução de personalidade, mas este não é considerado um objetivo primário (Aguilera, 1990).

A abordagem focal da terapia cognitiva na intervenção em situações de crise tem cinco estágios. O primeiro consiste no desenvolvimento de uma relação com o paciente e na construção de uma relação terapêutica. Isso está em consonância com a noção de colaboração do modelo cognitivo (Kazantzis et al., 2017). O paciente precisa se sentir suficientemente à vontade para liberar o fluxo de informações sobre a crise que está vivendo atualmente. O comportamento do terapeuta é decisivo para desenvolver essa relação terapêutica. O terapeuta tem de ser capaz de transmitir ao paciente uma atitude neutra, não de julgamento, e um sentimento de interesse e preocupação com os problemas do paciente. Em uma crise mais grave, os níveis de confiança tendem a se estabelecer mais facilmente – assim, o paciente talvez já tenha assumido certo nível de confiança ao encontrar o terapeuta. Desse modo, pode não ser tão difícil desenvolver a relação terapêutica; entretanto, em uma crise menos grave, a tentativa deliberada por parte do terapeuta de construir uma relação terapêutica é especialmente importante, porque ela pode ser mais difícil de se desenvolver.

O segundo estágio é a avaliação inicial da gravidade da situação de crise. Essa avaliação permite ao terapeuta ter uma ideia do perigo físico imediato para o paciente. Pode também dar uma ideia do tipo de sistema de esquemas mantido pela pessoa com quem o terapeuta está lidando. O terapeuta deve, então, determinar o caminho a seguir. Por fim, o terapeuta precisa ajudar o paciente a identificar o problema específico que está sendo experienciado. Frequentemente, a confusão e a desorganização dos pacientes os deixam incapazes de definir seu problema. O terapeuta deve se esforçar para ajudar a pessoa a focalizar as áreas específicas que estão causando problemas, em vez de tentar lidar com aspectos vagos como "depressão", "ansiedade" ou "problemas de comunicação". No entanto, é importante não focar em um problema específico logo no início do contato, porque existe a possibilidade de o terapeuta deixar passar outros problemas significativos. Definir uma lista de problemas é uma estratégia que garante um foco mais específico dentro do contexto mais amplo.

Depois que os problemas foram identificados, o terceiro estágio envolve a ajuda ao paciente para que este avalie e mobilize suas forças e recursos. Isso pode significar identificar amigos próximos que possam ajudar, assim como várias forças e recursos internos que a pessoa em crise tende a não perceber. É extremamente útil ter à mão o *menu* de recursos cognitivos e comportamentais disponibilizados pelo modelo.

No quarto estágio, terapeuta e paciente devem desenvolver juntos um plano positivo de ação (colaboração e solução de problemas). Um aspecto essencial dessa colaboração inclui a tentativa de conseguir que o paciente se comprometa com esse plano de ação. Nesse ponto, a técnica de solução de problemas é especialmente indicada. Contudo, se a natureza da crise for tal que a solução de problemas não seja um mecanismo apropriado, será necessário passar para o último estágio. Um recurso que pode ser utilizado nesse ponto é o terapeuta agir como um advogado de defesa do paciente. Nesses casos, o terapeuta poderá precisar ser explícito em seu esforço de ajudar o paciente a tomar uma decisão.

O quinto estágio envolve testar ideias e novos comportamentos. Pode-se, então, avaliar o quanto as novas técnicas de enfrentamento funcionam e revisar as estratégias conforme necessário.

Pacientes em crise

O terapeuta que lida com pacientes em crise está submetido a uma pressão especial.

O esgotamento ocorre com bastante frequência, e geralmente os terapeutas não têm espaço para descarregar sua própria frustração e perturbação, o que pode criar uma percepção de crise para o próprio terapeuta. A noção de "terapeuta, cura a ti mesmo" é mais fácil de dizer do que de fazer. Terapeutas que trabalham com crises podem precisar da supervisão dos pares ou de alguma válvula de escape para a pressão de trabalhar com pacientes em crise. Para uma discussão mais detalhada desse tópico, o leitor deve consultar Dattilio (Capítulo 21 deste livro).

O trabalho de intervenção em situações de crise frequentemente representa o único vínculo que indivíduos em crise acreditam ter. Mesmo quando não existe uma questão de vida ou morte, o paciente tem a percepção de que, de alguma forma, a sua própria existência está sendo ameaçada. Quando o indivíduo está experienciando um pico de estresse emocional, o ambiente terapêutico pode ser visto como o seu único laço, ainda que tênue, com a sobrevivência. Para o paciente acostumado com a ideia de receber ajuda, a decisão de buscar ajuda profissional é menos assustadora; com muita frequência, os pacientes não buscam ajuda até os problemas atingirem proporções de crise. Para pacientes mais dependentes, a busca exagerada de ajuda pode, de fato, constituir uma estratégia de enfrentamento (Beck et al., 1990). Esses pacientes veem qualquer problema como uma crise em potencial e, portanto, frequentemente buscam ajuda e precisam de apoio. Inversamente, o paciente mais autônomo pode evitar buscar ajuda, acreditando que ele mesmo tem todas as respostas, encarando o papel de paciente como algo embaraçoso ou mesmo temendo o ridículo ou a crítica por parte do terapeuta.

Devido à necessidade de uma rápida conceituação e intervenção, dividimos os pacientes em crise em cinco categorias gerais:

1. *O estilo adolescente*. Esse tipo de paciente pode ou não ser um adolescente em termos cronológicos. Esses pacientes geralmente estão passando por mudanças de vida importantes relacionadas à autoimagem. Eles se mostram extremamente relutantes em demonstrar qualquer sinal que possa sugerir dependência, vulnerabilidade, fraqueza ou falta de autoconfiança. Por essa razão, qualquer pedido de ajuda pode ser percebido por esses pacientes como ameaçador à sua autoimagem. O sistema de esquemas típico desses indivíduos gira em torno de questões de perda, dependência e medo.

2. *O isolado*. Esses indivíduos costumam estar perturbados a ponto de lhes faltar qualquer motivação para contatos sociais. Suas crises giram em torno de interações sociais ou da falta de envolvimento social. Os principais problemas desses pacientes incluem frequente ausência de habilidades sociais, medo de rejeição, passividade e apatia. Seu sistema de esquemas frequentemente determina que eles recusem envolvimentos sociais, a menos que recebam garantia absoluta de reconhecimento ou apoio.

3. *O indivíduo desesperado*. Esses pacientes exemplificam bem o que é a intervenção em situações de crise. Eles experienciam um súbito choque psicológico e passam a ter uma necessidade desesperada de algum tipo de ajuda imediata. Esse choque pode decorrer de um desastre ambiental ou de uma perda psicológica. Como resultado desse choque, os indivíduos desesperados provavelmente podem perder o contato com a realidade ou manter apenas um frágil contato. O terapeuta pode representar seu último vínculo com a realidade. Frequentemente, o mero som de uma voz carinhosa e interessada é suficiente para começar a tirar esses pacientes de seu estado de desespero. Por exemplo, um terapeuta relatou seu encontro com uma paciente que estava em crise. Ele dobrou o tempo da sessão para tentar demovê-la de sua determinação de se suicidar. A certa altura da sessão, a paciente pediu um cigarro. O terapeuta fumava, mas ofereceu usar parte do tempo da sessão para fazerem uma caminhada juntos e continuarem seu trabalho enquanto examinavam se essa estratégia de enfrentamento saudável poderia levar seus pensamentos de suicídio de um grau de severidade de 10/10 para abaixo disso. Depois de uma caminhada por uma área agradável perto do consultório do terapeuta, a cliente relatou uma queda significativa para 5/10. Quando ele acreditou que ela seria capaz de suportar a crise, encerrou a sessão e marcou um novo encontro para o dia seguinte. Ao chegar no dia seguinte, a paciente estava mais calma e menos confusa. Quando o terapeuta lhe perguntou sobre sua reação à sessão da véspera, ela respondeu: "Eu não me lembro de nada do que conversamos. Só lembro que você tirou um tempo para fazer uma caminhada comigo".

4. *O contato único na crise*. Esses indivíduos costumam ser relativamente sadios e emocionalmente estáveis. Embora as crises vividas por essas pessoas variem, há razões específicas pelas quais buscam terapia: elas buscam ajuda para lidar com uma situação específica de crise, e percebem a si mesmas, principalmente, como buscando alguém que as ajude a passar por uma situação atual. Por essa razão, a abordagem cognitiva breve é especialmente indicada. Esse indivíduo está simplesmente procurando um conselho imediato ou alguém que funcione como uma caixa de ressonância para aconselhá-lo sobre planos de ação alternativos, que ele pode já ter desenvolvido.

5. *O paciente crônico*. Esses pacientes buscam terapia para mais uma crise de sua

longa série de "pequenos incêndios", às vezes chamada de *crise da semana* [CDS]. A terapia significa que eles poderão telefonar a qualquer hora, e sempre que telefonarem encontrarão alguém que vai escutá-los e ajudá-los a atravessar a CDS. As CDSs também são estratégias eficazes para evitar o trabalho mais profundo e o enfrentamento de projetos maiores. Isso nos lembra a ideia de Confúcio de que, se dermos um peixe a uma pessoa, ela vai comer por um dia, mas, se a ensinarmos a pescar, ela conseguirá seu próprio alimento por toda a vida. Para esse tipo de paciente, uma longa história de contato terapêutico lhe ensinou que ele não precisa aprender a enfrentar situações; ele pode procurar o terapeuta e deixar que este se encarregue de enfrentá-las por ele.

A utilização de técnicas de terapia cognitiva na intervenção em crises oferece vantagens para o paciente, em sua capacidade de receber ajuda, e para o terapeuta, em sua capacidade de oferecê-la. Muitas vezes, o paciente se sente incapaz de mudar suas circunstâncias ou desmotivado a pensar sobre o problema e encontrar uma solução. Ao trabalhar colaborativa e ativamente para identificar distorções cognitivas e pensamentos automáticos, bem como para sugerir alternativas, o terapeuta pode dar ao paciente alguma esperança de resolver suas dificuldades aparentemente insolúveis.

A TCC é atraente "porque a maioria dos conceitos da terapia cognitivo-comportamental é consistente com noções compartilhadas sobre a natureza humana, que o terapeuta neófito pode prontamente assimilar" (Beck, 1976, p. 318). As teorias da TCC são facilmente delineadas, e, sobretudo, o elo entre a teoria e a prática é evidente. Devido à facilidade de aprendizagem, as técnicas cognitivo-comportamentais também tornam o trabalho de intervenção na crise muito mais satisfatório para o terapeuta.

Questões na intervenção em situações de crise

Sigilo

A questão do sigilo é delicada: saber quando mantê-lo e quando é essencial rompê-lo é uma questão muito importante (ver Barnett, Capítulo 2 deste livro, para uma discussão detalhada). Embora o sigilo dependa em grande parte do julgamento clínico do terapeuta e de sua avaliação precisa da gravidade da situação, existem alguns padrões éticos gerais. Uma situação de risco à vida é aquela em que o paciente está em risco de lesões corporais ou de morte. Uma vez estabelecido que uma situação envolve risco à vida, o terapeuta já não está eticamente obrigado ao sigilo e talvez tenha de tomar algumas decisões. Por exemplo, se há uma crise ou emergência (p. ex., homicídio ou suicídio), o terapeuta pode ter de envolver a polícia ou insistir que o paciente dê o nome do cônjuge, de um amigo, colega de quarto, dos pais ou de outra pessoa importante que possa ser um recurso disponível caso seja necessário. O indivíduo em crise pode recrutar o apoio desses recursos durante todo o processo de tratamento.

Funcionamento cognitivo

Usamos o termo *funcionamento cognitivo* para incluir a inteligência, a capacidade de compreender e processar informações e a capacidade de compreender conceitos práticos e abstratos de crise, doença, ferimento e saúde. A desorganização do paciente no momento da crise pode, portanto, alterar a abordagem terapêutica.

Se, por exemplo, o paciente ou os membros da família não têm conhecimento suficiente para compreender a natureza do trauma presente, devemos tomar cuidado para garantir que as explicações sejam dadas nos termos mais simples possíveis. Jargões, explicações médicas complexas, descrições abreviadas ou conceitos abstratos podem parecer compreendidos, mas, na verdade, deixam o paciente e a família confusos em vista dos acontecimentos, do tratamento e das sequelas do trauma (ou do tratamento).

Se a família não fala o idioma do país, é essencial que as explicações sejam dadas em sua língua. Independentemente do idioma, devemos tomar cuidado para trabalhar com a crise dentro do contexto dos valores culturais da família. Os intérpretes dos serviços de trauma precisam ser treinados para considerar as necessidades práticas e emocionais dos pacientes e das famílias e devem ser capazes de traduzir os conceitos psicológicos do terapeuta de forma clara e compreensível (Dattilio, 1999).

Luto

Qualquer perda tem o efeito de reduzir a capacidade de enfrentamento de uma pessoa. As sequelas de uma emergência podem ser a perda permanente de um membro da família por morte ou a perda temporária por hospitalização. Além disso, o resultado da crise pode ser a perda de uma faculdade cognitiva, de habilidades físicas, partes do corpo, capacidades intelectuais ou físicas.

O terapeuta precisa reconhecer e lidar diretamente com as perdas, tanto as reais quanto as imaginadas. Em alguns casos, membros da família podem se recusar a reconhecer a perda. O terapeuta precisa encontrar o delicado equilíbrio entre manter a esperança e enfrentar a realidade, incentivando a busca de opções de tratamento enquanto avalia o potencial de sucesso e se preparando para o pior enquanto espera pelo melhor.

O processo de luto precisa ser identificado para o paciente. Os pacientes devem ser ajudados a aceitar que toda perda tem seu luto e que o processo de luto é normal, natural e necessário. Com frequência, o oferecimento de um acompanhamento posterior é especialmente importante, pois a perda e o luto inicial serão seguidos por outro processo de luto que talvez comece muito tempo depois da crise imediata. Em muitos casos, observamos um "efeito latente", em que o impacto total da perda só se torna visível depois que o paciente terminou o tratamento.

Personalidade pré-mórbida, estilo de vida e interesses

O estilo interpessoal, as escolhas de vida ou os conflitos intrapsíquicos característicos podem oferecer, frequentemente, um contexto para compreendermos a reação do paciente ou do cônjuge à crise. Em muitos casos, o indivíduo dependente reage ao trauma procurando ajuda, tranquilização ou conforto. O indivíduo mais autônomo pode resistir à ajuda, recusar tratamento e evitar a terapia de forma geral, com declarações como: "Eu vou ficar bem", "Só me(nos) deixe em paz" e "Eu(nós) consigo(conseguimos) passar por isso sozinho(s)!". Em outros casos, o estilo de personalidade pré--mórbido pode não ser um bom preditor da reação emocional ao trauma. Por exemplo, o "tipo forte e calado" se torna desamparado e dependente sob estresse, enquanto o indivíduo frágil e desamparado revela uma força interior capaz de sustentar a família inteira durante a crise. Isso pode ser explicado pela existência de um sistema de esquemas inativos (Freeman, 1993; Freeman & Leaf, 1989) que se tornam ativos sob o estresse do trauma. Entretanto, quando o estresse do trauma é removido, o indivíduo pode retornar ao seu estilo anterior de funcionamento.

Discrepância entre dificuldade real e percebida no enfrentamento

Tanto quanto possível, é importante deixar evidente a discrepância entre a capacidade real e a percebida para lidar com os problemas efetivamente. É essencial que o paciente seja realista em termos de expectativas de enfrentamento, recuperação e sobrevivência.

Reforçar os pequenos ganhos terapêuticos

Um concomitante frequente da crise é a depressão. A visão negativa do *self* ("Sou incapaz de enfrentar"), do mundo e da experiência ("Não é justo! Por que isso tinha de acontecer comigo?") e a visão negativa do futuro ("Serei sempre assim. Vou morrer sozinho e abandonado") são os progenitores do afeto depressivo (Beck et al., 1979; Freeman et al., 1990). A consciência do paciente acerca da sintomatologia depressiva modera a estratégia terapêutica de identificar as áreas de maior dificuldade e de focá-las rapidamente. Qualquer pequeno ganho ou melhora no enfrentamento da crise precisa ser identificado e reforçado. Esse reforço pode elevar o humor do paciente. É necessário instruir os pacientes sobre o modelo cognitivo e ajudá-los a começar a identificar pensamentos automáticos e esquemas.

Enfatizar a relação terapêutica colaborativa

O terapeuta precisa ser visto como um indivíduo acolhedor, apoiador, competente e sensato e deve trabalhar para construir e manter a aliança terapêutica. Dada a natureza das crises, o relacionamento deve ser construído imediatamente. A empatia é o elemento mais importante; quando o paciente está em crise, a comiseração costuma ter um efeito negativo sobre o trabalho terapêutico global. Provavelmente haverá muitas outras pessoas no mundo do paciente que oferecerão condolências; entretanto, o que o paciente precisa do terapeuta é que ele entre em sua realidade interna e lhe ofereça apoio e estratégias para um enfrentamento eficaz.

Barreiras à capacitação do paciente

A capacitação é um elemento essencial ao tratamento de pacientes em crise. Os pacientes precisam ser ajudados a reconhecer seu direito e suas condições de empoderamento. Os objetivos da capacitação podem ficar limitados pela maneira como ela é apresentada, por sua implementação ou pela má compreensão da ideia ou modelo.

Por definição, capacitação implica que uma pessoa ou instituição dá, oferece, proporciona ou permite que outra pessoa ou instituição tenha ou assuma o poder. Essa definição pressupõe que está ao alcance do primeiro dar ou permitir o poder ao segundo. Implica, ainda, que aquele que recebe poder está disposto a assumir o dito poder. O poder pode estar relacionado a trabalho, a tomar conta da própria vida ou de elementos ao seu redor. Dado o objetivo grandioso, o potencial demonstrado e o foco igualitário, a capacitação pode estar condenada ao fracasso por várias razões. A capacidade de promover a mudança em si mesmo e/ou no seu grupo familiar é crítica para o desenvolvimento da capacitação. Muitas vezes a mudança pessoal é impedida por erros repetitivos de estilo no processamento pessoal da informação. Colocando de maneira simples: podemos cometer erros de julgamento, cálculo, raciocínio ou percepção. Há muitos exemplos de indivíduos que são inteligentes, instruídos, talentosos, perceptivos e competentes, mas que continuam a repetir os mesmos erros e vivem uma sequência de crises. Seu estilo de cometer erros se torna peculiar e pode provocar dificuldades internas ou no trabalho, na família ou nos relacionamentos. É importante ajudar os indivíduos a identificarem seu estilo específico de esquemas e desenvolver estratégias para superar os impedimentos à mudança. Os impedimentos à mudança incluem a falta de prática no novo comportamento, os estressores ambientais que interferem na mudança, as ideias pessoais sobre a capacidade de mudar a si mesmo ou a família, as ideias pessoais sobre as consequências de mudar a si mesmo ou o grupo, as ideias do grupo ou da família sobre a necessidade de evitar a mudança, o ganho secundário de manter o *status quo* apesar do custo, falta de motivação, rigidez, alguns tipos de estratégias compensatórias (p. ex., esquiva, "medo do medo", estilo interpessoal dependente) e objetivos vagos ou irrealistas. Na terapia, se os objetivos não forem combinados entre terapeuta e paciente, o resultado será a frustração do paciente.

Limiar e vulnerabilidade

A capacidade de enfrentar um estressor e a possibilidade de os mesmos estressores desencadearem uma crise dependem do limiar de resposta do indivíduo. Em situações diferentes, o limiar da pessoa será muito diferente. Um cirurgião que trabalha em um ambiente de atendimento de crise é capaz de lidar com emergências médicas de forma competente e hábil. Fora da sala de operação, talvez ele não consiga enfrentar tão bem as exigências normais da vida.

Se avaliarmos as habilidades de enfrentamento em uma escala de 0 a 100, podemos literalmente mapear o limiar normal de enfrentamento de um indivíduo. Se, por exemplo, dermos ao estresse normal da vida um valor de 60, e, ao limiar da pessoa, um valor de 75, restará um espaço de 15 para acomodar o estresse extraordinário. Se, devido a um estresse superior ao normal, o estresse da vida aumentar para 80, o indivíduo se sentirá sobrecarregado e com dificuldades de enfrentamento. Contudo, se os estressores da vida permanecerem os mesmos, mas o limiar da pessoa diminuir, o indivíduo se sentirá sobrecarregado da mesma forma.

Os fatores que reduzem o limiar são chamados de *fatores de vulnerabilidade*. São circunstâncias, situações ou déficits que têm o efeito de diminuir a capacidade do paciente de enfrentar de modo eficaz os estressores da vida ou de perceber as opções disponíveis.

A lista a seguir exemplifica alguns desses fatores (Freeman & Simon, 1989):

1. *Doença aguda.* Desde uma doença grave e debilitante a males mais transitórios, como dor de cabeça, infecções virais, e assim por diante.

2. *Doença crônica.* Quando o problema de saúde é crônico, pode haver exacerbação aguda do pensamento suicida.

3. *Deterioração da saúde.* Pode haver perda de atividade devido ao envelhecimento.

4. *Fome.* Durante períodos de privação alimentar, o indivíduo geralmente fica mais vulnerável a vários estímulos. Há estudos recentes que associam diagnósticos de depressão a transtornos alimentares.

5. *Raiva.* Quando as pessoas estão com raiva, podem perder a capacidade de resolver adequadamente os problemas. Podem, também, perder o controle dos impulsos ou responder exageradamente a estímulos que normalmente conseguem ignorar.

6. *Fadiga.* De modo semelhante, a fadiga diminui a capacidade tanto de resolução de problemas quanto de controle dos impulsos.

7. *Solidão*. As conexões sociais positivas e o sentimento de pertencimento estão no alto da lista das necessidades humanas para a manutenção de um senso de bem-estar. Quando as pessoas se sentem isoladas, deixar esse mundo infeliz pode-lhes parecer uma opção razoável.

8. *Perdas importantes na vida*. Após a perda de uma pessoa importante por morte, divórcio ou separação, os indivíduos muitas vezes acham que têm poucas opções. Eles perdem o interesse pelo que lhes pode acontecer.

9. *Reduzida capacidade para resolução de problemas*. Certas pessoas podem ter uma capacidade muito limitada para resolução de problemas, e esse déficit talvez só fique evidente quando o indivíduo vive situações de grande estresse. A capacidade de lidar com problemas pequenos não é um bom indicador da capacidade de lidar com uma crise.

10. *Abuso de substâncias*. O abuso de muitas substâncias pode causar dois tipos de problemas: agudos, em que o julgamento do paciente fica comprometido durante os períodos de intoxicação, e mais crônicos, em que o julgamento pode ficar prejudicado de forma geral. Esses problemas aumentam o risco de suicídio.

11. *Dor crônica*. A dor crônica pode levar a pessoa a ver o suicídio como um método para acabar com a dor.

12. *Reduzido controle dos impulsos*. Certos pacientes têm um controle dos impulsos muito reduzido devido a problemas orgânicos (hiperatividade) ou funcionais. Pacientes com transtorno bipolar, psicose, transtorno de déficit de atenção/hiperatividade (TDAH), transtorno do espectro autista ou transtornos da personalidade *borderline*, antissocial ou histriônica podem ter déficits no controle dos impulsos.

13. *Novas circunstâncias de vida*. A mudança de emprego, de estado civil, de casa ou de *status* familiar é um estressor que constitui fator de vulnerabilidade.

Esses fatores podem, sozinhos ou em combinação, aumentar o pensamento ou as ações suicidas do paciente, diminuir o limiar para os estímulos de ansiedade ou aumentar a vulnerabilidade a pensamentos e situações depressogênicos (Freeman & Simon, 1989). Os fatores de vulnerabilidade podem ter um efeito somatório – isto é, quando vários fatores de vulnerabilidade operam ao mesmo tempo, podem reduzir progressivamente o limiar. Por exemplo, se um indivíduo com uma história de enfrentamento eficaz (limiar = 90; estresse de vida = 60) perde subitamente a capacidade de enfrentamento e acaba em crise, sua família geralmente fica surpresa. A família pode não estar levando em conta o fato de que a pessoa teve um acidente vascular cerebral (–10), sua esposa quebrou a perna (–7), seu filho está se divorciando (–6), sua filha perdeu o emprego (–5) seu neto mais velho está tendo dificuldades na escola (–5) e seu cachorro foi atropelado (–4). Seu limiar agora é 54, suficientemente baixo para que responda ao estresse normal da vida como se houvesse uma crise. Em vez de pensar em termos de uma sequência de perdas, a família muitas vezes reage pensando que o paciente já enfrentou problemas semelhantes no passado, sendo, portanto, incompreensível que, nesse momento, ele tenha uma resposta tão negativa.

A avaliação dos fatores de vulnerabilidade pode ajudar a explicar a capacidade de lidar com crises e a predizer a possibilidade de retraimento, ideação suicida, depressão ou ansiedade.

Nos próximos capítulos, os autores apresentam situações e transtornos que comumente levam os pacientes a crises. Cada capítulo apresenta um exemplo de caso e fornece informações estatísticas e taxas de prevalência relacionadas, além de teorias e modelos comuns que se aplicam a cada cenário. Esperamos que os leitores utilizem essas informações como um recurso valioso quando receberem pacientes em crise e que se sintam mais confiantes ao ajudá-los a se recuperarem das crises em que se encontram.

Referências

Aguilera, D. C. (1990). *Crisis intervention: Theory and methodology*. Mosby.

Associated Press. (2022). Death toll surpasses 6 million for the pandemic now in its 3rd year. *https://apnews.com/article/coronavirus-pandemic-science-business-health-lifestyle-9cd511bc84955131ba00846716e02647*

Beck, A. T. (1967). *Depression: Causes and treatment*. University of Pennsylvania Press.

Beck, A. T. (1976). *Cognitive therapy and the emotional disorders*. International Universities Press.

Beck, A. T., Freeman, A., & Associates. (1990). *Cognitive therapy of personality disorders*. Plenum Press.

Beck, A. T., Rush, A. J., Shaw, B. F., & Emery, G. (1979). *Cognitive therapy of depression*. Guilford Press.

Brom, D., & Kleber, R. J. (1989). Prevention of post-traumatic stress disorders. *Journal of Traumatic Stress, 2*, 335–351.

Burgess, A., & Holstrom, L. (1974). *Rape: Victims of crisis*. Brady.

Burgess, A. W., & Roberts, A. R. (2005). Crisis intervention for persons diagnosed with clinical disorders based on the Stress Crisis Continuum. In A. R. Roberts (Ed.), *Crisis intervention handbook: Assessment, treatment and research* (3rd ed., pp. 120–140). Oxford University Press.

Dattilio, F. M. (1984). The mental health delivery system. In M. Braswell & T. A. Seay (Eds.), *Approaches to counseling and psychotherapy* (pp. 229–237). Waveland Press.

Dattilio, F. M. (1999, January/February). Cultural sensitivities in forensic psychological evaluations. *The Forensic Examiner, 8*(1 & 2), 26–27.

Dattilio, F. M. (2010). *Cognitive-behavioral therapy with couples and families: A comprehensive guide for clinicians*. Guilford Press.

Dattilio, F. M., & Kendall, P. C. (2007). Panic disorder. In F. M. Dattilio & A. Freeman (Eds.), *Cognitive-behavioral strategies in crisis intervention* (3rd ed., pp. 68–92). Guilford Press.

Ell, K. (1996). Crisis theory and social work practice. In F. Turner (Ed.), *Social work treatment* (pp. 168–190). Free Press.

Erikson, E. (1950). *Childhood and society*. Norton.

Farberow, N. L., & Schneidman, E. S. (Eds.). (1961). *The cry for help*. McGraw-Hill.

First, M. B., & Williams, J. B. W. (2021). *QuickSCID-5*. American Psychiatric Association.

Foa, E. B., Hearst-Ikeda, D., & Perry, K. J. (1995). Evaluation of a brief cognitive-behavioral program for the prevention of chronic PTSD in recent assault victims. *Journal of Consulting and Clinical Psychology, 63*, 948–955.

Freeman, A. (1993). A psychosocial approach for conceptualizing schematic development for cognitive therapy. In K. T. Kuhlwein & H. Rosen (Eds.), *Cognitive therapies in action: Evolving innovative practices* (pp. 54–87). Jossey-Bass.

Freeman, A., & Leaf, R. C. (1989). Cognitive therapy applied to personality disorders. In A. Freeman, K. M. Simon, L. E. Beutler, & H. Arkowitz (Eds.), *Comprehensive handbook of cognitive therapy* (pp. 403–433). Plenum Press.

Freeman, A., Pretzer, J., Fleming, B., & Simon, K. M. (1990). *Clinical applications of cognitive therapy*. Plenum Press.

Freeman, A., & Simon, K. M. (1989). Cognitive therapy of anxiety. In A. Freeman, K. M. Simon, L. E. Beutler, & H. Arkowitz (Eds.), *Comprehensive handbook of cognitive therapy* (pp. 347–365). Plenum Press.

Goldenberg, H. (1983). *Contemporary clinical psychology* (2nd ed.). Brooks/Cole.

Greenstone, J. L., & Leviton, S. C. (1993). *Elements of crisis intervention*. Brooks/Cole.

Holmes, T. H., & Rahe, R. H. (1967). The Social Readjustment Rating Scale. *Journal of Psychosomatic Research, 11*, 213–218.

Kazantzis, N., Dattilio, F. M., & Dobson, K. S. (2017). *The therapeutic relationship in cognitive-behavioral therapy: A clinician's guide*. Guilford Press.

Lewis, S. J. (2002). A Crisis State Assessment Scale: Development and validation of a new instrument. *Dissertation Abstract International Section A; Humanities and Social Sciences, 62*(11-A), 3935.

Maercker, A., Cloitre, M., Bachem, R., Schlumpf, Y. R., Khoury, B., Hitchcock, C., & Bohus, M. (2022). Complex posttraumatic stress disorder. *The Lancet, 400*, 60–72.

Nelson, B., & Kaminsky, D. B. (2020). COVID-19's crushing mental health toll on healthcare workers. *Cancer Cytopathology, 128*(9), 597–598.

Roberts, A. L. (Ed.). (2000). An overview of crisis theory and crisis intervention. In A. R. Roberts (Ed.), *Crisis intervention handbook: Assessment, treatment and research* (2nd ed., pp. 3–36). Oxford University Press.

Roberts, A. (Ed.). (2005). Bridging the past and present to the future of crisis intervention and crisis management. In A. R. Roberts (Ed.), *Crisis intervention handbook* (3rd ed., pp. 3–34). Oxford University Press.

Roberts, A. R., & Camasso, M. (1994). Staff turnover at crisis intervention units and programs: A national survey. *Crisis Intervention and Time Limited Treatment, 1*(1), 1–9.

Rosenbaum, A., & Calhoun, J. F. (1977). The use of the telephone hotline in crisis intervention: A review. *Journal of Community Psychology, 5*, 325–330.

Scheick, W. J. (2007). *Richard Cory in Magill's survey of American literature* (rev. ed.). Salem Press.

Schützwohl, M. (2000). Frühintervention nacht traumatisierenden erfahrugen: Ein überblick über mapnahmen und deren wirksamkeit. *Fortschritte der Neurologie Psychiatric, 68*(9), 423– 430.

Slaiku, K. A. (1990). *Crisis intervention* (2nd ed.). Allyn & Bacon.

Slovic, P., Zionts, D., Woods, A. K., Goodman, R., & Jinks, D. (2013). Psychic numbing and mass atrocity. In E. Shafir (Ed.), *The behavioral foundations of public policy* (pp. 126–142). Princeton University Press.

Substance Abuse and Mental Health Service Administration. (2020). *Executive order—saving lives through increased support for mental and behavioral health needs—report.* U.S. Department of Health and Human Services.

Yeager, K. Y., & Roberts, A. R. (Eds.). (2015). *Crisis intervention handbook: Assessment, treatment and research* (4th ed.). Oxford University Press.

2
Questões éticas e legais na intervenção em situações de crise

Jeffrey E. Barnett

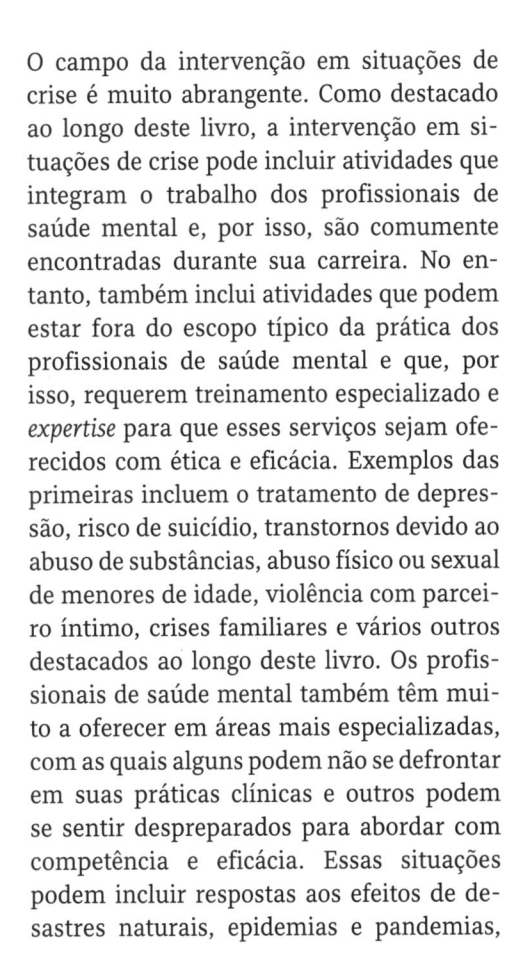

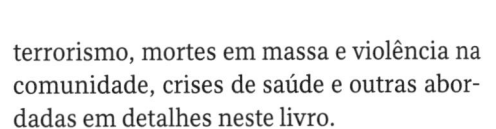

O campo da intervenção em situações de crise é muito abrangente. Como destacado ao longo deste livro, a intervenção em situações de crise pode incluir atividades que integram o trabalho dos profissionais de saúde mental e, por isso, são comumente encontradas durante sua carreira. No entanto, também inclui atividades que podem estar fora do escopo típico da prática dos profissionais de saúde mental e que, por isso, requerem treinamento especializado e *expertise* para que esses serviços sejam oferecidos com ética e eficácia. Exemplos das primeiras incluem o tratamento de depressão, risco de suicídio, transtornos devido ao abuso de substâncias, abuso físico ou sexual de menores de idade, violência com parceiro íntimo, crises familiares e vários outros destacados ao longo deste livro. Os profissionais de saúde mental também têm muito a oferecer em áreas mais especializadas, com as quais alguns podem não se defrontar em suas práticas clínicas e outros podem se sentir despreparados para abordar com competência e eficácia. Essas situações podem incluir respostas aos efeitos de desastres naturais, epidemias e pandemias, terrorismo, mortes em massa e violência na comunidade, crises de saúde e outras abordadas em detalhes neste livro.

Levando em consideração que todos os profissionais de saúde mental se defrontarão com uma gama de crises na sua prática profissional, é essencial que estejamos suficientemente preparados para responder a essas crises de forma ética e legal, para, assim, fornecer serviços clínicos competentes e eficazes que atendam ou excedam os padrões de prática profissional prevalentes. Isso significa que precisamos estar familiarizados com o Código de Ética da nossa respectiva profissão, com as leis que a regulam na localidade onde estamos prestando esses serviços, com as diretrizes relevantes para a boa prática, com estratégias de gerenciamento de risco e com modelos éticos de tomada de decisão. O papel de cada um é abordado neste capítulo e aplicado ao exemplo de caso[1] representativo a seguir:

---

[1] O exemplo de caso deste capítulo é totalmente fictício e foi criado pelo autor. Os indivíduos no exemplo de caso não representam nenhuma pessoa real conhecida do autor.

> Inna Bind, PhD, clínica de saúde mental licenciada, vem trabalhando em psicoterapia ambulatorial nas últimas semanas com uma nova cliente, a Sra. Tuff Case. Inicialmente, a Sra. Case descreveu, de forma vaga, dificuldades e insatisfações nos relacionamentos em vários aspectos da sua vida. Com base nesse autorrelato das necessidades de tratamento, a Dra. Bind aceitou o caso da Sra. Case como cliente em seu consultório e se sentiu confiante em sua capacidade de ajudá-la. Depois que a Sra. Case assinou um acordo de confidencialidade e um documento de consentimento informado, o tratamento começou imediatamente durante a primeira sessão.
>
> À medida que o tratamento progredia, a Sra. Case começou a ligar para a Dra. Bind tarde da noite e nos fins de semana, além de enviar *e-mails* e mensagens de texto com frequência, relatando crises emocionais, automedicação com substâncias, comportamento autolesivo não letal, vaga ideação suicida e sensação de opressão pelas responsabilidades com o cuidado de seus dois filhos pequenos. Embora a Dra. Bind nunca tivesse lidado com esses desafios específicos anteriormente, sentia-se confiante em suas habilidades clínicas e queria fazer tudo o que pudesse para ajudar a Sra. Case. A Dra. Bind deu o melhor de si para responder com celeridade às ligações telefônicas, aos e-mails e às mensagens de texto e trabalhou para abordar as questões emergentes da cliente em suas sessões semanais de psicoterapia, apesar de se sentir cada vez mais estressada e sobrecarregada pela situação. A Dra. Bind sentia a pressão de não abandonar a Sra. Case, encaminhando-a para outros profissionais em seu momento de necessidade. Portanto, esforçava-se para atender sozinha a todas as necessidades da sua cliente.

Entendendo a ética

É reconhecido, de forma geral, que a maioria dos profissionais de saúde mental tem em mente o melhor interesse dos seus clientes e que suas ações são guiadas por um desejo de ajudar e apoiar seus clientes e sua autonomia, especialmente em momentos de crise. No entanto, as crises frequentemente são acompanhadas de uma variedade de questões e dilemas que podem desafiar as habilidades e o julgamento até dos clínicos mais experientes e bem-intencionados. Quando se defrontam com situações de alto risco, os clínicos de saúde mental precisam ir além da compaixão e do cuidado para assegurar que seus clientes recebam os serviços profissionais mais apropriados e eficazes possíveis.

Um primeiro passo importante na promoção da prática ética é estar familiarizado com o Código de Ética da profissão. Este é um passo necessário, mas não suficiente, para uma prática ética. Embora os Códigos de Ética forneçam princípios aspiracionais para orientar nosso pensamento e nossas ações, bem como padrões éticos obrigatórios que estabelecem as expectativas mínimas para a conduta profissional, eles não podem nos dizer o que fazer em cada situação que enfrentamos. Os Princípios Éticos e o Código de Conduta dos Psicólogos (Ethical Principles of Psychologists and Code of Conduct; American Psychological Association [APA], 2017) deixam claro que o Código de Ética é apenas uma fonte possível de orientação que os psicólogos devem consultar quando se deparam com dilemas e desafios éticos; eles devem usar seu "julgamento profissional" quando considerarem aplicar o Código de Ética a uma grande variedade de situações que podem encontrar ("Introdução e Aplicabilidade", p. 2). Ademais, os psicólogos são aconselhados a também levar em consideração as leis e regulações aplicáveis e as diretrizes relevantes, "bem como consultar outros profissionais da área" para apoiar "o processo de tomada de decisões referentes ao seu comportamento profissional" ("Introdução e Aplicabilidade", p. 3).

Assim, além da familiaridade com o Código de Ética, os clínicos de saúde mental devem se engajar em um processo ponderado e ético de tomada de decisão.

Os valores éticos das profissões de saúde mental

Os fundamentos de todos os Códigos de Ética e de todos os processos de tomada de decisão são os valores ou virtudes aspiracionais das profissões de saúde mental. Conforme descrito por Beauchamp e Childress (2012), estão incluídos:

- **Beneficência:** A necessidade de fornecer assistência ou beneficiar aqueles a quem servimos em nosso papel profissional, e sempre guiados pelos seus melhores interesses em nossa tomada de decisão e em nossas ações.
- **Não maleficência:** A necessidade de minimizar o risco de exploração ou prejuízo de todos aqueles com quem interagimos em nosso papel profissional.
- **Fidelidade:** Atender ou cumprir todas as nossas obrigações profissionais conforme expressas no acordo de consentimento informado e como seria esperado de nós, com base nos padrões da prática profissional predominantes.
- **Autonomia:** Trabalhar para promover que, com o tempo, nossos clientes funcionem de forma independente de nós, respeitando sua autonomia na tomada de decisão e não nos engajando em comportamentos que promoveriam sua dependência.
- **Justiça:** Assegurar o acesso justo e igualitário a serviços profissionais e na provisão de serviços profissionais, assegurando que todos os indivíduos recebam a mesma qualidade alta de serviços independentemente das diferenças individuais.

Embora essas cinco virtudes se apliquem às nossas decisões e ações voltadas para aqueles com quem interagimos profissionalmente, a virtude final focaliza nos próprios clínicos e afeta diretamente nossa capacidade de implementar efetivamente as cinco virtudes.

- **Autocuidado:** Tomar medidas apropriadas para assegurar a manutenção da nossa competência profissional, incluindo os passos necessários de modo a gerenciar os estresses em nossa vida profissional e pessoal e a prevenir o desenvolvimento de *burnout*, de forma que as cinco virtudes anteriores possam ser consistentemente implementadas para o benefício de cada cliente (Dattilio, 2015).

Tomada de decisão ética

Um primeiro passo importante em toda tomada de decisão ética é propor a si mesmo perguntas baseadas nos valores éticos descritos anteriormente – por exemplo, no caso mencionado, a Dra. Inna Bind poderia se perguntar: "Eu tenho a competência necessária para tratar de forma eficaz uma cliente com abuso de substâncias, autolesão, ideação suicida e crises emergentes?" (beneficência); "Minha capacidade limitada para responder aos contatos frequentes da cliente depois do expediente representa risco de danos para ela?" (não maleficência); "Encaminhar esta cliente para profissionais mais capazes de atender às suas necessidades seria compatível com minhas obrigações com ela?" (fidelidade); "Estou fornecendo a essa cliente o tratamento e os recursos necessários para melhorar seu funcionamento independente?" (autonomia); "Estou fornecendo a mesma qualidade de serviços profissionais que a cliente provavelmente receberia de outros profissionais de saúde mental?" (justiça); e "Estou abordando adequadamente os estresses e desafios associados ao tratamento dessa cliente e assegurando minha eficácia clínica continuada?" (autocuidado).

Além disso, encontram-se disponíveis vários modelos de tomada de decisão ética que podem ser facilmente aplicados quando nos defrontamos com dilemas éticos. Cottone e Claus (2000) oferecem uma revisão abrangente dos muitos modelos disponíveis. Cada um desses modelos de tomada de decisão pode ajudar os clínicos de saúde mental quando se defrontarem com situações clínicas desafiadoras sem um plano de ação facilmente aparente. Um recurso adicional excelente é o Markkula Center for Applied Ethics, na Santa Clara University. Seu *site* (*www.scu.edu/ethics*) fornece uma variedade de recursos relevantes para a ética, a tomada de decisão ética e a ética na educação.

Um modelo representativo de tomada de decisão ética é oferecido por Barnett e Johnson (2008). Sua aplicação pode ajudar os clínicos de saúde mental a determinarem o plano de ação mais apropriado quando se defrontam com um dilema ético e/ou uma situação clínica desafiadora, em que o plano de ação mais apropriado não está facilmente aparente para eles. Apresentamos, a seguir, os passos básicos desse modelo, e sua aplicação ao exemplo de caso está em *itálico*:

- **Defina a situação claramente.** *"Quais são as questões relevantes para decidir como melhor atender às necessidades de tratamento da Sra. Case? Avaliei adequadamente suas necessidades de tratamento? Há questões sobre a competência clínica e a minha disponibilidade para atender às suas muitas necessidades? Há questões relacionadas a fronteiras e definição de limites a serem abordadas? É necessário algum treinamento especializado? Há questões legais envolvidas, como a possibilidade de abuso ou negligência na infância?"*

- **Determine quem será afetado.** *"Além da Sra. Case, há outros indivíduos que devem ser levados em consideração? E quanto aos seus dois filhos pequenos? Quais são minhas obrigações com eles? Quais são minhas obrigações comigo mesma e com meu bem-estar e segurança? Há outros membros na família a serem considerados?"*

- **Consulte os princípios e padrões éticos aspiracionais do Código de Ética da sua profissão.** Considere os princípios do Código de Ética da sua profissão como uma orientação geral, fazendo perguntas como foi destacado anteriormente. Revise os padrões de ética obrigatórios do Código de Ética quanto aos padrões relevantes relacionados à sua situação (p. ex., consentimento informado, competência, prevenção de danos, confidencialidade, avaliação, encaminhamentos e abandono).

- **Consulte as leis/regulações pertinentes e as diretrizes profissionais.** Revise leis como aquelas de notificação obrigatória que constituem exceções à confidencialidade e relatos que precisam ser feitos às autoridades em situações em que o risco de danos a si mesmo ou a outros estiver presente. Revise as diretrizes práticas relevantes promulgadas pelas suas organizações profissionais, como as Diretrizes da APA da Prática Clínica para o Tratamento de Depressão, as Diretrizes da APA para Avaliação Psicológica e as Diretrizes para a Prática de Telepsicologia.

- **Reflita honestamente sobre sentimentos pessoais e competência.** *"Apesar do meu desejo de ajudar esta cliente, tenho a competência necessária para tratar efetivamente uma cliente com tantas questões de tratamento significativas e complexas? Tenho tempo disponível para atender às suas necessidades de tratamento? Psicoterapia ambulatorial é o meio de tratamento mais* *apropriado para ela? Por que estou tão relutante em encaminhá-la para outros profissionais de saúde mental?"*

- **Consulte colegas de confiança.** *Consulte colegas, compartilhando abertamente a situação da cliente, a avaliação e o tratamento até o momento, bem como os desafios experienciados. Considere com ponderação as perspectivas dos seus consultores antes de prosseguir com o tratamento da cliente. (Se você não tiver, no momento, colegas especialistas ou uma rede para consulta com quem tenha relações duradouras, recomenda-se que você seja proativo e procure estabelecer essas relações agora, para estar preparado para quando elas forem necessárias.)*

- **Formule planos de ação alternativos.** *Com base na sua visão dos padrões éticos e legais, das diretrizes sobre a prática e de outras fontes de orientação disponíveis, que incluem consultas com colegas especialistas, desenvolva planos de ação alternativos a serem considerados. Eles devem ser relevantes para as necessidades de tratamento da cliente e possíveis de ser implementados. "Devem ser feitos encaminhamentos a colegas especializados no tratamento do risco de suicídio e da autolesão não letal? Deve ser feito um encaminhamento para avaliação de abuso de substâncias? Deve ser feito um comunicado aos Serviços de Proteção à Criança? Psicoterapia ambulatorial (acompanhada de telefonemas frequentes, e-mails e mensagens de texto) é o nível de tratamento mais eficaz e apropriado para esta cliente?"*

- **Considere os resultados possíveis para todas as partes envolvidas.** *Além das suas obrigações com sua cliente, considere como qualquer ação que você tomar pode afetar o bem-estar dos filhos dela. Além dos seus esforços para ser atencioso e para apoiar sua cliente, assegure-se de estar focalizando as necessidades e os melhores interesses dela (não apenas suas preferências ou desejos).*

- **Tome uma decisão e monitore os resultados.** *Entre em ação e monitore constantemente o funcionamento da cliente por meio da avaliação contínua de sintomas e comportamentos, e modifique seu plano de tratamento quando necessário. Você pode descobrir que um programa de internação parcial, ou mesmo um tratamento com hospitalização, é necessário para abordar as crises dessa cliente devido à sua natureza potencialmente letal.*

Crises e gerenciamento de risco

Toda crise é acompanhada de determinado grau de risco, tanto para o cliente quanto para o profissional de saúde mental. Por exemplo, no caso anterior, a Dra. Bind está tentando fornecer tratamento a uma cliente que parece estar passando de uma crise emocional para outra, engajando-se em comportamentos de alto risco com potencial para autolesão, dano potencial a outros e até mesmo risco de morte por suicídio. Em situações de alto risco como esta, é essencial que os profissionais de saúde mental se engajem em estratégias permanentes de gerenciamento do risco. Isso não só ajuda a assegurar que seja oferecido aos clientes o tratamento mais apropriado como também ajuda a minimizar os riscos para o clínico, que pode estar sujeito a denúncias e sanções caso o cliente ou outras pessoas sejam lesados apesar dos seus esforços de tratamento.

Em vez de buscar apenas atender às expectativas mínimas do Código de Ética e às exigências legais da nossa profissão, é recomendado que cada profissional de saúde mental pratique o que Handelsman et al. (2002) descrevem como ética positiva.

Isso envolve ser guiado pelos valores éticos subjacentes das profissões de saúde mental e utilizá-los como objetivos aspiracionais em todas as tomadas de decisões e ações. Em essência, devemos aspirar o melhor que podemos para cada um dos nossos clientes (em vez de fazer o mínimo necessário para atender às nossas obrigações profissionais e evitar queixas ou sanções). Como Knapp et al. (2013, p. 31) enfatizam: "Bons princípios de gerenciamento de risco devem ajudar [os profissionais de saúde mental] a cumprir seus mais altos ideais éticos". No entanto, é importante que os profissionais de saúde mental entendam que não estamos atrelados a um padrão de perfeição, e não deve ser esperado de nenhum clínico que ele saiba tudo, faça tudo perfeitamente ou atinja resultados positivos com os clientes o tempo todo. No entanto, se uma queixa ou processo por imperícia for apresentado contra um profissional de saúde mental, as ações desse profissional serão examinadas e avaliadas em comparação com os padrões da prática profissional prevalentes.

Queixas e processos por imperícia

Quando os clientes estão insatisfeitos com os serviços profissionais recebidos, especialmente quando as coisas não estão de acordo com suas expectativas e quando ocorrem resultados negativos, eles podem apresentar uma queixa a um Comitê de Ética estadual ou nacional, bem como a um Comitê de Licenciamento estadual. Os Comitês de Ética avaliarão as ações do profissional de saúde mental em comparação com os padrões mínimos expressos no Código de Ética da profissão. Os Comitês de Licenciamento avaliarão as ações do clínico em comparação com as leis estaduais de licenciamento e os regulamentos correspondentes, além de outras leis relevantes no Estado.

Uma atitude adicional que um cliente lesado ou insatisfeito pode tomar é apresentar um processo por imperícia contra o profissional de saúde mental. Imperícia refere-se à negligência na obrigação de satisfazer os padrões profissionais. Embora ser condenado judicialmente por ter cometido imperícia seja um acontecimento raro para profissionais de saúde mental em geral, quando isso ocorre está frequentemente relacionado a crises e a situações clínicas de alto risco. É essencial que todos os profissionais de saúde mental conheçam os critérios que devem ser satisfeitos para sustentar uma acusação de imperícia, bem como o papel das estratégias de gerenciamento de risco no sucesso da prevenção – e, se necessário, para se defender contra esse tipo de acusação. Não só pode ser muito oneroso defender-se contra uma acusação dessas (e pode ser ainda mais oneroso caso seja determinado que um ato de imperícia foi, de fato, cometido) como também as preocupações quanto à possibilidade de ter uma ação movida contra si podem ser um dos eventos mais estressantes e ansiogênicos que os profissionais de saúde mental podem enfrentar em sua carreira (Baerger, 2001). De fato, essa possibilidade pode fazer alguns profissionais de saúde mental evitarem aceitar casos de crise.

Quatro critérios precisam ser provados no tribunal para sustentar que um profissional de saúde mental cometeu um ato de imperícia. Eles são comumente referidos como os quatro Ds da imperícia: dever (obrigação), desvio, dano e causação direta (Simon, 1992). Cada um deles é aplicado ao exemplo de caso da Dra. Bind e da Sra. Case. Depois de ter aceitado a Sra. Case como sua cliente e ter começado a tratá-la, a Dra. Bind tem um *dever* com a Sra. Case. A Dra. Bind se *desviou* das obrigações legais e dos padrões de prática aceitos? Isso precisará ser avaliado e demonstrado no tribunal. Um desvio da prática usual não necessariamente implica cuidados abaixo do padrão, mas isso precisará ser avaliado para identificar se algum *dano* ou prejuízo real é experienciado pela Sra. Case, e, em caso afirmativo, deve ser demonstrada uma relação *causal direta* entre esse dano e o desvio da Dra. Bind.

Para fornecer aos clientes os melhores cuidados possíveis, exceder os padrões da prática profissional e ajudar a se defender caso seja apresentada uma queixa, Knapp et al. (2013) recomendam o uso das três principais estratégias de gerenciamento de risco: consentimento informado, documentação e consulta. Cada uma delas deve ser utilizada de maneira ponderada e significativa, de modo a ser vista como uma aplicação prática dos valores éticos das profissões de saúde mental, e não simplesmente de maneira sucinta, só para "cumprir o protocolo" em um esforço superficial para parecer ético.

Consentimento informado

Quando defrontados com uma crise, os profissionais de saúde mental podem sentir-se pressionados para avançar rapidamente na abordagem do estresse do cliente e lhe proporcionar alívio. Embora essa abordagem provavelmente seja motivada pelos cuidados e pela preocupação do clínico, com o tempo ela pode fazer o cliente ter sentimentos de traição e ruptura da aliança terapêutica, e, até mesmo, fazê-lo se queixar sobre tratamento inadequado. Costuma-se dizer que a confiança é a pedra angular da relação terapêutica (Shah, 1970). O fundamento dessa confiança na relação dentro do tratamento tem suas raízes no processo do consentimento informado.

Objetivos do consentimento informado

O processo de consentimento informado envolve o compartilhamento por parte do profissional de saúde mental, desde o início de seu contato com o cliente, de informações relevantes e suficientes para que o cliente tome uma decisão informada sobre sua participação nos serviços que estão sendo oferecidos. O processo do consentimento informado tem vários objetivos e benefícios potenciais para os clientes. Como explicado por Snyder e Barnett (2006, p. 37), eles incluem "promover a autonomia e autodeterminação do cliente, minimizar o risco de exploração e danos, estimular a tomada de decisão racional e reforçar a aliança terapêutica". Além disso, o processo do consentimento informado deve ajudar a promover a colaboração entre psicoterapeuta e cliente e deve ser conduzido de maneira que defina o tom da relação profissional a seguir, incentivando a confiança, a abertura e o compartilhamento na relação (Barnett et al., 2007).

Requisitos do consentimento informado

Os profissionais de saúde mental devem seguir os requisitos do consentimento informado encontrados em sua lei de licenciamento e em seu Código de Ética profissional. Os requisitos típicos envolvem a natureza e a previsão do curso do tratamento que está sendo proposto, incluindo avaliações e técnicas de tratamento específicas a serem usadas, confidencialidade e seus limites, honorários e acordos financeiros, o envolvimento de terceiros e a forma como o tratamento se encerrará, etc. É necessário que o consentimento informado seja dado voluntariamente, que o cliente seja competente para dar o consentimento, que o profissional de saúde mental se assegure ativamente de que o cliente compreendeu as informações apresentadas e que o consentimento informado seja dado tanto verbalmente quanto por escrito. No caso da Sra. Case, meramente assinar um formulário não atende às exigências de um acordo de consentimento informado válido.

Como ocorre com muitos clientes que estão em crise, a presença de estresse emocional significativo e o desejo de receber ajuda o mais rápido possível podem motivar a Sra. Case a assinar o formulário sem entender seus requisitos e as possíveis implicações para ela. Por exemplo, ela pode não entender os limites de confidencialidade que existem na relação terapêutica, que incluem os requisitos de comunicação obrigatória (e a Dra. Bind não se empenhou em examinar os detalhes do consentimento informado com a Sra. Case, nem garantiu que ela os compreendesse). A Sra. Case provavelmente ficará muito incomodada se, mais tarde, a Dra. Bind lhe informar que foi feito um comunicado aos Serviços de Proteção à Criança devido à preocupação da terapeuta com o bem-estar dos filhos da paciente. Garantir que os clientes entendam as implicações relevantes daquilo com o que estão concordando é essencial.

Também é importante que o processo do consentimento informado seja visto como apenas isto: um processo. Ele não é um evento único e, definitivamente, é muito mais do que fazer o cliente assinar um formulário, como a Dra. Bind fez com a Sra. Case. Todas as possíveis alterações nas combinações iniciais do consentimento informado devem ser discutidas, e esse acordo deve ser atualizado sempre que mudanças substanciais na natureza e no curso do tratamento estiverem sendo consideradas. Como as necessidades de tratamento aparentes da Sra. Case mudaram, a Dra. Bind deveria ter começado a conversar com ela sobre seus melhores interesses, o tratamento mais adequado e se seriam mais apropriados encaminhamentos para clínicos com *expertise* para tratar essas questões.

Consentimento informado e diversidade

As diferenças dos clientes devem ser consideradas para assegurar que o processo do consentimento informado seja adaptado às suas necessidades e garanta sua máxima compreensão. Todos os aspectos de diversidade devem ser levados em consideração. Exemplos incluem idioma, habilidade, expectativas culturais, idade e grau de instrução. O inglês pode não ser a língua nativa do cliente, ou ele pode ter perda auditiva ou de visão. Clientes de algumas origens culturais podem querer que um membro da família, um idoso ou um líder religioso da sua comunidade esteja presente e endosse o tratamento, mesmo que o cliente seja adulto. A forma como as informações são compartilhadas com crianças deve ser bem diferente de como são com adultos: já que menores de idade geralmente não têm o direito legal de dar o próprio consentimento, ele deve ser obtido com um dos pais, um responsável ou um assistente social indicado, além de compartilhar as informações com o menor de maneira que ele possa compreender – isso é denominado assentimento. Além disso, as limitações cognitivas e intelectuais de clientes adultos devem ser levadas em conta durante o processo do consentimento informado, pois elas podem afetar a capacidade do cliente de compreender as informações apresentadas. E, como já destacado, todas as informações, verbais ou escritas, devem ser compartilhadas de modo compatível com a capacidade de compreensão do cliente.

Documentação

Todos os Códigos de Ética, leis de licenciamento e regulações correspondentes às profissões de saúde mental requerem que todos os serviços prestados por profissionais de saúde mental sejam documentados, mas a forma como essa documentação é feita pode fazer toda a diferença para um profissional que trata clientes em crise. Primeiramente, uma documentação atual, abrangente e acurada pode ajudar os profissionais de saúde mental a oferecerem o tratamento mais apropriado e eficaz. Ninguém é capaz de lembrar, ao longo do tempo, os detalhes do tratamento de cada cliente. Ter a oportunidade de revisar as anotações da sessão anterior antes de se encontrar com um cliente pode se mostrar útil para monitorar avaliações de risco, *status* do cliente, aspectos do tratamento que são úteis e as tarefas dadas ou questões que merecem ser acompanhadas. O registro clínico também auxiliará os outros profissionais em uma equipe de tratamento a coordenar a assistência e a fornecer aos clientes o melhor tratamento. Em segundo lugar, se eventualmente for apresentada uma queixa ou acusação de imperícia, é a documentação do profissional de saúde que será examinada para determinar se os padrões da prática profissional prevalentes foram respeitados ou se houve imperícia – se os quatro *D*s foram satisfeitos.

É amplamente reconhecido que os tribunais, conselhos profissionais e comitês de ética adotam a perspectiva de que, se não está documentado, não aconteceu. Assim, a documentação completa de todos os serviços profissionais prestados é essencial. Isso inclui a avaliação inicial, o diagnóstico, o plano de tratamento, avaliações contínuas de risco, intervenções no tratamento e seus resultados, toda a correspondência, as recomendações feitas, o nível de participação e cooperação do cliente, o papel dos fatores de diversidade e as diferenças individuais na avaliação e no tratamento, comunicações com outras pessoas sobre o cliente e o acordo do consentimento informado. Também é deliberado que a qualidade da documentação do profissional de saúde mental seja vista como representativa da qualidade dos serviços profissionais fornecidos (*Whitree* v. *Estado*, 1968; *Donaldson* v. *O'Connor*, 1975). Como Knapp et al. (2013) apontam, "Documentação deficiente ou incompleta" pode ser considerada uma violação dos padrões profissionais de saúde mental, "mesmo que o profissional tenha feito um bom trabalho", e, alternativamente, "muitos casos de possível imperícia ou processos disciplinares nunca são executados porque a qualidade da documentação refletia um nível de cuidado adequado" (p. 46).

Huben-Kearney (2016) recomenda que toda a documentação seja clara, abrangente, concomitante e crível. A documentação deve ser objetiva e factual, deve incluir todas as informações relevantes para a avaliação e o tratamento do cliente, deve ser completada em tempo oportuno e deve ser escrita com a intenção específica de transmitir os esforços do clínico para melhor atender às necessidades de tratamento do cliente. Além de *quem o quê* e *quando* da documentação, o *porquê* também é de grande importância. É essencial que a justificativa do clínico para todas as decisões tomadas seja documentada, para que uma explicação seja incluída sempre que ocorrer um desvio dos padrões de prática prevalentes. Além disso, quando o tratamento não segue de acordo com o plano ou quando ocorrem resultados negativos, o processo de tomada de decisão do clínico e os fatores relevantes considerados nessa tomada de decisão são importantes para demonstrar uma abordagem de tratamento fundamentada, que atenda ou ultrapasse os padrões da prática profissional.

Ao fornecer tratamento a clientes em crise e a outros clientes de alto risco, sempre é importante perguntar sobre tratamentos anteriores e pedir permissão de acesso a registros passados para que auxiliem no tratamento atual. Saber o que foi e o que não foi útil em tratamentos passados pode ser especialmente útil com clientes que estão em crise. Tribunais já determinaram que os clínicos devem solicitar e usar registros de tratamentos anteriores para compreender melhor a história e as necessidades de tratamento de clientes de alto risco (p. ex., *Jablonski* v. *Estados Unidos*, 1983), e que não fazer isso pode ser uma base para imperícia.

Consulta

A consulta com colegas especialistas pode ser extremamente útil para profissionais de saúde mental que estejam avaliando e tratando clientes que estão em crise e outros clientes de alto risco quando não estiver claro se o clínico tem a competência necessária para tratar o cliente de forma efetiva; quando não estiver claro qual é o curso de tratamento mais apropriado para um cliente particular e para ajudar a determinar se são indicados encaminhamentos para outros clínicos ou para outras formas de tratamento; e se o cliente não estiver se beneficiando do tratamento. Assim, a consulta com colegas é consistente com os valores subjacentes das profissões de saúde mental e ajuda os clínicos a fornecerem aos seus clientes os melhores cuidados possíveis.

A crença da Dra. Inna Bind de que trabalhará sozinha para abordar as necessidades de tratamento da sua cliente, embora tenha experiência limitada com as dificuldades desta, coloca em risco tanto a cliente quanto ela mesma. A Dra. Bind não parece ser capaz de avaliar acuradamente sua competência ou as necessidades de tratamento da cliente. É provável que a contribuição de colegas especialistas seja extremamente útil.

Consulta versus *supervisão*

Consulta é diferente de supervisão pelo fato de que o profissional de saúde mental está buscando a contribuição de um colega, cada um deles independentemente licenciado na sua profissão. Dessa forma, o clínico que está buscando a ajuda de um colega não é obrigado legalmente a seguir a orientação do consultor, e o consultor não é responsável pelas decisões de tratamento tomadas ou pelos resultados de tratamento obtidos (Falender & Shafrankle, 2020). Na supervisão, os aprendizes não licenciados devem seguir a orientação do seu supervisor, e o supervisor é legalmente responsável pelos serviços profissionais prestados pelo aprendiz (Thomas, 2007).

A consulta efetiva pode oferecer ao profissional de saúde mental diferentes perspectivas das necessidades de tratamento do cliente; pode ajudá-lo a clarificar seu pensamento quanto às necessidades de tratamento de um cliente; pode compartilhar desenvolvimentos recentes na área, dos quais o clínico pode não ter conhecimento; e pode oferecer apoio ao clínico quando confrontado com situações desafiadoras. Como ilustrado anteriormente, a consulta com colegas especialistas é um dos passos essenciais na maioria dos modelos de tomada de decisão ética. Quando se defrontam com uma crise ou uma situação clínica especialmente desafiadora, consultar um ou mais colegas especialistas é um passo aceito e altamente recomendado em nossa busca para dar aos clientes o melhor tratamento possível.

Consulta como uma estratégia de gerenciamento de risco

Como uma das três estratégias essenciais de manejo de risco a ser empregada no tratamento de clientes que estão em crise, a consulta com colegas especialistas demonstra que os profissionais de saúde mental entendem os limites dos seus conhecimentos. Quando são confrontados pelas crises e as necessidades de clientes de alto risco, a consulta demonstra um reconhecimento da complexidade da situação e da necessidade da contribuição de um especialista para ajudar a assegurar que o cliente receba o tratamento mais apropriado possível.

Todas as consultas devem ser documentadas pelos profissionais de saúde mental que as procuram. Como já foi abordado, a documentação fornece o registro tangível dos esforços razoáveis de boa-fé do clínico para satisfazer aos padrões da profissão ou ultrapassá-los. A documentação deve incluir as razões para buscar a consulta, as informações compartilhadas com o consultor (quanto mais abrangentes e relevantes as informações compartilhadas, melhor pode ser a contribuição do consultor), a contribuição dada pelo consultor, o processo de pensamento do clínico ao considerar a contribuição do consultor, as decisões tomadas e o monitoramento da sua eficácia. A repetição das consultas deve ocorrer quando indicado, e o uso de múltiplos consultores com diferentes antecedentes e perspectivas profissionais é recomendado especialmente em situações de alto risco e nos casos em que os esforços passados não tenham se mostrado efetivos. De fato, é lamentável notar no exemplo de caso que, apesar de a Sra. Case gradualmente apresentar dificuldades preocupantes, e apesar de a Dra. Bind não ter experiência no tratamento de clientes similares no passado, ela decidiu continuar a trabalhar com a cliente sozinha. Este não é um bom presságio para a cliente, que, provavelmente, não receberá o tratamento ideal – ou para a Dra. Bind – que não será capaz de demonstrar o fornecimento de um tratamento que satisfaça aos padrões da prática corrente.

Outras questões éticas e legais importantes

Além de consentimento informado, documentação e consulta, há muitas outras questões éticas a serem consideradas ao fornecer tratamento a clientes em crise. Embora todos os aspectos dos Códigos de Ética das profissões de saúde mental e das leis de licenciamento sejam relevantes, são abordadas as questões éticas e legais de relevância particular para o tratamento de clientes em crise.

Competência

A competência clínica é um princípio aspiracional (nunca devemos parar de buscar maior competência) e uma obrigação ética com um limite abaixo do qual nunca devemos nos colocar. Como indicado no Código de Ética da American Psychological Association (APA) (APA, 2017, p. 4): "Os psicólogos fornecem serviços [...] a populações e em áreas somente dentro dos limites da sua competência, baseados em sua instrução, treinamento, experiência supervisionada, consulta, estudo ou experiência profissional". Competência é definida como o processamento suficiente de conhecimento, habilidades clínicas, capacidade para tomada de decisão, atitudes e valores e a capacidade de implementá-los efetivamente para benefício do cliente (Haas & Malouf, 2005).

Os profissionais de saúde mental devem se engajar em esforços constantes para manter seu conhecimento e suas habilidades atualizados por meio de atividades de educação continuada e treinamento permanente, mantendo-se atualizados com a literatura profissional e por meio de consultas e discussões com colegas. Também é importante conhecer os limites da própria competência e nunca fornecer serviços profissionais que estejam além das suas habilidades; algumas vezes, determinar isso pode ser particularmente desafiador. Pesquisas demonstram que os profissionais da saúde são falhos em autoavaliar acuradamente suas habilidades e eficácia e que, quanto mais prejudicada for a nossa competência, menos acuradas serão as nossas autoavaliações

(Dunning et al., 2003, 2004). Quando nos defrontamos com um cliente em crise, podemos sentir a pressão de tratá-lo imediatamente, sem considerarmos ponderadamente se temos as competências necessárias para melhor satisfazer às suas necessidades de tratamento. A autoavaliação da Dra. Bind acerca da própria capacidade de tratar, de forma efetiva, uma cliente em crise com necessidades altamente complexas parece falha, e ela deveria ter reconhecido a necessidade de consultar colegas especialistas sobre como melhor abordar as necessidades de tratamento da cliente.

Os profissionais de saúde mental podem expandir sua competência para serem capazes de fornecer tratamento em novas áreas de prática, mas isso também requer ir além da sua autoavaliação. É preciso consultar as diretrizes da prática relevantes, considerar os processos de certificação existentes e consultar especialistas reconhecidos na nova área de prática antes de tomar decisões sobre a instrução e o treinamento adicionais necessários para, posteriormente, entrar nessa nova área.

O papel da diversidade e das diferenças individuais também deve ser pensado quando consideramos a competência clínica. Muitos transtornos têm apresentações diferentes dependendo da idade do cliente, do seu gênero, da sua cultura e de outros fatores. Alguns transtornos são diagnosticados somente em indivíduos em determinadas faixas etárias. As diferenças individuais podem afetar como os clientes reagem aos tratamentos e podem impactar a comunicação e a relação, que são fundamentais para o tratamento efetivo.

Confidencialidade

Como já discutido, a confidencialidade e seus limites segundo a lei devem ser discutidos com os clientes como parte do processo de consentimento informado. Muitos clientes podem presumir que tudo o que compartilham com seu psicoterapeuta é confidencial, e os clientes em crise podem estar focados em receber ajuda em vez de pensar sobre os limites da confidencialidade naquele momento. Os profissionais de saúde mental precisam destinar um tempo para explicar as exigências de comunicação obrigatória e outras exceções à confidencialidade, mesmo quando sentirem a necessidade de iniciar o tratamento imediatamente. A Dra. Bind deveria ter examinado essas questões com a Sra. Case para que qualquer compartilhamento das informações pessoais da paciente com outras pessoas não fosse uma surpresa e, assim, parecesse uma traição ou violação da confiança.

Quando consultarem colegas, os profissionais de saúde mental devem, primeiro, obter a permissão do cliente. Se isso não for viável – pois podem ocorrer algumas situações de crise que exigem rapidez –, as informações de identificação do cliente devem ser protegidas, e deve ser compartilhado o mínimo de informações necessárias para a realização da consulta. Muitos profissionais de saúde mental devem ser cautelosos quanto à discussão de informações confidenciais em ambientes públicos, como em situações de resposta a um desastre natural e eventos similares. Em casos de emergência, quando o compartilhamento de algumas informações confidenciais é permitido para coordenar o atendimento de urgência, deve ser liberada a quantidade mínima de informações necessárias para atender às necessidades da exigência de informações confidenciais, e devem ser feitas todas as tentativas para se obter a permissão de compartilhamento dessas informações.

Limites e relações múltiplas

Limites como toque, local, tempo, espaço interpessoal, autoexposição e recebimento de presentes ou favores ajudam a definir e diferenciar as relações. Embora seja impossível evitar completamente a maioria dos limites, os profissionais de saúde mental precisam gerenciá-los efetivamente para que os clientes não sejam abusados ou prejudicados. O objetivo é cruzar os limites somente quando clinicamente indicado; quando motivado pelas necessidades do tratamento do cliente, e não pelos interesses do clínico; quando compatível com a orientação teórica do clínico; quando compatível com diferenças relevantes na diversidade; e quando bem recebido pelo cliente. A falha em considerar apropriadamente cada um desses fatores pode constituir uma violação dos limites e resultar em abuso ou prejuízo ao cliente (Smith & Fitzpatrick, 1995) – por exemplo, estender o tempo agendado de uma sessão de tratamento para um cliente em crise seria uma violação dos limites relevante e apropriada, mas ter a mesma atitude porque o clínico acha seu cliente atraente e quer conhecê-lo melhor pessoalmente seria uma violação dos limites inapropriada e potencialmente prejudicial.

Existe uma relação múltipla quando um profissional de saúde mental entra em um segundo relacionamento (não profissional) com um cliente atual ou aceita para tratamento um indivíduo com quem o clínico tem uma relação preexistente – seja pessoal, profissional ou romântica, por exemplo. Os Códigos de Ética das profissões de saúde mental deixam claro que devem ser evitadas as relações múltiplas que tenham potencial significativo para abuso ou prejuízos para o cliente e aquelas que tenham potencial significativo para prejudicar a objetividade e o julgamento do clínico. Algumas vezes, porém, as relações múltiplas não podem ser evitadas. Ao responder a uma crise na própria comunidade, a necessidade de prestar tratamento imediato é de importância primordial. Pode não ser possível fazer encaminhamentos, especialmente em comunidades pequenas e isoladas (Knapp & Slattery, 2004). Ainda assim, nessas situações, o papel do consentimento informado, da consulta e da documentação não deve ser negligenciado.

Abandono e término

Depois que um profissional de saúde mental aceita um indivíduo como seu cliente, ele tem o dever e a obrigação de abordar as necessidades de tratamento atuais do cliente de maneira relevante e competente até que sua assistência não seja mais necessária ou até que o cliente o dispense dessa obrigação. Os profissionais de saúde mental devem garantir que as necessidades de tratamento dos clientes sejam atendidas da maneira mais apropriada possível pelos seus próprios esforços de tratamento, ou, de forma alternativa, devem fazer encaminhamentos quando o cliente não estiver se beneficiando com o tratamento, quando o clínico não tiver a competência necessária para atender às mudanças nas necessidades de tratamento do cliente ou quando uma relação múltipla inapropriada ou abusiva for descoberta ou se desenvolver. No caso da Dra. Inna Bind, ela decidiu continuar tratando sua cliente à medida que as necessidades de tratamento da Sra. Case pareciam mudar, e foi ficando cada vez mais evidente que essas necessidades estavam além das áreas de competência clínica da Dra. Bind.

Fazer os encaminhamentos apropriados não é abandono do cliente. Ao contrário, o abandono ocorre quando o tratamento é encerrado abruptamente, sem trabalhar com o cliente para consolidar os ganhos obtidos no tratamento e ajudar a prepará-lo para prosseguir de forma independente ou com outros profissionais (Davis & Younggren, 2009). Também pode ocorrer abandono entre as sessões de tratamento agendadas quando o clínico não é responsivo às necessidades de tratamento atuais do cliente – por exemplo, não respondendo às mensagens em tempo hábil ou não providenciando uma cobertura apropriada durante períodos de indisponibilidade. Tais ações são especialmente importantes nas situações de crise em que o tratamento raramente pode ficar restrito aos limites das sessões agendadas. Todos os profissionais de saúde mental devem avaliar com cuidado as necessidades de tratamento de cada novo cliente e considerar ponderadamente a sua capacidade de atender a essas necessidades, que incluem disponibilidade e responsividade a crises que possam surgir. Aqueles que não possam atender a essas necessidades (como a Dra. Bind, no exemplo de caso) devem considerar o encaminhamento a profissionais ou programas de tratamento mais preparados para atendê-las.

Prestando serviços profissionais em outras jurisdições

Algumas vezes, os profissionais de saúde mental responderão a crises em outros estados ou países. Isso pode ocorrer por meio de esforços coordenados, que incluem servir como membro da equipe de saúde mental em desastres da Cruz Vermelha Americana ou como um atendente em desastres internacionais. Os profissionais de saúde mental precisam se candidatar a essas posições e concluir com sucesso o treinamento exigido para garantir sua competência nessas situações de crise desafiadoras. Os serviços de crise estão sob os cuidados da Cruz Vermelha Americana, e não é necessário nenhum licenciamento adicional. Para os clínicos que respondem a desastres em outros estados e países por conta própria, é essencial que eles confirmem, primeiro, se são legalmente autorizados para fazê-lo. Um licenciamento adicional ou, pelo menos, uma exceção temporária para licenciamento pode ser necessário antes que possam ser prestados serviços de intervenção em situações de crise. Os clínicos que atendem em outras jurisdições também devem revisar todas as leis locais pertinentes aos serviços que estejam prestando, já que muitas delas podem ser diferentes daquelas com as quais estão familiarizados em sua jurisdição. Exemplos incluem exigências de comunicação obrigatória, confidencialidade e quem pode consentir com o tratamento.

Teleatendimento de saúde mental

A utilização do teleatendimento de saúde mental possibilita que os clínicos de saúde mental prestem serviços de intervenção em crises no mundo todo. Embora poder levar serviços de saúde mental até aqueles mais necessitados seja um objetivo louvável, isso deve ser feito ética e legalmente. Os profissionais de saúde mental precisam confirmar os requisitos para credenciamento em cada jurisdição onde os clientes estejam localizados, e não apenas onde o clínico está. Isso pode ser feito virtualmente junto à respectiva comissão de credenciamento da jurisdição pretendida. Os clínicos também precisam conhecer e seguir todas as leis relevantes nas jurisdições dos clientes. Além disso, é recomendado que os profissionais de saúde mental se informem sobre os recursos da comunidade local de cada cliente para possível uso futuro, no caso da emergência de uma crise que não possa ser abordada por meio do teleatendimento de saúde mental (como a necessidade de hospitalização).

Os profissionais de saúde mental que queiram oferecer serviços de teleatendimento devem considerar tal prática em uma área de competência profissional. Eles precisam garantir que têm a competência tecnológica necessária para oferecer os serviços de forma fácil e efetiva, bem como que são capazes de instruir o cliente quanto ao uso efetivo da tecnologia. Devido ao grande alcance do teleatendimento de saúde mental, questões de diversidade como a língua e a cultura permanecem proeminentes. Os profissionais de saúde mental devem considerar todas as questões de diversidade relevantes ao decidirem se serão os profissionais mais apropriados para tratar o cliente.

Os serviços de teleatendimento de saúde mental podem fornecer acesso ao tratamento necessário a muitos indivíduos que estão em crise e que, de outro modo, não conseguiriam ter acesso à ajuda profissional. Ao mesmo tempo, esses serviços podem não ser o tratamento mais apropriado para todos os indivíduos, e uma forma de teleatendimento pode ser mais apropriada para um cliente do que para outro (p. ex., videoconferência em comparação com mensagem de texto). Alguns precisam de tratamento presencial, e, com o teleatendimento de saúde mental, as necessidades de tratamento de alguns clientes são mais bem atendidas quando o clínico consegue ouvi-los e vê-los. As necessidades de cada cliente devem ser avaliadas no início, e deve ser oferecido o tratamento mais apropriado possível (bem como a tomada de decisão envolvida deve ser documentada).

Autocuidado, prevenção de *burnout* e promoção de bem-estar

O tratamento de clientes em crise pode demandar muito emocionalmente do clínico de saúde mental. A falha em atentar ao nosso próprio funcionamento emocional e bem-estar pode resultar em decréscimos na competência profissional e danos potenciais ao cliente. Com o tempo, os profissionais de saúde mental que tratam vítimas de trauma podem experienciar muitos dos mesmos sintomas que o cliente apresenta (isso é conhecido como trauma vicário ou trauma secundário; Dattilio, 2015).

O Código de Ética de cada uma das profissões de saúde mental determina uma atenção à nossa própria condição emocional e física, o engajamento em ações preventivas constantes para manter nosso bem-estar, o automonitoramento contínuo dos efeitos do estresse e a tomada de ações corretivas, quando indicado. Os Códigos de Ética também determinam que monitoremos e estejamos atentos aos nossos colegas, já que sabemos das limitações da nossa capacidade de autoavaliação. Os profissionais de saúde mental podem ter uma variedade de razões para continuar a tratar clientes quando, pessoalmente, experienciam os efeitos do estresse e do sofrimento – como fica aparente com a Dra. Bind, no exemplo de caso. Podemos nos sentir obrigados a continuar tratando o cliente devido à crise presente, mas cada um de nós precisa ter em mente que uma falha em cuidar do nosso bem-estar de forma adequada e constante resultará, com o tempo, em um decréscimo na nossa competência profissional e, assim, prejudicará nosso cliente. A prática constante da autoavaliação e do autocuidado dos profissionais de saúde mental que tratam clientes em crise e que respondem a desastres é de importância primordial para garantir o cumprimento de nossas obrigações éticas com nossos clientes. Exemplos de práticas de autocuidado incluem garantir sono, dieta e exercícios adequados; dar atenção aos nossos próprios aspectos emocionais, relacionais, físicos e religiosos; fazer as pausas necessárias; e buscar nossa própria psicoterapia, quando indicado. A lista das possíveis atividades de autocuidado é interminável, porém o objetivo é aumentar nossa capacidade de tolerância ao estresse, nos engajando em atividades que sejam relaxantes, prazerosas, energizantes ou rejuvenescedoras.

Resumo e conclusões

Os profissionais de saúde mental que oferecem sua *expertise* a clientes que estão enfrentando uma crise fornecem serviços valiosos e necessários. No entanto, eles precisam prestar esses serviços cumprindo as leis pertinentes e os padrões do Código de Ética, guiados pelos valores éticos aspiracionais das profissões de saúde mental. Clientes em crise frequentemente apresentam aos clínicos desafios que incluem uma gama de dilemas éticos. Um modelo ético de tomada de decisão é recomendado nessas situações. Para melhor tratarem seus clientes, além de protegerem a si mesmos, os profissionais de saúde mental devem utilizar as estratégias de gerenciamento de risco de consentimento informado, documentação e consulta. Os clínicos devem estar atentos a todos os padrões de ética e às leis pertinentes, prestando particular atenção a competência, confidencialidade, limites, relações múltiplas, término e abandono. Também deve ser dada atenção a questões legais, éticas e clínicas ao fornecer serviços profissionais que ultrapassam fronteiras de jurisdições, seja presencialmente ou virtualmente. Por fim, os profissionais de saúde mental que fornecem serviços de intervenção em crises devem prestar particular atenção ao seu próprio funcionamento, estar vigilantes ao desenvolvimento de estresse, esgotamento e traumatização vicária e tomar as medidas preventivas e corretivas necessárias para manter o bem-estar constante e a eficácia clínica.

Recursos

Autocuidado

Recursos de autocuidado da American Psychological Association
www.apaservices.org/practice/ce/self-care

COVID Coach (aplicativo)
https://mobile.va.gov/app/covid-coach

Mindfulness Coach (aplicativo)
https://mobile.va.gov/app/mindfulness-coach

Autocuidado e trauma secundário para clínicos (fornecido pelo Children's Hospital of Philadelphia)
www.healthcaretoolbox.org/self-care-for-provider

Teleatendimento em saúde mental e prática entre jurisdições

Diretrizes para telepsicologia da American Psychological Association
https://www.apa.org/practice/guidelines/telepsychology-revision.pdf

Coronavírus e as diretrizes estaduais/provinciais para telessaúde (fornecidas pela American Association for Marriage and Family Therapy)
www.aamft.org/Events/State_Guide_for_Telehealth.aspx

PSYPACT (prática de psicologia entre jurisdições; presencial e por telepsicologia; fornecido pela Association of State and Provincial Psychology Boards)
https://psypact.site-ym.com

Leis, regulamentações e políticas para teleatendimento de saúde (fornecido pela American Medical Association)
www.ama-assn.org/topics/telehealth-laws-regulations-policies

Referências

American Psychological Association. (2017). Ethical principles of psychologists and code of conduct (2002, amended effective June 1, 2010, and January 1, 2017). Author. www.apa.org/ethics/code/index.aspx

Baerger, D. R. (2001). Risk management with the suicidal patient: Lessons from case law. *Professional Psychology: Research and Practice, 32*(4), 359–366.

Barnett, J. E., & Johnson, W. B. (2008). *Ethics desk reference for psychologists*. American Psychological Association.

Barnett, J. E., Wise, E. H., Johnson-Greene, D., & Bucky, S. F. (2007). Informed consent: Too much of a good thing or not enough? *Professional Psychology: Research and Practice, 38*, 179–186.

Beauchamp, T. L., & Childress, J. F. (2012). *Principles of biomedical ethics* (7th ed.). Oxford University Press.

Cottone, R., & Claus, R. (2000). Ethical decision-making models: A review of the literature. *Journal of Counseling and Development, 78*, 275–283.

Dattilio, F. M. (2015). The self-care of psychologists and mental health professionals: A review and practitioner guide. *Australian Psychologist, 50*, 393–399.

Davis, D. D., & Younggren, J. N. (2009). Ethical competence in psychotherapy termination. *Professional Psychology: Research and Practice, 40*, 572–578.

Donaldson v. O'Connor, 519 F.2d 59 (5th Cir. 1975).

Dunning, D., Heath, C., & Suls, J. M. (2004). Flawed self-assessment: Implications for health, education, and the workplace. *Psychological Science in the Public Interest, 5*, 69–106.

Dunning, D., Johnson, K., Ehrlinger, J., & Kruger, J. (2003). Why people fail to recognize their own incompetence. *Current Directions in Psychological Science, 12*, 83–87.

Falender, C. A., & Shafranske, E. P. (2020). *Consultation in psychology: A competency-based approach*. American Psychological Association.

Haas, L. J., & Malouf, J. L. (2005). *Keeping up the good work: A practitioner's guide to mental health ethics* (4th ed.). Professional Resource Press.

Handelsman, M. M., Knapp, S., & Gottlieb, M. C. (2002). Positive ethics. In C. R. Snyder & S. J. Lopez (Eds.), *Handbook of positive psychology* (pp. 731–744). Oxford University Press.

Huben-Kearney, A. (2016, October). Good risk management requires good documentation. *Psychiatric News*. https://psychnews.psychiatryonline.org/doi/full/10.1176/appi.pn.2016.11a18

Jablonski by Pahls v. United States, 712 F.2d 391 (9th Cir. 1983).

Knapp, S. J., & Slattery, J. M. (2004). Professional boundaries in non-traditional settings. *Professional Psychology: Research and Practice, 35*, 553–558.

Knapp, S. J., Younggren, J. N., VandeCreek, L., Harris, E., & Martin, J. N. (2013). *Assessing and managing risk in psychological practice: An individualized approach* (2nd ed.). The Trust.

Shah, S. B. (1970). Privileged communications, confidentiality, and privacy. *Professional Psychology, 1*(1), 56–69.

Simon, R. (1992). *Clinical psychiatry and the law* (rev. ed.). American Psychiatric Press.

Smith, D., & Fitzpatrick, M. (1995). Patient-therapist boundary issues: An integrative review of theory and research. *Professional Psychology: Research and Practice, 26*, 499–506.

Snyder, T. A., & Barnett, J. E. (2006). Informed consent and the psychotherapy process. *Psychotherapy Bulletin, 41*, 37–42.

Thomas, J. T. (2007). Informed consent through contracting for supervision: Minimizing risks, enhancing benefits. *Professional Psychology: Research and Practice, 38*, 221–231.

Whitree v. State, 56 Misc. 2d 693, 290 N.Y.S. 2d 486 (Ct. Cl. 1968).

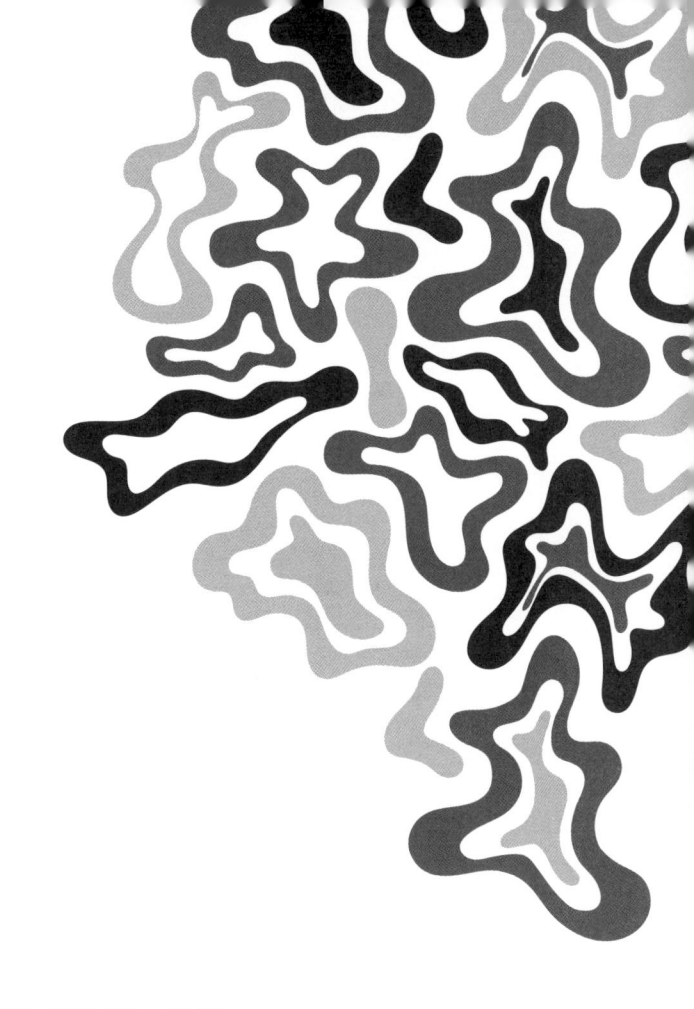

PARTE II
Crises psicológicas

3
Gerenciamento efetivo de crises suicidas

David A. Jobes, Ethan W. Graure e John Paul Ryan

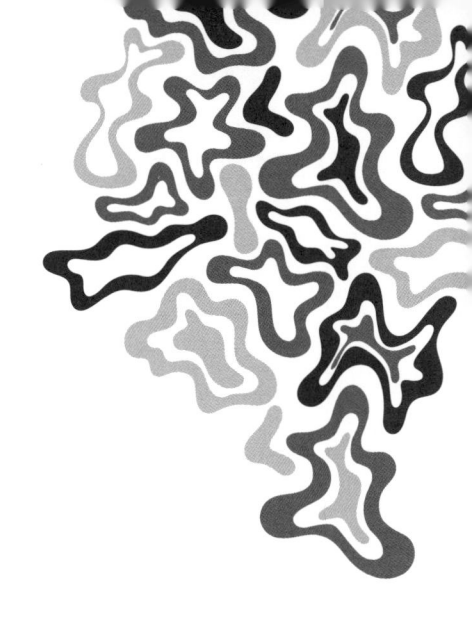

Tom, 25 anos, é estudante de pós-graduação em biologia molecular e cresceu em uma área rural no sul dos Estados Unidos. Depois de ter realizado seu sonho de ser aceito em um programa de doutorado em uma universidade prestigiada da Ivy League, em uma grande cidade na costa leste, Tom estava se debatendo em seu primeiro ano de estudos. Sobrecarregado pelo ambiente acadêmico altamente competitivo, sentia-se isolado de sua família e dos colegas na universidade. Tendo afundado em depressão, ele periodicamente ficava se olhando fixamente no espelho do banheiro, pensando em como se odiava e que seria melhor se estivesse morto. Pensamentos anteriores de suicídio já o haviam assombrado no ensino médio, mas agora ele estava ativamente pesquisando na internet como comprar um "saco de suicídio" com hélio.

O orientador de Tom no departamento de engenharia estava preocupado com seu talentoso – embora claramente perturbado – aluno do primeiro ano. Depois de uma longa conversa, Tom relutantemente concordou em procurar ajuda no Centro de Aconselhamento da universidade. Com grande apreensão, preencheu o extenso material de admissão e o consentimento informado para que pudesse se encontrar com o psicólogo da equipe do Centro, o Dr. Kent. Como cientista, Tom era cético quanto aos méritos da psicoterapia e não se considerava o "tipo de pessoa que fazia terapia".

Para a surpresa de Tom, ele acabou gostando do Dr. Kent. Sua primeira sessão focou inteiramente no tema do suicídio. Juntos, eles se engajaram em um tratamento focado no suicídio chamado Avaliação Colaborativa e Gerenciamento de Suicídio (CAMS, do inglês Collaborative Assessment and Management of Suicidality; Jobes, 2016). Embora Tom estivesse inicialmente desconfortável para falar tão abertamente sobre os vários aspectos do suicídio, o que o impressionou foi que o uso do Dr. Kent da Fórmula do *Status* Suicida (SSF, do inglês Suicide Status Form) parecia validar o que ele estava passando, particularmente em relação ao modo como se sentia sobre si mesmo. O Dr. Kent lhe assegurou que a CAMS tinha extenso apoio empírico e que ele tinha todas as razões para acreditar que Tom se beneficiaria da assistência clínica focada no suicídio. Tom deixou a sessão sentindo-se confiante. Ele tinha um Plano de Estabilização da CAMS (CSP, do inglês CAMS Stabilization Plan), que havia sido aconselhado a usar quando emergissem sentimentos suicidas entre as sessões, e nas sessões seguintes eles planejaram tratar os dois principais "gatilhos"

> que faziam com que se sentisse suicida: seu auto-ódio intenso e seu sentimento desesperado de isolamento. Como parte do CSP, Tom concordou com o pedido do Dr. Kent de, por enquanto, adiar a compra do "saco de suicídio" para dar uma chance de sucesso para o tratamento. Embora a sessão tivesse sido intensa, Tom se sentiu mais forte com o senso de confiança sutil, porém firme, do Dr. Kent, e alimentou sua esperança de que esse tratamento com a CAMS tivesse sucesso. Para seu espanto, Tom se descobriu motivado a testar o CSP recém-elaborado e surpreso por esperar ansiosamente pela próxima sessão com o Dr. Kent.

Introdução ao diagnóstico

Apesar do papel proeminente que os pensamentos, sentimentos e comportamentos suicidas desempenham no campo da saúde mental, os pensamentos e comportamentos suicidas foram, em grande parte, relegados a sintomas de outros transtornos mentais maiores em vez de encarados como uma entidade clínica *sui generis* (Aleman & Denys, 2014). No entanto, as edições atuais da *Classificação estatística internacional de doenças, modificação clínica* (CID-10-MC; World Health Organization, 2022) e do *Manual diagnóstico e estatístico de transtornos mentais, 5ª edição, texto revisado* (DSM-5-TR; American Psychiatric Association, 2022) listam os códigos diagnósticos para ideação/comportamento suicida.

Embora diagnosticar o comportamento suicida possa ser útil para denotar comportamento prévio e, assim, ser relacionado a risco ao longo da vida, isso não aborda o risco em curto prazo nem transmite informações sobre as cognições atuais. Para preencher essa lacuna, dois diagnósticos adicionais propostos ganharam força no campo da suicidologia.

Distúrbio afetivo suicida agudo

O distúrbio afetivo suicida agudo (ASAD, do inglês *acute suicidal affective disturbance*; Rogers et al., 2017) visa caracterizar picos na suicidabilidade que ocorrem dentro de espaços de tempo relativamente curtos. O diagnóstico proposto inclui (1) o aumento geométrico na intenção suicida no curso de horas ou dias, em vez de semanas ou meses; (2) um ou dois dos seguintes: alienação social acentuada (p. ex., retraimento social grave, aversão a outras pessoas, percepções de ser um fardo para os outros) ou autoalienação acentuada (p. ex., autoaversão, percepções de que a própria dor psicológica é um fardo); (3) percepções de que o anteriormente exposto é irremediavelmente intratável; e (4) duas ou mais manifestações de hiperexcitação (p. ex., agitação, insônia, pesadelos, irritabilidade; Rogers et al., 2017). Um diagnóstico de ASAD pode ajudar a avaliar o risco iminente de suicídio para possibilitar uma intervenção imediata.

Síndrome da crise suicida

A síndrome da crise suicida (SCS; Schuck et al., 2019) aborda as dimensões cognitivas do estado pré-suicida. Os critérios para SCS são (1) aprisionamento ou necessidade persistente e urgente de escapar de uma situação de vida aparentemente imutável; e (2) distúrbio afetivo, manifestado em todos os aspectos a seguir: distúrbio afetivo, perda do controle cognitivo, hiperexcitação e retraimento social (Schuck et al., 2019). A SCS pode fornecer um discernimento crítico do estado mental do paciente suicida e do risco potencial iminente.

Epidemiologia e incidência

Além do seu *status* de diagnóstico formal, o suicídio é um problema de saúde pública crítico e persistente nos Estados Unidos. Em 2021, 12,3 milhões de norte-americanos consideraram seriamente o suicídio, e 1,7 milhão de norte-americanos realizaram uma tentativa de suicídio (Substance Abuse and Mental Health Services Administration [SAMHSA], 2022). Apesar dos esforços tenazes que abrangeram as políticas, as iniciativas de pesquisa e a intervenção clínica, as taxas de suicídio só começaram a cair levemente depois de um período de aumento consistente da incidência desde 2006 (Centers for Disease Control and Prevention [CDC], 2021). Em 2021, o suicídio era a 11ª causa principal de morte, sendo a terceira (atrás de morte acidental) entre pessoas de 10 a 24 anos (SAMHSA, 2022). Dados nacionais indicam que, enquanto os homens têm mais probabilidade de morrer por suicídio, as mulheres têm mais probabilidade de tentar suicídio (SAMHSA, 2022). A escolha do método letal pode ter um papel nisso, já que os homens acabam com sua vida mais frequentemente com o uso de armas de fogo (52,8% das mortes por suicídio), enquanto as mulheres historicamente têm mais probabilidade de escolher métodos menos letais, como sufocamento ou envenenamento (27,2 e 12% das mortes por suicídio, respectivamente; SAMHSA, 2021).

Teorias psicológicas do suicídio

Dada a persistência do suicídio como um problema de saúde importante, o campo da saúde mental gradualmente voltou sua atenção para tentar entender e abordar suas bases psicológicas. Inúmeros estudos demonstraram alta comorbidade entre suicidabilidade e transtornos psiquiátricos como transtorno da personalidade *borderline*, transtorno bipolar e transtorno depressivo maior (Bostwick & Pankratz, 2000; Plans et al., 2019; Temes et al., 2019). Depois de décadas de pesquisa, quase 3.450 fatores de risco e cerca de 500 fatores protetivos – de natureza psicológica, sociológica, demográfica, biológica, hereditária ou desenvolvimental – foram identificados de acordo com uma metanálise recente (Franklin et al., 2017). Apesar dessa literatura prolífica, os pesquisadores não conseguiram criar modelos preditivos de risco de suicídio, devido ao suicídio completado ser um evento altamente idiossincrásico e relativamente raro (Franklin et al., 2017).

Várias teorias e modelos psicológicos do suicídio emergiram ao longo dos anos. Freud (1922) inicialmente conceituou o suicídio como uma manifestação invertida de um desejo reprimido de matar outra pessoa. No entanto, foi Shneidman (1985) quem ajudou a moldar boa parte da base dos modelos modernos do suicídio, com seu modelo cúbico que o vê como ocorrendo na interseção de alta "dor psíquica" (dor psicológica), estresse e agitação. Assim, ele era visto como um método de autodestruição causado por um estado psicológico interno completamente intolerável (Shneidman, 1993). Baumeister (1990) postulou que o auto-ódio intenso leva à necessidade de escapar psicologicamente de uma percepção insuportável de si mesmo. No domínio cognitivo, Beck et al. (1990) propuseram que a desesperança desempenha um papel-chave no suicídio, perturbando o senso de *self*, dos outros e do futuro, e que o indivíduo suicida experiencia prejuízos na atenção e na memória em relação às razões para viver. Isso foi ampliado na conceitualização de Beck et al. (1996) do "modo suicida", em que a desesperança generalizada leva a crises suicidas agudas e de duração limitada marcadas por distúrbios fisiológicos, comportamentais, afetivos e cognitivos (Rudd, 2000).

Teorias mais recentes investigaram o que transforma a ideação suicida em comportamento suicida. A teoria psicológica interpessoal (TPI) do suicídio (Joiner, 2005; Van Orden et al., 2010) propõe que a ideação suicida é encontrada na interseção do pertencimento frustrado e da sobrecarga percebida, mas que os pensamentos suicidas se transformam em comportamento suicida quando a pessoa adquire a capacidade para o suicídio. A TPI, por sua vez, inspirou uma geração de teorias do suicídio de pensamento-ação – por exemplo, O'Connor (2011) propôs o modelo integrado motivacional-volitivo, que vislumbra um conjunto complexo de moderadores que facilitam a transição do contexto biossocial do indivíduo para sentimentos de derrota/humilhação e de aprisionamento até a ideação suicida e, por fim, o comportamento suicida. Já a teoria em três passos (3ST, do inglês *three-step theory*; Klonsky & May, 2015) tem como hipótese que a combinação de dor e desesperança conduz à ideação suicida inicial, que escala quando a dor excede a conectividade com outras pessoas e/ou com o senso de propósito do indivíduo. A 3ST considera que essa ideação escalada se transforma em comportamento suicida quando a pessoa tem a capacidade de se engajar em suicídio.

A partir de todas essas teorias, pode-se concluir que uma área de interesse fundamental é a mitigação da ideação suicida. Praticamente todos – se não todos – os comportamentos suicidas iniciam com a ideação (Jobes & Joiner, 2019). Embora eles seguramente mereçam grande atenção, tanto do ponto de vista empírico quanto clínico, pela sua relação com morbidade e mortalidade, a ideação suicida remonta ao que os clínicos já sabem: o suicídio se inicia com um indivíduo *pensando* em acabar com a sua vida – assim, a compreensão da ideação de um paciente tem relevância clínica direta. Por um lado, as pessoas que estão preocupadas com pensamentos e sentimentos suicidas internamente orientados (i.e., ideação intrapsíquica) podem ter um risco mais elevado de morrer por suicídio, enquanto aquelas que estão preocupadas com questões relacionais (i.e., ideação interpsíquica) têm mais probabilidade de realizar uma tentativa de suicídio não fatal (Jobes, 1995).

Além da avaliação do risco, o entendimento apropriado da ideação pode reforçar o tratamento. Considere o exemplo de Tom, do início deste capítulo. O clínico identifica os dois motivadores primários de sua ideação – seu auto-ódio intenso e isolamento interpessoal –, que parecem corresponder respectivamente a ideação intrapsíquica e interpsíquica. Com base em outras partes da SSF, fica evidente que Tom considera seus pensamentos e sentimentos suicidas como mais pertinentes a ele mesmo do que aos outros. Sendo assim, o clínico provavelmente focalizará primeiro na experiência interna intrapsíquica de auto-ódio de Tom antes de ampliar o foco para os pensamentos fora dele. Embora o comportamento suicida com frequência delineie pontos claros de intervenção para os clínicos, optar por abordar a ideação suicida permite que os clínicos avaliem o risco diretamente, a partir de uma posição mais próxima da fonte etiológica do sofrimento.

Quando consideramos a importante interseção das ideações e dos comportamentos suicidas, as estratégias que podem ser empregadas para evitar tanto as cognições quanto os comportamentos suicidas se tornam particularmente valiosas nos esforços clínicos para reduzir o risco comportamental de suicídio. As estratégias de intervenção em crises enraizadas na terapia cognitivo-comportamental (TCC; J. S. Beck, 2020) se apresentam como uma ferramenta primária para abordar o risco de suicídio dentro de um contexto clínico.

Métodos de avaliação

A avaliação efetiva do suicídio requer uma abordagem cuidadosa e empática com uma pessoa que é suicida. Entrevistas semiestruturadas fornecem um bom formato para avaliar clinicamente o risco de suicídio. Pesquisas mostram que, embora o julgamento clínico seja importante na avaliação do risco, os clínicos frequentemente fazem julgamentos incorretos sobre o nível de risco do seu paciente e os "motivadores suicidas" centrados nele (razões identificadas pelo paciente para considerar suicídio; Jobes et al., 1995; Tucker et al., 2015). As modalidades de avaliação que seguem um conjunto de perguntas empiricamente informadas e incluem oportunidades para os clínicos usarem seu julgamento clínico, ao mesmo tempo entendendo as circunstâncias únicas de cada paciente, possibilitam a avaliação mais abrangente do risco de suicídio. Existem vários métodos amplamente utilizados que seguem essa estrutura.

Conjunto de Ferramentas de Perguntas para Triagem de Suicídio

O Conjunto de Ferramentas de Perguntas para Triagem de Suicídio (ASQ, do inglês Ask Suicide-Screening Questions) inclui quatro perguntas simples, específicas para suicídio, e requer menos de um minuto para ser administrado (Horowitz et al., 2020). O ASQ tem fortes características psicométricas – tanto em populações adultas quanto pediátricas – para os seus quatro componentes, que questionam diretamente sobre suicidabilidade, tanto histórica quanto agudamente, incluindo ideação suicida e comportamento de tentativa. Caso o ASQ revele um "rastreio positivo" (i.e., o paciente tenha respondido "sim" a alguma pergunta), o conjunto de ferramentas oferece diretivas para os passos seguintes, incluindo opções de avaliar a acuidade do risco de suicídio e de determinar a disposição, quando necessário. Esse conjunto de ferramentas foi concebido especificamente para avaliar o risco de suicídio em contextos médicos (i.e., departamentos de emergência, contextos hospitalares, prestadores de cuidados primários; Horowitz et al., 2020) – embora as oportunidades para implementação sejam amplas nesses contextos. O ASQ visa ao uso rápido e à avaliação ágil para facilitar a identificação precoce de indivíduos que estejam enfrentando pensamentos, sentimentos e comportamentos suicidas. Notadamente, ele incentiva os profissionais de atenção à saúde a perguntar diretamente sobre pensamentos suicidas. Embora pacientes médicos possam se apresentar primariamente com preocupações físicas, a avaliação ampla para risco de suicídio é essencial nos esforços para a sua prevenção.

Escala de Classificação da Gravidade Suicida de Columbia

A Escala de Classificação da Gravidade Suicida de Columbia (C-SSRS, do inglês Columbia-Suicide Severity Rating Scale; Posner et al., 2011) é um instrumento de avaliação amplamente disponível e utilizado para risco de suicídio, com várias versões disponíveis para uso com diferentes populações. A C-SSRS permite aos clínicos conduzir entrevistas semiestruturadas específicas para suicídio em várias métricas pertinentes, incluindo histórias de ideações suicidas, preparação ou comportamento de ensaio, taxa de letalidade e nível de risco. A C-SSRS é unicamente um instrumento de avaliação e não incorpora planejamento extensivo do tratamento. Essa avaliação é conduzida a partir da perspectiva do clínico (em vez da perspectiva do paciente), permitindo a plena utilização do seu julgamento profissional. Embora a C-SSRS ofereça ampla estrutura e os clínicos devam seguir a formulação das perguntas, há oportunidades de sondagem incluídas em que os clínicos podem utilizar seu próprio julgamento e habilidades.

Embora os dados sugiram validade suficiente e confiabilidade considerável em populações adultas (Posner et al., 2011), críticas se acumularam por vários anos (Chappell et al., 2012; Giddens et al., 2014; Large & Nielssen, 2012). Pesquisadores expressaram o alerta de que a aceitação generalizada da C-SSRS veio antes que a sua psicométrica estivesse apropriadamente estabelecida (Chappell et al., 2012), incluindo que alguns dados psicométricos podiam estar baseados em versões diferentes (e, portanto, instáveis) do instrumento (Large & Nielssen, 2012). Dito isso, a C-SSRS demonstrou ser empiricamente promissora ao ajudar tanto os pesquisadores quanto os clínicos a classificar com sucesso os comportamentos suicidas, um desafio constante e complexo enfrentado pela área da suicidologia (Interian et al., 2018).

Questionário sobre a Saúde do Paciente-9

O Questionário sobre a Saúde do Paciente-9 (PHQ-9, do inglês Patient Health Questionnaire-9; Kroenke et al., 2001) é uma medida de avaliação de nove perguntas amplamente utilizada. Embora o PHQ-9 tenha sido desenvolvido para avaliar a depressão, o item 9 procura avaliar a suicidabilidade – um construto conceitual e empiricamente distinto de depressão – diretamente, com uma única pergunta ("Pensamentos de que seria melhor se você estivesse morto ou se machucasse de alguma maneira"; Kroenke et al., 2001, p. 613). Embora essa medida tenha validade e confiabilidade consideráveis na medida da depressão, pesquisadores têm sido, em grande parte, críticos quanto à utilização de uma medida não específica para suicídio, com uma única pergunta para avaliar pensamentos, sentimentos e comportamentos suicidas (Mournet et al., 2021; Shemesh et al., 2009; Suarez et al., 2015; Uebelacker et al., 2011). Tanto a natureza mista do item 9 quanto a distinção confusa entre suicidabilidade e depressão são motivos de preocupação no uso da medida para risco de suicídio. Além disso, em um estudo comparativo de ASQ *versus* PHQ-9, o PHQ-9 falhou em identificar quase 63% dos pacientes identificados no ASQ que tinham pensamentos, sentimentos e comportamentos suicidas (Mournet et al., 2021).

Fórmula do *Status* Suicida

A SSF (Jobes, 2016) é um instrumento clínico polivalente que focaliza tanto na avaliação quanto no planejamento do tratamento, com contribuições consideráveis do paciente e do clínico. A SSF é um componente crítico da CAMS (Jobes, 2016), uma estrutura de tratamento focada no suicídio, centrada no paciente e baseada em evidências. Em comparação com outros instrumentos de avaliação, como ASQ, C-SSRS ou PHQ-9, a CAMS usa uma versão diferente da SSF para cada uma das três fases de cuidados (uma versão para a primeira sessão, uma versão para os cuidados intermediários e uma versão final dos resultados/disposição). À medida que o clínico e o paciente progridem na SSF lado a lado (ou virtualmente, compartilhando um arquivo em pdf da SSF quando realizado por meio de telessaúde), o clínico expressa um desejo empático de entender o quadro completo e abrangente da suicidabilidade do paciente. Em todas as fases do atendimento, cada sessão da CAMS se inicia com a "Avaliação Básica da SSF", que se baseia em diferentes modelos teóricos de suicidabilidade: dor psicológica, estresse, agitação, desesperança, auto-ódio e risco geral de suicídio (Baumeister, 1990; Beck et al., 1979; Shneidman, 1985). A partir das pesquisas clínicas, sabemos que a "Avaliação Básica da SSF" cria um veículo único para o paciente e o clínico compreenderem profundamente a luta do paciente com o suicídio. Além disso, a avaliação é válida e confiável (Brausch et al., 2020; Conrad et al., 2009; Jobes et al., 1997) e demonstrou funcionar como uma avaliação terapêutica (Poston & Hanson, 2010).

Visão geral da CAMS

A CAMS é, assim, um enquadramento do tratamento centrado no paciente e focado no suicídio apoiado por dez ensaios clínicos não randomizados (Arkov et al., 2008; Ellis et al., 2012, 2015; Graure et al., 2021; Jobes et al., 1997, 2005, 2009; Nielsen et al., 2011), sete ensaios controlados randomizados (Andreasson et al., 2016; Comtois et al., 2011, 2023; Jobes et al., 2018a; Pistorello et al., 2021; Ryberg et al., 2019; Santel et al., 2023) e uma metanálise de nove ensaios com CAMS (Swift et al., 2021). A CAMS pode acomodar prontamente a teoria e as técnicas cognitivo-comportamentais (Jobes, 2016), mesmo permanecendo funcionalmente "não denominacional" no que diz respeito às outras modalidades de tratamento que também podem ser usadas dentro do enquadramento da CAMS (Jobes et al., 2018b, p. 244). A estrutura de tratamento da CAMS está enraizada nos quatro "pilares" conceituais inter-relacionados que destacam as principais áreas de ênfase.

Pilares da CAMS

Empatia

A essência da CAMS está na empatia profundamente arraigada por pacientes que são suicidas (Jobes, 2016). Isso provém de uma abordagem não coercitiva e empática do trabalho com pacientes que consideram suicídio e suas circunstâncias e narrativas únicas. Os clínicos precisam ouvir genuinamente a história de suicídio de seus pacientes, em vez de entrar em uma desconfortável luta de poder sobre se o paciente pode, de fato, acabar com sua vida. Os pacientes que enfrentam crises suicidas relatam sentir vergonha e culpa e têm desconfianças com a hospitalização (Carstensen et al., 2017; Clarke et al., 2014). A CAMS permite que clínicos e pacientes participem em um tratamento baseado fundamentalmente na empatia, em vez de em julgamento, para melhor entender o desejo suicida do paciente como um meio de, em última análise, perseguir uma vida que valha a pena viver – com propósito e significado (Jobes, 2016).

Colaboração

A CAMS é um enquadramento altamente colaborativo para trabalhar com estados suicidas (Jobes, 2016). Partes da SSF são preenchidas diretamente pelo paciente, sentado lado a lado com o clínico (com a permissão do paciente). Especialmente na sessão inicial, o objetivo da CAMS é reunir dados centrados no paciente para obter um quadro abrangente das suas dificuldades. Na CAMS, os clínicos não interrompem ou falam junto com seus pacientes. Por fim, o clínico e o paciente aspiram ser "coautores" do plano de tratamento focado no suicídio ao longo de todo o curso do atendimento.

Honestidade

Os clínicos sabem que determinadas leis e regulações são instituídas para proteger os pacientes (ou os outros) se houver vidas em perigo. Dentro de cada sessão da CAMS, a honestidade clínica sempre deve prevalecer em relação ao risco suicida. Se o clínico puder comunicar um senso de honestidade radical, ao mesmo tempo que mantém expectativas realistas e cumpre os estatutos legais, o tratamento poderá ser idealmente orientado para o sucesso terapêutico. Tentar convencer o paciente a não acabar com a própria vida é uma discussão inútil, que cria divisão dentro da díade e pode afetar negativamente a relação terapêutica. A condução do tratamento a partir de fundamentos de honestidade e transparência possibilita que o clínico honre e respeite a autonomia do paciente, ao mesmo tempo que gera uma curiosidade sobre se morrer por suicídio é, em última análise, necessário. A honestidade é um valor profundamente arraigado dentro da CAMS e deve estar presente em cada sessão do tratamento.

Foco no suicídio

Por fim, a CAMS é uma estrutura de tratamento focada no suicídio. De fato, os clínicos que usam a CAMS focam especificamente na prevenção do suicídio antes de qualquer outra preocupação potencial. Na CAMS, o foco principal da díade clínico-paciente é ajudar a salvar a vida do paciente. Reduzir a importância e o impacto negativo dos motivadores suicidas do paciente (ver Tucker et al., 2015) é essencial para a estrutura do tratamento e o direciona para a geração de mudança positiva em relação ao que fez o paciente considerar o suicídio. O clínico usa sua *expertise* na parceria com o paciente, que é especialista na sua própria vida – assim, a díade trabalha durante cada sessão como coautores do plano de tratamento, focando no objetivo principal de prevenção do suicídio.

CAMS como estratégia da TCC para crises suicidas

Os pacientes apresentam crises suicidas em todos os tipos de contextos. A CAMS está fundamentalmente baseada em uma abordagem fenomenológica do suicídio. No entanto, essa abordagem pode facilmente funcionar para clínicos da TCC que focariam naturalmente nas cognições e nos comportamentos relacionados ao suicídio. Nesse sentido, o uso de técnicas e intervenções da TCC para tratar os motivadores de suicídio expressos pelo paciente tende a ser efetivo – por exemplo, as distorções cognitivas sobre o motivador de auto-ódio de um paciente podem ser muito úteis. Considere o caso de Tom, que tinha auto-ódio suicida intenso desde que sofreu *bullying* no ensino médio. Parte do seu tratamento com CAMS poderia naturalmente focar em uma reconsideração da sua percepção do *self*, considerando sua realidade presente de ser bem-conceituado com seus pares e professores (e não mais sofrer *bullying*). O tratamento de Tom dentro da CAMS também poderia focar na ativação comportamental e em técnicas de solução de problemas para abordar com eficiência sua motivação suicida de estar sobrecarregado pelas responsabilidades. O resultado é que a estrutura da CAMS cria um meio para combinar avaliação e tratamento em uma experiência clínica abrangente. Crises suicidas invariavelmente requerem avaliações e tratamentos abrangentes para gerenciar, de modo efetivo, os pensamentos e comportamentos suicidas – uma ideia com raízes na TCC. A pesquisa clínica da CAMS mostrou que a intervenção reduz confiavelmente a ideação suicida e a desesperança, ao mesmo tempo que aumenta a esperança (Swift et al., 2021), que são os construtos cognitivos essenciais para o sucesso do trabalho clínico com pacientes que têm risco suicida.

Impedimentos comuns ao tratamento

Às vezes, pacientes suicidas não procuram ajuda clínica por várias razões. De fato, em uma revisão da literatura, Luoma et al. (2002) encontraram que apenas 19% procuraram cuidados de saúde mental no mês anterior à sua morte, enquanto apenas 32% procuraram cuidados de saúde mental no ano anterior ao seu suicídio. Niederkrotenthaler et al. (2014) encontraram (usando dados do National Violent Death Reporting System) que apenas 28,5% dos mortos por suicídio estavam engajados em cuidados de saúde mental no espaço de dois meses antes da sua morte. Alexander et al. (2009) descobriram que, em uma amostra de 198 pessoas suicidas, a opção de "usar o sistema de saúde mental" estava como a quarta estratégia de enfrentamento mais comum (precedida por espiritualidade/práticas religiosas, conversar com alguém e procurar companhia, e pensamento positivo). Pessoas que são suicidas, como no caso de Tom, podem não querer procurar tratamento profissional devido às suas atitudes negativas em relação aos cuidados de saúde mental (Pitman & Osborn, 2011). Como Allen et al. (2003) observaram, quando pessoas que são suicidas procuram cuidados profissionais (p. ex., departamento de emergência), com frequência elas estão procurando algo um pouco diferente (i.e., uma resposta clínica mais humanista e centrada na pessoa) do que na realidade recebem.

Como Jobes (1995, 2000, 2017) defendeu muito tempo atrás, outros impedimentos comuns ao sucesso do tratamento clínico relacionado ao suicídio podem estar baseados em pressupostos amplos sobre o que costuma ser feito clinicamente diante do risco de suicídio. Há um pressuposto generalizado de que tratar transtornos mentais, como depressão, esquizofrenia ou ansiedade, vai necessariamente impactar o sintoma do suicídio, mas há pouca ou nenhuma evidência empírica real que corrobore isso. Além disso, há pressupostos similares a respeito da eficácia dos cuidados psiquiátricos hospitalares e do uso de medicações psicotrópicas para os quais, mais uma vez, o apoio é inexistente, limitado ou misto para a redução efetiva de ideação e/ou comportamento suicida. Portanto, os tratamentos de saúde mental modais ou dentro dos "padrões de cuidado" para risco de suicídio recebem pouco apoio empírico mas ainda são implementados, apesar de estarem baseados em pressupostos existentes amplamente errôneos.

A solução para esses impedimentos é que os pacientes procurem cuidados focados no suicídio, que sejam baseados em evidências e planejados para tratar efetivamente o risco suicida em âmbito ambulatorial – e sejam apoiados por ensaios ensaios clínicos controlados randomizados (ECRs) replicados, independentes e altamente generalizáveis para a população clínica. Como discutido por Jobes e Chalker (2019), a terapia comportamental dialética (DBT, do inglês *dialectical behavior therapy*) trata efetivamente estados suicidas crônicos e reduz confiavelmente comportamentos de autolesão e tentativas de suicídio. A terapia cognitiva para prevenção do suicídio (TC-SP) e a TCC breve (TCCB) também demonstraram que podem reduzir efetivamente as tentativas de suicídio. Destes, a CAMS é o tratamento mais efetivo para a ideação suicida, com cinco ECRs publicados e uma metanálise de nove ensaios clínicos com CAMS (Swift et al., 2021). Veja Jobes (2020) para uma visão prática e geral do "senso comum" da suicidologia clínica baseada em evidências.

Prevenção de recaída e objetivos

O objetivo principal da CAMS é estabilizar o estado suicida de um paciente, tratando as motivações suicidas: aquelas questões na vida de um paciente que contribuem para seus pensamentos e comportamentos suicidas (Jobes, 2016). Um paciente alcança a resolução na CAMS quando relata três sessões consecutivas de (1) nenhum/baixo risco de suicídio autoavaliado, (2) gerenciamento bem-sucedido de pensamentos e sentimentos suicidas e (3) nenhum comportamento suicida. O objetivo não é uma eliminação completa de cada traço de ideação suicida – em vez disso, o paciente se torna capaz de gerenciar seus impulsos suicidas e sabe como lidar com eles de forma diferente em virtude do engajamento na CAMS. Há muitos pacientes que têm pensamentos e/ou comportamentos suicidas desde sua juventude, algumas vezes por décadas. Assim, é irrealista eliminar completamente algo tão profundo no curso de seis a oito sessões – ao contrário, a ênfase dos cuidados clínicos deve ser ajudar os clientes a tolerar, gerenciar e, por fim, obter domínio sobre suas inclinações suicidas.

Para auxiliar nas habilidades de manejo do suicídio, o CSP adaptado ao paciente foca na redução dos meios letais, na aprendizagem de métodos de enfrentamento e no aumento dos contatos para reduzir o isolamento (Tyndal et al., 2022). Revisando e atualizando o CSP regularmente com seu terapeuta, o paciente tem um plano em evolução que o ajuda a lidar com as situações entre as sessões. Se uma estratégia de enfrentamento não estiver funcionando para um paciente – a academia está fechada, eventos sociais estão indisponíveis, ou a escrita de um diário não ajuda –, o CSP pode ser modificado na próxima sessão intercalada de CAMS e, assim, elaborado e refinado durante o curso dos cuidados guiados pela CAMS.

Todas as intervenções de tratamento com CAMS focam os motivadores de suicidabilidade definidos pelo paciente, abordando o que o está deixando suicida, em primeiro lugar. Esse foco nos motivadores suicidas e o desenvolvimento de um tratamento em evolução que aborde a natureza idiossincrásica dos pensamentos, sentimentos e comportamentos suicidas de um paciente podem ter efeitos duradouros, com uma taxa de recaída para pacientes com CAMS resolvida estimada em 10% (Jobes, 2012). Dito isso, algo que separa a CAMS de outros tratamentos baseados em evidências focados no suicídio é uma atenção explícita no fim da CAMS, que enfatiza um esforço intencional de ir além da prevenção de recaída com um foco evidente em algo que fará a vida valer a pena, com propósito e significado. Embora a prevenção de recaída seja certamente um objetivo importante na CAMS, há uma ênfase dentro do enquadramento de ir além no tratamento para perseguir uma "vida pós-suicida" (Jobes, 2016).

Vinheta: o caso de Tom

Tom passou por um total de nove sessões de CAMS, e a intervenção provou ser apropriada de forma única às suas dificuldades em geral e, particularmente, em relação ao suicídio. Dentro da estrutura da CAMS, o Dr. Kent focou em dois motivadores suicidas de Tom: auto-ódio e isolamento interpessoal. De forma específica, o início do tratamento com CAMS destacou as distorções cognitivas de Tom no modo como ele percebia a si mesmo, com uma autovisão negativa que remontava à época em que sofria *bullying* no ensino médio por ser *nerd*. Seu trabalho focado nas motivações se baseou em uma reavaliação contemporânea do seu senso de *self*. Essa reestruturação cognitiva foi complementada por alguma ativação comportamental focada em se aproximar de colegas na universidade para ter suporte social. Diante da recomendação do Dr. Kent, Tom concordou em tentar formar um grupo de estudos com colegas das aulas e do laboratório. Para sua surpresa, Tom relatou que a criação de um grupo de estudos funcionou melhor do que ele teria imaginado. Como aluno de pós-graduação excepcionalmente talentoso, a oferta de Tom de formar um grupo de estudos foi bem recebida por outros alunos, e seu grupo de seis colegas logo se tornou uma relação social também. Embora inicialmente aterrorizado com a perspectiva de tentar se aproximar e ser rejeitado, Tom ficou impressionado ao descobrir como o grupo de estudos reduziu significativamente seu sentimento de isolamento social. Seguindo a recomendação do Dr. Kent, Tom também se baseou fortemente no livro de terapia cognitiva *Choosing to live*, de Ellis e Newman (1996), que foi escrito para pessoas que são suicidas. Ele teve que usar esse CSP apenas algumas vezes, mas cada uma dessas vezes foi eficaz para ajudá-lo a se firmar quando dúvidas antigas sobre si mesmo reemergiam repentinamente. Tom estava orgulhoso de completar a CAMS durante a nona sessão, e ele e o Dr. Kent combinaram de se encontrar para um balanço do semestre (outras seis sessões) em aconselhamento de apoio para consolidar ainda mais seus ganhos e aumentar seu foco em um futuro com propósito e significado. Como a CAMS possibilita que os pacientes *gerenciem* seus pensamentos/sentimentos suicidas (em vez da eliminação de cada vestígio de suicidabilidade), os pacientes costumam satisfazer os critérios para resolução em seis a oito sessões de atendimento focado na CAMS (p. ex., Jobes et al., 2018a). Os cuidados posteriores podem continuar a considerar os motivadores suicidas, mas o foco estrito no suicídio pode evoluir para um curso mais geral da psicoterapia, ampliando o foco e o escopo dos cuidados. Alguns pacientes que completam a CAMS se sentem confortáveis para prosseguir sem maiores cuidados. Outros podem se beneficiar de sessões de reforço em que o CSP pode ser revisitado e atualizado, e os motivadores que os compeliram a ser suicidas também podem ser reexaminados.

Resumo e conclusões

Como o suicídio permanece uma importante questão de saúde pública no mundo, uma avaliação abrangente e o tratamento de pensamentos, sentimentos e comportamentos suicidas se apresentam como passos importantes e necessários dentro da prevenção clínica. A identificação e a amenização da ideação suicida são fundamentais nesse processo, que requer que os clínicos conduzam avaliações efetivas do risco de suicídio com seus pacientes. Medidas baseadas em teoria bem-fundamentada, reforçadas por psicometria sólida e adotadas para uso clínico fornecem aos clínicos um instrumento essencial para avaliação de pacientes suicidas. A priorização, a implementação e o uso desses instrumentos permitem que os profissionais avaliem o risco de suicídio por uma perspectiva teórica cognitivo-comportamental. Embora os impedimentos comuns aos tratamentos representem alguma ameaça para o progresso no âmbito clínico, os profissionais podem se basear em intervenções baseadas na teoria cognitivo-comportamental e na pesquisa empírica para trabalhar em torno desses entraves. A CAMS, a principal abordagem de tratamento focada no suicídio discutida neste capítulo, está centrada na aplicação dos pilares da honestidade, da colaboração, da empatia e de um foco singular no que causa os pensamentos e sentimentos suicidas. Por sua vez, nossa pesquisa e prática clínica mostram que esse foco é um meio efetivo para redução do risco suicida, criando, assim, um modo significativo de reduzir o sofrimento e ajudar a salvar vidas.

Referências

Aleman, A., & Denys, D. (2014). Mental health: A road map for suicide research and prevention. *Nature, 509*(7501), 421–423.

Alexander, M. J., Haugland, G., Ashenden, P., Knight, E., & Brown, I. (2009). Coping with thoughts of suicide: Techniques used by consumers of mental health services. *Psychiatric Services, 60*(9), 1214–1221.

Allen, M. H., Carpenter, D., Sheets, J., Miccio, S., & Ross, R. (2003). What do consumers say they want and need during a psychiatric emergency? *Journal of Psychiatric Practice, 9*(1), 39–58.

American Psychiatric Association. (2022). *Diagnostic and statistical manual of mental disorders* (5th ed., text rev.). Author.

Andreasson, K., Krogh, J., Wenneberg, C., Jessen, H. K. L., Krakauer, K., Gluud, C., . . . Nordentoft, M. (2016). Effectiveness of dialectical behavior therapy versus collaborative assessment and management of suicidality treatment for reduction of self-harm in adults with borderline personality traits and disorder—A randomized observer-blinded clinical trial. *Depression and Anxiety, 33*(6), 520–530.

Arkov, K., Rosenbaum, B., Christiansen, L., Jønsson, H., & Münchow, M. (2008). Treatment of suicidal patients: The Collaborative Assessment and Management of Suicidality. *Ugeskrift for Laeger, 170*(3), 149–153. www.ncbi.nlm.nih.gov/pubmed/18208732

Baumeister, R. F. (1990). Suicide as escape from self. *Psychological Review, 97*(1), 90–113.

Beck, A. T., Brown, G., Berchick, R. J., Stewart, B. L., & Steer, R. A. (1990). Relationship between hopelessness and ultimate suicide: A replication with psychiatric outpatients. *American Journal of Psychiatry, 147*(2), 190–195.

Beck, A. T., Kovacs, M., & Weissman, A. (1979). Assessment of Suicidal Intention: The scale for suicide ideation. *Journal of Consulting and Clinical Psychology, 47*(2), 343–352.

Beck, A. T., Steer, R. A., & Brown, G. (1996). *Beck Depression Inventory–II*. APA PsycTests.

Beck, J. S. (2020). *Cognitive behavior therapy: Basics and beyond* (3rd ed.). Guilford Press.

Bostwick, J., & Pankratz, V. (2000). Affective disorders and suicide risk: A reexamination. *American Journal of Psychiatry, 157*(12), 1925–1932.

Brausch, A. M., O'Connor, S. S., Powers, J. T., McClay, M. M., Gregory, J. A., & Jobes, D. A. (2020). Validating the Suicide Status Form for the Collaborative Assessment and Management of Suicidality in a psychiatric adolescent sample. *Suicide and Life-Threatening Behavior, 50*(1), 263–276.

Carstensen, K., Lou, S., Groth-Jensen, L., Konstantin Nissen, N., Ortenblad, L., Pfau, M., & Vedel Ankersen, P. (2017). Psychiatric service users' experiences of emergency departments: A CER-Qual review of qualitative studies. *Nordic Journal of Psychiatry, 71*(4), 315–323.

Centers for Disease Control and Prevention. (2021). Web-based Injury Statistics Query and Reporting System (WISQARS). www.cdc.gov/injury/wisqars/index.html

Chappell, P., Feltner, D. E., Makumi, C., & Stewart, M. (2012). Initial validity and reliability data on the Columbia-Suicide Severity Rating Scale. *American Journal of Psychiatry, 169*(6), 662–663.

Clarke, D., Usick, R., & Sanderson, A. (2014). Emergency department attitudes toward mental health consumers: A literature review and thematic content analysis. *International Journal of Mental Health Nursing, 23*(3), 273–284.

Comtois, K. A., Hendricks, K., DeCou, C., Chalker, S., Kerbrat, A., Crumlish, J., . . . Jobes, D. A. (2023). Reducing short term suicide risk after hospitalization: A randomized controlled trial of the collaborative assessment and management of suicidality. *Journal of Affective Disorders.* https://doi.org/10.1016/j.jad.2022.09.042

Comtois, K. A., Jobes, D. A., O'Connor, S. S., Atkins, D. C., Janis, K., Chessen, C. E., . . . Yuodelis-Flores, C. (2011). Collaborative Assessment and Management of Suicidality (CAMS): Feasibility trial for next-day appointment services. *Depression and Anxiety, 28*(11), 963–972.

Conrad, A. K., Jacoby, A. M., Jobes, D. A., Lineberry, T. W., Shea, C. E., Arnold Ewing, T. D., . . . Kung, S. (2009). A psychometric investigation of the Suicide Status Form II with a psychiatric inpatient sample. *Suicide and Life-Threatening Behavior, 39*(3), 307–320.

Ellis, T. E., Green, K. L., Allen, J. G., Jobes, D. A., & Nadorff, M. R. (2012). Collaborative Assessment and Management of Suicidality in an inpatient setting: Results of a pilot study. *Psychotherapy, 49*(1), 72–80.

Ellis, T. E., & Newman, C. (1996). *Choosing to live: How to defeat suicide through cognitive therapy*. New Harbinger.

Ellis, T. E., Rufino, K. A., Allen, J. G., Fowler, J. C., & Jobes, D. A. (2015). Impact of a suicide-especific intervention within inpatient psychiatric care: The Collaborative Assessment and Management of Suicidality. *Suicide and Life-Threatening Behavior, 45*(5), 556–566.

Franklin, J. C., Ribeiro, J. D., Fox, K. R., Bentley, K. H., Kleiman, E. M., Huang, X., . . . Nock, M. K. (2017). Risk factors for suicidal thoughts and behaviors: A meta-analysis of 50 years of research. *Psychological Bulletin, 143*(2), 187–232.

Freud, S. (1922). *Beyond the pleasure principle* (E. Jones, Ed.). International Psycho-Analytical Press.

Giddens, J. M., Sheehan, K. H., & Sheehan, D. V. (2014). The Columbia-Suicide Severity Rating Scale (C-SSRS): Has the "gold standard" become a liability? *Innovations in Clinical Neuroscience, 11*(9–10), 66–80.

Graure, E. W., Colborn, V. A., Miller, A. M., & Jobes, D. A. (2021). An archival study of Suicide Status Form responses among crisis stabilization center consumers. *Journal of Contemporary Psychotherapy, 51*(2), 165–172.

Horowitz, L. M., Snyder, D. J., Boudreaux, E. D., He, J. P., Harrington, C. J., Cai, J., . . . Pao, M. (2020). Validation of the Ask Suicide-Screening Questions for adult medical inpatients: A brief tool for all ages. *Psychosomatics, 61*(6), 713–722.

Interian, A., Chesin, M., Kline, A., Miller, R., St. Hill, L., Latorre, M., . . . Stanley, B. (2018). Use of the Columbia-Suicide Severity Rating Scale (C-SSRS) to classify suicidal behaviors. *Archives of Suicide Research, 22*(2), 278–294.

Jobes, D. A. (1995). The challenge and the promise of clinical suicidology. *Suicide and Life-Threatening Behavior, 25*(4), 437–449.

Jobes, D. A. (2000). The CAMS approach to working with suicidal patients. *Suicide and Life-Threatening Behavior, 30*(1), 8–17.

Jobes, D. A. (2012). The Collaborative Assessment and Management of Suicidality (CAMS): An evolving evidence-based clinical approach to suicidal risk. *Suicide and Life-Threatening Behavior, 42*(6), 640–653.

Jobes, D. A. (2016). *Managing suicidal risk: A collaborative approach* (2nd ed.). Guilford Press.

Jobes, D. A. (2017). Clinical assessment and treatment of suicidal risk: A critique of contemporary care and CAMS as a possible remedy. *Practice Innovations, 2*(4), 207–220.

Jobes, D. A. (2020). Commonsense recommendations for standard care of suicidal risk. *Journal of Health Service Psychology, 46*(4), 155–163.

Jobes, D. A., & Chalker, S. A. (2019). One size does not fit all: A comprehensive clinical approach to reducing suicidal ideation, attempts, and deaths. *International Journal of Environmental Research and Public Health, 16*(19), 3606.

Jobes, D. A., Comtois, K. A., Gutierrez, P. M., Brenner, L. A., Huh, D., Chalker, S. A., . . . Crow, B. (2018a). A randomized controlled trial of the collaborative assessment and management of suicidality versus enhanced care as usual with suicidal soldiers. *Psychiatry, 80*(4), 339–356.

Jobes, D. A., Eyman, J., & Yufit, R. (1995). How clinicians assess suicide risk in adolescents and adults. *Crisis Intervention and Time-Limited Treatment, 2*, 1–12.

Jobes, D. A., Gregorian, M. J., & Colborn, V. A. (2018b). A stepped care approach to clinical suicide prevention. *Psychological Services, 15*(3), 243–250.

Jobes, D. A., Jacoby, A. M., Cimbolic, P., & Hustead, L. A. T. (1997). Assessment and treatment of suicidal clients in a university counseling center. *Journal of Counseling Psychology, 44*(4), 368–377.

Jobes, D. A., & Joiner, T. E. (2019). Reflections on suicidal ideation. *Crisis, 40*(4), 227–230.

Jobes, D. A., Kahn-Greene, E., Greene, J. A., & Goeke-Morey, M. (2009). Clinical improvements of suicidal outpatients: Examining Suicide Status Form responses as predictors and moderators. *Archives of Suicide Research, 13*(2), 147–159.

Jobes, D. A., Wong, S. A., Conrad, A. K., Drozd, J. F., & Neal-Walden, T. (2005). The Collaborative Assessment and Management of Suicidality versus treatment as usual: A retrospective study with suicidal outpatients. *Suicide and Life-Threatening Behavior, 35*(5), 483–497.

Joiner, T. E. (2005). *Why people die by suicide*. Harvard University Press.

Klonsky, E. D., & May, A. M. (2015). The three-step theory (3ST): A new theory of suicide rooted in the "ideation-to-action" framework. *International Journal of Cognitive Therapy, 8*(2), 114–129.

Kroenke, K., Spitzer, R. L., & Williams, J. B. W. (2001). The PHQ-9: Validity of a brief depression severity measure. *Journal of General Internal Medicine, 16*, 606–613.

Large, M. M., & Nielssen, O. (2012). Suicidal ideation and later suicide. *American Journal of Psychiatry, 169*(6), 662–663.

Luoma, J. B., Martin, C. E., & Pearson, J. L. (2002). Contact with mental health and primary care providers before suicide: A review of the evidence. *American Journal of Psychiatry, 159*(6), 909–916.

Mournet, A. M., Smith, J. T., Bridge, J. A., Boudreaux, E. D., Snyder, D. J., Claassen, C. A., . . . Horowitz, L. M. (2021). Limitations of screening for depression as a proxy for suicide risk in adult medical inpatients. *Journal of the Academy of Consultation-Liaison Psychiatry, 62*(4), 413–420.

Niederkrotenthaler, T., Logan, J. E., Karch, D. L., & Crosby, A. (2014). Characteristics of U.S. suicide decedents in 2005–2010 who had received mental health treatment. *Psychiatric Services, 65*(3), 387–390.

Nielsen, A. C., Alberdi, F., & Rosenbaum, B. (2011). Collaborative Assessment and Management of Suicidality method shows effect. *Danish Medical Bulletin, 58*(8), A4300. www.ncbi.nlm.nih.gov/pubmed/21827722

O'Connor, R. C. (2011). The integrated motivational–volitional model of suicidal behavior. *Crisis, 32*(6), 295–298.

Pistorello, J., Jobes, D. A., Gallop, R., Compton, S. N., Locey, N. S., Au, J. S., . . . Jeffcoat, T. (2021). A randomized controlled trial of the Collaborative Assessment and Management of Suicidality (CAMS) versus treatment as usual (TAU) for suicidal college students. *Archives of Suicide Research, 25*(4), 765–789.

Pitman, A., & Osborn, D. P. J. (2011). Cross-cultural attitudes to help-seeking among individuals who are suicidal: New perspective for policy-makers. *British Journal of Psychiatry, 199*(1), 8–10.

Plans, L., Barrot, C., Nieto, E., Rios, J., Schulze, T. G., Papiol, S., . . . Benabarre, A. (2019). Association between completed suicide and bipolar disorder: A systematic review of the literature. *Journal of Affective Disorders, 242*, 111–122.

Posner, K., Brown, G. K., Stanley, B., Brent, D. A., Yershova, K. V., Oquendo, M. A., . . . Mann, J. J. (2011). The Columbia-Suicide Severity Rating Scale: Initial validity and internal consistency findings from three multisite studies with adolescents and adults. *American Journal of Psychiatry, 168*(12), 1266–1277.

Poston, J. M., & Hanson, W. E. (2010). Meta-analysis of psychological assessment as a therapeutic intervention. *Psychological Assessment, 22*(2), 203–212.

Rogers, M. L., Chiurliza, B., Hagan, C. R., Tzoneva, M., Hames, J. L., Michaels, M. S., . . . Joiner, T. E. (2017). Acute suicidal affective disturbance: Factorial structure and initial validation across psychiatric outpatient and inpatient samples. *Journal of Affective Disorders, 211*(15), 1–11.

Rudd, M. D. (2000). The suicidal mode: A cognitive-behavioral model of suicidality. *Suicide and Life-Threatening Behavior, 30*(1), 18–33.

Ryberg, W., Zahl, P. H., Diep, L. M., Landrø, N. I., & Fosse, R. (2019). Managing suicidality within specialized care: A randomized controlled trial. *Journal of Affective Disorders, 249*(15), 112–120.

Santel, M., Neuner, F., Berg, M., Steuwel, C., Jobes, D. A., Driessen, M., & Beblo, T. (2023). The collaborative assessment and management of suicidality (CAMS) compared to enhanced treatment as usual (E-TAU) for inpatients who are suicidal: A randomized controlled trial. *Frontiers in Psychiatry, 14*, 1038302.

Schuck, A., Calati, R., Barzilay, S., Bloch-Elkouby, S., & Galynker, I. (2019). Suicide crisis syndrome: A review of supporting evidence for a new suicide-specific diagnosis. *Behavioral Sciences and the Law, 37*(3), 223–239.

Shemesh, E., Annunziato, R. A., Rubinstein, D., Sultan, S., Malhotra, J., Santra, M., . . . Yehuda, R. (2009). Screening for depression and suicidality in patients with cardiovascular illnesses. *American Journal of Cardiology, 104*(9), 1194–1197.

Shneidman, E. S. (1985). A psychological approach to suicide. In G. R. VandenBos & B. K. Bryant (Eds.), *Cataclysms, crises, and catastrophes: Psychology in action* (pp. 147–183). American Psychological Association.

Shneidman, E. S. (1993). Suicide as psychache: A clinical approach to self-destructive behavior. *Journal of Nervous and Mental Disease, 181*, 147–149.

Suarez, L., Beach, S. R., Moore, S. V., Mastromauro, C. A., Januzzi, J. L., Celano, C. M., . . . Huffman, J. C. (2015). Use of the Patient Health Questionnaire-9 and a detailed suicide evaluation in determining imminent suicidality in distressed patients with cardiac disease. *Psychosomatics, 56*(2), 181–189.

Substance Abuse and Mental Health Services Administration. (2021). Key substance use and mental health indicators in the United States: Results from the 2019 National Survey on Drug Use and Health (HHS Publication No. PEP21-07-01-003, NSDUH Series H-56). Center for Behavioral Health Statistics and Quality, Substance Abuse and Mental Health Services Administration. www.samhsa.gov/data/report/2020-nsduh-annualnational-report

Substance Abuse and Mental Health Services Administration. (2022). Key substance use and mental health indicators in the United States: Results from the 2021 National Survey on Drug Use and Health (No. PEP22-07-01-005, NSDUH Series H-57). Center for Behavioral Health Statistics and Quality, Substance Abuse and Mental Health Services Administration. www.samhsa.gov

Swift, J. K., Trusty, W. T., & Penix, E. A. (2021). The effectiveness of the Collaborative Assessment and Management of Suicidality (CAMS) compared to alternative treatment conditions: A meta-analysis. *Suicide and Life-Threatening Behavior, 51*(5), 882–896.

Temes, C. M., Frankenburg, F. R., Fitzmaurice, G. M., & Zanarini, M. C. (2019). Deaths by suicide and other causes among patients with borderline personality disorder and personality-disordered comparison subjects over 24 years of prospective follow-up. *Journal of Clinical Psychiatry, 80*(1), 12436.

Tucker, R. P., Crowley, K. J., Davidson, C. L., & Gutierrez, P. M. (2015). Risk factors, warning signs, and drivers of suicide: What are they, how do they differ, and why does it matter? *Suicide and Life-Threatening Behavior, 45*(6), 679–689.

Tyndal, T., Zhang, I., & Jobes, D. A. (2022). The Collaborative Assessment and Management of Suicidality (CAMS) stabilization plan for working with patients with suicide risk. *Psychotherapy, 59*(2), 143–149.

Uebelacker, L. A., German, N. M., Gaudiano, B. A., & Miller, I. W. (2011). Patient Health Questionnaire Depression Scale as a suicide screening instrument in depressed primary care patients: A cross-sectional study. *Primary Care Companion to the Journal of Clinical Psychiatry, 13*(1), 1–13.

Van Orden, K. A., Witte, T. K., Cukrowicz, K. C., Braithwaite, S. R., Selby, E. A., & Joiner, T. E. (2010). The interpersonal theory of suicide. *Psychological Review, 117*(2), 575–600

World Health Organization. (2022). *The ICD-10 classification of mental and behavioral disorders*. Author.

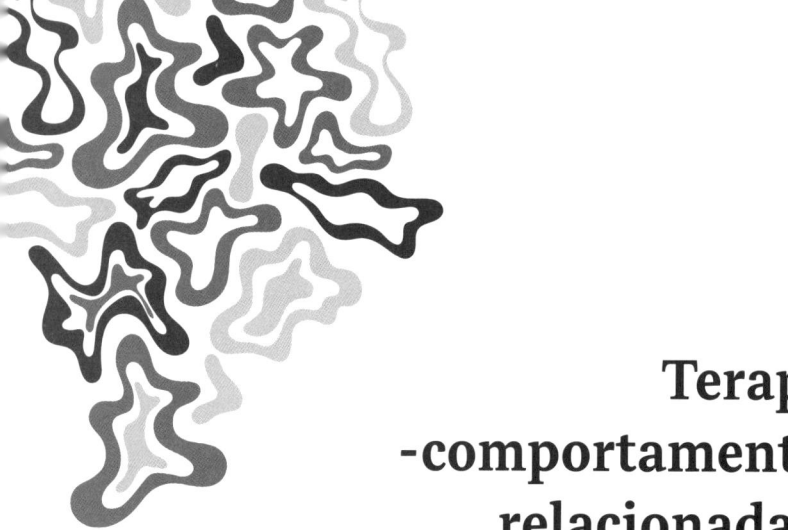

4
Terapia cognitivo-comportamental para crises relacionadas à ansiedade

D. Scott Greenaway

Sheila é uma mulher de 58 anos de idade que foi casada por 35 anos. Seu filho adulto é casado e tem uma filha de 5 anos, de quem Sheila cuida vários dias por semana. Sheila não dirige um carro há mais de um ano devido à ansiedade. Parou de dirigir porque percebeu que ficava cada vez mais ansiosa quando parava nos semáforos. Com o tempo, sua ansiedade cresceu a ponto de ela experienciar ataques completos de pânico cada vez que dirigia. Sheila notava seu coração acelerado e a respiração rápida. Ela se sentia encerrada e presa, e sentia que os outros motoristas queriam que ela avançasse, embora o sinal estivesse vermelho. Ela sentia uma necessidade intensa de fugir – descer do carro e largar tudo. Saber que isso não era possível só servia para aumentar seu estresse. Quando o sinal finalmente ficava verde, ela prosseguia, sentindo-se desatenta e distraída, temendo causar um acidente como resultado da sua distração.

Depois de passar por três experiências similares, Sheila se sentiu compelida a desistir de dirigir e, desde então, não pilotou mais. Antes da sua esquiva de dirigir, já não saía de casa sozinha havia vários anos. Atualmente, seu filho ou seu marido a acompanham nos compromissos, ou eles mesmos simplesmente assumem as responsabilidades. Sheila explica que, nas raras ocasiões em que saía de casa sozinha, tinha experiências desagradáveis que se mantinham até que voltasse para casa. Mesmo quando acompanhada por seu marido ou filho, continua a ter preocupações de que outros clientes nas lojas vão agir com violência ou que vai ocorrer algum evento catastrófico indeterminado. A sensação de Sheila é a de que os outros a estão julgando negativamente e julgarão com desaprovação se ela demonstrar algum sinal de ansiedade. O mais leve suspiro, pigarro ou risinho de outras pessoas a faz acreditar que certamente são em referência a ela. Sheila atualmente tem duas amigas que moram perto, mas que não vê há aproximadamente 2 anos.

Sheila tem desconforto social e preocupação excessiva desde que era adolescente. No entanto, agora sua esquiva de dirigir e sua recusa a se aventurar a sair sozinha ocasionaram suas crises atuais – isto é, a ansiedade de Sheila praticamente acabou com sua capacidade de funcionar de forma independente e de manter relações sociais positivas fora da família imediata. Sua esquiva também provocou crises em seu casamento e no relacionamento com

> seu filho e nora. Quanto mais sua família a pressiona para começar a dirigir e assumir suas responsabilidades, mais sua resistência aumenta, e o resultado é que eles demonstram ressentimento e irritabilidade com ela a ponto de ocorrerem frequentes discussões e gritos em casa.

Descrição dos sintomas de ansiedade

Há sete transtornos de ansiedade especificados não relacionados a substâncias ou a condições médicas listados no *Manual diagnóstico e estatístico de transtornos mentais, 5ª edição, texto revisado* (DSM-5-TR; American Psychiatric Association [APA], 2022). Embora transtorno de estresse pós-traumático (TEPT) e transtorno obsessivo-compulsivo (TOC) não sejam mais classificados como transtornos de ansiedade por si só, há muita sobreposição nas diretrizes de tratamento para ansiedade e esses transtornos.

Um componente importante da ansiedade é a esquiva, e essa esquiva contribui para o desenvolvimento de crises relacionadas à ansiedade, além de manter as crises depois que elas foram estabelecidas – por exemplo, a esquiva pode originar dificuldades no emprego ou problemas financeiros. Estudantes universitários que faltaram às aulas devido à ansiedade podem precisar se afastar ou mudar a trajetória da sua carreira. Outras crises que compelem os indivíduos a procurar tratamento incluem prejuízos graves no casamento ou em relacionamentos românticos, quando a esquiva do paciente, sua necessidade insaciável de reafirmação ou sua incapacidade de manter sua parte nas responsabilidades se tornam estressantes demais para seu parceiro (Whisman et al., 2021). Alguns pacientes evitam *checkups* médicos regulares ou intervenções médicas necessárias, deixam de tomar as vacinas rotineiras e evitam consultas dentárias (Ye et al., 2012). Pacientes com fobias relacionadas à alimentação (medo de engasgar, medo de vomitar, medo de ter uma reação alérgica) com frequência restringem sua dieta a ponto de causar preocupações médicas (Shaker et al., 2017).

O estresse atinge um nível de crise quando se torna grande o suficiente para afetar seriamente a qualidade de vida do paciente, restringir sua capacidade de viver de forma independente, arruinar os relacionamentos, afetar as finanças gravemente ou provocar preocupações com a saúde. No caso de Sheila, pudemos ver como as crises que se originaram da esquiva podem ser mais problemáticas do que a própria ansiedade.

Estatísticas relevantes

Nos Estados Unidos, a prevalência em 12 meses de transtorno de ansiedade generalizada (TAG) é de 0,9% para adolescentes e 2,9% para adultos, com uma frequência mais alta em descendentes de países europeus comparados aos descendentes de asiáticos, africanos e nativos americanos e aqueles provenientes das Ilhas do Pacífico (APA, 2022). Indivíduos que se mudaram para os Estados Unidos provenientes de países desenvolvidos têm maior probabilidade de relatar sintomas que satisfazem os critérios para TAG em algum momento de sua vida comparados com aqueles de países menos desenvolvidos (APA, 2022). A prevalência em 12 meses de TAG em países além dos Estados Unidos varia de 0,4 a 3,6%. As estimativas de prevalência para transtorno de pânico são similares. Para transtorno de ansiedade social (fobia social), a prevalência em 12 meses nos Estados Unidos salta para aproximadamente 7% (APA, 2022). Na Europa, ela cai para estimados 2,3%, e, em boa parte do resto do mundo, é ainda mais baixa, de 0,5 a 2% (APA, 2022).

Todos os transtornos de ansiedade ocorrem com maior frequência em mulheres do que em homens nos vários países (APA, 2022), o que pode ser devido a fatores como diferenças hormonais, papéis sociais, etc.

Baxter et al. (2013) analisaram 87 estudos de prevalência em 44 países e encontraram que a prevalência de transtornos de ansiedade variava de 0,9 a 28,3%, com a maior proporção de variabilidade dependendo de gênero, idade, condição socioeconômica, urbano versus rural e presença de conflito militar. Cerca de 13% da variância entre estudos foi explicada pelo período de prevalência estudado, o número de transtornos incluídos e a medida de avaliação utilizada. Culturas anglo/europeias apresentaram quase o dobro da prevalência encontrada em culturas africanas (10,4% em comparação com 5,3%, respectivamente).

Teorias gerais e conhecimento sobre ansiedade

As teorias sobre a relação entre ativação autonômica e ansiedade têm sido examinadas e documentadas desde a década de 1800. As teorias históricas mais notáveis referentes a essa ligação incluem a *teoria de James-Lange* (Cannon, 1927; Lang, 1994), a *teoria talâmica de Cannon-Bard* (Dror, 2014) e a *teoria dos dois fatores da emoção* (Schachter & Singer, 1962) – os leitores devem consultar a seção de referências deste capítulo para mais informações. A teoria contemporânea do *processamento emocional* (Foa & Kozak, 1986) postula que, quando um indivíduo que já é propenso a ter ansiedade experiencia uma situação traumática (p. ex., um cachorro o ataca), as redes neurais mantêm a associação aprendida sobre o estímulo temido (o cachorro), a sensação de ansiedade e as respostas fisiológicas (coração acelerado, respiração rápida). O problema surge quando a associação é excessivamente generalizada para situações seguras (p. ex., cachorros dóceis). Além disso, a cognição desempenha um papel na criação de significado da associação (p. ex., "Cachorros são maus. Cachorros atacam as pessoas. Se eu vir um cachorro, ele vai me machucar."). A esquiva, então, impede que ocorra uma nova aprendizagem, pois o paciente não tem a experiência de estar perto de cachorros e ao mesmo tempo permanecer seguro. Suas crenças irrealistas sobre si mesmo e sobre a natureza da ansiedade também permanecem ("Não consigo lidar com o estresse. A ansiedade piora cada vez mais, interminavelmente, a menos que eu fuja.").

Para uma compreensão mais profunda da estrutura e do funcionamento cerebral relacionados aos transtornos de ansiedade, os leitores são direcionados para um artigo abrangente de duas partes de Bandelow et al. (2016, 2017). A parte I do artigo discute achados de neuroimagem e genética na sua relação com a ansiedade, enquanto a parte II esclarece os biomarcadores na neuroquímica, o eixo hipotálamo-hipófise-suprarrenal (HHS) e fatores neurotrópicos, além do impacto da neurocognição na ansiedade.

Métodos de avaliação

Um desafio comum ao diagnosticar transtorno de ansiedade é o fato de que vários sintomas de ansiedade se sobrepõem a outros transtornos de saúde mental comuns. Os clínicos também devem estar cientes de que pacientes em crise provavelmente apresentarão dois ou mais diagnósticos comórbidos (Noyes, 2001). De fato, o TAG é um dos diagnósticos mais comuns que coincidem com outro diagnóstico (Noyes, 2001), como depressão (Tiller, 2013), transtorno de déficit de atenção/hiperatividade (TDAH) (Melegari et al., 2018), psicose (Noyes, 2001) ou outro transtorno de ansiedade (Noyes, 2001).

A avaliação confiável dos transtornos de ansiedade é conduzida primariamente por meio de autorrelato e medidas do observador normatizadas e validadas, bem como uma entrevista clínica estruturada que identifica a duração, a intensidade e a frequência da ansiedade, além da história pregressa relevante do paciente – por exemplo, quando os problemas de ansiedade começaram e o que levou a se tornarem suficientemente graves para o paciente procurar tratamento. As entrevistas clínicas podem assumir a forma de uma entrevista-padrão publicada, como a Entrevista Clínica Estruturada para os Transtornos do DSM-5, Versão Clínica (SCID-CV, do inglês Structured Clinical Interview for DSM-5, Clinical Version; First et al., 2016), ou a Entrevista Clínica para Transtorno de Ansiedade e Transtornos Relacionados para o DSM-5 (ADIS-5, do inglês Anxiety and Related Disorders Interview Schedule for DSM-5; Brown & Barlow, 2014). Também há questionários de relato do paciente com respeitável confiabilidade e validade para avaliar a ansiedade, como o Inventário de Ansiedade de Beck (Beck & Steer, 1993; Steer & Beck, 1997), o Inventário de Ansiedade de Burns (Burns, 1999) e muitos outros. Essas medidas têm um segundo propósito de avaliar mudança nos sintomas de ansiedade com o tempo para monitorar se o tratamento está funcionando. Os terapeutas são aconselhados a examinar com os pacientes os sintomas suspeitos de transtornos de ansiedade listados no DSM-5-TR (APA, 2022). O GAD-7 (Spitzer et al., 2006) é um questionário gratuito frequentemente utilizado nas práticas médica e psiquiátrica que lista os critérios dos sintomas para TAG e pede que os pacientes escolham entre quatro opções para indicar a frequência dos sintomas (*nunca, em vários dias, em mais da metade dos dias, quase todos os dias*) nas duas semanas anteriores.

Estratégias de intervenção em terapia cognitivo-comportamental

A terapia cognitivo-comportamental (TCC) apresenta uma longa história de eficácia e eficiência no tratamento de transtornos de ansiedade (Hans & Hiller, 2013; Hofmann et al., 2014; Kaczkurkin & Foa, 2015), com resultados expressivos em longo prazo (Hollon et al., 2006), particularmente em situações de crise (Dattilio & Kendall, 2007). As taxas de incidência de recaída depois de TCC para ansiedade também são muito favoráveis (Levy et al., 2021). A próxima seção explica as estratégias comumente usadas em um curso de tratamento com TCC para transtornos de ansiedade, TEPT ou TOC.

Exercícios de relaxamento

Os exercícios de relaxamento representaram um forte ponto de apoio no tratamento de transtornos de ansiedade (Carver & O'Malley, 2015; Leyro et al., 2021). Dois exercícios de relaxamento comumente referidos para o tratamento de ansiedade e estresse incluem exercícios respiratórios (Leyro et al., 2021) e relaxamento muscular progressivo (Carver & O'Malley, 2015). Essas estratégias de relaxamento são recomendadas devido à forte conexão entre excitação autonômica e o estímulo temido. De fato, é provável que os pacientes evitem os estímulos temidos não apenas devido ao estímulo em si, mas também devido ao desconforto que acompanha a excitação autonômica.

A psicoeducação autonômica ajuda os pacientes a entenderem a ligação entre seu sistema nervoso autônomo e a ansiedade. Eles precisam entender os princípios do nosso sistema nervoso simpático e os benefícios para ele quando o perigo realmente está presente. Depois que compreendem que a ansiedade é um mecanismo protetivo natural que nossa mente e corpo usam para nos manter seguros, eles podem se dar conta de que, com frequência, a resposta de luta ou fuga (alguns acrescentaram a palavra *congelamento* ao nome) é falsamente ativada na ausência de perigo real. Além disso, os componentes fisiológicos da ansiedade (p. ex., coração acelerado, respiração superficial, tensão muscular) podem ser a fonte da ansiedade, não apenas uma reação a ela – ou seja, depois que um indivíduo nota alterações fisiológicas em seu corpo, uma reação comum é sentir-se ansioso, mesmo que ele não tenha consciência de que essas alterações fisiológicas são o gatilho da sua ansiedade. O uso de exercícios de relaxamento pode ajudar a atenuar essas respostas fisiológicas, o que posteriormente reduz a ansiedade e torna os pacientes mais dispostos a se engajarem em *exposição*, discutida na próxima seção.

Peça que o paciente se sente confortavelmente em uma cadeira, com os pés apoiados no chão e a cabeça repousando para trás ou apoiada em um sofá. O relaxamento muscular progressivo envolve focar a atenção em vários grupos musculares (p. ex., mãos/dedos, antebraços, bíceps, ombros, pescoço), intencionalmente tensionar os músculos por vários segundos antes de relaxá-los e estudar a diferença entre a sensação dos músculos tensos e os músculos relaxados. Depois que os pacientes se tornam mais proficientes na prática, eles podem começar a encurtar o exercício simplesmente progredindo da tensão na linha de base para o relaxamento, omitindo a parte do exercício de tensionamento. Há alguma controvérsia sobre se o tensionamento dos músculos antes do relaxamento ajuda ou prejudica o processo (Lucic et al., 1991). Os pacientes são incentivados a experimentar ambos para determinar qual é mais eficaz. O relaxamento muscular diferencial requer que o paciente incorpore o relaxamento muscular à sua vida diária, relaxando deliberadamente grupos musculares específicos durante tarefas cotidianas. Embora existam várias técnicas respiratórias para relaxamento, a *respiração diafragmática*, algumas vezes referida como *respiração abdominal* ou *respiração do balão* (com crianças), é uma das mais populares. O processo para a respiração diafragmática pede que o paciente deliberadamente respire lenta e plenamente, usando o diafragma para lentamente empurrar o estômago para fora a cada inspiração, permitindo que ele encolha a cada expiração. Uma variante da respiração diafragmática é denominada *respiração quadrada* ou *respiração de caixa*, em que o paciente inspira contando lentamente até quatro, segura a respiração contando até quatro, expira contando até quatro, segura a respiração novamente contando até quatro e, então, repete o processo. Os clínicos devem consultar Hunter et al. (2017) para roteiros de exercícios de relaxamento que podem ser utilizados com os pacientes.

Uma boa ideia é pedir que o paciente avalie o quanto se sente estressado antes de iniciar o exercício e repita essa avaliação depois de concluí-lo. Isso o ajuda a reconhecer a eficácia do exercício e traz uma valência científica para a prática. Devido à intensidade da excitação fisiológica associada aos ataques de pânico, as técnicas de retreinamento respiratório são particularmente recomendadas no tratamento de ataques de pânico durante situações de crise (Dattilio & Kendall, 2007).

Reestruturação cognitiva

Reestruturação cognitiva é o processo em que os pacientes aprendem a identificar pensamentos e crenças associados a emoções e comportamentos negativos e, então, estrategicamente alteram esses pensamentos e crenças, o que leva a uma melhoria nas emoções e nos comportamentos. Com a reestruturação cognitiva, o paciente aprende e melhora as habilidades de (1) consciência dos pensamentos, (2) desafio dos pensamentos e (3) pensamento racional/balanceado.

Os pensamentos incluem não só pensamentos conscientes no momento sobre uma situação particular como também sistemas de crenças mais profundas ou expectativas/*scripts* subjacentes sobre como vários aspectos da vida deveriam ser, referidos como *esquemas*. As crenças generalizadas tendem a focar em si mesmo, no mundo externo e no próprio futuro, o que é referido como a *tríade cognitiva*. Para indivíduos em crise que sofrem de ansiedade grave, alguns exemplos de crenças subjacentes comuns podem ser: "Sou frágil/fraco"; "Não consigo lidar com as coisas como as outras pessoas"; "As outras pessoas são perigosas ou não inspiram confiança"; "As pessoas são críticas e intolerantes"; e "Se eu não estiver no controle ou cuidando das coisas, elas vão dar muito errado". A pessoa ansiosa em crise quer garantias inquestionáveis de segurança, o que simplesmente não existe. Algumas vezes, as pessoas também têm crenças inúteis que as tornam resistentes a restringir sua ansiedade: "Ficar ansioso me ajuda a alcançar mais coisas na vida" ou "Manter minha guarda alta ajuda a me manter seguro, e baixar a guarda certamente levaria ao desastre". Esses tipos de pensamentos impedirão o paciente de aderir aos objetivos da sua própria terapia, e eles precisam ser focados primeiro. A reestruturação cognitiva ajuda o paciente ansioso a tomar consciência de como seus pensamentos e crenças afetam sua ansiedade (ou outras emoções); assim, ele pode ver a tríade cognitiva de maneiras que reduzem significativamente a ansiedade (Gallagher et al., 2014). O medo de ficar ansioso ou constrangido na frente de outras pessoas também é um fator de manutenção essencial da ansiedade que pode levar as pessoas a se fixarem nela, permanecendo ignorantes dos pensamentos que a mantêm.

Os manuais de tratamento diferem dependendo do transtorno que está sendo tratado, mas o tratamento baseado em evidências para todos os transtornos de ansiedade inclui alguma forma de reestruturação cognitiva – por exemplo, na terapia de processamento cognitivo (TPC), usada para tratar vítimas de trauma, o paciente escreve um relato detalhado do seu trauma, que, então, é utilizado para revelar distorções cognitivas. O uso do questionamento socrático é outro método para ajudar o paciente a desafiar suas visões.

Usando uma abordagem clássica, o terapeuta guia o paciente no preenchimento de um diário denominado *registro de pensamentos automáticos*, também conhecido como *registro de pensamentos disfuncionais* (Beck et al., 1987). Os registros de pensamentos servem como dado, e o seu preenchimento ajuda os pacientes a desenvolverem as habilidades de reconhecer e desafiar seus próprios processos de pensamento. Também ajudam a demonstrar a natureza empírica da TCC.

Existem mais de 100 versões diferentes do registro de pensamentos, desenvolvidas por diferentes autores (Waltman et al., 2019). Conforme publicado originalmente por Aaron Beck et al. (1987), a maioria dos registros de pensamentos se inicia com as mesmas três categorias: situação, pensamentos e avaliação do humor. Um fator de manutenção importante em uma formulação da ansiedade é como os padrões, estilos ou atalhos no pensamento podem manter a ansiedade ou conduzir a repetidos pensamentos automáticos relacionados à ansiedade. Depois que o paciente entende a premissa primária do registro dos próprios pensamentos no papel para observação, o conceito de *erros de pensamento* é introduzido. Essas falácias lógicas foram originalmente referidas como *distorções cognitivas* (Beck et al., 1987), embora termos mais modernos, como *erros de pensamento, falsas crenças* ou *padrões de pensamento inúteis*, possam parecer menos importunos para os pacientes. Há várias listas de erros de pensamento publicadas que seguem uma tendência similar. O acrônimo STABLE MOOD (Greenaway & Barkins, 2009) pode ser usado como mnemônico para lembrar dos erros de pensamento. Ele significa dever, visão de túnel, tudo ou nada, jogo da culpa, rotulação, percepção extrassensorial (PES), humor sobre a lógica, reação exagerada, generalização excessiva e desqualificação do positivo. A Figura 4.1 fornece uma breve descrição de cada tipo de erro de pensamento e pode ser usada com os pacientes para ajudá-los a entender o conceito. O terapeuta quer instilar no paciente a ideia de que as pessoas com frequência mantêm crenças imprecisas e inúteis, falsamente distorcidas em uma direção negativa, que estão associadas a aumentos ou à continuação da ansiedade. As imprecisões tendem a assumir a forma de (1) pensamento extremo (ver alguma coisa como muito mais

---

S.T.A.B.L.E. M.O.O.D.

1. **Declarações que contenham "dever"** – Você se critica por não fazer as coisas tão bem quanto acha que deveria. Mantém expectativas irrealistas para si mesmo ou para outros. Você acredita que, se as coisas não forem feitas da maneira que deveriam, algo terrível vai acontecer.
2. **Visão de túnel** – Você foca em aspectos que apoiam suas crenças ansiosas, ao mesmo tempo que ignora evidências contra elas.
3. **Tudo ou nada** – Você vê as coisas como perfeitas ou terríveis ou vê as pessoas como totalmente boas ou totalmente más. Tem problemas para ver graduações ou tons de cinza.
4. **Jogo da culpa** – Você vê a si mesmo como responsável pela solução dos problemas de outros ou se culpa por resultados que não estavam no seu controle.
5. **Rotulação** – Você descreve a si mesmo ou aos outros com uma palavra ou frase extrema. "Devo estar louco." "Que otário." "Sou um fracote."
6. **P.E.S.**
   a. **Adivinhação** – Você superestima a probabilidade de alguma coisa negativa ocorrer. Você prevê que as coisas vão acabar mal, mesmo quando é pequena a chance de isso acontecer.
   b. **Leitura mental** – Você acha que os outros estão sendo críticos ou estão tendo pensamentos negativos sobre você.
7. **Humor sobre a lógica** – Você usa seu humor como prova para suas crenças. Permite que seu humor afete sua avaliação da situação, em vez do contrário.
8. **Reação exagerada** – Você reage a uma decepção menor como se ela fosse uma catástrofe. Faz tempestade em copo d'água. Alguma coisa que é um pouco negativa parece extremamente negativa.
9. **Generalização excessiva** – Você usa um ou alguns resultados negativos como prova de que as coisas sempre vão acabar assim, mesmo quando há evidências de que é mais provável que as coisas funcionem.
10. **Desqualificação do positivo** – Você desqualifica ou encontra desculpas para evidências que contrariam suas visões negativas preconcebidas.

FIGURA 4.1 Erros de pensamento indutores de ansiedade. Copyright © 2009 Civic Research Institute, Inc. Reproduzida com permissão.

significativa ou terrível do que na realidade ela é), (2) pensamento dicotômico (sucesso/fracasso, bom/mau, amor/ódio, perfeito/terrível, etc.) e (3) atenção seletiva (focar em um pequeno aspecto do panorama sem vê-lo no contexto mais amplo). O terapeuta ajuda o paciente a aprender a (1) identificar os pensamentos associados à sua ansiedade, (2) reconhecer a emoção associada a esses pensamentos e (3) identificar erros no pensamento, procurando evidências a favor e contra os próprios pensamentos/crenças. A quarta habilidade que o paciente aprenderá por meio do registro de pensamentos é gerar novas maneiras de ver as circunstâncias ao longo de um *continuum*, com graus variados ou tons de cinza. O paciente começa a desafiar seus pensamentos automáticos, procurando evidências a favor e contra eles para chegar até pensamentos associados a menos ansiedade, pois eles são avaliações balanceadas, racionais e acuradas. Ao reavaliarem a intensidade da ansiedade depois de olharem para a situação mais acuradamente, os pacientes podem perceber como mudanças no pensamento reduzem a ansiedade (McManus et al., 2012).

Depois de o paciente preencher vários registros de pensamentos, o clínico o guia na identificação de tópicos ou temas comuns, os núcleos em torno dos quais sua ansiedade é formada. As preocupações no momento são consideradas janelas para esquemas mantidos em nível mais profundo. No exemplo de caso anteriormente mencionado, Sheila pensa "Todos estão incomodados porque eu estou atrapalhando o tráfego" – mas esses pensamentos estão baseados em crenças gerais ou regras sobre si mesma e sobre os outros, como "Preciso agradar a todos, ou então alguma coisa de ruim vai acontecer"; "As outras pessoas estão impacientes"; e a inferência arbitrária "Sou o tipo de pessoa que incomoda os outros com minha ineficiência". A reestruturação cognitiva poderia ajudar Sheila a mudar seu pensamento em determinadas situações, mas também a modificar esses esquemas subjacentes mais profundos na tríade cognitiva.

Terapia de exposição

A terapia de exposição é uma intervenção usada quando esquiva, fuga e hipervigilância estão mantendo a ansiedade. Ao apresentar a exposição a um paciente, o terapeuta mostra um quadro (ver Figura 4.2) descrevendo as *unidades subjetivas de ansiedade* (USAs) em uma escala de 0 a 100 ao longo do eixo y e *tempo* ao longo do eixo x. É retratado o cenário erroneamente esperado, de que o estresse continuará indefinidamente se o paciente não fizer algo para pará-lo. Também é mostrado ao paciente o cenário real, onde ele se engaja em esquiva repetida ou comportamentos compulsivos, resultando em uma rápida queda da ansiedade. O paciente pode perceber que é uma reação natural querer se engajar no comportamento de esquiva. É claro! Isso interrompe a ansiedade! – no entanto, o quadro também indica que o paciente precisa continuar a evitar o estímulo repetidamente, causando a crise atual. Por uma perspectiva da aprendizagem, a esquiva impede que o paciente aprenda que ele pode conseguir tolerar o estresse, que o estresse se dissipa com o tempo, mesmo sem esquiva, e que nenhum outro dano vai lhe acontecer. Em vez disso, ocorre a aprendizagem oposta, quando a esquiva do paciente é reforçada/recompensada com menos ansiedade. A esquiva repetida também mantém falsas crenças, como: "É bom que eu não tenha dirigido, senão com certeza eu teria causado um desastre"; "Eu realmente não consigo tolerar estresse"; "É muito bom que eu tenha verificado de novo as fechaduras e baixado minha ansiedade antes que ela aumentasse até um ponto sem volta"; e "Estar

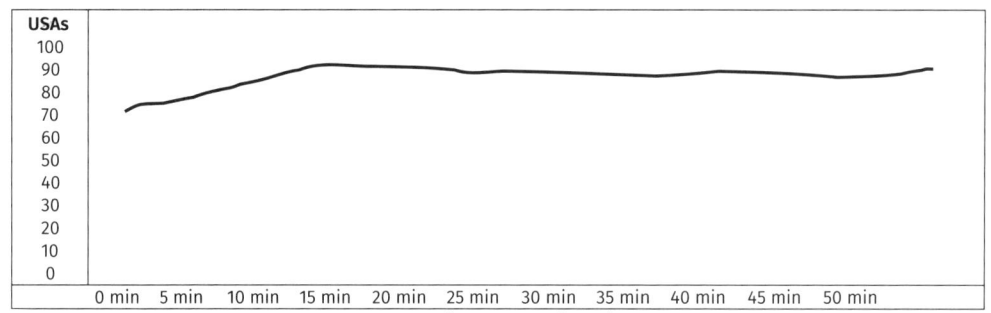

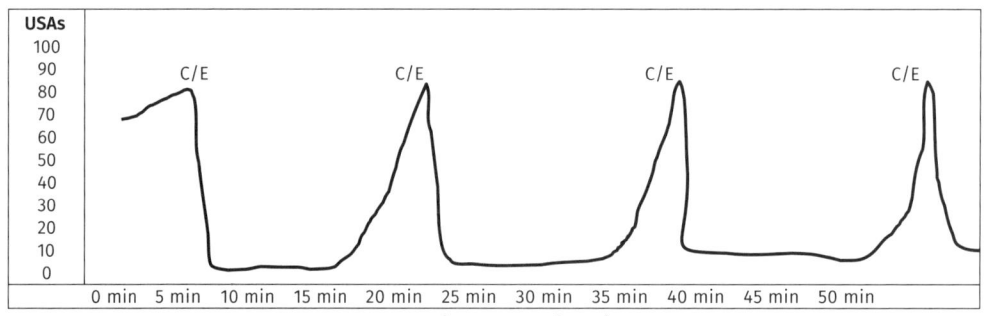

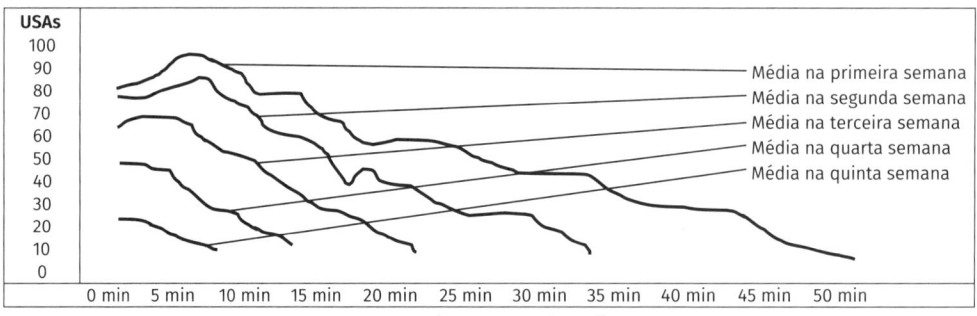

FIGURA 4.2 Diagramas para apoiar a terapia de exposição. USAs, unidades subjetivas de ansiedade; C/E, o paciente se engaja em comportamento compulsivo ou evita a situação.

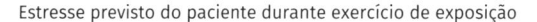

constantemente a postos é a única maneira de impedir um desastre".

Também é mostrado ao paciente um quadro com exemplos de USAs, que representa o que acontece com a ansiedade durante o curso de exposições repetidas. Os pacientes usarão um quadro em branco para registrar suas USAs durante os exercícios de exposição. É importante enfatizar que (1) a ansiedade reduz depois da permanência na situação por um tempo suficiente e (2) o paciente é, de fato, capaz de tolerar a ansiedade, mesmo antes que ela diminua.

Para TOC, a exposição é associada à prevenção de resposta – isto é, os pacientes praticam a exposição a situações ou estímulos que criam o desejo de se engajar em comportamentos compulsivos e depois evitam se engajar nos ditos comportamentos compulsivos. Por exemplo, para um paciente com compulsão de lavar as mãos, o clínico o guiaria por um exercício de exposição com prevenção de resposta (EPR), como tocar a sola do seu sapato ou um assento de vaso sanitário, o que despertaria ansiedade e a necessidade de lavar as mãos para reduzi-la. Então, em vez de lavar suas mãos, o paciente esperaria pelo estresse enquanto o terapeuta registra (ou pede que o paciente registre) sua USA no quadro a cada poucos minutos.

Para pacientes com transtorno de pânico, o processo de exposição é semelhante, pois o paciente será guiado nos exercícios, iniciando a resposta de pânico, e então esperará até que ela diminua. Os métodos comuns de indução de pânico em consultório incluem respirar profundamente, mas muito rápido, por 1 minuto, respirar através de um canudo por um tempo ou girar em uma cadeira para induzir tontura, vertigem e desorientação. Essas práticas em geral são suficientes para iniciar a sensação de pânico no paciente. É recomendável que o terapeuta também siga o mesmo procedimento – girar em uma cadeira, respirar fundo rapidamente, etc. – para demonstrar ao paciente o caráter inofensivo da sensação, apesar do desconforto que ela produz. Para pacientes com pânico, frequentemente são as sensações fisiológicas (palpitação, aumento da frequência cardíaca, respiração rápida, etc.) que levam a mais estresse e alimentam o ataque de pânico. Assim, a exposição é referida como *exposição interoceptiva*, em que o paciente está deliberadamente evocando e observando essas sensações fisiológicas, ao mesmo tempo que monitora o nível de estresse enquanto ele se dissipa sozinho.

O processo de exposição seria semelhante para um paciente com TEPT, em que o clínico o guiaria a pensar sobre, recordar ou entrar em contato com estímulos que provocam a resposta ansiosa e, então, guiaria o paciente na *terapia de exposição prolongada*, engajando-se repetidamente no processo.

Pesquisas demonstraram que a variação dos estímulos temidos para a exposição aumenta a eficácia; assim, o paciente vai querer encontrar estímulos diferentes, embora similares, para as tarefas de exposição (Craske et al., 2014). No caso de Sheila, isso significaria a exposição a diferentes caminhos por onde dirigir e passar algum tempo sozinha em vários locais públicos e, com o tempo, ir prolongando essa exposição para que sua ansiedade diminua antes que ela saia da situação.

Dois métodos diferentes de aplicação da terapia de exposição se revelaram eficazes. O primeiro é comumente referido como *exposição gradual* ou *dessensibilização sistemática* (Wolpe, 1961). Aqui, paciente e terapeuta trabalham juntos para criar uma *hierarquia do medo*, listando os estímulos temidos de 100 (o mais ansiogênico) a 0 (não produz nenhuma ansiedade). Para a agorafobia de Sheila, o nível 100 poderia ser andar sozinha por uma loja de departamentos lotada, o nível 50 poderia ser andar por uma loja de departamentos lotada com uma amiga, e o nível 30 poderia ser imaginar-se andando por uma loja de departamentos lotada. Então, paciente e terapeuta escolhem uma tarefa inicial, com a ideia de que as tarefas que estão no topo da lista vão começar a parecer menos ansiogênicas a cada tarefa realizada antes dela. Um bom começo é iniciar com USAs antecipadas mais baixas, de cerca de 30 a 40, para desenvolver alguma confiança e impulso, e depois focar em atividades com USAs antecipadas de cerca de 60, e assim por diante. O paciente deve saber que precisará repetir essas exposições muitas vezes, com mais exposições produzindo melhores resultados. Afinal de contas, provavelmente ele passou muitos anos fazendo as coisas do "jeito antigo", e vai levar algum tempo para desfazer esses padrões e expectativas aprendidos.

Uma abordagem alternativa, conhecida como *inundação*, foca na exposição à própria situação que causa mais ansiedade. Seja com inundação ou com exposição gradual, o clínico quer promover a noção de que, quanto mais ansiedade o paciente sentir em um curto prazo, mais útil isso será em longo prazo. O clínico ajuda o paciente a entender que o cérebro precisa desaprender a associação entre o estímulo temido e a ansiedade – por exemplo, se o paciente observa que o exercício não está causando muita ansiedade, o clínico pode responder: "Isso não é bom, precisamos mudar alguma coisa para que se torne mais útil". Na mesma linha, um paciente que está relatando alto nível de ansiedade durante um exercício de exposição pode receber um comentário como: "Isso é bom; este vai ser um exercício de exposição muito útil. Esta experiência está ajudando seu cérebro a desassociar essa situação do perigo. Depois que seu cérebro registrar que não há nenhum perigo, ele vai começar a reduzir a ansiedade".

Os exercícios de exposição também podem ser diferenciados em *ao vivo* ou *imaginários*. Com a exposição imaginária, o paciente fecha os olhos e se imagina em uma situação temida. Com frequência, isso é suficiente para provocar ansiedade e pode servir como exposições de nível inferior ao longo da hierarquia. Exposição *in vivo* (em latim, "na vida") refere-se a realmente engajar-se na tarefa temida.

O *modelo de aprendizagem inibitória* foi incorporado com resultados melhorados (Craske et al., 2014). Com a aprendizagem inibitória, o paciente não só espera que ocorra habituação durante a exposição (p. ex., que a ansiedade diminua) como também aprende novas crenças sobre seus desfechos temidos, a natureza da própria ansiedade e sua capacidade de tolerar ansiedade (Gallagher et al., 2014).

Habilidades de solução de problemas

A necessidade de resolver problemas específicos é especialmente alta em situações de crise. Vários modelos de solução de problemas tendem a seguir uma sequência em passos, geralmente delineada por um acrônimo a ser usado como mnemônico. Um exemplo é BEST, como em "a MELHOR (BEST) maneira de resolver problemas" (Greenaway & Batkins, 2009). B significa *respirar (breathe) para se acalmar*. Não somos bons em encontrar soluções racionais quando estamos em um estado emocional aumentado, e fazer exercícios de relaxamento, como a respiração diafragmática, ajuda a melhorar nossa habilidade de elaborar os três passos seguintes. Depois de calmo, o paciente pode passar para o E, *explicar (explain) o problema e o que eu quero*. Aqui, um problema complicado é especificado e reduzido ao objetivo real, para que possamos empregar o S, que é criar uma *lista de soluções (solutions)*. O clínico trabalha com o paciente para fazer um *brainstorm* de ideias e examinar os prós e os contras dessas ideias. Perfeição não é o objetivo, mas sim encontrar algo que chegue mais perto do objetivo com o menor custo. T significa *tentar (try)*, em referência à solução escolhida. Os pacientes frequentemente descobrem que o simples engajamento no processo de solução do problema já começa a ajudar a reduzir a ansiedade (Abazarian et al., 2015).

Habilidades de assertividade

Algumas vezes, as crises podem ser rastreadas até a esquiva de situações que requerem autodefesa ou assertividade. Isso incluiria crises como questões de emprego, relacionamentos conflitivos, conquistas acadêmicas e assim por diante, em que a esquiva do conflito é o problema principal. É provável que, inicialmente, os pacientes resistam em aplicar estratégias de assertividade na terapia devido à ansiedade gerada por esses tipos de situações. A pessoa com quem o paciente vai praticar as habilidades de assertividade provavelmente será o parceiro, um colega de trabalho, um amigo próximo ou um familiar, quando já foi estabelecido um precedente duradouro para interação. Ou, então, a outra pessoa pode ser uma figura de autoridade, como um professor ou supervisor, tornando as interações com essa pessoa particularmente ansiogênicas. No entanto, estas são exatamente as pessoas com quem a aprendizagem e a prática de habilidades de assertividade são mais relevantes.

Em situações de crise, quando os pacientes são resistentes a praticar habilidades de assertividade, o clínico deve considerar o uso da reestruturação cognitiva para abordar as razões cognitivas pelas quais o paciente está relutante em se afirmar. Eles podem encarar a assertividade como semelhante a conflito ou agressão ou podem achar que ser assertivo é ser rude, insolente ou opositor. Os pacientes com frequência temem que, sendo assertivos, como resultado serão rejeitados, castigados, abandonados ou até mesmo atacados fisicamente. A reestruturação cognitiva pode ajudá-los a ver a assertividade como uma estratégia colaborativa de solução de problemas, e não como um ato agressivo ou opositor. A prática de habilidades de assertividade também permitirá que eles vejam que isso não resulta em abandono ou punição. É importante que o clínico entenda a hesitação do paciente sem censurar, ao mesmo tempo que lhe mostra os efeitos benéficos que a assertividade pode ter na sua crise atual.

Os modelos de assertividade tendem a seguir uma sequência em três estágios: (1) escuta ativa, (2) explicar os próprios pontos de vista e preocupações de uma maneira que não seja nem passiva, nem agressiva e (3) convidar a outra pessoa a resolver o problema juntos. Isso incluiria ouvir as ideias propostas pela outra pessoa, além de fazer sugestões para possíveis soluções e concordar com algo favorável para ambas as partes. Estes não devem ser vistos como três passos simples, mas como estágios durante uma discussão progressiva que o paciente terá com a outra pessoa. Também devem ser vistos como habilidades individuais a serem desenvolvidas com a prática. O clínico deve ajudar o paciente a entender que ele (o paciente) frequentemente terá que guiar o processo desses estágios quando estiver interagindo com alguém que já está incomodado ou com alguém que mostra relutância ou habilidades limitadas para solução de problemas.

A primeira habilidade (escuta ativa) é especialmente útil para estabelecer um tom colaborativo, e, se o indivíduo oponente estiver incomodado com a situação, a escuta ativa provavelmente reduzirá a raiva ou ansiedade dessa pessoa. A escuta ativa envolve convidar a outra pessoa a compartilhar suas preocupações e perspectiva e mostra a ela que você está ouvindo – por exemplo, usando comentários como "Ajude-me a entender o que você quer dizer" ou "Posso ver que você está incomodado. O que houve?". Parafrasear e escutar reflexivamente sem criticar, interromper ou insultar é primordial. Isso pode envolver repetir o conteúdo que você está ouvindo ou as emoções que a outra pessoa está expressando. O objetivo principal nesse estágio é mostrar à outra pessoa que você está genuinamente tentando entender seus motivos e preocupações antes de se defender. Para a segunda habilidade (explicar sua própria perspectiva e preocupações), o clínico ensina ao paciente maneiras de se explicar que têm menos chance de causar atitude defensiva na outra pessoa, usando *declarações na primeira pessoa*, como "Eu acho que...", "Fico preocupado quando..." e "Para mim, parece que...", em vez de *declarações na segunda pessoa*, como "Você sempre...", "Você está tentando..." e "Você me deixa furioso quando...". Para a terceira habilidade (solução de problemas conjunta), o paciente aprende formas de convidar a outra pessoa a compartilhar no processo de solução de problemas, fazendo comentários como "Vamos ver como podemos resolver esse dilema" ou "Precisamos descobrir alguma maneira de você [insira aqui as preocupações da outra pessoa] e ao mesmo tempo eu [insira aqui suas próprias preocupações]". O paciente também aprende a apresentar suas soluções de modo que aborde as perspectivas e preocupações da outra pessoa. Com a prática, o paciente começa a ver a assertividade como uma abordagem em equipe e percebe que as pessoas não o abandonam ou fazem retaliações quando ele aborda os assuntos com assertividade.

Mindfulness e aceitação consciente

Embora os princípios de *mindfulness* remontem a milhares de anos, *mindfulness* e aceitação consciente se tornaram, mais recentemente, tópicos populares na psicologia moderna. *Mindfulness* e aceitação consciente são primárias para a TCC baseada em *mindfulness* (Segal et al., 2004), além dos tratamentos da terceira onda: terapia comportamental dialética (DBT, do inglês *dialectical behavior therapy*; Chapman, 2006; May et al., 2016) e terapia de aceitação e compromisso (ACT, do inglês *acceptance and commitment therapy*; Fletcher & Hayes, 2005).

A prática de *mindfulness* pode ser sintetizada em três habilidades primárias a serem praticadas simultaneamente. A primeira habilidade de *mindfulness* envolve consciência por meio da observação. Os sinônimos frequentemente usados nessa linha incluem *assistir, observar, prestar atenção, notar*, etc. – por exemplo, observar o próprio humor, prestar atenção aos próprios comportamentos, notar os próprios impulsos. Pensar em si mesmo como um observador dos fenômenos ajuda a se separar deles. O paciente encara suas emoções, pensamentos, impulsos e sensações físicas como fenômenos a serem observados, em vez de se identificar com eles. A segunda habilidade de *mindfulness* é desenvolver uma atitude de permitir que o fator perturbador que você está observando exista como ele é, sem tentativas de mudá-lo ou consertá-lo. Isso não é fácil, dada a cultura moderna de constantemente consertar, mudar e resolver. Para pacientes que não gostam da ideia de deixar de lado o controle e simplesmente permitir que as coisas desagradáveis existam, é útil deixá-los saber que a aceitação consciente é especialmente vantajosa em situações indesejáveis que são insolúveis ou que, de qualquer modo, não estão sob seu controle direto. Os exemplos incluiriam emoções desagradáveis, pensamentos indesejáveis e sensações físicas desconfortáveis (dor, fome, etc.). O engajamento em aceitação consciente da ansiedade é particularmente útil durante a terapia de exposição (Twohig et al., 2015), já que o paciente está intencionalmente experienciando e permitindo uma emoção indesejável e sensações fisiológicas desagradáveis.

A terceira habilidade de aceitação consciente é abrir mão de julgamento do que está sendo observado. É fácil olhar algo como a cor da camisa de uma pessoa como nem boa, nem ruim – no entanto, é mais difícil ver felicidade e tristeza como iguais. Isso pode exigir uma mudança de paradigma na maneira de o paciente abordar situações desagradáveis.

Depois que o paciente vê que sua ansiedade é algo que pode ser observado e tolerado – uma experiência que em si passa através dele, e não até ele –, ele começa a testemunhar, em primeira mão, os limites da ansiedade e provavelmente será menos temeroso em relação a ela. Assim, o paciente ainda pode experienciar ansiedade em determinadas situações, mas não ficará tão abalado por ela nem vai temê-la e poderá voltar a se engajar em experiências significativas que melhoram sua qualidade de vida. A prática de *mindfulness* pode ser utilizada como um exercício independente ou incorporado à vida diária enquanto o paciente segue sua rotina. Os leitores devem consultar um *script* de *mindfulness* oferecido *on-line* por Hunter et al. (2017), que pode ser incorporado pelos terapeutas no contexto do tratamento.

Obstáculos/impedimentos comuns ao tratamento e como superá-los

Sanderson e Bruce (2007) entrevistaram terapeutas de TCC sobre os fatores que eles achavam que dificultam o tratamento. As respostas comuns incluíam não adesão do paciente, dificuldade com a reestruturação cognitiva e fatores complicadores, como a presença de eventos de vida negativos ou transtornos comórbidos.

Com frequência, os pacientes inadvertidamente se engajam em comportamentos que consideram úteis na redução da sua ansiedade, mas que na verdade estão contribuindo para o problema. Eles são referidos como fatores de manutenção ou compensatórios. Como clínico, você ajudará os pacientes a entenderem que algumas vezes as coisas que fazemos para obter alívio dos nossos problemas podem inadvertidamente reforçá-los. Exemplos incluem hipervigilância, automonitoramento incessante, reassegurar-se excessivamente ou pedir a reafirmação dos outros, passar uma quantidade excessiva de tempo buscando informações sobre um tópico preocupante ou uma doença temida, etc.

Um fator de manutenção/compensatório comum é a preocupação excessiva de agradar os outros. Os pacientes com ansiedade com frequência sofrem do que foi referido com humor como a *síndrome do bom demais*. Externamente, eles concordam com os outros enquanto internamente discordam ou concordam em fazer coisas que não pretendem fazer. Na sessão, os pacientes podem concordar em fazer as tarefas de casa ou fingem que acreditam nos aspectos psicoeducacionais da TCC, sem pedir que o clínico explique mais ou forneça evidências para o que está defendendo, ao mesmo tempo que permanecem céticos internamente. Eles podem negligenciar a tarefa de casa da terapia ou, talvez, nem retornar à terapia. Para ajudar a amenizar isso, é fundamental que os pacientes entendam, desde o início, que a TCC é um processo colaborativo, e os clínicos devem enfatizar a importância de compartilharem visões opostas, ceticismo e questionamentos.

A tarefa de casa é uma parte importante da TCC, e os pacientes algumas vezes a negligenciam porque não acreditam que ela será eficaz ou, então, devido ao estresse que ela pode causar, como ocorre com os exercícios de exposição ou com a prática de habilidades de assertividade. É importante que o terapeuta aborde essa questão diretamente. Para qualquer estratégia terapêutica, incluindo a tarefa de casa, o clínico precisa garantir que o paciente entenda sua justificativa, como ela funciona, por que ela funciona e o fato de que as pesquisas corroboram que ela funciona. Discuta a tarefa de casa com o paciente para identificar qualquer resistência e deixe que ele saiba que você vai perguntar a respeito na próxima sessão. Lembre-se de que o objetivo final é ajudar o paciente a aprender a diminuir sua ansiedade não apenas enquanto ele se encontra na sala de terapia, mas também no seu cotidiano. Por essa razão, a importância de praticar as estratégias durante a semana deve ser muito enfatizada.

Ao trabalhar com os pacientes em reestruturação cognitiva, os clínicos provavelmente encontrarão alguns pacientes que apresentam sintomas de ansiedade que não parecem estar associados a preocupações específicas. Os pacientes algumas vezes vão comentar: "Eu não estava pensando em nada. Só estava ansioso". É importante evocar pensamentos automáticos fazendo perguntas como: "O que isso diria sobre você?... Sobre a outra pessoa?... Sobre como os outros veriam você?". Pergunte: "Se isso fosse verdade, o que significaria?" e "Qual seria a coisa mais perturbadora quanto a isso?". Essas perguntas ajudam o paciente a revelar crenças que ele até então considerava óbvias ou inquestionavelmente verdadeiras e que não valiam a pena desafiar. Também há momentos em que a ansiedade do paciente é desencadeada por associações de condicionamento clássico (Houwer, 2020) ou fatores fisiológicos relacionados ao sistema nervoso autônomo (Vinkers et al., 2021) e pode não ser diretamente causada por pensamentos situacionais preocupantes. Mesmo nesses casos, existem pensamentos negativos sobre a sensação de ansiedade – por exemplo, "Ah, não! Eu não deveria estar me sentindo assim. Alguma coisa está errada comigo". Ou o paciente pode ter tido pensamentos similares sobre os sintomas fisiológicos que está experienciando – por exemplo: "Isso é uma emergência. Alguma coisa está fisicamente errada comigo". Aqui, a ansiedade ou reação corporal precede os pensamentos negativos, e é importante aprender formas alternativas de encarar as sensações físicas e emocionais de ansiedade usando reestruturação cognitiva e aceitação consciente.

Poderá haver momentos em que o terapeuta pode aderir ao sistema de crenças do paciente de que ele não consegue tolerar a ansiedade, vendo a si mesmo como indelicado ou sem coração por permitir que seu paciente experiencie medo ou ansiedade. É aconselhável que os clínicos explorem suas próprias crenças sobre ansiedade e comecem a vê-la da maneira como queremos que nossos pacientes a vejam – uma emoção extremamente desconfortável, mas *inofensiva* e tolerável. Não há necessidade de protegermos os pacientes ou os resgatarmos da ansiedade. Isso pode afetar o processo de exposição, particularmente. Exposições "ruins", como iniciar a exposição e então recuar ou se engajar no comportamento compulsivo antes que a ansiedade reduza, podem reforçar a ansiedade e os hábitos que a mantêm. Os pacientes algumas vezes também querem se engajar em *comportamentos de segurança*, que são comportamentos que reduzem a ansiedade em vez de permitir que ocorra habituação. No caso de Sheila, precisar ser acompanhada por seu filho ou marido seria considerado um comportamento de segurança. Outros comportamentos de segurança comuns incluem tomar um ansiolítico antes de um exercício de exposição. O uso de comportamentos de segurança deve ser visto como uma forma de controle, enquanto um dos aspectos principais da exposição é renunciar ao controle sobre a emoção.

Os pacientes em crise provavelmente estão experienciando uma ou mais experiências de vida difíceis ou estão sofrendo de mais de um transtorno, ocasionando resultados piores (Noyes, 2001), e será necessário priorizar objetivos para o tratamento. Com frequência, a solução de problemas para corrigir uma questão atual ou trabalhar nos sintomas que estão impedindo que outras intervenções terapêuticas sejam eficazes precisa ser abordada primeiro. Os terapeutas também precisam considerar a necessidade de serviços e apoios externos e encaminhar o paciente em conformidade.

Os clínicos precisam entender que comorbidade, estilo de vida não saudável e contatos sociais negativos aumentam a probabilidade de recaída depois do tratamento (Krebs & Lewis, 2018). Whiteside et al. (2007) identificaram que isolamento social e tensão conjugal também aumentam a probabilidade de recaída, e esses fatores devem ser levados em conta durante a terapia.

Exemplo de caso de aplicação do tratamento

Sheila, que foi apresentada no começo deste capítulo, ouviu falar sobre a TCC em um programa de televisão. Depois de ler um pouco a respeito na internet, decidiu iniciar a terapia. Ela estava se sentindo um fardo para sua família e conseguia perceber como sua esquiva de dirigir e de sair de casa sozinha estava afetando negativamente suas interações com seu marido, filho e nora. Ela também sentia falta de ter amigos e podia ver como sua esquiva estava impedindo que isso acontecesse. Sheila iniciou terapia semanal, começando com uma sessão de admissão, em que o terapeuta obtêve informações básicas pertinentes e trabalhou com Sheila para estabelecer objetivos terapêuticos específicos e mensuráveis. Os objetivos de Sheila incluíam ser capaz de dirigir sozinha até a casa do seu filho e nora, ao mercado, à biblioteca e às casas de duas amigas que ela não via há 2 anos. No início do tratamento, Sheila preencheu registros de pensamentos automáticos para ajudá-la a desenvolver maior compreensão de como suas crenças e ideias sobre o que estava acontecendo contribuíam, de maneira importante, para sua ansiedade. Ela também aprendeu a identificar erros em seu pensamento. Quando viu suas próprias crenças manuscritas, como "Estou atrapalhando as pessoas. Elas estão ficando incomodadas comigo. Estou fazendo alguma coisa de errado", e começou a testar essas crenças observando que os outros motoristas à sua volta não pareciam nem um pouco incomodados quando tinham que parar no sinal vermelho enquanto seu marido estava dirigindo, começou a ver o quanto essas crenças eram irracionais. Ela também recordou dos seus próprios sentimentos quando via os motoristas parados no sinal vermelho e refletiu que, de maneira alguma, se sentia incomodada com eles, nem esperava que eles avançassem antes que o sinal ficasse verde.

Por meio da conscientização e do teste de suas crenças prévias, Sheila por fim passou a acreditar firmemente que havia pouco perigo em parar no sinal vermelho, que os outros provavelmente não a estavam julgando e que não tinha importância se eles estivessem – entretanto, ela continuou a experienciar alto nível de ansiedade diante do pensamento de dirigir. O terapeuta a ajudou a ver que o motivo para que ela se preocupasse em dirigir era seu medo de experienciar ansiedade enquanto dirigisse. Sheila e seu terapeuta criaram uma hierarquia dos medos e iniciaram a terapia de exposição, começando com exposição imaginária. Sheila fechou os olhos enquanto o clínico a guiava e se imaginou dirigindo e tendo um ataque de pânico no sinal vermelho. No início do tratamento, isso isoladamente já era suficiente para causar alto grau de ansiedade, e Sheila queria descontinuar o exercício para escapar da ansiedade. O terapeuta incorporou aceitação consciente da experiência de ansiedade, pedindo que Sheila avaliasse a intensidade do seu estresse em uma escala de 0 a 100 a cada 5 minutos, enquanto ele marcava suas respostas em uma folha em branco das USAs. Depois disso, Sheila conseguiu ver que não só o nível do estresse aumentava dentro de um tempo relativamente curto, mas que talvez o mais importante é que ela era capaz de tolerar o estresse, mesmo com essa intensidade.

Com aceitação consciente, Sheila começou a perceber que o estresse que sentia tinha um limite na sua gravidade e que ela, na verdade, conseguia suportá-lo por períodos mais longos do que havia previsto anteriormente. Ela descobriu que não precisava controlá-lo ou forçar que se afastasse. Isso permitiu que Sheila se sentisse mais confiante para tentar, *in vivo*, itens mais altos na hierarquia dos medos, incluindo sentar-se no carro na garagem, dirigir em torno do quarteirão com seu marido no carro e, por fim, dirigir até o mercado sozinha. A exposição foi, então, generalizada para dirigir até a biblioteca e eventualmente até as casas de suas amigas. Depois de algumas semanas, Sheila via sua ansiedade como desagradável, porém inofensiva e tolerável. Isso ainda exemplifica o componente cognitivo do tratamento. Ela não só via os aspectos de dirigir de um modo diferente como também via os aspectos de experienciar ansiedade de um modo diferente. Depois de algumas sessões semanais, ocorreu habituação com os aspectos rotineiros das exposições repetidas. Isso exemplifica um componente comportamental do tratamento.

Sheila também incorporou exercícios de relaxamento à sua rotina (outro componente comportamental). Em relação aos exercícios de relaxamento, Sheila, como muitos pacientes, identificou o paradoxo entre o uso de exercícios de relaxamento e aceitação consciente, indicando para o terapeuta que o uso de exercícios de relaxamento para diminuir a ansiedade em um nível comportamental parecia contrário à aceitação consciente e a permitir a ansiedade. Sheila resolveu esse paradoxo aprendendo a ver as estratégias de relaxamento como uma maneira de aumentar as chances de reduzir o desconforto, sem encará-las como uma garantia de 100% ou até mesmo como necessárias: "Se funcionar, ótimo; se não, também está ótimo". Depois de várias semanas, ela era capaz de usar aceitação consciente quando fazia exercícios de relaxamento, vendo os exercícios como possivelmente úteis, mas também acreditando que ela ficaria bem mesmo que eles não tivessem nenhum efeito. Isso também valia para outras técnicas de TCC, como reestruturação cognitiva.

Depois de 12 sessões, Sheila começou a encontrar o terapeuta a cada 2 semanas para quatro consultas adicionais e se sentia confiante para esperar vários meses antes de ver o terapeuta novamente. Nessa sessão de seguimento, o terapeuta observou que Sheila estava entusiasmada com um novo senso de confiança, até mesmo achando divertido desafiar-se com tarefas que provocavam ansiedade, como usar elevadores (o que teria causado ansiedade grave no ano anterior), apenas para mostrar que conseguia. Ela estava visitando suas amigas regularmente e começou a sair de casa sozinha para seus compromissos. Ela se sentia bem consigo mesma e com seu papel ao ajudar a família, sendo mais autossuficiente. As crises de Sheila acabaram, e sua visão sobre ansiedade e sua capacidade de tolerá-la mudaram. Além disso, essas mudanças na filosofia de Sheila tiveram um impacto positivo e recorrente em suas relações e na autoestima em longo prazo.

Resumo e conclusões

Este capítulo forneceu uma breve compreensão da ansiedade e descrições das principais intervenções da TCC para tratar a ansiedade durante as crises e como responder aos entraves que podem surgir quando são tratados pacientes com ansiedade. É importante que o terapeuta entenda como essas estratégias trabalham em conjunto entre si para fornecer um plano de tratamento completo e efetivo. Embora haja algumas generalidades, cada paciente chega à terapia com seu próprio amálgama de história pregressa, cultura, situação de vida atual e um conjunto de crenças, e é importante que o terapeuta os utilize para adaptar o tratamento de modo que ajude o paciente a atingir seus objetivos terapêuticos.

Referências

Abazarian, E., Baboli, M. T., Abazarian, E., & Ghashghaei, F. E. (2015). The effect of problem solving and decision making skills on tendency to depression and anxiety in patients with type 2 diabetes. *Advanced Biomedical Research, 4*, 112.

American Psychiatric Association. (2022). *Diagnostic and statistical manual of mental disorders* (5th ed., text rev.). Author.

Bandelow, B., Baldwin, D., Abelli, M., Altamura, C., Dell'Osso, B., Domschke, K., . . . Riederer, P. (2016). Biological markers for anxiety disorders, OCD and PTSD: A consensus statement. Part I: Neuroimaging and genetics. *World Journal of Biological Psychiatry, 17*(5), 321–365.

Bandelow, B., Baldwin, D., Abelli, M., Bolea-Alamanac, B., Bourin, M., Chamberlain, S. R., . . . Riederer, P. (2017). Biological markers for anxiety disorders, OCD and PTSD: A consensus statement. Part II: Neurochemistry, neurophysiology and neurocognition. *World Journal of Biological Psychiatry, 18*(3), 162–214.

Baxter, A. J., Scott, K. M., Vos, T., & Whiteford, H. A. (2013). Global prevalence of anxiety disorders: A systematic review and meta-regression. *Psychological Medicine, 43*(5), 897–910.

Beck, A. T., Rush, A. J., Shaw, B. F., & Emery, G. (1987). *Cognitive therapy of depression*. Guilford Press.

Beck, A. T., & Steer, R. A. (1993). *Beck Anxiety Inventory manual*. Psychological Corporation. Brown, T. H., & Barlow, D. A. (2014). *Anxiety and Related Disorders Interview Schedule for DSM-5*. Oxford University Press.

Burns, D. D. (1999). *The feeling good handbook* (rev. ed.). Plume/Penguin Books.

Cannon, W. B. (1927) The James–Lange theory of emotions: A critical examination and an alternative theory. *The American journal of Psychology, 39*, 106–124.

Carver, M. L., & O'Malley, M. (2015). Progressive muscle relaxation to decrease anxiety in clinical simulations. *Teaching and Learning in Nursing, 10*(2), 57–62.

Chapman, A. L. (2006, September). Dialectical behavior therapy: Current indications and unique elements. *Psychiatry (Edgmont), 3*(9), 62–68.

Craske, M. G., Treanor, M., Conway, C. C., Zbozinek, T., & Vervliet, B. (2014). Maximizing exposure therapy: An inhibitory learning approach. *Behaviour Research and Therapy, 58*, 10–23.

Dattilio, F. M., & Kendall, P. C. (2007). Panic disorder. In F. M. Dattilio & A. Freeman (Eds.), *Cognitive-behavioral strategies in crisis intervention* (3rd ed., pp. 68–87). Guilford Press.

Dror, O. E. (2014). The Cannon–Bard thalamic theory of emotions: A brief genealogy and reappraisal. *Emotion Review, 6*(1), 13–20.

First, M. B., Williams, J. B. W., Karg, R. S., & Spitzer, R. L. (2016). *Structured Clinical Interview for DSM-5 Disorders, Clinician Version* (SCID-5-CV). American Psychiatric Association.

Fletcher, L., & Hayes, S. C. (2005). Relational frame theory, acceptance and commitment therapy, and a functional analytic definition of mindfulness. *Journal of Rational-Emotive and Cognitive-Behavior Therapy, 23*, 315–336.

Foa, E. B., & Kozak, M. J. (1986). Emotional processing of fear: Exposure to corrective information. *Psychological Bulletin, 99*(1), 20–35.

Gallagher, M. W., Bentley, K. H., & Barlow, D. H. (2014). Perceived control and vulnerability to anxiety disorders: A meta-analytic review. *Cognitive Therapy and Research, 38*(6), 571–584.

Greenaway, D. S., & Batkins, F. (2009). Cognitive behavioral treatment for depressed adolescents. In B. Glick (Ed.), *Cognitive behavioral interventions for at-risk youth* (pp. 1–34). Civic Research Institute.

Hans, E., & Hiller, W. (2013). A meta-analysis of non-randomized effectiveness studies on out-patient cognitive behavioral therapy for adult anxiety disorders. *Clinical Psychology Review, 33*, 954–964.

Hofmann, S. G., Wu, J. Q., & Boettcher, H. (2014). Effect of cognitive-behavioral therapy for anxiety disorders on quality of life: A meta-analysis. *Journal of Consulting and Clinical Psychology, 82*, 375–391.

Hollon, S. D., Stewart, M. O., & Strunk, D. (2006). Enduring effects for cognitive behavior therapy in the treatment of depression and anxiety. *Annual Review of Psychology, 57*, 285–315.

Houwer, J. D. (2020). Revisiting classical conditioning as a model for anxiety disorders: A conceptual analysis and brief review. *Behaviour Research and Therapy, 127*, 103558.

Hunter, C. L., Goodie, J. L., Oordt, M. S., & Dobmeyer, A. C. (2017). *Integrated behavioral health in primary care: Step-by-step guidance for assessment and intervention* (2nd ed.). American Psychological Association.

Kaczkurkin, A. N., & Foa, E. B. (2015). Cognitive-behavioral therapy for anxiety disorders: An update on the empirical evidence. *Dialogues in Clinical Neuroscience, 17*(3), 337–346.

Krebs, G., & Lewis, A. (2018). Relapse prevention strategies for young people with OCD (after CBT). In E. A. Storch, J. F. McGuire, & D. McKay (Eds.), *The clinician's guide to cognitive-behavioral therapy for childhood obsessive–compulsive disorder* (pp. 185–202). Academic Press.

Lang, P. J. (1994). The varieties of emotional experience: A meditation on James–Lange theory. *Psychological Review, 101*(2), 211–221.

Levy, H. C., O'Bryan, E. M., & Tolin, D. F. (2021). A meta-analysis of relapse rates in cognitive-behavioral therapy for anxiety disorders. *Journal of Anxiety Disorders, 81*, 102407.

Leyro, T. M., Versella, M. V., Yang, M.-J., Brinkman, H. R., Hoyt, D. L., & Lehrer, P. (2021). Respiratory therapy for the treatment of anxiety: Meta-analytic review and regression. *Clinical Psychology Review, 84*, 101980.

Lucic, K. S., Steffen, J. J., Harrigan, J. A., & Stuebing, R. C. (1991). Progressive relaxation training: Muscle contraction before relaxation? *Behavior Therapy, 22*(2), 249–256.

May, J. M., Richardi, T. M., & Barth, K. S. (2016). Dialectical behavior therapy as treatment for borderline personality disorder. *The Mental Health Clinician, 6*(2), 62–67.

McManus, F., Van Doorn, K., & Yiend, J. (2012). Examining the effects of thought records and behavioral experiments in instigating belief change. *Journal of Behavior Therapy and Experimental Psychiatry, 43*(1), 540–547.

Melegari, M. G., Bruni, O., Sacco, R., Barni, D., Sette, S., & Donfrancesco, R. (2018). Comorbidity of attention deficit hyperactivity disorder and generalized anxiety disorder in children and adolescents. *Psychiatry Research, 270*, 780–785.

Noyes, R., Jr. (2001). Comorbidity in generalized anxiety disorder. *Psychiatric Clinics of North America, 24*(1), 41–55.

Sanderson, W. C., & Bruce, T. J. (2007). Causes and management of treatment-resistant panic disorder and agoraphobia: A survey of expert therapists. *Cognitive and Behavioral Practice, 14*(1), 26–35.

Schachter, S., & Singer, J. (1962). Cognitive, social, and physiological determinants of emotional state. *Psychological Review, 69*(5), 379–399.

Segal, Z. V., Teasdale, J. D., & Williams, J. M. G. (2004). Mindfulness-based cognitive therapy: Theoretical rationale and empirical status. In S. C. Hayes, V. M. Follette, & M. M. Linehan (Eds.), *Mindfulness and acceptance: Expanding the cognitive-behavioral tradition* (pp. 45–65). Guilford Press.

Shaker, M. S., Schwartz, J., & Ferguson, M. (2017). An update on the impact of food allergy on anxiety and quality of life. *Current Opinion in Pediatrics, 29*(4), 497–502.

Spitzer, R. L., Kroenke, K., Williams, J. B., & Löwe, B. (2006). A brief measure for assessing generalized anxiety disorder: The GAD-7. *Archives of Internal Medicine, 166*(10), 1092–1097.

Steer, R. A., & Beck, A. T. (1997). Beck Anxiety Inventory. In C. P. Zalaquett & R. J. Wood (Eds.), *Evaluating stress: A book of resources* (pp. 23–40). Scarecrow Education.

Tiller, J. W. (2013). Depression and anxiety. *Medical Journal of Australia, 199*(Suppl. 6), S28–S31.

Twohig, M. P., Abramowitz, J. S., Bluett, E. J., Fabricant, L. E., Jacoby, R. J., Morrison, K. L., ... Smith, B. M. (2015). Exposure therapy for OCD from an acceptance and commitment therapy (ACT) framework. *Journal of Obsessive–Compulsive and Related Disorders, 6*, 167–173.

Vinkers, C. H., Kuzminskaite, E., Lamers, F., Giltay, E. J., & Penninx, B. W. J. H. (2021). An integrated approach to understand biological stress system dysregulation across depressive and anxiety disorders. *Journal of Affective Disorders, 283*, 139–146.

Waltman, S. H., Frankel, S. A., Hall, B. C., Williston, M. A., & Jager-Hyman, S. (2019). Review and analysis of thought records: Creating a coding system. *Current Psychiatry Research and Reviews, 15*(1), 11–19.

Whisman, M. A., Salinger, J. M., Gilmour, A. L., Steele, B. A., & Snyder, D. K. (2021). Love and war: Prospective associations between relationship distress and incidence of psychiatric disorders in active-duty Army personnel. *Journal of Abnormal Psychology, 130*(1), 3–8.

Whiteside, U., Nguyen, T., Logan, D. E., Fagan, C., Marlatt, G. A., & Witkiewitz, K. (2007). Relapse prevention for return of pathological worry in CBT-treated GAD. In K. A. Witkiewitz & G. A. Marlatt (Eds.), *Therapist's guide to evidence-based relapse prevention* (pp. 91–116). Elsevier Academic Press.

Wolpe, J. (1961). The systematic desensitization treatment of neuroses. *Journal of Nervous and Mental Disease, 132*(3), 189–203.

Ye, J., Shim, R., & Rust, G. (2012). Health care avoidance among people with serious psychological distress: Analyses of 2007 Health Information National Trends Survey. *Journal of Health Care for the Poor and Underserved, 23*(4), 1620–1629.

5

Trabalhando com psicose em contextos hospitalares

Katherine Eisen, Sripriya Chari e Kate Hardy

Chegou a hora da troca do plantão da noite em uma unidade de internação psiquiátrica para pacientes agudos. Essa unidade mista tem 20 leitos, ocupados preponderantemente por indivíduos que experienciam sintomas agudos como consequência de doença mental grave. Os pacientes costumam passar uma ou duas semanas na unidade, até estarem suficientemente bem para serem transferidos para um nível mais baixo de cuidados. Hoje, a atmosfera esteve caótica. Inúmeras admissões novas, além de várias altas, mantiveram o tom e o ritmo da unidade frenéticos. A equipe de enfermeiros é muito pequena, e, como consequência, não foi possível proporcionar o tempo dos pacientes ao ar livre no pátio. Luísa, uma mulher branca de 25 anos, diagnosticada com transtorno bipolar, que atualmente está experienciando um episódio maníaco, ficou perambulando pelos corredores a tarde inteira.

Stephanie é a enfermeira encarregada do turno do dia e está ansiosa para ir para casa depois de um dia longo e estressante. Enquanto segue pelo corredor para deixar a unidade, ela observa Alan, um mexicano-americano de 32 anos com diagnóstico de esquizofrenia, parado na porta do seu quarto, acompanhando com os olhos os movimentos de Luísa enquanto murmurava sob sua respiração. Stephanie não consegue entender todas as suas palavras, mas ouve Alan se referindo a "polícia racista" enquanto observa Luísa. Stephanie também observa que, quando Luísa se aproxima de Alan, os músculos dele parecem ficar tensos, ele parece cada vez mais assustado e estressado, e começa a cerrar os punhos. Por mais que esteja ansiosa para ir para casa, Stephanie percebe que essa situação exige intervenção. Na semana anterior, Alan ficou agitado e soqueou outro paciente na unidade enquanto eles estavam indo até a sala de convívio para o café da manhã. O incidente pareceu ter sido completamente não provocado, embora a equipe de tratamento tenha concluído, depois do fato, que Alan acreditava que o outro paciente fosse um policial disfarçado que tinha sido subornado pelo governo para acusá-lo de um homicídio que ele não cometeu. Stephanie antecipa que Luísa também esteja incluída nesse delírio e suspeita que Alan possa atacar Luísa na próxima vez que ela passar pelo corredor onde ele está parado. Então, em vez de ir para casa, ela pede que um colega acompanhe Luísa até uma parte diferente da unidade, enquanto Stephanie calmamente se aproxima de Alan e pergunta se eles podem conversar.

Definindo psicose e esquizofrenia

Psicose não é um diagnóstico específico, mas um sintoma de inúmeros outros transtornos. Os indivíduos que experienciam psicose podem ter dificuldade para distinguir o que é real do que não é e podem experienciar alucinações auditivas ou visuais, pensamento confuso e/ou crenças incomuns ou delirantes. Os sintomas associados à psicose podem ser classificados como *positivos* ou *negativos*. Esses termos se referem à presença ou à ausência, respectivamente (de pensamentos/ações), e não a um julgamento de valor. Os sintomas positivos incluem alucinações ou delírios. Os sintomas negativos referem-se à ausência de algo e incluem falta de motivação, incapacidade de expressar emoções e dificuldade para formar relações sociais. A gravidade da psicose ocorre ao longo de um *continuum*, desde leve a grave, e essa gravidade pode flutuar. Os indivíduos podem experienciar sintomas de psicose algumas vezes em suas vidas, especialmente durante períodos de estresse extremo, mesmo que não satisfaçam os critérios para uma doença mental. Também pode ocorrer psicose no contexto de muitos diagnósticos diferentes de saúde mental – por exemplo, indivíduos com esquizofrenia, transtorno esquizoafetivo, transtorno depressivo maior ou transtorno bipolar podem experienciar psicose no contexto de sua doença. Indivíduos sob influência de determinadas substâncias também podem experienciar psicose. Além disso, as pessoas podem experienciar psicose como resultado de estresse extremo ou trauma. No caso de Alan, ele havia sido diagnosticado com esquizofrenia, que com frequência está associada à psicose, e, durante períodos de estresse, ele algumas vezes apresenta ideação paranoide. Conforme expresso no *Manual diagnóstico e estatístico de transtornos mentais, 5ª edição, texto revisado* (DSM-5-TR; American Psychiatric Association, 2022), a esquizofrenia é diagnosticada pela presença de alguma combinação de delírios, alucinações, fala desorganizada, comportamento desorganizado ou catatônico e sintomas negativos que provocam estresse significativo ou prejuízo no funcionamento.

Prevalência de esquizofrenia e psicose

Os sintomas de psicose ocorrem ao longo de um *continuum* e podem coexistir dentro de uma doença mental, durante uso de substâncias ou simplesmente no contexto da vida cotidiana. Experiências anteriormente consideradas incomuns ou bizarras, como ouvir vozes, são agora entendidas como mais comuns do que anteriormente percebido. Embora as estimativas específicas variem, a literatura sugere que 5 a 15% da população experienciam alucinações auditivas (Beavan et al., 2011). Igualmente, até 15% da população em geral experiencia crenças que atingiram o limiar para ideação delirante (Freeman, 2006). Essa porcentagem é muito mais alta do que a de indivíduos que satisfazem os critérios para uma doença psiquiátrica associada à psicose, como esquizofrenia, o que sugere que, para muitos, a experiência de ouvir vozes ou ter crenças delirantes pode não ser patológica em si. Este seria o caso se o indivíduo não achar essas experiências particularmente estressantes e o funcionamento não for afetado negativamente.

O National Institute of Mental Health (NIMH) estima que a prevalência de doença mental grave entre indivíduos acima de 18 anos de idade é de 3,9%. Mais especificamente, 1,1% da população adulta satisfaz os critérios diagnósticos para esquizofrenia, e 2,2% satisfazem os critérios para transtorno bipolar grave (Treatment Advocacy Center,

2017). Estima-se a prevalência de esquizofrenia em 15,2/100.000 pessoas na população em geral, com os homens tendo mais probabilidade que as mulheres de receber o diagnóstico (McGrath et al., 2008). Entretanto, em contextos de internação psiquiátrica, a proporção de indivíduos que experienciam psicose é significativamente mais alta. Por exemplo, um estudo conduzido no Reino Unido descobriu que, por um período de 1 ano (de 1999 a 2000), esquizofrenia ou psicose relacionada era o diagnóstico principal identificado para 26% das admissões psiquiátricas em todos os hospitais do National Health Service (Thompson et al., 2004). Considerando que essa proporção substancial de indivíduos em unidades de internação psiquiátrica experiencia psicose, é essencial que as equipes nessas unidades sejam bem preparadas para lhes fornecer apoio psicossocial.

Intervenções hospitalares históricas para psicose

As experiências que podemos descrever agora como psicose têm sido entendidas de diferentes formas, em diferentes períodos e em diferentes contextos culturais. Em algumas culturas, indivíduos que ouvem vozes ou têm visões que outros não têm podem considerar a experiência como de natureza mágica ou espiritual e têm mais probabilidade que indivíduos em culturas ocidentais mais tradicionais de encarar isso positivamente (Luhrmann et al., 2015). As experiências que não causam estresse ou afetam o funcionamento e estão dentro da norma cultural de uma sociedade não são consideradas psicose. A avaliação cuidadosa e a coleta de informações colaterais podem ajudar os clínicos a entenderem a experiência de um indivíduo em um contexto cultural e podem ajudar a informar se essas experiências são indicativas de psicose. A Entrevista de Formulação Cultural (CFI, do inglês Cultural Formulation Interview), publicada no DSM-5-TR, é um instrumento útil que pode auxiliar o clínico a fazer avaliações culturais que informam o diagnóstico e o planejamento do tratamento (American Psychiatric Association, 2022).

Na Europa e nos Estados Unidos, as visões iniciais da psicose foram, em grande parte, moldadas por Emil Kraepelin, que cunhou o termo *dementia praecox*, em 1861. Esse termo (literalmente demência precoce, ou inicial) abrangia a própria perspectiva de desesperança que havia na época para indivíduos com psicose. Presumia-se que indivíduos com esquizofrenia sofreriam um declínio inevitável e progressivo e seriam incapazes de trabalhar ou funcionar na sociedade. Eugene Bleuler introduziu o termo *esquizofrenia*, em 1908, para descrever o afrouxamento das associações que ele observou nos processos de pensamento de indivíduos que experienciam psicose (Moskowitz & Heim, 2011).

Antes do desenvolvimento dos primeiros medicamentos antipsicóticos, na década de 1950, o tratamento para indivíduos com psicose consistia, em grande parte, em cuidados de custódia, o que com frequência significava simplesmente confinar pacientes por toda a vida em instituições. A psicanálise, na década de 1950, acreditava que as raízes dessa doença poderiam ser rastreadas até uma parentalidade inadequada, geralmente colocando a responsabilidade diretamente sobre as mães, que eram consideradas simultaneamente superprotetoras e rechaçantes, desse modo merecendo o termo *mães esquizofrenizantes*, cunhado pela psicanalista Frieda Fromm-Reichmann, em 1948.

Com o advento dos medicamentos antipsicóticos, na década de 1950, a psiquiatria começou a encarar a esquizofrenia, em grande medida, como uma doença do cérebro. Ao considerar a discussão da *natureza-criação* em torno da etiologia da esquizofrenia, o pêndulo oscilou firmemente para o lado da *natureza* – embora Aaron T. Beck, amplamente conhecido como *o pai da terapia cognitiva*, tenha descrito o uso da terapia cognitiva como tratamento para psicose no começo da década de 1950. Esse tratamento – e, de fato, qualquer tratamento não farmacológico – foi, em grande medida, ignorado, levando em consideração o forte foco nas intervenções médicas. O tratamento psiquiátrico hospitalar para esquizofrenia e outras formas de psicose na época consistia não só em doses pesadas de medicação, mas também em outras formas de "tratamento" que felizmente agora estão relegados aos capítulos mais vergonhosos na história das intervenções psiquiátricas, incluindo lobotomias frontais, comas induzidos por insulina e tratamentos a frio (Rajiv et al., 2010). Ao trabalharmos com indivíduos em um contexto de internação psiquiátrica para pacientes agudos, é importante ter conhecimento dessa história para compreender melhor a hesitação ou o medo que alguns indivíduos podem ter em relação a serem hospitalizados.

Acompanhando o crescimento do movimento dos direitos civis na década de 1960, houve um aumento da consciência dos direitos civis de indivíduos com doenças mentais graves confinados em instituições. Devido a alguns abusos do passado, muitas pessoas passaram a ver a hospitalização psiquiátrica prolongada como desumana. Além disso, as medicações antipsicóticas acenavam com a promessa de recuperação de indivíduos que haviam sido hospitalizados anteriormente. Esses fatores, combinados com o desejo de economizar dinheiro, levaram a um período de "desinstitucionalização", com redução significativa no número de leitos disponíveis nas instituições estaduais (Yohanna, 2013). Infelizmente, a liberação dos indivíduos de uma hospitalização de longa duração sem suporte e recursos levou a uma consequência não intencional: muitos indivíduos com doença mental grave foram direto da experiência de institucionalização em um hospital psiquiátrico para uma experiência como sem-teto e/ou de encarceramento. Este foi especialmente o caso de indivíduos com doença mental grave oriundos de comunidades carentes ou marginalizadas, colocando muitos deles diante de uma "porta giratória", indo do hospital para as ruas/encarceramento e de volta para o hospital, mais uma vez.

Um capítulo mais otimista no tratamento de indivíduos com psicose começou nas décadas de 1980 e 1990, com o desenvolvimento dos antipsicóticos de segunda geração e o crescimento de intervenções psicossociais baseadas em evidências para psicose. Os antipsicóticos de segunda geração, como clozapina, risperidona e olanzapina, eram menos sedativos e geravam menos efeitos colaterais impróprios que os da geração anterior. Os indivíduos que tomavam essas medicações tinham maior probabilidade de descobrir que conseguiam obter o controle dos sintomas sem ficar sobrecarregados pelos efeitos colaterais e sedação significativa. Igualmente importante foi o reconhecimento crescente da importância de fatores psicossociais no desenvolvimento e na manutenção da psicose. Isso não significou um retorno aos dias de culpabilização das "mães esquizofrenizantes" (Fromm-Reichmann, 1948) pela psicose, mas uma consciência de que algo tão complexo como a psicose provavelmente não seria explicado unicamente pela natureza ou pela criação. A esquizofrenia era vista como o resultado da interação intricada de predisposição genética, experiências adversas da infância (EAIs), trauma e estressores físicos ou psicossociais, entre outros fatores. Um crescente corpo de pesquisas mostrou que indivíduos que experienciaram abuso sexual, abuso físico ou outras formas de trauma na infância estavam em risco significativamente maior de desenvolver psicose (Isvoranu et al., 2017). Um modelo biopsicossocial para entender e intervir com pacientes com psicose enfatiza a importância de intervenções psicossociais (incluindo terapia cognitivo-comportamental para psicose [TCCp] e abordagens informadas pela TCCp descritas posteriormente neste capítulo), juntamente com medicação (Keepers et al., 2020).

Com esse entendimento mais matizado da etiologia da esquizofrenia e outras formas de psicose, as pesquisas apontaram para uma perspectiva mais esperançosa quanto ao prognóstico para indivíduos que experienciaram um episódio de psicose. Em vez da doença progressiva, sem esperança e irreversível da *dementia praecox*, agora se sabe que uma maioria dos indivíduos que apresentam um primeiro episódio de psicose experiencia períodos sustentados de remissão dos sintomas, e quase metade se mantém sem sintomas por pelo menos 2 anos (Morgan et al., 2014). Além disso, indivíduos que recebem intervenção muito precoce para psicose tendem a ter melhor funcionamento em geral. Isso levou a uma ênfase no campo quanto à redução da duração da psicose não tratada (DPNT) e à identificação e à prestação de suporte psicossocial aos indivíduos com alto risco para psicose, mesmo antes de satisfazerem todos os critérios para um transtorno psicótico (Howes et al., 2021).

Esse foco na intervenção precoce levou ao desenvolvimento de inúmeros programas comunitários nos Estados Unidos que forneciam suporte multidisciplinar focado para jovens com primeiro episódio psicótico (PEP) ou aqueles que são considerados com alto risco clínico de psicose (ARCP). Esses programas, conhecidos como clínicas Coordinated Specialty Care (CSC), incluem intervenções multimodais para pessoas jovens, como gerenciamento focado da medicação, psicoterapia orientada para a recuperação, apoio familiar e suporte para emprego e educação (Heinssen et al., 2014). Em um esforço para reduzir a DPNT, é ideal que uma equipe de tratamento hospitalar cultive relações com os programas de CSC em suas comunidades para garantir que um indivíduo que esteja hospitalizado com psicose precoce possa ser encaminhado para cuidados ambulatoriais apropriados depois da alta. Para aqueles pacientes em uma unidade de internação que já estão recebendo tratamento em CSC ou que estão recebendo alguma forma de terapia ambulatorial, a colaboração estreita com os prestadores ambulatoriais pode ser extremamente útil para mitigar e prevenir crises. Pode ser útil descobrir com os prestadores ambulatoriais quais situações são particularmente ativadoras para um paciente e quais habilidades de enfrentamento foram úteis no passado quando o indivíduo experienciou altos níveis de estresse.

Embora tenha havido poucos avanços na psicofarmacologia desde que a clozapina foi introduzida no mercado, o crescimento dos programas de CSC focando na intervenção precoce para psicose melhorou os resultados para indivíduos em risco ou que apresentam psicose precoce (Nossel et al., 2018) – no entanto, o acesso a cuidados especiais para psicose em geral e o acesso à TCCp em particular ainda estão muito longe do ideal, como descrito em mais detalhes neste capítulo.

Atualmente, em vez de passar uma vida inteira em um ambiente hospitalar recebendo cuidados custodiais, a maioria dos indivíduos que experienciam psicose passa a maior parte do seu tempo em contextos comunitários. Embora um objetivo da intervenção precoce na psicose (IPP) e de outros programas de saúde mental comunitários seja fornecer apoio a indivíduos com psicose antes que seja necessária internação psiquiátrica para quadros agudos, a realidade é que um terço dos indivíduos com psicose são internados pelo menos uma vez nos primeiros 2 anos do diagnóstico (Rodrigues et al., 2020). As internações tendem a ser breves e são reservadas para períodos em que os sintomas são mais agudos e o indivíduo não pode permanecer em segurança em um contexto ambulatorial. Embora os indivíduos com psicose que são hospitalizados provavelmente estejam experienciando uma carga de sintomas consideravelmente alta, as habilidades informadas pela TCCp podem ser efetivamente utilizadas nesse contexto.

Uma vantagem do modelo da TCCp quando trabalhamos com situações de crise em unidades hospitalares é que os prestadores focam não só no comportamento que ocorre na situação de crise, mas também nos pensamentos e emoções que precipitam o comportamento, bem como nos fatores situacionais que podem servir como desencadeantes. Embora um comportamento (como agredir outro paciente na unidade) possa parecer inteiramente irracional, não provocado ou aleatório quando examinado independentemente, tudo começa a fazer mais sentido se temos uma compreensão das crenças que o indivíduo que experimenta psicose pode ter nessa situação (como em nosso exemplo de caso, em que Alan acreditava que a outra paciente representava uma ameaça importante), bem como dos fatores situacionais que podem exacerbar crenças persecutórias (p. ex., ser mantido involuntariamente em uma unidade fechada). Embora isso não torne um comportamento aceitável ou apropriado, ajuda os clínicos a entenderem como melhor intervir para abrandar ou mesmo evitar que a situação de crise ocorra.

Avaliação para diagnosticar psicose

Psicose é definida como perda temporária do contato com a realidade consensual. Isso significa que as pessoas que experienciam psicose com frequência veem ou ouvem coisas que podem não estar presentes ou acreditam em coisas que não são consideradas logicamente plausíveis, compatíveis com interpretações culturalmente valorizadas ou mesmo possíveis pela maioria das outras pessoas à sua volta. Ao diagnosticar psicose, o clínico deve ter em mente a origem social e cultural do indivíduo – logo, uma avaliação para diagnosticar psicose deve ter *nuances* e não pode ser feita por meio de uma simples medida de autorrelato.

No passado, os prestadores de saúde mental treinados em técnicas psicanalíticas com frequência acreditavam que pessoas com psicose não eram capazes de descrever acuradamente suas experiências ou as motivações para suas ações. Isso levou ao uso de testes projetivos para inferir crenças e processos de pensamento como um pré-requisito para um diagnóstico de psicose. Com a emergência de uma perspectiva orientada para a recuperação, sabemos agora que as pessoas com psicose são, em sua maior parte, capazes de fornecer relatos bastante detalhados das suas percepções e pensamentos. Isso, por sua vez, levou ao desenvolvimento de entrevistas estruturadas como "padrão-ouro" para diagnosticar psicose. A *Entrevista Clínica Estruturada para os Transtornos do DSM-5* (SCID-5; First et al., 2017) é uma entrevista semiestruturada baseada nos critérios do DSM-5. Ela inclui um módulo para diagnosticar transtornos psicóticos. As perguntas incluem detalhes sobre experiências específicas, além da linha do tempo e os prejuízos relacionados a essas experiências. A SCID-5 é um instrumento útil para confirmar um diagnóstico de uma doença psicótica depois que todos os critérios foram satisfeitos – no entanto, uma avaliação competente com SCID-5 exige tempo e um examinador habilitado, e ambos podem ser difíceis de encontrar em situações de crise. Como foi discutido em mais detalhes anteriormente, os sintomas psicóticos existem em um *continuum* com experiências não psicóticas. No período anterior ao início da psicose plena, um indivíduo costuma apresentar sintomas abaixo do limiar. Cerca de 20% dos indivíduos que experienciam esses sintomas abaixo do limiar desenvolvem psicose plena (Webb et al., 2015) – consequentemente, a presença desses sintomas aumenta o risco de psicose, e esses indivíduos são classificados como em ARCP. Acreditamos, atualmente, que a identificação precoce e a intervenção antes que uma pessoa satisfaça todos os critérios para psicose podem conduzir a resultados significativamente melhores (Okuzawa et al., 2014), o que ressalta a importância da capacidade de se identificar o ARCP.

Uma medida baseada em evidências para identificar um indivíduo em ARCP é a Entrevista Estruturada para Síndromes com Risco de Psicose (SIPS, do inglês Structured Interview for Psychosis-Risk Syndromes; Miller et al., 2003). Essa medida inclui perguntas detalhadas sobre as experiências, estresse, nível de convicção e nível de prejuízo de uma pessoa em cinco áreas amplas que abrangem sintomas positivos: conteúdo do pensamento incomum/ideias delirantes, desconfiança/ideias persecutórias, ideias grandiosas, anormalidades perceptuais/alucinações e comunicação desorganizada. Seguindo a ideia de que todos esses sintomas são experienciados em um *continuum* de gravidade, o marcador para psicose plena é a plena convicção de que algo é verdade, mesmo em face de evidências conflitantes. Essa convicção pode ser explicitamente declarada ou pode estar implícita nos comportamentos. Além disso, a SIPS também tem seções para avaliar sintomas negativos, sintomas de desorganização e sintomas gerais.

Em um contexto hospitalar, especialmente no começo da admissão, uma pessoa pode achar difícil responder todas as perguntas de uma entrevista estruturada como esta. Isso pode ser devido a dificuldades na comunicação relacionadas a desorganização, paranoia com o entrevistador ou apenas ao estresse relacionado a estar trancado em uma unidade hospitalar. As circunstâncias que levam à admissão em uma unidade de internação psiquiátrica podem ser indutoras de trauma, e é compreensível que, nessas situações, uma pessoa possa ficar relutante em compartilhar mais informações.

Instrumentos como a SIPS requerem treinamento do avaliador, tanto para fazer as perguntas de seguimento apropriadas quanto para avaliar as respostas de forma confiável. Cada administração pode levar mais de 1 hora. Para situações em que não há equipe suficientemente treinada ou quando não há tempo suficiente, pode-se utilizar um instrumento de rastreio, como o Questionário Prodrômico – Versão Breve (PQ-B, do inglês Prodromal Questionnaire – Brief Version; Loewy et al., 2011). O PQ-B é uma medida de autorrelato de 21 itens. O escore é um total de todos os itens endossados. Um escore igual ou maior que 6 deve conduzir a uma avaliação mais detalhada usando um instrumento como a SIPS. O PQ-B também tem uma medida do estresse, e um total de 6 ou mais na *escala de estresse* também deve motivar avaliação adicional. Além dos instrumentos apresentados anteriormente, também há inúmeras outras medidas que auxiliam no monitoramento da gravidade dos sintomas ao longo do tempo (ver Tabela 5.1).

A Escala Breve de Avaliação Psiquiátrica (BPRS, do inglês Brief Psychiatric Rating Scale; Overall & Gorham, 1988) e a Escala

TABELA 5.1 Algumas medidas de avaliação comumente usadas para pessoas com psicose

Instrumento	Propósito principal	Tempo necessário para administração	Precisa de treinamento especializado?
SCID-5	Guia de entrevista semiestruturada adaptada para identificar os principais diagnósticos do DSM-5.	A Versão Clínica da SCID-5 requer 30-120 minutos. O módulo B (focado apenas na psicose) requer menos tempo.	Sim
SIPS	Entrevista estruturada concebida para identificar pessoas que apresentam alto risco clínico de psicose (ARCP).	Aproximadamente 1 hora	Sim
PQ-B	Questionário de autorrelato usado como uma medida de rastreio para determinar avaliação adicional.	10-15 minutos	Não
BPRS	Usada para medir a gravidade da psicopatologia. As avaliações são baseadas em uma entrevista. *Não* usada para diagnóstico.	20-30 minutos	Sim
PANSS	Usada para medir a gravidade dos sintomas positivos e negativos. As avaliações são baseadas em uma entrevista. *Não* usada para diagnóstico.	Aproximadamente 30 minutos	Sim

Nota: SCID, Entrevista Clínica Estruturada para o DSM; SIPS, Entrevista Estruturada para Síndromes com Risco de Psicose; PQ-B, Questionário Prodrômico – Versão Breve; BPRS, Escala Breve de Avaliação Psiquiátrica; PANSS, Escala das Síndromes Positiva e Negativa.

das Síndromes Positiva e Negativa (PANSS, do inglês Positive and Negative Syndrome Scale; Kay et al., 1987) se enquadram nessa categoria. A BPRS é uma medida administrada pelo clínico que contém 18 itens classificados em uma escala Likert de 1 a 7 e requer 20 a 30 minutos para administração. Embora a BPRS já esteja em uso há muitos anos, é necessário treinamento para atingir boa confiabilidade entre avaliadores. A PANSS também foi planejada para medir a gravidade dos sintomas. Ela tem 30 itens classificados por um avaliador treinado e inclui inúmeros itens da BPRS. Os itens da PANSS são divididos em 7 itens de psicopatologia positivos, 7 negativos e 16 gerais.

Com a intensidade que existe em contextos de internação para pacientes agudos, particularmente em uma situação de crise, o clínico não pode se dar ao luxo de completar toda uma bateria de avaliação para informar integralmente um diagnóstico de um paciente em sofrimento. Além disso, pode ser difícil, às vezes, distinguir o papel que substâncias ou comorbidades médicas, ou mesmo os estressores por estar trancado em um ambiente hospitalar, podem desempenhar no comportamento de um paciente que parece ser compatível com psicose – entretanto, as intervenções informadas pela TCCp, que são descritas mais detalhadamente na próxima seção, podem ajudar o clínico a amenizar uma situação de crise, mesmo quando não há clareza quanto à etiologia exata do sintoma que um paciente está experienciando.

Intervenções informadas pela TCCp em um contexto de hospitalização

Como já foi discutido, ocorreu uma mudança de paradigma no tratamento da psicose com o reconhecimento de que pacientes que experienciam sintomas psicóticos podem se beneficiar de intervenções psicossociais para se somar à farmacoterapia tradicional. A TCCp é uma intervenção baseada em evidências que foi desenvolvida primariamente como um tratamento ambulatorial a ser realizado durante várias sessões de psicoterapia (geralmente definido como pelo menos 16 sessões) por um terapeuta treinado intensivamente nesse modelo. Uma metanálise recente demonstrou fortes evidências para o uso de TCCp genérica, embora os autores defendam mais ensaios que examinem intervenções focadas nos sintomas (Turner et al., 2020). Apesar dessas evidências, existem desafios associados ao treinamento de uma força de trabalho ampla para realizar essa intervenção, resultando em questões relacionadas à acessibilidade para a maioria dos indivíduos que experienciam psicose. Um documento de posicionamento publicado pela Substance Abuse and Mental Health Services Administration (SAMHSA, 2021) fornece uma perspectiva geral desses desafios e destaca a importância de garantir que o treinamento nesse modelo atenda às necessidades da organização e do aprendiz.

Apesar da abundância de pesquisas sobre TCCp em contextos ambulatoriais, houve pouca exploração dessa abordagem em um contexto hospitalar ou comunitário. Uma revisão recente de 23 estudos demonstrou resultados benéficos nos sintomas positivos no período pós-terapia e no seguimento, embora os autores tenham enfatizado que eram necessárias mais pesquisas de alta qualidade (Wood et al., 2020). No entanto, existe consenso de que a provisão de TCCp em contexto hospitalar requer adaptação dos protocolos ambulatoriais existentes, incluindo a prática de intervenções por um período mais breve, foco no sintoma agudo e gerenciamento da crise e o potencial para munir a equipe da unidade de habilidades informadas pela TCCp. O movimento voltado para o treinamento dos prestadores da linha de frente em habilidades informadas pela TCCp é uma mudança relativamente nova, mudando o foco do treinamento de indivíduos altamente especializados para garantir que toda a equipe que trabalha com pessoas que experienciam psicose tenha habilidades em intervenções e técnicas informadas pela TCCp e possa ser vista como o fundamento de um modelo de intervenção de cuidados em etapas. Este é o reconhecimento de que geralmente os prestadores da linha de frente (p. ex., gerenciadores de caso em um contexto ambulatorial ou a equipe de enfermagem dentro de um contexto hospitalar) têm o maior contato direto com um indivíduo com psicose e, no entanto, frequentemente têm a menor quantidade de treinamento especializado. Exemplos de intervenções baseadas em habilidades informadas pela TCCp incluem terapia cognitiva orientada para a recuperação (CT-R), em que toda a equipe dentro do ambiente comunitário é treinada em práticas desenvolvidas para apoiar a recuperação de psicoses (Beck et al., 2020; Chang et al., 2014).

O objetivo do treinamento da equipe para empregar habilidades informadas pela TCCp em um contexto hospitalar é equipá-la com estratégias centrais com as quais possa contar para aumentar sua base de conhecimento existente e seu papel na unidade. O objetivo não é treinar toda a equipe para entregar um curso terapêutico completo aos pacientes enquanto estiverem na unidade (embora uma equipe adicional possa ser treinada para entregar um curso de TCCp focada ou liderar a TCCp em grupo com os internados). Um objetivo secundário do treinamento da equipe em TCCp é o desenvolvimento de uma linguagem de recuperação e a formulação do caso compartilhadas por toda a equipe de internação. O modelo FIRST, que consiste em formar (*Form*) uma relação, questionar (*Inquire*) com curiosidade, revisar (*Review*) as informações, construir habilidades (*Skills*) e testar (*Try*) a habilidade, baseia-se nos elementos nucleares da TCCp e foi desenvolvido como um meio de apoiar a equipe em uma unidade de internação, ensinando-lhe as principais habilidades de intervenção (Eisen et al., 2022; ver Tabela 5.2).

Habilidades FIRST

O F em FIRST significa *formar uma relação*, o que engloba habilidades da TCCp, como engajamento e criação de laços de amizade, normalização e definição de objetivo compartilhado. Embora a formação de uma relação possa ser desafiadora no contexto intenso de uma unidade hospitalar, há muitas maneiras habilidosas pelas quais um clínico criativo pode encontrar oportunidades de se conectar com um paciente que está experienciando sintomas de psicose. Expressar interesse por tudo o que dê ao clínico pistas sobre quem o paciente é como pessoa (uma foto pendurada na parede, uma tatuagem, um desenho, o que ele achou do seu café da manhã naquele dia) pode ajudar a construir a relação. Ter alguma relação preexistente com um paciente é um componente-chave da intervenção efetiva na crise. "Engajamento é uma das coisas mais importantes na redução do risco", disse um membro de um grupo focal a quem foi solicitado que avaliasse uma equipe de resposta a emergências psiquiátricas (Digby et al., 2020, p. 892). Ao formar uma relação, o clínico também é capaz de identificar objetivos com os quais ele e o paciente podem concordar, uma coisa que pode ser valiosa quando ele tentar implementar técnicas de desescalada no caso de uma crise. Mesmo quando um paciente está sendo mantido involuntariamente em um contexto hospitalar para pacientes agudos, pode haver determinados objetivos do paciente que se alinham com os objetivos da equipe de tratamento – por exemplo, a maioria das equipes de tratamento concordaria que um dos objetivos é que o paciente se estabilize até que possa ter alta do hospital com segurança, e muitos pacientes em um contexto de internação aguda facilmente endossariam o objetivo de sair do hospital. Mesmo que o clínico e o paciente discordem quanto às razões para a hospitalização, eles podem trabalhar juntos para identificar comportamentos que promovam o objetivo compartilhado de sair do hospital. Em uma situação de crise, lembretes dos objetivos em longo prazo podem servir para apoiar os esforços de desescalada, desde que os sinais de alerta sejam captados precocemente.

O segundo componente do FIRST, *questionar com curiosidade*, lembra os clínicos de usar técnicas informadas pela TCCp, como fazer perguntas curiosas e abertas e usar descoberta guiada. Em vez de fazer suposições sobre por que um paciente está se comportando de determinada maneira, e em vez de ignorar comportamentos de um indivíduo que está agudamente psicótico como se

TABELA 5.2 Habilidades FIRST e como elas mapeiam os princípios nucleares da TCCp

Habilidade FIRST	Área da TCCp
Formar uma relação	Engajamento e formação de laços de amizade Estabelecimento de objetivos compartilhados Normalização
Questionar com curiosidade	Questionamento socrático e curioso e descoberta guiada
Revisar as informações	Formulação básica focando em ciclos de manutenção
Construir habilidades	Habilidades principais para gerenciar alucinações e delírios estressantes
Testar a habilidade	Tarefa de casa e geração de *feedback*

Nota: TCCp, terapia cognitivo-comportamental para psicose.

estivessem fora dos domínios da compreensão, algumas vezes ser genuinamente curioso sobre o comportamento de uma pessoa pode resultar em *insights* úteis e surpreendentes. Quando uma de nós (KE) pediu que um paciente em uma unidade de internação para pacientes agudos explicasse como ele tinha chegado à crença de que estava morto, e de que a unidade fechada na verdade era o purgatório, ele respondeu sem rodeios que "minha papelada de admissão dizia 'D.O.A.' [*dead on arrival* = morto ao chegar]. Então eu soube que estava morto ao chegar". Quando foi perguntado se ele ainda tinha essa papelada, ele acenou com a cabeça e mostrou os papéis, os quais, realmente, tinham uma seção em que estava escrito D.O.A. Somente examinando melhor é que ficou claro que isso significava "drogas de abuso" (*drugs of abuse*), e não "morto ao chegar" – e era uma seção detalhando os resultados do rastreio toxicológico na urina. Ao questionar com curiosidade, foi possível obter informações que ajudaram esse indivíduo a desafiar a crença de que estava morto, o que tornou muito mais fácil para ele trabalhar seus objetivos de alta. Mesmo comportamentos que parecem bizarros ou desorganizados podem se tornar compreensíveis (embora potencialmente baseados em raciocínio falho) se formos genuinamente curiosos quanto ao que uma pessoa está pensando e experienciando.

Revisar as informações refere-se à formulação da manutenção básica. Em um contexto de hospitalização para pacientes agudos, é improvável que os profissionais na linha de frente tenham tempo, treinamento ou informações suficientes para construir uma formulação longitudinal para cada paciente com quem trabalham – no entanto, a equipe na linha de frente pode ser treinada para entender as conexões básicas, como as ligações entre os pensamentos que um paciente tem acerca de um acontecimento, os comportamentos que o paciente exibe e as emoções que ele está experienciando. Às vezes, pode até ser possível que a equipe tenha algum conhecimento de informações históricas (como situações que foram ativadoras no passado, traumas que o paciente experienciou, etc.) para informar melhor os tipos de interpretações que um paciente provavelmente fará em diferentes situações. Ter um conhecimento básico de como um paciente está interpretando um acontecimento e como isso informa seus comportamentos permite que comportamentos que previamente teriam parecido bizarros ou desorganizados se tornem mais compreensíveis.

Em uma situação de crise, um conhecimento básico do que motiva os comportamentos agressivos ou agitados de um paciente é essencial para desenvolver intervenções de desescalada efetivas e pode informar a equipe da unidade dos gatilhos potenciais que podem ser planejados com antecedência. Além disso, o conhecimento antecipado de situações que provavelmente serão ativadoras pode apoiar os esforços para proativamente prevenir que ocorram situações de crise. Veja a Figura 5.1, que apresenta uma fórmula de manutenção que examina a reação de Alan à mulher que está andando pelo corredor na vinheta de abertura.

O *S* em FIRST refere-se à *construção de habilidades* e descreve intervenções focadas que podem mudar um ciclo de manutenção desadaptativo de pensamentos, sentimentos e comportamentos. As habilidades podem ser de natureza cognitiva (ajudando o indivíduo a desafiar interpretações potencialmente errôneas dos eventos) ou comportamental (mudando as atitudes que um indivíduo toma em resposta a um evento). Em uma situação de crise, com frequência é mais eficaz focar em intervenções comportamentais simples, o que pode ser mais gerenciável para um indivíduo altamente estressado implementar no momento. Também é útil que os prestadores em um contexto de internação "se planejem antecipadamente" para crises potenciais, identificando habilidades eficazes que sejam individualizadas para cada paciente e que possam ser implementadas no contexto hospitalar no caso de realmente ocorrer uma escalada do comportamento disruptivo.

Psicose em Contextos Hospitalares

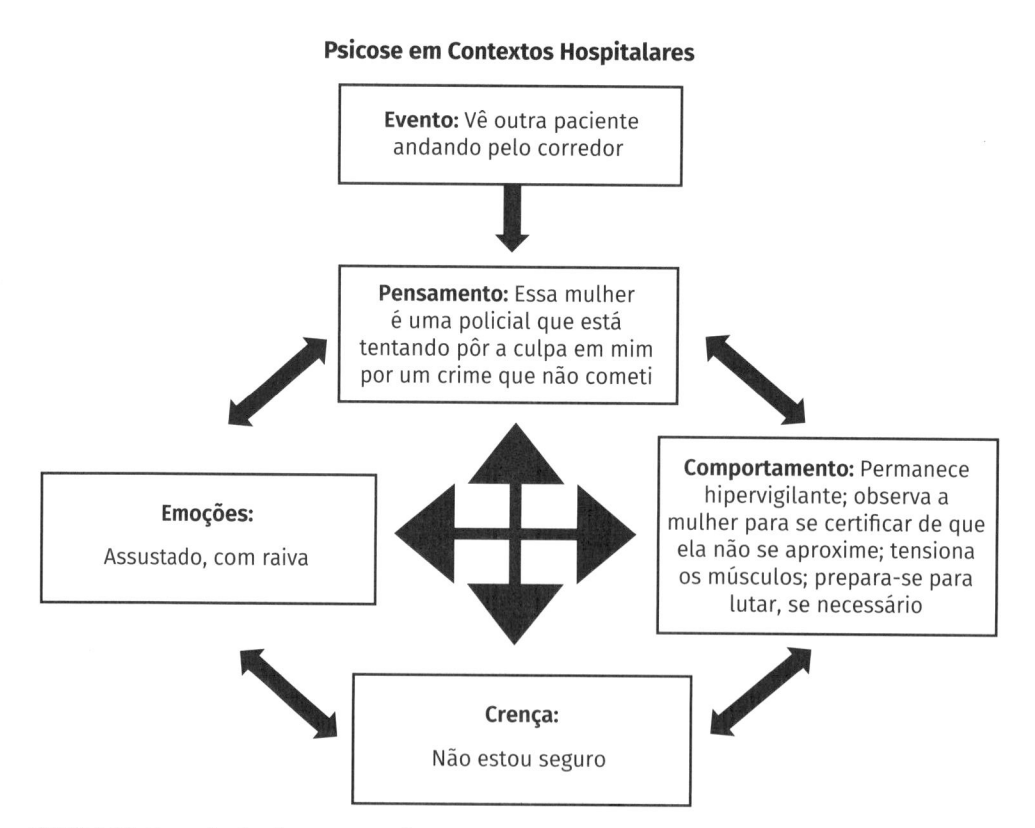

Evento: Vê outra paciente andando pelo corredor

Pensamento: Essa mulher é uma policial que está tentando pôr a culpa em mim por um crime que não cometi

Emoções: Assustado, com raiva

Comportamento: Permanece hipervigilante; observa a mulher para se certificar de que ela não se aproxime; tensiona os músculos; prepara-se para lutar, se necessário

Crença: Não estou seguro

FIGURA 5.1 Formulação de manutenção para Alan.

Por fim, *testar a habilidade* lembra os prestadores de que, para construir eficácia, é importante praticar as habilidades com antecedência e buscar o *feedback* do paciente sobre quais intervenções funcionam melhor para ele. Como mencionado anteriormente, é importante que esse trabalho seja feito antes de uma crise para ajudar o paciente a identificar as habilidades que mais provavelmente serão úteis quando ele estiver estressado. Mesmo ao trabalhar com um cliente em meio a uma crise para identificar as habilidades a serem usadas para desescalada, pode ser útil o acompanhamento depois que a crise foi resolvida, para identificar o que foi útil e o que não foi. Isso possibilita uma intervenção ainda mais focada no futuro.

Vamos considerar novamente o caso de Alan, que no começo deste capítulo parecia temeroso com um dos seus pares na unidade – Luísa – e ver como as habilidades FIRST foram implementadas. Quando Stephanie, a enfermeira encarregada, observou que ele estava tensionando seus músculos e fazendo comentários sobre "polícia racista" em resposta ao fato de Luísa andar pelos corredores, Stephanie reagiu rapidamente, mas também compassivamente. Sua prioridade era garantir a segurança de todos os envolvidos. Como Luísa era menos agudamente estressada que Alan, e provavelmente seria redirecionada com mais facilidade, a primeira ação de Stephanie foi direcionar uma das outras enfermeiras da unidade para acompanhar Luísa até uma parte diferente da unidade enquanto a engajava em uma discussão sobre seu filme favorito (uso de formação de uma relação). Então, Stephanie deu uma rápida olhada no corredor para ver se outro paciente estava perambulando por ali, e, quando viu outro jovem no fim do corredor, com a cabeça para fora da porta, ela calmamente pediu que ele ficasse em seu quarto por alguns minutos.

Stephanie observou que Alan afrouxou os punhos e parecia um pouco menos estressado depois que o corredor ficou vazio. No entanto, quando um psiquiatra branco surgiu no corredor um pouco depois, passando por Alan enquanto ele estava parado na porta do seu quarto, os músculos de Alan ficaram tensos novamente, e ele gritou muito alto: "Afastem de mim esses tiras racistas! Saia daqui!". Embora Stephanie não conhecesse muitos detalhes sobre o passado de Alan, ela lembrou do incidente anterior em que ele havia agredido alguém e sabia que ele frequentemente achava que outras pessoas na unidade eram policiais disfarçados tentando acusá-lo de um crime. Ela entendeu que, embora esses comportamentos parecessem agressivos, era muito provável que ele estivesse amedrontado no momento (essa simples formulação demonstra o uso do exame das informações).

Stephanie também sabia que Alan havia trabalhado com sua equipe na semana anterior, depois da escalada que levou à sua agressão a outro paciente, para criar um cartão de enfrentamento (ver Figura 5.2) com habilidades de enfrentamento muito específicas que ele poderia usar quando se sentisse altamente estressado (uso da construção de habilidades).

Esse plano tinha sido criado colaborativamente com Alan e vários outros membros da sua equipe de tratamento e identificava três habilidades de enfrentamento diferentes que Alan poderia usar quando estivesse estressado. O cartão foi criado intencionalmente de forma muito simples para que fosse acessível quando Alan estivesse altamente estressado e incluía apenas habilidades que ele poderia usar enquanto estivesse na unidade de internação. O cartão foi fixado em uma parte bem visível do seu quarto, tanto para ajudar Alan a lembrar de praticar e usar essas habilidades (enfatizando o teste da habilidade) quanto para garantir que

> **Cartão de enfrentamento de Alan**
>
> Quando eu estiver muito perturbado, em vez de gritar, posso:
>
> 1. Ouvir música no telefone.
> 2. Tomar um banho quente.
> 3. Ler a Bíblia.
>
> Meu objetivo: sair do hospital! Preciso usar as habilidades de enfrentamento para sair!

FIGURA 5.2 Exemplo de cartão de enfrentamento.

todos os membros da equipe de tratamento, em todos os diferentes turnos, tivessem conhecimento de quais habilidades incentivá-lo a usar quando estivesse estressado.

Levando em consideração esse planejamento antecipado, Stephanie tinha esperança de que seria possível desacelerar essa situação com segurança, sem que fosse preciso chamar algum funcionário da segurança da unidade, pois ela suspeitava de que um oficial de uniforme poderia ser ainda mais desencadeante para Alan. Stephanie se aproximou, mas manteve algum espaço entre ela e Alan.

Stephanie (S): Alan, você parece muito perturbado, e estou me perguntando se eu poderia ajudar. Tudo bem se eu me aproximar um pouco mais, ou você precisa de espaço neste momento?

Alan (A): Afaste-se! Eu tenho meus direitos de Miranda. Eu não tenho que falar com você!

S: Você não tem que falar comigo, Alan, se não quiser. (*Dá alguns passos para trás, para mostrar que vai deixá-lo controlar se quer conversar neste momento.*)

A: Você é da polícia? Você vai me mandar para a cadeia?

S: Não, não sou da polícia. Este é um hospital, não uma prisão. Mas entendo que às vezes pode parecer que é uma prisão, já que as portas estão trancadas e você não pode ir e vir como quiser. Como você se sente estando em um lugar de onde não pode sair quando quiser?

A: Uma droga! Tenho que sair daqui agora. Eu tenho provas no meu apartamento de que sou inocente, e, quando as mostrar para aquele homem de casaco branco, ele vai me deixar sair. Se eu ficar aqui, eles vão continuar plantando evidências até que tenham o suficiente para me prender.

S: Você tem a preocupação de ir para a cadeia?

A: Sim, eu tenho essa preocupação. Esses tiras estão em todo lugar. Eles fizeram lavagem cerebral em você, também. Mas aquela ali (*apontando por onde Luísa tinha passado antes*) ... ela está atrás de mim. Ela está fazendo a ronda e dizendo a todos que eu sou um assassino. É por isso que todos estão me olhando assim. Eles tentam me fazer falar para que eu confesse, mas eu não tenho nada para confessar. Vocês não podem me manter aqui até eu confessar.

S: Parece que você está muito preocupado agora. Depende inteiramente de você se quer conversar comigo ou não. Mas, se quiser, talvez possamos nos unir para pensarmos juntos em uma maneira de você se sentir um pouco menos preocupado neste momento. Parece que é muito importante para você conseguir sair do hospital em seguida, e, para isso, uma grande parte depende de você mostrar à equipe o quanto é capaz de lidar com as situações quando se sente perturbado, sem bater em ninguém ou gritar com as outras pessoas aqui. Eu me lembro que temos uma lista das habilidades de enfrentamento exposta no seu quarto, que você elaborou na semana passada. Podemos ir até lá e dar uma olhada juntos?

A: Vou olhar a lista, mas ainda assim você não vai me fazer confessar.

Stephanie foi ponderada ao lembrar Alan de um objetivo que ele e a equipe de tratamento compartilham: que ele possa ter alta do hospital com segurança. Enquanto tenta acalmar Alan e evitar que ele seja arrebatado pelo seu sistema delirante, Stephanie o lembra de que, para atingir esse objetivo, ele tem que conseguir manejar suas emoções com eficiência. Ela também o faz lembrar que ele já tem um plano de como atingir esse objetivo. Alan e Stephanie entram no quarto dele juntos. Stephanie tem o cuidado de dar espaço suficiente para que Alan não se sinta ameaçado ou visado. Ela fica mais perto da porta para que possa sair rapidamente, se necessário. Fixado na parede de Alan está seu cartão de enfrentamento com uma lista das três coisas principais que ele pode fazer para reduzir a intensidade das suas emoções.

S: Aí está sua lista. Há alguma coisa nela que você acha que seria útil neste momento?

A: Acho que eu poderia ouvir um pouco de música agora. Mas só se você disser para aquele policial se afastar do meu quarto e parar de olhar para mim.

S: Vou dizer para a equipe que você gostaria de um pouco de tempo sozinho agora para que possa ouvir sua música. Já estou indo embora agora, mas meu colega, Jason, está assumindo como enfermeiro responsável no turno da noite. Vou informá-lo que tivemos essa conversa, e mais tarde ele vem verificar como você está se sentindo. Obrigada por se dispor a conversar comigo, Alan. Quando eu voltar amanhã de manhã, venho lhe dar um oi e vou estar curiosa para saber se ouvir música foi útil para você. Te vejo amanhã.

A: Sim... até amanhã.

Nesse exemplo, Stephanie lembrou de focar na relação (formar uma relação) ao tentar entender as preocupações de Alan e normalizar essas preocupações sem fazer conluios com ele. Ela lhe disse que era uma enfermeira, e não uma policial, mas não ficou excessivamente focada em tentar convencê-lo de que os outros na unidade não eram policiais. Em vez disso, ela normalizou seu estresse em torno de estar em uma unidade fechada e não poder ir e vir como quisesse e o fez lembrar de uma estratégia (acalmar-se em vez de se tornar agressivo) que o levaria na direção do seu objetivo de deixar o hospital. Ela estava genuinamente curiosa quanto às causas da preocupação dele (questionando com curiosidade) e, desse modo, conseguiu saber mais sobre seus medos específicos. Ela foi capaz de reunir essas informações para melhor formular os fatores que mantinham os comportamentos problemáticos, como as agressões anteriores a outros pacientes (revisar as informações), embora ela soubesse muito pouco a respeito do seu histórico de vida como um todo – por exemplo, ela descobriu não só que Alan tinha medo de ir para a cadeia como também que pedir que ele falasse sobre como estava se sentindo poderia ser um gatilho, pois ele acreditava que estava sendo coagido a confessar um crime que não havia cometido. Stephanie foi capaz de usar seu entendimento para apoiar Alan na identificação de habilidades (construção de habilidades) que anteriormente ele havia reconhecido como úteis (ouvir música) e evitou colocá-lo em uma situação que provavelmente escalaria (como pressioná-lo a falar sobre como estava se sentindo ou tentar confrontar diretamente o delírio quando ele já estava se sentindo muito estressado). Por fim, Stephanie deu espaço para Alan tentar usar a habilidade (testar a habilidade), ao mesmo tempo que informou que ela voltaria no dia seguinte para saber o quanto a habilidade foi útil para ele.

Prevenção de recaída e planejamento do bem-estar

À medida que o paciente se prepara para a alta de uma unidade de internação, é importante considerar a transferência dos cuidados para seu prestador de cuidados ambulatoriais (ou um estabelecimento de cuidados com um novo prestador, caso ele ainda não tenha assistência estabelecida) e, dentro desse contexto, a comunicação de habilidades e ferramentas que o indivíduo pode ter aprendido e utilizado durante sua permanência na unidade. No exemplo de caso mencionado, isso incluiria assegurar que Alan possa levar consigo o cartão de enfrentamento e que os suportes naturais (i.e., família ou amigos) tomem conhecimento dessas habilidades e de como melhor apoiá-lo na sua utilização. Além disso, seu prestador de cuidados ambulatoriais também deve ser informado dessas habilidades, pois pode continuar a se basear nisso no contexto ambulatorial.

Apoiar o indivíduo a considerar possíveis gatilhos implicados na escalada dos sintomas, sinais de alerta precoces associados e pensamentos/ações que resultaram na hospitalização pode formar a base de um plano de bem-estar. Embora o objetivo para muitos clientes e sua equipe de tratamento seja evitar a hospitalização, quando isso ocorre é possível refletir sobre a experiência para fortalecer um plano de bem-estar examinando os acontecimentos que resultaram na hospitalização recente. Os membros da equipe de tratamento hospitalar estão posicionados de forma única como observadores em primeira mão da escalada de uma crise e podem ter acesso aos gatilhos dessa escalada de uma maneira que um prestador de assistência ambulatorial talvez não tivesse. Em colaboração com o paciente, é possível utilizar esse conhecimento para desenvolver e refinar ainda mais um plano de gerenciamento de crise. No caso de Alan, isso incluiria examinar os gatilhos que resultaram em agressões na unidade de internação (pensamento desconfiado, aumento nos estressores relacionados a um paciente novo na unidade, resultando em aumento da ansiedade) e garantir que as habilidades de enfrentamento sejam identificadas e claramente associadas a gatilhos similares que podem ocorrer depois que ele receber alta.

Vencendo os desafios

Zimmerman et al. (2005) mostraram que a TCCp levava a uma redução significativa dos sintomas positivos, especialmente no contexto de um episódio psicótico agudo. Isso faz da TCCp um tratamento de escolha em uma unidade de internação psiquiátrica.

Apesar dessas evidências apoiando intervenções de TCCp em contextos de tratamento de saúde mental para pacientes agudos, são inúmeros os desafios que surgem em uma unidade psiquiátrica hospitalar. Frequentemente, essas unidades atuam com a intenção de promover a estabilização imediata e com orientação para uma alta rápida. Como resultado, o foco tende a ser nas medicações para reduzir o nível do risco, com a previsão de que o desenvolvimento de habilidades será abordado posteriormente em contexto ambulatorial.

Um segundo desafio é a falta de pessoal treinado. Um estudo recente descobriu que apenas 0,5% dos profissionais de saúde mental nos Estados Unidos e no Canadá passaram por treinamento em TCCp. Isso se traduz em 10,8 a 21,4 profissionais de TCCp treinados para cada 10.000 indivíduos com psicose (Nutting, 2020). Visando preencher essa lacuna, tem havido ênfase significativa no treinamento de mais equipes para atingir um nível de competência. Os administradores de hospitais precisam ser instruídos sobre o valor dessa intervenção para que possam reservar tempo e recursos para treinar as equipes da internação, e isso deve ser obrigatório. Uma segunda questão que pode precisar de atenção são as altas taxas de rotatividade dos membros treinados das equipes, aos quais os administradores podem precisar fornecer incentivos apropriados para aumentar sua retenção. Abordagens que focam na redução do *burnout* e em aumentar o autocuidado para profissionais de saúde mental (ver Capítulo 21 deste livro) também podem desempenhar um papel importante na redução das taxas de rotatividade. Além disso, os hospitais podem querer considerar formas de desenvolver sustentabilidade em seu treino de habilidades informadas pela TCCp investindo em modelos para treinar o treinador, em que a equipe interna pode regularmente oferecer treinamento para novos clínicos. Intervenções em grupo também podem ajudar a minimizar os efeitos de ter menos equipes treinadas. Algumas evidências mostram que pequenos grupos de TCCp (de 4 semanas) podem melhorar a confiança e reduzir o estresse da população internada (Owen et al., 2015).

Um terceiro desafio está relacionado à duração média de internação em uma unidade psiquiátrica hospitalar. Dados recentes mostram que a duração média de hospitalização em uma unidade psiquiátrica de internação é de 6 a 8 dias (Glick et al., 2011). Lincoln et al. (2016) mostraram seu apoio à recomendação de que a TCCp seja empregada por pelo menos 16 sessões para a obtenção de máximo benefício. É por isso que as intervenções-padrão da TCCp ambulatorial precisam ser modificadas para focar áreas específicas de necessidade para uso em circunstâncias com restrição de tempo, como é o caso com o modelo FIRST.

No contexto de uma unidade de internação psiquiátrica, é importante instruir não só os pacientes, mas também a equipe, sobre as abordagens baseadas na TCCp. A equipe trabalha com pacientes que apresentam uma variedade de sintomas de diferentes intensidades. Uma abordagem da TCCp orientada para a recuperação pode reduzir o estigma e incutir um senso de otimismo nos pacientes. Eisen et al. (2022) identificaram que 12 horas de treinamento da equipe de internação resultavam em aumento do conhecimento e confiança no uso de habilidades da TCCp e mais otimismo quanto aos resultados para os pacientes. Mais pesquisas são necessárias para entender se isso também se traduz em melhoria nos cuidados e/ou melhores resultados para os pacientes, incluindo menos restrições ou reclusão, tempos de internação mais curtos ou reduções nas taxas de readmissão.

Resumo e conclusões

As intervenções psicossociais para indivíduos com psicose progrediram substancialmente em décadas recentes. Idealmente, os indivíduos com psicose recebem a maior parte do tratamento em contextos ambulatoriais na comunidade. No entanto, em algum momento, muitos passam por hospitalização em um contexto de internação para pacientes agudos, e é essencial que os profissionais que trabalham nesses contextos estejam equipados como o conhecimento e conjunto de habilidades para fornecer intervenções psicossociais orientadas para a recuperação que possam apoiar os cuidados colaborativos e centrados na pessoa. Embora a maioria das internações hospitalares tenha uma duração breve demais para empregar um curso de TCCp completo, neste capítulo descrevemos o modelo FIRST, um conjunto de habilidades informadas pela TCCp que são adaptadas para uso pelos prestadores na linha de frente. Utilizando o caso de Alan, demonstramos como as habilidades FIRST podem ser empregadas para fornecer intervenção em situações de crise a indivíduos que experienciam psicose no ambiente hospitalar de internação aguda.

Referências

American Psychiatric Association. (2022). *Diagnostic and statistical manual of mental disorders* (5th ed., text rev.). Author.

Beavan, V., Read, J., & Cartwright, C. (2011). The prevalence of voice-hearers in the general population: A literature review. *Journal of Mental Health, 20*(2), 281–292.

Beck, A. T., Grant, P., Inverso, E., Brinen, A. P., & Perivoliotis, D. (2020). *Recovery-oriented cognitive therapy for serious mental health conditions*. Guilford Press.

Chang, N. A., Grant, P. M., Luther, L., & Beck, A. T. (2014). Effects of a recovery-oriented cognitive therapy training program on inpatient staff attitudes and incidents of seclusion and restraint. *Community Mental Health Journal, 50*(4), 415–421.

Digby, R., Bushell, H., & Bucknall, T. K. (2020). Implementing a psychiatric behaviours of concern emergency team in an acute inpatient psychiatry unit: Staff perspectives. *International Journal of Mental Health Nursing, 29*(5), 888–898.

Eisen, K., Kharrazi, N., Simonson, A., Lean, M., & Hardy, K. (2022). Training inpatient psychiatric nurses and staff to utilize CBTp informed skills in an acute inpatient psychiatric setting. *Psychosis, 14*(1), 70–80.

First, M., Williams, J., Karg, R., & Spitzer, R. (2017). *Structured Clinical Interview for DSM-5 (SCID-5)*. American Psychiatric Association.

Freeman, D. (2006). Delusions in the nonclinical population. *Current Psychiatry Reports, 8*(3), 191–204.

Fromm-Reichmann, F. (1948). Notes on the development of treatment of schizophrenia by psychoanalytic psychotherapy. *Psychiatry, 11*, 263–274.

Glick, I., Sharfsttein, S., & Schwartz, S. (2011). Inpatient psychiatric care in the 21st century: The need for reform. *Psychiatric Services, 62*(2), 206–209.

Heinssen, R., Goldstein, A. B., & Azrin, S. T. (2014). *Evidence-based treatments for first episode psychosis: Components of coordinated care. Recovery after an initial schizophrenia episode*. National Institute of Mental Health. www.nimh.nih.gov/health/topics/ schizophrenia/raise/ nimh-white-paper-csc-for-fep_147096.pdf

Howes, O. D., Whitehurst, T., Shatalina, E., Townsend, L., Onwordi, E. C., Mak, T. L. A., . . . Osugo, M. (2021). The clinical significance of duration of untreated psychosis: An umbrella review and random-effects meta-analysis. *World Psychiatry, 20*, 75–95.

Isvoranu, A. M., Van Borkulo, C. D., Boyette, L., Wigman, J. T. W., Vinkers, C. H., Borsboom, D., & Group Investigators. (2017). A network approach to psychosis: Pathways between childhood trauma and psychotic symptoms. *Schizophrenia Bulletin, 43*(1), 187–196.

Kay, S. R., Fiszbein, A., & Opler, L. A. (1987). The Positive and Negative Syndrome Scale (PANSS) for schizophrenia. *Schizophrenia Bulletin, 13*(2), 261–276.

Keepers, G. A., Fochtmann, L. J., Anzia, J. M., Benjamin, S., Lyness, J. M., Mojtabai, R., . . . Hong, S.-H. (2020). The American Psychiatric Association practice guideline for the treatment of patients with schizophrenia. *American Journal of Psychiatry, 177*(9), 868–872.

Lincoln, T. M., Jung, E., Wiesjahn, M., & Schlier, B. (2016). What is the minimal dose of cognitive behavior therapy for psychosis? An approximation using repeated assessments over 45 sessions. *European Psychiatry, 38*, 31–39.

Loewy, R. L., Pearson, R., Vinogradov, S., Bearden, C. E., & Cannon, T. D. (2011). Psychosis risk screening with the Prodromal Questionnaire—Brief Version (PQ-B). *Schizophrenia Research, 129*(1), 42–46.

Luhrmann, T., Padmavati, R., Tharoor, H., & Osei, A. (2015). Differences in voice-hearing experiences of people with psychosis in the USA, India and Ghana: Interview-based study. *British Journal of Psychiatry, 206*(1), 41–44.

McGrath, J., Saha, S., Chant, D., & Welham, J. (2008). Schizophrenia: A concise overview of incidence, prevalence, and mortality. *Epidemiologic Reviews, 30*(1), 67–76.

Miller, T. J., McGlashan, T. H., Rosen, J. L., Cadenhead, K., Ventura, J., McFarlane, W., . . . Woods, S. W. (2003). Prodromal assessment with the Structured Interview for Prodromal Syndromes and the Scale of Prodromal Symptoms: Predictive validity, interrater reliability, and training to reliability. *Schizophrenia Bulletin, 29*(4), 703-715.

Morgan, C., Lappin, J., Heslin, M., Donoghue, K., Lomas, B., Reininghaus, U., . . . Dazzan, P. (2014). Reappraising the long-term course and outcome of psychotic disorders: The AESOP-10 study. *Psychological Medicine, 44*(13), 2713-2726.

Moskowitz, A., & Heim, G. (2011). Eugen Bleuler's dementia praecox or the group of schizophrenias (1911): A centenary appreciation and reconsideration. *Schizophrenia Bulletin, 37*(3), 471-479.

Nossel, I., Wall, M. M., Scodes, J., Marino, L. A., Zilkha, S., Bello, I., . . . Dixon, L. (2018). Results of a coordinated specialty care program for early psychosis and predictors of outcomes. *Psychiatric Services, 69*(8), 863-870.

Nutting, E. (2020). *An estimated prevalence of cognitive behavioral therapy for psychosis (CBTp) providers in the United States and Canada.* University of Washington Press.

Okuzawa, N., Kline, E., Fuertes, J., Negi, S., Reeves, G., Himelhoch, S., & Schiffman, J. (2014). Psychotherapy for high-risk youth. *Early Intervention in Psychiatry, 8*, 307-322.

Overall, J. E., & Gorham, D. R. (1988). The Brief Psychiatric Rating Scale (BPRS): Recent developments in ascertainment and scaling. *Psychopharmacology Bulletin, 22*, 97-99.

Owen, M., Sellwood, W., Kan, S., Murray, J., & Sarsam, M. (2015). Group CBT for psychosis: A longitudinal, controlled trial with inpatients. *Behaviour Research and Therapy, 65*, 76-85.

Rajiv, T., Nasrallah, H., & Keshavan, M. (2010). Schizophrenia, "just the facts" 5: Treatment and prevention past, present, and future. *Schizophrenia Research, 122*(1-3), 1-23.

Rodrigues, R., Beswick, A., & Anderson, K. (2020). Psychiatric hospitalization following psychosis onset: A retrospective cohort study using health administrative data. *Early Intervention in Psychiatry, 41*(2), 235-240.

Substance Abuse and Mental Health Services Administration. (2021). *Routine administration of cognitive behavioral therapy for psychosis as the standard of care for individuals seeking treatment for psychosis: State of the science and implementation considerations for key stakeholders.* Author.

Thompson, A., Shaw, M., Harrison, G., Ho, D., Gunnell, D., & Verne, J. (2004). Patterns of hospital admission for adult psychiatric illness in England: Analysis of hospital episode statistics data. *British Journal of Psychiatry, 185*(4), 334-341.

Treatment Advocacy Center. (2017). Prevalence of serious mental illness by state (2016). *www.treatmentadvocacycenter.org/fixing-the-system/features-and-news/3828-research-weekly-2016-prevalence-of-treated-and-untreated-severe-mental-illness-by-state*

Turner, D. T., Burger, S., Smit, F., Valmaggia, L. R., & van der Gaag, M. (2020). What constitutes sufficient evidence for case formulation-driven CBT for psychosis? Cumulative meta-analysis of the effect on hallucinations and delusions. *Schizophrenia Bulletin, 46*(5), 1072-1085.

Webb, J. R., Addington, J., Perkins, D. O., Bearden, C. E., Cadenhead, K. S., Cannon, T. D., . . . Woods, S. W. (2015). Specificity of incident diagnostic outcomes in patients at clinical high risk for psychosis. *Schizophrenia Bulletin, 41*(5), 1066-1075.

Wood, L., Williams, C., Billings, J., & Johnson, S. A. (2020). A systematic review and meta-analysis of cognitive behavioural informed psychological interventions for psychiatric inpatients with psychosis. *Schizophrenia Research, 222*, 133-144.

Yohanna, D. (2013). Deinstitutionalization of people with mental illness: Causes and consequences. *Virtual Mentor, 15*(10), 886-891.

Zimmermann, G., Favrod, J., Trieu, V. H., & Pomini, V. (2005). The effect of cognitive behavioral treatment on the positive symptoms of schizophrenia spectrum disorders: A meta-analysis. *Schizophrenia Research, 77*(1), 1-9.

6

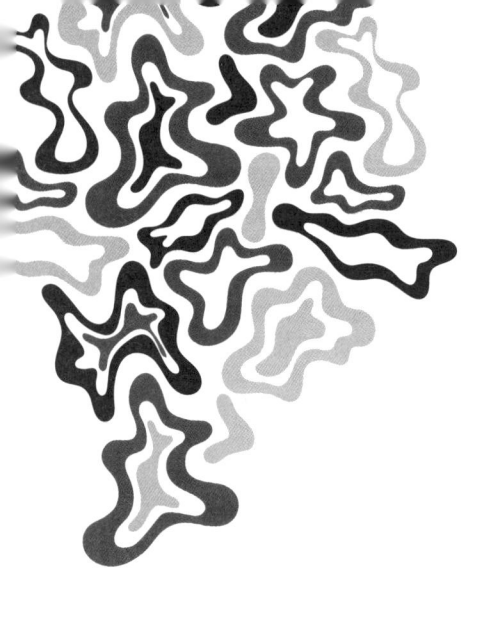

Prevenção do suicídio com transtorno da personalidade *borderline*

Daniella C. Cavenagh e Dara G. Friedman-Wheeler

Jada chegou em casa à noite, após a aula, e não havia ninguém no apartamento. Era a terceira vez nesta semana que suas colegas de quarto haviam saído sem ela. Ela perambulou de quarto em quarto, finalmente se acomodando em sua cama e abrindo sua mochila para começar seu dever de casa. Ela se sentia agitada e incapaz de se concentrar. Pegou uma cerveja no frigobar, pensando que, se pudesse relaxar um pouco, conseguiria começar seu trabalho. Enquanto bebia, deu uma olhada nas redes sociais para ver se conseguia descobrir o que suas colegas de quarto, Selena e Sarah, estavam fazendo. Meia hora depois, ela abriu uma segunda cerveja, percebendo que estava grudada nas redes sociais, mas incapaz de se desligar. Ela havia parado de procurar suas amigas e tinha começado a percorrer o perfil do seu ex-namorado, onde encontrou fotos dele com uma mulher que ela nunca tinha visto. "Ele parece tão feliz", ela pensou, "ele nunca parecia assim tão feliz comigo". Na sua terceira cerveja, Jada estava se sentindo chorosa e cada vez mais estressada. Jogou seus livros de lado, pensando: "De que adianta? Minhas amigas sempre me descartam, não consigo segurar um homem, sempre vou ficar sozinha. Odeio isso. Não consigo suportar. Não quero mais me sentir assim". Jada se levantou e começou a vasculhar a gaveta de Sarah até que encontrou seu frasco de clonazepam. Restavam poucos comprimidos no frasco. Ela esperava que fosse o suficiente quando os ingeriu com o resto da cerveja.

Transtornos da personalidade

Os transtornos da personalidade diferem de outros transtornos psicológicos em termos da sua abrangência (afetando múltiplos contextos, como profissão e relações interpessoais), duração (geralmente durante o curso de anos) e falta de flexibilidade (a pessoa é incapaz de se comportar de formas diferentes do seu padrão típico). Este capítulo foca nos transtornos da personalidade do Grupo B e, em particular, em um exemplo de caso de um indivíduo diagnosticado com transtorno da personalidade *borderline* (TPB), já que estatisticamente eles são mais propensos a experienciar crises que resultam em dano ao *self*. Indivíduos com os outros transtornos do Grupo B (transtornos da personalidade antissocial, histriônica e narcisista) também podem estar em risco aumentado de dano ao *self* ou aos outros devido às características que esses transtornos compartilham com o TPB, incluindo tendência à emocionalidade intensa e ao comportamento impulsivo. O TPB, em particular, é caracterizado por impulsividade e flutuações no humor, na autoimagem e nas relações interpessoais. Comportamentos de autolesão suicida e não suicida (ALNS) também são comuns entre indivíduos com TPB. Essa combinação de características pode colocar os clientes em alto risco para crises suicidas. Este capítulo discute os riscos crônico e agudo e aborda a avaliação e o tratamento dos fatores de risco relevantes nessa população.

Risco de dano no TPB

Aproximadamente 1% da população satisfaz os critérios para TPB em determinado ponto no tempo (Ellison et al., 2018). A prevalência do transtorno durante a vida pode estar mais próxima de 6% (Grant et al., 2008). O TPB está significativamente associado a comportamentos violentos em relação a si e aos outros (Harford et al., 2018), e 28,1% daqueles identificados com TPB relatam história de pelo menos uma tentativa de suicídio (Grilo & Udo, 2021). Além disso, entre os diagnosticados com um dos quatro transtornos da personalidade (esquizotípica, evitativa, obsessivo-compulsiva e *borderline*), o TPB era o preditor mais robusto de tentativas de suicídio, prospectivamente, mesmo quando controladas as variáveis demográficas e clínicas significativas (Yen et al., 2021). De forma mais abrangente, aqueles com transtornos da personalidade, e especialmente com transtornos da personalidade do Grupo B, apresentam taxas mais altas de violência e comportamento criminal durante o fim da adolescência e o começo da idade adulta quando comparados com aqueles sem esse diagnóstico (Clercx et al., 2021); assim, aprender a reduzir e gerenciar o risco nessas populações é crucial.

Abordagens empiricamente apoiadas para prevenção do suicídio

Muitas teorias concordam quanto à noção de que os indivíduos consideram suicídio quando não veem outro caminho para alívio de uma situação insuportável. Quando a dor ou os problemas parecem esmagadores e a pessoa não sente esperança de alívio, o suicídio pode parecer a única maneira de acabar com a dificuldade. Esses pensamentos, crenças e respostas desadaptativas são componentes da maioria das formulações cognitivo-comportamentais baseadas em evidências da suicidabilidade. A seguir, vamos examinar as teorias que fundamentam três intervenções empiricamente apoiadas para a prevenção do suicídio (Brodsky et al., 2018): terapia comportamental dialética (DBT, do inglês *dialectical behavior therapy*), Avaliação Colaborativa e Gerenciamento de Suicídio (CAMS, do inglês Collaborative Assessment and Management of Suicidality) e terapia cognitiva para prevenção do suicídio (TC-PS).

Terapia comportamental dialética

A DBT foi originalmente desenvolvida para tratar comportamento suicida, embora com frequência seja considerada um tratamento para TPB. Segundo Linehan (2014), tanto suicidabilidade quanto TPB são essencialmente problemas de regulação emocional: o TPB se desenvolve como resultado de fatores individuais (p. ex., essencialmente alta reatividade ou sensibilidade emocional) e fatores ambientais (incluindo um ambiente invalidante e, para muitos, uma história de trauma). Nesse contexto, desenvolvem-se estratégias de enfrentamento desadaptativas, contribuindo (junto com a desregulação emocional) para dificuldades nas relações interpessoais. A desregulação emocional tem muitas sequelas negativas – a mais perigosa é o comportamento suicida, quando o sofrimento emocional chega a ser insuportável. O comportamento suicida pode ter várias funções no TPB (incluindo proporcionar alívio, com base na crença de que a dor vai acabar com a sua morte), mas frequentemente acaba exacerbando o sofrimento emocional. Como tal, comportamentos suicidas no TPB podem ser considerados tentativas desadaptativas de solução de problemas, já que o indivíduo com TPB tem dificuldade de buscar soluções que possam ser mais eficazes. Em vários estudos, a DBT demonstrou diminuir o risco de comportamentos suicidas, reduzir ideação suicida e tentativas de suicídio e reduzir visitas ao serviço de emergência e internações hospitalares para comportamento suicida (Linehan, 2014).

Avaliação Colaborativa e Gerenciamento de Suicídio

A CAMS é uma abordagem da suicidabilidade que está baseada em seis fatores de risco: dor psicológica, estresse, agitação (o desejo de fazer alguma coisa para mudar a situação insuportável), desesperança, auto-ódio e razões para viver/morrer (Jobes, 2016; ver Capítulo 3 deste livro). A CAMS procura reduzir esses fatores de risco a partir de uma perspectiva focada no problema que enfatize empatia, colaboração e honestidade. O tratamento abrange cinco componentes colaborativos: avaliação do risco de suicídio, planejamento do tratamento, desconstrução dos problemas suicidogênicos (como questões de relacionamento ou relacionadas ao *self*), intervenções focadas no problema e desenvolvimento de razões para viver. Uma metanálise observou que a CAMS foi efetiva na redução de ideação suicida, estresse geral e desesperança quando comparada com outros tratamentos ativos, embora não houvesse efeitos significativos em resultados como tentativas de suicídio ou autolesão (Swift et al., 2021).

Terapia cognitiva para prevenção do suicídio

Aaron Beck e Greg Brown passaram décadas investigando causas e prevenção da suicidabilidade, o que resultou em sua TC-PS (Brown et al., 2005; Wenzel et al., 2009). A TC-PS e outros tratamentos e intervenções cognitivo-comportamentais específicos para suicídio demonstraram reduzir pensamentos e comportamentos suicidas em múltiplos estudos, incluindo vários estudos recentes que implementaram versões baseadas na internet da terapia cognitivo-comportamental (TCC) para prevenção do suicídio (Mandel et al., 2021). A TC-PS em particular provou reduzir significativamente desesperança e depressão autorrelatada e, mais importante, reduziu em 50% as tentativas futuras de suicídio (Brown et al., 2005).

Central para o modelo cognitivo da suicidabilidade é que muitos fatores trabalham em conjunto para direcionar uma pessoa para o comportamento suicida, incluindo vulnerabilidades deposicionais (traços como desesperança, impulsividade, perfeccionismo, déficits na solução de problemas e vieses no processamento da informação), condições psiquiátricas, esquemas suicidas e desesperança, tanto crônicos quanto agudos. Os esquemas suicidas de indivíduos com TPB são caracterizados por sentimentos de insuportabilidade, inabilidade para resolver problemas na sua situação atual e impulsividade. Nesse modelo, quando uma pessoa com TPB começa a se sentir sobrecarregada por estressores internos ou situacionais, ela pode entrar em um estado de fixação atencional, em que tem menos capacidade de refletir e solucionar problemas, ficando fixada no suicídio como solução. Isso frequentemente é ativado por um desencadeante como a perda de um relacionamento importante. É criada uma espiral descendente, em que a atenção do indivíduo está fixada no suicídio como solução, a ideação suicida aumenta e a desesperança aumenta. Um cliente descreveu isso como "um túnel escuro... você nem mesmo sabe que está dentro dele até sair". Se esse ciclo não for interrompido, resultará em um ato suicida.

No caso de transtornos da personalidade, talvez em especial TPB, os sentimentos de insuportabilidade podem desempenhar um papel superdimensionado no risco de suicídio: os clientes podem ser particularmente reativos emocionalmente e ter dificuldade de tolerar as emoções intensas que sentem, levando-os a achar que, de fato, não conseguem suportá-las. Nesses casos, ajudar os clientes a desenvolver habilidades para abordar os problemas e para reduzir e tolerar o afeto negativo pode ser essencial para aumentar sua confiança em sua habilidade de tolerar o estresse e demonstrar maneiras de reduzir o estresse que não seja pelo suicídio. Embora os clínicos vejam o suicídio como um problema, os clientes com frequência o encaram como uma solução. Convém manter-se atento a essa diferença nas perspectivas enquanto você procura formar uma relação colaborativa e de confiança com o cliente em sofrimento extremo.

O restante deste capítulo se concentra na aplicação do modelo cognitivo de prevenção do suicídio para indivíduos com TPB.

Avaliação clínica do risco

A avaliação clínica do risco serve para proteger a segurança do cliente e auxiliar o planejamento do tratamento. Apesar das melhorias na avaliação baseada em evidências, a determinação do risco continua sendo o julgamento clínico. Na avaliação de indivíduos com transtornos da personalidade, é especialmente importante avaliar tanto sua linha de base quanto seu risco crônico, além do seu risco agudo atual.

Os fatores de risco na linha de base são fatores de risco predisponentes mais estáticos que foram empiricamente associados a um risco global aumentado para crises suicidas. Eles incluem desesperança crônica, semelhante a traços, tentativas de suicídio prévias, determinadas variáveis demográficas e certas variáveis psiquiátricas, como diagnóstico psiquiátrico, abuso de substância (especialmente álcool), história familiar de suicídio e perfeccionismo. Embora alguns desses fatores sejam fixos, outros podem ser alvos para mudança na TCC e devem ser incluídos na formulação de caso em conformidade. Considerando que um aspecto lamentável do TPB é um risco aumentado de autolesão, tanto suicida quanto ALNS, a avaliação da história de autolesão e tentativas de suicídio dos clientes é essencial ao ser determinado o nível de risco crônico (Klonsky et al., 2013).

Os fatores de risco agudo são variáveis agravantes que aumentam o risco mais iminente de um indivíduo para uma crise suicida. Eventos desencadeantes, como estressores de vida ou perdas recentes, e desencadeantes internos, como sentimento de culpa ou vergonha, são fatores de risco agudo, assim como o uso de álcool e o acesso a armas de fogo ou outros meios letais. Para adolescentes, suicídio recente de pares é um fator de risco agudo. As variáveis individuais que aumentam o risco agudo incluem sentimentos de desesperança, sentimentos de insuportabilidade comuns no TPB, impulsividade, autoaversão e vergonha. A presença de sintomas excitatórios, como agitação, insônia, inquietação e diminuição da concentração e da atenção, também indica risco aumentado e deve ser avaliada e monitorada.

Avaliação cognitivo-comportamental do risco

Além dos fatores de risco gerais mencionados anteriormente, a avaliação cognitivo-comportamental do risco inclui a avaliação dos seguintes fatores preditivos cognitivos e comportamentais:

Desesperança

Tanto a desesperança crônica quanto a aguda aumentam o risco de um indivíduo para comportamento suicida. A desesperança crônica é mais provável de ser vista em indivíduos com transtorno depressivo maior recorrente e menos provável de estar associada a TPB (Wenzel et al., 2009). Indivíduos com TPB são mais propensos a crises de desesperança aguda desencadeadas por estressores internos ou externos, os quais, associados à sua probabilidade aumentada de impulsividade e tendência a ver os problemas como insuportáveis, aumenta seu risco de autolesão (Wenzel et al., 2009). A desesperança pode ser avaliada por meio de entrevista e com a Escala de Desesperança de Beck (Beck & Steer, 1988), que demonstrou ser preditiva de suicídio eventual (Beck et al., 1985, 1990).

Ideação suicida

Ideação suicida (IS) é um fator crucial e multifacetado para avaliar e tratar na abordagem cognitivo-comportamental de prevenção do suicídio. Investigue pelo menos a frequência, a duração e a intensidade dos pensamentos e a intenção suicida do paciente, usando uma escala de 0 a 10. O cliente considera esses pensamentos estressantes ou calmantes? A IS egossintônica é uma indicação de risco maior.

Depois disso, pergunte empaticamente as razões do cliente para querer morrer, seguidas pelas suas razões para querer viver. A investigação das suas razões para morrer valida sua dor e o ajuda a se sentir ouvido. Isso pode ser especialmente útil na construção de uma relação terapêutica com indivíduos com TPB. A investigação sobre suas razões para viver começa a construir esperança. A Escala de Ideação Suicida de Beck (BSS, do inglês Beck Scale for Suicide Ideation; Beck & Steer, 1991) de autorrelato, a Escala de Ideação Suicida (SSI, do inglês Scale for Suicide Ideation; Beck et al., 1979), administrada pelo clínico, e o Inventário de Razões para Viver (RFL, do inglês Reasons for Leaving; Linehan et al., 1983) podem ajudar a avaliar o desejo do indivíduo de viver e o desejo de morrer, bem como abrir a discussão sobre suas razões para viver. A Escala de Ideação Suicida – Pior (SSI-W, do inglês Scale for Suicide Ideation – Worst; Beck et al., 1999) avalia melhor a ideação suicida no pior ponto na história do cliente, o que por si só é preditivo do risco futuro (Beck et al., 1999; Joiner et al., 2003). Bryan et al. (2018) descobriram que nem todos os indivíduos que são suicidas têm forte desejo de morrer. Alguns são ambivalentes, e alguns têm até mesmo um forte desejo de viver. Sua pesquisa mostra que a TCC breve focada no suicídio é eficaz com todos os três tipos.

Também preditiva de risco futuro é a reação do indivíduo a uma tentativa de suicídio fracassada. Beck e colaboradores (Henriques et al., 2005; A. T. Beck, comunicação pessoal, dezembro de 2012) perguntaram a sobreviventes "Você ficou feliz ou triste quando acordou e descobriu que a tentativa de suicídio não teve sucesso?" e descobriram que aqueles que queriam ter morrido tinham duas vezes mais chances de eventualmente morrer por suicídio. Para indivíduos com TPB, especialmente aqueles com história de tentativas prévias, também é importante perguntar sobre as reações de outras pessoas à(s) sua(s) tentativa(s) fracassada(s). Isso fornece informações valiosas sobre a força e a qualidade da sua rede de apoio, que serão úteis para o tratamento.

Depois que foi formada uma relação terapêutica de confiança, é importante identificar e abordar crenças negativas que podem servir como desencadeantes para IS. Investigue especificamente crenças relacionadas a ser um fardo: "Minha família ficaria melhor sem mim", sobre não ser amado: "Ninguém se importa" e sobre ser defectivo: "Sempre fui um perdedor durante toda a minha vida".

Comportamentos suicidas

A impulsividade desempenha um papel em muitas tentativas de suicídio, especialmente na presença de uso de álcool, mas também é comum que uma tentativa seja precedida por comportamentos preparatórios. É importante avaliar comportamentos de planejamento como a escrita de bilhetes, o descarte de pertences e a obtenção de meios, além de comportamentos de ensaio, como colocar uma arma na cabeça. Comportamentos de ALNS, como cortar-se, também são considerados formas de ensaio e devem ser avaliados quanto a frequência, gravidade e consequências. Observe discrepâncias entre o nível de intenção declarado pelo paciente e os comportamentos observáveis. A condução de uma linha do tempo narrativa da crise suicida mais recente pode ajudar a identificar não só o desencadeante para a crise como também os pensamentos, sentimentos e comportamentos que ocorreram antes, durante e depois do acontecimento (Wenzel, et al., 2009).

As escalas de Beck listadas anteriormente fornecem informações valiosas para a avaliação do risco e a subsequente terapia cognitiva, mas podem não estar disponíveis em todos os ambientes clínicos. A Escala de Avaliação de Gravidade de Suicídio de Columbia (C-SSRS, do inglês The Columbia-Suicide Severity Rating Scale; Posner et al., 2011), considerada padrão ouro na avaliação de suicídio, também avalia pensamentos, comportamento e desejo de morrer suicidas, e está disponível *on-line*.

Fatores protetivos

Por fim, é essencial avaliar os fatores protetivos. Alguns deles podem ter sido identificados durante sua investigação das razões para viver e devem ser destacados mais uma vez antes do fim da avaliação. Assim como os fatores de risco, os fatores protetivos podem ser fixos ou variáveis. O Centers for Disease Control and Prevention (Stone et al., 2017) identifica moradia estável, segurança financeira e conectividade social como fatores protetivos estatisticamente significativos. Outros fatores protetivos baseados em evidências incluem ter razões para viver *prontamente identificáveis*, ser casado, ter um dos pais e ter uma oposição moral ao suicídio. Avalie também as crenças religiosas ou culturais, valores e responsabilidades pessoais que podem ser protetivos e objetivos em curto e longo prazos que podem ser usados no tratamento para aumentar a esperança.

Conceitualização cognitivo-comportamental e tratamento para prevenção do suicídio

A TC-PS pretende ser um curso de tratamento com tempo limitado, em geral 10 sessões, com a intenção de reduzir futuros pensamentos e comportamentos suicidas (Wenzel et al., 2009). Ela é implementada depois que o cliente experiencia uma tentativa de suicídio ou outra crise com autolesão e é focada especificamente na prevenção do suicídio. Na conclusão desse tratamento, cliente e terapeuta idealmente continuam a trabalhar nos fatores subjacentes, como transtornos da personalidade e do humor, que contribuem para a vulnerabilidade do cliente para autolesão. A abordagem focada reduz o risco agudo e lança as bases para a redução do risco crônico.

Os principais componentes da TC-PS incluem ensinar estratégias de enfrentamento adaptativas, identificar razões para viver, instilar esperança, ensinar habilidades para solução de problemas, aumentar as conexões sociais positivas e facilitar a adesão a outros tratamentos (Wenzel et al., 2009). A premissa teórica é a de que clientes suicidas não têm habilidades eficazes de enfrentamento e solução de problemas e, assim, passam a ver o suicídio como uma solução para seus problemas; o tratamento, portanto, foca em ensinar enfrentamento e solução de problemas. O terapeuta pode considerar pedir que o cliente concorde em não usar o suicídio como uma estratégia para solução de problemas enquanto estiver aprendendo essas habilidades. Esse acordo *não* é um "contrato de não suicídio", o que se mostrou ineficaz e pode até levar a sentimentos reduzidos de controle para o cliente. Esta é uma maneira de deixar o suicídio como uma opção, mas faz o indivíduo concordar em "adiar" o uso dessas opções enquanto aprende novas maneiras de lidar com o estresse e abordar de forma mais adaptativa os estressores. Indivíduos com transtornos da personalidade do Grupo C provavelmente precisarão da construção de habilidades adicionais nas áreas de regulação emocional e funcionamento interpessoal. Eles podem ter poucos contatos íntimos ou relacionamentos marcados por conflito ou ansiedade. Aqueles com história de repetidas tentativas de suicídio podem achar que sua rede de apoio, se houver, agora responde negativamente ao comportamento suicida, retirando o apoio pelo qual tanto anseiam. O tratamento, portanto, também inclui estratégias para aumentar o contato social positivo, como ensinar habilidades de comunicação eficazes, reduzir a evitação social ansiosa e manter limites apropriados.

Fase inicial do tratamento

A fase inicial consiste em engajar o cliente e transmitir esperança, realizar uma avaliação cognitivo-comportamental do risco (ver anteriormente) e conceitualização, desenvolver um plano de segurança e estabelecer objetivos para o tratamento de maneira colaborativa. Vários estudos indicam que apenas 20 a 40% dos indivíduos que tentam suicídio prosseguem com tratamento ambulatorial depois da hospitalização – portanto, o engajamento é crucial. Isso é feito por meio da escuta empática, da validação da dor do cliente e da colaboração com ele em uma postura de solução de problemas. Este também é o momento de abordar diferenças culturais entre o terapeuta e o cliente e quaisquer crenças negativas que ele possa ter sobre o tratamento ou sua habilidade de ajudá-lo (ver Kazantis et al., 2017).

Plano de segurança

O plano de segurança é uma intervenção característica no gerenciamento cognitivo-comportamental de crise e é idealmente concluído na primeira sessão (Stanley & Brown, 2008, 2012). Ele se encontra no Registro das Melhores Práticas e, se necessário, pode ser uma intervenção independente. O objetivo do plano de segurança é permitir que o indivíduo "adie" o suicídio, engajando-se em ações que o distraiam dos pensamentos suicidas e, assim, impeça a escalada da ideação suicida. Se usado de forma eficiente, ele pode aumentar a esperança e reduzir a impulsividade. Os planos de segurança podem ser feitos no papel ou por meio de um aplicativo (inúmeros aplicativos estão disponíveis), mas é importante que eles sejam feitos colaborativamente e que o cliente tenha consigo uma cópia facilmente acessível o tempo todo.[1] Se o cliente estiver disposto, também é útil compartilhar esse plano ou seus componentes com as principais pessoas de apoio da vida dele para que elas possam ajudar a implementá-lo em momentos de estresse.

O primeiro passo é ajudar o cliente a identificar os sinais de alerta internos e externos que precedem uma crise. Eles incluem determinados pensamentos, imagens ou padrões de pensamento negativos, estados de humor, comportamentos, sensações físicas e situações. Para clientes com TPB, os sinais de alerta podem incluir sentimentos de raiva ou vazio e conflito interpessoal ou rejeição. Depois disso, peça que o cliente liste algumas coisas que ele gosta de fazer ou que ache relaxantes, como fazer uma caminhada ou ouvir música. A ideia aqui é que, depois que tomar consciência de que está escalando para uma crise ao notar os sinais de alerta, ele possa se engajar em cada atividade listada no plano de segurança na sua ordem na listagem. É importante que cada atividade listada seja acessível, adaptativa e efetiva. Clientes com TPB podem precisar de assistência na identificação ou aprendizagem dessas estratégias. O terceiro passo é listar algumas pessoas com quem o cliente possa entrar em contato para se distrair dos pensamentos e sentimentos negativos. Se o cliente for socialmente isolado, liste lugares públicos aonde ela possa ir, como um parque ou uma cafeteria. A ideia é não ficar sozinho. Se depois de tentar as atividades prazerosas e contato social o indivíduo ainda estiver se sentindo inseguro, o quarto passo é ligar para uma pessoa de confiança a quem ele possa expor que está em um estado de crise. O quinto passo, se necessário, é o indivíduo ligar para seu terapeuta, psiquiatra, médico ou para o serviço de emergência. Durante a sessão, junto com o cliente, você pode considerar fazer uma ligação ou enviar uma mensagem de texto para linhas de atendimento a crises, caso ele não tenha usado esses serviços previamente. Isso o ajudará a "praticar" esse passo e reduzir a ansiedade em relação a pedir ajuda. O passo final no desenvolvimento do plano de segurança é se engajar na redução dos meios. Os indivíduos que contemplaram suicídio terão pelo menos um meio de suicídio identificável e provavelmente terão adquirido esses meios. Pesquisas mostram que a redução do acesso a esses meios reduz o risco significativamente. Isso é especialmente verdadeiro para armas de fogo (Department of Veterans Affairs, 2016). Tenha uma discussão franca e não julgadora com o cliente sobre os meios que ele considerou e pergunte se ele estaria disposto a remover esses meios da sua posse ou que alguma pessoa de apoio em sua vida faça isso durante o curso do tratamento. Se os meios do cliente não puderem ser razoavelmente removidos ou deixados em posse de outra pessoa (p. ex., facas, medicamentos), considere pedir que ele mantenha os meios trancafiados ou que deixe uma lista das suas razões para viver junto aos itens. Qualquer passo que apresente uma situação de escolha pode reduzir o risco do comportamento suicida.

---

[1] Os aplicativos variam em qualidade. Incentivamos terapeutas e clientes a pesquisarem os aplicativos antes de comprá-los ou usá-los, lendo resenhas em sites como *https://onemindpsyberguide.org, https://mindapps.org* e *https://apatraumadivision.org/mental-health-app-database/*.

Depois que o plano de segurança estiver pronto, peça que o cliente pratique seu uso como tarefa de casa entre as sessões, avaliando a eficácia de cada item na melhoria do seu humor. O plano de segurança deve ser atualizado durante o tratamento, à medida que o cliente aprender novas habilidades e melhorar seu funcionamento social.

Conceitualização de caso cognitiva da suicidabilidade

A conceitualização de caso na TC-PS difere da formulação de caso na TCC tradicional, já que as crenças e os comportamentos estão relacionados ao suicídio, e inclui processos cognitivos relacionados ao suicídio, como fixação atencional, e fatores de vulnerabilidade disposicionais, como perfeccionismo, impulsividade e déficits na solução de problemas. Comece a formulação com as informações reunidas durante a fase inicial da terapia, especialmente dados da avaliação e os principais antecedentes cognitivos, afetivos e comportamentais identificados durante a construção da linha do tempo narrativa da crise de autolesão mais recente. A conceitualização é, então, atualizada e alterada durante o tratamento à medida que emergirem mais informações. O objetivo da conceitualização é ajudar você e o cliente a entenderem o que induz suas crises suicidas e escolher as estratégias de tratamento que mais provavelmente reduzirão tentativas futuras.

Fase intermediária do tratamento

A fase intermediária do tratamento foca na construção de habilidades cognitivas e comportamentais específicas, com o objetivo de reduzir futuros pensamentos e comportamentos suicidas. As habilidades que você escolher ensinar devem estar baseadas na sua formulação e nos fatores de risco do cliente e devem ser claramente demonstradas e praticadas na sessão antes de serem designadas como dever de casa. Para clientes com transtornos da personalidade, as estratégias escolhidas devem aumentar a regulação emocional, a tolerância ao estresse, a flexibilidade cognitiva, interações sociais respeitosas e apropriadas e habilidades para solução de problemas. Com essa população, é importante ajudar os clientes a aprenderem a regular suas emoções sem autolesão e a reduzir suas crenças de insuportabilidade.

As estratégias específicas usadas nessa fase do tratamento podem incluir a construção de um *kit* de esperança, a criação de uma lista de razões para viver, ativação comportamental, estruturação cognitiva de crenças relacionadas ao suicídio e outras crenças negativas, solução de problemas, habilidades de regulação emocional e construção de habilidades de comunicação/comportamento interpessoal. Dessas estratégias, todas, exceto as duas primeiras, são estratégias gerais da TCC amplamente discutidas em outro lugar. Assim, esta seção descreve apenas as intervenções do *kit de esperança* e *razões para viver*, que são específicas desse tratamento.

Kit *de esperança*

O *kit* de esperança é um painel com imagens, um folheto ou um recipiente contendo itens físicos que representam as razões para viver do cliente ou que lhe proporcionem alegria. Alguns clientes optam por usar uma caixa de sapatos que eles decoram e enchem com coisas como fotos dos seus filhos, premiações que receberam, fotos de um lugar que querem visitar, a imagem de um objetivo pelo qual estão trabalhando (como um diploma universitário), um bichinho de pelúcia estimado, etc. O cliente cria esse *kit* como tarefa de casa e depois traz o *kit* para a sessão para examiná-lo com você, para garantir que cada item do *kit* gere sentimentos ou memórias positivos ou o faça se sentir esperançoso. Depois que esses itens foram cuidadosamente organizados, o *kit* de esperança é adicionado ao plano de segurança, e o cliente é incentivado a praticar seu uso como tarefa de casa. O *kit* de esperança deve ser usado como uma estratégia de enfrentamento sempre que o cliente começar a se sentir sem esperança. Para clientes que podem ficar desconfortáveis com uma caixa física cheia de objetos significativos, estão disponíveis versões em aplicativos, como a Virtual Hope Box (VHB) [Caixa de Esperança Virtual], criada pela U.S. Defense Health Agency (Bush et al., 2017), que têm o benefício adicional de serem facilmente acessíveis para o cliente a qualquer momento.

Razões para viver

Talvez a estratégia mais importante nesta fase do tratamento seja a lista de razões para viver. Durante a fase de avaliação, você terá perguntado ao cliente suas razões para morrer, bem como suas razões para viver. Aqui, você adota uma abordagem mais formal e ajuda o cliente a identificar múltiplas razões específicas para viver. Elas podem incluir pessoas amadas, objetivos, valores, crenças religiosas e aspirações. O cliente, então, guarda essa lista consigo o tempo todo e a revisa regularmente. O objetivo é aumentar a esperança e diminuir a intenção suicida, pendendo a balança a favor de viver. Peça que o cliente anexe uma cópia dessa lista, ou cole uma etiqueta adesiva com sua razão principal, ao seu meio de suicídio identificado, caso esse meio não possa ser removido. Já tivemos clientes que colaram uma foto dos seus filhos em um frasco de comprimidos ou na arma de fogo como um lembrete visual contundente.

Independentemente das estratégias escolhidas para esta fase do tratamento, é imperativo que o cliente mantenha e revise regularmente suas notas da terapia. Isso é essencial para a prevenção de recaída. Considere pedir que o cliente mantenha um diário do tratamento, onde ele registra uma "lição aprendida" ao final de cada sessão (Rudd, 2012).

Fase final do tratamento

A fase final do tratamento ocorre depois que o cliente estiver estável, que a crise aguda estiver resolvida e o risco crônico estiver reduzido. O terapeuta deve se certificar de que o cliente é capaz não só de usar as habilidades que aprendeu no tratamento como também de generalizar essas habilidades para várias situações e continuar a usá-las depois que o tratamento terminar. O terapeuta deve conduzir outra avaliação cognitivo-comportamental para determinar o risco e avaliar o progresso do tratamento. Essa avaliação pode informar objetivos para a continuidade do tratamento focados em questões de personalidade e diagnósticos comórbidos. O passo final nesta fase é um exercício específico de prevenção de recaída, semelhante a uma exposição imaginária, em que o terapeuta orienta o cliente a imaginar uma crise suicida e o faz se visualizar usando suas novas habilidades de enfrentamento. Se o cliente não for capaz de fazer isso com sucesso, o tratamento deve continuar até que suas habilidades estejam mais fortes. Se o cliente lidar bem com a crise imaginária, o tratamento pode evoluir para o planejamento do término, a transferência dos cuidados ou a continuidade do tratamento focado em questões subjacentes. Então, são programadas sessões de reforço para avaliar o funcionamento e a manutenção dos ganhos, especialmente se o cliente não continuar com terapia regular.

Obstáculos comuns em prevenção do suicídio com transtornos da personalidade

O impedimento principal no tratamento de prevenção do suicídio é a falta de engajamento do indivíduo na terapia depois de uma crise suicida. Como mencionado anteriormente, uma minoria dos indivíduos, uma estimativa de 20 a 40%, prossegue com tratamento ambulatorial depois de uma tentativa de suicídio. Indivíduos com TPB frequentemente se deparam com uma atitude de "vergonha e culpa" por parte da comunidade médica que os afasta ainda mais do atendimento. Eles podem ter tido anos de tratamentos falhos que resultaram em crenças negativas sobre a utilidade da terapia ou a habilidade do terapeuta para ajudá-los. Eles também podem abrigar um medo de que o terapeuta, como muitos em suas vidas, os abandone. Felizmente, a TC-PS inerentemente aborda algumas dessas questões. O foco em instilar esperança e enfatizar as razões para viver pode ajudar a atrair o cliente para o tratamento, assim como a psicoeducação sobre a eficácia desse protocolo de tratamento e a TCC em geral. Discuta o que funcionou e o que não funcionou nos tratamentos anteriores. Um terapeuta anterior pode ter alegado que utilizou TCC, mas de fato só estava ligeiramente aderindo a práticas baseadas em evidências. Apontar de que forma o tratamento atual será diferente pode proporcionar esperança e construir confiança. Por fim, uma atitude colaborativa e sem julgamento pode diminuir a vergonha, assim como uma conceitualização compartilhada dos muitos fatores que contribuíram para a suicidabilidade.

Quando um cliente com um transtorno da personalidade do Grupo B entra em tratamento, ele pode apresentar comportamentos que interferem na terapia ou contraterapêuticos, como faltar às consultas, chegar atrasado, esperar tratamento especial e engajar-se em ligações e comportamentos de crise. Estabelecer limites claros e apropriados desde o início é fundamental. Forneça ao cliente essas expectativas por escrito como parte do plano de tratamento, explique a justificativa para os limites e obtenha seu assentimento quanto à adesão a essa estrutura. Pode ser útil "prever" alguns comportamentos que interferem na terapia e ajudar o cliente a resolver o problema encontrando comportamentos alternativos. Comportamentos de ALNS devem ser abordados e desencorajados, pois foi demonstrado que eles baixam o limiar para autolesão fatal. O plano de segurança pode ser usado para prevenir ALNS, além de crises suicidas, e o cliente deve ser encorajado a usá-lo dessa maneira. De fato, o termo "plano de segurança" pode ser mudado para "plano de enfrentamento", e os passos podem ser usados para prevenir, reduzir ou adiar algum comportamento prejudicial que o cliente esteja tentando mudar, incluindo uso de substância, compulsão alimentar e purga, jogos de azar, etc.

Também pode ser útil prever pensamentos e emoções que interferem na terapia – por exemplo, dizendo ao cliente: "Poderá haver algum momento na terapia em que você ache que eu lhe tratei injustamente ou lhe rejeitei, e você fique zangado comigo e pense em abandonar a terapia. Se isso acontecer, você estaria disposto a discutir isso comigo primeiro?". Clientes com traços narcisistas podem ter crenças de que seus problemas são únicos ou especiais e que intervenções comuns não vão funcionar para eles. Esses clientes às vezes acreditam que as medidas de avaliação não são capazes de capturar acuradamente suas personalidades e experiências únicas ou que o clínico não é suficientemente especializado para ajudá-los. Clínicos mais jovens, do sexo feminino e de grupos minoritários podem ser especialmente propensos a ser alvos dessa última crença (ver, p. ex., Paul-Emile et al., 2020). É importante reforçar o *feedback* do cliente. Pergunte se ele estaria disposto a trabalhar com você por algumas sessões antes de tomar uma decisão final ou tentar uma estratégia sugerida como experimento. Mesmo uma intervenção moderadamente bem-sucedida pode fortalecer a relação terapêutica.

A questão do envolvimento familiar na prevenção do suicídio também pode ser complicada quando trabalhamos com clientes com transtornos da personalidade. Os membros da família podem ser colaboradores muito valiosos, tanto no tratamento do cliente quanto na aplicação de estratégias para manter sua segurança. No entanto, indivíduos com transtornos da personalidade do Grupo B podem ter relações tensas ou distantes com suas famílias devido a anos de conflitos interpessoais. Familiares que podem ter-se unido para ajudar o indivíduo depois de uma primeira tentativa de suicídio podem relatar que estão fartos e se sentindo manipulados depois de uma terceira ou quarta tentativa. Mesmo assim, com o consentimento do cliente, você deve estender o convite a um membro da família confiável ou outra(s) pessoa(s) apoiadora(s) na vida do cliente para participar dos seus cuidados. Como parte da abordagem, instrua-os sobre o protocolo do tratamento, a base de evidências que o fundamenta e o objetivo mais abrangente de redução desse comportamento no futuro. Informe-os, também, de que melhorar os limites e o funcionamento interpessoal é parte do plano do tratamento e pergunte até que ponto eles estão dispostos a se envolver na terapia. No mínimo, informe-os sobre o plano de segurança e o papel potencial deles nesse plano. Para adolescentes, o engajamento familiar é imperativo, e você deve trabalhar com os pais/cuidadores para desenvolverem sua própria versão do plano de segurança que inclua sinais de alerta a serem identificados em seu filho, atividades que eles podem iniciar com eles, lugares aos quais podem levá-los como distração, etc. À medida que o cliente com um transtorno da personalidade se tornar mais estável afetivamente e começar a usar estratégias interpessoais mais saudáveis durante o curso do tratamento, as pessoas amadas que estavam distantes podem se reaproximar.

Por fim, os próprios pensamentos e sentimentos do terapeuta sobre um cliente podem ser um impedimento para o sucesso do tratamento. Clientes suicidas com frequência despertam preocupação e ansiedade mesmo em terapeutas experientes. Clientes com transtornos da personalidade do Grupo B podem evocar sentimentos difíceis como frustração, raiva e até mesmo rejeição, especialmente em terapeutas que não são especificamente treinados para trabalhar com essa população. O cliente do Grupo B que é suicida pode estar entre o mais desafiador dos clientes. É essencial procurar consulta ou supervisão para gerenciar suas reações e para que você possa oferecer o tratamento mais eficaz possível. Se possível, utilize uma abordagem em equipe e colabore com os outros prestadores de cuidados ao cliente.

Prevenção de recaída e objetivos em longo prazo

A prevenção de recaída com a população com transtornos da personalidade envolve o aumento no enfrentamento de crises agudas, além da abordagem de pensamentos, crenças e comportamentos desadaptativos relacionados com o transtorno da personalidade do indivíduo e algum diagnóstico comórbido, como transtorno de estresse pós-traumático (TEPT) e transtornos do humor (especialmente depressão), ansiedade, uso de substâncias/adições e transtornos alimentares.

Com uma TCC eficiente, o terapeuta começa inerentemente a plantar a semente para a prevenção de recaída desde o início da terapia ao pedir que o cliente mantenha e revise regularmente as notas da terapia e ao incentivar a prática e a integração das habilidades aprendidas à vida diária. Com o tratamento para prevenção do suicídio descrito neste capítulo, é dada atenção especial ao uso do plano de segurança, do *kit* de esperança e da lista de razões para viver. Essas intervenções devem estar em posição proeminente na caixa de recursos do cliente. O terapeuta deve discutir explicitamente com o cliente como ele continuará a usar esses recursos depois que essa parte do tratamento terminar. A TC-PS ainda protege contra recaída testando a prontidão do cliente para terminar ou prosseguir com terapia de mais longo prazo por meio do exercício imaginário de prevenção de recaída, discutido anteriormente. Essa exposição imaginária em quatro partes dá ao cliente a oportunidade de "praticar" o uso das suas novas habilidades em uma crise suicida futura, aumentando a confiança em suas habilidades, bem como a probabilidade de usá-las quando necessário.

Embora muitos clientes encerrem o tratamento depois de concluírem o protocolo de prevenção de suicídio, é imperativo que indivíduos com transtornos da personalidade continuem com terapia de mais longa duração para reduzir os fatores que contribuem para o risco crônico. Isso pode significar continuar com o mesmo clínico ou ser encaminhado para tratamento especializado, como DBT. Use as informações coletadas durante o tratamento para ajudar o cliente a formular os objetivos em longo prazo a serem abordados na próxima fase da terapia, com ênfase nos objetivos que reduzirão o risco crônico.

Exemplo de caso

Jada, uma mulher afro-americana cisgênero, heterossexual, solteira, de 25 anos de idade, entrou em terapia quando recebeu alta do hospital depois de sua tentativa de suicídio. Anteriormente, ela já havia sido atendida em nossa clínica comunitária, tendo passado por todos os terapeutas pelo menos uma vez, exceto por mim (DCC). No início da terapia, Jada satisfazia os critérios para transtorno depressivo maior, transtorno por uso de álcool e TPB.

Jada foi trazida para a primeira sessão por seu pai, com quem estava morando desde a sua alta. Quando entrou na sala, ela perguntou: "Quanto tempo temos? Só 50 minutos? Esse tempo não vai ser suficiente, preciso de pelo menos 2 horas". Empatizei com sua preocupação e lhe assegurei de que trabalharíamos com a maior eficiência possível com o tempo que tínhamos. Durante essa primeira sessão, examinei com ela as escalas de avaliação que ela havia preenchido e priorizei compor um rascunho de trabalho do plano de segurança. Discutimos por que o uso de álcool, embora fosse calmante para ela, não era o tipo de estratégia de enfrentamento que queríamos que ela usasse e, assim, era melhor que fosse omitido do plano de segurança. Também discutimos o impacto das mídias sociais em seu humor e visão de si e concordamos em omitir isso. Nesse momento, Jada identificou duas estratégias de enfrentamento para colocar em seu plano de segurança: assistir Netflix e tomar um banho. Também conseguimos começar a examinar sua tentativa de suicídio mais recente e a organizar uma linha do tempo narrativa da crise que destacava o papel do álcool na exacerbação dos pensamentos e comportamentos suicidas. Ela reconheceu que se sentiu ambivalente quando despertou no hospital depois da tentativa de suicídio fracassada e, em seguida, sentiu-se culpada quando viu as flores da sua avó.

Jada não compareceu à segunda sessão e chegou atrasada às duas consultas seguintes, cada vez dizendo que precisava de sessões mais longas e demandando mais tempo. Mais uma vez empatizei com sua preocupação, reiterei a estrutura da terapia e lhe assegurei de que trabalharíamos com a maior eficiência possível com o tempo que tínhamos. Grande parte da fase inicial do tratamento, geralmente dedicada a avaliação, conceitualização de caso e planejamento do tratamento, foi utilizada tentando engajar Jada, estabelecer limites e reduzir comportamentos que interferiam na terapia. Jada chegou com apenas alguns minutos de atraso à quarta sessão, em lágrimas devido a uma interação recente com seu ex-namorado. Seu nível de estresse necessitou de uma mudança na agenda da sessão para abordar o evento e suas reações. Isso acabou sendo um ponto de virada na terapia; a maior parte da sua rede de apoio estava "cansada de ouvir falar nele", mas Jada agora sentia que tinha uma nova aliada em mim e que eu a "entendia". Depois dessa sessão, sua frequência foi mais regular. Essa sessão também forneceu informações valiosas acerca do seu funcionamento interpessoal, o que auxiliou na conceitualização de caso. A conceitualização de caso da TC-PS de Jada neste estágio da terapia incluiu impulsividade, déficits na solução de problemas e vieses no processamento de informações como seus fatores de vulnerabilidade disposicionais. O histórico relevante incluía o afastamento da sua mãe aos 4 anos de idade, um período de 2 anos de abuso sexual na infância, experiências recorrentes de racismo e discriminação e mudanças frequentes como "filha de militar". Levantei a hipótese de crenças nucleares de "Não sou amada" e "Não tenho valor", as quais foram confirmadas mais tarde no tratamento.

Os pensamentos automáticos relacionados à suicidabilidade refletiam temas de insuportabilidade: "Odeio isso. Não suporto isso, não quero mais me sentir assim".

A sessão a seguir foi dedicada a uma discussão mais aprofundada e à hierarquia das razões de Jada para morrer e para viver, especialmente a importância da sua avó. Escrevi as razões para morrer nas minhas anotações, mas pedi que Jada escrevesse as razões para viver nas suas anotações para comunicar que esta era "a sua voz". Ela escreveu essa lista em um cartão que fotografou com seu telefone para que pudesse ter uma cópia consigo o tempo todo. Também começamos a coletar imagens e palavras para a sua caixa de esperança, o que levou à discussão de suas esperanças em longo prazo para si mesma. Desenvolvemos colaborativamente os seguintes objetivos para o tratamento: (1) "beber menos", (2) "parar de afastar as pessoas" e (3) "sentir-me melhor comigo mesma". Reformulamos o terceiro objetivo como um comportamento modificável – "parar de ser má comigo mesma" – e discutimos a importância de mudar a forma como ela falava *consigo* mesma e *sobre* si.

Concordamos colaborativamente em começar a trabalhar no primeiro objetivo, "beber menos", devido ao papel do álcool em crises suicidas passadas de Jada, além dos conflitos interpessoais. A essa altura, ela não estava pronta para se abster totalmente de substâncias, então concordamos com uma abordagem de redução de danos e definimos alguns parâmetros de segurança em torno do seu comportamento de beber. A cada sessão, eu passava alguns minutos ensinando a Jada respiração consciente, meditação e outras estratégias de aterramento e relaxamento. Usamos seu telefone para gravar esses exercícios, e ela experimentou alguns aplicativos relacionados. Acrescentamos "respirar, relaxar" ao seu plano de segurança e que ela dedicasse 5 minutos de respiração consciente antes de ingerir álcool ou fumar maconha. Após algumas semanas, ela notou que tendia a beber menos se primeiramente acalmasse seu corpo.

Quando discutimos seu segundo objetivo de "parar de afastar as pessoas", Jada exibiu um padrão de comportamentos intrusivos de violação de limites, como ligar para alguém a cada 3 a 5 segundos até que a pessoa atendesse, passar horas rondando o estacionamento do prédio do seu ex-namorado esperando que ele chegasse em casa, insistindo em sair com ele na noite dos rapazes quando eles estavam namorando, etc. Fizemos uma lista de comportamentos que ela identificou como possivelmente alienantes e usamos o modelo cognitivo para identificar e avaliar pensamentos e crenças relacionados a cada um. Muitos dos comportamentos estavam associados à crença "Se eu mantiver o controle, não ficarei sozinha". Também identificamos "Se ele é meu namorado, isso significa que sou amada" e "Se não tenho um homem, não tenho valor". Então, discutimos quais seriam os níveis apropriados de contato com os outros e criamos um plano para mudança do comportamento – por exemplo, Jada concordou em ligar ou mandar mensagem para alguém uma vez e esperar 1 hora antes de ligar ou mandar mensagem novamente. Durante essa hora de espera, ela deveria usar as estratégias de enfrentamento de seu plano de segurança para se distrair ou se acalmar.

À medida que Jada fez progresso no tratamento, ela passou a confiar mais em mim e a revelar aspectos de si mesma que achava vergonhosos. Anteriormente ela havia negado que se cortava ou que tinha outros comportamentos de ALNS, mas agora admitia cortar-se nas pernas, onde não era visível para os outros. Também revelou um padrão de fazer sexo sem proteção com homens que conhecia em bares e festas. Usamos a mesma abordagem de redução de danos para esses comportamentos como fizemos para o consumo de álcool. Jada concordou em descontinuar as ALNSs enquanto estivesse em terapia e a usar estímulos sensoriais fortes, como segurar um cubo de gelo, quando sentisse vontade de se cortar. Ela também concordou em guardar preservativos na bolsa, e encenamos como pedir que os homens com que dormia usassem um ou o que fazer se eles se recusassem.

Durante esta fase da terapia, capturamos e reformulamos o autodiálogo negativo de Jada. Ela foi prontamente capaz de identificar seu crítico interno, a quem nomeou de Rufus: "Rufus tem um microfone, e eu quero desligá-lo!". Para cada autoafirmação "má", elaboramos uma afirmação alternativa neutra ou apoiadora. Cada afirmação alternativa estava baseada em evidências, e Jada conseguiu entender que um pensamento negativo poderia estar errado mesmo que parecesse muito verdadeiro. Usando uma caneta marca-texto e um bloco de notas adesivas amarelo, Jada escreveu os novos pensamentos alternativos na sessão e depois os colou por todo o seu quarto – por exemplo: "Ninguém se importa comigo" tornou-se "Posso não ter um namorado agora, mas tenho pessoas que se importam comigo. Papai e vovó Jô se importam". Ela notou que, quando estava se sentindo deprimida, demorava mais tempo para capturar o crítico, e a única resposta que conseguia formular era "Cale a boca, Rufus". Também focamos nos pensamentos relacionados ao suicídio, como: "Não aguento mais isso; não quero mais me sentir assim". A afirmação de enfrentamento que Jada criou para esses pensamentos ativadores era "Isso machuca e não gosto disso, mas não tenho que gostar, só tenho que passar por isso. É como um temporal; ele vai passar. Posso usar meu plano de segurança para ajudar. O que devo tentar primeiro?".

Durante esta fase da terapia, também trabalhamos na ativação comportamental e na construção de habilidades. Jada lentamente retomou a corrida (sua forma de exercício preferida) e voltou a morar com suas colegas. Acrescentamos corrida e "noite de filmes com as meninas" ao seu plano de segurança. Ensinei à Jada habilidades de comunicação assertiva, as quais praticamos inicialmente na sessão e que ela então experimentou com suas colegas quando estava chateada com elas. Também trabalhamos em habilidades básicas de solução de problemas, fazendo Jada inicialmente identificar se estava incomodada com um problema real ou hipotético e, então, questionar-se: "Quais são minhas opções?". Mesmo quando não conseguia fazer um *brainstorm* para encontrar soluções potenciais, questionar-se sobre quais eram suas opções a ajudou a se sentir menos travada.

O tratamento de prevenção do suicídio com Jada durou mais tempo que as típicas 10 sessões devido à sua dificuldade de se engajar no começo da terapia e à sua ocasional ausência ou cancelamentos de última hora. Ela também tinha inúmeros padrões de comportamento desadaptativos arraigados que, embora tenham diminuído, não tinham sido eliminados até o fim do tratamento, assim como suas crenças negativas e pensamentos negativos repetitivos: silenciosos, mas não ausentes. No entanto, ao final do tratamento, Jada havia aprendido o suficiente na terapia para ser capaz de realizar com sucesso o exercício de exposição imaginária de uma crise suicida hipotética com estímulo mínimo, tinha parado de se cortar e estava consumindo muito menos álcool. O mais importante é que ela não havia experienciado nenhuma crise suicida, e a intensidade e a frequência da sua IS haviam reduzido consideravelmente. Ela também havia aprendido que poderia usar seu autodiálogo para "sair" da IS – "15 minutos depois, é como se nunca tivesse acontecido". Suas habilidades de regulação emocional e a melhora na habilidade de resolver problemas a ajudaram a ver que, embora não fossem agradáveis, a maioria dos seus sentimentos e problemas eram, na verdade, suportáveis. Pudemos ter uma discussão franca sobre o impacto de viver com TPB, e Jada concordou que este precisava ser o foco da continuidade da terapia. Colaboramos com seu pai, que conseguiu inclui-la em seu plano de saúde. Com cobertura parcial e a ajuda financeira da sua avó, Jada conseguiu se inscrever em um programa de DBT local. Na sessão de reforço aos 6 meses, Jada ainda estava engajada no tratamento no centro de DBT e trabalhando voltada para seu objetivo de carreira, que era tornar-se assistente jurídica.

Resumo e conclusões

Neste capítulo, discutimos o risco aumentado de autolesão que é inerente no TPB e em outros transtornos da personalidade do Grupo B e apresentamos um tratamento cognitivo-comportamental para a prevenção do suicídio que pode ser usado com eficácia com essa população. A lição principal é que a TC-PS é realizada de maneira dirigida, diretamente focada em reduzir a suicidabilidade, mas depois deve prosseguir com terapia de mais longo prazo focada no transtorno da personalidade e nas condições comórbidas. Desse modo, os riscos agudo e crônico são reduzidos, e o indivíduo com TPB aprende habilidades críticas em regulação emocional, tolerância ao estresse, solução de problemas e funcionamento interpessoal.

Referências

Beck, A. T., Brown, G. K., Berchick, R. J., Stewart, B. L., & Steer, R. A. (1990). Relationship between hopelessness and ultimate suicide: A replication with psychiatric outpatients. *American Journal of Psychiatry, 147*, 190–195.

Beck, A. T., Brown, G. K., Steer, R. A., Dahlsgaard, K. K., & Grisham, J. R. (1999). Suicide ideation at its worst point: A predictor of eventual suicide in psychiatric outpatients. *Suicide and Life-Threatening Behavior, 29*(1), 1–9.

Beck, A. T., Kovacs, M., & Weissman, A. (1979). Assessment of suicidal intention: The Scale for Suicide Ideation. *Journal of Consulting and Clinical Psychology, 47*(2), 343–352.

Beck, A. T., & Steer, R. A. (1988). *Manual for the Beck Hopelessness Scale.* Psychological Corporation.

Beck, A. T., & Steer, R. A. (1991). *Manual for the Beck Scale for Suicide Ideation.* Psychological Corporation.

Beck, A. T., Steer, R. A., Kovacs, M., & Garrison, B. (1985). Hopelessness and eventual suicide: A 10-year prospective study of patients hospitalized with suicidal ideation. *American Journal of Psychiatry, 142*, 559–563.

Brodsky, B. S., Spruch-Feiner, A., & Stanley, B. (2018). The zero suicide model: Applying evidence-based suicide prevention practices to clinical care. *Frontiers in Psychiatry, 9*, 33.

Brown, G. K., Ten Have, T., Henriques, G. R., Xie, S. X., Hollander, J. E., & Beck, A. T. (2005). Cognitive therapy for the prevention of suicide attempts: A randomized controlled trial. *Journal of the American Medical Association, 294*, 563–570.

Bryan, C. J., Peterson, A. L., & Rudd, M. D. (2018). Differential effects of brief CBT versus treatment as usual on posttreatment suicide attempts among groups of suicidal patients. *Psychiatric Services, 69*(6), 703–709.

Bush, N. E., Smolenski, D. J., Denneson, L. M., Williams, H. B., Thomas, E. K., & Dobscha, T. K. (2017). A virtual hope box: Randomized controlled trial of a smartphone app for emotional regulation and coping with distress. *Psychiatric Services, 68*(4), 330–336.

Clercx, M., Keulen-de Vos, M. E., & Beurskens, J. (2021). Healthy emotions, lower risk? The relationship between emotional states and violence risk among offenders with Cluster B personality disorders. *Journal of Forensic Psychology Research and Practice, 21*(1), 1–17.

Ellison, W. D., Rosenstein, L. K., Morgan, T. A., & Zimmerman, M. (2018). Community and clinical epidemiology of borderline personality disorder. *Psychiatric Clinics of North America, 41*(4), 561–573.

Grant, B. F., Chou, S. P., Goldstein, R. B., Huang, B., Stinson, F. S., Saha, T. D., . . . Ruan, W. J. (2008). Prevalence, correlates, disability, and comorbidity of DSM-IV borderline personality disorder: Results from the Wave 2 National Epidemiologic Survey on Alcohol and Related Conditions. *Journal of Clinical Psychiatry, 69*(4), 533–545.

Grilo, C. M., & Udo, T. (2021). Association of borderline personality disorder criteria with suicide attempts among U.S. adults. *JAMA Network Open, 4*(5), e219389.

Harford, T. C., Chen, C. M., Kerridge, B. T., & Grant, B. F. (2018). Self- and other-directed forms of violence and their relationship with lifetime DSM-5 psychiatric disorders: Results from the National Epidemiologic Survey on Alcohol Related Conditions–III (NESARC-III). *Psychiatry Research, 262*, 384–392.

Henriques, G., Wenzel, A., Brown, G. K., & Beck, A. T. (2005). Suicide attempters' reaction to survival as a risk factor for eventual suicide. *American Journal of Psychiatry, 162*, 2180–2182.

Jobes, D. A. (2016). *Managing suicidal risk: A collaborative approach* (2nd ed.). Guilford Press.

Joiner, T. E., Steer, R. A., Brown, G., Beck, A. T., Pettit, J. W., & Rudd, M. D. (2003). Worst-point suicidal plans: A dimension of suicidality predictive of past suicide attempts and eventual death by suicide. *Behaviour Research and Therapy, 41*(12), 1469–1480.

Kazantzis, N., Dattilio, F. M., & Dobson, K. S. (2017). *The therapeutic relationship in cognitive-behavioral therapy: A clinician's guide.* Guilford Press.

Klonsky, E. D., May, A. M., & Glenn, C. R. (2013). The relationship between nonsuicidal self-injury and attempted suicide: Converging evidence from four samples. *Journal of Abnormal Psychology, 122*(1), 231–237.

Linehan, M. M. (2014). *DBT skills training manual* (2nd ed.). Guilford Press.

Linehan, M. M., Goodstein, J. L., Nielsen, S. L., & Chiles, J. A. (1983). Reasons for staying alive when you are thinking of killing yourself: The Reasons for Living Inventory. *Journal of Consulting and Clinical Psychology, 51*, 276–286.

Mandel, A. A., Jager-Hyman, S., & Brown, G. K. (2021). Suicide prevention. In A. Wenzel (Ed.), *Handbook of cognitive behavioral therapy: Vol. 2. Applications* (pp. 361–388). American Psychological Association.

Paul-Emile, K., Critchfield, J. M., Wheeler, M., de Bourmont, S., & Fernandez, A. (2020). Addressing patient bias toward health care workers: Recommendations for medical centers. *Annals of Internal Medicine, 173*(6), 468–473.

Posner, K., Brown, G. K., Stanley, B., Brent, D. A., Yershova, K. V., Oquendo, M. A., . . . Mann, J. J. (2011).

The Columbia-Suicide Severity Rating Scale: Initial validity and internal consistency findings from three multisite studies with adolescents and adults. *American Journal of Psychiatry, 168*(12), 1266–1277.

Rudd, M. D. (2012). Brief cognitive behavioral therapy (BCBT) for suicidality in military populations. *Military Psychology, 24*, 592–603.

Stanley, B., & Brown, G. K. (2008). Safety plan template. Suicide Prevention Lifeline. *https://suicidepreventionlifeline.org/wp-content/uploads/2016/08/Brown_StanleySafetyPlanTemplate.pdf*

Stanley, B., & Brown, G. K. (2012). Safety planning intervention: A brief intervention to mitigate suicide risk. *Cognitive and Behavioral Practice, 19*(2), 256–264.

Stone, D. M., Holland, K. M., Bartholow, B., Crosby, A. E., Davis, S., & Wilkins, N. (2017). Preventing suicide: A technical package of policies, programs, and practices. National Center for Injury Prevention and Control, Centers for Disease Control and Prevention. *www.cdc.gov/violenceprevention/pdf/suicideTechnicalPackage.pdf*

Swift, J. K., Trusty, W. T., & Penix, E. A. (2021). The effectiveness of the Collaborative Assessment and Management of Suicidality (CAMS) compared to alternative treatment conditions: A meta-analysis. *Suicide and Life-Threatening Behavior, 51*, 882–896.

U.S. Department of Veterans Affairs. (2016, August 3). Suicide among veterans and other Americans 2001–2014. U.S. Department of Veterans Affairs, Office of Mental Health and Suicide Prevention. *www.mentalhealth.va.gov/docs/2016suicidedatareport.pdf*

Wenzel, A., Brown, G. K., & Beck, A. T. (2009). *Cognitive therapy for suicidal patients*. American Psychological Association.

Yen, S., Peters, J. R., Nishar, S., Grilo, C. M., Sanislow, C. A., Shea, T., . . . Skodol, A. E. (2021). Association of borderline personality disorder criteria with suicide attempts: Findings from the Collaborative Longitudinal Study of Personality Disorders over 10 years of follow-up. *JAMA Psychiatry, 78*(2), 187–194.

PARTE III

Crises relacionadas a questões médicas

7
Crises relacionadas à demência

Susmita Halder, Akash Kumar Mahato e D. Scott Greenaway

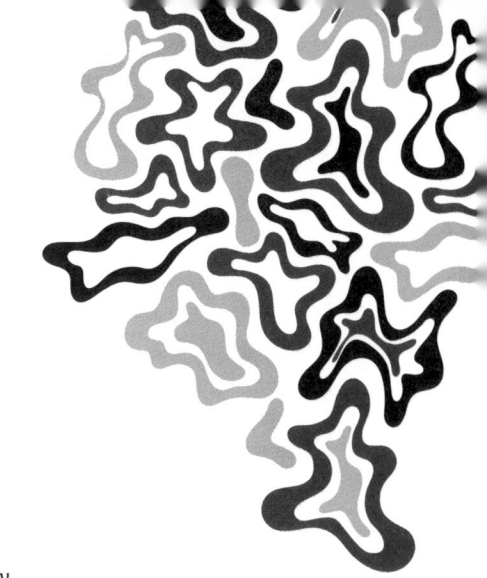

A memória é uma habilidade cognitiva extremamente valiosa, vital para nosso funcionamento diário. Ela impacta a forma como nos relacionamos com os outros, afeta em grande parte o modo como entendemos nossas experiências e atribui significado a novas experiências. À medida que envelhecemos, algum declínio na memória é inevitável e considerado uma parte normal do envelhecimento – no entanto, para uma proporção significativa de pessoas em todo o mundo, esse declínio é mais substancial e pode envolver múltiplos componentes cognitivos.

Apresentamos o caso de BD, que foi encaminhado para nossa clínica para uma avaliação e intervenção terapêutica.

> BD foi encaminhado para consulta neuropsiquiátrica pelo seu clínico geral. Este já havia prescrito antidepressivos leves e suplementos vitamínicos para queixas do paciente de "estar perdido", ser um pouco taciturno e sentir-se cada vez mais irritável nos últimos 6 meses. Seus sintomas continuaram a deteriorar apesar do uso consistente de medicação.
>
> BD, um homem de 68 anos de idade, era graduado em comércio e trabalhava na gráfica da família, auxiliado pela filha. Relatou história de diabetes tipo 2, mas nenhuma outra condição médica importante diagnosticada. Ele não bebia e era ativo, sincero e confiável em seu ambiente de trabalho. Era de temperamento ansioso e introvertido quando próximo de outras pessoas, mas orientado para a família, e predominantemente exibia humor eutímico. A esposa e a filha de BD explicaram que ele estava esquecendo as coisas e que parecia agitado algumas vezes e desorientado outras vezes. A história adicional e as entrevistas clínicas revelaram que os familiares inicialmente notaram mudanças significativas na participação normal de BD em atividades cotidianas. Ele se esquecia de onde guardava seus pertences e se havia concluído suas tarefas diárias. Também estava dormindo e comendo menos, o que os familiares acharam que era devido à sua idade avançada. Por isso, não estavam muito alarmados, já que não havia sinais de qualquer doença física. Elas indicaram que BD algumas vezes tem atitudes bobas ou sorri em momentos inapropriados (afeto inadequado), o que parecia estranho para elas. Então, a crescente letargia levou BD a ter dificuldades de concluir suas tarefas de rotina. Ele havia começado a demonstrar hesitação para ir trabalhar, queixando-se de que não estava se sentindo bem e ficando em casa. Quando a frequência das

suas ausências gradualmente aumentou, sua esposa, em um esforço de ser apoiadora, se ofereceu para acompanhá-lo até o trabalho. Como ele continuou a mostrar resistência, sua esposa insistiu que ele fosse trabalhar, apesar de ele se mostrar nervoso e parecer confuso às vezes. Também houve ocasiões em que outras pessoas observaram BD com o olhar parado por vários segundos a cada vez.

Depois de alguns meses, a família começou a se preocupar mais com a capacidade de BD para gerenciar os negócios – no entanto, ficaram mais tranquilos por saber que ele estava sendo assessorado no trabalho pela filha, e isso permitiu que eles diminuíssem suas expectativas em relação a ele. BD se mostrava hesitante ao assinar os cheques na sua empresa, e os pagamentos aos credores estavam sendo atrasados por causa disso. Questionando melhor, o terapeuta ficou sabendo que, quando BD tentou assinar seu nome, ele acabou fazendo alguns rabiscos e não conseguiu fazer sua assinatura completa. Os familiares explicaram que eventualmente BD era incapaz de se lembrar das suas tarefas rotineiras e que, em uma ocasião, recusou-se a aceitar uma encomenda endereçada à sua filha, pois não reconheceu seu verdadeiro nome, embora lembrasse do apelido dela. BD começou a ser menos expressivo e gradualmente foi participando menos das reuniões sociais. À medida que o tempo passava, ele começou a apresentar dificuldades para ler, escrever e identificar pessoas. À medida que esses acontecimentos se desenrolavam, os familiares se deram conta de que alguma coisa estava errada e consultaram um médico, que o encaminhou para nós. As características clínicas gerais que BD evidenciava são típicas da progressão de um estado assintomático para a apresentação de transtorno neurocognitivo leve/demência leve.

Estatísticas relevantes

No mundo todo, aproximadamente 55 milhões de pessoas têm demência, com mais de 60% vivendo em países de baixa e média renda (World Health Organization [WHO], 2022a). Com um aumento constante nos números de adultos idosos globalmente, o número de pessoas com demência é igualmente crescente. Considerando-se a trajetória, a expectativa é de que o número de indivíduos com demência aumente para 78 milhões em 2030 e, por fim, 139 milhões em 2050 (OMS, 2022a). A prevalência de demência aumenta exponencialmente com o aumento da idade e dobra a cada 5 anos depois dos 65 anos de idade (Jorm & Jolley, 1998). Especificamente, a doença de Alzheimer (DA) afeta 5 a 7% das pessoas acima de 65 anos e aumenta para 40 a 50% daquelas acima de 90 anos (Kumar et al., 2022). Dois terços dos centros de residência assistida e a maioria dos residentes em lares de idosos têm alguma forma de demência. Estudos sugerem que, em países com renda mais alta, entre indivíduos com mais de 65 anos de idade, as mulheres têm 5 a 10% mais probabilidade que os homens de ser diagnosticadas com demência relacionada a Alzheimer; isso pode ser devido à maior longevidade das mulheres (Hugo & Ganguli, 2014). As taxas de incidência global de demência variam grandemente de estudo para estudo, dependendo de vários fatores, como falsos-negativos, expectativa de vida, tempos de sobrevivência mais curtos, duração da doença, idade estudada, etc. (Biswas et al., 2005). Independentemente das cifras atuais, o manejo da saúde psicológica de indivíduos com demência representa um desafio importante. Achados de pesquisa indicam que o número de adultos vivendo com demência aumentará 2,5 a 4 vezes até 2050 devido ao envelhecimento da população (Rice et al., 2001). Com essa projeção, há uma preocupação crescente em relação ao fardo que isso representará para os cuidadores, o sistema de assistência médica e as instituições de cuidados/tratamento.

Definição de demência leve/ transtorno neurocognitivo leve

Demência, em geral, é um dos transtornos mais comuns associados ao processo de envelhecimento. É marcada por prejuízos significativos nas funções cognitivas que estão além do que seria considerado um declínio do envelhecimento normativo e pode ser causada por diferentes processos fisiopatológicos. A demência é um declínio adquirido na memória e em outra(s) função(ões) cognitiva(s) suficientemente grave para afetar a vida cotidiana de um indivíduo (tarefas domésticas, afazeres, trabalho ou funcionamento social). Esses prejuízos funcionais e o declínio das funções cognitivas são descritos tanto na *Classificação internacional de doenças, 11ª edição* (CID-11; OMS, 2022b) como no *Manual diagnóstico e estatístico de transtornos mentais, 5ª edição, texto revisado* (DSM-5-TR; American Psychiatric Association [APA], 2022).

A conceitualização e a descrição da demência evoluíram significativamente nos últimos 20 anos, e os dois sistemas de classificação (DSM e CID) passaram por várias mudanças e reestruturações dos seus capítulos relacionados à demência. Embora o DSM-5-TR tenha primariamente tentado adotar uma abordagem dimensional, as características clínicas e a manifestação da demência permanecem as mesmas das edições anteriores. Em vez de usar o termo *demência*, o DSM-5-TR usa *transtorno neurocognitivo maior* e *transtorno neurocognitivo leve*, focando no declínio a partir de um nível anterior de funcionamento, e não como um déficit *per se*. A CID-11 mantém o termo *demência*, embora esteja em um capítulo reestruturado sobre transtornos neurocognitivos com um novo código diagnóstico. Ela também descreve demência como uma síndrome cerebral adquirida caracterizada por um declínio a partir de um nível prévio de funcionamento cognitivo. Como a CID-11 usa o termo *demência*, ao passo que o DSM-5-TR usa o termo *transtorno neurocognitivo*, para fins deste capítulo os termos *demência leve* e *transtorno neurocognitivo leve* são usados de forma intercambiável. Pesquisadores e clínicos também usaram o termo *comprometimento cognitivo leve* (CCL) para descrever um nível de demência mais grave que envelhecimento cognitivo normal e menos grave que a demência plena ou o transtorno neurocognitivo maior. Muitos especialistas veem CCL, transtorno neurocognitivo leve e demência leve como essencialmente a mesma doença, particularmente para fins de aplicação de tratamentos cognitivo-comportamentais, enquanto outros veem o CCL como o estágio entre o declínio cognitivo normal relacionado à idade e o início da demência precoce. Nesse caso, o termo *demência leve* sugeriria declínio cognitivo significativo em múltiplos domínios (em vez de apenas um domínio), maior impacto na habilidade do paciente de realizar tarefas da vida cotidiana e um diagnóstico mais reservado comparado ao CCL (Knopman & Petersen, 2014).

Os transtornos neurocognitivos maior e leve são nomeados no DSM-5-TR pela doença subjacente a eles – por exemplo, *transtorno neurocognitivo maior ou leve devido à doença de Alzheimer*, *transtorno neurocognitivo maior ou leve devido à doença de Parkinson* e *transtorno neurocognitivo vascular maior ou leve*. A DA é a causa mais comum de demência, representando cerca de dois terços dos casos globalmente (Langa, 2015). Ela é seguida por demência vascular, representando aproximadamente 20% dos casos (Alzheimer's Association, 2020; Wolters & Ikram, 2019). Ao trabalhar com indivíduos com alguma forma de demência, é essencial saber como a síndrome se manifesta. Esquecer acontecimentos recentes, perder compromissos e apresentar diminuição na habilidade de administrar os próprios negócios, algum grau de distanciamento social e declínio na motivação são características comuns que podem indicar o início de demência. Embora os sintomas iniciais e posteriores de demência dependam da natureza da etiologia subjacente, os sintomas iniciais são semelhantes na maioria dos casos.

A demência leve é basicamente caracterizada por declínio no funcionamento em um ou mais domínios cognitivos em comparação com os níveis prévios de funcionamento cognitivo, conforme avaliado por (1) escores significativamente mais baixos em medidas de avaliação cognitiva, (2) declínios perceptíveis no funcionamento diário ou a necessidade de estratégias compensatórias para manter o funcionamento e (3) comprometimento da independência para realizar atividades. Com demência leve, os pacientes são geralmente capazes de executar atividades simples de forma independente. Isso faz a demência leve a moderada facilmente passar despercebida em uma avaliação superficial e não estruturada (Knopman & Peterson, 2014) comparada a casos mais severos de demência ou transtorno neurocognitivo maior, quadros em que mesmo as atividades mais simples da vida diária estão comprometidas.

Em geral, as funções cognitivas relacionadas a demência/transtorno neurocognitivo são caracterizadas dentro dos seguintes domínios: (1) atenção complexa, (2) aprendizagem e memória, (3) linguagem expressiva e receptiva, (4) função perceptivo-motora, (5) função executiva e (6) cognição social. As características iniciais de demência leve incluem perda da memória, confusão referente à localização e à posição de lugares comuns, demora maior que a habitual para realizar tarefas cotidianas comuns, falta de espontaneidade e início do trabalho, mudanças nas reações emocionais, mudanças na personalidade e dificuldade de controlar a raiva. Nos testes, é evidente o baixo desempenho em múltiplos domínios do funcionamento cognitivo. Esses déficits interferem em tarefas específicas – no entanto, os indivíduos conseguem realizar atividades essenciais da vida diária, como vestir-se, tomar banho e manter sua higiene pessoal. Eles são capazes de participar de algumas atividades de lazer e de atividades sociais, e a habilidade de entender e se engajar em diálogos relativamente simples permanece intacta.

Como a condição é progressiva e geralmente precedida por CCL, a fase de transição de CCL para demência, e mesmo os primeiros estágios de demência leve, é o momento ideal para intervenções terapêuticas. O conhecimento dos fatores de risco, a detecção precoce e o tratamento inicial para demência leve têm a chance de reduzir seu impacto negativo. Na ausência de uma cura, o manejo da demência foca primordialmente na otimização da saúde física e de habilidades cognitivas, no reforço da autoconfiança e na manutenção da independência pelo maior tempo possível.

Avaliando demência leve/transtorno neurocognitivo leve

Embora os resultados da testagem neuropsicológica não possam ser usados conclusivamente para diagnosticar demência, as pessoas que estão em alto risco tendem a demonstrar um perfil de memória específico que difere dos controles saudáveis (Halder & Mahato, 2019). Não existe um teste único para demência. O diagnóstico é estabelecido pela coleta de um histórico médico detalhado, corroborando-o com os achados em exames físicos e neurológicos, e uma avaliação abrangente das funções cognitivas. Além disso, imagens do cérebro podem auxiliar na determinação da causa da demência, além do acompanhamento do seu progresso. Há uma margem de erro no processo diagnóstico, particularmente nos estágios iniciais do transtorno neurocognitivo leve – no entanto, a avaliação se torna mais precisa à medida que os sintomas pioram. Outra dificuldade com a avaliação é que os prejuízos na memória e em outros domínios cognitivos específicos encontrados em uma avaliação neurológica podem, às vezes, ser decorrentes de outros problemas não relacionados à demência.

Em um contexto ideal, o paciente que chega ao consultório do terapeuta para tratamento de demência leve já se submeteu a um exame neuropsicológico completo e foi diagnosticado acuradamente – porém, há situações em que o terapeuta é o contato inicial a quem a família recorreu buscando ajuda. Quando um clínico suspeita da possibilidade de transtorno neurocognitivo leve, uma avaliação inicial minuciosa deve incluir:

1. Avaliação abrangente do estado mental do paciente. Alguns dos instrumentos de rastreio mais amplamente utilizados incluem o Miniexame do Estado Mental (MMSE, do inglês Mini-Mental State Examination; Folstein et al., 1975), a Avaliação Cognitiva de Montreal (MoCA, do inglês Montreal Cognitive Assessment; Nasreddine et al., 2005) e a Avaliação Cognitiva de Addenbrooke (ACE; Mathuranath et al., 2000).
2. Depois de identificadas as questões mais abrangentes, o clínico deve considerar o encaminhamento do paciente para testes neuropsicológicos para diagnósticos diferenciais e para descartar a possibilidade de uma causa reversível. Outra opção é realizar exames adicionais. Os instrumentos mais comuns utilizados para avaliar alterações na cognição, na função e no comportamento incluem a Escala de Avaliação Clínica da Demência (Morris, 1993) e a Clinician's Interview-Based Global Impression of Change Plus (CIBIC-Plus; Schneider et al., 1997).
3. A avaliação da funcionalidade deve estar presente. Duas escalas comumente usadas para avaliar mudanças na funcionalidade são o Índice de Barthel (Mahoney & Barthel, 1965) e a Escala de Atividades Instrumentais da Vida Diária (Lawton & Brody, 1969).
4. A avaliação de depressão e ansiedade associadas também é geralmente justificada. Além da entrevista clínica e de relatos dos cuidadores, as medidas utilizadas incluem o Inventário de Ansiedade Geriátrica (Bradford et al., 2013) e a Escala Cornell de Depressão em Demência (Alexopoulos et al., 1988).
5. Se ainda não foi conduzida uma avaliação neuropsicológica e o clínico determinou que demência leve é uma possibilidade, o paciente será encaminhado para um neuropsicólogo especializado na avaliação de pacientes com demência.

Tratamento cognitivo-comportamental

A progressão da demência costuma ser um processo relativamente lento, já que a fase de demência leve pode durar meses ou vários anos antes de progredir para um estágio mais grave. Também é possível que pacientes que sofrem de CCL permaneçam nesse estágio, sem progredir para transtorno neurocognitivo maior. Em cada caso, esse estágio inicial fornece uma janela valiosa para intervenção baseada em evidências, o que pode melhorar significativamente a qualidade de vida do paciente e a dos seus cuidadores. Embora o tratamento durante a fase inicial de demência inclua terapias farmacológicas, este capítulo foca em técnicas cognitivo-comportamentais. Os objetivos do tratamento psicoterápico para pacientes que sofrem de demência leve e sua família/cuidadores incluem (1) aumentar consciência do paciente e da família; (2) fornecer apoio à família/cuidadores; (3) desenvolver habilidades para melhorar/estabilizar o declínio cognitivo e o esquecimento; (4) melhorar as atividades da vida diária; (5) estabilizar as habilidades motoras finas; e (6) abordar o humor, a ansiedade e a baixa autoconfiança.

Consciência e apoio à família/aos cuidadores

Obter uma percepção sobre a demência leve é essencial para a adesão terapêutica e os resultados do tratamento. Os familiares devem ser instruídos sobre as formas como o paciente provavelmente precisará de cuidado e apoio e como eles podem fornecer isso (National Academies of Sciences, Engineering, and Medicine, 2021). Os familiares podem não perceber inicialmente a necessidade de consultas regulares para um transtorno como a demência até que tomem conhecimento dos prováveis benefícios da terapia. Consultas regulares também ajudam o clínico e a família a tomarem decisões informadas referentes aos cuidados e às intervenções apropriadas. Aumentar a consciência dos membros da família pode ajudar a diminuir seu estresse, permitindo que eles entendam o que esperar do paciente e ajudando-os a aprender como podem responder ao paciente quando os sinais de demência forem evidentes. Depois que os familiares estiverem engajados, o gerenciamento do caso pode ser útil para conectá-los com recursos para apoio adicional e oferta de cuidados. Alguns exemplos incluem apoio financeiro, provisão de cuidados de saúde em domicílio e licença familiar médica do trabalho para os cuidadores.

O aconselhamento de apoio visa geralmente à redução do estresse e do peso dos cuidados prestados pelos cuidadores. Mesmo quando os cuidadores estão motivados para ajudar e têm atitudes positivas em relação ao paciente, é bem provável que tenham estresse e, com o tempo, podem começar a se sentir sobrecarregados e esgotados. Receber um diagnóstico de demência, ou qualquer condição incapacitante permanente, é uma situação árdua para o paciente e para os familiares (Yates et al., 2021). É abundante a literatura sobre o uso de intervenções baseadas na terapia cognitivo-comportamental (TCC) para os cuidadores de pessoas com demência para reduzir cognições derrotistas ou estressantes (Vernooij-Dassen et al., 2011; Cheng et al., 2019). Pensamentos negativos podem fazer os cuidadores se sentirem ainda piores quanto ao seu papel – alguns exemplos são: "Preciso resolver isso. Se eu não consertar isso, sou uma má filha/um mau marido", "Se eu tivesse cuidado melhor dele, isso não estaria acontecendo", "Preciso abrir mão de todas as minhas necessidades para cuidar dessa pessoa", "Não há nada que possa ser feito" ou "Não há nada além de infelicidade pela frente". Sentir algum ressentimento em relação ao paciente também é comum, com pensamentos como: "Por que eu tenho que aguentar ser o cuidador?", "Ele não deveria estar tendo esses problemas" ou "Ele nem mesmo está tentando". Pensamentos negativos sobre si mesmos, sobre o paciente, o futuro e o mundo em geral são comuns entre indivíduos que cuidam de pacientes com demência, e eles tendem a ter um sentimento de desesperança, o que ativa ainda mais e exacerba os sentimentos de culpa, depressão e/ou ansiedade. Uma metanálise de ensaios controlados randomizados de intervenções com cuidadores demonstrou forte apoio empírico para o tratamento de ansiedade e depressão entre cuidadores usando modelos de intervenção da TCC (Kishita et al., 2018).

TCC para o paciente

Estratégias comuns para abordar transtornos não demenciais, como depressão, ansiedade e déficits nas funções executivas (planejamento, organização, solução de problemas, gerenciamento do tempo, etc.), foram modificadas para abordar casos leves de demência, particularmente durante as crises. Elas incluem (1) psicoeducação, (2) reestruturação cognitiva, (3) descoberta guiada, (4) treino de habilidades, (5) programação de atividades, (6) experimentos comportamentais e (7) dramatização (role-playing).

Usar a psicoeducação para melhorar o entendimento do paciente do que está acontecendo e aumentar sua autoconsciência permite que ele se sinta mais envolvido no próprio tratamento. Quanto mais o paciente entender suas experiências, mais cooperativo provavelmente será em seu tratamento.

O declínio das habilidades do paciente naturalmente conduz a pensamentos perturbadores e preocupações consigo mesmo e com seu futuro. As mudanças necessárias na vida, como redução na carga de trabalho, mudança para a casa de um filho ou para um apartamento menor, etc., são estressores conhecidos associados a transtornos emocionais. Essas observações e eventos comumente dão origem a um sentimento de impotência, humor deprimido, ansiedade e irritabilidade. Para um paciente com demência, os lapsos de memória e erros durante atividades da vida diária são inadequadamente vistos como evidências de que eles são completamente incapazes e de que não há esperança. Essas crenças inúteis são alvo da reestruturação cognitiva, que faz o paciente desafiar os pensamentos existentes e gerar visões alternativas mais úteis.

A literatura sobre o uso da TCC para demência leve é escassa, embora promissora (Spector et al., 2012). Uma revisão sistemática de Carrion et al. (2018) que examinou a eficácia da terapia cognitiva para pacientes idosos que sofrem de demência analisou 10 estudos que usaram *orientação para a realidade*, 25 estudos que usaram *treino de habilidades* e 12 estudos que usaram ensaios mistos. Os resultados foram inconclusivos e até mesmo contraditórios, o que pode ser devido às formas variadas de intervenção usadas nos estudos. A gravidade da demência sofrida pelos pacientes nos estudos provavelmente também variou, porém os resultados de ensaios controlados randomizados que avaliaram a eficácia da TCC para pacientes nos estágios iniciais de demência são promissores – por exemplo, Kurz et al. (Kurz, 2008; Kurz et al., 2012) relataram que uma intervenção experimental de 3 meses consistindo em 12 sessões individuais com envolvimento regular dos cuidadores ou outros representantes dos pacientes resultou em melhoras nas habilidades de enfrentamento dos pacientes e no seu bem-estar psicológico. Jin et al. (2021), em sua revisão sistemática de 12 estudos avaliando a eficácia e adaptações específicas da TCC para indivíduos com CCL e demência, descobriram que 7 estudos demonstraram eficácia da TCC em reduzir a depressão e a ansiedade e/ou melhorar a qualidade de vida.

Reestruturação cognitiva refere-se a estratégias estruturadas, dirigidas para objetivos e colaborativas que focam na exploração, na avaliação e na substituição de pensamentos, avaliações e crenças desadaptativos que mantêm o distúrbio psicológico (Clark, 2013). Os pacientes são, então, ensinados a desafiar esses pensamentos de maneira sistemática e a usar descoberta guiada para chegar a visões mais equilibradas e realistas que vão contra as crenças excessivamente extremas e disfuncionais. Os clínicos são incentivados a apontar o impacto dos pensamentos irracionais dos pacientes, testá-los e desafiá-los juntos, além de avaliar alternativas possivelmente mais úteis usando *questionamento socrático*, o que permite que o paciente chegue às suas próprias conclusões mais racionais. Essas novas conclusões levam a melhora do humor, menos ansiedade e comportamentos positivos. Usando a descoberta guiada, o terapeuta se esforça para entender a perspectiva do paciente e então o ajuda a explorar outras explicações possíveis que o paciente não havia considerado anteriormente. O processo é colaborativo e ajuda o paciente a chegar a uma conclusão adaptativa – nova e mais acurada.

O treino cognitivo provou ser uma intervenção valiosa para pacientes com demência leve e para adultos idosos que estão em risco (Bahar et al., 2019; Belleville et al., 2011; Halder & Mahato, 2018; Cahn-Weiner et al., 2003). Os conceitos de *reserva cognitiva* e *neuroplasticidade* receberam atenção como fatores potenciais para retardar o declínio cognitivo (Stern, 2012; Soldan et al., 2017). Isso implica um mecanismo compensatório na forma de neurônios funcionais dentro da mesma estrutura anatômica, ou a maior rede neural, que são recrutados para compensar estruturas neurais que não estão funcionando de maneira ideal (Cheng, 2016). Se este for o caso, a terapêutica pode ser desenvolvida para ajudar a recrutar essas novas estruturas cerebrais ou fortalecê-las por meio da prática focada.

A Mayo Clinic desenvolveu um programa estruturado de 10 dias (consecutivos) conhecido como Healthy Action to Benefit Independence and Thinking (HABIT) [Ação Saudável para Beneficiar a Independência e o Pensamento] para incluir estratégias comportamentais que se mostraram eficazes na melhora da qualidade de vida e do funcionamento para indivíduos com CCL e transtorno neurocognitivo leve e seus familiares/cuidadores. O programa HABIT envolve (1) psicoeducação sobre bem-estar, (2) treino de compensação da memória (treino baseado em habilidades no uso específico de um diário), (3) treino cognitivo informatizado, (4) ioga e (5) grupos de apoio aos familiares/cuidadores (Levy et al., 2022). Estudos que examinaram a eficácia dos componentes do programa mostraram que cada aspecto desempenha um papel, ajudando os pacientes a combaterem os vários problemas associados com CCL/demência leve – por exemplo, aumentando atividades relacionadas à memória da vida diária, aumentando a atividade funcional e melhorando a qualidade de vida (Chandler et al., 2019; Shandera-Ochsner et al., 2021). É interessante observar que, quando diferentes componentes do programa foram suspensos para que fosse possível estudar seus efeitos individuais, a retirada da ioga resultou em maior declínio na habilidade funcional comparada com a retirada de outros aspectos do programa (Chandler et al., 2019; Shandera-Ochsner et al., 2021), sugerindo a importância de incluir essa atividade física em um plano de tratamento comportamental para transtorno neurocognitivo leve/CCL.

Outros estudos também apoiaram a inclusão de ioga como parte de um plano de tratamento para pacientes com demência leve. Os resultados de uma revisão da literatura feita por Brenes et al. (2019) mostraram que a ioga tem efeitos positivos no funcionamento cognitivo, melhorando o humor, ajudando no sono, aumentando o humor positivo e possivelmente afetando a conectividade neural.

Obstáculos comuns à TCC para demência leve

O primeiro desafio que os clínicos enfrentam quando tratam pacientes com demência é a necessidade de compensar as mudanças nas habilidades cognitivas que caracterizam o transtorno. Este pode ser um alvo em movimento durante o tratamento. Em determinado ponto, à medida que a doença progride, pode ser difícil engajar esses pacientes usando a TCC. Nos estágios iniciais do declínio, quando o paciente é capaz de se engajar em comunicação significativa, a TCC pode ser usada para abordar questões emocionais e planejar para o futuro. As primeiras sessões são usadas para ajudar o paciente a desenvolver uma compreensão da demência e das mudanças às quais estar alerta. É importante que o clínico ensine ao paciente como os tratamentos funcionam e o ajude a entender o conceito de desenvolvimento de estratégias de apoio para compensar o declínio das habilidades cognitivas.

À medida que a doença progride, ela acabará atingindo um nível de gravidade no qual a TCC tem menos probabilidade de ser útil. Os clínicos com frequência descobrem que, conforme a demência avança, mesmo a duração habitual das sessões se torna muito longa para que os pacientes aguentem, e isso acaba aumentando o risco de abandono da terapia – assim, é recomendável que o terapeuta priorize objetivos específicos do tratamento a cada sessão para trabalhar em tópicos relevantes em um período mais curto. Tenha em mente que as limitações cognitivas, mesmo em casos leves de demência, podem restringir o uso de intervenções da TCC apenas a objetivos e intervenções comportamentais simples. Além disso, devido à maior possibilidade de doença física comórbida em adultos em idade mais avançada, os protocolos de tratamento bem-planejados da TCC no consultório podem ser frustrados quando os pacientes chegam às sessões sentindo-se fatigados ou experienciando desconforto físico. Quando o paciente tem dificuldade de tolerar as sessões de terapia ou mostra indicações de que não é capaz de aplicar as habilidades terapêuticas recentemente aprendidas, é recomendável o emprego da ajuda dos familiares, instruindo-os quanto às formas como podem trabalhar com o paciente em casa – por exemplo, o clínico pode ensinar aos cuidadores/membros da família os benefícios do treino cognitivo; informá-los das habilidades nas quais o paciente está trabalhando; e mostrar-lhes maneiras de treinar, guiar e reforçar o paciente entre as sessões. Os cuidadores também podem preferir fornecer aos pacientes cuidados supervisionados em casa, em vez de fazê-los enfrentar um deslocamento até a clínica.

Prevenção de recaída e objetivos em longo prazo

Na ausência de uma cura, os objetivos do tratamento para pacientes com demência são relativamente em curto prazo, focando na manutenção da saúde e do funcionamento ideais. Os objetivos em longo prazo incluem não só o paciente, mas também a família e os cuidadores. Nessa perspectiva, os cuidadores não só se beneficiam com o tratamento como também são vistos como uma parte importante do tratamento para o paciente. A manutenção do nível de motivação dos cuidadores pode ser uma tarefa desafiadora, já que seu esgotamento e estresse são comuns (Brodaty & Donkin, 2009; Truzzi et al., 2012). Os cuidadores podem desenvolver emoções negativas que variam de sintomas depressivos subsindrômicos a clinicamente significativos, e seus níveis de esgotamento são altos – eles devem ser avaliados em intervalos regulares durante as visitas de acompanhamento.

Avaliações continuadas feitas ao longo do tempo são importantes para acompanhar o progresso da demência e o nível de comprometimento. As sessões de seguimento são vitais para a manutenção do progresso, além do acompanhamento dos resultados do tratamento. Isso se torna ainda mais importante em condições degenerativas, nas quais a deterioração e o aumento dos sintomas são iminentes.

Exemplo de caso

Avaliação de BD

BD chegou à nossa clínica por encaminhamento do seu médico. Durante a entrevista clínica, ele parecia bem cuidado e arrumado. Entrou na sala caminhando lentamente e sem assistência. Ele estava calmo e tinha um olhar vazio. Manteve contato visual com o terapeuta, embora sorrisse muito pouco. Sua voz era lenta em intensidade, porém audível. Seu discurso era coerente, relevante e dirigido para o objetivo, com tempo de reação demorado e produtividade reduzida. Ele parecia distraído e algumas vezes ligeiramente confuso, e seu afeto parecia embotado. Como é característico na demência, BD quase não tinha consciência da sua condição e negava ter qualquer doença ou problema, dizendo: "Não sei por que eles me trouxeram aqui. Está tudo bem comigo".

BD também foi avaliado com o uso de várias escalas, incluindo MMSE e Clinical Dementia Rating Informant Interview (CDI). Também foi avaliado para sintomas depressivos com a Escala de Depressão Geriátrica (GDS, do inglês Geriatric Depression Scale), e a Escala de Avaliação da Fadiga (DLF, do inglês Daily Life Fatigue) foi usada para avaliar seu *status* funcional. O escore de 22 no MMSE indicou um nível leve de comprometimento cognitivo, enquanto o escore de 12 na GDS sugeriu fortemente a presença de depressão. Os escores na DLF e na CDI corroboraram o comprometimento em atividades da vida diária e comprometimento cognitivo moderado, respectivamente.

Formulação terapêutica de BD

BD é um homem asiático de 68 anos de idade, casado, graduado em comércio, sem história familiar de problemas de memória diagnosticados. Nos últimos 2 a 3 meses, tem demonstrado crescente falta de vontade de ir trabalhar, desorientação flutuante, sorriso incongruente com o humor e dificuldade de executar tarefas de motricidade fina. O paciente fica irritado quando alguém pede que ele realize tarefas específicas que lhe parecem desafiadoras (p. ex., assinar cheques). Deterioração leve para lembrar de suas tarefas diárias e nas habilidades motoras finas também era evidente durante o mês anterior. Os resultados do MMSE e da CDI sugerem a presença de demência leve.

Foi levantada a hipótese de que as limitações crescentes de BD relativas ao seu temperamento ansioso pré-mórbido e à sua natureza introvertida estivessem relacionadas à sua perspectiva ansiosa em relação ao bem-estar de sua família. Apesar de ter uma percepção inadequada de seu declínio cognitivo, BD expressou preocupação com sua família. As consultas frequentes na clínica em um curto espaço de tempo parecem ter contribuído para sua preocupação e a crença de que as coisas não estão bem. BD tinha um papel de tomada de decisão com considerável influência, tanto na sua família como no seu negócio. Seu contexto sociocultural pode influenciar sua visão de que a deterioração da sua saúde é uma indicação de que precisa se aposentar das suas responsabilidades, o que ele acha difícil de aceitar. A dependência que sua família sempre teve dele para assuntos da vida cotidiana contribuiu para sua crença de que sem ele sua família estará condenada. A falta de consciência referente à sua saúde cognitiva pode ter impedido BD de usar apoios para a memória quando os sintomas começaram a vir à tona. BD foi encaminhado para uma avaliação neuropsicológica, cujos resultados confirmaram um diagnóstico de demência leve associada a ansiedade e características depressivas.

Tratamento de BD

Psicoeducação

Durante uma sessão pré-terapia, BD expressou preocupação, sobretudo quanto ao futuro dos seus familiares. Em determinado momento, perguntou em um tom concentrado: "O que vai acontecer com a minha família se algo acontecer comigo?". Posteriormente, expressou falta de confiança em relação à melhora de seus padrões comportamentais. Os familiares também pareciam ingênuos em relação à sua condição real e consideravam sua disposição como o resultado de "falta de motivação" e "problemas da velhice".

Embora os familiares tivessem um conhecimento básico da condição de BD, eles não estavam muito familiarizados com os conceitos de demência. Sua primeira impressão era a de que BD não estava disposto a ir trabalhar, e notaram que, quando o incentivavam a fazer isso, ele ficava ansioso e irritável. Sua esposa e filha eram suas cuidadoras primárias, e ambas empregavam uma abordagem positiva e apoiadora com ele. O modelo de psicoeducação foi usado para uma avaliação com sua família referente à sua condição.

Como BD tinha *insight* limitado, o terapeuta, sem usar a palavra *demência*, forneceu exemplos da sua dificuldade crescente com as tarefas diárias e sugeriu que na terapia eles pudessem ajudar a melhorar isso, ao mesmo tempo melhorando seu humor e reduzindo a ansiedade. Com essa abordagem, BD, com alguma hesitação, concordou em participar.

Por sua vez, os familiares foram informados de que os sintomas de BD eram parte da demência. Na ausência de outros sintomas físicos, sua família ficou um pouco aliviada pelo fato de a condição não representar ameaça imediata à vida, mas também foi alertada quanto à provável progressão da doença. Como sugerido em modelos-padrão psicoeducacionais, foi dedicado esforço na manutenção de um bom equilíbrio entre ajudar a família a entender os aspectos negativos da demência e ao mesmo tempo manter o otimismo sobre o que poderia ser feito para atenuar a condição de BD. O enquadramento promoveu os objetivos realistas da terapia, além de assegurar a participação apropriada dos cuidadores durante o processo terapêutico.

Aconselhamento de apoio baseado na TCC

A notícia do diagnóstico de BD e de sua trajetória pareceu esmagadora para seus familiares, deixando-os apreensivos sobre como enfrentar o seu declínio e preocupados com a gravidade da doença e com a possibilidade de posteriormente haver complicações médicas adicionais.

Seguindo a mesma linha, as cuidadoras primárias de BD foram aconselhadas sobre como lidar com seu estresse, sentimentos de raiva em relação ao paciente e possíveis sentimentos de culpa. O terapeuta perguntou com empatia e ouviu os familiares de BD expressarem seus sentimentos sobre a situação. Eles foram incentivados a reconhecer suas reações emocionais ao diagnóstico, e o clínico explicou a normalidade de seus pensamentos e emoções, dadas as circunstâncias. O clínico ajudou as cuidadoras a entenderem que seriam desencadeadas emoções negativas e estresse e que isso voltaria a ocorrer no futuro. A relação causal entre pensamentos e emoções foi discutida no esforço para que as cuidadoras reconhecessem apropriadamente seus pensamentos sem que se sentissem culpadas em relação a eles. Na prática, elas foram aconselhadas a não se exceder ou se esgotar e a seguir uma rotina diária estruturada. Os membros da família foram entrevistados para identificar a condição da sua própria saúde emocional e receberam apoio adequado. As cuidadoras de BD foram aconselhadas a prosseguir com suas rotinas de trabalho normais e a se engajar em atividades relaxantes de sua escolha em intervalos regulares. Esse processo ajudou seus familiares a desenvolverem maior aceitação da situação.

Estratégias da TCC para humor negativo e ansiedade

No início das sessões, BD se apresentava com pouca consciência de sua condição. Ele era resistente durante as sessões iniciais, demonstrando pouco interesse em procurar ajuda, embora fosse comunicativo. Gradualmente, começou a demonstrar mais interesse e motivação para ouvir, compartilhar seus problemas e realizar as tarefas designadas. Ele foi capaz de se engajar em diálogos significativos, embora restritos, se comparados com coortes saudáveis.

BD estava desolado e parecia preocupado depois de saber sobre sua doença. Ele expressou impotência quanto ao fato de nunca mais poder se recuperar. Ele catastrofizou sobre o que aconteceria com sua família na sua ausência:

> As coisas nunca mais vão ser as mesmas, e elas vão ficar sem um tostão, o que vai comprometer a chance da minha filha se casar. Não consigo mais trabalhar. Todo o meu negócio será arruinado. Ninguém vai cuidar da minha família. Elas vão ficar em apuros, e não posso fazer nada a respeito. Além disso, estou me tornando um fardo para elas, mesmo agora.

As técnicas convencionais de reestruturação cognitiva, desafio, descoberta guiada e a consideração de pensamentos alternativos foram usadas, embora com leves modificações para focar os pensamentos e crenças negativos de BD.

Considerando as capacidades receptivas de BD, as conversas eram curtas, com perguntas e linguagem simplificadas. Ele era reassegurado repetidamente quando chegava a um conteúdo de pensamento apropriado, adaptativo e saudável. As tarefas para fazer em casa, envolvendo diários escritos sobre seus pensamentos e humor, eram frequentes, e sua esposa o lembrava de realizar as tarefas sempre que ele esquecia.

A seguir, apresentamos um trecho do diálogo durante uma das sessões:

Terapeuta (T): Você mencionou que tudo será arruinado, mas sua família disse que tudo está correndo tranquilamente... Quais são seus pensamentos sobre isso? Eu me pergunto como é que isso está acontecendo.

BD: Está funcional agora, mas gradualmente vai acabar...

T: Quando você diz "vai acabar", *o que* vai acabar? Com o que você está preocupado?

BD: O dinheiro... os negócios... tudo vai acabar... elas vão ter problemas.

T: Mas sua esposa mencionou que não há preocupação com dinheiro... você economizou muito, e o negócio também está indo bem. Você economizou dinheiro suficiente?

BD: (*pausa*) Sim... Eu fiz isso.

T: Então, já que você economizou dinheiro, e o negócio está indo bem, você acha que sua família ainda pode ter problemas?

BD: (*pausa*) Não... Acho que não... mas me preocupo... se elas não conseguirem lidar com isso adequadamente.

T: Quem está cuidando do negócio?
BD: Principalmente a minha filha... mas minha esposa também ajuda.
T: Você tem algum gerente?
BD: Não... minha equipe é boa... de confiança... muito confiável.
T: Então, sua filha e esposa estão cuidando do negócio, você tem uma boa equipe e, mesmo assim, ainda acha que tudo vai acabar?
BD: Não sei. Talvez não vá acabar. Elas parecem ser capazes de tomar conta.
T: Sim, eu acho. Você está um pouco fraco e não consegue trabalhar... mas ainda assim o negócio está indo bem. E, quando você se sentir melhor, poderá visitar seu local de trabalho e dar uma olhada e ver como as coisas estão indo. Você já tem um bom sistema de apoio com sua filha, esposa e a equipe.
BD: Você acha que a minha saúde vai melhorar?
T: Para mim você parece muito melhor do que antes. Você não concorda? Você não é capaz de focar muito melhor em seu trabalho do que antes?
BD: Sim... Estou melhor do que antes... mas ainda fico preocupado...
T: Para a maioria das pessoas, a preocupação começa a diminuir depois que elas aprendem algumas estratégias de enfrentamento... Se tentarmos, acho que você pode superar isso também. Você está pronto para trabalhar nisso?
BD: Vou fazer tudo o que puder para ficar bem.

O processo com frequência exigia a repetição de um diálogo semelhante ao apresentado com BD, que tinha que ser tranquilizado repetidamente. Por vezes, ele focava em situações hipotéticas e no pior cenário, o que requeria que o clínico o ajudasse a ver as coisas de forma mais realista.

Solução de problemas social-cognitiva

A redução nas interações sociais de BD e as dificuldades com a tomada de decisão e solução de problemas precisaram ser focadas por meio de exposição a múltiplas situações solucionáveis. Depois que seus pensamentos negativos e apreensivos se resolveram em certa medida, foram usados treino cognitivo e técnicas comportamentais para melhorar suas habilidades para lidar com dificuldades nas atividades cotidianas em casa, bem como no trabalho. O clínico lhe forneceu tarefas para solução de problemas na realidade, porém simples, e o engajou em conversas que o ajudaram a chegar a soluções viáveis. Situações hipotéticas da vida diária foram apresentadas durante as sessões, e BD foi questionado quanto à sua resposta a essas situações. Quando ele parecia travado, era guiado pela situação. Os familiares foram aconselhados a praticar as situações com a ajuda de apoios para a memória para orientar o paciente a melhorar suas habilidades de solução de problemas na vida diária.

Estratégias para manutenção das habilidades

Uma característica no tratamento de demência é um foco na redução dos déficits cognitivos. O treino cognitivo é comumente empregado para esse efeito. BD apresentava declínio óbvio em suas funções de memória, orientação e habilidades motoras finas. Técnicas e tarefas específicas foram idealizadas para auxiliá-lo nesse domínio. As tarefas estavam baseadas principalmente em um modelo de exercício e prática, em que funções particulares eram praticadas repetidamente para provocar mudança. Para BD, aprender a praticar habilidades que poderiam ajudá-lo a realizar tarefas para o negócio da família era de suma importância. Inúmeras atividades baseadas em habilidades foram empregadas durante a terapia de BD.

Algumas sessões de terapia incluíram a esposa e a filha de BD. Sua esposa assumiu o papel de cuidadora primária e o ajudava a executar suas tarefas do dever de casa (p. ex., perguntando o dia e a hora diariamente em intervalos regulares, fazendo-o se acomodar para fazer o dever de casa/tarefas que haviam sido designadas na sessão, preparando cartazes e fazendo anotações do progresso ou deterioração no comportamento e no desempenho nas atividades cotidianas). Sua filha também estava ativamente engajada e auxiliava a confeccionar materiais personalizados para treino cognitivo, bem como a reduzir a carga de sua mãe, ajudando-a em casa.

BD tinha dificuldade de escrever e assinar cheques e frequentemente cometia erros de ortografia. Foi empregada a prática de escrita estruturada com foco na escrita de nomes que BD tinha que escrever com frequência, além de praticar sua própria assinatura.

A leve desorientação referente a datas e horas foi focada, fazendo BD expressar o dia atual, data e hora por estimativa, sem olhar para seu relógio em casa. O processo era repetido diariamente, várias vezes por dia. As recordações repetidas eram feitas sobretudo quando a hora estava associada a atividades específicas da vida diária – por exemplo, às 9 horas, antes do café da manhã; às 16 horas, antes do chá da tarde.

A retenção da flexibilidade cognitiva foi focada, fazendo BD se engajar em tarefas estruturadas de nomeação e combinação por categorias. Para manter a recuperação da memória e o reconhecimento das pessoas, o terapeuta fazia BD se engajar repetidamente em uma tarefa em que ele via várias fotografias de pessoas de quem era esperado que se lembrasse e apontava seus nomes e responsabilidades ou acontecimentos particulares com os quais elas estavam associadas.

Programação de atividades diárias e rotinas

BD começou a limitar algumas das tarefas que ele e o clínico realisticamente previam que começariam a se tornar mais difíceis. Para reduzir sua dependência dos membros da família e aumentar sua funcionalidade, foi preparada uma rotina diária estruturada. Com base na complexidade das tarefas diárias, certo nível de assistência foi fornecido para algumas atividades. Ele estava motivado a continuar a fazer caminhadas no parque próximo e interagir com pessoas que conhecia. A leitura do jornal foi introduzida como um exercício regular. BD e sua esposa foram instruídos sobre como ele poderia manter uma agenda diária em que estrategicamente anotaria tarefas específicas que ele queria se lembrar de fazer ou informações que ele gostaria de recordar. Foi pedido aos familiares para monitorar e auxiliá-lo apenas quando realmente fosse necessário. A ideia era incutir a percepção de que ele era capaz de executar a maioria das suas tarefas diárias.

Ioga

BD estava disposto a retornar à prática regular de ioga, a qual havia abandonado várias décadas atrás. Depois que viu que os outros participantes eram da sua faixa etária, ele começou a desfrutar do que se referia como sua "inatividade". A participação nas sessões de ioga, destinadas a indivíduos da sua idade, também deu a BD um novo escape social, e ele se descobriu ansioso por conversar com seus novos amigos no centro de ioga.

Término da terapia e seguimento

A terapia foi concluída depois de 16 sessões, e foi realizada uma avaliação pós-terapia. Foram encontradas mudanças positivas no escore do MMSE de BD, na avaliação da depressão e no funcionamento diário. Os familiares também relataram melhoras no funcionamento e no humor de BD. Ele estava melhor em suas atividades diárias, menos dependente dos familiares e conseguia escrever melhor, embora ainda fosse evidente algum declínio na sua escrita. A essa altura, BD estava liberado do envolvimento ativo com o negócio da família, mas foi aconselhado a continuar as tarefas cognitivas para manter seu estado funcional e emocional em casa.

As sessões de seguimento foram planejadas para depois da 16ª sessão, a cada 3 meses depois disso, com sessões de reforço nesse meio tempo, quando necessário. Os familiares de BD eram cooperativos e complacentes, garantindo que ele participasse de todas as suas sessões e acompanhamentos regulares.

Resumo e conclusões

Apesar de demência/transtorno neurocognitivo ser uma condição irreversível, o tratamento com TCC, particularmente durante as fases leves iniciais, pode trazer melhoras significativas na qualidade de vida do paciente e dos familiares, ajudando a estabilizar o humor do paciente e os sintomas de ansiedade e aumentar suas capacidades funcionais. A literatura sobre o uso da TCC para formas leves de demência é limitada e tem apresentado achados contraditórios – no entanto, em geral, a TCC é indicada como um tratamento auxiliar da farmacoterapia para formas mais leves de demência.

Os desafios diretos da TCC para demência leve residem no declínio inevitável do funcionamento do paciente, o que limita a continuidade do tratamento em longo prazo – no entanto, a literatura sugere que o tratamento pode alterar significativamente a progressão da demência. Esse período de transição de leve para mais severa oferece uma janela valiosa para intervir, com a possibilidade de retardar a progressão dos sintomas e proporcionar mudanças significativas na funcionalidade depois do início dos sintomas de demência.

Referências

Alexopoulos, G. S., Abrams, R. C., Young, R. C., & Shamoian, C. A. (1988). Cornell Scale for Depression in Dementia. *Biological Psychiatry, 23*(3), 271–284.

Alzheimer's Association. (2020). 2020 Alzheimer's disease facts and figures. *Alzheimer's and Dementia, 16*(3), 391–460.

American Psychiatric Association. (2022). *Diagnostic and statistical manual of mental disorders* (5th ed., text rev.). Author.

Bahar-Fuchs, A., Martyr, A., Goh, A. M., Sabates, J., & Clare, L. (2019). Cognitive training for people with mild to moderate dementia. *Cochrane Database of Systematic Reviews, 3*(3), CD013069.

Belleville, S., Clément, F., Mellah, S., Gilbert, B., Fontaine, F., & Gauthier, S. (2011). Training-related brain plasticity in subjects at risk of developing Alzheimer's disease. *Brain, 134*(Pt. 6), 1623–1634.

Biswas, A., Chakraborty, D., Dutt, A., & Roy, T. (2005). Dementia in India—A critical appraisal. *Journal of the Indian Medical Association, 103*(3), 154, 156, 158 passim.

Bradford, A., Brenes, G. A., Robinson, R. A., Wilson, N., Snow, A. L., Kunik, M. E., . . . Amspoker, A. B. (2013). Concordance of self- and proxy-rated worry and anxiety symptoms in older adults with dementia. *Journal of Anxiety Disorders, 27*(1), 125–130.

Brenes, G. A., Sohl, S., Wells, R. E., Befus, D., Campos, C. L., & Danhauer, S. C. (2019). The effects of yoga on patients with mild cognitive impairment and dementia: A scoping review. *American Journal of Geriatric Psychiatry, 27*(2), 188–197.

Brodaty, H., & Donkin, M. (2009). Family caregivers of people with dementia. *Dialogues in Clinical Neuroscience, 11*(2), 217–228.

Cahn-Weiner, D. A., Malloy, P. F., Rebok, G. W., & Ott, B. R. (2003). Results of a randomized placebo-controlled study of memory training for mildly impaired Alzheimer's disease patients. *Applied Neuropsychology, 10*(4), 215–223.

Carrion, C., Folkvord, F., Anastasiadou, D., & Aymerich, M. (2018). Cognitive therapy for dementia patients: A systematic review. *Dementia and Geriatric Cognitive Disorders, 46*(1–2), 1–26.

Chandler, M. J., Locke, D. E., Crook, J. E., Fields, J. A., Ball, C. T., Phatak, V. S., . . . Smith, G. E. (2019). Comparative effectiveness of behavioral interventions on quality of life for older adults with mild cognitive impairment: A randomized clinical trial. *JAMA Network Open, 2*(5), e193016.

Cheng, S. T. (2016). Cognitive reserve and the prevention of dementia: The role of physical and cognitive activities. *Current Psychiatry Reports, 18*(9), 85.

Cheng, S. T., Au, A., Losada, A., Thompson, L. W., & Gallagher-Thompson, D. (2019). Psychological interventions for dementia caregivers: What we have achieved, what we have learned. *Current Psychiatry Reports, 21*(7), 59.

Clark, D. A. (2013). Cognitive restructuring. In S. G. Hofmann (Ed.), *The Wiley handbook of cognitive behavioral therapy* (pp. 1–22). Wiley.

Folstein, M. F., Folstein, S. E., & McHugh, P. R. (1975). "Mini-mental state": A practical method for grading the cognitive state of patients for the clinician. *Journal of Psychiatric Research, 12*(3), 189–198.

Halder, S., & Mahato, A. K. (2018). Cognition in aging: Implications for assessment and intervention. In B. Prasad & S. Akbar (Eds.), *Handbook of research on geriatric health, treatment, and care* (pp. 118–133). IGI Global.

Halder, S., & Mahato, A. (2019). Identifying multiple domain memory impairment in high-risk group for Alzheimer's disorder. *Journal of Geriatric Mental Health, 6*(1), 14–18.

Hugo, J., & Ganguli, M. (2014). Dementia and cognitive impairment: Epidemiology, diagnosis, and treatment. *Clinics in Geriatric Medicine, 30*(3), 421–442.

Jin, J. W., Nowakowski, S., Taylor, A., Medina, L. D., & Kunik, M. E. (2021). Cognitive behavioral therapy for mood and insomnia in persons with dementia: A systematic review. *Alzheimer Disease and Associated Disorders, 35*(4), 366–373.

Jorm, A. F., & Jolley, D. (1998). The incidence of dementia: A meta-analysis. *Neurology, 51*(3), 728–733.

Kishita, N., Hammond, L., Dietrich, C. M., & Mioshi, E. (2018). Which interventions work for dementia family carers? An updated systematic review of randomized controlled trials of carer interventions. *International Psychogeriatrics, 30*(11), 1679–1696.

Knopman, D. S., & Petersen, R. C. (2014). Mild cognitive impairment and mild dementia: A clinical perspective. *Mayo Clinic Proceedings, 89*(10), 1452–1459.

Kumar, A., Sidhu, J., Goyal, A., & Tsao, J. W. (2022). Alzheimer disease. StatPearls. *www.ncbi.nlm.nih.gov/books/NBK499922*

Kurz, A. (2008). Cognitive behavioural therapy of early dementia (KORDIAL). *https://clinicaltrials.gov/ct2/show/NCT00735046*

Kurz, A., Thöne-Otto, A., Cramer, B., Egert, S., Frölich, L., Gertz, H. J., . . . Werheid, K. (2012). CORDIAL: Cognitive rehabilitation and cognitive-behavioral treatment for early dementia in Alzheimer disease: A multicenter, randomized, controlled trial. *Alzheimer Disease and Associated Disorders, 26*(3), 246–253.

Langa, K. M. (2015). Is the risk of Alzheimer's disease and dementia declining? *Alzheimer's Research and Therapy, 7*(1), 34.

Lawton, M. P., & Brody, E. M. (1969). Assessment of older people: Self-maintaining and instrumental activities of daily living. *The Gerontologist, 9*(3), 179–186.

Levy, S. A., Smith, G., De Wit, L., DeFeis, B., Ying, G., Amofa, P., . . . Chandler, M. (2022). Behavioral interventions in mild cognitive impairment (MCI): Lessons from a multicomponent program. *Neurotherapeutics, 19*, 117–131.

Mahoney, F., & Barthel, D. (1965). Functional evaluation: The Barthel Index. *Maryland State Medical Journal, 14*, 61–65.

Mathuranath, P. S., Nestor, P. J., Berrios, G. E., Rakowicz, W., & Hodges, J. R. (2000). A brief cognitive test battery to differentiate Alzheimer's disease and frontotemporal dementia. *Neurology, 55*(11), 1613–1620.

Morris, J. C. (1993). The Clinical Dementia Rating (CDR): Current version and scoring rules. *Neurology, 43*(11), 2412–2414.

Nasreddine, Z., Phillips, N., Bédirian, V., Charbonneau, S., Whitehead, V., Collin, I., . . . Chertkow, H. (2005). The Montreal Cognitive Assessment (MoCA): A brief screening tool for mild cognitive impairment. *Journal of the American Geriatrics Society, 53*, 695–699.

National Academies of Sciences, Engineering, and Medicine, Health and Medicine Division; Board on Health Care Services; Board on Health Sciences Policy; Committee on Care Interventions for Individuals with Dementia and Their Caregivers, Stroud, C., & Larson, E. B. (Eds.). (2021). *Meeting the challenge of caring for persons living with dementia and their care partners and caregivers: A way forward*. National Academies Press.

Rice, D. P., Fillit, H. M., Max, W., Knopman, D. S., Lloyd, J. R., & Duttagupta, S. (2001). Prevalence, costs, and treatment of Alzheimer's disease and related dementia: A managed care perspective. *The American Journal of Managed Care, 7*(8), 809–818.

Schneider, L., Olin, J., Doody, R., Clark, C. M., Morris, J. C., Reisberg, B., . . . Ferris, S. H. (1997). Validity and reliability of the Alzheimer's Disease Cooperative Study—Clinical Global Impression of Change. *Alzheimer Disease and Associated Disorders, 11*, S1–S12.

Shandera-Ochsner, A. L., Chandler, M. J., Locke, D. E., Ball, C. T., Crook, J. E., Phatak, V. S., & Smith, G. E. (2021). Comparative effects of physical exercise and other behavioral interventions on functional status outcomes in mild cognitive impairment. *Journal of the International Neuropsychological Society, 27*(8), 805–812.

Soldan, A., Pettigrew, C., Cai, Q., Wang, J., Wang, M. C., Moghekar, A., . . . BIOCARD Research Team. (2017). Cognitive reserve and long-term change in cognition in aging and preclinical Alzheimer's disease. *Neurobiology of Aging, 60*, 164–172.

Spector, A., Orrell, M., Lattimer, M., Hoe, J., King, M., Harwood, K., . . . Charlesworth, G. (2012). Cognitive behavioural therapy (CBT) for anxiety in people with dementia: Study protocol for a randomised controlled trial. *Trials, 13*, 197.

Stern, Y. (2012). Cognitive reserve in ageing and Alzheimer's disease. *Lancet Neurology, 11*(11), 1006–1012.

Truzzi, A., Valente, L., Ulstein, I., Engelhardt, E., Laks, J., & Engedal, K. (2012). Burnout in familial caregivers of patients with dementia. *Brazilian Journal of Psychiatry, 34*(4), 405–412.

Vernooij-Dassen, M., Draskovic, I., McCleery, J., & Downs, M. (2011). Cognitive reframing for carers of people with dementia. *Cochrane Database of Systematic Reviews, 11*, CD005318.

Wolters, F. J., & Ikram, M. A. (2019). Epidemiology of vascular dementia. *Arteriosclerosis, Thrombosis, and Vascular Biology, 39*(8), 1542–1549.

World Health Organization. (2022a). Dementia. Author. www.who.int/news-room/fact-sheets/detail/dementia

World Health Organization. (2022b). *The ICD-11 classification of mental and behavioural disorders: Clinical descriptions and diagnostic guidelines*. Author.

Yates, J., Stanyon, M., Samra, R., & Clare, L. (2021). Challenges in disclosing and receiving a diagnosis of dementia: A systematic review of practice from the perspectives of people with dementia, carers, and healthcare professionals. *International Psychogeriatrics, 33*(11), 1161–1192.

8

Crises em abuso e dependência de substâncias

Sharon M. Freeman Clevenger, James W. Sturges e Misti Storie

Marco já esteve anteriormente em tratamento para transtorno por uso de substâncias (TUS), mas esta era a primeira vez que estava levando a sério. Enquanto estava caído no chão do serviço de emergência, ele sabia que ia morrer. Ele era uma sobra macilenta do que já foi no passado. Ele tinha fumado e cheirado metanfetamina a cada poucas horas e, portanto, não dormia há vários dias. Ele estava consumindo para se sentir normal e para evitar retraimento em vez de pela euforia causada pela droga. Sua pele sangrava das feridas que fez se beliscando sob a influência dos sedativos, e sua boca doía devido às caries dentárias e ao bruxismo. Ele achou que estava ouvindo uma discussão na sala ao lado, mas, quando reclamou do barulho, disseram-lhe que a sala ao lado estava vazia, e ele percebeu que estava tendo alucinações auditivas. A enfermeira iniciou a administração intravenosa de fluidos porque ele estava muito desidratado, deu-lhe medicação para tratar sua taquicardia e a pressão arterial disparada e comentou que foi muita sorte ele não ter tido um acidente vascular cerebral (AVC) ou uma parada cardíaca.

Marco jurou a si mesmo que desta vez ele iria se manter no programa. Concordou em começar a longa jornada até a recuperação, iniciando com uma transferência para um programa hospitalar de tratamento para TUS e depois uma permanência na reabilitação pelo tempo que os profissionais recomendassem. Esta foi a terceira passagem pelo programa de reabilitação, mas desta vez ele estava engajado e no caminho do processo de mudança. Ele participou com seu terapeuta, que usou entrevista motivacional para ajudá-lo a identificar suas razões para mudar. Desta vez, ele se deu conta mais profundamente de que "Não quero morrer. Quero uma família. Quero ter um emprego". Marco e seu terapeuta entenderam os benefícios do envolvimento nos 12 passos (Fiorentine & Hillhouse, 2000). Com o incentivo do seu terapeuta, ele frequentou as reuniões locais dos grupos Crystal Meth Anonymous (CMA) e Narcóticos Anônimos (NA) e concordou em participar diariamente *on-line* ou presencialmente. Por mais assustador que fosse, ele concordou em compartilhar nas reuniões, encontrar um padrinho potencial, trabalhar os 12 passos e assumir compromissos para ajudar a se conectar com outros no programa. Algo tão simples quanto ser responsável por fazer o café ou fazer a limpeza fazia ele se sentir mais parte desse grupo de pessoas que eram apoiadoras e compreensivas, desse modo mantendo-o no tratamento e longe das drogas.

Marco é um dos milhões de pessoas no mundo com um TUS. A estimativa mundial do número de pessoas que abusam de substâncias ilícitas era de aproximadamente 270 milhões em 2018, e, desses usuários, cerca de 35,6 milhões seriam considerados com um TUS (Elflein, 2021). As estimativas de TUS só nos Estados Unidos são de cerca de 20 milhões, e, destes, apenas em torno de 10% recebem tratamento (Botecelli, 2017), e aproximadamente 100 mil morrem de *overdose* a cada ano (Centers for Disease Control and Prevention, 2021). Com o tempo, o abuso crônico de algumas substâncias pode resultar no desenvolvimento de um ciclo de tolerância, dependência e piora dos sintomas de abstinência, como mal-estar, irritabilidade e disforia. Pode-se desenvolver preocupação com a substância, e estímulos adicionais, especialmente estresse, podem motivar o consumo (Koob & Volow, 2016; Pantazis, 2021). Os transtornos comórbidos comuns incluem transtornos de ansiedade e do humor, transtornos de atenção e transtornos da personalidade, como *borderline* ou antissocial (National Institute on Drug Abuse [NIDA], 2020; Rounsaville et al., 1998). Dificuldades preexistentes com regulação emocional, correr riscos e impulsividade também podem contribuir para o abuso de substâncias e podem precisar ser alvos adicionais para intervenção. Além disso, ao enfrentar esses problemas, deve-se ter cautela em relação às opções médicas para evitar o aumento no risco de recaída (Ford et al., 2021).

Crises relacionadas ao abuso de substâncias

Overdose

Overdose, dano cerebral e morte são possibilidades reais para aqueles que usam álcool, benzodiazepínicos e opioides. Os opioides, que costumam ser usados para tratar dor, incluem substâncias naturais extraídas da papoula e sintéticas e semissintéticas criadas em laboratório. Os opioides deprimem as funções neurais que transmitem sinais de dor e suprimem a função cognitiva e a respiração. A supressão da respiração é o mecanismo que causa a morte na *overdose*. Estima-se que 500 mil mortes anuais no mundo todo são atribuídas a *overdose* de substâncias, com 70% ou mais dessas mortes devidas a opioides (Volkov, 2021). Aproximadamente 62 milhões de pessoas no mundo todo usaram opioides em 2019 (United Nations Office on Drugs and Crime, 2021). Com o aumento na disponibilidade de opioides, prescritos ou não, as mortes por *overdose* aumentaram significativamente. Opioides sintéticos, como fentanila, contribuíram para esse aumento, juntamente com a disponibilidade de opioides baratos, como a heroína. A estimativa de mortes por *overdose* de opioides nos Estados Unidos foi de cerca de 50 mil em 2019 (Elflein, 2021). Um medicamento muito barato e facilmente acessível, chamado naloxona, pode prevenir *overdose* de opioides se administrado por via nasal antes que a morte seja iminente (Volkov, 2012).

Crises legais

As crises legais podem incluir negligência infantil, perda da custódia dos filhos, despejo e prisão. As prisões entre aqueles que abusam de substâncias ocorrem frequentemente por dirigir sob sua influência, manter posse de parafernália para drogas ou distribuir drogas (Bureau of Justice Statistics, 2005). As substâncias também representam um fator significativo em agressões, homicídios e crimes contra a propriedade (Substance Abuse and Mental Health Services Administration [SAMHSA], 2020).

Exacerbação de transtornos de saúde mental comórbidos

O TUS tem altas taxas de comorbidade com outros transtornos psiquiátricos, especialmente condições gravemente prejudiciais, como transtorno depressivo maior, transtorno bipolar e esquizofrenia. Mais de 25% dos indivíduos com uma condição psiquiátrica grave apresentam TUS, e mais de 15% daqueles com TUS demonstraram ter uma condição psiquiátrica severa (NIDA, 2020). A presença de outra condição de saúde mental pode interferir no tratamento do TUS e com frequência prediz risco aumentado de recaída. Substâncias que prejudicam a tomada de decisão e aumentam a impulsividade, como o álcool, podem aumentar o risco de comportamentos suicidas, comportamentos sexuais de risco e violência física (discutido a seguir; Chikritzhs & Livingston, 2021).

Violência por parceiro íntimo e relacionamentos

Casais em que um dos parceiros abusa de substâncias relataram estresse aumentado e níveis reduzidos de prazer. As tentativas de punir o uso de substâncias estão associadas a mais conflito no relacionamento, embora isso seja atenuado se o casal reconhece o problema (Rodriguez et al., 2013). Os parceiros podem se sentir abandonados ou não reconhecidos quando o uso de substâncias escala e mais tempo é dedicado a isso em vez de ao parceiro, resultando em distanciamento emocional e ressentimentos que são difíceis de reverter. Violência por parceiro íntimo (VPI) refere-se à violência verbal, psicológica e/ou física em um relacionamento íntimo (O'Farrell et al., 2010). Os perpetradores de VPI têm maior probabilidade de ser agressivos e violentos nos dias em que usam álcool ou cocaína – o que não é o caso para maconha e opioides (Fals-Stewart et al., 2003). Algumas substâncias psicoativas são um fator de risco e precipitantes de estresse e violência, além de uma forma de lidar com isso, criando um círculo vicioso. Os clínicos devem rastrear VPI em casais com TUS e fazer os encaminhamentos apropriados. A combinação de terapias para TUS e VPI reduziu VPI perpetrada por homens em 50% (Caetano et al., 2003). A maioria dos Estados tem exigências de notificação de certas agressões em unidades de assistência à saúde e até mesmo exigências de notificação mais amplas para certos tipos de abuso – assim, é crucial discutir previamente com os pacientes quaisquer responsabilidades obrigatórias de notificação durante o processo do consentimento informado.

Agressão

Depressores do sistema nervoso central, como álcool, podem aumentar o comportamento sem inibições e a irritabilidade durante a abstinência. Isso aumenta o potencial para violência e exacerba a psicopatologia do perpetrador (p. ex., características de personalidade antissocial ou *borderline*, transtorno bipolar, psicose). O abuso de substâncias pode prejudicar o funcionamento executivo e o comportamento socialmente aceitável, e a impulsividade aumenta o risco de dano a si mesmo e aos outros (Gmel et al., 2020; Luchetti et al., 2018). Violência sexual facilitada por drogas (DFSA, do inglês *drug-facilitated sexual assault*) envolvendo álcool, "sedativos" (flunitrazepam), ácido gama-hidroxibutírico (GHB, do inglês *gamma-hydroxybutyric acid*) e outras drogas é uma preocupação importante (Busardò et al., 2019). Em um estudo australiano, 93,6% daqueles que relataram DFSA também relataram consumo voluntário de substâncias psicoativas (mais comumente álcool ou maconha) antes da agressão (Anderson et al., 2019). A probabilidade de DFSA é ainda maior para mulheres com transtorno de estresse pós-traumático (TEPT) grave devido a trauma prévio, possivelmente devido a redução no reconhecimento do risco (Dardis et al., 2021) e resistência (Ullman et al., 2009).

Ferimentos

Indivíduos que abusam de álcool têm probabilidade 3 a 4 vezes maior de ser hospitalizados devido a um ferimento (Chikritzhs & Livingston, 2021). O uso de álcool aumenta enormemente a gravidade dos ferimentos em acidentes com veículo automotor, e aqueles que usam álcool têm uma média de 20 a 24% mais visitas ao serviço de emergência do que não bebedores (White et al., 2018). O abuso de substâncias está associado a aumento de tentativas e consecução de suicídio (Richards et al., 2020; Robins et al., 2021). Ele está presente em 40% dos suicídios, 40 a 50% das mortes com veículo automotor, 60% das queimaduras fatais e 40% das quedas fatais (Miller et al., 2001).

Déficits cognitivos e outras condições de saúde

Os déficits cognitivos decorrentes do uso crônico de álcool naqueles com síndrome de Korsakoff incluem amnésia anterógrada devido à deficiência de tiamina metabolizada (vitamina B1). O uso pesado de álcool está associado a funcionamento cognitivo mais pobre em uma ampla gama de medidas neuropsicológicas (Woods et al., 2016). O uso de álcool durante a adolescência está associado a problemas no funcionamento executivo, na atenção e na sensibilidade à recompensa (Lees et al., 2020; Woods et al., 2016). O uso de maconha pode afetar o funcionamento executivo e a atenção, a velocidade do processamento, a memória de trabalho e a tomada de decisão, embora isso provavelmente seja revertido depois de períodos prolongados de abstinência (Dellazizzo et al., 2022; Volkow et al., 2016).

Em muitos casos, aqueles com TUS grave se apresentam com doença clínica avançada e/ou em uma crise médica. Condições com risco à vida podem piorar durante o processo de retirada, requerendo monitoramento médico com cuidados intensivos. Pode haver problemas gastrintestinais (intestinos, fígado, pâncreas), cardiovasculares e do sistema nervoso. A prevalência de doenças pulmonares, anormalidades sanguíneas, doenças infecciosas e outros transtornos também é elevada (SAMHSA, 2006). O ritmo cardíaco anormal, como na "síndrome do coração pós-feriado", está associado ao consumo excessivo de álcool (Ettinger et al., 1978). Síndromes cardíacas podem ocorrer com ou sem dor precordial, síncope e dispneia associada à fibrilação atrial (FA). As pessoas em risco mais alto de FA mesmo com ingestão modesta de álcool são aquelas com sintomas de abstinência que correspondem a tônus simpático aumentado. A FA relacionada ao consumo excessivo de álcool geralmente se converte para ritmo sinusal normal dentro de 24 horas, e quase todas (> 90%) terminam por conta própria, com cerca de 20 a 30% recorrendo dentro dos 12 meses seguintes (Ettinger et al., 1978). Problemas cardíacos também foram associados ao uso de estimulantes e maconha (Fischbach, 2017; Frishman et al., 2003; Ramphul et al., 2019; Thyagaturu et al., 2016). A Tabela 8.1 apresenta uma visão geral breve das complicações médicas relacionadas ao uso de substâncias psicoativas.

Crises financeiras

As crises financeiras com frequência estão relacionadas ao uso das finanças da família

TABELA 8.1 Complicações médicas em curto e longo prazos de substâncias psicoativas

Substância	Consequências em curto prazo	Consequências em longo prazo
Álcool	Hipertensão arterial, frequência cardíaca irregular, delírios, hostilidade, paranoia, cambaleio, fala arrastada, perda de memória, irritabilidade, julgamento prejudicado, desorientação, alterações na percepção	Perda permanente da memória, deficiência de tiamina, refluxo gastresofágico, deterioração do revestimento do estômago, hemorragia, úlceras, inflamação renal, impotência, deficiência de cálcio, redução nos leucócitos, cirrose hepática, icterícia, diabetes
Anfetamina/ metanfetamina	Pensamento e padrões da fala desconexos, ansiedade, irritabilidade, alucinações, paranoia, agressão, insônia, perda do apetite	Hipertensão, acidente vascular cerebral (AVC), hemorragia cerebral, convulsões, aneurisma, parada cardíaca, doença psicótica crônica, danos permanentes aos neurônios dopaminérgicos e serotoninérgicos, morte
Cocaína	Frequência cardíaca e pressão arterial aumentadas, insônia, perda do apetite, temperatura elevada, convulsões, parada cardíaca súbita, ansiedade, alucinações, paranoia, hemorragia nasal, tosse crônica, dificuldade de respirar, náusea	Hemorragia cerebral, AVC, convulsões, dores de cabeça severas, depressão, erosão dental, inflamação dos músculos cardíacos, batimento cardíaco irregular, úlceras, insuficiência hepática, danos ao septo nasal, asma, doença pulmonar, disfunção erétil, complicações gastrintestinais, coma, morte
Heroína	Tremor de cabeça, supressão da tosse, redução nas funções respiratórias, pressão arterial baixa, fala arrastada, constipação, náusea, vômitos, prurido, incapacidade de urinar, julgamento comprometido	Risco aumentado de infecção, função ovariana anormal, disfunção erétil, asma, doença hepática ou renal, veias colapsadas, níveis anormais de cortisol, constipação crônica, disfunção cardiovascular, ruptura severa da musculatura esquelética, contágio por uma doença infecciosa, morte
Fenciclidina (PCP)	Fala arrastada, dormência nas extremidades, rigidez muscular, aumento da frequência cardíaca e da pressão arterial, náusea, vômitos, comportamentos homicidas/ suicidas	Coma, morte, degeneração neuronal, perda permanente da memória, disfunção da fala e cognitiva, psicose, ansiedade crônica e agitação, insuficiência respiratória, convulsões
MDMA	Náusea, vômitos, aumento da frequência cardíaca e da pressão arterial, temperatura corporal elevada, desidratação, perda do apetite, convulsões, paranoia, ataques de pânico	Destruição dos axônios e terminais para serotonina, dopamina e norepinefrina, redução do fluxo sanguíneo, perda de memória, déficit de atenção, dificuldades no raciocínio verbal, dor muscular crônica, episódios psicóticos crônicos

(Continua)

TABELA 8.1 Complicações médicas em curto e longo prazos de substâncias psicoativas *(Continuação)*

Substância	Consequências em curto prazo	Consequências em longo prazo
Maconha	Pressão arterial e frequência cardíaca aumentadas, dores de cabeça, dormência, aumento do apetite, tremores, sedação, decréscimo no sono REM, habilidades de pensamento crítico comprometidas, prejuízo na memória de curto prazo, paranoia, ansiedade, alucinações	Déficits na memória de longo prazo e no funcionamento cognitivo, alucinações psicóticas, pulmões mais vulneráveis a doença, distúrbios menstruais, aumento na absorção de monóxido de carbono, batimentos cardíacos irregulares, redução da temperatura corporal, doença respiratória, anormalidades celulares nos pulmões
Esteroides anabolizantes	Aumento na pressão arterial, distúrbios menstruais, aprofundamento da voz em mulheres, aumento do nível de colesterol no sangue, retenção de líquidos, distúrbios do sono, aumento da agressão, alucinações, sonhos assustadores	Mania, psicose, depressão maior, artérias obstruídas, infarto agudo do miocárdio, AVC, icterícia, tumores hepáticos, cistos de sangue no fígado, câncer hepático, ruptura e hemorragia do fígado, crescimento prejudicado em adolescentes, infertilidade, próstata aumentada

para cobrir os custos da aquisição de substâncias ou taxas legais e multas. Aluguel ou hipoteca atrasados podem precipitar despejo ou execução hipotecária. Se as reservas financeiras se esgotarem para pagar um consumo dispendioso de drogas, os cartões de crédito podem ser usados para pagar as despesas diárias. Esse padrão perigoso pode levar a falência, reintegração de posse de compras e/ou roubo. Os desafios adicionais, relacionados a problemas com os recursos durante o início da pandemia de covid-19, incluíram o fechamento de clínicas de tratamento para uso de substâncias, foco dos serviços de emergência em pacientes com covid-19, reduções nos salvamentos de *overdose* por pessoas presentes e disponibilidade reduzida das substâncias (Khatri & Perrone, 2020).

Coleta da história

A seguir, apresentamos algumas diretrizes a serem seguidas, especialmente para aqueles diagnosticados com síndromes psiquiátricas e déficits cognitivos induzidos por substâncias:

1. Discuta primeiramente os limites da confidencialidade e forneça uma justificativa clara para a coleta das informações necessárias.

2. Avalie psicopatologia comórbida, história, substâncias usadas e quantidade e as consequências relacionadas ao TUS. Evite basear-se unicamente no autorrelato para evitar informações potencialmente distorcidas ou omitidas. Com consentimento prévio, reúna informações com outras pessoas da vida do cliente, como terapeutas anteriores e prestador de cuidados primários e/ou psiquiátricos, e registros estaduais ou nacionais que rastreiem as prescrições de medicamentos controlados.

3. Construa linhas do tempo, em longo prazo e mais específicas, do uso de substâncias, das consequências e dos comportamentos relacionados (Sobell & Sobell, 2005). Isso permite a identificação

da progressão e dos padrões de uso de maneira colaborativa e não ameaçadora. O uso do método de avaliação de seguimento da linha do tempo (TLFB, do inglês *timeline followback*; Sobell & Sobell, 2000) ajuda a elucidar e a fornecer uma percepção dos momentos e situações que aumentam o risco, facilitando a prevenção de recaída. Um calendário pode ajudar a identificar ocasiões especiais, horários de trabalho, etc., para ajudar a recordar. Depois, preencha os tipos de substâncias usados e as quantidades para cada dia. Se o paciente expressar dificuldade para lembrar da quantidade em determinado dia, o terapeuta pode fazer uma estimativa de uma quantidade relativamente grande e então deixar que ele corrija essa quantidade para menos (Earleywine, 2016).

4. Reúna uma história médica detalhada mencionando os sinais e sintomas de abstinência que podem indicar a necessidade de intervenção imediata. As avaliações físicas para aqueles que fazem uso pesado de álcool devem envolver um painel metabólico abrangente (PMA) que inclua enzimas hepáticas, como a gamaglutamiltransferase (GGT), associadas a rastreio de hipertensão, doença cardíaca, diabetes, distúrbios gastrintestinais, deficiências vitamínicas, demência e outros problemas.

    Avalie o paciente quanto a possíveis problemas neurológicos. Muitos com TUS têm história de trauma cerebral ou transtornos de aprendizagem. Uma avaliação neuropsicológica pode ajudar a explicar o comportamento desadaptativo e apontar estratégias de reabilitação (Freeman, 2006).

5. Avalie o nível de funcionamento, sistemas familiar e de apoio, fatores situacionais relevantes, barreiras à mudança, história familiar de TUS e outros transtornos, e outros componentes relevantes da história psicossocial.

Aconselhando pacientes em crise

Entrevista motivacional

Os terapeutas costumavam acreditar que, para que as pessoas ficassem motivadas o suficiente para mudar, elas precisavam "chegar ao fundo do poço". Se havia a percepção de que elas estavam em negação de um problema grave, com frequência era usado o confronto agressivo. Se a pessoa não respondia ao confronto, que algumas vezes incluía um ultimato (Loneck et al., 1996), ela era considerada não preparada para buscar ajuda, e os familiares eram incentivados a parar de apoiá-la e a cortar os laços, a menos que o tratamento fosse realizado. Em alguns casos, a pessoa concordava com o tratamento – no entanto, em outros casos, não concordava e acabava piorando depois da retirada do apoio. Além disso, muitos daqueles que recusavam ajuda nas intervenções na verdade estavam abertos à mudança, embora apresentassem alguma ambivalência, e teriam respondido positivamente a táticas menos agressivas (DiClemente & Prochaska, 1982).

Prochaska e DiClemente desenvolveram um modelo simples e útil para entender os estágios de mudança que uma pessoa pode experienciar no processo terapêutico. O modelo de estágios de mudança (SOC, do inglês *stages-of-change*) inclui os estágios de pré-contemplação, contemplação, preparação, ação e manutenção (DiClemente & Prochaska, 1982; Prochaska & DiClemente, 1992). Embora a prontidão do paciente possa mudar frequentemente e as fronteiras entre os estágios sejam pouco claras, o modelo

SOC foi um dos mais usados no tratamento do TUS. Freeman e Dolan (2002) criaram uma versão útil do SOC em 10 estágios que acrescentou os estágios de planejamento e pré-recaída. A entrevista motivacional ajuda as pessoas a avançarem mais pelos estágios de mudança, usando perguntas abertas para evocar razões para mudança, e então refletir e resumir essas razões. À medida que os pacientes contemplam a mudança, eles podem se tornar mais interessados em aprender estratégias para isso e definir objetivos (Miller & Rollnick, 2013; Rollnick et al., 2008).

Barreiras à mudança

A Escala Freeman de Impedimentos à Mudança (FICS, do inglês Freeman Impediments to Change Scale) – versão para Abuso de Substâncias (Freeman & Freeman, 2005) identificou problemas comumente encontrados ao tratar uma pessoa com um TUS: (1) fatores do paciente, (2) fatores do clínico/terapeuta, (3) fatores ambientais e (4) fatores da patologia. As barreiras (p. ex., financeira, social) podem ser identificadas e focadas no tratamento. O terapeuta precisa reconhecer que ambivalência é uma parte normal da mudança, dadas as barreiras à mudança e a necessidade percebida de mudança. As razões para mudança alimentam a motivação e aumentam a disposição para desenvolver melhores habilidades e práticas.

O *Manual diagnóstico e estatístico de transtornos mentais, 5ª edição, texto revisado* (DSM-5-TR; American Psychiatric Association, 2022) aponta que os critérios para TUS incluem a continuidade do uso de substâncias, mesmo que isso cause problemas, e mesmo quando há desejo de parar. Houve uma tendência a ver o TUS como moralmente errado ou decorrente da falta de força de vontade ou de problemas de caráter. Sua conceitualização como uma doença, e a observação da sua contribuição genética, ajudou a desestigmatizar o TUS. Programas de autoajuda de 12 passos, como os Alcoólicos Anônimos (AA), enfatizam o conceito de doença comparando a adição com uma alergia. A metáfora da alergia ajuda os membros a entenderem que eles têm uma doença que não lhes permite consumir esses "alérgenos" sem que haja consequências significativas.

As emoções e crenças nucleares que foram associadas ao desenvolvimento de TUS provavelmente ainda serão questões na recuperação. Os terapeutas podem ajudar os pacientes a explorarem o que levou à experimentação inicial, à transição para o uso regular e ao desenvolvimento do TUS – por exemplo, uma pessoa com ansiedade social pode ter descoberto que tomar um drinque alcoólico antes de um evento social a ajudava a participar mais confortavelmente. Essa experiência de aprendizagem pode ter evoluído para dois, três ou mais drinques para se sentir confortável e o desenvolvimento da crença de que "não consigo falar com outras pessoas ou me engajar em qualquer evento social sem álcool". Outra crença pode ser a superestimação dos números de usuários atuais (p. ex., "Todo mundo fuma erva"), apontando para o benefício potencial de abordagens em que são examinadas informações mais acuradas (Earleywine, 2016; Gersh et al., 2019). As abordagens que examinam as normas dos pares ou normas sociais se contrapõem às falsas percepções referentes às taxas de uso pelos pares e ao nível de aceitação social do uso que contribuem para o engajamento no abuso (Dempsey et al., 2018; Pape, 2012).

Estratégias para mudança

A adesão a regras básicas no tratamento é importante, como, por exemplo, os passos que serão dados no caso de comportamento de autolesão ou agressivo. Orientação para os membros da família e parceiros também é necessária se eles inadvertidamente possibilitam o uso, encontrando desculpas para o paciente. A manutenção da neutralidade e a evitação da culpa são essenciais para a motivação (O'Farrell et al., 2010). As famílias podem precisar de incentivo para manter a paciência e ajudar a facilitar os esforços continuados no tratamento (Miller & Rollnick, 2013). Apoiar a abstinência e/ou reduzir os danos pelo uso de substâncias é parte do tratamento; portanto, o terapeuta deve reforçar o progresso em cada sessão com afirmações e incentivo. A terapia deve focar na discussão de mudanças potenciais nos comportamentos e nos pensamentos (*conversa sobre mudanças*), na definição de objetivos, nas atividades sem uso de substâncias, no enfrentamento das fissuras e na expressão de crenças e percepções mais adaptativas.

Esclarecer o significado idiossincrásico

Aqueles que usam/abusam de substâncias frequentemente têm uma sublinguagem que é única de uma localização geográfica, tipo de substância ou subcultura da substância. O terapeuta não deve pressupor que sabe o que significam as palavras e declarações da pessoa. Pedir esclarecimentos garante que o terapeuta entenda exatamente o que está sendo comunicado e pode ajudar com sua credibilidade. Essa técnica também é um modelo para habilidades de escuta e uma maneira de verificar as suposições (Leahy, 2017).

Questionar as evidências

Muitas pessoas funcionam e se comportam sem pensar sobre o significado ou as evidências por trás dos seus comportamentos rotineiros e respostas a acontecimentos ou sentimentos. É importante examinar a fonte dos dados e questionar as evidências que foram coletadas em apoio às visões disfuncionais – por exemplo, uma esposa acreditava que expressar sua preocupação quanto ao uso de álcool pelo marido o perturbaria, e ela seria vista como ranzinza. O marido, por sua vez, achava que o silêncio da esposa indicava falta de preocupação, endosso do seu consumo de álcool e desaprovação em geral (Leahy, 2017).

Examinar as opções e alternativas

O terapeuta ajuda a examinar todas as alternativas possíveis a uma resposta ou situação. O uso das simples declarações "E o que mais isso poderia significar...?" ou "Quais outras coisas você fez para...?" ajuda a pessoa a desenvolver uma lista de comportamentos alternativos para situações específicas (Leahy, 2017).

Descatastrofizar

Indivíduos com TUS frequentemente experienciaram eventos e consequências catastróficos. Eles podem se sentir sobrecarregados quando um problema se repete porque isso desperta a memória de experiências passadas. Ajudar a pessoa a desenvolver estratégias para avaliar as respostas a problemas potenciais com uma série de exercícios de coleta de dados, atenção plena e teste de realidade são elementos básicos para a terapia (Leahy, 2017).

Avaliar as vantagens e as desvantagens

Esta estratégia ajuda os pacientes a obterem equilíbrio e perspectiva sobre os problemas. Ela também pode ser usada para fortalecer o processo da terapia cognitivo-comportamental (TCC) em geral, avaliando as vantagens e as desvantagens de determinadas narrativas (p. ex., "Vou ser ridicularizado se negar um drinque" ou "Ela me deixa louco –

não consigo evitar de beber!"). Intervenções sutis da entrevista motivacional também podem ser usadas, como reflexão com uma reviravolta: "Alguns casamentos são estressantes" (Earleywine, 2016, p. 49), evitando uma discussão, mas possivelmente provocando reflexão (O'Farrell et al., 2010).

Criar uma escala

Esta é uma técnica excelente para indivíduos que têm respostas e padrões de pensamento dicotômicos (pensamento do tipo tudo ou nada, ou preto e branco). O terapeuta ajuda a pessoa a ver as coisas ao longo de um *continuum* para ajudar com a perspectiva e se distanciar de respostas automáticas do tipo tudo ou nada. Primeiro, defina a direção da escala e pergunte, por exemplo: "Em uma escala de 0 a 10, com '10' sendo o mais motivado que você consiga se imaginar e '0' sendo absolutamente não motivado, o quanto você está motivado para implementar o plano que elaboramos?". Isso também pode ser seguido por uma pergunta como: "E por que você disse 7 em vez de 0?". Isso pode evocar as razões para mudança. Quanto mais o cliente refletir e desenvolver comprometimento emocional com a mudança, mais disponibilidade poderá haver para determinar objetivos específicos e estratégias de aprendizagem para mudança (Beck et al., 2003; Miller & Rollnick, 2013).

Autoinstrução

Esta é outra técnica simples que reforça a experiência da TCC e se assemelha aos componentes de muitos grupos de autoajuda, como AA e NA. Basicamente, autoinstrução é dialogar consigo mesmo. Os lemas do AA, como "Isso também vai passar", "Mantenha a simplicidade", são exemplos de técnicas de autoinstrução que fornecem à pessoa um guia para responder a estímulos e gatilhos (Beck et al., 2003).

Programação de atividades

Esta estratégia envolve ajudar o cliente a usar um calendário para fornecer um estímulo visual simples para atividades que apoiem a recuperação entre as sessões (Beck et al., 1993).

Treino de habilidades sociais

Alguns podem se beneficiar da ajuda com habilidades básicas sociais, conversacionais e de interação. Eles podem ter cortado relações com amigos sóbrios e se sentir constrangidos com a integração em novos grupos sociais. As discussões e dramatizações também podem incluir habilidades para entrevistas de emprego e outras situações importantes para eles (Beck et al., 2003).

Treino de assertividade

O desenvolvimento de técnicas de assertividade pode ser uma parte essencial de um plano de recuperação. As estratégias básicas incluem garantir a confiança e praticar como fazer pedidos (e reiterações), recusar pedidos (p. ex., rejeitar beber) e dar respostas não defensivas a críticas (Beck et al., 2004).

Ensaio comportamental/dramatização

Modelagem, dramatização e ensaio são elementos básicos no treino de habilidades comportamentais. Como os déficits cognitivos podem interferir em abordagens mais simples de psicoeducação, a prática pode ser especialmente benéfica antes de enfrentar situações similares na vida real. A Tabela 8.2 lista uma visão geral das técnicas da TCC para indivíduos com TUS (Beck et al., 1993).

TABELA 8.2 Técnicas da TCC para pessoas que abusam de substâncias

1. Mantenha alto grau de estrutura na terapia em geral e a cada sessão especificamente.
2. Limite as demandas de solução de problemas do paciente até que as habilidades de solução de problemas estejam estabelecidas.
3. Use uma abordagem concreta em vez de abstrata (embora aforismos sejam úteis).
4. A substância de escolha pode ajudar a identificar esquemas subjacentes.
5. Foque no propósito e no significado do abuso de substâncias.
6. Identifique o esquema que estimula o abuso de substâncias.
7. Identifique os facilitadores do paciente (pessoais, institucionais ou de grupo).
8. Trabalhe para enfraquecer os facilitadores.
9. Identifique os apoiadores do paciente.
10. O paciente deve concordar em mudar; a terapia prossegue baseada na disposição.
11. Os objetivos terapêuticos devem ser realistas e próximos.
12. A terapia deve ser centrada na pessoa, mas diretiva em relação ao tópico.
13. A terapia deve incluir psicoeducação sem que seja chata ou uma "pregação".
14. O paciente precisa aprender a identificar pensamentos automáticos (PAs) relacionados à fissura.
15. O paciente precisa aprender a identificar PAs relacionados a comportamentos de procura (impulso).
16. O paciente precisa aprender a identificar PAs relacionados ao uso de substâncias.
17. Deve ser feito uso extensivo de técnicas de autoinstrução (p. ex., "Um dia de cada vez").
18. É necessário desenvolver e manter a motivação.
19. Identifique e desenvolva prescrições para os fatores de vulnerabilidade.
20. Identifique o limiar para o uso de substâncias.
21. Foque na relação terapêutica.
22. Tenha consciência das reações negativas e positivas do terapeuta.

Prevenção de recaída

A prevenção de recaída (Witkiewtz & Marlatt, 2007) é facilitada por discussões durante o tratamento que ajudam o paciente a encarar um episódio pontual de compulsão como um *deslize*, em vez de considerá-lo uma recaída completa. Um deslize pode ser visto como uma experiência de aprendizagem em vez de ser interpretado como uma comprovação de fracasso. A discussão dos componentes de um deslize ajuda a pessoa a aprender a evitar situações e fatores que a deixam mais vulnerável (p. ex., estar com fome, zangado, sozinho e cansado; estar com outras pessoas que estão usando substâncias) e a ter estratégias prontas (p. ex., ligar para pessoas de apoio, ler uma lista de razões pessoais para mudar, engajar-se em técnicas de enfrentamento alternativas específicas).

Terapia de aceitação e compromisso

Abordagens baseadas na terapia de aceitação e compromisso (ACT, do inglês *acceptance and commitment therapy*) e na terapia comportamental dialética (DBT, do inglês *dialectical behavior therapy*) são relevantes para ajudar pessoas com TUS (Li et al., 2019; Mallik et al., 2021). Os pacientes praticam simplesmente notar os pensamentos inúteis sem se deter a eles, retornando ao engajamento atento em atividades valorizadas, aceitando os altos e baixos das marés dos sentimentos e fissuras – "surfar os impulsos" – e usando a miríade de habilidades de gerenciamento do estresse na DBT.

Intervenções auxiliares

Os terapeutas que trabalham com indivíduos com TUS devem se familiarizar com os sistemas comunitários e de apoio médico que são essenciais para uma recuperação bem-sucedida. Programas de 12 passos, como AA e NA, têm sido o fundamento da recuperação desde o início da década de 1930 e são um dos apoios mais conhecidos para ajudar as pessoas a permanecer e ter sucesso no tratamento para uso de substâncias (Kelly et al., 2020; Vederhus et al., 2015). Os terapeutas podem ajudar fornecendo informações sobre as reuniões e recomendando a participação, trabalhando os passos, obtendo números de telefone e encontrando um padrinho. Também é importante incentivar a aceitação de compromissos (p. ex., preparar o café, ser um anfitrião, ajudar na limpeza). É de grande valor que os terapeutas participem de algumas reuniões abertas (para aqueles que não buscam mudança) para aprenderem a linguagem, a cultura e a atmosfera. Estar genuinamente interessado na experiência dos pacientes nas diferentes reuniões reforça a participação e normaliza o processo. A discussão dos deslizes, quase deslizes e recaídas proporciona particularmente momentos de ensino, examinando o que pode ter levado a essas situações para que o paciente se prepare melhor no futuro (Beck et al., 1993).

Um *coach* de recuperação de pares (PRC, do inglês *peer recovery coach*) é uma pessoa não clínica de apoio à recuperação que concluiu treinamento especializado e supervisão e que transmite aos outros uma experiência valiosa de dependência e recuperação. O PRC fornece apoio aos indivíduos na busca da recuperação, e a inclusão de um PRC no início do processo de recuperação demonstrou melhorar as conexões com a comunidade e o engajamento no tratamento e reduzir o uso de substâncias, especialmente para aqueles com transtornos concomitantes (Kleinman et al., 2021; O'Connell et al., 2020).

Outro programa de recuperação de apoio comunitário que demonstrou melhorar os resultados para TUS, se a pessoa não quiser participar de reuniões do tipo 12 passos, é o Treinamento para Automanejo e Recuperação (SMART Recovery, do inglês Self-Management and Recovery Training; Horvath & Yeterian, 2012). Essas redes de apoio proporcionam um grupo social pronto que provavelmente reforçará a motivação e o comportamento para a mudança.

Em contextos de não aconselhamento, intervenções breves podem ser tão eficazes quanto intervenções mais prolongadas quando é inviável fornecer intervenção com 1 hora de duração. Essas intervenções curtas e focadas, de 5 a 15 minutos, conduzidas por um profissional da saúde, durante exames de saúde de rotina provaram aumentar a consciência dos problemas de abuso de substâncias o suficiente para dar início à contemplação da possibilidade ou à ação. Outras intervenções breves incluíram métodos de "*feedback* motivacional", como os fornecidos aos universitários por *e-mail*, que chamam a atenção para a sua condição de risco de maneira não ameaçadora (Saunders et al., 2004).

Tratamento assistido por medicação

As intervenções biológicas são extremamente úteis para muitos pacientes, especialmente nos primeiros meses em que é evitado o uso de substâncias. O dissulfiram bloqueia a enzima que processa o álcool, resultando em sintomas desagradáveis se a pessoa ingerir álcool. É usado como uma ferramenta protetiva por aqueles que estão altamente motivados e os que reconhecem que futuras situações estressantes podem aumentar a fissura. A metadona, um agonista opioide de ação prolongada, bloqueia o efeito de opioides mais fortes como heroína, reduz os sintomas de abstinência e demonstrou reduzir mortes por *overdose*, infecções, atividade criminal e outros problemas relacionados ao uso crônico de opioides. Considera-se que a naltrexona, tanto a apresentação em comprimidos quanto as formas injetáveis de ação prolongada, reduz a fissura por álcool ao bloquear receptores opioides específicos. Igualmente, a buprenorfina é um agonista opioide parcial que se liga aos receptores opioides mais fortemente que outros opioides, mas tem menos do efeito prazeroso da droga. Pode ser combinada com a naloxona, que reverte os efeitos opioides, e é usada para tratar *overdose*. O acamprosato é usado para os sintomas pós-agudos de abstinência alcoólica de irritabilidade, insônia, ansiedade e fissura. A N-acetilcisteína (NAC) tem sido usada para reduzir comportamentos compulsivos, como arrancar cabelos, provocar escoriação da pele e sintomas de ansiedade, e demonstrou reduzir a fissura por maconha (Nielsen et al., 2019; Sharma et al., 2022). Existem muitas outras abordagens psicofarmacológicas criativas, como o uso de psicotrópicos (p. ex., quetiapina) para ajudar temporariamente com problemas para dormir durante a recuperação, antidepressivos inibidores seletivos da recaptação da serotonina (ISRSs) para reduzir a depressão e a ansiedade associadas, e assim por diante. Para aqueles que desejam reduzir o uso de tabaco, existem substitutos da nicotina e a bupropiona para fissura por nicotina.

Os terapeutas devem estar familiarizados com quem fornece tratamento assistido por medicação, quando indicado, bem como com os efeitos esperados e os efeitos colaterais potenciais, para ajudar os pacientes a tomarem decisões informadas. Para muitos, o advento da viabilidade de medicamentos para interromper os processos de fissura se assemelha à invenção dos antibióticos para infecção. Há aqueles que podem não ser bons candidatos para determinados medicamentos devido à dificuldade de tolerar os efeitos colaterais ou a outras razões.

Uso terapêutico de drogas que alteram o humor

Pesquisas sobre os potenciais benefícios terapêuticos de alucinógenos serotoninérgicos (psicodélicos, como psilocibina e dietilamida do ácido lisérgico [LSD]) ressurgiram nos últimos anos. Em um estudo com indivíduos que previamente satisfaziam os critérios para transtorno por uso de álcool (TUA), 83% entraram em remissão depois da experiência psicodélica terapêutica (Garcia-Romeu et al., 2019). Estudos controlados de doses terapêuticas de psicodélicos melhoraram experiências significativas, e o *insight* era preditivo de uso reduzido de álcool (Krebs & Johansen, 2012). Há algumas evidências de que os esforços para cessação do tabagismo podem se beneficiar do uso adjuvante de psicodélicos (Noorani et al., 2018), e, em um estudo de Spata e Sturges (2022), o uso de psicodélicos, mediado por experiências místicas, foi associado a flexibilidade psicológica significativamente mais alta (p. ex., lidar com pensamentos e sentimentos desafiadores) e níveis mais baixos de uso desadaptativo de substâncias.

Exemplo de caso

O terapeuta envolveu a parceira de longa data de Marco, que era sóbria, e conectou o casal com informações sobre o Reforço Comunitário e Treinamento Familiar (CRAFT, do inglês Community Reinforcement and Family Training; Sisson & Azrin, 1986). Durante as sessões, o terapeuta forneceu recursos, como um PRC para apoio, e ajudou Marco a desenvolver habilidades atuais e novas e a se engajar em melhor autocuidado. Durante as sessões iniciais, foi administrado um inventário das consequências do uso de drogas (Tonigan & Miller, 2002), que era consultado frequentemente, algo que ajudou o terapeuta e Marco a focarem em razões específicas para mudança. Durante as sessões de terapia semanais, o terapeuta usou TLFB (Sobell & Sobell, 2000) para identificar períodos de risco e avaliar a abstinência, além de discutir o progresso de Marco no trabalho dos 12 passos. Marco lutou contra sua tendência a argumentar e minar os esforços de recuperação, e sua esposa apoiou sua participação nas reuniões, na terapia e na evitação de situações que eram ativadoras. O PRC de Marco acrescentou recomendações para reuniões e grupos de atividades para sóbrios e reforçou estratégias para enfrentamento das fissuras e prevenção de recaída. Quando Marco começou a formar amizades com pessoas sóbrias e aprendeu e praticou o que fazer no caso de fissuras e recaídas, ele conseguiu completar seu primeiro ano de sobriedade com o compromisso de continuar trabalhando no programa.

Resumo e conclusões

De acordo com a Organização Mundial da Saúde, 270 milhões de pessoas (5,5% da população global) entre 15 e 64 anos de idade já usaram drogas psicoativas – estima-se que 35 milhões sejam afetadas negativamente por um TUS (Volkov, 2021). Isso está fomentando a necessidade de assistência oportuna empiricamente baseada dos profissionais do departamento de emergência, especialistas em saúde comportamental e clínicos em geral para lidar com crises médicas, psicológicas, de relacionamento, financeiras e legais. A ajuda aos clientes com TUS requer múltiplas habilidades, treinamento apropriado e uma compreensão da complexidade do tratamento. As terapias comportamentais e cognitivas são as principais abordagens. Boas relações terapêuticas, limites claros, tratamento apropriado e intervenções auxiliares podem facilitar os resultados positivos e a resolução de crises.

Referências

American Psychiatric Association. (2022). *Diagnostic and statistical manual of mental disorders* (5th ed., text rev.). Author.

Anderson, L. J., Flynn, A., Drummer, O., Gerostamoulos, D., & Schumann, J. L. (2019). The role of voluntary and involuntary drug and alcohol consumption and premorbid mental health factors in drug-facilitated sexual assault. *Forensic Science, Medicine and Pathology, 15*(3), 382–391.

Beck, A. T., Freeman, A., Davis, D. D., & Associates. (2003). *Cognitive therapy of personality disorders*. Guilford Press.

Beck, A. T., Wright, F. D., Newman, C. F., & Liese, B. S. (1993). *Cognitive therapy of substance abuse* (rev. ed.). Guilford Press.

Botecelli, M. (2017, January 13). Changing the language of addiction. https://obamawhitehouse.archives.gov/blog/2017/01/13/changing-language-addiction

Bureau of Justice Statistics. (2005). Prisoners in 2005. https://bjs.ojp.gov/content/pub/pdf/p05.pdf

Busardò, F. P., Varì, M. R., di Trana, A., Malaca, S., Carlier, J., & di Luca, N. M. (2019). Drug-facilitated sexual assaults (DFSA): A serious underestimated issue. *European Review for Medical and Pharmacological Sciences, 23*(24), 10577–10587.

Caetano, R., Schafer, J., Fals-Stewart, W., O'Farrell, T., & Miller, B. (2003). Intimate partner violence and drinking: New research on methodological issues, stability and change, and treatment. *Alcoholism: Clinical and Experimental Research, 27*(2), 292–300.

Centers for Disease Control and Prevention. (2021, November 17). *Drug overdose deaths in the U.S. top 100,000 annually* [Press release]. Author.

Chikritzhs, T., & Livingston, M. (2021). Alcohol and the risk of injury. *Nutrients, 13*(8), 2777.

Dardis, C. M., Ullman, S. E., Rodriguez, L. M., Waterman, E. A., Dworkin, E. R., & Edwards, K. M. (2021). Bidirectional associations between alcohol use and intimate partner violence and sexual assault victimization among college women. *Addictive Behaviors, 116*, 106833.

Dellazizzo, L., Potvin, S., Giguère, S., & Dumais, A. (2022). Evidence on the acute and residual neurocognitive effects of cannabis use in adolescents and adults: A systematic meta-review of meta-analyses. *Addiction, 117*(7), 1857–1870.

Dempsey, R. C., McAlaney, J., & Bewick, B. M. (2018). A critical appraisal of the social norms approach as an interventional strategy for health-related behavior and attitude change. *Frontiers in Psychology, 9*, 2180.

DiClemente, C. C., & Prochaska, J. O. (1982). Self-change and therapy change of smoking behavior: A comparison of processes of change in cessation and maintenance. *Addictive Behavior, 7*(2), 133–142.

Earleywine, M. (2016). *Substance use problems* (2nd ed.). Hogrefe.

Elflein, J. (2021). Global drug use—statistics & facts. *Statistica.* www.statista.com/topics/7786/global-drug-use/#topicHeader_wrapper

Ettinger, P. O., Wu, C. F., De La Cruz, C., Jr., Weisse, A. B., Ahmed, S. S., & Regan, T. J. (1978). Arrhythmias and the "holiday heart": Alcohol-associated cardiac rhythm disorders. *American Heart Journal, 95*(5), 555–562.

Fals-Stewart, W., Golden, J., & Schumacher, J. A. (2003). Intimate partner violence and substance use: A longitudinal day-to-day examination. *Addictive Behaviors, 28*(9), 1555–1574.

Fiorentine, R., & Hillhouse, M. P. (2000). Drug treatment and 12-step program participation: The additive effects of integrated recovery activities. *Journal of Substance Abuse Treatment, 18*, 65–74.

Fischbach, P. (2017). The role of illicit drug use in sudden death in the young. *Cardiology in the Young, 27*(Suppl. 1), S75–S79.

Ford, J. H., II, Kaur, A., Rao, D., Gilson, A., Bolt, D. M., Garneau, H. C., . . . McGovern, M. P. (2021). Improving medication access within integrated treatment for individuals with co-occurring disorders in substance use treatment agencies. *Implementation Research and Practice, 2*, 1–31.

Freeman, A., & Dolan, M. (2002). Identifying patients' willingness, ability, and motivation to change. In T. Scrimali & L. Grimaldi (Eds.), *Cognitive psychotherapy toward a new millennium* (pp. 61–68). Springer.

Freeman, S. (2006). Conceptual issues related to clinical practice. In M. Armstrong & C. Vourakis (Eds.), *Core curriculum for the International Nurses Society on Addictions.* Midwest Education Association.

Freeman, S. M., & Freeman, A. (2005). *Cognitive behavior therapy in nursing practice.* Springer.

Frishman, W. H., Del Vecchio, A., Sanal, S., & Ismail, A. (2003). Cardiovascular manifestations of substance abuse: Part 2. Alcohol, amphetamines, heroin, cannabis, and caffeine. *Heart Disease, 5*(4), 253–271.

Garcia-Romeu, A., Davis, A. K., Erowid, F., Erowid, E., Griffiths, R. R., & Johnson, M. W. (2019). Cessation and reduction in alcohol consumption and misuse after psychedelic use. *Journal of Psychopharmacology, 33*(9), 1088–1101.

Gersh, E., Lee, C. M., & McCarty, C. A. (2019). Changes in peer norms as a mediator of reduction in adolescent alcohol use. *Substance Use and Misuse, 54*(10), 1611–1617.

Gmel, G., Marmet, S., Studer, J., & Wicki, M. (2020). Are changes in personality traits and alcohol use associated? A cohort study among young Swiss men. *Frontiers in Psychiatry, 11*, 591003.

Horvath, A., & Yeterian, J. (2012). SMART recovery: Self-empowering, science-based addiction recovery support. *Journal of Groups in Addiction and Recovery, 7*, 102–117.

Kelly, J. F., Humphreys, K., & Ferri, M. (2020). Alcoholics Anonymous and other 12-step programs for alcohol use disorder. *Cochrane Database of Systematic Reviews, 3*(3), Cd012880.

Khatri, U. G., & Perrone, J. (2020). Opioid use disorder and COVID-19: Crashing of the crises. *Journal of Addiction Medicine, 14*(4), e6–e7.

Kleinman, M. B., Doran, K., Felton, J. W., Satinsky, E. N., Dean, D., Bradley, V., & Magidson, J. F. (2021). Implementing a peer recovery coach model to reach low-income, minority individuals not engaged in substance use treatment. *Substance Abuse, 42*(4), 726–734.

Koob, G. F., & Volkow, N. D. (2016). Neurobiology of addiction: A neurocircuitry analysis. *Lancet Psychiatry, 3*(8), 760–773.

Krebs, T. S., & Johansen, P. (2012). Lysergic acid diethylamide (LSD) for alcoholism: Meta-analysis of randomized controlled trials. *Journal of Psychopharmacology, 26*(7), 994–1002.

Leahy, R. L. (2017). *Cognitive therapy techniques: A practitioner's guide* (2nd ed.). Guilford Press.

Lees, B., Meredith, L. R., Kirkland, A. E., Bryant, B. E., & Squeglia, L. M. (2020). Effect of alcohol use on the adolescent brain and behavior. *Pharmacology, Biochemistry, and Behavior, 192,* 172906.

Li, T., Sato, H., Watanabe, N., Kondo, M., Masuda, A., Hayes, S. C., & Akechi, T. (2019). Psychological flexibility-based interventions versus first-line psychosocial interventions for substance use disorders: Systematic review and meta-analyses of randomized controlled trials. *Journal of Contextual Behavioral Science, 13,* 109–120.

Loneck, B., Garrett, J. A., & Banks, S. M. (1996). The Johnson intervention and relapse during outpatient treatment. *American Journal of Drug and Alcohol Abuse, 22*(3), 363–375.

Luchetti, M., Terracciano, A., Stephan, Y., & Sutin, A. R. (2018). Alcohol use and personality change in middle and older adulthood: Findings from the Health and Retirement Study. *Journal of Personality, 86*(6), 1003–1016.

Mallik, D., Kaplan, J., Somohano, V., Bergman, A., & Bowen, S. (2021). Examining the role of craving, mindfulness, and psychological flexibility in a sample of individuals with substance use disorder. *Substance Use and Misuse, 56*(6), 782–786.

Miller, T. R., Lestina, D. C., & Smith, G. S. (2001). Injury risk among medically identified alcohol and drug abusers. *Alcoholism: Clinical and Experimental Research, 25*(1), 54–59.

Miller, W. R., & Rollnick, S. (2013). *Motivational interviewing: Helping people change* (3rd ed.). Guilford Press.

National Institute on Drug Abuse. (2020, April). Common comorbidities with substance use disorders [Research report]. Author. www.ncbi.nlm.nih.gov/books/NBK571451

Nielsen, S., Gowing, L., Sabioni, P., & Le Foll, B. (2019). Pharmacotherapies for cannabis dependence. *Cochrane Database of Systematic Reviews, 1*(1), Cd008940.

Noorani, T., Garcia-Romeu, A., Swift, T. C., Griffiths, R. R., & Johnson, M. W. (2018). Psychedelic therapy for smoking cessation: Qualitative analysis of participant accounts. *Journal of Psychopharmacology, 32*(7), 756–769.

O'Connell, M. J., Flanagan, E. H., Delphin-Rittmon, M. E., & Davidson, L. (2020). Enhancing outcomes for persons with co-occurring disorders through skills training and peer recovery support. *Journal of Mental Health, 29*(1), 6–11.

O'Farrell, T. J., Murphy, M., Alter, J., & Fals-Stewart, W. (2010). Behavioral family counseling for substance abuse: A treatment development pilot study. *Addictive Behaviors, 35*(1), 1–6.

Pantazis, C. B., Gonzalez, L. A., Tunstall, B. J., Carmack, S. A., Koob, G. F., & Vendruscolo, L. F. (2021). Cues conditioned to withdrawal and negative reinforcement: Neglected but key motivational elements driving opioid addiction. *Science Advances, 7*(15), eabf0364.

Pape, H. (2012). Young people's overestimation of peer substance use: An exaggerated phenomenon? *Addiction, 107*(5), 878–884.

Prochaska, J. O., & DiClemente, C. C. (1992). Stages of change in the modification of problem behaviors. *Progress in Behavior Modification, 28,* 183–218.

Ramphul, K., Mejias, S. G., & Joynauth, J. (2019). Cocaine, amphetamine, and cannabis use increases the risk of acute myocardial infarction in teenagers. *American Journal of Cardiology, 123*(2), 354.

Richards, J. E., Shortreed, S. M., Simon, G. E., Penfold, R. B., Glass, J. E., Ziebell, R., & Williams, E. C. (2020). Short-term risk of suicide attempt associated with patterns of patient-reported alcohol use determined by routine AUDIT-C among adults receiving mental healthcare. *General Hospital Psychiatry, 62,* 79–86.

Robins, J. E., Kalk, N. J., Ross, K. R., Pritchard, M., Curtis, V., & Morley, K. I. (2021). The association of acute alcohol use and dynamic suicide risk with variation in onward care after psychiatric crisis. *Drug and Alcohol Review, 40*(3), 499–508.

Rodriguez, L. M., DiBello, A. M., & Neighbors, C. (2013). Perceptions of partner drinking problems, regulation strategies and relationship outcomes. *Addictive Behaviors, 38*(12), 2949–2957.

Rollnick, S., Miller, W., & Butler, C. (2008). *Motivational interviewing in health care: Helping patients change behavior.* Guilford Press.

Rounsaville, B. J., Kranzler, H. R., Ball, S., Tennen, H., Poling, J., & Trifflleman, E. (1998). Personality disorders in substance abusers: Relation to substance use. *Journal of Nervous and Mental Disease, 186*(2), 87–95.

Saunders, J. B., Kypri, K., Walters, S. T., Laforge, R. G., & Larimer, M. E. (2004). Approaches to brief intervention for hazardous drinking in young people. *Alcoholism: Clinical and Experimental Research, 28*(2), 322–329.

Sharma, R., Tikka, S. K., Bhute, A. R., & Bastia, B. K. (2022). N-acetyl cysteine in the treatment of cannabis use disorder: A systematic review of clinical trials. *Addictive Behaviors, 129,* 107283.

Sisson, R. W., & Azrin, N. H. (1986). Family-member involvement to initiate and promote treatment of problem drinkers. *Journal of Behavior Therapy and Experimental Psychiatry, 17*(1), 15–21.

Sobell, L. C., & Sobell, M. B. (2000). Alcohol timeline followback (TFLB). In American Psychiatric Association (Ed.), *Handbook of psychiatric measures* (pp. 477–479). American Psychiatric Publishing.

Sobell, L. C., & Sobell, M. B. (2005). Guiding self-change model of treatment for substance use disorders. *Journal of Cognitive Psychotherapy, 19*(3), 199–210.

Spata, A., & Sturges, J. (2022, February 23–25). *Psychedelic-occasioned mystical experiences predict increases in psychological flexibility, according to a survey study*. Poster presented at the meeting of The Society for Personality and Social Psychology, San Francisco, CA.

Substance Abuse and Mental Health Services Administration. (2006). Co-occurring medical and psychiatric conditions. In *Treatment improvement protocol (TIP) series*, No. 45. Author.

Substance Abuse and Mental Health Services Administration. (2020, September 11). *2019 National Survey on Drug Use and Health*. U.S. Department of Health and Human Services.

Thyagaturu, H., Thangjui, S., Shrestha, B., Shah, K., Naik, R., & Bondi, G. (2021). Burden of arrhythmia in hospitalized patients with cannabis use related disorders: Analysis of 2016–2018 national inpatient sample. *EP Europace, 23*(3), 116.

Tonigan, J. S., & Miller, W. R. (2002). The inventory of drug use consequences (InDUC): Test–retest stability and sensitivity to detect change. *Psychology of Addictive Behaviors, 16*(2), 165–168.

Ullman, S. E., Najdowski, C. J., & Filipas, H. H. (2009). Child sexual abuse, post-traumatic stress disorder, and substance use: Predictors of revictimization in adult sexual assault survivors. *Journal of Child Sexual Abuse, 18*(4), 367–385.

United Nations Office on Drugs and Crime. (2021). World Drug Report 2021. Available at *www.unodc.org/unodc/data-and-analysis/wdr2021.html*

Vederhus, J. K., Zemore, S. E., Rise, J., Clausen, T., & Høie, M. (2015). Predicting patient post-detoxification engagement in 12-step groups with an extended version of the theory of planned behavior. *Addiction Science & Clinical Practice, 10*(1), 15.

Volkov, S. W. (2021). *Opioid overdose*. WHO International Fact Sheets.

Volkow, N. D., Swanson, J. M., Evins, A. E., DeLisi, L. E., Meier, M. H., Gonzalez, R., . . . Baler, R. (2016). Effects of cannabis use on human behavior, including cognition, motivation, and psychosis: A review. *JAMA Psychiatry, 73*(3), 292–297.

White, A. M., Slater, M. E., Ng, G., Hingson, R., & Breslow, R. (2018). Trends in alcohol-related emergency department visits in the United States: Results from the Nationwide Emergency Department Sample, 2006 to 2014. *Alcoholism: Clinical and Experimental Research, 42*(2), 352–359.

Witkiewitz, K., & Marlatt, G. A. (2007). *Therapist's guide to evidence-based relapse prevention*. Elsevier Academic Press.

Woods, A. J., Porges, E. C., Bryant, V. E., Seider, T., Gongvatana, A., Kahler, C. W., . . . Cohen, R. A. (2016). Current heavy alcohol consumption is associated with greater cognitive impairment in older adults. *Alcoholism: Clinical and Experimental Research, 40*(11), 2435–2444.

9
Crises relacionadas às dores aguda e crônica

Hillary L. Ditmars, Jenna Sandler Eilenberg e John D. Otis

Andrea é uma mulher cisgênero, negra, 35 anos de idade, que trabalha como bibliotecária pesquisadora em uma universidade. Ela se identifica como heterossexual e divide um apartamento com seu parceiro. Ela vive em uma cidade grande a 1.600 quilômetros de distância de seus pais e irmãos mais novos, a quem visita nos principais feriados. Descreve seu relacionamento com sua família de origem como acolhedor e apoiador, embora ocasionalmente ela tenha sentimentos de culpa por não morar mais perto deles ou visitá-los com mais frequência. Andrea relata alguns estressores financeiros relacionados aos custos de viver em sua cidade e decorrentes de seu parceiro estar passando por um período de desemprego depois de ter sido demitido devido à pandemia de covid-19. Ela também experiencia estresse significativo devido à pressão da família do seu parceiro para se casarem e terem filhos, decisões que Andrea e seu parceiro já discutiram, mas ambos se sentem um pouco ambivalentes a respeito. Um ano atrás, Andrea se envolveu em uma colisão de carros na rodovia e fraturou a clavícula esquerda. Também teve traumatismo cervical no momento do acidente. Foi levada de ambulância da cena do acidente até o departamento de emergência, onde a fratura na clavícula foi confirmada por radiografia. Depois do acidente, Andrea ficou imobilizada com tipoia por 6 semanas e fez fisioterapia por mais 8 semanas. A amplitude dos seus movimentos inicialmente ficou comprometida logo após a lesão, mas, depois da fisioterapia, ela conseguiu recuperar o uso pleno do braço esquerdo (p. ex., ela conseguia levantar e pegar objetos enquanto erguia o braço) e pôde se reengajar em suas atividades da vida diária. Andrea ficou ausente do trabalho por aproximadamente 5 dias na época do acidente; inicialmente, quando retornou ao trabalho, suas responsabilidades foram modificadas de modo que ela principalmente respondesse às solicitações dos alunos via *e-mail*, e não precisava levantar-se ou colocar nas estantes os livros ou outros materiais de pesquisa. Depois que concluiu a fisioterapia, Andrea começou a se envolver nessas atividades de trabalho novamente. Naquele momento, classificou sua dor diária na clavícula e na área do ombro como em média 4 em uma escala de 0 a 10.

Durante os 6 meses que se seguiram, a dor de Andrea na clavícula e no ombro persistiu em um nível baixo a moderado e estava presente na maioria dos dias. Seis meses depois de ter concluído a fisioterapia, Andrea estava no trabalho, arrumando alguns livros na estante, e sentiu uma dor forte e aguda como "uma ferroada" no ombro esquerdo. Ela pediu permissão para sair mais cedo do trabalho e foi para casa para descansar e tratar seu ombro com uma compressa quente naquele fim de semana. Na segunda-feira seguinte, continuou a sentir aquela dor aguda em todo o ombro esquerdo, a qual classificou como 9 em uma escala de 10, e ligou para o consultório do seu médico para marcar uma consulta urgente. Foram feitos radiografia e ressonância magnética (RM), revelando que sua fratura na clavícula havia cicatrizado satisfatoriamente e que não havia causa médica aparente para a persistência da dor. Seu médico de cuidados primários sugeriu que o ressurgimento da dor tinha sido induzido por estresse e que ela poderia se beneficiar com o aprendizado de algumas estratégias psicológicas de gerenciamento da dor.

Andrea se apresentou em nossa clínica de medicina comportamental e relatou que queria ajuda para gerenciar sua dor, que continuava a classificar como 8 em uma escala de 10. Durante a entrevista de admissão, Andrea mencionou: "Acredito nas radiografias, mas também acho que não deveria mais doer tanto assim. Não gosto de pensar que tudo isso está na minha cabeça". Ela expressou pensamentos catastróficos sobre sua dor, dizendo: "Acho que não consigo mais aguentar isso" e "Como posso viver assim pelo resto da minha vida?". Relatou que a dor constante estava tendo um crescente impacto negativo em seu estado de humor. Revelou ter medo de precisar de cirurgia, mencionando que estava preocupada com o tempo de recuperação associado, mas também expressou não ter certeza do que mais poderia ajudar nos surtos repentinos de dor. Ela também disse ter medo de ter que deixar seu emprego caso a dor não diminua, devido ao fato de que mesmo sentar-se ereta em uma escrivaninha era doloroso, além do estresse pelas implicações financeiras dessa possibilidade. Ela relatou que, antes de experienciar as crises de dor aguda, sua dor tinha sido geralmente 4 em 10 e piorava quando ela estava estressada, cansada ou depois de um dia especialmente atarefado no trabalho. Relatou que com frequência cancelava planos de fim de semana com os amigos, evitava exercícios e restringia seus movimentos na arrumação da casa, achando que era importante que descansasse seu ombro. Descreveu que, como resultado, sentia-se um tanto isolada do seu círculo social. Ela relatou preocupações persistentes sobre quando, ou se, sua dor algum dia iria melhorar completamente e estava preocupada que a continuação da dor fosse uma indicação de que a lesão não tinha cicatrizado completamente. Andrea afirmou que durante os 6 meses anteriores havia identificado vários fatores que ajudavam a reduzir a dor, incluindo compressas quentes, repousar sobre o lado direito, receber massagens nas costas do seu parceiro e ouvir música relaxante – no entanto, mencionou com sofrimento que nenhuma dessas estratégias havia proporcionado alívio da crise de dor aguda recente que havia experienciado.

Descrição e diagnóstico de dor

Dor é um construto multifacetado que inclui processos físicos (p. ex., neurológicos, musculares), sociais e psicológicos (Urits et al., 2019). A International Association for the Study of Pain (IASP) define dor como "uma experiência sensorial e emocional desagradável associada, ou semelhante àquela associada, a uma lesão tecidual real ou potencial" (Raja et al., 2020). Este capítulo foca no tratamento psicológico da dor no contexto do gerenciamento de crise, incluindo dor aguda e crônica. Dor aguda, por definição, é a dor com início recente e curta duração que costuma ocorrer em resposta a um estímulo adverso, como queimadura, laceração ou osso quebrado (Carr & Goudas, 1999; Rich, 1999). A dor aguda pode ser entendida como um mecanismo adaptativo ou de alerta, pois pode levar a ajustes comportamentais protetivos, como afastar-se do estímulo que a causa (p. ex., remover a mão de um fogão quente depois de ser queimado; Morrison et al., 2013). Dor crônica, por sua vez, é definida como dor que persiste ou recorre por 3 meses ou mais (World Health Organization, 2018). A *Classificação internacional de doenças, 11ª revisão* (CID-11), diferencia dor crônica primária (que não é mais bem explicada por outra condição médica) de dor crônica secundária (que é decorrente de doença ou lesão subjacente, como dor pós--traumática ou pós-cirúrgica (Treede et al., 2019; World Health Organization, 2018). A dor crônica também pode ser caracterizada como dor que não se resolve dentro de um período esperado (p. ex., depois que um ferimento cicatrizou) e que não responde a tratamentos que costumam proporcionar alívio (Tunks et al., 2008).

O entendimento da dor como um processo biopsicossocial possibilita que os clínicos abordem os múltiplos componentes sobrepostos da experiência de dor de um paciente. É importante observar que o reconhecimento dos aspectos emocionais e/ou psicológicos da dor não implica que a experiência de dor de um paciente consiste em contribuintes apenas sensórios e/ou fisiológicos – ao contrário, os efeitos sobrepostos e bidirecionais do estresse psicológico e da dor devem ser entendidos e reconhecidos para proporcionar cuidados abrangentes em resposta a uma crise de dor.

O *Manual diagnóstico e estatístico de transtornos mentais, 5ª edição, texto revisado* (DSM--5-TR; American Psychiatric Association, 2022), fornece os critérios diagnósticos para transtorno de sintomas somáticos, e os leitores são incentivados a consultar esse texto para uma lista completa dos critérios dos sintomas. O transtorno de sintomas somáticos deve ser considerado um diagnóstico diferencial para pacientes que experienciam ansiedade desproporcional relacionada à dor crônica ou em casos de ansiedade significativa sobre dor aguda devido a um novo dano, crise de dor ou estressor experienciados por um paciente que já tem história de dor crônica.

A prevalência de dor

Dor é uma razão comum para procurar tratamento de emergência. De fato, um estudo recente descobriu que aproximadamente 45,4% das visitas ao departamento de emergência nos Estados Unidos de 2000 a 2010 foram devidas a dor (Chang et al., 2014). Queixas de dor aguda causada por infecção, inflamação ou lesões, como fraturas esqueléticas ou ferimentos por arma de fogo, são a razão mais frequente para admissões no departamento de emergência (Decosterd et al., 2007; Keating & Smith, 2011). Dor aguda também é comum entre pacientes hospitalizados, com as estimativas de prevalência variando de 37,7 a 87% (Gregory & Mcgowan, 2016). Além disso, procedimentos médicos como cirurgias, punções lombares, punção venosa ou exames de imagem (p. ex., colonoscopia) podem causar dor aguda.

Dor crônica é definida de forma inconsistente entre os estudos de pesquisa, resultando em estimativas variadas de incidência e prevalência. Uma revisão sistemática e metanálise de 2017 da literatura epidemiológica de 40 países representando todos os continentes encontrou que, entre amostras preponderantemente adultas, as estimativas de prevalência de dor crônica variaram de 8,7 a 64,4%, como prevalência média acumulada de 31% (Steingrímsdóttir et al., 2017). Condições com dor crônica, incluindo cefaleias tensionais, dor lombar e dor no pescoço, estavam entre as principais causas de incapacidade medidas pelo Estudo da Carga Global de Doença 2016 (Vos et al., 2017). Segundo dados da National Health Interview Survey (2019), 20,4% dos adultos norte-americanos haviam experienciado dor crônica nos últimos 3 meses, e 7,4% dos adultos norte-americanos haviam experienciado dor crônica com "alto impacto" ou dor que frequentemente limitava suas atividades na vida/trabalho (Zelaya et al., 2020). As taxas de dor crônica em 2019 foram significativamente mais altas nas mulheres (21,7%) em comparação com os homens (19%; Zelaya et al., 2020). As taxas de dor crônica aumentaram significativamente com a idade, afetando 8,5% dos adultos entre 18 e 29 anos em comparação com 30,8% dos adultos com mais de 65 anos (Zelaya et al., 2020). As taxas de dor crônica também diferiam entre os grupos raciais e étnicos: 23,6% dos adultos brancos não hispânicos relataram dor crônica, em comparação com 19,3% dos adultos negros não hispânicos, 13% dos adultos hispânicos e 6,8% dos adultos asiáticos não hispânicos (Zelaya et al., 2020). Adultos que viviam em ambientes rurais tinham maior probabilidade de relatar dor crônica do que aqueles que viviam em ambientes urbanos (Zelaya et al., 2020).

Entre as crianças, dor crônica é prevalente e preditiva de dor persistente na idade adulta (Vinall et al., 2016). As taxas de prevalência de dor crônica na infância e na adolescência variam de 11 a 38%, e pesquisas sugerem que essas taxas aumentaram nas últimas décadas (King et al., 2011). De modo similar aos adultos, as taxas de dor crônica são mais altas no sexo feminino do que no sexo masculino e aumentam com a idade (King et al., 2011). Além disso, dados de estudos longitudinais mostram que dor crônica na infância aumenta o risco de desenvolvimento de comorbidades psiquiátricas ao longo da vida, mesmo se a dor se resolver (Fearon & Hotopf, 2001). As consequências de dor crônica para crianças e adolescentes incluem perda de dias letivos, afastamento social, distúrbios do sono e ansiedade e sintomas depressivos em resposta à dor (King et al., 2011; Palermo, 2000). Específica para as populações pediátricas é a forte influência do contexto familiar nos resultados de uma criança.

O reforço parental de estratégias de enfrentamento desadaptativas em resposta à dor, como evitação das responsabilidades ou atividades sociais, pode perpetuar o ciclo de dor, estresse e incapacidade – assim, um componente do tratamento centrado na família é essencial para a promoção de estratégias de enfrentamento adaptativas (Palermo, 2000).

A prevalência de dor crônica aumenta com a idade e em geral é mais alta entre mulheres do que em homens, de acordo com estimativas recentes de dados do Reino Unido (Fayaz et al., 2016). Os fatores psicossociais que afetam a transição de dor aguda para crônica e incapacidade incluem exposição a eventos traumáticos, humor deprimido, crenças negativas em relação à dor e crenças de evitação da dor (Hruschak & Cochran, 2018; Young Casey et al., 2008). Existe uma relação recíproca entre dor persistente e problemas com depressão e ansiedade – inclusive a presença de um deles significa risco aumentado para o outro (Tunks et al., 2008).

Teoria da dor

A dor é experienciada por meio da "nocicepção", ou o processamento de estímulos nocivos pelo sistema nervoso (Schaible & Richter, 2004). A dor atua como um sinal elétrico, detectando e alertando o cérebro para estímulos prejudiciais, e, quando experienciada agudamente, é um mecanismo adaptativo e protetivo (McGreevy et al., 2011). Os neurônios nociceptores sentem e respondem à temperatura (i.e., calor ou frio extremos) e a estímulos mecânicos ou químicos (Tracey, 2017). Os nociceptores servem como entrada de dados para o sistema nervoso central, onde a dor é ainda modulada por regiões não nociceptivas do cérebro e por fatores cognitivos, afetivos e comportamentais (Woo et al., 2017).

Uma teoria inicial moderna da dor – a teoria da especificidade – propôs que os nociceptores no tecido corporal se projetam até um "centro da dor" por meio de fibras da dor (Moayedi & Davis, 2013). De acordo com a teoria da especificidade, a dor é proporcional ao tamanho da lesão no tecido sustentado pelo corpo e deve desaparecer quando a lesão nesse tecido cicatrizar – no entanto, a alta carga global de dor crônica sugere que a teoria da especificidade não explica satisfatoriamente os processos da dor. Muitos indivíduos sentem dor depois que uma lesão cicatrizou ou mesmo depois de amputação (i.e., dor no membro fantasma; Melzack & Wall, 1965). Além disso, pode ocorrer dor na ausência de danos ao tecido (p. ex., por meio da sensibilização do sistema nervoso central ou limiares de dor reduzidos; Van Wilgen & Keizer, 2012). Henry Knowles Beecher (1946, p. 99), ao refletir sobre suas observações de soldados feridos em combate, escreveu que "a dor é uma experiência sujeita à modificação por muitos fatores", que "uma emoção forte pode bloquear a dor" e que a consideração das circunstâncias emocionais de uma lesão era importante para o resultado em longo prazo para aquele indivíduo.

Na década de 1960, Ronald Melzack e Patrick Wall (1965) desenvolveram a teoria do portão de controle da dor para abordar o papel importante do cérebro e de fatores psicológicos na percepção da dor. Essa teoria propõe que um "mecanismo de portão" no corno dorsal da coluna vertebral modula a sinalização da dor para o cérebro (Melzack & Wall, 1965). Diferentes fatores físicos, psicológicos, ambientais e sociais podem "abrir" e "fechar" o portão – por exemplo, fatores como tensão muscular, uso de substâncias, pensamentos sobre a dor, ou condições psicológicas como ansiedade e depressão, podem "abrir" o portão e aumentar a dor; fatores como relaxamento, apoio social e tensão muscular reduzida podem "fechar" o portão e reduzir a dor.

A teoria do portão de controle da dor destaca a relevância de um modelo biopsicossocial da dor. A experiência de dor inclui a interação dos componentes cognitivo, afetivo, sensorial e ambiental (Darnall et al., 2017). A dor e os resultados relacionados à dor são influenciados por fatores psicológicos, como depressão, ansiedade, pensamentos catastróficos e atenção (Janssen & Arntz, 1996; Kroenke et al., 2011; Sullivan et al., 2005; Tran et al., 2015). Fatores sociais, como isolamento social, também afetam a interferência na dor (Karayannis et al., 2019). A literatura mais recente reconheceu os fatores culturais como um componente central do modelo biopsicossocial da dor (Altun et al., 2021). Crenças culturais e atitudes em relação à dor, além de estratégias de enfrentamento específicas da cultura e comportamentos de busca de ajuda, influenciam a experiência da dor e seu tratamento – por exemplo, a ênfase no estoicismo (i.e., "aguentar sem reclamar") em algumas culturas (p. ex., a cultura latina) pode interferir na busca de tratamento para redução da dor (Erazo, 2017). Crenças relacionadas à dor enraizadas na espiritualidade são comuns em algumas culturas, tais como a dor como punição por mau comportamento ou como uma sina predeterminada. Essas crenças podem levar à dependência primária de estratégias de enfrentamento focadas na religião, em vez de à procura de tratamento médico ou psicológico (Erazo, 2017; Shavers et al., 2010). Para o manejo ideal da dor, os clínicos precisam entender e validar as variações culturais na percepção, na expressão e na resposta ao tratamento da dor (Erazo, 2017; Shavers et al., 2010). Assim, sua avaliação e tratamento abrangente devem incluir atenção aos fatores psicossociais.

Métodos de avaliação

Existem inúmeras medidas para a avaliação da dor, desde sondagens de rastreio breves até questionários clínicos abrangentes. Escalas com um único item, como a Escala Visual Analógica (EVA) para dor e a Escala Numérica da Dor (END), são medidas unidimensionais da intensidade da dor que pedem que o paciente indique, em uma linha horizontal ou circulando um número entre dois pontos de ancoragem (p. ex., 0 e 10), a gravidade da sua dor (Haefeli & Elfering, 2006; Hawker et al., 2011). A EVA e a END são altamente correlacionadas uma com a outra (Downie et al., 1978). Essas medidas têm utilidade particularmente em um contexto de crise ou para uso em tratamento continuado e na avaliação diária da dor, já que são de administração rápida e conveniente, requerem tradução mínima e estão disponíveis gratuitamente. No entanto, essas medidas unidimensionais não permitem uma compreensão das causas, dos mecanismos ou das consequências da dor para o paciente; é necessária uma avaliação mais aprofundada para capturar a complexidade da crise de dor.

O Questionário de Dor McGill (MPQ, do inglês McGill Pain Questionnaire) é um questionário multidimensional de autorrelato da dor com quatro subescalas que medem os aspectos sensitivo, afetivo, avaliativo e variado da dor atual, além de uma escala de intensidade da dor de 5 pontos (Melzack, 1975). Para cada subescala, os pacientes identificam uma palavra que mais se ajusta à sua dor em uma lista de itens descritores – por exemplo, um paciente pode descrever sua dor como "aguda", "queimação" ou "latejante" (descritores sensórios); "assustadora" ou "extenuante" (descritores afetivos); "intensa" ou "insuportável" (descritores avaliativos); ou "irradiada" ou "nauseante" (descritores variados; Melzack, 2005). Também existe uma forma curta do MPQ, que abrange apenas as subescalas Sensitiva e Afetiva (Hawker et al., 2011). O MPQ captura a natureza subjetiva e a heterogeneidade da experiência da dor, além da significância dos componentes afetivo e avaliativo de como o indivíduo pensa sobre sua dor – no entanto, isso requer que os respondentes tenham uma compreensão sofisticada do vocabulário relacionado à dor (Hawker et al., 2011).

Outra medida comumente utilizada, o Inventário Breve de Dor (IBD), avalia a gravidade e a intensidade da dor, além de como a dor interfere nas múltiplas dimensões do afeto e nas atividades, incluindo relacionamentos, prazer na vida, humor, sono, deambulação, trabalho e atividade em geral (Cleeland, 2009; Stanhope, 2016). O IBD tem versões em forma curta e forma longa, pode ser usado para avaliar a dor nos últimos 7 dias ou últimas 24 horas e mede a dor como "mais intensa", "menos intensa", "média" e "agora" (Cleeland, 2009; Stanhope, 2016). Seu foco na interferência da dor proporciona utilidade na avaliação da extensão em que uma crise de dor pode afetar negativamente os estados de humor de um paciente e/ou sua habilidade de se engajar em atividades valorizadas.

Como os pensamentos podem influenciar significativamente os resultados relacionados à dor, o exame das avaliações cognitivas dos pacientes da sua dor é um componente importante de uma estratégia de avaliação abrangente. A catastrofização da dor (i.e., pensamentos como "Essa é a pior dor que consigo imaginar" ou "Essa dor nunca vai passar") aumenta a sua magnitude (Spanos et al., 1979). A Escala de Catastrofização da Dor (PCS, do inglês Pain Catastrophizing Scale) é um questionário de autorrelato que abrange 13 itens que os pacientes classificam de acordo com a intensidade com que experienciam cada pensamento ou sentimento quando estão com dor (p. ex., "Quando estou com dor, parece que não consigo tirá-la da cabeça" ou "Quando estou com dor, sinto que não vou conseguir aguentar mais"; Sullivan et al., 1995). A PCS fornece um escore total, além de três subescalas que avaliam ruminação, magnificação e impotência (Sullivan et al., 1995). A PCS pode ser usada na avaliação inicial, bem como para medir os resultados (Darnall et al., 2014).

Terapia cognitivo-comportamental para dor

A terapia cognitivo-comportamental (TCC) para dor visa a abordar os componentes psicológicos, cognitivos e comportamentais da experiência de dor para reduzir o estresse e a incapacidade e aumentar o funcionamento (Eccleston et al., 2013). Embora algumas estratégias possam ser úteis para ajudar os indivíduos a lidarem com dor aguda ou crônica, outras estratégias podem ser mais apropriadas para um tipo específico de condição dolorosa. Ao desenvolverem uma formulação de caso baseada na TCC para indivíduos com dor, os clínicos devem considerar como os fatores disposicionais subjacentes, como alto traço de ansiedade, podem interagir com estressores ou gatilhos situacionais, como uma lesão, e como os componentes cognitivos da experiência da dor (como catastrofização) e as respostas comportamentais à dor (como evitação) podem manter o estresse e a incapacidade.

Estratégias para dor aguda

A catastrofização da dor é comum em pacientes que apresentam dor aguda (Kapoor et al., 2016; Sullivan et al., 1995). Os pensamentos catastróficos referentes à dor podem incluir crenças de que a dor é insuportável ou nunca vai desaparecer, que a dor arruinou a vida do paciente e lhe roubou tempo, que a dor é injusta ou significa que alguma coisa está fundamentalmente errada com o paciente, que a dor está sendo causada por um processo patológico subjacente grave que não foi identificado pelos médicos ou que não há nada que o paciente possa fazer para mudar ou reduzir a dor. Portanto, estratégias cognitivas para reestruturar pensamentos catastróficos podem ser úteis para pacientes com dor aguda – por exemplo, um paciente experienciando dor aguda intensa durante um procedimento médico que tem um pensamento catastrófico como "Não posso sobreviver a isso" pode se beneficiar do exame das evidências a favor e contra seu pensamento para gerar um pensamento de enfrentamento mais equilibrado (p. ex., "Este médico ajuda muitos pacientes como eu; acho que é provável que eu passe por este procedimento e seja capaz de lidar com essa dor sob os seus cuidados").

Estratégias cognitivo-comportamentais adicionais em curto prazo também podem ser úteis no gerenciamento da dor aguda. Elas abordam o pensamento inútil, além de respostas comportamentais como ruminação sobre a dor, hipervigilância quanto às suas manifestações e evitação de atividades adaptativas ou necessárias devido ao medo de desencadear dor e comparações com o modo como os outros funcionam ou com o próprio funcionamento anterior que contribuem para a manutenção da dor. Estratégias de desvio da atenção/distração podem ajudar a gerenciar dor aguda em populações pediátricas e adultas em inúmeros contextos, incluindo punção venosa, trabalho de parto e tratamento de queimaduras (Amiri et al., 2019; Burns-Nader et al., 2017; Rezai et al., 2017). As técnicas de distração podem incluir, mas não estão limitadas a, contar números ou fazer a contagem inversa, resolver quebra-cabeças, lembrar de uma memória positiva ou uma piada, ouvir música, jogar *games* em um *tablet* ou engajar-se em realidade virtual (Amiri et al., 2019; Burns-Nader et al., 2017; Malloy & Milling, 2010). Em uma revisão sistêmica e metanálise recentes entre pacientes pediátricos, Eijlers et al. (2019) descobriram que intervenções com realidade virtual durante procedimentos médicos dolorosos reduziam significativamente a dor relatada pelo paciente e a ansiedade em comparação com os cuidados habituais. Estratégias de *mindfulness*, como consciência não julgadora e aceitação da dor, podem ser mais úteis que distração para indivíduos com altos níveis de catastrofização da dor (Prins et al., 2014).

Estratégias de relaxamento e *mindfulness* também podem ser eficazes no manejo da dor aguda. A dor aguda desencadeia a ativação do sistema nervoso simpático, o que leva a aumentos nas frequências respiratória e cardíaca, tensão muscular e pressão arterial. A atividade aumentada do sistema nervoso simpático também pode manter a dor ou, com o tempo, aumentar a suscetibilidade a doenças ou infecção (Crockett & Panickar, 2011; Schaffer & Yucha, 2004). Estratégias que engajam o sistema nervoso parassimpático e focam a resposta de relaxamento fisiológico podem, portanto, ser úteis no manejo da dor. Essas estratégias podem incluir respiração profunda (p. ex., respiração diafragmática em vez de respiração superficial no peito); relaxamento muscular progressivo, em que o paciente progressivamente contrai e relaxa diferentes grupos musculares em todo o corpo, movimentando desde os dedos dos pés até a cabeça ou da cabeça até os dedos dos pés; e imagem mental visual, em que o paciente visualiza uma cena relaxante em sua mente, engajando seus sentidos no processo imaginativo (p. ex., imaginar o que ele veria, cheiraria, ouviria, etc., em uma praia). Além disso, foi constatado que a ioga reduz significativamente a dor e a ansiedade relatadas pelos pacientes durante crises vaso-oclusivas dolorosas em crianças com anemia falciforme (Moody et al., 2017). Estratégias de *mindfulness*, como consciência no momento presente e reconhecimento dos pensamentos sem julgamento, demonstraram reduzir a dor e o estresse em pacientes cirúrgicos (Miller-Matero et al., 2019).

Estratégias para dor crônica

As estratégias cognitivas na TCC para gerenciamento de dor crônica podem incluir avaliação e reestruturação de pensamentos ou crenças associadas à dor (Williams et al., 2012) – por exemplo, um paciente pode primeiro aprender a notar seus pensamentos automáticos sobre a dor, prestando particular atenção aos erros cognitivos ou "armadilhas do pensamento", como catastrofização ou pensamento do tipo preto ou branco que ele seja propenso a exibir. Com o apoio do terapeuta, o paciente pode, então, praticar a reestruturação de um pensamento catastrófico (p. ex., "Não consigo mais suportar a minha dor") para um pensamento de enfrentamento mais equilibrado (p. ex., "Sei que esta dor vai acabar diminuindo de intensidade porque isso já aconteceu antes"; Otis, 2007). Psicoeducação sobre as relações entre os pensamentos, as sensações físicas e os comportamentos também pode ajudar os pacientes a desenvolverem consciência de como seus pensamentos sobre a dor influenciam seus comportamentos, e vice-versa – por exemplo, se um paciente pensa "Jamais vou ser capaz de correr tão rápido quanto costumava correr", ele pode evitar oportunidades de praticar corrida, tornar-se menos ativo e, com o tempo, perder o tônus muscular. Intervenções baseadas em *mindfulness* e aceitação também são modernamente eficazes para resultados relacionados à dor, com alguns benefícios persistindo depois do tratamento (Veehof et al., 2016).

As estratégias comportamentais em TCC para gerenciamento da dor podem incluir a identificação de padrões de evitação e estratégias de enfrentamento desadaptativas e sua substituição por comportamentos que são sustentáveis, motivados por valores e não subordinados à dor (Williams et al., 2012) – por exemplo, os pacientes podem se beneficiar da ativação comportamental ou da programação e realização regular de atividades viáveis baseadas em valores ou agradáveis, independentemente do seu nível de dor. As estratégias comportamentais também podem incluir a substituição de um ritmo baseado nos objetivos por um ritmo baseado no tempo – em vez de se esforçar até a exaustão para completar tarefas, o que pode aumentar a dor e levar a um período de incapacidade, o paciente pode aprender a ter um ritmo usando unidades de tempo (p. ex., fazer um intervalo de 5 minutos na caminhada a cada 20 minutos, independentemente da distância que foi percorrida) para ser capaz de manter a atividade em longo prazo (Otis, 2007). Outras estratégias da TCC para gerenciamento da dor podem incluir o ensino de habilidades de relaxamento fisiológico, como respiração diafragmática, relaxamento muscular progressivo e imagem mental visual, que podem promover a consciência de onde o indivíduo concentra tensão no corpo e proporcionar alívio fisiológico concreto em curto prazo (Otis, 2007). Comparada ao tratamento habitual, a TCC tem efeitos imediatos pós-tratamento de pequenos a moderados sobre dor, a incapacidade e os resultados afetivos e é considerada o padrão-ouro do tratamento psicológico para dor (Darnall et al., 2020; Williams et al., 2012).

Barreiras e inovações no tratamento

As barreiras ao uso efetivo de estratégias da TCC com pacientes em uma crise de dor podem incluir altos níveis de estresse do paciente; ceticismo do paciente ou estigma sobre o tratamento psicológico; barreiras financeiras, como a falta de cobertura do plano de saúde; e/ou barreiras do sistema de saúde, como a falta de prestadores, acesso limitado a prestadores de saúde mental ou processos de encaminhamento complicados (Ehde et al., 2014). Uma maneira de superar essas barreiras é aproveitar a tecnologia para fornecer TCC a pacientes em crise de dor. Isso pode ser feito por meio de tratamento por telefone, videoconferência (p. ex., Zoom) ou intervenções feitas por meio de mensagens ou aplicativos (Ehde et al., 2014). A tecnologia também pode ser usada para prover educação sobre habilidades para gerenciamento da dor – por exemplo, na preparação para um procedimento médico doloroso, pode ser apresentado aos pacientes um aplicativo de celular ou um *website* que oferece orientações sobre habilidades de relaxamento. Os clínicos devem ter cuidado ao selecionarem aplicativos de celular ou ferramentas baseadas na internet para os pacientes; embora exista uma pequena literatura sobre a eficácia dos aplicativos para gerenciamento da dor, são necessárias pesquisas mais rigorosas (Lalloo et al., 2015; Thurnheer et al., 2018). Outros métodos de superação das barreiras ao tratamento incluem modelos de cuidados colaborativos ou treinamento de outros clínicos que não sejam psicólogos – como os profissionais do departamento de emergência – para aplicar TCC para gerenciamento da dor (Ehde et al., 2014). Isso pode aumentar a aceitabilidade da intervenção entre pacientes céticos ou que temem ser estigmatizados por procurarem serviços de saúde mental. Também pode aumentar a acessibilidade dessas estratégias, particularmente em um contexto de crise ou em ambientes que têm grandes barreiras para o acesso ao tratamento psicológico.

Medicamentos analgésicos podem ser uma parte importante de uma abordagem geral para gerenciamento da dor quando a inclusão do medicamento ajuda a melhorar a qualidade de vida de um indivíduo. Embora alguns pacientes possam ter forte preferência por não tomarem medicamentos para dor, talvez devido a um histórico de dependência, experiências negativas prévias com medicação para dor ou interações potenciais com outro medicamento, não é incomum que os pacientes recebam prescrição de medicação para alívio da dor. O uso de medicação analgésica não desqualifica um paciente para participar de TCC para dor. Na verdade, em situações em que os pacientes estão tomando medicações, pode-se explicar que as habilidades de autogerenciamento para dor podem ajudá-los a depender menos dos medicamentos durante uma crise de dor ou podem ajudar a medicação a agir mais efetivamente.

Prevenção de recaída

Embora evidências consideráveis sugiram que a TCC é uma estratégia eficaz para redução de estresse e incapacidade relacionados à dor, os benefícios terapêuticos tendem a declinar com o tempo (Naylor et al., 2008). Os pacientes inevitavelmente vão experienciar crises de dor no futuro, e é de suma importância que os clínicos os preparem para essa realidade. Os passos a seguir, descritos em Otis (2007), são recomendados para o planejamento das crises de dor: (1) preparação, (2) confrontação, (3) momentos críticos e (4) reflexão e planejamento. A preparação para uma crise de dor antes que ela ocorra inclui reconhecer os sinais de que a dor está piorando e praticar declarações de enfrentamento positivas ("Já lidei com isso antes e posso fazer de novo"). A confrontação quando ocorre uma crise de dor envolve o uso de estratégias cognitivo-comportamentais aprendidas durante o tratamento e o ajuste das estratégias, quando necessário. Momentos críticos durante uma crise de dor são as situações durante as quais o paciente identifica cognições desadaptativas e trabalha para substituí-las por pensamentos mais equilibrados. Por fim, reflexão e planejamento depois de uma crise de dor requerem a avaliação das estratégias que foram úteis no gerenciamento da crise e o uso da experiência para se planejar para crises futuras (p. ex., "No futuro, vou tentar estratégias de relaxamento mais rapidamente do que desta vez"). Os clínicos também devem incentivar os pacientes a se oferecerem reforços positivos para o uso de estratégias de TCC (p. ex., "Estou feliz com a forma como não deixei que meus pensamentos negativos escalassem até ficarem fora de controle"; Otis, 2007).

Vários estudos exploraram a eficácia de ferramentas baseadas na internet ou no telefone para ajudar os pacientes a manterem os ganhos iniciais do tratamento (Naylor et al., 2008; Williams, 2011) – por exemplo, Naylor et al. desenvolveram a Resposta de Voz Interativa Terapêutica, um sistema automatizado por telefone que permite que os pacientes automonitorem seu progresso e interajam com lembretes pré-gravados sobre as habilidades aprendidas durante o tratamento. Outras ferramentas de prevenção de recaída baseadas em evidências incluem grupos de discussão *on-line*, *sites* monitorados pelo terapeuta, *sites* automatizados (i.e., sem a participação constante de um terapeuta) e aplicativos para telefone celular mHealth, que facilitam o monitoramento da dor e da mudança do comportamento (Williams, 2011).

Exemplo de caso

Ao se apresentar em nossa clínica pelo estresse devido à sua dor no ombro e na clavícula, Andrea consultou um psicólogo clínico por cerca de 1 hora para realizar uma avaliação da dor e a entrevista clínica. Em situações em que o problema presente do paciente é mais complexo ou há camadas de comorbidade presentes, o tempo necessário para concluir uma avaliação pode aumentar. O clínico obteve informações sobre o histórico clínico de Andrea, incluindo os estressores e as fontes de apoio social, sua história médica e psicológica e informações sobre fatores que podem afetar a dor, como sono, exercício e uso de substâncias. O clínico usou o IBD para avaliar a dor mais intensa, menos intensa e média durante os últimos 7 dias, além da sua dor atual. Andrea classificou sua dor mais intensa na semana anterior como 9/10, sua dor menos intensa como 6/10, sua dor média como 8/10 e sua dor atual como 8/10. Ela indicou que a dor havia interferido significativamente no seu humor, trabalho, sono e relacionamentos (todos classificados como 8/10) durante a última semana. O escore total de Andrea na PCS foi 40 (de um escore máximo possível de 52), com escore de 15 (de um escore máximo possível de 16) na subescala Ruminação, escore de 6 (de um escore máximo possível de 12) na subescala Magnificação e escore de 19 (de um escore máximo possível de 24) na subescala Impotência. Ela relatou que se sentia significativamente estressada porque sua dor nunca ia embora e se preocupava que pudesse ter de abandonar seu emprego, ficando sem trabalho e sem um treinamento que lhe possibilitasse ingressar em outra carreira. Ela disse: "Eu me preocupo com isso o tempo todo – nesta semana, não houve um momento em que eu não tenha me preocupado, mas, mesmo antes disso, eu pensava muito todos os dias sobre o que vai acontecer comigo se a minha dor não desaparecer". Com base nessa avaliação de admissão, foi feito um diagnóstico de transtorno de sintomas somáticos, leve, com dor predominante (DSM-5-TR F45.1). Foi oferecida a Andrea TCC para dor crônica, que ela aceitou, e a primeira sessão foi agendada para o fim daquela semana.

Andrea se apresentou para a primeira sessão com humor distímico. Ficou chorosa quando explicou que sua dor não havia cessado. O clínico começou a sessão fornecendo psicoeducação sobre a conexão entre pensamentos, comportamentos e sensações físicas no contexto da dor, além do ciclo de dor, estresse e incapacidade. Andrea mencionou que isso fazia sentido para ela e sentia como se estivesse presa no ciclo. Disse que sua dor fez ela ficar na cama até tarde nas manhãs daquela semana, o que levou a mais pensamentos sobre se ela conseguiria lidar com suas responsabilidades devido à intensidade da dor. O clínico também discutiu as teorias da dor, incluindo a teoria do portão de controle da dor, e convidou Andrea a refletir sobre os fatores que abriam e fechavam seu "portão" da dor. Então, o clínico ensinou-lhe a respiração diafragmática, que ela foi incentivada a praticar diariamente antes da sessão seguinte. Na sessão posterior, o clínico também introduziu relaxamento muscular progressivo e imagem mental visual como estratégias para Andrea praticar regularmente e durante momentos de dor intensa.

O sucesso de Andrea ao praticar técnicas de relaxamento e encontrar benefícios nelas ajudou a construir impulso terapêutico à medida que o tratamento avançou para a discussão de estratégias cognitivas para dor. Ela mencionou que achou a distração útil em curto prazo quando a dor parecia intolerável e que preferia ouvir *podcasts* e assistir à televisão como estratégias de distração – no entanto, expressou que às vezes passava várias horas assistindo à televisão quando estava com dor, o que levava a sentimentos de culpa e estresse quanto a "ser improdutiva". O clínico pediu que Andrea refletisse sobre como a distração poderia ser uma estratégia útil em curto prazo para tolerar o estresse associado à dor aguda ou quando se engajava em atividades de reabilitação, como fisioterapia, e sobre como identificar quando a distração poderia se transformar em procrastinação ou em comportamentos menos adaptativos. Ao examinar os erros cognitivos, Andrea identificou catastrofização e adivinhação como formas de pensamento comuns relacionadas à sua dor. O clínico introduziu a reestruturação cognitiva e conduziu Andrea pelos passos necessários para realizá-la usando um exemplo da sua própria vida discutido na sessão. Andrea identificou cognições relacionadas à dor, como "Minha dor nunca vai passar" ou "Não consigo lidar com essa dor", e foi capaz de refletir sobre como a rigidez dessas cognições não foi útil. Na sessão, ela foi capaz de se engajar em reestruturação para gerar pensamentos de enfrentamento mais equilibrados, como "Posso pedir ao meu parceiro uma massagem para ver se isso me ajuda com a dor"; "As crises de dor não vão durar para sempre"; ou "Já passei antes por esse nível de dor e posso pedir ajuda para passar por isso agora".

Então, Andrea e o clínico passaram para a discussão de estratégias comportamentais para gerenciamento da sua dor. Retornando ao ciclo de dor-estresse-incapacidade, o clínico explicou que a dor frequentemente leva a um decréscimo nos níveis de atividade e à evitação de atividades que têm o potencial de causar dor, mas que engajar-se em atividades valorizadas ou agradáveis que Andrea achasse viáveis poderia ajudá-la a levantar seu humor. Andrea identificou cinco atividades prazerosas em que gostaria de se engajar regularmente: fazer caminhadas pelo bairro, tomar café com uma amiga nos fins de semana, preparar o jantar para seu parceiro, tocar violão e ser voluntária em um banco de alimentos na vizinhança. Estas eram atividades de que ela já desfrutou em outros momentos, mas que tinham saído da sua rotina devido à dor. Andrea e o clínico criaram colaborativamente uma programação semanal que possibilitaria que ela se engajasse em pelo menos uma atividade prazerosa por dia. O clínico também introduziu a ideia de ritmo baseado no tempo, e Andrea mencionou que tendia a trabalhar em excesso e a se cobrar com os afazeres domésticos, não querendo parar até que um cômodo estivesse completamente limpo. Como resultado dessa cobrança, sua dor aumentava e limitava sua capacidade de realizar as tarefas domésticas por vários dias. Andrea concordou em fazer intervalos breves quando fazia o trabalho doméstico antes de ficar fatigada, com o objetivo de conseguir manter seu nível de atividade sem uma crise de dor.

Depois de oito sessões de tratamento, Andrea relatou que, embora sua dor ainda estivesse presente, ela havia reduzido para cerca de 5/10 em média. Também relatou que sentia significativamente menos estresse quanto ao significado da sua dor e era mais capaz de "baixar o volume da dor quando a sinto". Ela expressou que experienciava significativamente menos estresse quanto às implicações da dor em seu futuro e mencionou que havia discutido opções com seus colegas de trabalho e supervisor que possibilitaram que ela fosse no seu ritmo enquanto arrumava os livros nas estantes e passasse mais tempo no balcão de assistência à pesquisa. Ela também praticava regularmente relaxamento muscular progressivo, sua habilidade de relaxamento preferida, usando uma gravação em áudio guiada antes de dormir. Seu escore total na PCS pós-tratamento era 16 de 52, e ela fez a observação de que se sentia mais bem equipada para "lidar com qualquer dor que se lançar sobre mim".

Resumo e conclusões

Conforme ilustrado no caso de Andrea, a experiência de dor pode afetar quase todos os aspectos da vida de uma pessoa. A dor também pode afetar negativamente as formas de pensar e se comportar dos pacientes, fazendo eles pensarem negativamente sobre si mesmos e evitarem atividades cotidianas saudáveis. Esses pensamentos desadaptativos e comportamentos evitativos podem, por sua vez, exacerbar ainda mais a experiência de dor de uma pessoa e podem concomitantemente resultar em sentimentos de depressão. Felizmente, tem sido feito progresso considerável nas últimas décadas no avanço do nosso entendimento da natureza da dor. Além disso, inúmeras teorias foram propostas para ajudar a explicar como processos do pensamento, como catastrofização, podem provocar crises de dor e comportamento evitativo. Como resultado do tremendo progresso no campo da dor crônica, agora temos conhecimento das mais eficazes técnicas de avaliação e tratamento baseadas em evidências que podem ajudar os pacientes a retornarem a um funcionamento mais saudável.

Atualmente, é considerada a melhor prática conduzir uma avaliação abrangente da dor antes de engajar um paciente no tratamento e utilizar métodos multimodais para avaliar a dor dos pacientes. Essas medidas podem incluir ferramentas de rastreio rápido, questionários clínicos abrangentes e entrevistas clínicas multidimensionais para dor. É essencial conduzir uma avaliação minuciosa da dor para que cada componente da TCC possa ser escolhido e adaptado às necessidades individuais do paciente, maximizando, assim, o benefício potencial do tratamento. Entender e conceitualizar a dor como um processo biopsicossocial possibilita que os clínicos abordem os múltiplos componentes sobrepostos da experiência de dor de um paciente.

A TCC está bem estabelecida como uma abordagem de tratamento baseada em evidências para ajudar os indivíduos a gerenciarem os efeitos das dores crônica e aguda. Esse tipo de terapia tem inúmeras vantagens: é baseado em habilidades, oferece ferramentas concretas que se generalizam para o gerenciamento de muitos tipos de dor, e as habilidades ensinadas aos pacientes podem ser usadas para ajudar no gerenciamento do humor negativo. Além disso, conforme ilustrado no caso de Andrea, as habilidades ensinadas na TCC podem abordar diretamente o ciclo de dor-estresse-incapacidade. A pesquisa continuada no campo faz-se necessária para determinar novas maneiras de aumentar o acesso do paciente à TCC para dor crônica, incluindo formas de aproveitar a telessaúde e outros métodos novos para expandir a possibilidade de os pacientes se beneficiarem dessa abordagem terapêutica, além de determinar como adaptar esse tratamento a pacientes de contextos diversos. Considerando-se a alta prevalência de dor crônica, é provável que os clínicos se deparem com muitos pacientes que estão enfrentando uma condição com dor crônica. Somos afortunados porque atualmente existem abordagens não medicamentosas para ajudar os pacientes a voltarem a ter vidas produtivas e saudáveis.

Referências

Altun, A., Brown, H., Sturgiss, L., & Russell, G. (2021). Evaluating chronic pain interventions in recent refugees and immigrant populations: A systematic review. *Patient Education and Counseling, 105*(5), 1152–1169.

American Psychiatric Association. (2022). *Diagnostic and statistical manual of mental disorders* (5th ed., text rev.). Author.

Amiri, P., Mirghafourvand, M., Esmaeilpour, K., Kamalifard, M., & Ivanbagha, R. (2019). The effect of distraction techniques on pain and stress during labor: A randomized controlled clinical trial. *BMC Pregnancy and Childbirth, 19*(1), 1–9.

Beecher, H. K. (1946). Pain in men wounded in battle. *Annals of Surgery, 123*, 96–105.

Burns-Nader, S., Joe, L., & Pinion, K. (2017). Computer tablet distraction reduces pain and anxiety in pediatric burn patients undergoing hydrotherapy: A randomized trial. *Burns, 43*(6), 1203–1211.

Carr, D. B., & Goudas, L. C. (1999). Acute pain. *The Lancet, 353*(9169), 2051–2058.

Chang, H. Y., Daubresse, M., Kruszewski, S. P., & Alexander, G. C. (2014). Prevalence and treatment of pain in EDs in the United States, 2000 to 2010. *American Journal of Emergency Medicine, 32*(5), 421–431.

Cleeland, C. S. (2009). *The Brief Pain Inventory user guide.* www.mdanderson.org/education-and-research/departments-programs-and-labs/departments-and-divisions/symptom-research/symptom-assessment-tools/BPI_UserGuide.pdf

Crockett, A., & Panickar, A. (2011). Role of the sympathetic nervous system in pain. *Anaesthesia and Intensive Care Medicine, 12*(2), 50–54.

Darnall, B. D., Carr, D. B., & Schatman, M. E. (2017). Ethics forum: Pain psychology and the biopsychosocial model of pain treatment: Ethical imperatives and social responsibility. *Pain Medicine (United States), 18*(8), 1413–1415.

Darnall, B. D., Mackey, S. C., Lorig, K., Kao, M. C., Mardian, A., Stieg, R., . . . Cheung, M. (2020). Comparative effectiveness of cognitive behavioral therapy for chronic pain and chronic pain self-management within the context of voluntary patient-centered prescription opioid tapering: The EMPOWER study protocol. *Pain Medicine (United States), 21*(8), 1523–1531.

Darnall, B. D., Sturgeon, J. A., Kao, M. C., Hah, J. M., & Mackey, S. C. (2014). From catastrophizing to recovery: A pilot study of a single-session treatment for pain catastrophizing. *Journal of Pain Research, 7*, 219–226.

Decosterd, I., Hugli, O., Tamchès, E., Blanc, C., Mouhsine, E., Givel, J. C., . . . Buclin, T. (2007). Oligoanalgesia in the emergency department: Short-term beneficial effects of an education program on acute pain. *Annals of Emergency Medicine, 50*(4), 462–471.

Downie, W. W., Leatham, P. A., Rhind, V. M., Wright, V., Branco, J. A., & Anderson, J. A. (1978). Studies with pain rating scales. *Annals of the Rheumatic Diseases, 37*(4), 378–381.

Eccleston, C., Morley, S. J., & Williams, A. C. (2013). Psychological approaches to chronic pain management: Evidence and challenges. *British Journal of Anaesthesia, 111*(1), 59–63.

Ehde, D. M., Dillworth, T. M., & Turner, J. A. (2014). Cognitive-behavioral therapy for individuals with chronic pain: Efficacy, innovations, and directions for research. *American Psychologist, 69*(2), 153–166.

Eijlers, R., Utens, E. M. W. J., Staals, L. M., De Nijs, P. F. A., Berghmans, J. M., Wijnen, R. M. H., Hillegers, M. H. J., . . . Legerstee, J. S. (2019). Systematic review and meta-analysis of virtual reality in pediatrics: Effects on pain and anxiety. *Anesthesia and Analgesia, 129*(5), 1344–1353.

Erazo, E. C. (2017). Cultural considerations and tools for treating chronic pain among Hispanics/ Latinos. In L. T. Benuto (Ed.), *Toolkit for counseling Spanish-speaking clients* (pp. 173–198). Springer, Cham.

Fayaz, A., Croft, P., Langford, R. M., Donaldson, L. J., & Jones, G. T. (2016). Prevalence of chronic pain in the UK: A systematic review and meta-analysis of population studies. *BMJ Open, 6*(6), e010364.

Fearon, P., & Hotopf, M. (2001). Relation between headache in childhood and physical and psychiatric symptoms in adulthood: National birth cohort study. *British Medical Journal, 322*(7295), 1145–1148.

Gregory, J., & Mcgowan, L. (2016). An examination of the prevalence of acute pain for hospitalised adult patients: A systematic review. *Journal of Clinical Nursing, 25*(5–6), 583–598.

Haefeli, M., & Elfering, A. (2006). Pain assessment. *European Spine Journal, 15*(Suppl. 1), S17– S24.

Hawker, G. A., Mian, S., Kendzerska, T., & French, M. (2011). Measures of adult pain: Visual Analog Scale for Pain (VAS Pain), Numeric Rating Scale for Pain (NRS Pain), McGill Pain Questionnaire (MPQ), Short-Form McGill Pain Questionnaire (SF-MPQ), Chronic Pain Grade Scale (CPGS), Short Form-36 Bodily Pain Scale (SF-36 BPS) and Measure of Intermittent and Constant Osteoarthritis Pain (ICOAP; *Arthritis Care and Research, 63*(Suppl. 11), S240–S252.

Hruschak, V., & Cochran, G. (2018). Psychosocial predictors in the transition from acute to chronic pain: A systematic review. *Psychology, Health and Medicine, 23*(10), 1151–1167.

Janssen, S. A., & Arntz, A. (1996). Anxiety and pain: Attentional and endorphinergic influences. *Pain, 66*(2–3), 145–150.

Kapoor, S., White, J., Thorn, B. E., & Block, P. (2016). Patients presenting to the emergency department with acute pain: The significant role of pain catastrophizing and state anxiety. *Pain Medicine (United States), 17*(6), 1069–1078.

Karayannis, N. V., Baumann, I., Sturgeon, J. A., Melloh, M., & Mackey, S. C. (2019). The impact of social isolation on pain interference: A longitudinal study. *Annals of Behavioral Medicine, 53*(1), 65–74.

Keating, L., & Smith, S. (2011). Acute pain in the emergency department: The challenges. *Reviews in Pain, 5*(3), 13–17.

King, S., Chambers, C. T., Huguet, A., MacNevin, R. C., McGrath, P. J., Parker, L., & MacDonald, A. J. (2011). The epidemiology of chronic pain in children and adolescents revisited: A systematic review. *Pain, 152*(12), 2729–2738.

Kroenke, K., Wu, J., Bair, M. J., Krebs, E. E., Damush, T. M., & Tu, W. (2011). Reciprocal relationship between pain and depression: A 12-month longitudinal analysis in primary care. *Journal of Pain, 12*(9), 964–973.

Lalloo, C., Jibb, L. A., Rivera, J., Agarwal, A., & Stinson, J. N. (2015). "There's a pain app for that": Review of patient-targeted smartphone applications for pain management. *Clinical Journal of Pain, 31*(6), 557–563.

Malloy, K. M., & Milling, L. S. (2010). The effectiveness of virtual reality distraction for pain reduction: A systematic review. *Clinical Psychology Review, 30*(8), 1011–1018.

McGreevy, K., Bottros, M. M., & Raja, S. N. (2011). Preventing chronic pain following acute pain: Risk factors, preventive strategies, and their efficacy. *European Journal of Pain Supplements, 5*(2), 365–376.

Melzack, R. (1975). The McGill Pain Questionnaire: Major properties and scoring methods. *Pain, 1*(3), 277–299.

Melzack, R. (2005). The McGill Pain Questionnaire: From description to measurement. *Anesthesiology, 103*(1), 199–202.

Melzack, R., & Wall, P. D. (1965). Pain mechanisms: A new theory. *Science, 150*(3699), 971–979. Miller-Matero, L. R., Coleman, J. P., Smith-Mason, C. E., Moore, D. A., Marszalek, D., & Ahmedani, B. K. (2019). A brief mindfulness intervention for medically hospitalized patients with acute pain: A pilot randomized clinical trial. *Pain Medicine (United States), 20*(11), 2149–2154.

Moayedi, M., & Davis, K. D. (2013). Theories of pain: From specificity to gate control. *Journal of Neurophysiology, 109*(1), 5–12.

Moody, K., Abrahams, B., Baker, R., Santizo, R., Manwani, D., Carullo, V., . . . Carroll, A. (2017). A randomized trial of yoga for children hospitalized with sickle cell vaso-occlusive crisis. *Journal of Pain and Symptom Management, 53*(6), 1026–1034.

Morrison, I., Perini, I., & Dunham, J. (2013). Facets and mechanisms of adaptive pain behavior: Predictive regulation and action. *Frontiers in Human Neuroscience, 7*, 755.

Naylor, M. R., Keefe, F. J., Brigidi, B., Naud, S., & Helzer, J. E. (2008). Therapeutic Interactive Voice Response for chronic pain reduction and relapse prevention. *Pain, 134*(3), 335–345.

Otis, J. (2007). *Managing chronic pain: A cognitive-behavioral therapy approach*. Oxford University Press.

Palermo, T. (2000). Impact of recurrent and chronic pain on child and family daily functioning: A critical review of the literature. *Journal of Developmental and Behavioral Pediatrics, 21*(1), 58–69.

Prins, B., Decuypere, A., & Van Damme, S. (2014). Effects of mindfulness and distraction on pain depend upon individual differences in pain catastrophizing: An experimental study. *European Journal of Pain (United Kingdom), 18*(9), 1307–1315.

Raja, S. N., Carr, D. B., Cohen, M., Finnerup, N. B., Flor, H., Gibson, S., . . . Vader, K. (2020). The revised International Association for the Study of Pain definition of pain: Concepts, challenges, and compromises. *Pain, 161*(9), 1976–1982.

Rezai, M. S., Goudarzian, A. H., Jafari-Koulaee, A., & Bagheri-Nesami, M. (2017). The effect of distraction techniques on the pain of venipuncture in children: A systematic review. *Journal of Pediatrics Review, 5*(1), 26–37.

Rich, B. A. (1999). Better late than never: The Federation of State Medical Boards model guidelines for the use of controlled substances for the treatment of pain. *Journal of Pharmaceutical Care in Pain and Symptom Control, 7*(2), 1–5.

Schaffer, S. D., & Yucha, C. B. (2004). Relaxation & pain management: The relaxation response can play a role in managing chronic and acute pain. *American Journal of Nursing, 104*(8), 75–82.

Schaible, H. G., & Richter, F. (2004). Pathophysiology of pain. *Langenbeck's Archives of Surgery, 389*(4), 237–243.

Shavers, V. L., Bakos, A., & Sheppard, V. B. (2010). Race, ethnicity, and pain among the U.S. adult population. *Journal of Health Care for the Poor and Underserved, 21*(1), 177–220.

Spanos, N. P., Radtke-Bodorik, H. L., Ferguson, J. D., & Jones, B. (1979). The effects of hypnotic susceptibility, suggestions for analgesia, and the utilization of cognitive strategies on the reduction of pain. *Journal of Abnormal Psychology, 88*(3), 282–292.

Stanhope, J. (2016). Brief Pain Inventory review. *Occupational Medicine, 66*(6), 496–497.

Steingrímsdóttir, Ó. A., Landmark, T., Macfarlane, G. J., & Nielsen, C. S. (2017). Defining chronic pain in epidemiological studies: A systematic review and meta-analysis. *Pain, 158*(11), 2092–2107.

Sullivan, M. J. L., Bishop, S. R., & Pivik, J. (1995). The Pain Catastrophizing Scale: Development and validation. *Psychological Assessment, 7*(4), 524–532.

Sullivan, M. J. L., Lynch, M. E., & Clark, A. J. (2005). Dimensions of catastrophic thinking associated with pain experience and disability in patients with neuropathic pain conditions. *Pain, 113*(3), 310–315.

Thurnheer, S. E., Gravestock, I., Pichierri, G., Steurer, J., & Burgstaller, J. M. (2018). Benefits of mobile apps in pain management: Systematic review. *JMIR mHealth and uHealth, 6*(10), e11231.

Tracey, W. D. (2017). Nociception. *Current Biology, 27*(4), R129–R133.

Tran, S. T., Jastrowski Mano, K. E., Hainsworth, K. R., Medrano, G. R., Khan, K. A., Weisman, S. J., & Davies, W. H. (2015). Distinct influences of anxiety and pain catastrophizing on functional outcomes in children and adolescents with chronic pain. *Journal of Pediatric Psychology, 40*(8), 744–755.

Treede, R. D., Rief, W., Barke, A., Aziz, Q., Bennett, M. I., Benoliel, R., . . . Wang, S. J. (2019). Chronic pain as a symptom or a disease: The IASP Classification of Chronic Pain for the International Classification of Diseases (ICD-11). *Pain, 160*(1), 19–27.

Tunks, E. R., Crook, J., & Weir, R. (2008). Epidemiology of chronic pain with psychological comorbidity: Prevalence, risk, course, and prognosis. *Canadian Journal of Psychiatry, 53*(4), 224–234.

Urits, I., Hubble, A., Peterson, E., Orhurhu, V., Ernst, C. A., Kaye, A. D., & Viswanath, O. (2019). An update on cognitive therapy for the management of chronic pain: A comprehensive review. *Current Pain and Headache Reports, 23*(57), 1–7.

Van Wilgen, C. P., & Keizer, D. (2012). The sensitization model to explain how chronic pain exists without tissue damage. *Pain Management Nursing, 13*(1), 60–65.

Veehof, M. M., Trompetter, H. R., Bohlmeijer, E. T., & Schreurs, K. M. G. (2016). Acceptance- and mindfulness-based interventions for the treatment of chronic pain: A meta-analytic review. *Cognitive Behaviour Therapy, 45*(1), 5–31.

Vinall, J., Pavlova, M., Asmundson, G., Rasic, N., & Noel, M. (2016). Mental health comorbidities in pediatric chronic pain: A narrative review of epidemiology, models, neurobiological mechanisms and treatment. *Children, 3*(4), 40.

Vos, T., Abajobir, A. A., Abbafati, C., Abbas, K. M., Abate, K. H., Abd-Allah, F., . . . Murray, C. J. L. (2017). Global, regional, and national incidence, prevalence, and years lived with disability for 328 diseases and injuries for 195 countries, 1990–2016: A systematic analysis for the Global Burden of Disease Study 2016. *The Lancet, 390*(10100), 1211–1259.

Williams, A. C. de C., Eccleston, C., & Morley, S. (2012). Psychological therapies for the management of chronic pain (excluding headache) in adults. *Cochrane Database of Systematic Reviews, 11*(11), CD007407.

Williams, D. A. (2011). Web-based behavioral interventions for the management of chronic pain. *Current Rheumatology Reports, 13*(6), 543–549.

Woo, C.-W., Schmidt, L., Krishnan, A., Jepma, M., Roy, M., Lindquist, M. A., . . . Wager, T. D. (2017). Quantifying cerebral contributions to pain beyond nociception. *Nature Communications, 8*, 14211.

World Health Organization. (2018). *International classification of diseases for mortality and morbidity statistics, 11th revision.* Author.

Young Casey, C., Greenberg, M. A., Nicassio, P. M., Harpin, R. E., & Hubbard, D. (2008). Transition from acute to chronic pain and disability: A model including cognitive, affective, and trauma factors. *Pain, 134*(1–2), 69–79.

Zelaya, C. E., Dahlhamer, J. M., Lucas, J. W., & Connor, E. M. (2020). Chronic pain and high-impact chronic pain among U.S. adults, 2019. *NCHS Data Brief, 390*, 1–8.

10

Crises em contextos de saúde integrada e doenças que ameaçam a vida

Joseph R. Pellizzari, Tyler G. Tulloch e Randi E. McCabe

Gerald, um homem de 64 anos de idade com doença pulmonar obstrutiva crônica (DPOC), começou a experienciar inúmeros sintomas que já eram bem conhecidos. Alguns dias antes, ele relutantemente havia participado de um evento familiar, quando notou algumas pessoas tossindo e refletiu sobre o quanto ele havia se tornado vigilante ao seu entorno. Ele sempre tentava evitar grandes multidões e carregava consigo um grande suprimento de higienizador de mãos. Infelizmente, agora estava transpirando devido à febre alta e estava tendo ataques de tosse mais frequentes. Sua expectoração tinha ficado verde, e ele estava começando a ter mais dificuldade para respirar. Ele se lembrava de episódios anteriores e sabia que estava experienciando uma exacerbação aguda da DPOC, provavelmente desencadeada por uma infecção viral. Sua dificuldade respiratória se tornou assustadora, ele já não conseguia falar direito, e sua parceira estava ficando assustada. Sua ansiedade e pânico aumentaram, pois ele temia que não sobrevivesse àquela noite. O restante da narrativa permanece nebuloso hoje. Gerald se lembra dos atendentes da ambulância chegando, do brilho das luzes no departamento de emergência e, depois, de acordar em um estado de pânico e confinamento em um quarto estranho com equipamentos à sua volta. Gerald se lembra de muitas pessoas entrando e saindo do seu quarto naquela noite e, em seu delírio, achou que eles o estavam preparando para uma execução no telhado do hospital. Ele recorda que se sentiu extremamente assustado, estressado e sozinho. Vários dias se passaram, e ele percebeu que estava mais alerta e consciente do que havia à sua volta. Ficou sabendo que tinha ficado em estado crítico e precisou de suporte de vida, incluindo intubação. Agora estava na unidade de terapia intensiva (UTI) de um hospital local, não mais com suporte respiratório, mas experienciando episódios frequentes de ansiedade aguda.

Apesar das tranquilizações da equipe médica, Gerald continuava a se questionar se conseguiria sair vivo da UTI. Ele agora estava se sentindo desanimado e sem esperanças, chorando com frequência. Todas as noites experienciava *flashes* de memória do plano de execução percebido, o que era extremamente estressante para ele. A equipe médica lhe explicou que experiências de delírio são comuns em episódios críticos da doença e que ele agora já estava mais próximo da sua linha de base cognitiva. Sua parceira lhe disse para simplesmente tentar esquecer isso, mas, todas as

> noites, quando tentava dormir, os pensamentos estressantes do plano de execução entravam na sua mente de forma sorrateira. À medida que sua recuperação física evoluiu, Gerald foi transferido para outras áreas menos agudas do hospital, como a ida para uma área de recuperação, uma ala geral do hospital e, por fim, a unidade de reabilitação médica. O alto nível de estresse psicológico de Gerald (p. ex., ansiedade, humor deprimido, insônia) continuou a ser uma fonte de preocupação clínica. Felizmente, ele se beneficiou dos serviços de consulta psicológica no hospital durante seus episódios de cuidados.

Estresse psicológico em problemas de saúde

A descrição de condições relacionadas a crises em ambientes de saúde integrada e doenças que ameaçam a vida tem grande abrangência. Para os propósitos deste capítulo, focamos primariamente no estresse psicológico no contexto hospitalar, com alguma ênfase no contexto médico/cirúrgico agudo. Uma vasta gama de atividades clínicas e de pesquisa nas seguintes áreas gerais fornece as bases do conteúdo deste capítulo: (1) psiquiatria de ligação (p. ex., Levenson, 2019), (2) medicina comportamental (p. ex., Vranceanu et al., 2017) e (3) psicologia da saúde (p. ex., Labott, 2019). Por uma perspectiva formal do *Manual diagnóstico e estatístico de transtornos mentais, 5ª edição, texto revisado* (DSM-5-TR; American Psychiatric Association, 2022), as condições pertinentes relacionadas neste contexto geralmente abrangem os transtornos depressivos, de ansiedade, relacionados a trauma e estressores e neurocognitivos.

Pela perspectiva da categoria dos transtornos depressivos, os sintomas de *transtorno depressivo maior* são de importância central. Clinicamente, as características centrais de humor deprimido e anedonia costumam ser o foco da avaliação. Nesses contextos, pode ser muito desafiador avaliar os sintomas vegetativos e cognitivos de um episódio depressivo, pois eles podem ser o resultado da própria condição médica subjacente ou de medicações prescritas. Torna-se importante entender verdadeiramente o endosso da anedonia e se ela está associada ao início de novos comprometimentos funcionais devido a lesão ou doença. O interesse diminuído ou a perda do prazer está presente para atividades que ainda são viáveis para o paciente – por exemplo, visitas aos seus entes queridos? Elementos de desesperança, culpa e falta de valor também podem estar operando, dependendo das circunstâncias que levaram à situação de hospitalização, e podem ser alvos para intervenção psicológica. A distinção entre reações emocionais normativas, como tristeza/desmoralização, e sinais de um episódio depressivo maior deve ser habilmente determinada.

Segundo a categoria dos transtornos de ansiedade, sintomas de *transtorno de pânico* e características de *transtorno de ansiedade generalizada* constituem a maior parte da atenção clínica nesses contextos. Além disso, *fobia específica* (especificador sangue-injeção-lesão) também pode ser uma condição pertinente. O desafio de distinguir os sinais fisiológicos de um ataque de pânico da doença médica subjacente (como DPOC, descrita no exemplo anterior) ou de medicações também existe para essa categoria de condições. Características de preocupação, apreensão, ruminação, lidar com a incerteza, medos catastróficos e evitação experiencial são os sintomas comumente focados.

Segundo a categoria de transtornos relacionados a trauma e estressores, dependendo da estrutura temporal e da natureza do(s) evento(s) médico(s) traumático(s), podem-se considerar diagnósticos potenciais de *transtorno de estresse pós-traumático*, *transorno de estresse agudo* ou *transtorno da adaptação*. No contexto de doença grave e que ameaça a vida, o estresse acentuado é proeminente e descrito associado a vários componentes, como sintomas intrusivos (p. ex., memórias estressantes do evento traumático), sinais de evitação persistente de estímulos relacionados (p. ex., evitação de exames médicos), uma coleção de sintomas cognitivos e de humor (p. ex., distanciamento, inabilidade para experienciar afeto positivo) e distúrbios pronunciados na excitação e na reatividade (p. ex., hipervigilância e comportamento irritável).

Por fim, a importância de estar vigilante para a possível emergência de delírio (um dos transtornos neurocognitivos) não pode ser superestimada, pois ele é extremamente comum no contexto médico. O que parece ser um episódio depressivo grave pode ser um delírio com o especificador *hipoativo*, enquanto as observações de um paciente gravemente em pânico podem ser parte da agitação apresentada em um delírio com o especificador *hiperativo*. Delírio tem início agudo, pode flutuar durante o dia e representa um desafio importante na condição mental da linha de base de uma pessoa.

A realidade prática é que crises clínicas em contextos de saúde integrada e doenças que ameaçam a vida podem ser desafiadoras de categorizar, e as apresentações podem variar acentuadamente. Da mesma forma, expressões do desejo de morrer e comunicações do tipo suicida não são incomuns e devem sempre ser avaliadas cuidadosamente para promover a segurança do paciente. "Estresse psicológico" é um construto global comum que é empregado com frequência para descrever essas apresentações da crise e costuma ser um misto de sinais proeminentes e sintomas de depressão, ansiedade, distúrbios cognitivos e enfrentamento catastrófico ou processos de ajustamento. Identificar dimensões clínicas do sofrimento psicológico que podem ser alvo de intervenção é mais comum do que comunicar diagnósticos formais de condições de saúde mental.

Prevalência e impacto do estresse psicológico no contexto de saúde integrada

O estresse psicológico em doença médica aguda costuma ser considerado (1) altamente prevalente; (2) associado a uma pior qualidade de vida; (3) um contribuinte para aumento na carga de sofrimento e incapacidade; e (4) relacionado a resultados importantes, como morbidade, mortalidade e aumento na utilização de assistência médica (ver, p. ex., Goh & Griva, 2018, para doença renal). Apesar da importância desse estado emocional, o estresse psicológico nos doentes clínicos agudos também costuma ser considerado subdetectado ou subgerenciado.

Há uma abundância de pesquisas clínicas para fundamentar esses achados, cujos níveis variam consideravelmente, dependendo dos métodos utilizados para detectar aspectos do estresse psicológico (entrevista diagnóstica vs. questionário de autorrelato). Alguns exemplos de depressão em pacientes hospitalizados por problemas de medicina interna geral incluem taxas de prevalência de 26,9% para transtornos depressivos e 11,3% para depressão maior, conforme detectado pela entrevista psiquiátrica (Rentsch et al., 2007). Igualmente, Moayedoddin et al. (2013) encontraram uma taxa de prevalência de 12,4% para depressão maior em seu estudo de pacientes admitidos por problemas de medicina interna geral utilizando entrevistas diagnósticas estruturadas.

Muitas áreas de especialidade em medicina comportamental emergiram atualmente e documentam achados em torno de depressão, ansiedade e estresse relacionados, além da relação com os resultados médicos, como morbidade e mortalidade. Apresentamos aqui uma revisão seletiva dos achados de especialidades pertinentes ao estresse relacionado a crises em contextos de saúde integrada e doenças que ameaçam a vida. Em cardiologia comportamental, Dornelas e Sears (2018) revisaram achados de estudos de pacientes que sofrem de doenças cardíacas avançadas, como insuficiência cardíaca, e relataram taxa de prevalência aproximada de 40% de depressão clinicamente significativa em pacientes com insuficiência cardíaca avançada. Achados de revisões sistemáticas de ensaios de intervenção psicológica (primariamente orientados por terapia cognitivo-comportamental [TCC]) nessa população fornecem algumas evidências da sua eficácia na redução de depressão e ansiedade, além de melhorar a qualidade de vida (Dickens et al., 2013). Em oncologia psicossocial, revisões sistemáticas das taxas de prevalência de condições de estresse psicológico, identificadas por entrevista clínica estruturada, descobriram taxa de prevalência de 16,5% para depressão maior. No exame das taxas de prevalência para todos os tipos de depressão e transtorno de adaptação, essa taxa aumentou para 38,2% em pacientes com câncer (Mitchell et al., 2011). Igualmente, em doença renal crônica, as taxas de prevalência de transtorno depressivo, conforme detectadas por entrevistas estruturadas, mostraram-se altas, com mais de 1 em 5 pacientes passando por diálise (22,8%) satisfazendo os critérios para transtorno depressivo (Palmer et al., 2013). A prevalência de ansiedade no contexto de doença renal crônica também é significativa, com uma revisão sistemática e uma metanálise relatando taxa de prevalência de 43% para sintomas de ansiedade e 19% para pelo menos um transtorno de ansiedade (Huang et al., 2021). Entre os pacientes admitidos com DPOC crônica, a prevalência de ansiedade clínica foi estimada na variação de 10 a 55% (Willgoss & Yohannes, 2013). Além disso, até 40% dos pacientes com DPOC podem desenvolver sintomas depressivos clinicamente significativos, enquanto a prevalência de depressão atinge até 86% daqueles que experienciam uma exacerbação aguda de sua doença (Yohannes et al., 2016).

Por fim, o campo da psicologia de cuidados com pacientes críticos e reabilitação, talvez oferecendo o protótipo para o estresse orientado para crises em contextos de saúde integrada, desenvolveu-se com base em décadas de achados de pacientes e familiares que experienciam crises médicas que requerem admissões em UTI (Jackson & Jutte, 2016; Stuck & Jutte, 2022). Os comprometimentos na recuperação foram resumidos como a "síndrome pós-cuidados intensivos" (PICS, do inglês *post-intensive care syndrome*; Harvey & Davidson, 2016; Needham et al., 2012), e as intervenções precoces intra-UTI de base psicológica agora têm sido estudadas (Hosey et al., 2021; Wade et al., 2016, 2019).

A PICS consiste nos seguintes comprometimentos: (1) cognitivo (função executiva, memória, atenção, visuoespacial, velocidade do processamento mental), (2) na saúde mental (ansiedade, estresse agudo, depressão e sintomas de estresse pós-traumático) e (3) físico (fraqueza, função neuromuscular e física; Needham et al., 2012; p. 505). Pesquisas da prevalência de PICS demonstraram que comprometimento cognitivo de longa duração (i.e., anos) pode se desenvolver em 30 a 80% dos pacientes, e sintomas de estresse pós-traumático podem ocorrer em 10 a 50% dos pacientes (ver Bienvenu & Hosey, 2022; Harvey & Davidson, 2016, para revisões). Foi ainda encontrado que, depois de 4 dias da alta da UTI, mais da metade dos pacientes apresentavam algum comprometimento cognitivo (58%) e altas taxas de estresse psicológico (ansiedade 45%, estresse agudo 39%, depressão 37%; Karnatovskaia et al., 2019). Por fim, a crise de alterações agudas no estado mental (i.e., *delirium*) ocorre frequentemente (as estimativas variam de 45-87%), em especial entre aqueles que requerem ventilação mecânica (Cavallazzi et al., 2012).

Em suma, é substancial a literatura clínica e de pesquisa que identifica altas taxas de estresse psicológico entre pacientes agudos nos contextos de cuidados de saúde integrada. Muitos estão enfrentando situações que ameaçam a vida, sejam elas relacionadas à doença crônica avançada ou ao desenvolvimento de crises médicas agudas. Mais de 5 milhões de pessoas nos Estados Unidos são admitidas anualmente em UTIs (Society of Critical Care Medicine, 2020). Esses pacientes estão entre os mais criticamente doentes no hospital, requerendo tratamentos de manutenção vital, como ventilação mecânica, e as taxas de mortalidade são relativamente altas. Embora as tendências à sobrevivência continuem a melhorar (Lilly et al., 2017), há evidências crescentes e substanciais de que há um custo muito elevado na sobrevivência, com altos níveis de estresse psicológico tanto nos pacientes quanto nos membros da família. A detecção e o manejo desse estresse nesses contextos podem levar à melhora na qualidade de vida e a reduções no sofrimento em geral.

Estruturas conceituais: modelos biopsicossocial e de enfrentamento do estresse

No nível mais amplo, o modelo biopsicossocial da saúde lança as bases para o trabalho com crises que emergem no contexto de saúde integrada e doenças que ameaçam a vida. O modelo biopsicossocial propõe uma interação dinâmica entre fatores biológicos, psicológicos e interpessoais (Engel, 1980). Além disso, os modelos de enfrentamento do estresse postulam inúmeros fatores que são comumente destacados nas formulações cognitivo-comportamentais com os domínios inter-relacionados da cognição, da emoção, do comportamento e das sensações físicas.

Moss-Morris (2013) defendeu um modelo unificado de ajuste e adaptação para doença crônica que integra os achados teóricos e de pesquisa em populações com doença crônica. O modelo identifica explicitamente a experiência de *possíveis eventos críticos chave* (i.e., crises) e os *possíveis estressores constantes da doença crônica* que podem estar operando. Inúmeros fatores contextuais e específicos da doença que influenciam essas experiências são identificados. Essas experiências, por sua vez, levam a um estado que Moss-Morris descreve como disrupções no "equilíbrio emocional e um impacto na qualidade de vida do indivíduo" (p. 684), o que requer adaptação e ajuste. Para as experiências de eventos críticos ou agudos (i.e., crises), o ajuste bem-sucedido implica um *retorno ao equilíbrio*, enquanto para os estressores constantes das condições crônicas existentes, o ajuste bem-sucedido requer a *manutenção do equilíbrio*. Os resultados do *ajuste* bom ou ruim nas esferas psicológica, física e social são descritos de acordo.

Pellizzari (2022) empregou o modelo de Moss-Morris (2013) para descrever o ajuste de pacientes que sofrem de doença renal. Esses pacientes experienciam eventos críticos e crises em contextos de saúde integrada, como episódios da doença com cuidados agudos e/ou críticos, além de estressores contínuos de doença crônica. Os fatores que contribuíram para o sucesso do ajuste e da adaptação (i.e., o retorno ao equilíbrio) incluíam *fatores cognitivos*, como um senso de controle, autoeficácia em torno do manejo do tratamento, aceitação da doença, grande apoio social percebido e estilos de enfrentamento adaptativos. Os *fatores comportamentais* que contribuíram para o ajuste de sucesso incluíam aspectos de enfrentamento focado no problema, planejamento intencional, busca de apoio, adesão aos tratamentos médicos e modificações na dieta/estilo de vida, ativação (fisicamente, socialmente, recreativamente) e expressão emocional saudável (p. ex., frustrações, preocupações com a mortalidade, tristeza, medos). As dificuldades de ajustamento (i.e., desequilíbrio constante) são igualmente descritas de acordo com os *fatores cognitivos* (p. ex., altos níveis de estresse percebido; expectativas irracionais; estilos de pensamento inútil, como catastrofização) e os *fatores comportamentais* (p. ex., não adesão ao tratamento, evitação de atividade, repouso excessivo, hipervigilância, reatividade excessiva).

Labott (2019, p. 114) ofereceu uma lista selecionada de estratégias de enfrentamento comumente empregadas por pacientes que sofrem de doenças médicas, algumas adaptativas e algumas desadaptativas, extraídas na literatura teórica histórica de enfrentamento do estresse (p. ex., Lazarus & Folkman, 1984). Elas incluem planejamento/solução de problemas, enfrentamento ativo, busca de apoio social instrumental ou emocional, busca de apoio para enfrentamento religioso positivo, aceitação, humor, reavaliação positiva, assumir responsabilidades, negação, desengajamento/distração, pensamento positivo e uso de substâncias (prescritas e não prescritas). Igualmente, Aldwin e Yancurra (2004), em sua visão integrativa do enfrentamento de estresse e trauma, identificam cinco categorias amplas que podem ser consideradas de forma prática ao pensarmos como o indivíduo está lidando com a crise em contextos de saúde integrada e doenças que ameaçam a vida. Essas categorias incluem enfrentamento focado no problema (p. ex., busca de informações de saúde, planejamento intencional), enfrentamento focado na emoção (p. ex., limitando a evitação e o uso de substâncias, expressando emoções fortes de formas que não interfiram nos cuidados), apoio social (p. ex., mobilizando apoios instrumentais e fontes de validação emocional, enfatizando a qualidade sobre a quantidade dos apoios), enfrentamento baseado na fé (p. ex., mantendo práticas religiosas, buscando apoio com cuidados espirituais) e busca de significado (p. ex., descoberta de benefícios e oportunidades de crescimento pós-traumático).

Em todas essas descrições dos modelos teóricos e conceituais de ajuste e enfrentamento no contexto de crises relacionadas à saúde, podemos começar a ver os fundamentos da aplicação de intervenções cognitivo-comportamentais na prática. Isso é explorado mais detalhadamente em descrições posteriores de protocolos de TCC que foram estudados em ensaios clínicos juntamente com vários recursos da TCC agora disponíveis para guiar o clínico que trabalha em contextos de saúde para pacientes agudos.

Métodos de avaliação

Os desafios na avaliação do estresse psicológico em doença médica foram bem documentados. Um exemplo de uma revisão minuciosa de questões pertinentes para pacientes com câncer pode ser encontrado em Trask (2004). Uma das principais questões é em torno da sobreposição do conteúdo somático entre sintomas da doença e sintomas de pânico/depressão. Dentro do contexto de situações de crise em cuidados agudos, apresentam-se desafios adicionais, como desafios da comunicação (p. ex., para o paciente que está intubado na UTI), demandas cognitivas e a necessidade de brevidade e eficiência. De maneira prática, os clínicos nesses contextos tendem a não se basear em escalas de autorrelato com múltiplos itens. O uso de ferramentas de rastreio que apresentam construtos de estresse global com escalas de avaliação única ou formas curtas de instrumentos de rastreio populares é a norma. Alguns exemplos desses métodos são descritos nesta seção, que oferece ao clínico algumas abordagens padronizadas que foram estudadas em relação aos índices psicométricos típicos.

Termômetro de Estresse

O Termômetro de Estresse (National Comprehensive Cancer Network [NCCN], 2022) foi desenvolvido para pacientes com câncer como uma maneira de rastrear a presença de estresse de forma eficiente e rápida. Estresse é definido como uma "experiência desagradável multifatorial de natureza psicológica (i.e., cognitiva, comportamental, emocional), social, espiritual e/ou física que pode interferir na capacidade de lidar efetivamente com o câncer, seus sintomas físicos e seu tratamento" (NCCN, 2022). É uma escala de avaliação numérica com um único item, inserida em um gráfico representando um termômetro de temperatura vertical. São 11 os pontos para o indivíduo classificar o quanto de estresse ele experienciou na última semana, variando de 0 (*sem estresse*) a 10 (*estresse extremo*). Além disso, há um *checklist* de problemas (sim/não) para o indivíduo identificar entre os domínios de preocupações práticas, familiares, emocionais, espirituais/religiosas e problemas físicos. Exemplos de aplicações clínicas dessa ferramenta podem ser encontrados em Ownby (2019) e Graham-Wisener et al. (2021). Os pontos de corte para rastreio adicional e intervenção potencial variavam de acordo com inúmeras variáveis, incluindo a localização da doença, populações de pacientes e contextos – por exemplo, para pacientes com câncer avançado em cuidados paliativos especializados (p. ex., contextos de lares de idosos ou hospitalares), foi recomendado um ponto de corte de 5 para todos os tipos de morbidade psicológica (p. ex., estresse global, ansiedade e depressão) (Graham-Wisener et al., 2021). Foram desenvolvidas elaborações adicionais do Termômetro de Estresse – por exemplo, os Termômetros Emocionais (TEs; Mitchell et al., 2020). Variações dos TEs expandem o número de domínios avaliados, cada um com seu próprio "termômetro" ou escala visual analógica: estresse, ansiedade, depressão, raiva e necessidade de ajuda. Embora inicialmente desenvolvidos dentro de populações com câncer, os TEs desde então têm sido estudados em outras populações: doença neurológica, cardiovascular, cirúrgica e renal. Mais informações sobre os TEs podem ser encontradas em *http://emotionthermometers.com*. O uso de escalas de termômetros em contextos hospitalares pode oferecer ao clínico uma avaliação padronizada, rápida e eficiente das dimensões do estresse e das mudanças ao longo do tempo que seja aceitável pelos pacientes, fácil de usar e que tenha as propriedades psicométricas adequadas de especificidade e sensibilidade.

Escala de Avaliação de Sintomas de Edmonton

A Escala de Avaliação de Sintomas de Edmonton (EASE; Bruera et al., 1991) foi inicialmente desenvolvida no contexto de pacientes hospitalizados com câncer avançado admitidos em uma unidade de cuidados paliativos para avaliar as dimensões dos sintomas pertinentes. Oito escalas visuais analógicas horizontais (0-100 milímetros) foram empregadas originalmente, mas a EASE adotou agora uma escala numérica de 11 pontos variando de 0 (*sem sintomas*) a 10 (*pior possível*). Nove sintomas centrais são agora capturados: dor, cansaço, náusea, depressão, ansiedade, sonolência, apetite, sensação de bem-estar e dificuldade respiratória, mais um décimo item opcional (p. ex., sono ou constipação; Hui & Bruera, 2017). Embora nem todos os itens possam ser pertinentes no contexto da avaliação dentro da situação de crise médica aguda, os itens que representam sintomas de depressão ou ansiedade foram validados em populações específicas (p. ex., pacientes com doença renal e em hemodiálise). Foram recomendados escores ≥ 2 como ponto de corte para avaliação adicional e potencial intervenção para esses pacientes (Collister et al., 2019). De forma semelhante às escalas do tipo termômetro, a EASE é rápida e fácil de administrar, interpretar e relatar no contexto de cuidados agudos. Ela tem alta validade aparente e foi psicometricamente validada em inúmeros grupos de pacientes além dos pacientes com câncer avançado, como aqueles com doença renal, doença cardiovascular e transtornos respiratórios, para citar alguns (Hui & Bruera, 2017).

Instrumento de Avaliação Psicológica em Cuidados Intensivos

Desenvolvida especificamente para pacientes em cuidados intensivos que estão alertas e orientados, a intenção do Instrumento de Avaliação Psicológica em Cuidados Intensivos (IPAT, do inglês Intensive Care Psychological Assessment Tool; Wade et al., 2014) era ser breve, fácil de administrar e psicometricamente sólido para detectar estresse agudo. Os itens foram cuidadosamente escolhidos depois de uma revisão minuciosa das principais fontes de estresse para pacientes que estavam criticamente doentes. Os 10 itens no grupo final atravessam as dimensões do estresse, como ansiedade (sentir-se tenso, em pânico), depressão (sentir-se triste, sem esperança), estresse agudo (memórias perturbadoras dos cuidados intensivos), mudanças agudas no estado mental (desorientação, alucinações, sentir que as pessoas estavam deliberadamente tentando prejudicar), dificuldade para dormir e dificuldade de comunicação. Os itens são administrados verbalmente, e os pacientes devem responder a cada item endossando se ele foi experienciado: 0 (*não*), 1 (*sim, um pouco*) ou 2 (*sim, muito*). Assim, os escores variam de 0 a 20, com escore de corte ≥ 7 representando um rastreio positivo para potencial morbidade psicológica futura (p. ex., depressão, ansiedade ou estresse pós-traumático). O IPAT foi usado em ensaios clínicos de intervenção psicológica inicial em pacientes na UTI (p. ex., Wade et al., 2019) e se mostra promissor para uso clínico de rotina depois de maior validação das pesquisas.

Questionário sobre a Saúde do Paciente

O Questionário sobre a Saúde do Paciente-4 (PHQ-4, do inglês *Patient Health Questionnaire-4*; Kroenke et al., 2009), uma ferramenta de rastreio de autorrelato composta, foi desenvolvida primariamente para uso no contexto de cuidados primários. Ele consiste nos dois primeiros itens da escala de Depressão PHQ-9 ("sentir-se para baixo, deprimido, sem perspectiva" e "pouco interesse ou pouco prazer em fazer as coisas") mais os dois primeiros itens da escala do Transtorno de Ansiedade Generalizada-7 (GAD-7) ("sentir-se nervoso, ansioso ou muito tenso" e "não ser capaz de impedir ou controlar as preocupações"). Os dois critérios centrais de um episódio depressivo, juntamente com os dois critérios centrais de transtorno de ansiedade generalizada, estão representados nessa escala. Empregando uma escala de avaliação da frequência variando de 0 (*de modo algum*) a 3 (*quase todos os dias*), a soma dos escores do PHQ-4 varia de 0 a 12, fornecendo o chamado instrumento de rastreio ultrabreve para depressão e ansiedade. Foi estabelecido que os pontos de corte ≥ 3 nos dois itens para depressão ou nos dois itens para ansiedade identificam casos potenciais. Os escores globais se somam a uma medida para estresse psicológico generalizado. Dada a brevidade do PHQ-4 e o emprego de duas escalas compostas (Depressão e Ansiedade), podemos ver a utilidade potencial de uma escala como essa no contexto de cuidados médicos agudos.

Resumo

Ao trabalhar com pacientes que estão experienciando crises médicas, a natureza do estresse psicológico costuma ser avaliada rapidamente. Instrumentos breves, passíveis de administração verbal e focados nos principais elementos de humor deprimido, ansiedade, sintomas de estresse agudo e questões relacionadas ao ajustamento estão disponíveis para aplicação clínica.

Estratégias de intervenção da TCC

Encontram-se disponíveis inúmeros recursos que descrevem a profusão de intervenções da TCC que podem ser aplicadas nesse contexto de crise (p. ex., Beadman & Carraretto, 2021; Hosey et al., 2021; Jackson & Jutte, 2016; Labott, 2019; Mannix, 2018; Mannix et al., 2006; Merbitz et al., 2022; Moorey et al., 2009; Sage et al., 2008; Sperry & Binensztok, 2019; Tulloch et al., 2022). Alguns recursos são baseados em pesquisas de ensaios clínicos dentro de populações específicas de pacientes clínicos. Outros recursos são mais focados clinicamente, contando com o julgamento consistente dos clínicos que aplicam formulações de caso e princípios da TCC, fundamentados em uma base de evidências robustas, ao trabalharem com pacientes que estão experienciando condições de saúde mental. A atitude global dos clínicos que trabalham nesse espaço é fornecer cuidados compassivos e reduzir o sofrimento psicológico dos pacientes (e famílias) provavelmente nos pontos mais baixos de suas vidas. A identificação precoce, a intervenção, quando indicada, e a prevenção de futura morbidade psicológica estão relacionadas aos princípios da prática. Enquadramentos como a TCC oferecem um contexto abrangente para a aplicação de estratégias específicas que são, em geral, consideradas viáveis e aceitáveis nesses contextos (Beadman & Carraretto, 2021). Antes da implementação de intervenções de TCC, é recomendado compreender as estruturas para trabalhar com indivíduos que experienciam eventos traumáticos agudos de alto impacto (p. ex., uma situação médica aguda que ameaça a vida) – como primeiros socorros psicológicos (PFAs, do inglês *psychological first aid*; Hobfoll et al., 2007; Ursano, 2021) e variações (p. ex., primeiros socorros para estresse em profissionais da saúde; Watson & Westphal, 2020) são abordagens informadas por evidências que podem ser úteis para criar as condições para um clínico que trabalha nesse contexto único de crise. Beadman e Carraretto (2021) ofereceram uma aplicação dos cinco princípios de intervenção empiricamente apoiados dos PFAs para o trabalho com indivíduos que experienciam doença crítica:

1. *Promover um senso de segurança* (p. ex., abordagens não farmacológicas para promover o sono, medidas de orientação, mensagens repetidas de tranquilização e segurança).
2. *Promover o apaziguamento* (p. ex., eliminar perturbações do sono; aterramento terapêutico; métodos de relaxamento, como retreinamento da respiração ou imagem mental para reduzir o medo e a ansiedade).

3. *Promover conectividade* (p. ex., estimular conexões com apoios sociais; respostas eficazes ao distúrbio perceptual, como alucinações ou delírios, aplicando os princípios da TCC para psicose).
4. *Promover o senso de autoeficácia e coletivo* (p. ex., identificar objetivos de recuperação específicos e promover o enfrentamento ativo com intervenções da TCC, encorajar e reforçar melhoras comportamentais para melhorar a autoconfiança).
5. *Promover esperança* (p. ex., instilar esperança e ajudar a estabelecer expectativas mais realistas).

No restante desta seção, examinaremos inúmeras estratégias específicas da TCC que foram aplicadas nesse contexto.

Psicoeducação

A psicoeducação é especialmente importante na normalização das experiências de delírio ou reações de estresse agudo. Quando os pacientes e as famílias entendem que mudanças no estado mental agudo são comuns nesses contextos, pode ser útil reestruturar o significado desses sintomas e reduzir o estresse psicológico. A psicoeducação em torno do modelo da TCC como uma forma de entender as relações entre sensações físicas, cognições, emoções e comportamento pode ser particularmente potente para os pacientes e seus familiares.

Ativação comportamental (programação de atividades)

Abordagens criativas são comumente aplicadas nesses contextos para romper o círculo vicioso da perda de oportunidade de experenciar alegria e prazer, humor triste, baixa motivação para se engajar, letargia, perda de oportunidade de experienciar... e assim por diante. A depressão e a ansiedade podem ser mantidas e reforçadas pelo afastamento da atividade e evitação geral. O restabelecimento de rotinas pelo treinamento da mobilização, terapia recreativa e sessões programadas com terapeutas pode ajudar a reduzir o estresse psicológico. Os familiares podem ajudar com a ativação comportamental oferecendo familiaridade no ambiente. Nesse sentido, os familiares podem rever fotografias com o paciente ou oferecer-lhe oportunidades para se engajar em atividades prazerosas, como assistir ao seu programa favorito na televisão, ler o jornal ou entrar nas redes sociais juntos. À medida que a evitação e o afastamento decrescem e as atividades prazerosas significativas aumentam, um senso renovado de confiança e domínio pode ser atingido e restaurado.

Solução de problemas

O engajamento e a colaboração com o paciente para identificar preocupações ou problemas que podem estar sob seu controle podem reforçar a agência e o domínio. Um método comum para resolver problemas envolve uma abordagem estruturada para estabelecer objetivos (i.e., objetivos SMART: específicos, mensuráveis, atingíveis, relevantes, sensíveis ao tempo). Então, o clínico faz um *brainstorm* com o paciente sobre as várias maneiras como os objetivos podem ser atingidos e como prosseguir com o plano. Quando elementos de solução de problemas efetivos são empregados e o objetivo é atingido, os pacientes se sentem menos desesperançosos, sobrecarregados e desmoralizados.

Desafiando cognições inúteis

A identificação de pensamentos que estão associados a emoções indesejadas e respostas inúteis, além da identificação de estilos/padrões de pensamento inúteis, constituem a base das intervenções de base cognitiva. Nesses contextos, o foco é geralmente em torno da identificação de pensamentos dos quais os pacientes podem não ter consciência de que se associam diretamente ao seu sofrimento ou o mantêm. Alguns exemplos podem ser: "Jamais vou ser capaz de fazer *xyz*", "Isso não é justo", "Estou destruído/disfuncional" e "Os outros vão me depreciar/julgar ou ficarão sobrecarregados comigo". Os padrões de pensamento disfuncional comuns incluem conclusões precipitadas (p. ex., adivinhação/leitura mental), catastrofização, generalização excessiva, desqualificação do positivo, pensamento do tipo tudo ou nada e criação de expectativas irrealistas. Ao aplicar métodos para aumentar a consciência desses pensamentos e padrões e então desenvolver formas mais equilibradas de entender situações e sintomas difíceis, podem ser alcançadas mudanças no estado de humor. Esses métodos incluem treinar os indivíduos para reconhecer padrões de pensamento disfuncional, ver como eles se conectam com diferentes estados emocionais, desafiar esses pensamentos e substituí-los por alternativas mais equilibradas/adaptativas que proporcionem melhor enfrentamento. Também podem ser empregados experimentos comportamentais para desafiar o pensamento inútil e os resultados temidos ou para examinar se os padrões comuns de resposta aos pensamentos e estados estressantes são de fato úteis ou também devem ser examinados na busca de melhores alternativas.

Gerenciamento da ansiedade

Os modelos da ansiedade da TCC são particularmente úteis em contextos de saúde integrada e condições que ameaçam a vida. Para condições específicas, como DPOC, em que a ansiedade relacionada à dificuldade para respirar pode ser profundamente debilitante, existem inúmeras estratégias eficazes (p. ex., Barrera et al., 2014; Howard & Dupont, 2014). Para ansiedade relacionada a desmame do ventilador, princípios da TCC também já foram aplicados (p. ex., Cohen et al., 2019). Central para essas abordagens é focar nas interpretações dos sintomas físicos corporais. Quando sensações benignas (mas desagradáveis) são avaliadas catastroficamente ("Vou ficar sem ar aqui mesmo e morrer!"), a percepção de ameaça e perigo é aumentada e contribui para um ciclo que leva ao pânico. A formulação cuidadosa do estresse relacionado à ansiedade pode levar a intervenções, como treino de relaxamento, uso de imagem mental e técnicas de aterramento para reduzir a ativação ansiosa. Intervenções cognitivas, como declarações de enfrentamento positivas, podem ajudar com as falsas interpretações catastróficas. Por fim, ensaios de exposição podem focar a evitação do medo, ilustrar o princípio da habituação e reforçar a aprendizagem cognitiva.

TCC focada no trauma

Memórias de experiências assustadoras e traumáticas em contextos médicos agudos podem facilmente se tornar fragmentadas devido a episódios de delírio ou estados de sedação profunda. Caso essa fragmentação não se supere naturalmente, ela pode conduzir ao desenvolvimento de sintomas de estresse pós-traumático. Na situação de crise, devemos ser cuidadosos para não promover demasiadamente a ativação dessas memórias – no entanto, para aqueles que desejam entender mais plenamente o que ocorreu com eles, pode ser útil envolver pessoas significativas ou a equipe clínica para ajudar a integrar suas recordações. O uso de diários do paciente (desenvolvidos pela equipe e pelos familiares) foi estudado para esse propósito (p. ex., Barreto et al., 2019). A discriminação dos estímulos, um componente importante da TCC para transtorno de estresse pós-traumático (TEPT), também pode ser uma ferramenta importante para auxiliar aqueles que experienciam recordações traumáticas intrusivas. O treinamento de pacientes para deliberadamente prestar atenção às diferenças entre os estímulos experienciados durante o momento de perigo e ameaça (na época) e o tempo presente de segurança relativa (agora) pode reduzir o estresse.

Promovendo o sono

Nesses contextos, os esforços para melhorar o sono podem reduzir significativamente as experiências de estresse psicológico. Em muitas dessas circunstâncias, pode ser preferível utilizar abordagens não farmacológicas, como as empregadas na TCC para insônia. Aplicadas no contexto médico agudo, intervenções, como psicoeducação, em fatores que afetam o sono (p. ex., indução do sono, perturbação do ritmo circadiano, excitação condicionada), higiene do sono, restrição do tempo na cama (se viável), aspectos de controle dos estímulos (p. ex., sair da cama quando não conseguir dormir ou, se não viável, engajar-se em atividades calmantes em vez de "tentar" dormir) e intervenções cognitivas que enfocam crenças relacionadas ao sono podem ser particularmente eficazes.

Dificuldades e impedimentos comuns ao tratamento e como superá-los

Operar dentro do contexto de ambientes agudos de saúde integrada com pacientes que experienciam uma doença que ameaça a vida apresenta muitos desafios para o clínico – no entanto, existe consenso de que a provisão de intervenções psicoterápicas apoiadoras, como as empregadas na TCC, ainda pode ser eficiente. Um desafio evidente é que um paciente nesses contextos geralmente não solicita intervenção, como no encontro ambulatorial típico, no qual existe um participante muito receptivo. Com alguns pacientes, pode ser necessário um período prolongado de construção de relação terapêutica para criar "adesão" à provisão de cuidados psicossociais. Em geral, enfrentamos e precisamos abordar crenças sobre estigmas da saúde mental, como: "Então eles acham que estou louco?". Nessas situações de crise, a privacidade total também raramente é possível. Os pacientes com frequência se encontram em acomodações compartilhadas, com nada mais que uma cortina para dividir os espaços. No entanto, podem ser desenvolvidos esforços para reduzir as intrusões, e, na prática, a maioria dos pacientes fica à vontade quanto a isso – por exemplo, os vizinhos no ambulatório podem gentilmente se desculpar do outro lado do quarto ou podem ser receptivos às solicitações educadas de usar fones de ouvido durante encontros sensíveis com o paciente. Da mesma forma, partes do trabalho são comumente realizadas "com uma plateia" composta por familiares de apoio ou membros da equipe interprofissional que atendem às várias necessidades de cuidado. Esses tipos de apoios sociais ou profissionais podem ser muito úteis para o trabalho no que diz respeito a retenção do material, reforço, incentivo e assistência com alguma tarefa prescrita. Os desafios na comunicação podem ser especialmente difíceis nesses contextos. No caso de pacientes que estão intubados, o clínico precisa ajustar consideravelmente as expectativas e buscar o apoio de pessoas significativas ou da equipe profissional (p. ex., patologistas da fala-linguagem) para melhorar a comunicação.

Para crises em contextos médicos, costuma haver algum aspecto de comprometimento da cognição (p. ex., atenção, concentração, memória, funcionamento executivo). O clínico pode precisar revisitar o conteúdo frequentemente, basear-se em outras pessoas ou em materiais escritos e ajustar as demandas da tarefa de casa. Além disso, as estratégias da TCC podem requerer alguma modificação em relação à condição médica do paciente (p. ex., uso de exposição interoceptiva em um paciente que está experienciando ataques de pânico no contexto de DPOC). Dada a natureza dinâmica de uma internação hospitalar, um paciente pode receber alta rapidamente, e assim o terapeuta precisa estar pronto para trocar o tratamento para um contexto ambulatorial ou fazer encaminhamentos relevantes se não for justificado o acompanhamento ambulatorial. Dada a duração dinâmica da permanência em um programa ambulatorial, há um equilíbrio delicado que o terapeuta precisa ter em mente para fazer as sessões se apoiarem uma na outra para reforçar a aprendizagem, ao mesmo tempo garantindo que as sessões sejam, até certo ponto, encapsuladas e possam ser independentes, caso haja uma alta rápida, que pode perturbar a continuidade do atendimento. Por fim, é preciso familiarizar-se com o ambiente em geral do contexto de saúde integrada, incluindo as imagens, os sons e os cheiros; a necessidade de encontros mais breves; e a tolerância às interrupções frequentes pelos outros membros da equipe profissional.

Exemplo de caso: revisitando Gerald

A extensão do estresse psicológico de Gerald ficou evidente para a equipe médica da UTI logo depois que seu *delirium* começou a diminuir. Suas enfermeiras observaram que ele estava experienciando episódios de ansiedade aguda e dificuldade respiratória várias vezes por dia, o que estava interferindo na sua recuperação. Parecia que ele entrava em pânico cada vez que um membro da equipe entrava no quarto, desse modo representando um desafio para os cuidados interdisciplinares essenciais para sua recuperação, como fisioterapia e reabilitação pulmonar. Depois que Gerald ficou clinicamente estável, foi movido para a unidade de reabilitação médica para receber fisioterapia intensiva e cuidados interdisciplinares constantes para facilitar sua alta. Infelizmente, ele relutava em se engajar com os prestadores de cuidados e estava apresentando um progresso muito lento. Sua parceira e filho expressaram para as enfermeiras a preocupação de que Gerald não era o mesmo homem que havia entrado no hospital 3 semanas antes. Eles notaram que ele tinha se tornado mais receoso e retraído e parecia relutante em "seguir as ordens do médico". Com frequência, Gerald pedia que seus prestadores de cuidados voltassem mais tarde e apenas o deixassem dormir, ou então cooperava com pouco entusiasmo com suas tentativas de engajá-lo. O médico de Gerald fez um encaminhamento para o serviço de consulta psicológica do hospital para ajudar a equipe a entender o que estava acontecendo e ver o que eles poderiam fazer para ajudar Gerald a progredir em sua recuperação.

A psicóloga de saúde do hospital se encontrou com Gerald à beira do leito para se apresentar e informar seu papel na equipe de atendimento da unidade de reabilitação médica. Seu quarto semiprivativo permitia pouca privacidade, e uma cortina separando-o do seu companheiro de quarto foi puxada. A psicóloga se assegurou de que Gerald se sentia confortável em se encontrar com ela em circunstâncias aquém do ideal. Ela também explicou que seus prestadores no hospital compartilhavam informações relevantes entre si para fornecer a ele o melhor atendimento possível, e o informou das situações que poderiam exigir a quebra de sua confidencialidade. Gerald entendeu todas essas informações e concordou em continuar o encontro, mas expressou que estava se sentindo cansado e que desejava continuar a conversa outro dia. Antes de sair, a psicóloga lhe mostrou um papel contendo imagens de cinco TEs de diferentes cores. Explicou que essa ferramenta ajudaria ela bem como outros prestadores de atendimento a entender seu nível de estresse sem que ele tivesse a necessidade de ler e analisar longos questionários. Por mais que Gerald se sentisse cansado, esta parecia ser uma tarefa simples, então ele se ofereceu para completá-la antes que ela saísse.

A psicóloga sabia, pelo encaminhamento de Gerald, que ele experienciava episódios frequentes de ansiedade aguda acompanhada por dificuldade respiratória e que ficava acordado a noite toda e dormia durante boa parte do dia. Ela também sabia que seu humor era deprimido, assim como sua motivação para se engajar na maioria das atividades, incluindo a reabilitação. Entendendo que Gerald provavelmente teria dificuldade para se engajar em uma avaliação extensa, ela decidiu dividir a avaliação em várias visitas mais curtas. Ela esperava que isso ajudasse Gerald a se manter alerta durante suas visitas e a promover a relação terapêutica. Sua avaliação incluiu algumas medidas breves de autorrelato dos sintomas e uma entrevista psicodiagnóstica semiestruturada. Sua formulação do caso começou ainda antes da avaliação, quando ela considerou os sintomas presentes de Gerald e os possíveis transtornos psicológicos que poderiam explicá-los. Estes incluíam transtorno depressivo maior, transtorno de pânico, agorafobia, transtorno de estresse agudo, transtorno de adaptação, transtorno de insônia e transtorno do sono-vigília relacionado ao ritmo circadiano.

A psicóloga iniciou a avaliação com Gerald pedindo-lhe que completasse o TE mais uma vez, depois reunindo algumas informações básicas sobre sua vida antes da sua hospitalização mais recente para ajudar a construir a relação terapêutica. Então, ela usou uma ferramenta de rastreio para identificar quais partes da entrevista psicodiagnóstica eram relevantes de administrar, de modo que não sobrecarregasse Gerald com uma entrevista longa desnecessária. Isso foi seguido de medidas dos sintomas baseadas em seus sintomas presentes e os identificados como mais problemáticos na entrevista psicodiagnóstica. Essas medidas eram o PHQ-4, a EASE e o Índice de Gravidade de Insônia (IGI; Morin, 1993). Seu escore foi acima do ponto de corte clínico nas subescalas de Depressão e Ansiedade do PHQ-4 e EASE. Ele também teve um escore acima do ponto de corte clínico nas subescalas da EASE de Cansaço, Sonolência, Sensação de Bem-Estar e Dificuldade Respiratória. Seu escore no IGI estava na variação indicativa de gravidade moderada da insônia. Então, esses escores serviram como uma linha de base com a qual seu escore em ocasiões posteriores poderia ser comparado para monitorar seu progresso na terapia. A psicóloga concluiu a avaliação de admissão de Gerald durante o curso de duas visitas. Ela descobriu que, desde que foi admitido no hospital, 3 a 4 semanas antes, o humor de Gerald tinha estado deprimido na maior parte do dia, quase todos os dias, e ele havia perdido todo o interesse em atividades de que costumava gostar, incluindo aquelas que podia fazer enquanto hospitalizado, como ler, jogar *games* no *tablet* e assistir a partidas de beisebol na televisão. Ele também tinha dificuldade significativa para pegar no sono e permanecer adormecido à noite; em vez disso, dormia durante boa parte do dia. Ele relatou que se preocupava excessivamente com sua saúde e se sobreviveria aos próximos meses. Disse que estava constantemente à beira do pânico e que se sentia "tenso" e com falta de ar na maior parte do tempo.

Embora Gerald admitisse que, antes de ser hospitalizado, preocupava-se com sua saúde de tempos em tempos, ele descreveu o nível atual de preocupação como "fora do limite" comparado ao anterior. Além disso, revelou que continuou a experimentar breves episódios de puro terror quando memórias de seu suposto plano de execução lhe vinham à mente. Ele entendia agora que isso não havia de fato acontecido, mas, cada vez que lembrava desse plano e de como se sentiu naquela noite, entrava em pânico, perdia o fôlego e ficava apreensivo. Todos esses sintomas representavam uma mudança do seu funcionamento anterior à sua admissão ao hospital. Uma avaliação neurocognitiva conduzida anteriormente em sua admissão não era sugestiva de nenhum tipo de comprometimento cognitivo. A psicóloga considerou vários diagnósticos possíveis, mas, dado o momento de início do seu sintoma desde sua admissão um mês antes e o padrão dos sintomas, ela acreditava que os diagnósticos mais apropriados fossem (1) transtorno de adaptação com ansiedade mista e humor deprimido e (2) transtorno de insônia. Ela considerou um diagnóstico de TEPT, mas o excluiu porque a duração e a gravidade dos seus sintomas não satisfaziam todos os critérios diagnósticos para TEPT.

Em seguida, a psicóloga se encontrou com Gerald para explicar seus diagnósticos e descrever a TCC, que ela sugeriu que poderia ser útil na redução da gravidade dos seus sintomas e na melhora do seu enfrentamento da DPOC. Gerald reconheceu que seu humor deprimido e a alta ansiedade estavam impedindo que ele evoluísse em sua recuperação e retornasse ao seu antigo *self*, então ele concordou em começar a se encontrarem para empregar a TCC. A psicóloga explicou que era difícil saber quantas sessões de TCC ela poderia oferecer sem saber quanto tempo Gerald permaneceria na unidade de reabilitação médica, mas que continuaria a trabalhar com ele enquanto permanecesse na unidade e demonstrasse progresso no trabalho em direção aos seus objetivos. As sessões aconteceram semanalmente no período do dia em que Gerald se sentia mais alerta. Elas foram agendadas nos dias em que ele não tinha fisioterapia, para que fosse mais provável seu pleno engajamento em todas as suas atividades terapêuticas.

A formulação de caso da psicóloga evoluiu durante a fase inicial do tratamento, quando ela conheceu melhor as cognições de Gerald e a relação recíproca entre seus pensamentos, comportamentos, emoções e sensações físicas. Inicialmente, havia alguma incerteza diagnóstica sobre a presença de TEPT, já que a avaliação foi conduzida antes de seus sintomas estarem presentes durante um mês inteiro (um dos critérios necessários para diagnosticar TEPT), mas, à medida que o tempo passava, a psicóloga acreditava que os sintomas de Gerald eram de fato consistentes com TEPT. Gerald havia desenvolvido alguns pensamentos automáticos inúteis sobre o perigo da atividade física, o que o fez se sentir sem esperança quanto ao futuro e com a certeza de que morreria logo depois de deixar o hospital. Ele acreditava que, a menos que voltasse para casa e permanecesse confinado à sua cama, poderia ter outra crise médica da qual poderia não se recuperar mais. Ele imaginava um futuro em que teria que "parar de viver e ficar na cama o dia todo". Isso explicava sua relutância em se engajar na fisioterapia, além do seu humor deprimido e ansiedade aumentada desde sua crise médica. A ansiedade era pior à noite, depois que a hora de visita acabava e sua parceira e filho não estavam por perto para distraí-lo dos seus pensamentos. O som das máquinas apitando e dos ventiladores zumbindo parecia chegar até ele de todas as direções depois que a unidade se acalmava à noite, e isso muito frequentemente desencadeava memórias da sua experiência na UTI e do suposto plano de execução. Essa ansiedade o mantinha acordado durante boa parte da noite, até que por fim ele adormecia em torno de 4 ou 5 horas da manhã. Depois de apenas 2 a 3 horas de sono, ele geralmente era acordado pelos enfermeiros que iniciavam seu turno, com o café da manhã sendo servido e seu companheiro de quarto falando ao telefone. Ele tentava ao máximo se recuperar, dormindo e acordando durante o dia, e o ciclo se repetia na noite seguinte.

A psicóloga forneceu a Gerald psicoeducação para ajudá-lo a entender a relação recíproca entre pensamentos, emoções e sensações físicas. Ele conseguiu perceber como suas predições negativas e catastróficas sobre o futuro estavam impactando seu humor e servindo para manter sua ansiedade. Ele também pôde ver como a ansiedade estava afetando sua respiração, criando uma profecia autorrealizável. Durante o curso da terapia, a psicóloga ajudou Gerald a identificar e desafiar pensamentos automáticos inúteis. Foi usada discriminação de estímulos para ajudar Gerald a lidar com recordações intrusivas estressantes da sua experiência na UTI e do suposto plano de execução (p. ex., ser intubado e incapaz de se mover, ouvir seu monitor cardíaco, uma sala cheia de estranhos gritando) e seu ambiente atual (seguro na cama, respirando de forma independente, cuidadores presentes apenas para os cuidados de rotina, a família à distância de uma ligação/ mensagem, etc.).

A psicóloga demonstrou estratégias de relaxamento, como relaxamento muscular progressivo, imagem mental guiada e respiração diafragmática. Ela trabalhou em colaboração com o terapeuta respiratório para garantir que Gerald aplicasse essas estratégias de relaxamento de formas compatíveis com suas recomendações de terapia respiratória. Gerald começou a perceber que tinha mais controle do que imaginava sobre sua dificuldade de respirar, o que lhe deu confiança para se engajar mais plenamente na fisioterapia. Isso o ajudou a começar a imaginar um futuro para si fora do seu quarto de hospital – um futuro em que poderia retomar algumas de suas atividades habituais, se não todas. Ele se sentia mais no controle da sua resposta emocional às lembranças da sua permanência na UTI e até era capaz de brincar com sua parceira sobre "evitar a execução". Algum tempo depois dessa mudança na perspectiva, seu humor começou a melhorar, e sua ansiedade diminuiu. Sua parceira e filho notaram, em visitas separadas, que o "velho Gerald" estava de volta, o que ele orgulhosamente compartilhou com sua psicóloga.

Conforme os procedimentos habituais da psicóloga, ela monitorou o progresso de Gerald durante o curso do tratamento administrando periodicamente medidas breves dos sintomas. Em uma dessas reavaliações, Gerald completou o TE e as mesmas medidas breves dos sintomas que foram administradas durante sua avaliação inicial, e os escores indicaram redução clinicamente significativa em seus sintomas de depressão e ansiedade, mas não na insônia. No PHQ-4, seus escores nas subescalas de Depressão e Ansiedade estavam abaixo dos pontos de corte indicativos de níveis problemáticos de depressão e ansiedade. Da mesma forma, seus escores nas subescalas da EASE refletiam melhora na depressão, na ansiedade, na sensação de bem-estar e na dificuldade respiratória, mas ainda estavam acima do ponto de corte para as subescalas de Cansaço e Sonolência. Seu escore no IGI ainda estava na faixa indicativa de insônia com gravidade moderada.

Então, o foco da terapia mudou para a melhoria no sono de Gerald. A psicóloga forneceu psicoeducação sobre o transtorno de insônia e alguns dos fatores responsáveis pela sua perpetuação, incluindo decréscimo na indução do sono, sinais de perturbação no ritmo circadiano e ativação condicionada. Gerald percebeu que seus cochilos, que ele achava que estavam ajudando a compensar um sono de má qualidade na noite anterior, estavam diminuindo sua indução do sono para a noite seguinte e impedindo que ele pegasse no sono e permanecesse dormindo. Ele também aprendeu que manter as persianas fechadas, dormir e ficar na cama o dia inteiro estavam tornando mais difícil para seu cérebro reconhecer quando ele deveria estar dormindo ou em vigília e que tomar sol pela manhã e acordar em um horário consistente todos os dias da semana o ajudaria. Por fim, Gerald aprendeu que, por passar tanto tempo sentindo-se ansioso e preocupado na cama, e realizando todos os procedimentos médicos enquanto estava deitado nela, a cama passou a simbolizar todas essas coisas, e seu cérebro não mais a reconhecia como um lugar de descanso e relaxamento – em vez disso, a cama havia se tornado um estímulo para ativação e vigília. Sua psicóloga o informou de que a maneira típica de superar isso é por meio de uma técnica conhecida como controle de estímulos, em que uma pessoa modifica seu comportamento com o objetivo de fortalecer a cama como um estímulo para o sono (Manber & Carney, 2015). Isso geralmente envolve sair da cama se não conseguir dormir, usar o quarto para dormir e nada mais e ir para a cama somente quando estiver com sono. Considerando o ambiente peculiar da unidade de reabilitação médica, e a dificuldade constante de Gerald de se mobilizar de forma independente, ele não era capaz de implementar muitas dessas estratégias. Sua psicóloga recomendou uma estratégia alternativa conhecida como contracontrole, que envolve sentar-se na cama e engajar-se em uma atividade calmante, como ouvir música, ler um livro ou assistir a alguma coisa divertida. O objetivo do contracontrole é desfazer a associação entre a cama e "tentar" dormir e/ou experienciar emoções estressantes (Manber & Carney, 2015). Ao eliminar a maior parte das suas sonecas durante o dia, programar o alarme para despertar pela manhã, tomar sol ao acordar e usar a estratégia de contracontrole, o sono de Gerald começou a melhorar no curso de 2 a 3 semanas.

Quando o estresse psicológico de Gerald diminuiu e seu sono melhorou, ele começou a se beneficiar mais plenamente da sua fisioterapia e de outras atividades terapêuticas oferecidas pela unidade de reabilitação médica. Uma reavaliação dos seus sintomas usando o PHQ-4, a EASE e o IGI demonstrou melhora clinicamente significativa em todas as áreas, e todos os escores estavam abaixo dos pontos de corte clínico. Seu humor continuou a melhorar à medida que ele começou a participar de atividades de terapia recreacional com outros pacientes na unidade e até mesmo de alguns passeios com sua parceira nos dias de saída. Em uma saída, Gerald teve o que descreveu como "ficar por um triz", quando teve falta de ar, mas rapidamente se lembrou de desviar de seus pensamentos automáticos catastróficos e fazer um bom uso de suas estratégias respiratórias. Ele foi capaz de recuperar sua respiração e prosseguir com seu dia. Então, Gerald se deu conta do quanto tinha ido longe no curso de alguns meses desde a crise na UTI e estava ansioso para voltar para casa e retomar sua vida.

Resumo e conclusões

Estresse psicológico agudo é comum no contexto de saúde integrada e em condições que ameaçam a vida. Atender a esses estados de crise pode ter um impacto profundo no sofrimento, na qualidade de vida e em muitas circunstâncias, na morbidade e na mortalidade. O conhecimento das condições que podem surgir inclui transtornos depressivos, transtornos de ansiedade, transtornos relacionados a trauma e estressores e transtornos neurocognitivos. Os modelos e princípios de enfrentamento do estresse dos primeiros socorros psicológicos proporcionam o pano de fundo para a aplicação de intervenções cognitivas e comportamentais. Quando aplicadas de modo flexível, dados os vários desafios do ambiente, as intervenções cognitivo-comportamentais podem ser realizadas de forma viável e eficaz.

Referências

Aldwin, C. M., & Yancura, L. A. (2004). Coping and health: A comparison of the stress and trauma literatures. In P. P. Schnurr & B. L. Green (Eds.), *Trauma and health: Physical health consequences of exposure to extreme stress* (pp. 99–125). American Psychological Association.

American Psychiatric Association. (2022). *Diagnostic and statistical manual of mental disorders* (5th ed., text rev.). Author.

Barrera, T. L., Grubbs, K. M., Kunik, M. E., & Teng, E. J. (2014). A review of cognitive behavioral therapy for panic disorder in patients with chronic obstructive pulmonary disease: The rationale for interoceptive exposure. *Journal of Clinical Psychology in Medical Settings, 21*, 144–154.

Barreto, B. B., Luz, M., Rios, M., Lopes, A. A., & Gusmao-Flores, D. (2019). The impact of intensive care unit diaries on patients' and relatives' outcomes: A systematic review and meta-analysis. *Critical Care, 23*, 411.

Beadman, M., & Carraretto, M. (2021). Key elements of an evidence-based clinical psychology service within adult critical care. *Journal of the Intensive Care Society.* https://doi.org/10.1177/17511437211047178

Bienvenu, O. J., & Hosey, M. M. (2022). Psychological morbidity after critical illness. In K. J. Stucky & J. E. Jutte (Eds.), *Critical care psychology and rehabilitation* (pp. 101–121). Oxford University Press.

Bruera, E., Kuehn, N., Miller, M. J., Selmser, P., & Macmillan, K. (1991). The Edmonton Symptom Assessment System (ESAS): A simple method for the assessment of palliative care patients. *Journal of Palliative Care, 7*, 6–9.

Cavallazzi, R., Saad, M., & Marik, P. E. (2012). Delirium in the ICU: An overview. *Annals of Intensive Care, 2*, 49.

Cohen, J. N., Gopal, A., Roberts, K. J., Anderson, E., & Siegel, A. M. (2019). Ventilator-dependent patients successfully weaned with cognitive-behavioral therapy: A case series. *Psychosomatics, 60*, 612–619.

Collister, D., Rodrigues, J. C., Mazzetti, A., Salisbury, K., Morosin, L., Rabbat, C., . . . Walsh, M. (2019). Single questions for the screening of anxiety and depression in hemodialysis. *Canadian Journal of Kidney Health and Disease, 6*, 2054358118825441.

Dickens, C., Cherrington, A., Adeyemi, I., Roughley, K., Bower, P., Garrett, C., . . . Coventry, P. (2013). Characteristics of psychological interventions that improve depression in people with coronary heart disease: A systematic review and meta-regression. *Psychosomatic Medicine, 75*, 211–221.

Dornelas, E. A., & Sears, S. F. (2018). Living with heart despite recurrent challenges: Psychological care for adults with advanced cardiac disease. *American Psychologist, 73*, 1007–1018.

Engel, G. L. (1980). The clinical application of the biopsychosocial model. *American Journal of Psychiatry, 137*, 535–544.

Goh, Z. S., & Griva, K. (2018). Anxiety and depression in patients with end-stage renal disease: Impact and management challenges—A narrative review. *International Journal of Nephrology and Renovascular Disease, 11*, 93–102.

Graham-Wisener, L., Dempster, M., Sadler, A., McCann, L., & McCorry, N. K. (2021). Validation of the Distress Thermometer in patients with advanced cancer receiving specialist palliative care in a hospice setting. *Palliative Medicine, 35*, 120–129.

Harvey, M. A., & Davidson, J. E. (2016). Postintensive care syndrome: Right care, right now . . . and later. *Critical Care Medicine, 44*, 381–385.

Hobfoll, S. E., Watson, P., Bell, C. C., Bryant, R. A., Brymer, M. J., Friedman, M. J., . . . Ursano, R. J. (2007). Five essential elements of immediate and mid-term mass trauma intervention: Empirical evidence. *Psychiatry, 70*(4), 283–369.

Hosey, M. M., Wegener, S. T., Hinkle, C., & Needham, D. M. (2021). A cognitive behavioral therapy-informed self-management program for acute respiratory failure survivors: A feasibility study. *Journal of Clinical Medicine, 10*(4), 872.

Howard, C., & Dupont, S. (2014). The COPD breathlessness manual: A randomised controlled trial to test a cognitive-behavioural manual versus information booklets on health service use, mood and health status, in patients with chronic obstructive pulmonary disease. *NPJ Primary Care Respiratory Medicine, 24*, 14076.

Huang, C. W., Wee, P. H., Low, L. L., Koong, Y. L. A., Htay, H., Fan, Q., . . . Seng, J. J. B. (2021). Prevalence and risk factors for elevated anxiety symptoms and anxiety disorders in chronic kidney disease: A systematic review and meta-analysis. *General Hospital Psychiatry, 69*, 27–40.

Hui, D., & Bruera, E. (2017). The Edmonton Symptom Assessment System 25 years later: Past, present, and future developments. *Journal of Pain and Symptom Management, 53*, 630–643.

Jackson, J. C., & Jutte, J. E. (2016). Rehabilitating a missed opportunity: Integration of rehabilitation psychology into the care of critically ill patients, survivors, and caregivers. *Rehabilitation Psychology, 61*, 115–119.

Karnatovskaia, L. V., Schulte, P. J., Philbrick, K. L., Johnson, M. M., Anderson, B. K., Gajic, O., & Clark, M. M. (2019). Psychocognitive sequelae of critical illness and correlation with 3-months follow up. *Journal of Critical Care, 52*, 166–171.

Kroenke, K., Spitzer, R. L., Williams, J. B. W., & Löwe, B. (2009). An ultra-brief screening scale for anxiety and depression: The PHQ-4. *Psychosomatics, 50*, 613– 621.

Labott, S. M. (2019). *Health psychology consultation in the inpatient medical setting*. American Psychological Association.

Lazarus, R. S., & Folkman S. (1984). *Stress, appraisal and coping*. Springer.

Levenson, J. L. (Ed.). (2019). *The American Psychiatric Association Publishing textbook of psychosomatic medicine and consultation–liaison psychiatry* (3rd ed.). American Psychiatric Association.

Lilly, C. M., Swami, S., Liu, X., Riker, R. R., & Badawi, O. (2017). Five-year trends of critical care practice and outcomes. *Chest, 152*, 723–735.

Manber, R., & Carney, C. E. (2015). *Treatment plans and interventions for insomnia*. Guilford Press.

Mannix, K. A. (2018). *With the end in mind: Dying, death, and wisdom in an age of denial*. Little, Brown.

Mannix, K. A., Blackburn, I. M., Garland, A., Gracie, J., Moorey, S., Reid, B., . . . Scott, J. (2006). Effectiveness of brief training in cognitive behaviour therapy techniques for palliative care practitioners. *Palliative Medicine, 20*, 579–584.

Merbitz, N., Fleishman, J., Kamsky, H., Sundborg, S., Tingey, J. L., Ciccolella, N., & Warren, A. M. (2022). Contributions to critical care from psychological science and practice. In K. J. Stucky & J. E. Jutte (Eds.), *Critical care psychology and rehabilitation* (pp. 58–100). Oxford University Press.

Mitchell, A. J., Baker-Glenn, E. A., Granger, L., & Symonds, P. (2010). Can the Distress Thermometer be improved by additional mood domains? Part I. Initial validation of the Emotion Thermometers tool. *Psycho-Oncology, 19*, 125–133.

Mitchell, A. J., Chan, M., Bhatti, H., Halton, M., Grassi, L., Johansen, C., & Meader, N. (2011). Prevalence of depression, anxiety, and adjustment disorder in oncological, haematological, and palliative-care settings: A meta-analysis of 94 interview-based studies. *Lancet Oncology, 12*, 160–174.

Moayedoddin, B., Rubovszky, G., Mammana, L., Jeannot, E., Sartori, M., Garin, N., . . . Perrier, A. (2013). Prevalence and clinical characteristics of the DSM IV major depression among general internal medicine patients. *European Journal of Internal Medicine, 24*, 763–766.

Moorey, S., Cort, E., Kapari, M., Monroe, B., Hansford, P., Mannix, K., . . . Hotopf, M. (2009). A cluster randomized controlled trial of cognitive behaviour therapy for common mental disorders in patients with advanced cancer. *Psychological Medicine, 39*, 713–723.

Morin, C. M. (1993). *Insomnia: Psychological assessment and management*. Guilford Press.

Moss-Morris, R. (2013). Adjusting to chronic illness: Time for a unified theory. *British Journal of Health Psychology, 18*, 681–686.

National Comprehensive Cancer Network. (2022). *NCCN clinical practice guidelines in oncology: Distress management*. V1.2022. Author.

Needham, D. M., Davidson, J., Cohen, H., Hopkins, R. O., Weinert, C., Wunsch, H., . . . Harvey, M. A. (2012). Improving long-term outcomes after discharge from intensive care unit. *Critical Care Medicine, 40*, 502–509.

Ownby, K. K. (2019). Use of the Distress Thermometer in clinical practice. *Journal of the Advanced Practitioner in Oncology, 10*, 175–179.

Palmer, S., Vecchio, M., Craig, J. C., Tonelli, M., Johnson, D. W., Nicolucci, A., . . . Strippoli, G. F. (2013). Prevalence of depression in chronic kidney disease: Systematic review and meta-analysis of observational studies. *Kidney International, 84*, 179–191.

Pellizzari, J. R. (2022). Psychological aspects of adaptation to critical care nephrology, dialysis, and transplantation for the patient and the caregiver. In A. Hategan, J. A. Bourgeois, A. S. Gangji, & T. K. W. Woo (Eds.), *Psychonephrology: A guide to principles and practice* (pp. 253–267). Springer Nature.

Rentsch, D., Dumont, P., Borgacci, S., Carballeira, Y., deTonnac, N., Archinard, M., & Andreoli, A. (2007). Prevalence and treatment of depression in a hospital department of internal medicine. *General Hospital Psychiatry, 29*, 25–31.

Sage, N., Sowden, M., Chorlton, E., & Edeleanu, A. (2008). *CBT for chronic illness and palliative care: A workbook and toolkit.* Wiley.

Society of Critical Care Medicine. (2020). Critical care statistics. *www.sccm.org/Communications/Critical-Care-Statistics*

Sperry, L., & Binensztok, V. (2019). *Ultra-brief cognitive behavioral interventions: A new practice model for mental health and integrated care.* Routledge.

Stucky, K. J., & Jutte, J. E. (Eds.). (2022). *Critical care psychology and rehabilitation.* Oxford University Press.

Trask, P. C. (2004). Depression in cancer patients. *Journal of the National Cancer Institute Monographs, 32*, 80–92.

Tulloch, T. G., King, J. P., Pellizzari, J. R., & McNeely, H. E. (2022). Overview of psychotherapy principles for patients with kidney disease. In A. Hategan, J. A. Bourgeois, A. S. Gangji, & T. K. Woo (Eds.), *Psychonephrology: A guide to principles and practice* (pp. 105–129). Springer Nature.

Ursano, R. J. (2021). Principles of psychological first aid: Core elements of disaster care, COVID-19 pandemic care and supportive psychotherapy. *Psychiatry, 84*, 309–310.

Vranceanu, A.-M., Greer, J. A., & Safren, S. A. (Eds.). (2017). *The Massachusetts General Hospital handbook of behavioral medicine: A clinician's guide to evidence-based psychosocial interventions for individuals with medical illness.* Springer Nature.

Wade, D. M., Hankins, M., Smyth, D. A., Rhone, E. E., Mythen, M. G., Howell, D. C., & Weinman, J. A. (2014). Detecting acute distress and risk of future psychological morbidity in critically ill patients: Validation of the intensive care psychological assessment tool. *Critical Care, 18*, 519.

Wade, D. M., Moon, Z., Windgassen, S. S., Harrison, A. M., Morris, L., & Weinman, J. A. (2016). Non-pharmacological interventions to reduce ICU-related psychological distress: A systematic review. *Minerva Anestesiologica, 82*, 465–478.

Wade, D. M., Mouncey, P. R., Richards-Belle, A., Wulff, J., Harrison, D. A., Sadique, M. Z., . . . POPPI Trial Investigators. (2019). Effect of a nurse-led preventive psychological intervention on symptoms of posttraumatic stress disorder among critically ill patients: A randomized clinical trial. *JAMA, 321*, 665–675.

Watson, P., & Westphal, R. J. (2020). Stress first aid for health care workers. National Center for PTSD. *www.ptsd.va.gov/professional/treat/type/SFA/docs/SFA_HCW_Manual_508.pdf*

Willgoss, T. G., & Yohannes, A. M. (2013). Anxiety disorders in patients with COPD: A systematic review. *Respiratory Care, 58*, 858–866.

Yohannes, A. M., Müllerová, H., Hanania, N. A., Lavoie, K., Tal-Singer, R., Vestbo, J., . . . Wouters, E. F. (2016). Long-term course of depression trajectories in patients with COPD: A 3-year follow-up analysis of the evaluation of COPD longitudinally to identify predictive surrogate endpoints cohort. *Chest, 149*, 916–926.

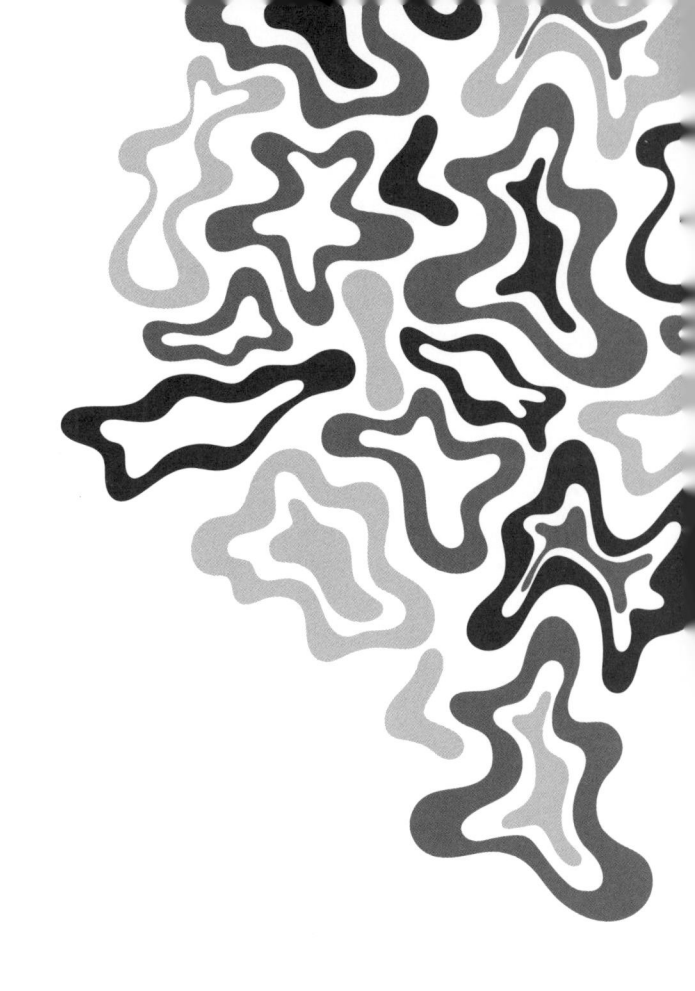

PARTE IV

Crises na infância e na família

11

Abuso sexual e abuso físico infantis

Justin R. Misurell, Jaclyn M. Zocca e Lindsay Anderson

Shawn Johnson, um menino afro-americano de 7 anos de idade, estava vivendo em uma colocação em lar substituto com sua tia-avó materna, Caroline Johnson, em uma cidade de porte médio na região nordeste dos Estados Unidos quando iniciou a terapia. Ele nasceu em uma família que enfrentou pobreza, doença mental e adição. Os pais biológicos de Shawn nunca foram casados e, segundo relatos, tinham história de abuso de substâncias. Sua mãe usou drogas ilícitas enquanto estava grávida de Shawn. O pai abandonou a família depois que Shawn nasceu e manteve um contato inconsistente com o filho. A mãe teve outros quatro filhos de relacionamentos com outros parceiros românticos e experienciava instabilidade crônica de moradia e estressores financeiros. Shawn também era exposto à violência doméstica entre sua mãe e seu ex-amante. Além disso, a mãe de Shawn estava envolvida em uma acusação de abuso físico em que o esbofeteou em uma ocasião depois que ele foi desrespeitoso com ela. O incidente, embora sem a intenção de causar danos, deixou uma marca na bochecha de Shawn, observada por seus professores na pré-escola, que denunciaram a mãe ao Conselho Tutelar.

Quando Shawn tinha aproximadamente 5 anos de idade, a mãe entregou sua custódia legal à sua tia-avó, a Sra. Johnson, por achar que não mais poderia atender as necessidades dele. Posteriormente, seu contato com ele foi diminuindo gradualmente. Embora essa transição tenha sido difícil para Shawn, a mudança na custódia melhorou sua qualidade de vida, já que a Sra. Johnson era capaz de lhe proporcionar um ambiente acolhedor, apoiador e estruturado, e ele se desenvolveu bem sob seus cuidados. Infelizmente, depois de morar com a Sra. Johnson por mais de um ano, o primo de Shawn de 14 anos, Emmanuel, que residia em uma casa separada, começou a abusar sexualmente dele. Às vezes, era solicitado que Emmanuel cuidasse de Shawn para sua avó, e algumas vezes, de acordo com a queixa de Shawn, o primo o forçava a fazer sexo oral e expunha Shawn a materiais pornográficos adultos em muitas ocasiões. Esses incidentes costumavam ocorrer enquanto Shawn estava visitando a casa de Emmanuel e eram iniciados por este enquanto eles estavam jogando *videogame*. Emmanuel alegadamente usava o acesso ao *videogame* como sedução para que Shawn se engajasse em comportamento sexualmente inapropriado. Inicialmente, Shawn não revelou essas acusações, mas começou a exibir vários problemas comportamentais, incluindo comportamento opositor, roubo, mentira e brigas. Devido à sua preocupação e à responsabilidade como cuidadora, a Sra. Johnson o questionava sobre esses comportamentos, e, por fim, Shawn revelou o comportamento abusivo de Emmanuel. A Sra. Johnson respondeu rapidamente e obteve ajuda para os meninos. As denúncias foram feitas ao Conselho Tutelar, e, como resultado, Shawn foi encaminhado para psicoterapia. Durante a avaliação inicial de Shawn, ele reconheceu que se sentia culpado e indicou que se culpava pelo que tinha acontecido. Isso é muito comum com vítimas de abuso sexual. Ele também declarou que estava com raiva de Emmanuel e com medo de que pudesse ser vitimizado. Além disso, Shawn estava tendo incidentes em que molhava a cama e exibia comportamento sexualmente inapropriado, como fazer ruídos e movimentos sexualmente sugestivos na escola. Ademais, seu comportamento opositor servia para ele como uma forma de evitar lembranças do abuso – por exemplo, ele tinha explosões de raiva evidenciadas quando o nome de Emmanuel era mencionado em conversas. Shawn foi encaminhado para uma avaliação diagnóstica para crianças que haviam sido abusadas e foi avaliado por meio de uma entrevista clínica, enquanto sua cuidadora, a Sra. Johnson, também era entrevistada, e foram administradas medidas comportamentais padronizadas. Considerando os sintomas comportamentais e emocionais de Shawn, ele foi posteriormente diagnosticado com transtorno de estresse pós-traumático (TEPT).

Descrição de abuso sexual infantil e abuso físico infantil

Abuso sexual é uma das experiências adversas da infância (EAIs) mais disseminadas que afetam negativamente os jovens e seu desenvolvimento global, além de afetar famílias de todas as origens raciais, étnicas e socioeconômicas. Há cinco tipos de maus-tratos: abuso sexual, abuso físico, abuso emocional, negligência e tráfico sexual. Para fins deste capítulo, focamos no abuso sexual e no abuso físico. Abuso sexual infantil (ASI) pode ser descrito como qualquer forma de atividade sexual inapropriada cometida por um perpetrador, envolvendo uma vítima com menos de 18 anos de idade (embora a idade de consentimento varie dependendo da jurisdição), que ultrapassa os limites da lei e dos costumes sociais/culturais, envolve comportamento com o qual o jovem não consentiu e/ou não pode consentir e que o jovem não entendia plenamente (National Child Abuse and Neglect Data System, 2019). O comportamento sexualmente abusivo inclui uma ampla gama de violações de limites, desde carícias e penetração até exposição à pornografia. Abuso sexual envolve uma dinâmica de poder assimétrica entre perpetrador e vítima e geralmente envolve manipulação psicológica e emocional que pode ter efeitos duradouros. Os perpetradores de ASI com frequência podem conhecer a criança. Deve ser mencionado que a apresentação psicológica das vítimas de ASI varia muito entre os indivíduos e pode ser afetada por uma variedade de fatores, incluindo a idade da criança, sua relação com o perpetrador, o tipo de abuso, as respostas parentais, a resiliência da criança, os mecanismos de enfrentamento e o sistema de apoio.

Abuso físico infantil (AFI) pode ser descrito como qualquer ato que seja cometido por um cuidador que cause danos físicos a uma criança, como contusões e lacerações, independentemente de esse dano ter sido cometido de forma intencional ou não (Child Welfare Information Gateway, 2021). O AFI pode incluir punição corporal e disciplina rígida, como estapear, bater com o punho cerrado e bater com um cinto. Embora a disciplina física seja considerada aceitável em muitas culturas e não deva ser considerada abusiva por si só, quando provoca lesões ela é considerada abusiva. O AFI também envolve um diferencial de poder que pode ser psicológica e emocionalmente prejudicial. Os cuidadores que se engajam em comportamento fisicamente abusivo com frequência têm seus próprios desafios de saúde mental e estressores de vida externos, como instabilidade financeira e de moradia. Crianças vítimas de abuso físico podem exibir uma ampla gama de dificuldades, dependendo de vários fatores (p. ex., relacionamento com o perpetrador, gravidade e cronicidade do abuso), e costumam se apresentar chorosas, evitativas e submissas ou agressivas e disruptivas (Hinds & Giardino, 2017). As crianças também podem resistir a expor o abuso físico pela preocupação de que seu cuidador possa ter problemas ou que elas possam ser removidas da sua casa.

Prevalência e sintomatologia de abuso sexual infantil e abuso físico infantil

Abuso sexual infantil

Embora as taxas de prevalência documentadas de ASI variem na literatura, estudos epidemiológicos indicam que, na época em que os jovens têm 18 anos de idade, 1 em cada 4 meninas e 1 em cada 13 meninos experienciam ASI, e 91% das vítimas de abuso sexual foram abusadas por alguém que conheciam (Centers for Disease Control and Prevention, 2021). O ASI foi associado a uma variedade de dificuldades comportamentais e emocionais, incluindo taxa mais alta de transtornos psicogênicos (Badmaeva, 2011), efeitos neurobiológicos (De Bellis et al., 2011), sintomas psicossomáticos e físicos (Leeb et al., 2011), dificuldades interpessoais e acadêmicas (McLean et al., 2013) e suicidalidade (Scheer et al., 2021). Crianças com história de ASI frequentemente experienciam sintomas de TEPT, como hipervigilância, pesadelos, pensamentos intrusivos sobre o trauma e comportamentos evitativos (Nooner et al., 2012). Além disso, o ASI foi associado a taxas elevadas de comportamentos desadaptativos e de assumir riscos e abuso de substâncias (Maniglio, 2015; Shin et al., 2010). Também foi associado a aumento de comportamentos sexualmente inapropriados (Ensink et al., 2018).

Abuso físico infantil

De acordo com o Child Maltreatment Report de 2019, publicado pelo U.S. Department of Health and Human Services, cerca de 656 mil crianças e adolescentes foram vítimas de trauma infantil, e 10,3% (aproximadamente 69.536) desses casos envolviam abuso físico. O AFI também foi associado a consequências comportamentais, de saúde e emocionais em curto e longo prazos (Hinds & Giardino, 2017). Isso inclui aumento no desenvolvimento de TEPT (Dunn et al., 2016), transtornos do humor (Sugaya et al., 2012), comportamentos agressivos e perturbadores (Gershoff & Grogan-Kaylor, 2016), transtornos internalizantes (Gershoff & Grogan-Kaylor, 2016) e uso de substâncias (Carliner et al., 2016). Crianças com história de abuso físico também têm maior probabilidade de repetir de ano na escola e requerem serviços de educação especial. Além disso, o AFI foi associado a resultados negativos em longo prazo na idade adulta, como taxas mais baixas de conclusão da faculdade, maior probabilidade de ser condenado por um crime e maior probabilidade de dificuldades físicas e de saúde mental (Lansford et al., 2021) – porém, embora há muito tempo se acreditasse que as crianças que são abusadas têm maior probabilidade de se tornar abusadoras quando adultas, um grande estudo financiado pelos National Institutes of Health descobriu que adultos que foram fisicamente abusados quando crianças não têm maior probabilidade de cometer abuso (Widom et al., 2015).

Teorias cognitivo-comportamentais sobre o impacto do abuso infantil

Os clínicos de terapia cognitivo-comportamental (TCC) recorrem a várias teorias baseadas na ciência cognitiva e do condicionamento clássico para ajudar a guiar sua abordagem no trabalho com vítimas de ASI e AFI. Os princípios do condicionamento clássico facilitam associações entre as experiências de abuso e as respostas emocionais a esses eventos (p. ex., medo, ativação, raiva). A teoria do processamento emocional (EPT, do inglês *emotional processing theory*; Foa & Rothbaum, 1998) sugere que o abuso infantil cria uma estrutura problemática de medo que inclui estímulos associados ao trauma, respostas aos estímulos e o significado cognitivo associado aos eventos. Quando estímulos desencadeiam a ativação dessa estrutura do medo, as crianças podem experienciar sintomas de trauma como resultado do condicionamento clássico. Com o tempo, essas respostas comportamentais e emocionais se generalizam mais para lembretes do trauma. Embora alguns lembretes possam não representar perigo específico para o indivíduo, por meio de processos de condicionamento clássico, esses lembretes ou estímulos evocam reações emocionais negativas. Então, pode-se desenvolver evitação como um fator de manutenção em resposta a essas reações emocionais, pois o indivíduo tenta escapar ou minimizar a exposição aos lembretes do trauma. Os comportamentos de evitação são negativamente reforçados pela redução temporária da ativação fisiológica negativa e desconforto – entretanto, esses comportamentos de evitação, embora aparentemente adaptativos em curto prazo, servem para manter os sintomas do trauma, impedindo que as crianças associem os estímulos temidos a sentimentos de segurança, tolerância e domínio. Atualizações da EPT sugerem que é importante recriar respostas aos estímulos temidos em todos os domínios, incluindo cognitivo, emocional, fisiológico e comportamental. Além disso, considera-se que novas respostas aprendidas aos estímulos temidos inibem, em vez de substituir, as respostas iniciais (Rothbaum, 2006).

A teoria social cognitiva (Cohen et al., 2010) também sugere que o trauma afeta negativamente as crenças das crianças sobre o *self*, os outros e o mundo. Essas crenças estão refletidas nos pensamentos automáticos negativos sobre o abuso sexual (p. ex., "Foi minha culpa", "Eu devo ter desejado que isso acontecesse porque não impedi"). As crenças negativas sobre o *self* (p. ex., "Sou mau, sem valor, indesejável, incapaz de viver sozinho"), sobre os outros (p. ex., "As pessoas são superficiais, autocentradas e não escutam") e sobre o mundo (p. ex., "As coisas nunca vão mudar", "O mundo é perigoso/fora de controle", "Coisas ruins acontecem se você baixar sua guarda") podem contribuir para sentimentos de vergonha e culpa, além de sintomas de depressão, afastamento social e outros sintomas internalizantes. Essas crenças nucleares negativas podem ser destrutivas e devem ser o alvo de um profissional da TCC orientado para a formulação.

Especificamente relacionada com o AFI, a teoria da coerção (Fréchette et al., 2015) sugere que padrões de interações malsucedidas entre cuidadores e outros adultos e as crianças levam ao desenvolvimento e à intensificação de comportamentos perturbadores. Para obterem um senso de controle e domínio em um mundo que parece fora de controle e ameaçador, as crianças podem desenvolver uma tendência a se engajar em comportamentos perturbadores. Os comportamentos parentais negativos, rígidos e punitivos podem ser reforçados quando as crianças temporariamente atendem às exigências do seu cuidador ou momentaneamente param de se engajar em comportamento perturbador. Além disso, ao consentirem a progressiva escalada de demandas das crianças, os cuidadores podem reforçar comportamentos desafiadores e opositores. Ademais, podem reforçar comportamentos perturbadores com a crescente atenção, tanto positiva (p. ex., calmante) quanto negativa (p. ex., gritos, punições), para comportamentos perturbadores. Esses ciclos podem alimentar o desenvolvimento e o fortalecimento de crenças nucleares negativas sobre si mesmo (sou mau), sobre os outros e sobre os relacionamentos (são nocivos) e sobre o mundo (está fora de controle, é ameaçador, é perigoso).

Métodos de avaliação

Ao avaliar crianças e os sintomas de trauma, é recomendável usar uma abordagem de vários métodos, incluindo entrevistas clínicas, escalas de avaliação completadas por vários informantes e observações comportamentais (Allen & Kronenberg, 2014). Medidas clínicas padronizadas são administradas antes de iniciar a terapia para vítimas de abuso infantil. Exemplos dessas medidas incluem o UCLA PTSD Reaction Index for DSM-5 (Steinberg et al., 2013), a Escala de Sintomas de Trauma para Crianças (TSCC, do inglês Trauma Symptom Checklist for Children; Briere, 1996), a Escala de Sintomas de Trauma para Crianças Pequenas (TSCYC, do inglês Trauma Symptom Checklist for Young Children; Briere et al., 2001), o Inventário dos Comportamentos de Crianças (CBCL, do inglês Child Behavior Checklist/6-18; Achenbach & Rescorla, 2001), o Rastreio de Trauma em Crianças e Adolescentes (CATS, do inglês Child and Adolescent Trauma Screen; Sachser et al., 2017) e o Inventário de Comportamentos Sexuais da Criança (CSBI, do inglês Child Sexual Behavior Inventory; Friedrich, 1997). Além disso, o Índice de Estresse Parental (PSI, do inglês Parenting Stress Index; Abidin, 2012) e a Escala de Táticas de Conflito entre Pais e Filhos (CTSPC, do inglês Parent-Child Conflict Tactics Scale; Straus et al., 1998) podem ser usados para avaliar as práticas e o estresse parental. Os dados coletados com essas medidas e com outras podem ser usados para avaliar o progresso no tratamento e informar o planejamento e as recomendações do tratamento.

Estratégias de intervenção da TCC

Apesar das sequelas psicológicas desafiadoras do ASI e do AFI, evidências sugerem que tratamentos informados pelo trauma são efetivos na atenuação dos sintomas e na prevenção do início de dificuldades psicológicas e comportamentais futuras (Kjellgren et al., 2013). Existem vários tratamentos de sucesso para ASI. Até o momento, a TCC focada no trauma (TCC-FT) tem sido o modelo baseado em evidências mais detalhadamente estudado para tratar trauma na infância (Allen et al., 2012; Cohen et al., 2006; Heflin & Deblinger, 2007). Inicialmente, a TCC-FT foi desenvolvida para tratar abuso sexual, mas desde então foi identificada como uma abordagem eficaz para tratar maus-tratos infantis em geral. A TCC-FT é baseada em componentes e envolve vários elementos, incluindo psicoeducação e habilidades de parentalidade, habilidades de relaxamento, habilidades de regulação afetiva, habilidades de enfrentamento cognitivo, o uso de procedimentos de exposição gradual, sessões conjuntas de pais e filhos e treino de habilidades de segurança pessoal (Cohen et al., 2006; Heflin & Deblinger, 2007). Esses elementos abordam diretamente mecanismos de ação que são prevalentes em casos de trauma – por exemplo, os procedimentos de exposição são um tratamento que aborda o condicionamento do medo por meio da extinção e da habituação, ao mesmo tempo que combate a evitação. As habilidades de enfrentamento (p. ex., treino de relaxamento, regulação emocional) fornecem, aos indivíduos em tratamento, ferramentas para elaborar suas emoções intensas. A psicoeducação proporciona estratégias para reestruturação de crenças nucleares negativas. Dentre mais de 20 ensaios controlados randomizados (ECRs), a TCC-FT demonstrou melhorar as dificuldades psicológicas e comportamentais em crianças que sofreram abuso (p. ex., Jensen et al., 2014).

A TCC combinada de pais e filhos (TCC-CPF; Runyon & Deblinger, 2014) é outro modelo de tratamento baseado em evidências especificamente para crianças entre 3 e 17 anos com história de abuso físico. Essa abordagem de curto prazo inclui um tempo individual e um tempo conjunto com os cuidadores e as crianças e envolve quatro fases no tratamento: engajamento e psicoeducação, construção de habilidades para enfrentamento efetivo, segurança na família e clarificação do abuso. Antes do desenvolvimento da TCC-CPF, eram utilizadas intervenções somente com os pais ou somente com a criança para abordar o abuso físico. A TCC-CPF foi planejada para incluir tanto os pais como os filhos com a expectativa de melhorar as estratégias de parentalidade, ao mesmo tempo que foca os sintomas (p. ex., estresse pós-traumático, depressão, raiva, atribuições relacionadas ao trauma) das crianças, e, em última análise, interromper o ciclo do abuso (Runyon et al., 2004). Desde então, a TCC-CPF demonstrou diminuir o uso de estratégias disciplinares violentas, reduzir os sintomas de trauma nas crianças e aumentar as estratégias de parentalidade positiva, e as crianças que receberam tratamento com TCC-CPF relataram aumento nas interações positivas dentro de suas famílias (Kjellgren et al., 2013; Runyon et al., 2010).

A TCC baseada em jogos (TCC-BJ), o modelo de tratamento que é usado no exemplo de caso deste capítulo, é um tratamento baseado em evidências para crianças com histórias de abuso que integra elementos da TCC efetiva com terapia pelo jogo estruturada (Springer & Misurell, 2010, 2015). Jogos terapêuticos estruturados (JTEs), que são diretivos, regidos por regras e orientados para o objetivo, são utilizados como a técnica principal para ensinar e reforçar habilidades (Springer & Misurell, 2010). Os JTEs são adaptados à idade de desenvolvimento da criança, o que permite que o modelo da TCC-BJ seja efetivo e atraente para uma ampla gama de jovens e seja usado para melhorar a resiliência (Springer et al., 2014). Os clínicos da TCC-BJ assumem um papel ativo no processo terapêutico e participam nos JTEs, estimulando um senso de trabalho em equipe e a construção de uma relação terapêutica forte (Springer & Misurell, 2015).

A TCC-BJ compreende dois componentes amplos: a construção de habilidades sociais e emocionais e a educação sobre abuso infantil e o processamento do abuso (Springer & Misurell, 2015). O primeiro componente foca no desenvolvimento da relação terapêutica e na aprendizagem de habilidades sociais e de enfrentamento adaptativas. O segundo componente envolve psicoeducação sobre abuso, processamento do abuso, educação e treino de habilidades de segurança e planejamento para o futuro. Os dois componentes de intervenção utilizam uma abordagem baseada nos pontos fortes, que enfatiza o desenvolvimento de comportamentos adaptativos e habilidades preexistentes. A TCC-BJ inclui oito módulos: construção da relação terapêutica, espaço e limites pessoais, identificação e expressão emocional, ligação dos sentimentos às experiências, habilidades de enfrentamento, psicoeducação sobre ASI, processamento do abuso e habilidades de segurança pessoal, os quais podem ser selecionados com base nos problemas e interesses presentes do indivíduo. A TCC-BJ foi aplicada com sucesso em sessões de 90 minutos envolvendo a criança e o cuidador separadamente e conjuntamente (Springer & Misurell, 2012). Um estudo preliminar de resultados clínicos, de desenho de grupo único, envolvendo crianças com idades entre 4 e 17 anos que tinham sido impactadas por abuso sexual encontrou que a TCC-BJ foi eficaz na redução dos sintomas internalizantes, dos problemas comportamentais, dos sintomas relacionados ao trauma e dos comportamentos sexualmente inapropriados e teve sucesso em melhorar o conhecimento das crianças sobre abuso e habilidades de segurança pessoal. Esses ganhos clínicos foram mantidos 3 meses após o tratamento (Hiller et al., 2016; Springer & Misurell, 2012).

Dificuldades e impedimentos comuns no tratamento para abuso infantil

O trabalho com crianças e famílias afetadas por abuso pode ser repleto de dificuldades. É comum que crianças vítimas de abuso evitem falar sobre isso devido a constrangimento, ansiedade, medo de represália dos perpetradores, preocupações de que a discussão do abuso afete negativamente sua família (p. ex., a revelação de abuso familiar com frequência pode levar à separação na família e quase sempre envolve sistemas de atenção ao bem-estar infantil) e medo de que suas revelações possam causar problemas legais para sua família. Preocupações com a participação na terapia podem levar as crianças a evitar o tratamento e/ou engajar-se em comportamentos que interferem na terapia, incluindo ausências frequentes, atrasos nas sessões e esforços para sabotar a relação terapêutica.

Os cuidadores não agressores envolvidos no tratamento podem ser cautelosos ao discutirem o que acontece na sua casa e podem se preocupar com a possibilidade de se envolverem mais no sistema de atenção ao bem-estar da criança (Misurell & Springer, 2013) – assim, é essencial construir confiança e uma forte relação terapêutica, além de engajar os clientes segundo seus próprios termos na terapia. Uma relação terapêutica sólida, ancorada em confiança e apoio, deve ser usada como base para guiar os clientes pelas partes mais difíceis da terapia. Isso também é importante devido à propensão das vítimas a se retrair das suas acusações iniciais devido ao medo de represálias.

As vítimas de abuso infantil com frequência podem experienciar altos e baixos na terapia, particularmente ao processarem as acusações de abuso e experiências traumáticas. É imperativo incentivar os clientes a trabalharem essas dificuldades para que possam se curar – no entanto, os clientes costumam exibir sintomatologia aumentada (p. ex., aumento da ativação emocional, afeto negativo, comportamento problemático) durante o processamento do abuso, o que, por sua vez, pode ameaçar seu engajamento no tratamento. Nessas situações, clínicos inexperientes com frequência cometem o erro de permitir a evitação do processamento do abuso – por exemplo, buscando estressores em curto prazo (algumas vezes, referidos como CDS [crise da semana]), e podem fazer desvios por caminhos menos profícuos. É importante que os clínicos estabeleçam o ritmo do processamento do abuso, e, se precisarem reduzir a velocidade para permitir que o cliente "acompanhe", então devem fazer isso, tendo em mente, ao mesmo tempo, a necessidade de continuar seguindo em frente. É importante mencionar que isso também demonstra para o cliente que o processamento está correndo bem e não é perigoso, que ele *é* capaz de gerenciar seu estresse e que repete o processo de exposição para extinção do medo condicionado e das respostas de evitação. É importante que sejam ensinadas e praticadas habilidades de enfrentamento efetivas para lidar com o estresse e a ativação emocional antes de exposições de nível mais elevado.

Às vezes, os clínicos se deparam com cuidadores não apoiadores que não acreditam na revelação do seu filho de abuso sexual ou que ficam defensivos e protetivos em relação ao perpetrador. Isso é comum em circunstâncias em que o perpetrador é um membro da família ou um parceiro romântico do cuidador não agressor ou se a vítima já fez acusações similares anteriormente. Da mesma forma, em casos de AFI, a TCC frequentemente envolve o cuidador agressor, que pode ficar defensivo, temeroso de julgamento ou estigma e resistente ao processo terapêutico. Isso pode ser exacerbado pelo estigma que costuma estar associado a fazer essas acusações. Em casos como esses, cuidadores não apoiadores podem minar a terapia e algumas vezes até sabotá-la, e é recomendável que os clínicos se engajem em compaixão e humildade e validem suas preocupações. Ao mesmo tempo, eles devem incentivar os cuidadores a gradualmente aumentar sua participação na terapia, desse modo aumentando seu apoio aos filhos e o endossamento de estratégias parentais efetivas. Em longo prazo, também, isso pode combater visões negativas do *self* e dos outros comumente associadas a trauma na infância.

As famílias afetadas pelo abuso infantil com frequência experienciam desafios que incluem conflito relacional e altos níveis de conflito interpessoal, doença mental e adição, estressores financeiros e barreiras para acessar os recursos. Além disso, elas costumam estar enfrentando forças sistêmicas maiores, como pobreza, desigualdade e racismo, que tensionam ainda mais a família. As crianças e famílias afetadas por abuso infantil com frequência carregam vergonha e constrangimento ou podem estar altamente sintonizadas com a invalidação, o julgamento e o estigma, causando relutância em iniciar a terapia. Os clínicos devem prosseguir com compaixão e compreensão e evitar julgamento. Isso também pode ajudar a melhorar a confiança e a relação terapêutica para que os clínicos possam ajudar as famílias a remover as barreiras logísticas ao tratamento, como a comunicação com os encarregados do caso para resolver questões, auxiliar as famílias na organização do transporte para as consultas e fornecer informações sobre como utilizar efetivamente os sistemas de atenção ao bem-estar da criança e legal, dentro dos quais elas podem se sentir confusas. Embora o engajamento no gerenciamento do caso se estenda além da terapia, costuma valer a pena o investimento do clínico para ajudar as famílias a enfrentar esses desafios ou vinculá-los e coordená-los com outros serviços para enfrentá-los, abrindo, assim, o caminho para um tratamento mais eficaz.

Objetivos do tratamento em longo prazo

Na TCC para abuso infantil, o objetivo em longo prazo é ajudar as crianças a chegarem, clinicamente, a um lugar onde suas experiências de abuso no passado não mais têm poder sobre elas, de modo que possam viver vidas saudáveis e prósperas. Os clínicos procuram ajudar as crianças a processar seus pensamentos e sentimentos sobre o abuso, a resolver quaisquer sintomas relacionados ao trauma, como hiperexcitação, reforçar habilidades de enfrentamento, aumentar o conhecimento sobre abuso, identificar e extinguir padrões comportamentais inúteis que inadvertidamente mantêm o estresse e desenvolver habilidades de segurança pessoal para ajudar a prevenir abuso futuro. Crianças que recebem tratamento de alta qualidade depois do abuso têm muito menos probabilidade de desenvolver dificuldades comportamentais e emocionais no futuro e menos probabilidade de ser novamente vitimizadas. Como parte do esforço para assegurar resultados positivos em longo prazo e reduzir a nova vitimização, as intervenções da TCC para abuso infantil visam envolver os cuidadores não agressores (no caso de ASI) e os cuidadores agressores (no caso de AFI). Fazendo isso, os clínicos da TCC podem fornecer, aos cuidadores, as ferramentas e estratégias parentais necessárias para manter seus filhos seguros, identificar situações de risco e utilizar habilidades de regulação emocional eficientes. Com frequência, os clínicos recomendam sessões de reforço de TCC a cada 3 meses durante o primeiro ano pós-tratamento para avaliar se os ganhos do tratamento foram mantidos; fazer uma atualização das habilidades aprendidas; e proporcionar às crianças e às famílias um espaço seguro para discutir seus sentimentos sobre o abuso passado, seu progresso na terapia e quaisquer outros materiais relevantes. As sessões de reforço também podem detectar problemas e alertar os cuidadores para dificuldades que seus filhos podem estar experienciando, mas não revelando. Se as crianças exibirem recorrência dos sintomas relacionados ao trauma (o que acontece ocasionalmente) ou, na pior das hipóteses, relatarem novas situações de abuso, devem ser empregados todos os esforços para engajá-las novamente na terapia.

Exemplo de caso

Depois da avaliação inicial de Shawn, ele e sua cuidadora, a Sra. Johnson, foram encaminhados para TCC-BJ. O tratamento foi conduzido em um contexto ambulatorial dentro de uma clínica especializada em abuso e maus-tratos infantis. Shawn e sua terapeuta estabeleceram seis objetivos específicos para o tratamento no início da terapia. Esses objetivos incluíam (1) melhorar as habilidades sociais e emocionais de Shawn por meio da obtenção do conhecimento de uma variedade de emoções, aprendendo a vincular suas emoções às experiências, aprendendo a demonstrar e expressar emoções difíceis e aprendendo a interagir com outras pessoas de maneira confortável e efetiva; (2) melhorar o conhecimento de Shawn sobre abuso sexual e físico e comportamento sexual apropriado e inapropriado; (3) melhorar a habilidade de Shawn de discutir suas experiências de abuso sexual pelo desenvolvimento e compartilhamento de uma narrativa detalhada do abuso; (4) adquirir maior conhecimento das habilidades de segurança pessoal e habilidades de enfrentamento; (5) reduzir o comportamento de molhar a cama; e (6) definir e reduzir o comportamento sexualmente inapropriado.

O tratamento também visava ajudar sua cuidadora, a Sra. Johnson, a melhorar suas habilidades de manejo parental e seu relacionamento com Shawn. O tratamento incluiu o uso de instruções didáticas, psicoeducação de tópicos terapêuticos, dramatizações para reforçar o conhecimento das habilidades por meio da observação e prática, JTEs para aprendizagem ativa, *feedback* corretivo e o uso de sistemas de recompensa. O tratamento foi programado para ocorrer semanalmente e incluía componentes individuais e conjuntos da dupla criança-cuidador. A Sra. Johnson participou durante parte de cada sessão para receber educação e treino sobre as várias habilidades e componentes que foram utilizados com Shawn na terapia (p. ex., habilidades de regulação emocional).

Curso da terapia

Construção da relação terapêutica, espaço pessoal e limites

O tratamento começou focando na construção da relação terapêutica e no desenvolvimento de habilidades sociais. Durante essa sessão, Shawn conseguiu se apresentar, mas ficou relutante em se engajar na conversa. *Algumas das minhas coisas favoritas*, um jogo de construção da relação terapêutica, possibilitou ao menino a oportunidade de discutir suas atividades preferidas e se engajar em conversas com sua terapeuta sobre seus interesses. Durante esse jogo, Shawn se mostrou entusiasmado e demonstrou várias atividades de que gostava, incluindo dançar e jogar basquete.

Durante a discussão do espaço pessoal, Shawn relatou que "já conhecia espaço pessoal" – no entanto, ele com frequência se envolvia em violações dos limites, como tentar abraçar a terapeuta e sentar-se muito perto dela. Quando essas violações eram trazidas para sua atenção, Shawn parecia entender que esse comportamento pode deixar alguém desconfortável. Enquanto esse comportamento era enquadrado como inapropriado, a necessidade subjacente de Shawn de conforto e segurança era validada pela terapeuta, e lhe era dito que na terapia costumamos dar um "cumprimento e aperto de mãos". Então, a sessão prosseguiu com psicoeducação sobre o espaço pessoal. Para reforçar esse conceito, Shawn e sua terapeuta jogaram *Invasores do espaço pessoal*. Durante esse jogo, ele fez de conta que era um explorador do espaço sideral que estava sob o ataque de um "invasor espacial", representado pela terapeuta. Foi dito ao menino que, para manter o invasor espacial fora do seu espaço pessoal, ele precisava criar uma "órbita no espaço pessoal" organizando copos em torno do seu corpo com a distância do comprimento de um braço. Shawn foi lembrado de que o invasor espacial tentaria desmanchar sua órbita e que ele precisaria dizer "Me dê um espaço pessoal!" para manter o invasor afastado. Inicialmente, Shawn teve dificuldade para reivindicar o espaço pessoal quando a terapeuta invadia sua "órbita espacial pessoal". Depois de ser lembrado por ela de que precisava exigir assertivamente seu espaço pessoal, o menino conseguiu, com sucesso, manter o "invasor espacial" afastado. Sua confiança ao fazer isso pareceu aumentar, conforme evidenciado pela sua voz mais alta e as exigências assertivas de espaço pessoal. Shawn conseguiu demonstrar habilidades apropriadas de espaço pessoal no final da sessão. Frequentemente, nas sessões posteriores, ele erguia seu braço no ar para medir o espaço apropriado entre ele e a terapeuta.

Identificação emocional, expressão e habilidades de enfrentamento

Depois disso, o tratamento focou nas habilidades de identificação e expressão emocional. Enquanto jogava *Identifique o sentimento*, Shawn foi capaz de retratar e expressar uma ampla gama de emoções – entretanto, durante o *Copo dos sentimentos*, o menino teve dificuldade de associar suas emoções às suas experiências. Esse jogo requeria que ele atirasse uma bola dentro de copos que estavam rotulados com emoções e que estavam posicionados a distâncias variadas. Quando a bola caía dentro de um copo, Shawn tinha que dar um exemplo de uma situação em que experienciou aquela emoção. Ele foi capaz de dar exemplos básicos de situações em que ficava feliz (p. ex., quando estou brincando com meus amigos) e com raiva (p. ex., quando as pessoas gritam comigo), mas negou que alguma vez tenha se sentido assustado e teve dificuldade de identificar uma situação em que se sentiu triste. Quando ele e a terapeuta se revezaram no jogo,

Shawn se sentiu mais confortável para compartilhar sua experiência e associar emoções positivas e negativas com essas experiências.

Para desenvolver as habilidades de expressão emocional de Shawn, o tratamento se voltou para habilidades de regulação emocional, como o enfrentamento de emoções difíceis (p. ex., raiva). Essas habilidades ajudariam o menino a confrontar e lidar com suas emoções difíceis relacionadas ao trauma e a superar sua evitação de lembretes do trauma (p. ex., mencionar o nome de Emmanuel) e lhe forneceriam as ferramentas necessárias para trabalhar posteriormente em sessões de exposição mais desafiadoras. Shawn foi capaz de identificar várias habilidades de enfrentamento em que se engajava – no entanto, a maioria delas era baseada em distração (p. ex., jogar *videogame*). Com a assistência da terapeuta, ele conseguiu desenvolver colaborativamente estratégias adicionais (p. ex., falar com alguém sobre seus sentimentos). Ele também aprendeu duas novas estratégias de enfrentamento para abordar a ativação fisiológica: a "bola de canhão", que envolve agachar-se, passar os braços em torno dos joelhos e respirar profundamente três vezes; e o "abraço de urso", que envolve enrolar os braços em torno do próprio peito e respirar profundamente três vezes. *Lance a ficha*, um jogo que envolve simular uma experiência frustrante, foi jogado para reforçar essas estratégias. Shawn e sua terapeuta se revezaram segurando um copo enquanto o outro tinha três chances para lançar uma ficha dentro do copo. Se Shawn ou a terapeuta não tivessem sucesso, eles teriam que usar uma habilidade de enfrentamento emocional para se acalmar. O menino inicialmente achou esse jogo divertido, mas não se envolveu ativamente em habilidades de enfrentamento, dizendo que não estava incomodado e não precisava usá-las – no entanto, à medida que o jogo se tornou mais difícil e sua frustração genuína aumentou, ele conseguiu usar estratégias de regulação emocional com sucesso para reduzir sua frustração. Inicialmente, Shawn se engajou em um exercício de visualização guiada em que a terapeuta descrevia uma cena calma em uma praia. A seguir, ele deveria descrever um lugar seguro, o qual identificou como um restaurante da rede Chuck E. Cheese. A terapeuta, então, gerou uma visualização guiada personalizada envolvendo estar no Chuck E. Cheese. Shawn pediu para praticar visualização guiada muitas vezes, inclusive como sua recompensa por atingir seus objetivos comportamentais. A visualização se transformou em uma estratégia importante para ele posteriormente no tratamento durante o processamento do trauma.

Psicoeducação sobre toque apropriado e inapropriado, partes privadas e abuso infantil

Depois que Shawn demonstrou ganhos em suas habilidades sociais e emocionais, o tratamento se voltou para o aumento dos seus conhecimentos sobre abuso e comportamento sexual apropriado. A Sra. Johnson foi particularmente apoiadora nessa fase do tratamento e prontamente participou das sessões conjuntas. Ela disse que essas informações a ajudaram a entender melhor o que o menino passou durante o abuso – no entanto, Shawn exibiu crescente estresse e ansiedade durante essa fase do tratamento, explicando que isso o fazia lembrar das suas experiências de abuso sexual. Durante um dos jogos, *Colorindo a anatomia*, Shawn e a terapeuta usaram giz de cera para distinguir entre as partes do corpo em que "estava ok" e "não estava ok" tocar ou olhar – por exemplo, ele e a terapeuta pintaram de verde as mãos, os joelhos e os braços do diagrama anatômico para mostrar que essas partes geralmente são ok para outras pessoas tocarem. Por sua vez, as partes íntimas e o rosto foram pintados de vermelho para mostrar que geralmente não está ok que essas partes do corpo sejam tocadas por outras pessoas. Shawn disse que não queria olhar os diagramas anatômicos, explicando que eles eram "desagradáveis". Durante o jogo *Toque ok e não ok*, Shawn respondeu a diversos cenários (p. ex., uma mãe abraçando seu filho, um tio tocando uma parte íntima da criança, um médico examinando uma parte íntima de uma criança), indicando se eles eram apropriados ou não. Ele parecia desconfortável durante esse jogo, conforme evidenciado pela dificuldade de ficar parado enquanto as vinhetas eram lidas.

À medida que Shawn foi se engajando em jogos adicionais focados em tópicos de abuso sexual e físico, sua ansiedade pareceu diminuir, e ele se tornou mais capaz de controlar seu corpo. A terapeuta notou o menino se engajando em respiração profunda enquanto as vinhetas eram lidas, o que sugeria que ele havia adquirido com sucesso essa habilidade de enfrentamento e que ela também servia como uma forma de exposição. Durante um jogo intitulado *Roda do conhecimento em tamanho real*, Shawn conseguiu responder perguntas sobre abuso sexual, abuso físico e segurança pessoal. Nesse jogo, ele foi instruído a jogar um dado e responder perguntas sobre os tópicos correspondentes aos números no dado (p. ex., 4 = perguntas sobre abuso sexual). O jogo reforçou o conhecimento sobre abuso que Shawn havia obtido e lhe deu a oportunidade de abordar as distorções cognitivas que ele tinha sobre o abuso, incluindo sua crença de que as crianças são parcialmente culpadas quando são abusadas.

Processamento do abuso

Depois da psicoeducação, o tratamento focou no processamento do abuso. Este era um componente central do tratamento e incluía as sessões em que eram conduzidas exposições graduais. Os procedimentos de exposição gradual foram planejados para ajudar Shawn a superar sua evitação de estímulos do trauma ou lembretes do abuso e trauma e ajudá-lo a se habituar a esses estímulos. As primeiras sessões de processamento continham jogos de exposição em que era solicitado que Shawn identificasse e discutisse vários aspectos limitados das suas experiências de abuso. Um jogo básico de exposição, *Preencha as lacunas*, requeria que o menino gerasse palavras que pudessem ser usadas para completar histórias sobre abuso físico e sexual. Durante esse jogo, as crianças costumam fornecer detalhes do seu próprio abuso para preencher as lacunas e, assim, são expostas a lembretes do trauma em um contexto seguro e apoiador. Shawn forneceu detalhes sobre o abuso sexual que sofreu, além de informações relativas ao abuso físico de Emmanuel que ele havia testemunhado. Shawn também jogou *Mostre seu cartão* com a terapeuta e a Sra. Johnson, em que reconheceu não verbalmente vários aspectos do abuso em resposta aos estímulos – por exemplo, a terapeuta pediu que Shawn levantasse seu cartão se a pessoa que abusou dele fosse alguém que ele conhecia antes do abuso. Durante esse jogo, a Sra. Johnson foi apoiadora e incentivou Shawn a participar, apesar da sua relutância e ansiedade.

A seguir, a terapeuta informou Shawn de que ele teria a oportunidade de completar um projeto da terapia que envolveria a criação de um "livro" que conta a história do abuso sofrido. Esse exercício incluiria um procedimento de exposição mais extensivo, em que sua evitação de pensar e falar sobre o abuso seria diretamente confrontada dentro de um contexto terapêutico apoiador. Inicialmente, Shawn demonstrou resistência, perguntando: "Por que eu tenho que falar sobre isso, quando você já sabe?".

Depois de a terapeuta explicar que falar sobre experiências difíceis pode ser desafiador, mas que também faz nos sentirmos melhor, e de dar a Shawn o encorajamento de que ele era valente, que havia aprendido várias habilidades de enfrentamento e que ele e a terapeuta completariam o projeto juntos, ele concordou em participar de *Desbloqueie o caminho*, um jogo de tabuleiro usado para facilitar o processamento do abuso. O jogo envolve seis níveis que correspondem a antes, durante e depois do trauma, as conquistas da terapia, visão do futuro e um nível de resumo. Para cada nível, há quatro tarefas (falar, desenhar, escrever e um desafio divertido), que devem ser realizadas para prosseguir para o nível seguinte. O nível final envolve uma tarefa de resumo, em que todo o material prévio é revisado.

Durante o jogo, Shawn inicialmente descreveu Emmanuel em termos extremamente positivos, recusando-se a reconhecer que o primo alguma vez tivesse feito alguma coisa de errado além do abuso. As descrições de Shawn dos eventos seguintes ao abuso eram escassas em detalhes e incluíam várias distorções cognitivas, incluindo que a Sra. Johnson ficaria zangada com ele por ter sido abusado e que o abuso era culpa sua. Ao discutir os eventos que ocorreram enquanto estava sendo abusado, Shawn forneceu detalhes escassos e frequentemente tinha que ser incentivado a explicar melhor. Às vezes, ele se calava e não se engajava no material da sessão – no entanto, com o incentivo e a validação de sua cuidadora e da terapeuta, ele conseguiu continuar participando.

Compartilhar a narrativa de Shawn com a Sra. Johnson representava um passo crucial para ajudar o menino a processar suas experiências de abuso. A Sra. Johnson indicou que seria muito difícil para ela ouvir a narrativa que foi construída por Shawn, mas sabia que precisava ser apoiadora para ajudá-lo em sua recuperação. Na preparação para isso, a Sra. Johnson se encontrou com a terapeuta individualmente para examinar a narrativa e processar o material sem a presença de Shawn. Esse exercício serviu com uma exposição para ajudar a Sra. Johnson a vencer seus sentimentos difíceis sobre o abuso de modo que ela pudesse estar plenamente disponível para apoiá-lo durante a sessão conjunta de exposição entre a criança e a cuidadora. A Sra. Johnson também foi treinada para fornecer declarações apoiadoras antes dessa sessão para que pudesse reforçar positivamente o trabalho de exposição de Shawn. A criança estava muito hesitante em compartilhar sua narrativa, dizendo que se sentia constrangida e envergonhada pelo que havia acontecido e que não queria que a Sra. Johnson ficasse zangada com ela.

Por solicitação de Shawn, a terapeuta compartilhou a narrativa com a Sra. Johnson. A terapeuta leu a descrição de Shawn de Emmanuel, que incluía várias experiências positivas que ele e Emmanuel haviam compartilhado. Também foi mostrado à Sra. Johnson um desenho que Shawn havia feito dele e de Emmanuel. Além disso, a terapeuta compartilhou a descrição de Shawn do que ele estava fazendo, pensando e sentindo imediatamente antes e durante o abuso sexual. Sua descrição da primeira vez que ele revelou o ocorrido para alguém, juntamente com seus pensamentos e sentimentos associados à revelação, também foram repassados para a Sra. Johnson. Além disso, a terapeuta leu a descrição do menino de suas experiências na terapia e seus objetivos para o futuro. Durante a sessão, Shawn estava consideravelmente choroso e apresentou aumento dos comportamentos hiperativos. A Sra. Johnson respondeu à agitação crescente de Shawn envolvendo-se em habilidades parentais apropriadas, nomeando sua ansiedade ao dizer "Shawn, estou vendo que você está inquieto e se mexendo muito, e sei que você faz isso quando fica ansioso"; dando validação para suas emoções difíceis, dizendo "Shawn, tudo bem você se sentir nervoso por estar compartilhando sua história comigo"; e expressando orgulho por ele ter exibido coragem ao construir e compartilhar sua narrativa do abuso, dizendo "Tenho muito orgulho de você por compartilhar sua história comigo. Você trabalhou com afinco e fez um ótimo trabalho". É importante mencionar que a Sra. Johnson também reforçou a noção de que ela não achava que o abuso fosse culpa de Shawn. Depois de compartilhar sua narrativa, a ansiedade de Shawn se dissipou, e ele terminou a sessão com um humor animado.

A Sra. Johnson relatou que, durante o processo de revelação, o menino havia exibido sintomatologia elevada. Ela explicou que, imediatamente após a primeira sessão de exposição avançada, Shawn começou a exibir aumento nos comportamentos problemáticos, incluindo ataques de raiva e sair da sala de aula na escola, o que resultava em ser mandado para casa. Ele também começou a fazer comentários sexuais inapropriados com os colegas e se envolveu em comportamentos sexuais inapropriados, incluindo toques mútuos no pênis com um colega da mesma idade na escola. Ao discutir os incidentes com Shawn, ele explicou que tanto ele quanto seu colega gostaram de se tocar, e, já que ambos concordaram com isso, o comportamento era apropriado. A psicoeducação sobre o comportamento sexual apropriado para a idade foi útil para abordar a cognição de Shawn referente aos seus comportamentos sexualmente inapropriados. Além disso, a Sra. Johnson recebeu informações para ajudá-la a entender a alta frequência de comportamentos sexualizados entre crianças que experienciaram abuso sexual e as estratégias para abordá-los efetivamente.

Quando indagado sobre seus problemas comportamentais, Shawn relatou que estava tendo dificuldades porque "sentia falta de Emmanuel", recontando memórias positivas com ele. A terapeuta e a Sra. Johnson validaram os sentimentos do menino, dizendo que era normal que as crianças tivessem sentimentos mistos em relação à pessoa que abusou delas. A terapeuta também destacou como, antes de o abuso ter ocorrido, Shawn e Emmanuel tinham uma relação próxima e que a traição de Emmanuel e as consequências posteriores representavam uma verdadeira perda para Shawn. Além disso, Shawn praticou o uso de várias estratégias de enfrentamento na sessão e escreveu uma carta para o primo, com assistência da terapeuta, em que teve a oportunidade de descrever em detalhes seus sentimentos sobre ele. Shawn disse que "sentia muita, muita falta" de Emmanuel e escreveu: "Eu queria que você não tivesse feito o que fez para que ainda pudéssemos jogar Switch". Ele também conseguiu expressar seus sentimentos sobre o abuso, dizendo "Eu odeio o que você fez comigo e estou com muita raiva de você. Aquilo não estava certo". Shawn também parecia estar processando efetivamente seus sentimentos difíceis relacionados ao abuso, conforme evidenciado pelas declarações perspicazes e compreensivas que fez na carta – por exemplo, ele indicou para Emmanuel que "Ainda que o que você fez seja errado, eu o perdoo". Para processar melhor sua separação de Emmanuel, Shawn e a terapeuta discutiram os prós e os contras de se reconectar com alguém que abusou dele e exploraram possíveis opções para reconstruir com segurança uma relação com Emmanuel no futuro. Por fim, foi determinado que, se Emmanuel concluísse com sucesso sua própria terapia e fosse capaz de fazer reparações, Shawn consideraria se reconciliar com ele no futuro.

A terapeuta também perguntou a Shawn que conselho ele daria a outra criança que estivesse passando por uma experiência parecida. O menino explicou que "Crianças precisam estar seguras, e, portanto, não é uma boa ideia estar perto de alguém que já prejudicou você antes". Ele também disse que "Isso foi difícil para mim também, me senti triste por não ver Emmanuel" e descreveu as estratégias que usou para lidar com essas emoções. Isso possibilitou a Shawn a oportunidade de demonstrar seu domínio das habilidades de enfrentamento, desenvolver sentimentos de autoeficácia, combater possíveis crenças nucleares negativas sobre ser mau ou merecer o abuso e engajar-se em autovalidação para suas experiências emocionais. Essas estratégias foram úteis para abordar e processar suas emoções complicadas referentes às suas experiências de abuso. Depois de algumas sessões de processamento dessas dificuldades, Shawn relatou que não estava mais chateado pela sua separação de Emmanuel.

Habilidades de segurança pessoal

Depois do processamento do abuso, a terapia focou em ajudar Shawn a desenvolver melhor as habilidades de segurança pessoal e enfrentamento. Ele aprendeu, entusiasmado, a sequência *Grite-fuja-conte*, em que foi instruído a gritar "Não!" bem alto, correr e contar a um adulto confiável se alguém tentar abusar dele no futuro. Shawn se beneficiou particularmente de uma dramatização como experiência corretiva, em que ele e a terapeuta encenaram os eventos precedentes ao abuso e Shawn teve a oportunidade de interromper e contar à Sra. Johnson sobre o incidente antes que ele ocorresse. Durante a dramatização, a terapeuta assumiu o papel de Emmanuel, enquanto Shawn e a Sra. Johnson representavam a si mesmos. No início da dramatização, a terapeuta e Shawn fingiram que estavam jogando *videogame* juntos. A terapeuta, no papel de Emmanuel, disse a Shawn: "Se você quiser continuar jogando *videogame*, você tem que chupar minhas partes íntimas". Nesse ponto na dramatização, Shawn gritou "Não!", levantou-se e fugiu da terapeuta, indo até a Sra. Johnson. Ele contou à Sra. Johnson que Emmanuel tinha lhe dito para "chupar suas partes íntimas". A Sra. Johnson respondeu apropriadamente, agradecendo a Shawn por ter-lhe contado, e disse a ele que o manteria seguro e garantiria que Emmanuel recebesse a ajuda de que precisava. Shawn demonstrou ansiedade mínima durante essa encenação e disse que gostou da sequência *Grite-fuja-conte*. A Sra. Johnson indicou que particularmente gostou do jogo de tabuleiro *E se*, em que as habilidades de segurança pessoal foram reforçadas. Esse jogo envolvia um quadro com espaços conduzindo a um ponto final. Cada jogador se revezava jogando um dado e respondendo a perguntas sobre o que fariam em uma variedade de situações (p. ex., O que você deveria fazer se visse fumaça saindo da casa de um vizinho? O que você deveria fazer se seu amigo lhe contasse que alguém abusou dele?). A Sra. Johnson relatou que se sentia mais confortável sabendo que ela e Shawn haviam aprendido habilidades avançadas de segurança pessoal.

Revisão das habilidades e processamento do término

À medida que Shawn gradualmente alcançou seus objetivos no tratamento, a terapia avançou para o processamento do término e a revisão das habilidades. A TCC-BJ foi usada de forma eficiente para abordar as experiências de abuso de Shawn e a sintomatologia pós-traumática. O uso de JTEs pareceu aumentar a motivação para o tratamento, melhorar a relação terapêutica e a confiança no processo terapêutico, reforçar a aprendizagem, construir habilidades sociais e emocionais, reduzir os sintomas relacionados ao trauma e desenvolver habilidades de segurança pessoal. Além disso, por meio da habilidade de Shawn de processar com sua cuidadora o abuso sexual, ele foi capaz de desmistificar cognições inúteis e receber a validação e o apoio de que precisava para se curar. Durante o processamento do término, a Sra. Johnson relatou que se sentia insegura e nervosa em relação ao encerramento do tratamento, devido à história de Shawn de problemas comportamentais e abuso. Ela também se preocupava com a possibilidade de, ao encerrar o tratamento, Shawn não ser capaz de ter sucesso na escola e em casa dali em diante. A terapeuta validou esses sentimentos da Sra. Johnson, a desafiou a alterar suas expectativas quanto ao comportamento de Shawn e a capacitou para continuar utilizando as estratégias do tratamento em casa. Depois disso, a Sra. Johnson relatou que se sentia receosa, mas confiante, quanto ao encerramento do tratamento. Shawn foi capaz de processar sua experiência no tratamento por meio de uma carta de adeus para a terapeuta. Na sua carta, ele expressou que estava nervoso por encerrar o tratamento e disse que sentiria falta de tudo em relação à terapia – no entanto, depois de gerar uma lista abrangente das habilidades que havia aprendido, Shawn disse que estava pronto para encerrar a terapia. Depois da sessão de revisão das habilidades, foram administradas à Sra. Johnson medidas clínicas padronizadas (p. ex., TSCC, CBCL, CSBI) para avaliar os sintomas de Shawn no fim do tratamento. Com base em suas respostas, Shawn não estava mais exibindo sintomas de trauma, comportamentos problemáticos ou comportamentos sexualmente inapropriados. Como tal, foi determinado que ele estava pronto para encerrar. Foi realizada uma sessão de encerramento para processar melhor o término, celebrar as conquistas de Shawn na terapia e incentivar seu crescimento futuro.

Resumo e conclusões

O abuso sexual e físico infantil continua sendo um problema que perpassa todos os grupos raciais, étnicos e socioeconômicos e frequentemente resulta em uma ampla gama de prejuízos comportamentais e emocionais. Se não forem adequadamente abordados, o ASI e o AFI podem levar a maus resultados físicos e de saúde mental em longo prazo. Felizmente, intervenções de TCC podem ser utilizadas efetivamente para abordar as dificuldades na infância depois do abuso. Os principais fatores a serem considerados incluem (1) intervenção precoce, se possível, depois que o abuso for revelado; (2) engajar os cuidadores não agressores no tratamento para ASI e, no caso de AFI, também engajar e abordar o cuidador agressor, se apropriado; (3) utilizar protocolos da TCC que sejam estruturados, informados pelo trauma e baseados em evidências, como TCC-FT, TCC-CPF, TCC-BJ, etc.; (4) investir na relação terapêutica encontrando as famílias onde elas estão, tentando abordar os impedimentos ao tratamento, como as barreiras logísticas e questões relacionadas ao gerenciamento do caso, e trazendo uma atitude de humildade, compaixão e compreensão em vez de julgamento; e (5) trabalhar de perto com outros profissionais no sistema de atenção ao bem-estar da criança para ajudar a guiar a família na direção de um resultado positivo.

Referências

Abidin, R. R. (2012). *Parenting stress index* (4th ed.). PAR.

Achenbach, T. M., & Rescorla, L. A. (2001). *Manual for the ASEBA school-age forms and profiles*. University of Vermont, Research Center for Children, Youth and Families.

Allen, B., Gharagozloo, L., & Johnson, J. C. (2012). Clinician knowledge and utilization of empirically-supported treatments for maltreated children. *Child Maltreatment, 17*(1), 11–21.

Allen, B., & Kronenberg, M. (2014). *Treating traumatized children: A casebook of evidence-based therapies.* Guilford Press.

Badmaeva, V. D. (2011). Consequences of sexual abuse in children and adolescents. *Neuroscience and Behavioral Physiology, 41*(3), 259–262.

Briere, J. (1996). Trauma Symptom Checklist for Children (TSCC) [Database record]. APA PsycTests. https://doi.org/10.1037/t06631-000

Briere, J., Johnson, K., Bissada, A., Damon, L., Crouch, J., Gil, E., ... Ernst, V. (2001). The Trauma Symptom Checklist for Young Children (TSCYC): Reliability and association with abuse exposure in a multi-site study. *Child Abuse and Neglect, 25,* 1001–1014.

Carliner, H., Keyes, K. M., McLaughlin, K. A., Meyers, J. L., Dunn, E. C., & Martins, S. S. (2016). Childhood trauma and illicit drug use in adolescence: A population-based National Comorbidity Survey Replication—Adolescent Supplement Study. *Journal of the American Academy of Child and Adolescent Psychiatry, 55*(8), 701–708.

Centers for Disease Control and Prevention. (2021, October 30). Facts about sexual violence. www.cdc.gov/injury/features/sexual-violence/index.html

Child Welfare Information Gateway. (2021, December 14). Definitions of child abuse and neglect. www.childwelfare.gov/pubpdfs/define.pdf

Cohen, J. A., Mannarino, A. P., & Deblinger, E. (2006). *Treating trauma and traumatic grief in children and adolescents.* Guilford Press.

Cohen, J. A., Mannarino, A. P., & Deblinger, E. (2010). Trauma-focused cognitive-behavioral therapy for traumatized children. In J. R. Weisz & A. E. Kazdin (Eds.), *Evidence-based psychotherapies for children and adolescents* (pp. 295–311). Guilford Press.

De Bellis, M. D., Spratt, E. G., & Hooper, S. R. (2011). Neurodevelopmental biology associated with childhood sexual abuse. *Journal of Child Sexual Abuse, 20*(5), 548–587.

Dunn, E. C., Nishimi, K., Powers, A., & Bradley, B. (2016). Is developmental timing of trauma exposure associated with depressive and post-traumatic stress disorder symptoms in adult-hood? *Journal of Psychiatric Research, 84,* 119–127.

Ensink, K., Godbout, N., Bigras, N., Lampron, J., Sabourin, S., & Normandin, L. (2018). Persistent and transitory sexualized behavior problems in children. *Child Psychiatry and Human Development, 49*(4), 621–631.

Foa, E. B., & Rothbaum, B. O. (1998). *Treating the trauma of rape: Cognitive-behavioral therapy for PTSD.* Guilford Press.

Fréchette, S., Zoratti, M., & Romano, E. (2015). What is the link between corporal punishment and child physical abuse? *Journal of Family Violence, 30*(2), 135–148.

Friedrich, W. N. (1997). *The Child Sexual Behavior Inventory professional manual.* Psychological Assessment Resources.

Gershoff, E. T., & Grogan-Kaylor, A. (2016). Spanking and child outcomes: Old controversies and new meta-analyses. *Journal of Family Psychology, 30*(4), 453–469.

Heflin, A. H., & Deblinger, E. (2007). Child sexual abuse. In F. M. Dattilio & A. Freeman (Eds.), *Cognitive-behavioral strategies in crisis intervention* (pp. 247–276). Guilford Press.

Hiller, A., Springer, C., Misurell, J. R., Kranzler, A., & Rizvi, S. (2016). Predictors of group treatment outcomes for child sexual abuse: An investigation of the role of demographic and abuse characteristics. *Child Abuse Review, 25,* 102–114.

Hinds, T. S., & Giardino, A. P. (2017). *Child physical abuse: Current evidence, clinical practice, and policy directions.* Springer International.

Jensen, T. K., Holt, T., Ormhaug, S. M., Egeland, K., Granly, L., Hoaas, L. C., ... Wentzel-Larsen, T. (2014). A randomized effectiveness study comparing trauma-focused cognitive behavioral therapy with therapy as usual for youth. *Journal of Clinical Child and Adolescent Psychology, 43*(3), 356–369.

Kjellgren, C., Svedin, C. G., & Nilsson, D. (2013). Child physical abuse—experiences of combined treatment for children and their parents: A pilot study. *Child Care in Practice, 19,* 275–290.

Lansford, J. E., Godwin, J., McMahon, R. J., Crowley, M., Pettit, G. S., Bates, J. E., ... Dodge, K. A. (2021). Early physical abuse and adult outcomes. *Pediatrics (Evanston), 147*(1), e20200873.

Leeb, R. T., Lewis, T., & Zolotor, A. J. (2011). A review of physical and mental health consequences of child abuse and neglect and implications for practice. *American Journal of Life-style Medicine, 5*(5), 454–468.

Maniglio, R. (2015). Significance, nature, and direction of the association between child sexual abuse and conduct disorder: A systematic review. *Trauma, Violence, and Abuse, 16*(3), 241–257.

McLean, C. P., Rosenbach, S. B., Capaldi, S., & Foa, E. B. (2013). Social and academic functioning in adolescents with child sexual abuse-related PTSD. *Child Abuse and Neglect, 37*(9), 675–678.

Misurell, J. R., & Springer, C. (2013). Developing culturally responsive evidence-based practice: A game-based group therapy program for child sexual abuse (CSA). *Journal of Child and Family Studies, 22,* 137–149.

National Child Abuse and Neglect Data System, U.S. Department of Health and Human Services, Administration for Children and Families, Administration on Children, Youth and Families, Children's Bureau. (2019). *Child maltreatment 2019.* Author. www.acf.hhs.gov/sites/default/files/documents/cb/cm2019.pdf

Nooner, K. B., Linares, L. O., Batinjane, J., Kramer, R. A., Silva, R., & Cloitre, M. (2012). Factors related to posttraumatic stress disorder in adolescence. *Trauma, Violence and Abuse, 13*(3), 153–166.

Rothbaum, B. O. (Ed.). (2006). *Pathological anxiety: Emotional processing in etiology and treatment.* Guilford Press.

Runyon, M. K., & Deblinger, E. (2014). *Combined parent–child cognitive behavioral therapy: An approach to empower families at-risk for child physical abuse: Therapist guide.* Oxford University Press.

Runyon, M. K., Deblinger, E., Ryan, E. E., & Thakkar-Kolar, R. (2004). An overview of child physical abuse: Developing an integrated parent–child cognitive-behavioral treatment approach. *Trauma, Violence and Abuse, 5*(1), 65–85.

Runyon, M. K., Deblinger, E., & Steer, R. A. (2010). Group cognitive-behavioral treatment for parents and children at-risk for physical abuse: An initial study. *Child and Family Behavior Therapy, 32*(3), 196–218.

Sachser, C., Berliner, L., Holt, T., Jensen, T. K., Jungbluth, N., Risch, E., & Goldbeck, L. (2017). International development and psychometric properties of the Child and Adolescent Trauma Screen (CATS). *Journal of Affective Disorders, 201,* 189–195.

Scheer, J. R., Clark, K. A., Talan, A., Cabral, C., Pachankis, J. E., & Rendina, H. J. (2021). Longitudinal associations between childhood sexual abuse-related PTSD symptoms and passive and active suicidal ideation among sexual minority men. *Child Abuse and Neglect, 122,* 105353.

Shin, S. H., Hong, H. G., & Hazen, A. L. (2010). Childhood sexual abuse and adolescent substance use: A latent class analysis. *Drug and Alcohol Dependence, 109*(1), 226–235.

Springer, C., & Misurell, J. R. (2010). Game-based cognitive-behavioral therapy (GB-CBT): An innovative group treatment program for children who have been sexually abused. *Journal of Child and Adolescent Trauma, 3,* 163–180.

Springer, C., & Misurell, J. R. (2012). Game-based cognitive-behavioral therapy individual model for child sexual abuse. *International Journal of Play Therapy, 21,* 188–201.

Springer, C. I., & Misurell, J. R. (2015). *Game-based cognitive-behavioral therapy for child sexual abuse: An innovative treatment approach.* Springer.

Springer, C., Misurell, J. R., Kranzler, A., Liotta, L., & Gillham, J. (2014). Resilience interventions for youth. In A. C. Parks & S. M. Schueller (Eds.), *The Wiley Blackwell handbook of positive psychological interventions* (pp. 310–326). Wiley.

Steinberg, A. M., Brymer, M. J., Kim, S., Briggs, E. C., Ippen, C. G., Ostrowski, S. A., . . . Pynoos, R. S. (2013). Psychometric properties of the UCLA PTSD Reaction Index: Part I. *Journal of Traumatic Stress, 26*(1), 1–9.

Straus, M. A., Hamby, S. L., Finkelhor, D., Moore, D. W., & Runyan, D. (1998). Identification of child maltreatment with the Parent–Child Conflict Tactics Scales: Development and psychometric data for a national sample of American parents. *Child Abuse and Neglect, 22*(4), 249–270.

Sugaya, L., Hasin, D. S., Olfson, M., Lin, K. H., Grant, B. F., & Blanco, C. (2012). Child physical abuse and adult mental health: A national study. *Journal of Traumatic Stress, 25*(4), 384–392.

Widom, C. S., Czaja, S. J., & Dumont, K. A. (2015). Intergenerational transmission of child abuse and neglect: Real or detection bias? *Science, 347*(6229), 1480–1485.

12

Casais em crise

Norman B. Epstein, Stephen E. Schlesinger e HaeDong Kim

Martha, 35 anos, foi encaminhada para uma terapeuta de casal por seu médico, que a avaliou para sintomas de ansiedade e depressão, prescreveu um inibidor seletivo da recaptação da serotonina (ISRS) e diagnosticou suas preocupações emocionais como ativadas pelo estresse associado ao seu casamento e à situação na vida familiar. Ela, seu marido Simon (37 anos), o filho Michael (10 anos) e a filha Sabrina (8 anos) imigraram para os Estados Unidos 6 meses antes, juntando-se à irmã dela (de quem é muito próxima) e à família de sua irmã, que haviam imigrado 3 anos antes. A irmã tinha incentivado Martha e Simon a aproveitarem as oportunidades de carreira e educacionais, que eram muito menos disponíveis em seu país de origem. Martha tinha história de ansiedade generalizada leve a moderada, mas nenhuma outra psicopatologia clinicamente significativa. Quando entrou em contato com a terapeuta de casal por telefone, descreveu como sua irmã e cunhado tinham-nos convencido de que Simon (contador) e ela (caixa de banco) teriam excelentes oportunidades nos Estados Unidos e de que o sistema educacional era superior ao da sua terra natal. Inicialmente, Simon resistiu à ideia de uma mudança tão grande, deixar a família, amigos e sua rede profissional, mas acabou cedendo. Martha e Simon investigaram as oportunidades de emprego, e ambos receberam ofertas de trabalho por telefone antes de se comprometerem com a mudança.

Tudo parecia estar correndo bem com a mudança, já que eles se instalaram em um apartamento confortável e matricularam seus filhos na escola – no entanto, uma série de eventos estressantes perturbou sua vida familiar. Martha começou a trabalhar em um banco local, mas o cargo de Simon em uma empresa de contabilidade não deu certo. Seus dois filhos gostaram dos professores no ensino fundamental, mas ambos repetidamente voltavam para casa perturbados depois de sofrerem *bullying* dos colegas, particularmente devido ao seu sotaque, com Michael sendo empurrado e socado em uma ocasião. Martha não estava acostumada a ser assertiva com o pessoal da escola e se sentia intimidada pelos professores dos seus filhos quando pedia para falar com eles. Simon estava perturbado com a perda do seu emprego; os dois estavam ansiosos em relação à sua situação financeira; e o casal começou a discutir, estimulados pelo ressentimento de Simon porque Martha havia pressionado para se mudarem. A irmã de Martha e seu marido ofereceram apoio emocional e possível ajuda financeira, mas Simon estava aborrecido com eles e resistia a se comunicar com eles. Com base nessas informações, a terapeuta de casal expressou empatia pelo importante acúmulo de estressores na vida da família e incentivou Martha a convidar Simon para uma sessão com o casal para explorar maneiras de resolver os problemas que eles estavam enfrentando. Quando Simon disse a Martha

> que não estava interessado, a terapeuta se ofereceu para falar com ele rapidamente e o informou de que ela já havia ajudado outras famílias com experiências parecidas e que tinha algumas ideias que poderiam ajudar os dois.

Crises relacionadas a estressores que afetam as relações de casal

Os relacionamentos de casais mutuamente apoiadores estão entre as melhores proteções contra o impacto negativo dos estressores da vida no bem-estar dos indivíduos (Cutrona, 1996). Relacionamentos em que os parceiros estabeleceram um compromisso satisfatório entre os dois contribuem para o bem-estar psicológico e físico – no entanto, conflito e insatisfação entre os parceiros aumentam o risco de transtornos psicológicos, como depressão e ansiedade (Baucom et al., 2020), além de problemas de saúde física (Whisman et al., 2010). Em contrapartida a outros capítulos deste livro, que focam em transtornos dos indivíduos, este capítulo foca em crises que podem se desenvolver em uma relação de casal (deterioração no funcionamento relacional do casal) devido a vários estressores da vida. Faremos uma integração da teoria do estresse familiar e do enfrentamento com os conceitos e métodos da terapia cognitivo-comportamental de casal para restaurar o equilíbrio de relacionamentos gravemente perturbados.

Independentemente do grau em que estar juntos é uma fonte de prazer, é inevitável que a vida apresente a um casal desafios de gravidade variada, de leves a graves. Um relacionamento se desenvolve com o tempo, à medida que seus membros de adaptam às mudanças estressantes nas circunstâncias, como situações de vida externas (p. ex., um membro da família gravemente doente, uma pandemia global), o desenvolvimento individual de cada parceiro (p. ex., decepção com a própria carreira, desenvolvimento de uma incapacidade) e a capacidade do casal de administrar as diferenças nas suas necessidades, objetivos, etc. (Epstein & Baucom, 2002). Há dois tipos de caminhos pelos quais um estressor pode influenciar um casal: afetando um membro diretamente, e depois se alastrando para afetar o outro membro, ou afetando o casal conjuntamente como uma díade (Falconier et al., 2016). Um exemplo do efeito do alastramento é quando um membro está estressado pela incapacidade de um genitor idoso e o outro membro sente a pressão de ajudar o indivíduo a lidar com o estresse emocional e as demandas dos cuidados. Os efeitos do alastramento podem criar estresse significativo dentro do relacionamento. Em relação a um estressor diádico que afeta os dois parceiros simultaneamente, um casal de minoria racial pode experienciar discriminação em relação a si e aos seus filhos. Outros estressores diádicos comuns são um filho com uma doença grave ou um problema de conduta, bem como problemas financeiros do casal.

Ambos os caminhos pelos quais os estressores afetam os casais têm o potencial de perturbar o funcionamento normal dos parceiros e do relacionamento, e o bem-estar do casal em longo prazo depende da sua habilidade de lidar de modo efetivo individualmente e como uma díade. O grau em que um casal tem sucesso no enfrentamento dos estressores que experienciam determina se eles são capazes de manter o equilíbrio ou se experienciam uma deterioração no funcionamento que pode evoluir para um estado de crise (Falconier et al., 2016). Enquanto as discussões e o descontentamento dos parceiros com seu relacionamento são reflexos comuns de estresse crônico na vida do casal, uma crise no relacionamento envolve perturbação grave do vínculo do casal, com sintomas como recusa a interagir, separação e violência do parceiro. Embora existam estatísticas disponíveis referentes à prevalência de divórcio e violência do parceiro, não há dados relativos às porcentagens globais de casais cujos problemas conduzem a um estado de crise, e mudanças históricas estressantes, como uma pandemia global, tornam ainda mais difícil fornecer estimativas. Este capítulo fornece um enquadramento para o entendimento de uma gama de estressores que um casal pode experienciar que testam sua habilidade de enfrentamento e intervenções que os clínicos podem usar para ajudar o casal a melhorar seu gerenciamento dos estressores. Diferenciamos entre intervenção em crise relativamente breve para restaurar o equilíbrio e terapia de casal de longo prazo.

Impacto dos estressores e das crises na qualidade e na estabilidade do relacionamento do casal

Apesar da ausência de estatísticas referentes à prevalência de crises nas relações dos casais, estressores são onipresentes, e muitos casais progridem para perturbações graves antes de se motivarem a buscar ajuda profissional. É importante diferenciar entre os efeitos dos estressores no funcionamento dos indivíduos e os impactos negativos nos laços dos casais. Há um grande corpo de teoria e pesquisa referente às fontes de estresse nas vidas dos indivíduos, às formas como os indivíduos tentam lidar com elas e às suas consequências para o bem-estar psicológico e físico (p. ex., Folkman, 2011). A deterioração no pensamento racional da pessoa, na regulação emocional e no controle sobre o comportamento impulsivo apresenta riscos ao seu bem-estar e pode ser um perigo para outras pessoas na sua vida. Embora um estado de crise apresente riscos significativos, comumente também motiva os indivíduos a fazerem mudanças em suas vidas, e essa é uma oportunidade para crescimento (Kanel, 2018).

O trabalho pioneiro de Lazarus e Folkman (1984) identificou o papel importante que a avaliação cognitiva de um indivíduo desempenha na sua experiência de estresse – quão perigosos o indivíduo percebe os eventos e quão bem prevê que consegue lidar com esses eventos estressantes. Lazarus e Folkman também diferenciaram uma variedade de formas de enfrentamento e sua eficácia relativa na redução dos impactos negativos no bem-estar da pessoa (p. ex., formas evitativas de enfrentamento podem reduzir o estresse temporariamente, mas não resolvem os problemas). Perspectivas multiculturais identificaram como as experiências de estresse dos indivíduos e suas estratégias de enfrentamento são moldadas pelas origens culturais, como valores individualistas *versus* coletivistas (Wong et al., 2006), incluindo crenças sobre se é apropriado procurar ou aceitar ajuda.

Hill (1949) foi pioneiro na teoria e pesquisa sobre estresse e enfrentamento em sistemas familiares com seu *modelo ABCX*. Semelhante à desintegração do funcionamento cognitivo, emocional e comportamental de um indivíduo, os estressores que sobrecarregam o enfrentamento de uma família como um sistema podem resultar em um estado de crise de disfunção relacional. Desenvolvimentos adicionais do modelo ABCX foram usados para entender e tratar o estresse familiar associado a uma variedade de problemas, como desafios parentais, divórcio, estressores da imigração, discriminação de minorias, doença física e mental, abuso de substâncias e violência familiar (Price et al., 2017). O *modelo de vulnerabilidade-estresse-adaptação* de Karney e Bradbury (1995) e o *modelo de adaptação do funcionamento dos casais* de Epstein e Baucom (2002) aplicaram os conceitos de estresse e enfrentamento às relações de casais.

Neste capítulo, focamos na diferença entre o estresse resultante dos estressores e a desintegração de um relacionamento que ocorre em um estado de crise. Os casais podem enfrentar níveis variados de estresse por períodos prolongados, mas o desequilíbrio e a disfunção grave durante um estado de crise colocam em perigo o bem-estar psicológico e físico dos parceiros, além da viabilidade do relacionamento, e requerem pronta intervenção. Muitas intervenções que os clínicos usam para tratar casais em crise são semelhantes às usadas em terapia de casal, porém o foco inicial é na desescalada das interações destrutivas e no restabelecimento do equilíbrio. Depois que o estado de crise foi estabilizado, terapia de casal em mais longo prazo é comumente apropriada para reduzir os problemas crônicos.

Teoria da crise familiar e um modelo cognitivo-comportamental do estresse no relacionamento do casal

Teoria da crise familiar

Como mencionamos, o modelo ABCX de Hill (1949) lançou as bases para boa parte do trabalho teórico sobre as formas como os estressores da vida afetam o funcionamento do relacionamento. O modelo e seus derivativos distinguem entre *eventos estressantes da vida* que exercem pressão sobre os membros para se adaptarem a um relacionamento e o *estado de crise de desorganização* que resulta quando falham as tentativas do casal ou da família de lidar com os estressores. Ele também delineia dois tipos de fatores que influenciam quão bem a família lida com os estressores e se um estado de crise se desenvolve: os *recursos* disponíveis para a família e as *percepções* ou *avaliações* que seus membros fazem dos estressores e suas habilidades para lidar com eles. Esses dois componentes são consistentes com as teorias de enfrentamento individual (p. ex., Lazarus & Folkman, 1984), que focam em estratégias cognitivas e comportamentais para gerenciar os estressores.

Estressores

O componente A do modelo ABCX inclui estressores que exercem pressão para mudança nos padrões relativamente estáveis dos membros (p. ex., papéis, tomada de decisão). Os estressores são comumente aversivos (p. ex., um acidente de carro), mas eventos que são desejáveis, como uma promoção no trabalho, também podem atuar como estressores. Um estressor experienciado por um dos membros do casal com frequência afeta ambos – por exemplo, se um indivíduo perde o emprego, isso provavelmente afetará seus pensamentos (p. ex., "Isso vai levar à ruína financeira"), emoções (p. ex., ansiedade) e comportamento (p. ex., passar um tempo procurando ofertas de emprego). Isso também influencia as interações do casal (p. ex., a conversa é dominada pelas preocupações financeiras).

As fontes de estressores são características de cada indivíduo (p. ex., depressão crônica), da díade (p. ex., diferentes objetivos na vida) e de acontecimentos externos (p. ex., um temporal danifica gravemente sua casa). Além disso, os estressores podem diferir quanto a (1) caráter repentino do seu início, (2) se eles são previsíveis e esperados, (3) o grau de ambiguidade (p. ex., um dos membros tem sintomas que o médico não conseguiu diagnosticar), (4) gravidade, (5) duração e (6) em que medida o(s) membro(s) escolhe(m) se expor ao estressor (p. ex., mudar-se para uma cidade estranha por questões de trabalho; Boss, 2002). Essas dimensões de estressores podem afetar o modo como os indivíduos respondem a eles – por exemplo, um casal que escolhe se mudar para longe da família e amigos e agora experiencia estressores pode concluir que "Não temos o direito de ficar abalados, porque escolhemos nos mudar para cá".

Não é o evento estressor em si que cria pressão para adaptação, mas as "dificuldades" associadas ao estressor (McCubbin & McCubbin, 1989) – por exemplo, mudar para outra cidade pode envolver dificuldades como encontrar uma casa nova, deixar os amigos e a família, encontrar novos médicos, etc. Além disso, embora nenhum estressor isolado possa não ser suficiente para representar tensão para as habilidades de enfrentamento do casal, os estressores podem se acumular, produzindo um impacto cumulativo esmagador (McCubbin & McCubbin, 1989). Muitos estressores são mudanças de desenvolvimento normativas, como paternidade, promoções no emprego, aposentadoria e mortes de membros idosos na família (Price et al., 2017) – no entanto, pode haver variações significativas no desenvolvimento do relacionamento baseadas em fatores como orientação sexual, gênero, cultura, raça e classe social (McGoldrick et al., 2016). Outros estressores (p. ex., o diagnóstico de uma doença grave, desemprego) são não normativos, ocorrem sem aviso, ameaçam o bem-estar do indivíduo e do relacionamento e induzem um senso de impotência (Boss, 2002). O grau em que um casal percebe a si mesmo como impotente no enfrentamento dos estressores pode contribuir para sua entrada em um estado de crise. Como estressores são inevitáveis e podem envolver experiências de crescimento, a intervenção em situações de crise não pretende minimizar os estressores nas vidas das pessoas, mas auxiliar os clientes a lidar efetivamente com eles. O sucesso do enfrentamento pode aumentar a intimidade e a confiança de um casal de que eles conseguem resolver os problemas como um time (Epstein & Baucom, 2002).

Recursos

A habilidade de um casal para lidar com eventos estressantes da vida é influenciada pelos recursos (o componente B do modelo ABCX) disponíveis para eles como indivíduos e como casal. São três as principais categorias de recursos relevantes: (1) recursos pessoais de cada indivíduo, (2) recursos do casal e (3) recursos fornecidos pelo ambiente externo ao casal. Exemplos de recursos individuais incluem saúde, inteligência, instrução, habilidades de solução de problemas, habilidades profissionais, finanças, autoestima e um senso de domínio (Boss, 2002). A dependência de recursos que fornecem distração ou embotamento do estresse emocional (p. ex., entretenimento na internet, álcool) pode proporcionar alívio em curto prazo, mas resulta em pior enfrentamento em longo prazo do que aqueles que envolvem esforços ativos para resolver as dificuldades associadas aos estressores (p. ex., aconselhamento financeiro; Snyder, 1999).

Os recursos dentro do relacionamento de um casal incluem habilidades colaborativas de solução de problemas, o grau em que o relacionamento é caracterizado pela coesão e apoio mútuo, habilidades de comunicação efetivas e adaptabilidade na alteração dos papéis no relacionamento para lidar com os estressores (Epstein & Baucom, 2002; Walsh, 2016). Além disso, parceiros que se engajam em enfrentamento diádico para oferecer apoio um ao outro (p. ex., apoio emocional, ajuda com a solução de problemas) experienciam níveis mais altos de bem-estar individual e satisfação no relacionamento (Cutrona, 1996; Falconier et al., 2016). Uma crença compartilhada de que o casal é capaz de influenciar eventos da vida é outro recurso-chave no relacionamento (Dattilio, 2010; Walsh, 2016).

Os recursos no ambiente de um casal incluem aqueles que eles podem obter dos seus relacionamentos com a família estendida, amigos, vizinhos e organizações na comunidade, como agências de serviço social, serviços de assistência médica, escolas, empregadores e instituições religiosas. Entre as formas de apoio que podem estar disponíveis estão o apoio emocional, ajuda para pensar em soluções para os problemas, auxílio financeiro e suporte instrumental com tarefas e papéis, como o cuidado dos filhos ou tarefas domésticas. A intervenção em crises costuma incluir esforços para ampliar as redes de apoio dos clientes. Esses esforços devem levar em conta as diferenças culturais na abertura dos clientes para procurar ou aceitar assistência, incluindo dos profissionais de saúde mental (McGoldrick et al., 2016).

Um casal pode estar em risco de enfrentamento inadequado dos estressores não só com base na ausência de recursos apropriados, mas também devido à presença de fatores de *vulnerabilidade*: características que interferem na adaptação aos estressores (Epstein & Baucom, 2002; Karney & Bradbury, 1995) – por exemplo, os parceiros individualmente podem ter vulnerabilidades como transtorno de estresse pós-traumático devido a traumas pessoais do passado, depressão clínica ou transtornos da personalidade (p. ex., transtorno da personalidade *borderline*, transtorno da personalidade narcisista). No nível diádico, os parceiros podem ter tendência a se engajar em discussões que escalam rapidamente ou evitação mútua, o que interfere na sua habilidade de trabalhar em conjunto para lidar com os estressores. Embora o fator *B* do modelo ABCX de Hill (1949) originalmente focasse na presença ou na ausência de recursos, a identificação dos fatores de vulnerabilidade individuais ou do casal em conceitualizações mais recentes amplia o modelo de forma importante.

Percepção e avaliação dos estressores ou demandas

O componente *C* do modelo ABCX envolve as percepções dos membros da família e avaliações dos eventos estressantes que ocorrem em suas vidas. Boss (2002) observa que, embora alguns membros possam ter percepções diferentes de um estressor, as percepções compartilhadas podem suplantar as visões dos indivíduos – por exemplo, os membros da família podem não notar os sinais de que um dos membros tem um problema grave com álcool. Além dessas percepções seletivas (Epstein & Baucom, 2002), os membros de um casal avaliam o quanto os estressores são perigosos e o quanto seus recursos de enfrentamento são adequados. O enfrentamento positivo é mais provável quando os membros avaliam os estressores em suas vidas como "desafios" que podem ser vencidos pelo esforço ativo, e não como incontroláveis (Boss, 2002; Walsh, 2016). Boss também descreve diferenças culturais nas crenças sobre domínio *versus* fatalismo referentes a eventos na vida que podem moldar as atitudes em relação à solução de problemas. Depois que um casal se desestabilizou e entrou em um estado de crise, suas expectativas quanto a terem ou não a habilidade de mudar sua situação provavelmente afetarão seus esforços de enfrentamento e restabelecimento do equilíbrio. Essa visão de que as avaliações subjetivas são mediadoras das respostas dos indivíduos aos estressores da vida é altamente consistente com as premissas das terapias cognitivo-comportamentais.

Estado de crise

Com frequência, casais que se defrontam com eventos estressantes na vida são capazes de lidar de forma eficiente usando suas habilidades de enfrentamento e outros recursos e avaliando os perigos e seu potencial de exercer domínio sobre eles de maneira realista – entretanto, quando os recursos do casal e as avaliações falham em reduzir a pressão dos estressores e suas dificuldades associadas, o funcionamento dos indivíduos e da díade pode se desestabilizar, resultando em um estado de crise de desorganização, o X do modelo ABCX (Kanel, 2018; Price et al., 2017).

Individualmente, os parceiros provavelmente vão experienciar sintomas cognitivos, afetivos, fisiológicos e comportamentais decorrentes do seu funcionamento típico (Kanel, 2018). Seu funcionamento cognitivo provavelmente será prejudicado pela indecisão, confusão e um sentimento de impotência e desesperança. Esses processos cognitivos negativos podem levar à ideação suicida e ao risco de autolesão. Pesquisas indicaram que, se um indivíduo culpa seu parceiro por seus problemas no relacionamento, a probabilidade de comportamento agressivo voltado para o parceiro é maior (Epstein et al., 2023). Os sintomas emocionais comuns de um indivíduo em um estado de crise são ansiedade, irritabilidade e depressão, com a fraca regulação emocional exacerbando-os. Entre os sintomas fisiológicos comuns estão insônia, diminuição do apetite, distúrbios gastrintestinais e dores de cabeça. As respostas comportamentais desorganizadas dos indivíduos costumam incluir comunicação confusa, rotinas desorganizadas, afastamento social e apego a pessoas de confiança na busca de ajuda.

Além dos sintomas experienciados pelos parceiros individualmente, um estado de crise também afeta os padrões interpessoais do casal. A adoção de papéis, padrões típicos de comunicação, solução de problemas e outros processos que satisfizeram às necessidades de apego, segurança, etc., dos parceiros são imobilizados ou rompidos (McCubbin & McCubbin, 1989; Price et al., 2017). As interações dos parceiros se tornam caracterizadas por interações comportamentais mais aversivas e/ou afastamento, o que interfere ainda mais na habilidade do casal de colaborar e lidar com os estressores.

Por um lado, a desorganização nos níveis individual e do relacionamento em um estado de crise pode conduzir a um resultado disfuncional em que o funcionamento do relacionamento ou de seus membros individuais se deteriora (p. ex., depressão, abuso físico e alienação crônica entre os parceiros). Por outro lado, se o estado de crise motivar os parceiros a buscarem novos recursos e a trabalharem juntos, essa pode ser uma oportunidade para crescimento e atingimento de um nível superior de funcionamento – é tanto um perigo quanto uma oportunidade (Kanel, 2018). Consequentemente, a intervenção em situações de crise de casais foca no entendimento das avaliações dos dois indivíduos, na modificação das avaliações distorcidas, quando necessário, e no uso dos recursos do casal para guiá-los na recuperação do equilíbrio e no aumento da sua resiliência em face dos desafios.

Um modelo cognitivo-comportamental do estresse no relacionamento do casal

Os conceitos e métodos cognitivo-comportamentais para entender e tratar problemas nas relações de casais são bem apoiados pelas pesquisas (Baucom et al., 2023; Fischer et al., 2016). Desde a década de 1960, o modelo conceitual e as intervenções da terapia cognitivo-comportamental de casal (TCCC) se expandiram de um foco inicial na mudança das taxas de comportamentos positivos e negativos entre os parceiros para a modificação das influências complexas entre as cognições, as respostas emocionais e as interações comportamentais dos dois indivíduos (Baucom et al., 2020; Dattilio, 2010; Epstein & Baucom, 2002; Epstein & Falconier, no prelo; Rathus & Sanderson, 1999). Os principais focos comportamentais da TCCC incluem a melhoria das habilidades expressivas e de escuta empática dos casais; habilidades de solução de problemas conjunta; habilidades de enfrentamento diádicas; e interações para melhorar a intimidade, a coesão e o apoio emocional mútuo. Cada tipo de intervenção comportamental se inicia com psicoeducação breve referente ao seu valor na criação de interações mais satisfatórias mutuamente entre o casal, descrição das ações envolvidas (p. ex., habilidades de comunicação expressiva, como descrever os próprios pensamentos e emoções em termos específicos e ser breve para evitar sobrecarregar o ouvinte com informações), demonstração pelo terapeuta dos comportamentos desejados e treinamento feito pelo terapeuta à medida que o casal pratica as habilidades repetidamente para adquirir competência.

Há uma variedade de intervenções da TCCC nas cognições que podem ajudar os parceiros a ver um ao outro de maneiras mais benignas – por exemplo, o terapeuta pode focar na modificação de pressupostos e padrões irrealistas ou rígidos dos parceiros em seu relacionamento (p. ex., discutir como é boa a sensação quando seu parceiro percebe que você está chateado, mesmo que os humanos não sejam capazes de ler a mente, e receber apoio emocional do seu parceiro depois que você revela seu estresse também pode ser satisfatório). As atribuições negativas referentes às causas das ações estressantes de cada um podem ser reduzidas guiando-se o indivíduo a considerar outras razões possíveis para que o parceiro tenha se comportado de forma negativa (p. ex., ele se sente sobrecarregado pelos cuidados de um parente que está incapacitado). Quando as atribuições negativas de um indivíduo podem ser relacionadas com seu pressuposto ou padrão nuclear referente ao parceiro (p. ex., "Ela é uma pessoa egoísta"), o terapeuta pode guiar o indivíduo a considerar a possibilidade de que as ações do parceiro sejam causadas por fatores situacionais, e não por um traço amplo. As percepções seletivas que os indivíduos têm do comportamento um do outro podem ser reduzidas, guiando-os a notar as ações mais positivas do parceiro além das ações negativas que notam com mais facilidade. Além disso, os terapeutas podem combater a tendência comum dos parceiros a culpar um ao outro por problemas no relacionamento, guiando-os a notar os padrões de influência mútua em suas interações de casal (p. ex., escalada rápida da tensão quando retribuem os comportamentos negativos um do outro). Cada indivíduo pode ser incentivado a assumir maior responsabilidade pelo seu papel nos problemas presentes, identificando as contribuições que podem dar para criar interações mais positivas – assim, o terapeuta pode dizer: "É fácil e tentador ficar preso a esses padrões negativos um com o outro, então vamos pensar em ações específicas que cada um de vocês poderia ter para evitar a escalada e fazer as coisas avançarem em uma direção mais positiva".

As principais intervenções da TCCC para os componentes emocionais dos conflitos e estresse no relacionamento focam no aumento da consciência dos parceiros e na regulação dos seus próprios estados emocionais, além de em uma comunicação construtiva clara entre eles sobre suas emoções e suas causas. Os membros de um casal influenciam continuamente as emoções um do outro (Greenberg & Goldman, 2008), frequentemente sem consciência e intenção explícitas, mas algumas vezes com um objetivo consciente, como expressar raiva para pressionar seu parceiro a concordar com seus desejos (Epstein et al., 2023). Como os estressores costumam provocar fortes respostas emocionais, as intervenções da TCCC são altamente relevantes para moderá-las e modificá-las.

Embora a TCCC seja comumente usada com casais que experienciaram conflito e estresse crônicos, seus objetivos e procedimentos são apropriados para os fatores que contribuem para o funcionamento desorganizado de um estado de crise resultante do enfrentamento inadequado dos estressores. A seguir, apresentamos uma descrição da avaliação e de intervenções cognitivo-comportamentais que podem alterar os tipos e a intensidade dos estressores no relacionamento, a utilização pelo casal dos seus recursos para enfrentamento dos estressores e as avaliações que os parceiros fazem dos estressores e recursos. Para descrições mais detalhadas da TCCC, os leitores devem consultar fontes como os textos citados anteriormente.

Métodos de avaliação

Avaliação dos estressores e avaliações feitas pelos parceiros

A avaliação dos estressores que contribuem para o estresse de um casal foca em (1) estressores ambientais físicos e interpessoais externos ao relacionamento do casal, como estresse no trabalho e as necessidades dos membros da família estendida; (2) características individuais dos parceiros, como sintomas de psicopatologia, efeitos residuais de trauma anterior na vida ou tendência a se comportar de forma abusiva com o parceiro; e (3) características estressantes da relação diádica dos parceiros, incluindo diferenças entre os objetivos, preferências, necessidades, estilos de personalidade, hábitos pessoais, etc., e aspectos das suas interações que exacerbam o conflito, como interações com insultos ou um padrão de demanda-afastamento (Epstein & Baucom, 2002). O terapeuta pode sondar os estressores ambientais do casal por meio de entrevista, seja fazendo ao casal perguntas abertas sobre os vários estressores que eles experienciaram, seja investigando áreas particulares da vida que muitos casais acham estressantes (p. ex., emprego, criação dos filhos, relações com a família estendida, gerenciamento do tempo). Os sintomas de psicopatologia podem ser investigados com a administração de um questionário-padrão, como o Inventário Breve de Sintomas (BSI, do inglês Brief Symptom Inventory; Derogatis, 1993), o Inventário de Depressão de Beck – Segunda Edição (BDI-II, do inglês Beck Depression Inventory – Second Edition; Beck et al., 1996) e o Inventário de Ansiedade de Beck (BAI, do inglês Beck Anxiety Inventory; Beck et al., 1988). A avaliação das áreas de conflito no relacionamento pode empregar um inventário de autorrelato, como o Relationship Issues Survey (RIS; Epstein, 1999), que solicita que cada parceiro relate o grau de conflito em 26 áreas (p. ex., finanças, expressão de carinho, problemas no trabalho, relações com amigos, álcool e drogas, casos amorosos, quantidade de tempo juntos, objetivos na vida). As interações negativas referentes às áreas de conflito podem ser exploradas pedindo-se ao casal para descrever seus padrões de interação típicos e observando-os enquanto discutem um tema de conflito durante uma sessão. O clínico coloca os problemas presentes do casal no contexto entrevistando-os conjuntamente sobre a história do seu relacionamento. Em particular, o terapeuta pergunta sobre a linha do tempo em que ocorreram estressores particulares e como o casal lidou com eles, bem como os estressores acumulados.

Além de identificar os estressores que afetam o casal, o clínico pergunta sobre as *avaliações* de cada parceiro dos seus estressores individuais e conjuntos – de que formas eles julgam que esses estressores são ameaçadores e quão bem acreditam que estão preparados para lidar com eles. O clínico usa métodos de entrevista da TCCC, como a "seta descendente", em que é feita uma série de perguntas, como "E se isso acontecesse, no que resultaria, ou o que significaria para você?", para descobrir as expectativas das pessoas quanto a consequências desastrosas ou significados negativos que elas podem aplicar a certas situações. O terapeuta também deve pedir que o casal descreva as formas como já tentaram lidar com cada tipo de estressor e o quanto tiveram sucesso em cada abordagem. Se a resposta de um casal a essa investigação tiver como tema "Já tentamos de tudo, e nada funcionou", o terapeuta pode perguntar o quanto isso os deixou desesperançosos e pode começar a introduzir outras opções de enfrentamento para o casal em uma abordagem de psicoeducação.

Avaliação dos recursos e das vulnerabilidades do casal e individuais

Durante a entrevista inicial com o casal, o clínico pergunta sobre seu uso dos recursos disponíveis (dos parceiros, individualmente, e do casal) para abordar seus estressores. Também é importante sondar suas crenças sobre a adequação de procurar ou aceitar ajuda e identificar se as crenças dos parceiros são compatíveis. A entrevista conjunta também pode ser usada para identificar fatores de vulnerabilidade na díade (p. ex., comunicação vaga, sentimentos não resolvidos quanto a uma traição anterior percebida) e nos parceiros individuais (p. ex., depressão, fraca regulação emocional). A entrevista também permite que o clínico observe os padrões de interação do casal que servem como recursos ou vulnerabilidades (p. ex., boas habilidades de escuta *versus* criticismo mútuo acompanhado por escalada da raiva), o que pode precisar de pronta atenção para amenizar sua crise.

Feedback da avaliação e definição dos objetivos

Consistente com as práticas de intervenção em crises (p. ex., Kanel, 2018), a sessão inicial de avaliação é concluída com o clínico dando *feedback* ao casal para ajudá-los a entender o estado de crise preocupante que eles estão experienciando. O *feedback* inclui um resumo das informações que o clínico coletou sobre os fatores do modelo ABCX (estressores, recursos, vulnerabilidades, percepções) que parecem ter contribuído para o estado de crise atual. Essa conceitualização, que ajuda a identificar objetivos para intervenção, pode reduzir o sentimento de impotência do casal em relação aos seus problemas. O terapeuta treina o casal na priorização de intervenções que podem reduzir mais rapidamente seu estresse, pelo menos em parte. O terapeuta engaja o casal na definição dos objetivos para reduzir estressores específicos quando possível, aumentar avaliações realísticas dos estressores e melhorar seu uso dos recursos. Em intervenção em crises, é importante iniciar mudanças para produzir alívio rápido da experiência do casal de desorganização e estresse emocional intenso e aumentar sua confiança na sua habilidade de lidar com os estressores.

Formulação de caso e estratégias de intervenção na TCCC

Uma diferença básica entre a formulação de caso na intervenção em crises e a terapia de casal tradicional é a necessidade urgente de restabelecer o equilíbrio e a estabilidade de um relacionamento que atualmente é um risco iminente para o bem-estar dos seus membros. Depois que a desorganização e a turbulência foram reduzidas, o casal pode ser engajado em terapia de casal de mais longo prazo planejada para reduzir fatores de risco crônicos e reforçar os pontos fortes do casal, se ambos os parceiros estiverem motivados para isso. Em alguns casos com perigo constante para a saúde psicológica e física de um ou ambos os membros, a resolução da crise pode envolver a dissolução do relacionamento (Epstein et al., 2023). Um exemplo de uma formulação de caso para Martha e Simon está incluída no estudo de caso no fim deste capítulo.

A seguir, apresentamos as descrições de intervenções da TCCC para comportamento, cognição e emoções que são úteis na redução do desequilíbrio de um estado de crise. Elas podem ser estendidas para terapia de casal em longo prazo. Mais uma vez, os leitores podem encontrar descrições mais extensas dessas intervenções em textos sobre TCCC que já foram citados.

Intervenções cognitivo--comportamentais para reduzir estressores

A seguir, apresentamos algumas intervenções comportamentais que podem ser usadas para produzir alívio de estressores no ambiente do casal, nas características dos parceiros individuais e em seus padrões diádicos. Em geral, focamos inicialmente em padrões aversivos entre os parceiros, porque o casal está exposto a eles, e eles prejudicam o trabalho em equipe dos parceiros para resolver os problemas. Epstein e Baucom (2002) diferenciaram *estresse primário*, que é causado por vários estressores não resolvidos que um casal enfrenta, de *estresse*

secundário, que é resultado do modo disfuncional do casal de responder um ao outro sobre seus problemas. Em outras palavras, a forma como o casal tenta resolver os problemas em seu relacionamento por si só se torna um estressor.

Os terapeutas podem identificar importantes padrões comportamentais aversivos por meio de suas entrevistas e observações diretas do casal, conforme descrito anteriormente. O terapeuta usa o princípio da "mudança de comportamento guiada" para treinar os parceiros para elaborarem um acordo para cada pessoa assumir a responsabilidade de aumentar comportamentos positivos e reduzir comportamentos negativos (Epstein & Baucom, 2002). Para um casal cujas interações negativas estão sobrecarregando suas habilidades de enfrentamento, mudanças na frequência dos comportamentos positivos e negativos podem produzir redução notável do estresse – no entanto, para motivar parceiros altamente estressados a fazer essas mudanças comportamentais, costuma ser necessário que o terapeuta forneça uma justificativa convincente, discutindo com eles como sua recíproca atual do comportamento negativo está mantendo seu nível de estresse alto. A mudança guiada do comportamento também pode focar nas crescentes formas de interação positiva, como apoio social mútuo e enfrentamento diádico (Epstein & Baucom, 2002). O terapeuta fornece uma breve apresentação sobre formas de apoio e enfrentamento diádico que uma pessoa pode oferecer para um parceiro (Cutrona, 1996; Falconier et al., 2016), faz os membros discutirem os tipos de apoio que eles preferem e treina o casal na elaboração de um acordo para se engajarem nessas ações durante a semana seguinte. Outro procedimento para reduzir a exposição de um casal a experiências aversivas envolve treiná-los a pensar em atividades calmantes de que os dois gostem (p. ex., caminhadas ao ar livre) e estruturar um tempo juntos com regras básicas para controlar o comportamento aversivo (p. ex., uma combinação entre foco na atividade prazerosa e evitar falar sobre os problemas).

Os terapeutas também podem ensinar aos parceiros habilidades que reduzem a interação negativa quando eles estão discutindo os estressores. O treinamento em habilidades expressivas e de escuta (Baucom et al., 2020; Epstein & Baucom, 2002; Epstein & Falconier, no prelo; Rathus & Sanderson, 1999) os ajuda a empatizar com as experiências do outro com os estressores e a reduzir a tensão que o desabafo frequentemente cria. Os parceiros são ensinados a reduzir formas de mensagens negativas (p. ex., fazer interrupções, detectar falhas, focar no passado) e substituí-las por solicitações positivas de mudança (p. ex., "Minha ansiedade com nossas finanças reduziria se você ficasse dentro do orçamento conforme discutimos no mês passado").

O treino nas habilidades de comunicação envolve instruções que podem ser transmitidas por meio de descrições verbais, folhetos, publicações e exemplos em vídeo para o público leigo, como *Fighting For Your Marriage* (*Lutando por seu casamento*), de Markman et al. (2010), e demonstrações do terapeuta. Algumas diretrizes comuns para transmitir mensagens construtivas são: (1) usar declarações na primeira pessoa, (2) expressar os pensamentos e emoções claramente e especificamente, (3) comunicar empatia pela posição do parceiro, (4) reconhecer a subjetividade dos próprios pensamentos e emoções, (5) reconhecer os aspectos positivos na situação e (6) usar comportamento não verbal (p. ex., contato visual, expressões faciais) que comunique interesse. Essas formas de comunicação fortalecem os recursos de um casal para o enfrentamento, mas por si só já reduzem o "estresse primário" das interações aversivas do casal.

Para reduzir a frequência e a gravidade dos estressores ambientais, o casal pode ser treinado no desenvolvimento de suas habilidades de solução de problemas conjunta, outra intervenção comportamental central da TCCC. Os passos para a solução de problemas são descritos na seção deste capítulo sobre os recursos do casal. Em alguns casos, pode ser possível que o casal reduza sua exposição a um estressor, por exemplo, engajando outros familiares para compartilhar o fardo de cuidar de um membro da família que está incapacitado. O terapeuta também pode treinar um casal que está sobrecarregado pelo estresse financeiro para encontrar maneiras de reduzir algumas despesas ou encaminhá-los a um consultor financeiro (Epstein & Falconier, no prelo).

Quanto aos estressores que envolvem características dos parceiros individuais, como sintomas de psicopatologia, regulação emocional deficiente e tendência a se engajar em agressão psicológica ou física ao parceiro, a intervenção em uma situação de crise com frequência requer uma ou mais sessões com o indivíduo para explorar as opções, incluindo encaminhamento para terapia individual. Assim como na terapia de casal em geral, é importante não especificar um dos membros como "aquele com o problema", já que isso em geral resulta em atitude defensiva em vez de motivação para abordar uma característica pessoal, embora seja essencial responsabilizar indivíduos abusivos pelo seu comportamento (Epstein & Falconier, no prelo). O terapeuta deve se esforçar para manter uma aliança terapêutica positiva com cada membro do casal por meio da escuta empática, incluindo os objetivos da pessoa no plano de tratamento, e enfatizando explicitamente que está comprometido a atender às necessidades de ambos os parceiros. Quanto mais o terapeuta puder estruturar um encaminhamento para terapia individual como um meio de melhorar a vida da pessoa, além da qualidade do relacionamento do casal, melhor – por exemplo, o terapeuta pode recomendar tratamento individual para um parceiro que está deprimido como um meio de fortalecer os recursos internos da pessoa para o enfrentamento dos estressores que eles encontram (p. ex., "Posso ver que coisas na sua vida, incluindo o estresse em seu relacionamento, estão lhe afetando, e você poderia usar algum apoio para lidar melhor com elas"). Quando o parceiro de uma pessoa que é sintomática se acomodou aos sintomas de formas que inadvertidamente os reforçam (como quando o parceiro de um indivíduo que abusa de álcool encobriu de um empregador que o indivíduo bebe), algumas sessões individuais com o parceiro podem focar nos inconvenientes do padrão de enfrentamento.

Intervenções cognitivo-comportamentais para construir recursos para atenuar o estresse

Habilidades de comunicação, habilidades de solução de problemas, enfrentamento diádico e apoio de fontes externas, como a família estendida, amigos, vizinhos e entidades sociais, estão entre os recursos mais importantes que podem ser fortalecidos. Primeiro, a habilidade de um casal de trabalhar colaborativamente para identificar e resolver os estressores depende da sua capacidade de trocar informações. Alguns casais se comunicam de formas imprecisas e confusas, resultando em mal-entendidos e ações ineficazes. Um casal pode ser ajudado a melhorar suas habilidades expressivas e de escuta por meio de procedimentos educacionais orientados para o comportamento, que envolvem instruções específicas, demonstração de comportamento eficiente e ensaio extensivo das novas habilidades. Os parceiros são instruídos a se revezar entre os papéis daquele que se expressa e do ouvinte empático. Aquele que se expressa deve seguir diretrizes, como reconhecer que suas perspectivas são subjetivas, fazer declarações breves e específicas e comunicar empatia pelos sentimentos e perspectivas do ouvinte. O ouvinte empático deve demonstrar atenção às mensagens expressas verbalmente e não verbalmente, focar em adotar a perspectiva do outro, independentemente de concordar ou não, e refletir (i.e., resumir e expressar novamente) os pensamentos e os sentimentos daquele que está se expressando (Baucom et al., 2023; Epstein & Baucom, 2002). O ouvinte deve evitar comportamentos de distração, como expressar suas próprias opiniões. É importante enfatizar para o ouvinte a diferença entre *entender* e *concordar*, e que é perfeitamente possível entender seu parceiro sem necessariamente concordar com ele.

O treino em habilidades de solução de problemas pode ser outro recurso importante para casais que enfrentam estressores. Enquanto as habilidades de expressividade e escuta permitem que os parceiros troquem informações sobre seus pensamentos e emoções referentes às suas experiências pessoais, a solução de problemas envolve uma abordagem cognitiva para identificar soluções viáveis para os problemas. Ela envolve um conjunto de passos, incluindo (1) definir o problema juntos em termos comportamentais específicos; (2) gerar uma lista de soluções possíveis; (3) avaliar as vantagens e as desvantagens de cada solução e, então, selecionar uma solução viável; e (4) experimentar a solução escolhida e avaliar sua eficácia. Veja Epstein e Baucom (2002), Baucom et al. (2023) e Epstein e Falconier (no prelo) para descrições detalhadas dos passos para a solução de problemas.

Os casais podem ser treinados no uso das habilidades de comunicação expressiva, escuta e solução de problemas descritas anteriormente como recursos para abordar os estressores em seu ambiente externo, dentro de suas interações como casal e a partir de características dos parceiros individuais – por exemplo, um casal que se sente sobrecarregado pelas pressões das demandas concomitantes dos seus papéis envolvendo trabalho, criação dos filhos e cuidados dos pais idosos pode encontrar formas de solução dos problemas ao gerenciar seu tempo, dividir responsabilidades e reservar um tempo de lazer juntos. Da mesma forma, um casal que entrou em um estado de crise devido às despesas familiares que ultrapassaram sua renda, piorado pela perda do emprego de um dos membros, pode resolver o problema acessando recursos para evitar perder sua casa.

Muitos casais que estão experienciando acúmulo de estressores na vida se beneficiam da assistência em relação ao tempo e de habilidades de gerenciamento dos recursos. O terapeuta pode treinar um casal para listar e priorizar tarefas que demandam sua atenção e energia, programando espaços de tempo dedicados a uma tarefa de cada vez. O casal também pode ser auxiliado na divisão de tarefas, obtendo uma distribuição das responsabilidades que seja aceitável para ambas as partes. Para alguns casais, a desigualdade percebida nas responsabilidades é uma fonte importante de conflito, e a resolução dessas diferenças pode requerer solução de problemas e intervenções cognitivas que abordem as crenças dos parceiros quanto aos papéis.

Intervenções de mudança comportamental guiada podem aumentar o uso do casal de formas de enfrentamento diádico positivo que podem ser focadas na emoção (para reduzir o estresse emocional provocado por estressores) ou no problema (para reduzir os próprios estressores; Falconier et al., 2016). Enfrentamento diádico de suporte envolve o parceiro de um indivíduo estressado ajudá-lo a se engajar em enfrentamento focado na emoção e/ou focado no problema. Enfrentamento diádico delegado envolve o parceiro assumir algumas das tarefas do indivíduo para reduzir o acúmulo de estresse. As apresentações didáticas do terapeuta sobre formas de fornecer ao seu parceiro apoio no enfrentamento servem como psicoeducação. Com frequência, os indivíduos assumem que o que eles acham apoiador também será apoiador para seu parceiro, mas, quando esse pressuposto é impreciso, o parceiro pode ficar frustrado. Habilidades expressivas e de escuta podem ser usadas para promover a compreensão das preferências de apoio de cada um.

Como as habilidades dos indivíduos para regular emoções quando estão sob estresse são um recurso vital, e os parceiros comumente influenciam as emoções um do outro, os terapeutas precisam intervir para fortalecer a regulação emocional individual e conjunta dos casais. As intervenções relevantes da TCCC incluem exercícios de *mindfulness* para aumentar a consciência dos próprios estados emocionais, exercícios de autotranquilização e autoinstrução para guiar a regulação emocional (p. ex., "Relaxe seus músculos, respire profunda e lentamente e evite catastrofização da situação"; Epstein & Falconier, no prelo).

Intervenções cognitivo--comportamentais para abordar avaliações cognitivas dos estressores do relacionamento

Uma abordagem cognitivo-comportamental proporciona uma variedade de intervenções para abordar o processamento cognitivo de estressores na vida. Esta seção descreve intervenções para cinco tipos de cognição que foram implicados em conflito e estresse no casal: percepção seletiva, atribuições, expectativas, pressupostos e padrões (Baucom et al., 2023; Epstein & Baucom, 2002; Epstein & Falconier, no prelo).

Percepção seletiva envolve um viés nos aspectos da interação do casal que cada parceiro nota. Há evidências empíricas de que parceiros estressados costumam exibir "rastreamento negativo", em que notam os aspectos negativos e desconsideram os positivos que ocorrem em seus relacionamentos. Eles também percebem causalidade linear em suas interações (p. ex., "Eu me afasto porque ele resmunga e me persegue"), em vez de processos circulares de influência mútua (Epstein & Baucom, 2002). Essas percepções focadas na culpa exacerbam o estresse no relacionamento. Para ampliar as percepções que os parceiros têm dos eventos no relacionamento, os terapeutas cognitivo-comportamentais de casal usam intervenções como (1) pedir que cada pessoa faça registros diários de comportamentos positivos e negativos do parceiro e (2) chamar a atenção do casal para sequências comportamentais e causalidade circular em suas interações, por meio de *feedback* sobre suas interações durante as sessões de terapia.

Quanto às *atribuições*, pesquisas indicaram que os membros de casais estressados têm maior probabilidade que casais não estressados de atribuir os comportamentos negativos do parceiro a traços globais estáveis e à intenção negativa e a ver esses comportamentos como censuráveis. Além disso, atribuições negativas predizem comportamento negativo posterior em relação ao parceiro durante as discussões para solução de problemas (Baucom et al., 2023; Epstein & Baucom, 2002; Epstein & Falconier, no prelo). Assim, atribuições negativas sobre as causas dos problemas provavelmente irão exacerbar o estresse e contribuir para um estado de crise. Os terapeutas de casal precisam treinar os parceiros na diferenciação entre atribuições acuradas que podem requerer esforços específicos de mudança no comportamento e aquelas que são distorcidas. As abordagens para avaliar atribuições que induzem ao estresse incluem (1) contrapor uma atribuição de traço negativo, identificando situações passadas em que o parceiro se comportou de forma diferente, (2) alterar uma atribuição de intenção negativa do parceiro obtendo *feedback* direto do parceiro sobre a sua intenção e (3) treinar o indivíduo na geração e avaliação da plausibilidade de causas alternativas de um comportamento perturbador do parceiro. Quando as evidências sugerem que uma atribuição é acurada (p. ex., quando o parceiro de fato falhou em fornecer enfrentamento diádico de suporte por estar preocupado com seus próprios problemas), o terapeuta pode mudar o foco para intervenções comportamentais, como habilidades expressivas e de escuta empática.

As *expectativas* que os indivíduos criam sobre as probabilidades de os estressores resultarem em danos, acuradas ou não, podem exacerbar a ativação emocional e o comportamento negativo. Expectativas negativas podem aumentar o estresse porque os estressores antecipados podem parecer mais perigosos do que os eventos reais. É importante que o terapeuta de casal avalie as expectativas de cada pessoa quanto aos estressores, além das expectativas envolvendo sua habilidade de gerenciar os estressores. Então, o casal pode ser treinado (1) no exame das evidências a favor e contra as predições, (2) no uso de experiências passadas de situações similares para moldar suas expectativas, (3) na consideração dos diferentes desfechos que ocorreram ou de desfechos alternativos que podem ocorrer e (4) na exploração de atitudes que eles podem tomar para aumentar as chances de um desfecho preferido (Epstein & Baucom, 2002).

Pressupostos e *padrões*, tipos relativamente estáveis de crenças sobre aspectos do mundo, incluindo relacionamentos de casal, são formados por meio de experiências na vida de um indivíduo (Dattilio, 2010; Epstein & Baucom, 2002). Os pressupostos dos parceiros sobre a natureza humana e a forma como duas pessoas se relacionam entre si em um relacionamento íntimo (p. ex., se os parceiros podem mudar padrões de longa data) e os padrões quanto às características que os parceiros e seus relacionamentos "devem" ter podem contribuir para o estresse quando eles são extremos, especialmente quando os padrões não são cumpridos para a satisfação dos parceiros (Baucom et al., 1996). Boss (2002) mencionou que os membros da família que aceitam os estressores como incontroláveis (um pressuposto) têm maior probabilidade de adotar uma abordagem passiva de enfrentamento. Portanto, a TCCC para modificar pressupostos e padrões extremos ou irrealistas é altamente relevante para abordar o componente C (avaliação) do modelo ABCX (Hill, 1949).

Os membros de um casal podem ser auxiliados a explorar como seus pressupostos e padrões são moldados por suas experiências na vida e se aqueles que foram apropriados anteriormente "combinam" com suas circunstâncias presentes. Eles também podem ser treinados na identificação das vantagens e desvantagens de aplicar seus padrões ao seu relacionamento atual – por exemplo, um indivíduo que cresceu em uma família que enfatizava o perfeccionismo pode estar em risco quando atualmente passa por perda do emprego. O terapeuta pode ajudar o indivíduo e seu parceiro a "reescreverem" o padrão perfeccionista, elaborando crenças mais moderadas em que a autovalorização está baseada em ser uma pessoa responsável com uma ética forte e preocupação com os outros, características que o indivíduo ainda tem apesar de ter perdido seu emprego.

Impedimentos comuns ao tratamento e como superá-los

Características comuns de um estado de crise individual ou do relacionamento podem interferir no tratamento. A alta ativação emocional e o funcionamento executivo desorganizado dos parceiros podem limitar o grau em que eles conseguem se engajar com um terapeuta e outras fontes de apoio para resolver seus problemas. Eles podem continuar a contar com estratégias de enfrentamento que os colocam em risco em primeiro lugar, tais como formas de evitação – assim, na superfície, os clientes podem ficar alarmados pelas suas circunstâncias e parecer altamente motivados para procurar ajuda, mas, de fato, seus déficits nos recursos, suas vulnerabilidades e suas avaliações distorcidas podem contribuir para a inércia em vez de conduzir ao engajamento ativo na intervenção em crises.

Semelhante a pacientes em terapia individual que são deprimidos, parceiros que estão estressados costumam experienciar desesperança e impotência em relação à sua habilidade de melhorar seus relacionamentos. Essas cognições negativas são combinadas com inércia; ímpetos de evitar interação com um parceiro que foi uma fonte de grande decepção ou traição; e uma mistura de emoções negativas, como tristeza, ansiedade, raiva e vergonha. Quando o nível de desorganização e estresse atinge um estado de crise, outra barreira ao engajamento em intervenção em crises é a tendência do casal a culpar um ao outro por seus problemas no relacionamento em vez de explorar maneiras de colaborar para encontrar novas soluções.

Os terapeutas precisam intervir rapidamente para transpor os sintomas no nível individual e do relacionamento que impedem o tratamento. O estabelecimento de uma aliança terapêutica positiva é essencial na motivação do casal para se engajar em intervenções que vão combater os sintomas da crise (Epstein & Falconier, no prelo). Isso envolve comportamentos do terapeuta que criam "multiparcialidade" nas relações com a díade, sem tomar partidos. O terapeuta descreve um objetivo de demonstrar compreensão e respeito pelos dois parceiros e convida os clientes a fornecerem *feedback* constante sobre o sucesso do terapeuta nesse objetivo. O terapeuta equilibra a atenção aos dois indivíduos, ouvindo os pensamentos e expressões das emoções de cada pessoa e expressando empatia pelas experiências de cada uma. Da mesma forma, treina o casal no uso de habilidades expressivas e de escuta empática para melhorar sua compreensão das experiências de cada um com os estressores que estão experienciando. O terapeuta intervém ativamente para evitar que o casal escale as interações negativas que exacerbam o estresse e interferem no uso dos seus recursos disponíveis. Também é importante discutir com o casal como algumas estratégias de enfrentamento que eles vêm usando (especialmente aquelas que envolvem evitação) pareciam atraentes, mas têm desvantagens, e incentivá-los a experimentar abordagens alternativas. Intervenções cognitivas para reduzir as expectativas negativas na impotência e na desesperança dos parceiros, bem como a ênfase do terapeuta no trabalho como um time para reduzir os estressores do casal, também são essenciais.

As respostas do terapeuta aos estressores da vida dos clientes também podem ser impedimentos para o tratamento efetivo. Ao ouvir as descrições de um casal de problemas graves e ao ser exposto ao seu estresse emocional intenso, o terapeuta pode estar em risco de ser arrebatado por suas avaliações negativas e emoção desregulada. Como consequência, precisa monitorar as respostas pessoais, especialmente se ele já experienciou estressores similares, e estar preparado para intervir nos problemas do *self*. O terapeuta deve usar as mesmas intervenções para suas próprias cognições negativas e emoções fracamente reguladas que ele usa com os clientes, e, se isso for ineficaz, ele deve considerar a consulta com um colega profissional.

Prevenção de recaída e objetivos em longo prazo

Enfatizamos a intervenção em crises com casais como uma abordagem inicial essencial para interromper a deterioração no funcionamento individual e do casal que ocorre em um estado de crise. As intervenções focam em reduzir ou remover os estressores, combater as avaliações cognitivas distorcidas de perigo dos estressores e da eficácia das capacidades de enfrentamento dos parceiros e fortalecer o uso de recursos pelo casal. Consequentemente, a prevenção de recaída envolve preparar o casal para notar futuros sinais de estressores e, juntos, procurarem elaborar um plano de enfrentamento, usando seu conhecimento da estrutura ABCX e as habilidades de enfrentamento que usaram anteriormente – contudo, outro passo importante que eles podem dar para reduzir sua vulnerabilidade a futuros estressores (seja uma continuação de estressores passados ou a introdução de novos) é se engajar em terapia individual e/ou de casal para abordar características de vulnerabilidade de longa duração. O terapeuta pode apontar a semelhança com a recuperação de uma doença física e o começo de novas atividades que promovam a saúde para aumentar a imunidade a doenças futuras.

Exemplo de caso

A terapeuta primeiramente se encontrou com Martha e Simon para colher a história do seu relacionamento, incluindo seus pontos fortes e problemas que eles tiveram antes da perturbação atual causada pelas suas experiências de imigração. Os dois parceiros descreveram uma forte ligação entre eles e realização por criarem seus filhos, cuja experiência traumática na escola era compreensivelmente muito perturbadora para os pais. Eles tinham objetivos similares para sua família, que incluíam sucesso financeiro, um estilo de vida confortável, ser membros respeitados da sua comunidade e dar educação de qualidade para seus filhos – no entanto, compatível com sua origem cultural, nenhum dos parceiros revelou muito dos seus pensamentos e emoções para o outro, contando mais com a percepção do outro para identificar se alguma coisa estava errada. Diante do questionamento da terapeuta, Simon revelou que havia perdido o respeito por si mesmo quando cedeu à pressão de Martha para se mudarem, e sua autoestima foi ainda mais afetada quando perdeu seu novo emprego. O casal se sentia à deriva porque não tinha conhecimento dos recursos na comunidade, e Simon estava muito zangado com os parentes da esposa para considerar seu apoio. Ambos estavam experienciando sintomas de crise de ansiedade, depressão, raiva, indecisão, um desejo de fugir e imobilidade geral. Previamente, eles eram o suporte primário um do outro, mas agora se sentiam afastados. A terapeuta conduziu uma entrevista de avaliação individual com cada um e determinou que nenhum deles era suicida ou estava em risco de agressão ao parceiro, mas ambos estavam tendo dificuldades para regular seus pensamentos e emoções.

Formulação do caso

Estressores atuais que afetam o casal

- Estressores da migração (ajuste a uma nova cultura e ambiente de convivência, separação da família e de outros suportes sociais, perda do *status* e da segurança do emprego anterior)
- Perda do emprego de Simon e problemas financeiros familiares associados
- Filhos sofrendo *bullying* na escola, necessidade de interagir com funcionários intimidadores na escola
- Conflito entre o casal em relação à irmã e ao cunhado de Martha

Avaliações dos estressores dos parceiros e suas habilidades de enfrentamento

- Avaliações negativas de ambos os parceiros quanto à sua competência para lidar com o fato de serem estranhos em uma nova cultura, para Simon encontrar um novo emprego e para lidar com eficiência com o *bullying* que seus filhos estão sofrendo na escola
- Luto dos parceiros pela perda do seu sistema de apoio social permanente em seu país de origem, combinado com uma percepção de que eles não têm suporte similar em sua nova localização
- Avaliação de Simon de que seu desemprego representa um fracasso da sua parte como provedor
- Com base em seu forte conflito com a irmã e o cunhado de Martha, a avaliação dos parceiros de que eles não podem trabalhar juntos para lidar com esses estressores importantes

Sintomas de um estado de crise

- Sintomas de ansiedade e depressão e indecisão induzidos pelo estresse em ambos os parceiros
- Perda de Simon da sua autoestima; sentimentos de vergonha, inércia, desejo de fugir da situação; e recusa a interagir com Martha e seus parentes locais para assistência
- Discussões frequentes do casal e um acentuado decréscimo na sua proximidade

Recursos

- História de um vínculo forte entre o casal
- Objetivos de vida compartilhados para sua família
- Inteligência, instrução e habilidades dos dois parceiros que conduziram ao sucesso no passado
- Suporte potencial da irmã e do cunhado de Martha, que conhecem bem a cultura local
- Filhos inteligentes, socialmente capacitados e resilientes
- Suporte da família e de amigos no país de origem que ainda está disponível à distância

Fatores de vulnerabilidade

- História de Martha de sintomas de ansiedade generalizada
- Discussão limitada entre o casal sobre os pensamentos e as emoções de cada um devido a questões culturais
- Padrões muito altos para realizações pessoais em educação, carreira, parentalidade, etc.

Tratamento

A terapeuta iniciou com sessões duas vezes por semana com o casal durante as 3 primeiras semanas para estabilizar o relacionamento entre eles. Ela estruturou o estresse e o desequilíbrio do casal dentro do modelo ABCX (Hill, 1949) e descreveu os passos que eles poderiam dar para recuperar sua estabilidade. Esses passos incluíam (1) identificar os estressores que poderiam ser mudados, (2) praticar formas de examinar seus pensamentos mais perturbadores sobre suas experiências (p. ex., de que eles logo ficariam desabrigados, a visão de Simon de que concordar em se mudar e a perda do seu trabalho eram sinais de fraqueza pessoal), (3) aprender métodos para regular melhor suas intensas emoções negativas, (4) fortalecer seus recursos existentes para enfrentamento dos estressores (p. ex., melhorando suas habilidades de comunicação e solução de problemas, considerando formas de restabelecer relações positivas com seus parentes locais) e (5) informar-se sobre outros recursos úteis na sua comunidade (p. ex., serviços de colocação em emprego, recursos na escola dos seus filhos para lidar com a discriminação e o *bullying*). A terapeuta citou as evidências de que o casal tinha sido um "excelente time" por muitos anos e tinha pontos fortes que poderiam ajudá-los a ser resilientes durante esse período desafiador. As sessões subsequentes foram dedicadas à prática de habilidades específicas para regulação emocional, modificação de cognições negativas, comunicação e solução conjunta de problemas, além da investigação dos recursos que eles poderiam usar. A terapeuta também destacou que Martha e Simon estavam tendo a oportunidade de demonstrar para seus filhos formas de serem resilientes quando defrontados com estressores na vida e discutiu como eles poderiam fornecer suporte emocional para Michael e Sabrina enquanto os orientava sobre como lidar com o estresse. O casal priorizou os objetivos de encontrar um emprego para Simon, controlar o conflito e recuperar a intimidade no relacionamento do casal, intervir na escola dos seus filhos para acabar com o *bullying* e reconciliar-se com a irmã de Martha e o cunhado. Todas as sessões posteriores do casal foram focadas em maneiras concretas de se voltar para esses objetivos.

Depois de 3 semanas com duas sessões semanais, o casal e a terapeuta avaliaram seu progresso. Simon havia passado por duas entrevistas de emprego, o casal tinha usado técnicas de regulação emocional e habilidades de comunicação para reduzir as discussões, eles haviam conversado com os professores dos seus filhos e o conselheiro escolar sobre o *bullying* e discutiram os passos para Michael e Sabrina começarem a se sentir em casa. O casal concordou em fazer sessões quinzenais por mais uma semana e então mudou para sessões semanais por mais 3 semanas. A essa altura, o desequilíbrio do casal tinha reduzido significativamente, e eles pareciam não estar mais em um estado de crise. A terapeuta examinou seu progresso com eles, e Martha e Simon concluíram que a terapia tinha sido útil. Quando a terapeuta perguntou sobre objetivos em longo prazo para o relacionamento, eles disseram que gostariam de melhorar mais a sua comunicação, além de explorar suas formas de enfrentamento dos estresses da imigração e as "microagressões" que eles experienciaram por serem membros de um grupo de minoria. A terapeuta e o casal decidiram pela terapia de casal tradicional focada nesses objetivos.

Resumo e conclusões

Os conceitos e métodos da TCCC são altamente consistentes e relevantes para conceitualizar, avaliar e tratar crises em relacionamentos de casal. Sua estrutura e clareza são úteis na redução do desequilíbrio no funcionamento dos parceiros como indivíduos e como díade e na criação de meios específicos de enfrentamento dos diversos tipos de estressores na vida baseados nas características dos indivíduos, nos conflitos entre os parceiros e nas demandas do ambiente físico e interpessoal do casal. Técnicas breves de intervenção em situações de crise podem restabelecer a estabilidade no relacionamento e podem ser complementadas com terapia de casal para abordar problemas de mais longa data.

Referências

Baucom, D. H., Epstein, N. B., Fischer, M. S., Kirby, J. S., & LaTaillade, J. J. (2023). Cognitive-behavioral couple therapy. In J. Lebow & D. K. Snyder (Eds.), *Clinical handbook of couple therapy* (6th ed., pp. 53–78). Guilford Press.

Baucom, D. H., Epstein, N., Rankin, L. A., & Burnett, C. K. (1996). Assessing relationship standards: The Inventory of Specific Relationship Standards. *Journal of Family Psychology, 10*, 72–88.

Baucom, D. H., Fischer, M. S., Corrie, S., Worrell, M., & Boeding, S. E. (2020). *Treating relationship distress and psychopathology in couples: A cognitive-behavioural approach*. Routledge.

Beck, A. T., Epstein, N., Brown, G., & Steer, R. A. (1988). An inventory for measuring clinical anxiety: Psychometric properties. *Journal of Consulting and Clinical Psychology, 56*, 893–897.

Beck, A. T., Steer, R. A., & Brown, G. K. (1996). *Manual for the Beck Depression Inventory–II*. Psychological Corporation.

Boss, P. (2002). *Family stress management: A contextual approach* (2nd ed.). Sage.

Cutrona, C. E. (1996). *Social support in couples: Marriage as a resource in times of stress*. Sage.

Dattilio, F. M. (2010). *Cognitive-behavioral therapy with couples and families: A comprehensive guide for clinicians*. Guilford Press.

Derogatis, L. R. (1993). *Brief Symptom Inventory (BSI): Administration and scoring procedures manual* (3rd ed.). National Computer Systems.

Epstein, N. (1999). *The Relationship Issues Survey: A measure of areas of couple conflict*. Department of Family Science, University of Maryland, College Park.

Epstein, N. B., & Baucom, D. H. (2002). *Enhanced cognitive-behavioral therapy for couples: A contextual approach*. American Psychological Association.

Epstein, N. B., & Falconier, M. K. (in press). *Treatment plans and interventions in couple therapy: A cognitive-behavioral approach*. Guilford Press.

Epstein, N. B., LaTaillade, J. J., & Werlinich, C. A. (2023). Partner aggression. In J. Lebow & D. K. Snyder (Eds.), *Clinical handbook of couple therapy* (6th ed., pp. 391–412). Guilford Press.

Falconier, M. K., Randall, A. K., & Bodenmann, G. (2016). *Couples coping with stress: A cross-cultural perspective*. Routledge.

Fischer, M. S., Baucom, D. H., & Cohen, M. J. (2016). Cognitive-behavioral couple therapies: Review of the evidence for the treatment of relationship distress, psychopathology, and chronic health conditions. *Family Process, 55*, 423–442.

Folkman, S. (2011). *The Oxford handbook of stress, health and coping*. Oxford University Press.

Greenberg, L. S., & Goldman, R. N. (2008). *Emotion-focused couples therapy: The dynamics of emotion, love, and power*. American Psychological Association.

Hill, R. (1949). *Families under stress*. Harper & Row.

Kanel, K. (2018). *A guide to crisis intervention* (6th ed.). Cengage.

Karney, B. R., & Bradbury, T. N. (1995). The longitudinal course of marital quality and stability: A review of theory, method, and research. *Psychological Bulletin, 118*, 3–34.

Lazarus, R. S., & Folkman, S. (1984). *Stress, appraisal, and coping*. Springer.

Markman, H. J., Stanley, S. M., & Blumberg, S. L. (2010). *Fighting for your marriage: Positive steps for preventing divorce and preserving a lasting love* (3rd ed.). Jossey-Bass.

McCubbin, M. A., & McCubbin, H. I. (1989). Theoretical orientations to family stress and coping. In C. R. Figley (Ed.), *Treating stress in families* (pp. 3–43). Brunner/Mazel.

McGoldrick, M., Garcia-Preto, N., & Carter, B. (2016). *The expanding family life cycle: Individual, family, and social perspectives* (5th ed.). Pearson.

Price, C. A., Bush, K. R., & Price, S. J. (2017). *Families and change: Coping with stressful events and transitions* (5th ed.). Sage.

Rathus, J. H., & Sanderson, W. C. (1999). *Marital distress: Cognitive behavioral interventions for couples*. Jason Aronson.

Snyder, C. R. (1999). *Coping: The psychology of what works*. Oxford University Press.

Walsh, F. (2016). *Strengthening family resilience* (3rd ed.). Guilford Press.

Whisman, M. A., Uebelacker, L. A., & Settles, T. D. (2010). Marital distress and the metabolic syndrome: Linking social functioning with physical health. *Journal of Family Psychology, 24*, 367–370.

Wong, P. T. P., Wong, L. C. J., & Lonner, W. J. (2006). *Handbook of multicultural perspectives on stress and coping*. Springer.

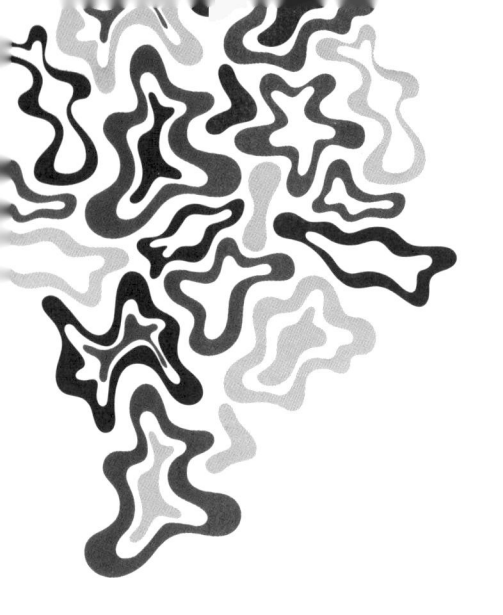

13

Famílias em crise

Frank M. Dattilio e Allison Schoenly

Infelizmente, poucos estudos ou relatos foram dedicados à abordagem de situações de crise dentro do contexto familiar (Crespi & Howe, 2001; Gerrity, 2001; Gold, 1988; Langsley & Kaplan, 1968; Pittman, 1976; Regehr, 2005; Siskind, 2005). Desde a publicação da 3ª edição deste livro, em 2007, a literatura sobre abordagens cognitivo-comportamentais para famílias em crise infelizmente permanece escassa. Como mencionado na edição anterior, isso provavelmente se deve ao fato de que indivíduos em crise tendem a receber ajuda mais rapidamente do que as famílias ou grupos (Dattilio, 2007; Roberts, 2005). Embora a abordagem cognitiva para casais em crise seja tratada extensivamente por Epstein, Schlesinger e Kim (Capítulo 12 deste livro) e em edições anteriores deste livro, este capítulo foca essencialmente na crise no contexto do ambiente familiar.

A abordagem cognitivo-comportamental para terapia familiar

A terapia cognitivo-comportamental de casal (TCCC) surgiu da abordagem comportamental, primeiro como um componente suplementar e posteriormente como um sistema de intervenção mais abrangente (Dattilio & Epstein, 2021). A mesma progressão se aplica, em certa medida, à terapia cognitivo-comportamental para famílias (TCCF; Dattilio, 2010). Devido às limitações do espaço, esta discussão foca nas abordagens propostas pelas teorias racionais emotivas (Beck, 1988; Dattilio, 1998c, 2010; Epstein & Baucom, 2002). Os leitores devem consultar a 3ª edição deste livro (Dattilio & Freeman, 2007) para uma discussão mais extensa da literatura histórica em terapia para famílias.

A abordagem racional emotiva da terapia familiar,[1] conforme proposta por Ellis (1978), enfatiza a percepção e a interpretação de cada indivíduo dos eventos que ocorrem no ambiente familiar. A teoria subjacente pressupõe que "os membros da família em grande parte criam seu próprio mundo pela visão fenomenológica que têm do que acontece com eles" (p. 46). A terapia foca em como problemas particulares dos membros da família afetam seu bem-estar como uma unidade. Durante o processo de tratamento, os membros da família são tratados como indivíduos, e cada um adere ao seu próprio conjunto particular de crenças e expectativas (Huber, 2000; Huber & Baruth, 1989; Russell & Morrill, 1989). O terapeuta de fa-

---

[1] Desde então, esta abordagem foi renomeada como *terapia racional emotiva comportamental* (TREC).

mília ajuda os membros a perceberem que crenças ilógicas e distorções servem como o fundamento para seu estresse emocional.

O uso da teoria A-B-C é introduzido. De acordo com essa teoria, os membros da família atribuem a culpa de seus problemas a certos eventos ativadores no ambiente familiar (A) e são ensinados a investigar crenças irracionais (B), as quais são, então, desafiadas logicamente pelos membros da família e finalmente discutidas e questionadas (C). O objetivo é modificar as crenças e as expectativas para que se enquadrem em uma base mais racional (Ellis, 1978) – consequentemente, o papel do terapeuta é ensinar à unidade familiar, de maneira ativa e diretiva, que as causas dos problemas emocionais residem em crenças irracionais. Ao mudarem essas ideias contraproducentes, os membros da família podem melhorar a qualidade geral da relação familiar (Ellis, 1978). Algumas das adaptações mais modernas da abordagem da TREC para famílias evoluíram para o reconhecimento da família como um sistema (Huber, 2000).

A abordagem cognitivo-comportamental moderna, que equilibra uma ênfase entre cognição, comportamento e emoção, adota uma direção um pouco mais expansiva e inclusiva, focando em maior profundidade nos padrões interacionais da família e permanecendo consistente com elementos derivados de uma perspectiva dos sistemas (Epstein et al., 1988; Dattilio, 2010; Watts, 2001). De fato, a TCCF é conduzida tendo como pano de fundo a teoria dos sistemas e se baseia fortemente em uma abordagem sistêmica (Dattilio, 2005, 2010). Dentro desse enquadramento das relações familiares, as cognições, as emoções e os comportamentos são vistos como exercendo influência mútua, de modo que uma inferência cognitiva pode evocar emoção e comportamento, e emoção e comportamento podem igualmente influenciar a cognição (Dattilio & Epstein, 2021). Inicialmente, Teichman (1992) descreve em detalhes o modelo recíproco da interação familiar, propondo que cognições, sentimentos, comportamentos e *feedbacks* ambientais estão em um processo recíproco constante e algumas vezes mantêm a disfunção da unidade familiar. Veja Dattilio (1998a, 2005) e Dattilio e Epstein para uma explicação mais detalhada desse conceito.

De forma consistente e compatível com a teoria dos sistemas, a TCCF inclui a premissa de que os membros de uma família simultaneamente influenciam e são influenciados uns pelos outros. Consequentemente, um comportamento de um dos membros da família conduz a comportamentos, cognições e emoções em outros membros, que, por sua vez, em resposta, evocam comportamentos, cognições e emoções na primeira pessoa. Conforme esse ciclo continua, a volatilidade da dinâmica familiar escala, deixando seus membros vulneráveis a uma espiral de conflito negativa. À medida que aumenta o número de membros da família envolvidos, aumenta a complexidade da dinâmica, alimentando ainda mais o processo de escalada.

A terapia cognitiva, conforme estabelecida por Beck (1976), coloca grande ênfase nos esquemas, ou o que foi definido como crenças nucleares (Beck et al., 1979; DeRubeis & Beck, 1988). Quando esse conceito é aplicado ao tratamento de famílias, a intervenção terapêutica está baseada nos pressupostos com os quais os membros da família interpretam e avaliam um ao outro e nas emoções e comportamentos que são gerados em resposta a essas cognições. Depois que alguém passa a acreditar que outro membro da família "só se preocupa consigo mesmo", essa pessoa pode filtrar e interpretar comportamentos e comentários específicos de maneira compatível com essa visão da sua família. Embora a teoria cognitivo-comportamental não sugira que os processos cognitivos causam todo o comportamento da família, ela enfatiza que a avaliação cognitiva tem um papel importante nas relações existentes entre eventos, cognições, emoções e comportamentos (Epstein et al., 1988; Dattilio, 1998b, 2005, 2010). No processo da terapia cognitiva, a reestruturação de crenças distorcidas desempenha um papel essencial na mudança de comportamentos disfuncionais.

Os esquemas também são muito importantes na aplicação da TCCF (Dattilio, 2005). Assim como os indivíduos mantêm seus próprios esquemas básicos sobre si mesmos, sobre seu mundo e sobre seu futuro, eles também mantêm um esquema sobre a sua família. Deve-se enfatizar o exame das cognições entre os membros da família e o que pode ser denominado *esquema familiar* (Dattilio, 1993b, 2010). Um exemplo de um esquema familiar pode ser: "Não expressamos nossas emoções abertamente porque isso é desconfortável e causa conflito". Consequentemente, os membros tendem a se afastar. Isso também pode ter uma base cultural, o que é descrito no estudo de caso no final deste capítulo.

Em outros trabalhos, Dattilio (1993a, 1998b, 2005, 2010) sugeriu que a família de origem de cada parceiro em um relacionamento desempenha um papel crucial na modelagem do esquema da família imediata. As crenças canalizadas da família de origem podem ser conscientes e inconscientes e contribuem para um esquema conjunto ou esquema misto que conduz ao desenvolvimento do esquema familiar atual.

Esse esquema familiar é, então, disseminado e aplicado na criação dos filhos e, quando misturado com seus pensamentos individuais e as percepções do seu ambiente e experiências de vida, contribui para o desenvolvimento posterior do esquema familiar. Os esquemas familiares estão sujeitos à mudança quando eventos importantes ocorrem durante o curso da vida da família (p. ex., morte e divórcio) e continuam a evoluir durante o curso das experiências comuns do dia a dia (Dattilio, 2005, 2006).

Intervenção em crises

Normalmente, quando uma família entra em terapia, o procedimento-padrão é colher uma história detalhada, que inclui reunir informações das famílias de origem de ambos os pais e, em seguida, um procedimento de avaliação clínica que pode envolver entrevistas individuais com os membros da família (Dattilio, 1993a, 1998a, 2010). Esse processo pode requerer cerca de 4 a 6 sessões antes que a avaliação seja concluída. As situações de crise costumam não permitir ao terapeuta o luxo de acumular essas informações, particularmente à luz da crise em questão. Essencialmente, o terapeuta é obrigado a ir direto ao ponto, focando nos pensamentos e nos comportamentos atuais que estão contribuindo para a disfunção imediata da família e escalando sua crise. É importante que sejam coletadas algumas informações básicas para conceitualizar os esquemas familiares, mas, nesses casos, o terapeuta pode ter que fazer suposições e intervenções iniciais para estabilizar a família o mais rápido possível. É claro que isso depende da situação em questão. O foco, mais uma vez, deve ser dirigido para a desfusão da crise imediata. Isso pode envolver o uso de estratégias comportamentais logo de início, como instituir contratos ou ensinar algumas habilidades de solução de problemas emergenciais para que a volatilidade possa ser reduzida. Trata-se de algo análogo a afastar a fumaça para determinar a extensão das chamas, preparando o caminho para a identificação de esquemas individuais e, posteriormente, os esquemas familiares, ponto em que o processo de reestruturação pode começar.

Schwebel e Fine (1994) descrevem os quatro pressupostos que consideram centrais para a implementação do modelo cognitivo-comportamental com famílias. Apresentamos, a seguir, uma versão modificada desses pressupostos, que também pode ser aplicada a situações de crise.

Pressuposto 1

Os indivíduos procuram manter seu ambiente de modo a atender às suas necessidades e desejos. Eles tentam entender seu ambiente e como podem funcionar mais efetivamente nele.[2] "Quando reúnem dados sobre como a família funciona, eles usam as informações para guiar seus comportamentos e auxiliar na construção e no refinamento das cognições relacionadas à família. Esse processo se presta ao desenvolvimento da sua teoria pessoal da vida familiar e relacionamentos na família." (Schwebel & Fine, 1994, p. 41). A teoria pessoal molda a forma como os indivíduos pensam e percebem e serve como o organizador central para a maioria dos eventos de vida aos quais eles são expostos (interna e externamente).

Pressuposto 2

As cognições de cada membro afetam praticamente todos os aspectos da vida familiar. Elas são determinadas por cinco categorias de variáveis cognitivas identificadas por Baucom et al. (1989):

1. *Atenção seletiva* (o que é notado).
2. *Atribuições* (como os indivíduos explicam por que ocorre determinado evento).
3. *Expectativas* (o que os indivíduos predizem que vai ocorrer no futuro em curto, médio e longo prazos).
4. *Pressupostos* (percepções dos indivíduos sobre como o mundo funciona).
5. *Padrões* (como os indivíduos pensam que o mundo deveria ser).

Pressuposto 3

Este pressuposto propõe que certos "obstáculos" bloqueiam o funcionamento familiar saudável. As raízes desses obstáculos se encontram dentro das teorias pessoais dos membros da família – especificamente nas cognições de suas teorias pessoais.

Pressuposto 4

Os membros precisam estar mais conscientes das cognições relacionadas à família – como essas cognições os afetam em determinadas situações, notando quando elas estão causando estresse e substituindo as que não são saudáveis por outras saudáveis.

Esses quatro pressupostos servem como guias para a intervenção do terapeuta com a família e podem ser modificados para se adequar à situação específica ou ao nível da crise em questão. Com esses pressupostos como uma diretriz filosófica, o terapeuta tenta entrar no mundo da família e ajudar seus membros, de forma colaborativa, a identificar as áreas de disfunção e instituir o processo de reestruturação.

Avaliação de famílias em crise

As estratégias a seguir são similares às geralmente sugeridas para uso em unidades hospitalares, mas aqui estão adaptadas para uso em situações de crise (Miller et al., 1993, p. 159):

---

[2] Os autores discutem que, além disso, os membros da família extraem da sua família de origem um modelo ou uma estrutura de como o sistema familiar deve funcionar. Este pode, algumas vezes, ser um processo consciente ou inconsciente.

1. Defina o problema atual ou crise em questão. Tente estabelecer algum nível de concordância entre os membros da família quanto às definições do problema em questão e a caracterização da família em geral.
2. Mantenha uma atitude diretiva definida ao entrar na unidade familiar e ao introduzir mudança ativamente.
3. Tente estabelecer alguma compreensão geral da história e da família de origem dos pais.
4. Se possível, identifique os esquemas derivados das famílias de origem dos pais e determine como eles se infiltraram nos esquemas familiares imediatos e nas expectativas dos membros da família.
5. Determine os pensamentos automáticos e esquemas dos membros da família por meio do questionamento socrático.
6. Introduza o conceito de teste dos pensamentos automáticos e desafio das crenças subjacentes dos membros da família. Além disso, faça sugestões de comportamentos alternativos e modificação das interações familiares.
7. Introduza o conceito de concordância com um contrato comportamental em uma tentativa de desarmar a crise atual. A estrutura temporal deve se estender de sessão a sessão, com um novo contrato sendo desenvolvido a cada sessão.
8. Prossiga na direção da reestruturação permanente dos esquemas e na mudança/ativação comportamental.
9. Foque nas habilidades de comunicação e na melhoria das estratégias de solução de problemas.
10. Reforce a implementação das estratégias mencionadas para crises futuras.

Além da entrevista clínica, alguns inventários e questionários também podem ser administrados para coletar mais informações, como o Inventário de Crenças Irracionais (Roehling & Robin, 1986) para identificar crenças ou conflitos irrealistas, e a Escala de Táticas de Conflito-2 (Straus et al., 1996), para identificar abuso verbal ou não verbal entre os membros da família.

Geralmente é essencial desarmar a volatilidade de uma crise familiar antes de focar na mudança permanente dos esquemas. Dependendo de quão bem a família aprende a lidar efetivamente com as crises, sua terapia tem menos possiblidade de ser atrapalhada por outras crises que possam surgir e pode focar na mudança permanente.

O exemplo de caso a seguir pode ajudar a demonstrar como essa abordagem é implementada durante uma situação de crise.

Exemplo de caso

Ana e Joa eram um casal de meia-idade que se conheceu enquanto viviam no nordeste de Nova Jersey, Estados Unidos, no começo da década de 1980. Joa havia migrado da sua terra natal, Lisboa, Portugal, para uma área ao norte de Nova Jersey que tinha um pequeno assentamento de imigrantes portugueses, muitos dos quais vieram em busca de oportunidades de trabalho. A especialidade de Joa era carpintaria, e seus parentes haviam dito que o trabalho era abundante nos Estados Unidos. Consequentemente, aos 22 anos de idade, ele imigrou e logo depois disso conheceu sua esposa, Ana, uma mulher portuguesa nascida nos Estados Unidos, cujos pais haviam chegado de Portugal 20 anos antes. Joa e Ana se deram muito bem imediatamente e, depois de um curto namoro, casaram-se e tiveram três filhos. O filho mais velho chamava-se Paulo, a filha do meio, Bea, e o filho mais novo, Telmo. Joa trabalhava para uma movimentada construtora residencial e, por fim, fundou sua própria construtora de sucesso. Ana inicialmente trabalhou como costureira e, mais tarde, obteve sua licença como corretora de imóveis e se especializou em vender casas para pessoas da comunidade portuguesa. Joa se autodenominava a cabeça da família, enquanto Ana deixava claro que ela era o coração.

Consulta inicial

Este casal chegou ao meu (FMD) consultório um dia depois de ser encaminhado pelo seu padre como resultado de uma crise terrível que haviam enfrentado durante o 11 de setembro de 2001, na cidade de Nova York. A família perdeu tragicamente seu filho Telmo, ou "Tellie", como se referiam a ele, na queda de uma das torres gêmeas. Como era o caso com muitas famílias em crise, Joa e Ana vieram me ver porque estavam tendo dificuldades com a morte do seu filho e com o impacto que isso teve em toda a sua família. O padre achou que eles poderiam ser ajudados pela minha intervenção, já que eu era familiarizado com a cultura portuguesa e falava um pouco de português. Como acontece com muitas famílias europeias, eles eram muito protetores com seus familiares e queriam primeiramente me conhecer melhor para ver se eu realmente poderia ajudá-los com a crise. O casal falava preponderantemente em inglês, mas mudava para o português durante períodos altamente carregados emocionalmente, e era importante que um terapeuta tivesse algum conhecimento da sua linguagem e cultura.

Conforme a história, seu filho mais novo, Tellie, era um jovem muito ambicioso, muito parecido com seus pais, e foi aceito em uma faculdade local em Manhattan, na cidade de Nova York, para cursar Ciências Contábeis. Durante seu último ano na faculdade, Tellie recém havia começado seu estágio no final de agosto de 2001. Ele estava entusiasmado por estar lado a lado com os empregados daquela empresa nacional e aprender com alguns dos melhores na profissão. Embora seus pais estivessem orgulhosos dele e o apoiassem, o medo de alturas de Ana lhe causava consternação por seu filho mais novo trabalhar no 101º andar de um dos edifícios mais altos do mundo. Consequentemente, ela tentou convencê-lo a fazer um estágio em uma empresa que atuasse "mais perto do chão". Joa frequentemente reclamava que os muitos medos e fobias da esposa refletiam nos filhos, uma área que era alvo de uma das suas muitas discordâncias ao longo dos anos. Joa e Ana continuaram a me explicar durante a primeira sessão que eles estavam tendo dificuldades consideráveis por terem perdido seu filho mais novo no atentado de 11/9 e prosseguiram contando os detalhes da história de cortar o coração e de como Tellie ligou para eles naquele dia fatídico logo depois que um avião atingiu a primeira torre, cinco andares abaixo do seu escritório. Ainda que essa tragédia tivesse ocorrido quase 2 anos antes do nosso encontro, Joa e Ana contavam a história com uma intensidade na emoção como se tivesse acabado de acontecer. Inicialmente, Tellie parece ter minimizado a periculosidade da situação quando ligou para seus pais naquela manhã, mas Ana podia captar a tensão na voz dele. Ela mencionou que ele sempre falava em um tom muito mais agudo quando alguma coisa estava errada e sempre se repetia. Quando Tellie descreveu a situação para seus pais, que, naquele momento, já haviam ligado a televisão e podiam ver o que estava acontecendo, eles se deram conta de que seu filho e muitos outros infelizmente estavam presos nos andares superiores do prédio, logo acima de onde o avião havia se chocado deliberadamente. Aquela conversa durante a hora seguinte antes de a torre cair, em particular, era o que Joa e Ana não conseguiam tirar da sua mente, a angústia por que passaram com seu filho, que repetidamente lhes dizia que os amava e que eles deveriam rezar por ele.

[*Sempre foi minha experiência, durante o curso de 40 anos de trabalho com casais e famílias em crise, que as tragédias frequentemente servem para unir os membros das famílias e para estimulá-los depois que o choque e o luto passam – entretanto, neste caso em particular, parecia ocorrer o oposto, e a família na verdade seguiu em uma direção surpreendente.*] Joa me disse: "Isso está nos separando! Nos atacamos o tempo todo, e isso nos deixou infelizes". O casal também mencionou que seus dois filhos sobreviventes criticavam Joa por incentivar Tellie a fazer o estágio e por Ana mimá-lo demais.

Gentilmente perguntei se essa interação era o reflexo da maneira como a família interagia antes da morte trágica de Tellie, e neste ponto Joa vociferou: "Não, sempre fomos uma família muito próxima e amorosa. Isso é muito estranho para nós". Ana começou a chorar mais visivelmente e disse: "Todos nós estamos muito diferentes desde essa tragédia".

[*Como frequentemente faço no início da terapia, fiquei sentado em silêncio e fui um bom ouvinte, tentando compreender o que essa família estava passando e por que eles não conseguiram se recuperar depois dessa terrível perda, agora quase 2 anos depois. Eu também tinha conhecimento do fato de que o Governo dos Estados Unidos havia dado a cada família das vítimas uma grande soma em dinheiro como uma medida de compensação pela sua perda,[3] o que não foi surpresa quando Joa me contou*]: "Doutor, nós recebemos quase 2 milhões de dólares do Governo pela morte do nosso filho". Ana informou timidamente: "Não tocamos naquele dinheiro porque não sabemos o que fazer com ele, e, da forma como as coisas estão agora, não achamos que os outros dois filhos devam recebê-lo até que todos estejam se dando bem. Joa e eu achamos que esse dinheiro pode custar nosso relacionamento com os outros dois filhos se não fortalecermos as coisas".

[*Achei essa declaração muito estranha e que era propícia a muito mais exploração.*] Ana prosseguiu: "Decidimos comprar uma casa de férias para a família nas montanhas da Pensilvânia em homenagem a Tellie, já que ele sempre foi apaixonado por férias nas montanhas. Joa e eu achamos que isso pode ajudar nossa família a se curar de alguma maneira, mas isso não fez nenhuma diferença, e não fomos até lá mais que duas vezes nos últimos 2 meses desde que ela foi construída".

[*Passei o restante da sessão consolando Joa e Ana pela perda do seu filho mais novo e lhes expliquei que todas as famílias lidam com tragédias de luto de formas diferentes. Também os instruí sobre as intervenções da terapia com famílias em situações de crise e os informei de que idealmente eu precisaria ver todos juntos para abordar essa questão efetivamente por uma perspectiva da terapia familiar. Por fim, pedi que o casal fosse para casa e pensasse sobre a minha sugestão de trazer todos e que falassem com seus dois filhos para ver se eles estariam abertos a uma reunião familiar comigo.*] Joa rapidamente reagiu: "Por que você não pode apenas trabalhar conosco?". Respondi "Porque preciso ouvir todos, inclusive os filhos. Eles têm suas próprias vozes", o que falei em tom respeitoso, porém firme, "…e este é um assunto de família". Joa e Ana me agradeceram e disseram que iriam discutir isso e me ligariam de volta se conseguissem "encurralar" os filhos para virem. [*Achei que esta era outra escolha interessante de termo para o casal usar, como se eles estivessem falando de arrebanhar animais rebeldes. Fiquei me perguntando o quanto de controle*

---

[3] O Fundo de Compensação das Vítimas do 11 de Setembro de 2001, criado pelo congresso norte-americano, distribuiu mais de 7 bilhões de dólares aos sobreviventes das vítimas. Eram 2.983 famílias daqueles que morreram, e elas receberam uma média de mais de 2 milhões de dólares por indenização, isentos de impostos.

os pais achavam que tinham sobre seus filhos, apesar do fato de os filhos agora serem adultos. No final da sessão, nos despedimos sem uma data futura estabelecida para nos encontrarmos. Eu esperaria até que eles fizessem contato. Falando com franqueza, eu realmente não achava que teria notícias deles novamente, ou pelo menos não por um bom tempo – no entanto, fiquei surpreso ao receber um telefonema de Ana apenas um ou dois dias depois, dizendo que todos concordaram em se encontrar comigo e que queriam marcar uma consulta assim que eu pudesse encaixá-los. Essa resposta rápida me indicou o quanto era urgente para todos na família a necessidade de curar essa ferida.]

Consulta inicial com a família

Joa e Ana chegaram no horário com seus dois filhos adultos, Paulo, 25 anos, e Beatrice, ou "Bea", como preferia ser chamada, de 24 anos. Cumprimentei Paulo e Bea e dei as boas-vindas a Joa e Ana. A atmosfera estava bastante tensa, mas gerenciável. Eu estava a ponto de fazer a abertura com minha introdução típica de boas-vindas à família ao meu consultório, quando Bea se adiantou: "Não sei o que lhe contaram até agora, doutor, mas nós (apontando para seu irmão) temos muita coisa que queremos desabafar". "Ótimo", eu disse, "se todos estiverem de acordo, podemos começar por aí". [*Isso é um pouco atípico para mim porque geralmente apresento as regras básicas no começo das sessões de terapia, pedindo que os membros da família sejam respeitosos uns com os outros e não interrompam – mas decidi abrir uma exceção com esse caso, pois Bea obviamente tinha muita emoção reprimida, e eu não queria desarmar isso muito rapidamente.*] A sessão inicial com a família começou com o seguinte diálogo:

FMD: O que está acontecendo, Bea?
Bea: Desde que perdemos Tellie no 11/9, tem sido quase impossível lidar com eles (*indicando seus pais*). Eles brigam o tempo todo e, quando não estão brigando, estão se ignorando ou se lastimando pela casa. Como eles já devem ter dito, nós recebemos muito dinheiro do Governo pela morte de Tellie, e eles simplesmente não fazem nada, o que é uma estupidez! Você sabe, estamos todos devastados pela perda de Tellie, mas é como se eles não quisessem deixar ir e seguir em frente, e isso está deixando meu irmão e eu malucos.
FMD: Quem?
Bea: Meus pais! Eles não estão seguindo com suas vidas. Todos nós precisamos seguir em frente.
Joa: (*em português*) Não fale sobre seu irmão como se ele fosse uma peça de mobília!
FMD: Eu gostaria de pedir que tentássemos conversar em inglês, se possível, a não ser que vocês achem absolutamente que precisam se expressar em português. (*Todos concordaram.*)
Bea: Eu não estou falando mal do meu irmão mais novo. Eu o amava e ainda o amo. Isso tem a ver com seguirmos em frente, pai. Não é nada contra Tellie ou você e mamãe! Só que isso não é saudável.
FMD: Notei que sua mãe e Paulo não estão falando muito. Como vocês se sentem sobre o que Bea está dizendo?
Paulo: Concordo com isso. Eu me sinto da mesma forma. Todos nós precisamos seguir em frente. Eles agem como se ele estivesse (*começa a engasgar*) ...

[*Neste momento todos os membros da família começaram a chorar ao mesmo tempo.*]

Ana: Sentimos tanta falta dele. Nenhum de nós está lidando com isso muito bem, como você pode ver. Joa e eu estávamos ao telefone com Tellie quando ele nos disse que nos amava e deu seu último suspiro. Aquele foi o fim. Foi tão terrível. A televisão estava ligada, e tivemos que ver a torre cair e virar pó com nosso bebê fazendo parte dos destroços e a fumaça do desmoronamento. Nenhuma parte dele ou dos seus pertences jamais foi recuperada da pilha de entulho.

[*Percebi que essa família ainda estava muito em meio ao seu luto, e parecia que eles jamais conseguiram se recuperar muito bem depois disso. Eles pareciam lidar com isso apenas superficialmente ao rememorarem seu filho/irmão ao comprarem uma casa de férias nas montanhas. Nessa conjuntura, achei que seria um bom movimento tentar entender um pouco mais sobre o sistema de crenças ou esquemas da família e de que modo eles processaram a crise, lidaram com o luto como uma unidade familiar e o assimilaram. Parecia que eles estavam muito fragmentados pela maneira como fizeram isso, então decidi perguntar um pouco a cada um dos membros individualmente, mas na presença dos outros, sobre seus sistemas de crenças. Segundo a cultura portuguesa, já que o pai era o "cabeça" designado da família, comecei por ele (Araújo-Lane, 2005).*]

FMD: Joa, sei que vou lhe fazer uma pergunta terrivelmente dolorosa, mas você poderia colocar em palavras como processou emocionalmente o luto por perder seu filho?

Joa: O que posso dizer? Fiquei atordoado! Ainda estou atordoado! Quer dizer, em um momento nós estamos aqui, falando com nosso filho, pois tudo está bem, e de repente isso simplesmente se deteriora e se transforma nesse terrível desastre no espaço de algumas horas. Eu senti ele escorregando entre nossos dedos, e nós estávamos impotentes para fazer qualquer coisa a respeito. Tentei manter a esperança de que eles ainda pudessem encontrá-lo vivo, mas obviamente isso nunca aconteceu. De algum modo maluco, ainda me sinto responsável pela morte dele. (*Começa a soluçar.*)

FMD: Mais alguém sente o mesmo que o papai?

Ana: Sim, eu também estava com raiva por isso estar acontecendo com nosso filho e a nossa família. Quem eram aqueles monstros que fizeram essa coisa horrível para a nossa família, para todas as famílias?

FMD: Você também se sentiu impotente, Ana?

Ana: Sim, impotente e como se uma faca estivesse sendo cravada no meu coração.

FMD: Como vocês dois lidaram com isso logo depois?

Joa: Acho que nós dois ficamos em choque por um longo tempo, assim como nossos outros filhos, não acreditando que isso pudesse ter acontecido. Há momentos em que ainda espero que Tellie entre por aquela porta. Ana e eu choramos e nos preocupamos sobre como iríamos contar para os outros dois filhos. Quem, diabos, iria querer dar esse telefonema?

Bea: Mas nós dois ligamos para nossos pais, eu primeiro. Foi quando eles disseram que Tellie estava na primeira torre que desabou. Eu fiquei atordoada e comecei a gritar: "Vocês têm certeza? Vocês têm certeza?". Foi quando eles disseram que ficaram falando com ele ao telefone até o fim. (*Começa a soluçar.*)

Paulo: Aquele foi o pior dia das nossas vidas. Minha irmã foi diretamente para a casa dos nossos pais para ficar com eles, e eu cheguei pouco depois. Havia muito choro, quase sem parar!

Ana: Acho que por dias muito pouco foi dito. Nós só assistíamos à televisão e tentávamos procurar algumas respostas sobre a tragédia.

FMD: Conte-me como vocês confortaram uns aos outros.

Bea: Bem, isso é interessante. Na verdade, não fizemos isso. Eu tentei confortar meus pais, mas não sabia se eles estavam anestesiados, em choque, ou o quê, mas eles não respondiam. Tentei abraçá-los, e, em certo momento, meu pai meio que me afastou. Eu também estava atordoada com tudo aquilo! Lembro de pensar comigo mesma: "Se fosse Tellie tentando abraçá-lo, você não o teria afastado assim".

[*Como terapeuta, achei que esta era uma declaração importante, algo que me esclarecia quanto ao tipo de laços que existiam entre esses membros da família.*]

FMD: Como você se sentiu quando seu pai fez aquilo? E... mais importante, que pensamento passou pela sua mente?

Bea: Era como se eu estivesse incomodando. Pensei: "Eu não significo nada para ele". Sei que ele estava perturbado e que Tellie sempre foi seu favorito, mas... que droga!

Ana: Ah, Bea, pare com isso. Nós estávamos devastados naquele dia. Pelo amor de Deus, nós tínhamos acabado de perder nosso filho. No meio da conversa com ele ao telefone, ele simplesmente se foi!

FMD: Me parece que todos lidaram com essa tragédia de forma um pouco diferente. Seus filhos pareciam precisar mais de um conforto físico, e me parece que vocês, Joa e Ana, não estavam prontos para isso naquela hora. Contem-me um pouco sobre o que aconteceu à medida que o tempo foi passando. Como vocês acabaram se unindo depois dessa tragédia e perda?

Bea: Não nos unimos! Esse é o problema. Estamos suspensos no ar aqui. A única coisa que estamos fazendo é discutir o tempo todo. E, pessoalmente, acho que meus pais simplesmente não conseguem superar terem perdido seu filho, não só porque era seu filho, mas porque era o favorito deles. Ele sempre foi seu favorito – e ainda é!

Ana: Você continua dizendo isso – pare!

Bea e Paulo: Porque ele era. Admita, mãe. Você perdeu seu menino de ouro! O sol nascia e se punha em Tellie, e não sabemos se vocês algum dia se deram conta de como isso fazia nos sentirmos. Quer dizer, todos estamos muito mal com a morte dele e com a forma como ele morreu, mas acho que isso é uma coisa que já existia muito antes, e nunca falamos sobre isso com você e papai, e agora isso está nos consumindo.

[*Agora a verdade veio à tona! Este é o problema subjacente que estava impedindo essa família de seguir em frente com a sua cura e se unir.*]

FMD: Estou ouvindo duas coisas diferentes. Número um, vocês não lidam muito bem com a tragédia e o luto, e isso é algo de que certamente precisamos falar a respeito – no entanto, essa crise está sendo complicada por outra dinâmica que existia antes da tragédia, que aparentemente nunca foi discutida ou gerenciada antes. É interessante para mim, também, que foi preciso uma tragédia como a perda de Tellie para trazer isso à tona. Só posso imaginar que isso envolve muitas emoções intensas misturadas por parte de todos.

[*Tentei dar a essa família um pouco de tempo para absorver tudo isso devido à sua natureza complicada e complexa. Ao mesmo tempo, tentei formular uma direção para prosseguir – ou seja, se eu deveria tratar a perda imediata do membro da família e o processo normal de luto ou se deveria mudar a direção e trabalhar no que obviamente era uma questão pré-mórbida, que tinha a ver com a visão dos outros filhos do favoritismo dos seus pais em relação ao seu irmão mais novo e o que eles percebiam como a quase imobilidade dos pais agora que ele se foi. De certa forma, eu podia entender como Bea e Paulo se sentiam marginalizados e em segundo plano na comparação com seu irmão, que agora estava sendo homenageado na sua morte. Nesse ponto, tomei a decisão de focar na dinâmica familiar e me afastar do aspecto do luto, com planos de retornar a isso posteriormente. Achei que, se não fizesse isso, eu poderia ficar bloqueado ali, assim como eles estavam, sem conseguir abordar alguns dos problemas preexistentes e mais pertinentes.]*

FMD: Tenham paciência comigo, mas, com sua permissão, eu gostaria de falar sobre esse desequilíbrio percebido por Bea e Paulo, e o que acho que eles disseram é a falta de igualdade, ou talvez *status* seja uma palavra melhor, na família. (Dirijo-me a Bea e Paulo e lhes faço uma pergunta incisiva.) Vocês poderiam colocar em palavras como se sentem quanto à sua posição na família com seus pais e descrever para mim os laços individuais que vocês têm com eles?

Bea: Sim, acho que eu tenho um vínculo muito bom com a minha mãe, mas às vezes me sinto como uma entidade inexistente para o meu pai. Talvez isso seja mais uma coisa de mulher com a minha mãe, não sei, mas sempre percebi meu pai como mais próximo de Paulo e muito próximo de Tellie. Sempre fui apenas uma "menina" para o meu pai.

Paulo: Acho que concordo com as percepções de Bea. Eu meio que também vejo desse modo. Sempre fui mais próximo do meu pai do que da minha mãe, embora eu ame os dois.

FMD: Vocês dois eram próximos de Tellie?

Bea: Com certeza! Nós três éramos muito próximos. Mas eu me recordo de ter ciúmes de Tellie e de apelidá-lo de "o ungido". (*Todos riem.*)

FMD: Estou interessado no que está passando pela mente de cada um sobre o que vocês ouviram dos seus pais.

Paulo: Eu sei que eles nos amam. Apenas acho que eles têm que definir suas prioridades. Só porque eles nos veem como independentes, ainda assim isso não significa que não precisamos da intensidade de um relacionamento com eles como eles tinham com Tellie. Nós perdemos Tellie, e nada vai trazê-lo de volta. Todos nós temos que seguir em frente. Mas eles ainda têm a nós, e agora, mais do que nunca, precisamos de uma relação muito importante com nossos pais.

[Suspeitei que havia um conteúdo muito mais intergeracional sobre as famílias de origem de Ana e Joa que preparava o cenário para o modo como eles interagiam com seus filhos. É interessante observar que eles tinham uma ligação diferente com Tellie porque ambos o viam como um pouco mais fraco que os outros dois filhos. Não está claro se isso foi imposto pelos dois inadvertidamente ou se havia algo que eles simplesmente percebiam em seu filho mais novo que o tornava diferente para eles. Isso certamente era algo a ser explorado em um momento diferente. Nesse ponto, como terapeuta, eu precisava tentar consertar essa ruptura imediatamente, já que eu tinha essa família disponível para mim neste momento, e o que eu pudesse fazer para ajudá-los a avançar era crucial. Decidi sugerir a eles uma tarefa de casa para ver o que poderia extrair deles emocionalmente, além de, com sorte, estimulá-los o suficiente neste momento do tratamento para que pudesse continuar trabalhando com eles.]

FMD: Tenho uma tarefa de casa para todos considerarem.

Bea: Tarefa de casa? É como se tivéssemos voltado para a escola!

FMD: Bem, não exatamente. Mas é uma tarefa que quero que vocês considerem realizar. Mas, primeiro, contem-me um pouco sobre aquela cabana que foi construída nas montanhas na Pensilvânia.

Joa: Tellie adorava as montanhas desde muito pequeno. Nós sempre subíamos até lá e alugávamos uma cabana. Consequentemente, quando recebemos o dinheiro do Governo, decidimos construir uma em sua homenagem. Mas, como já lhe contamos, praticamente não fomos para lá. De fato, os meninos ainda nem mesmo a viram. Apenas as fotos.

FMD: Então, que tal se eu pedir que a família considere passar uma noite na cabana e conversar um pouco sobre como vocês gostariam de utilizá-la? [*Fiquei perplexo com o silêncio mortal que durou 3 ou 4 minutos.*]

Ana: Não sei se estamos prontos para isso.

FMD: (*Bea começa a interferir e a interrompê-la.*) Bea, deixe-me ouvir sua mãe!

Ana: Tudo se torna muito emotivo para nós quando vamos até lá porque Joa e eu levamos inúmeros itens de Tellie e os penduramos por toda a cabana.

FMD: Que tipo de itens? Dê um exemplo.

Ana: Tellie tinha um artefato favorito, que era um tambor indígena lenape que lhe demos quando ele era pequeno. É tipo um tambor ornamental, e o penduramos na sala principal onde está a lareira. Também colocamos algumas fotos de Tellie e levamos sua bicicleta para lá.

FMD: Então isso traz de volta algumas emoções fortes sobre ele?

Joa: Sim, muito fortes.

FMD: Bem, é disso que precisamos para começar a lidar com as coisas para que possamos prosseguir. Só estou pensando em uma atividade que possa nos ajudar a reuni-los. Tenho certeza de que vocês ainda têm algum trabalho a fazer naquela casa. Talvez todos vocês possam fazer um esforço e fazer algumas tarefas?

Bea: Bem, para começar eu gostaria de ver a cabana e talvez ficar por uma noite.

FMD: Bem, talvez possamos conversar um pouco sobre o que vocês podem fazer e se querem ficar lá mais de um dia.. Estou aberto a sugestões, desde que seja alguma coisa que reúna todos por uma causa comum referente à vida de Tellie.

Paulo: Então, não estou entendendo. O que você quer que façamos exatamente?

FMD: O que vocês acham de fazerem juntos uma visita à cabana e simplesmente ver o que acontece quando estiverem lá?

Paulo: Sabe, é muito interessante você ter trazido esse assunto. Bea e eu estávamos falando sobre isso não faz muito tempo.

FMD: Espero que possa haver um campo fértil para que vocês tenham algumas discussões adicionais sobre suas interações familiares e onde vocês gostariam de estar uns com os outros quando prosseguirmos no futuro. Sei que isso vai ser um pouco complicado e talvez os ânimos possam ficar exaltados, mas tudo bem, isso faz parte do processo. Só estou tentando pelo menos despertar alguma emoção em um aspecto positivo. Talvez possamos falar sobre isso durante a próxima vez que eu me encontrar com vocês. [*Estava claro que essa ideia pode ter sido um pouco prematura, e ela recebeu uma resposta morna, mas algumas vezes em terapia com famílias você precisa forçar o movimento. Isso nem sempre funciona muito bem, mas às vezes você tem que assumir um risco calculado.*] Eu também gostaria que vocês pensassem sobre fazer uma pequena leitura para mim que vai explicar alguns dos conceitos desse tipo de terapia. Vou explicar a ficha que vou lhes entregar.

[*Passei a examinar com essa família algumas das distorções cognitivas em que os indivíduos se engajam, que foram adaptadas para casais e famílias. Eu queria que essa família começasse a pensar sobre alguns dos monólogos internos que eles têm sobre si mesmos e seus relacionamentos com os outros membros da família e tentassem identificar se alguns dos seus pensamentos ou crenças poderiam estar distorcidos. Forneci instruções sobre o modelo cognitivo-comportamental da terapia e informei que muitas técnicas envolvem a reestruturação dos pensamentos e sistemas de crenças, particularmente quando eles são desadaptativos. Antecipei que isso seria muito mais bem recebido por Paulo e Bea do que por Ana e Joa, que poderiam não aderir muito bem, devido ao fato de eles terem menos escolaridade – no entanto, me surpreendi porque todos pareceram se apegar à ideia quando apresentei a ficha a seguir.]*

Distorções cognitivas

1. *Inferência arbitrária.* São tiradas conclusões na ausência de evidências substanciais – por exemplo, os pais de uma adolescente que chega em casa meia hora depois do determinado concluem: "Ela está aprontando de novo".
2. *Abstrações seletivas.* A informação é retirada do contexto, e certos detalhes são enfatizados enquanto outras informações importantes são ignoradas – por exemplo, um homem cuja esposa responde às suas perguntas de forma lacônica conclui: "Ela está zangada comigo".
3. *Generalização excessiva.* Um ou dois incidentes isolados servem como uma representação de todas as situações parecidas, relacionadas ou não relacionadas – por exemplo, quando o pai nega o pedido de um filho para sair com os amigos, o filho conclui: "Você nunca me deixa fazer nada".
4. *Magnificação e minimização.* Uma situação é percebida como mais ou menos significativa do que é apropriado para a situação – por exemplo, um marido zangado explode quando descobre que o saldo no talão de cheques está negativo e diz para sua esposa: "Estamos em grandes dificuldades".
5. *Personalização.* Eventos externos são atribuídos a si mesmo quando as evidências são insuficientes para chegar a uma conclusão – por exemplo, uma mulher que descobre que seu marido está acrescentando mais sal à sua refeição deduz: "Ele detesta a minha comida".
6. *Pensamento dicotômico.* As experiências são codificadas como coisas extremas, um completo sucesso ou um fracasso total. Isso é também conhecido como *pensamento polarizado* – por exemplo, quando o marido está reorganizando seu armário e sua esposa questiona o posicionamento de um dos itens, o marido pensa consigo mesmo: "Ela nunca está feliz com nada do que eu faço".
7. *Rotulação e rotulação indevida.* A identidade da pessoa é retratada com base nas imperfeições e erros cometidos no passado, e é permitido que estes a definam – por exemplo, depois de erros constantes no preparo das refeições, uma esposa pensa "Sou uma inútil" em vez de reconhecer seu erro como algo sem tanta importância.
8. *Visão de túnel.* Às vezes, os parceiros veem apenas o que querem ver ou o que se encaixa em seu estado mental atual – por exemplo, um homem que acha que sua esposa "de qualquer forma sempre faz o que ela quer", pode acusá-la de fazer uma escolha baseada puramente em suas razões egoístas.
9. *Explicações enviesadas.* Este é um tipo de pensamento que os parceiros desenvolvem durante períodos de estresse, assumindo automaticamente que seu cônjuge tem um motivo alternativo negativo por trás da sua intenção – por exemplo, uma mulher diz a si mesma: "Ele está agindo como um verdadeiro 'apaixonado' porque quer um favor de mim. Ele está me preparando".
10. *Leitura mental.* É o dom mágico de ser capaz de saber o que a outra pessoa está pensando, sem o auxílio da comunicação verbal. Alguns casais acabam atribuindo intenções indignas um ao outro – por exemplo, um homem pensa consigo mesmo: "Eu sei o que está passando pela cabeça dela; ela acha que sou ingênuo quanto ao que ela está fazendo".

FMD: (*dirigindo-se à família*) Esse território tem pouco a ver com a crise da perda de Tellie – no entanto, minha impressão é a de que um dos impedimentos para sua família se curar são alguns problemas envolvendo a subestrutura das suas relações. Sempre que ocorre uma tragédia como esta, as famílias passam por estágios em que inicialmente ficam em um estado de choque e então desmoronam quando a realidade se impõe. Depois disso, eles juntam os pedaços e tentam reorganizar a situação e seguir em frente diante da perda, o que é o caso com a morte de Tellie – no entanto, parece que vocês não conseguiram fazer isso porque teria sido necessário um reposicionamento do equilíbrio dentro das relações, ou o que chamamos de homeostase. Consequentemente, de certo modo isso meio que fraturou o relacionamento na sua família.

Bea: É exatamente o que penso. Com frequência digo a mim mesma: "Somos uma família fraturada".

Conceitualização do caso

A essa altura, compartilhei com a família minha conceitualização da situação. Defini claramente o problema em questão e, depois de ter estabelecido o que eu percebia ser uma relação terapêutica efetiva com os membros da família, identifiquei alguns dos esquemas derivados das famílias de origem dos pais relacionados a não lidar com qualquer situação que pudesse deixar outras pessoas desconfortáveis. Paulo e Bea admitiram claramente que este tinha sido um acordo em sua família durante sua vida inteira, e, como Bea expressou muito apropriadamente: "Nós sempre contornamos problemas como este e não os discutíamos. Eles eram tabus!". Também tive a oportunidade de saber de Joa e Ana que sua preferência era simplesmente evitar abordar questões difíceis e esperar que elas se resolvessem sozinhas. Os pensamentos automáticos nos termos de Joa eram: "Não mexa com quem está quieto". Usei isso como exemplo para perguntar a Joa se este sempre foi um bom mantra para ser mantido, já que nesta situação particular ele causou muita tensão e alienação entre os membros da família. Ele concordou que não era, e posteriormente discutimos processos de pensamento alternativos que ele estava disposto a considerar. Fiz isso deliberadamente usando-o como exemplo, já que, de acordo com a cultura da família portuguesa em que o pai é a cabeça da família, poderia ter mais impacto em todos ver que, se Joa conseguisse mudar seu estilo de pensamento, todos os outros conseguiriam. Também discutimos algumas das distorções cognitivas potenciais que acompanhavam esse esquema, como "minimização" e "visão de túnel". Isso nem sempre foi fácil para Joa aceitar, mas, com o tempo, ele foi capaz de fazer ajustes em seu sistema de crenças, e conseguimos avançar em direção à reestruturação de esquemas permanentes e à mudança comportamental. Também discutimos como isso se enquadrava em vários dos pressupostos descritos anteriormente no capítulo, como o Pressuposto 1, em que Joa seguiu sua própria teoria sobre a vida familiar, na qual eles não discutiam abertamente questões com carga emocional, e o Pressuposto 3, obstáculos que bloqueiam o funcionamento saudável da família.

FMD: Em essência, acho que isso é o que aconteceu aqui. Você fez o que muitas pessoas fazem e se desligou. Em alguns aspectos, isso de certo modo criou uma cisão entre todos. Acho que o importante é que estamos começando a identificar algumas questões subjacentes que têm a ver com o que chamamos de "esquemas familiares" e crenças sobre como sua família opera, mesmo em situações de crise como esta. Identificamos alguns pensamentos automáticos sobre os comportamentos uns dos outros, além dos sistemas de crenças subjacentes sobre proteção e outras questões. Creio que o importante é que precisamos reestruturar alguns desses conceitos para nos ajudar a seguir adiante. Entendo claramente de onde a mãe e o pai vêm no que se refere às suas respectivas famílias de origem e como isso afetou a criação dos três filhos e os fez tão superprotetores com Tellie. Só me pergunto como as coisas poderiam mudar se vocês, pais, deixarem vocês, Bea e Paulo, entrarem um pouco mais nesse mundo em vez de ficarem isolados. Acho que o que estou ouvindo seus filhos dizerem aqui é que eles são igualmente seus filhos, tanto quanto Tellie era, e que está na hora de suas relações com eles mudarem um pouco.

Ana: Não entendam mal. Não é que não amamos vocês. Nós amamos muito vocês dois. Apenas acho que nós dois tínhamos algumas ideias estúpidas sobre nosso filho mais novo, a quem sempre vimos como mais dependente de nós e precisando de nós diferentemente do que vocês dois precisavam.

Paulo: O que você quer dizer, mãe?

Ana: Bem, vocês dois sempre foram tão independentes e tinham suas próprias ideias. Às vezes nós achávamos que vocês não precisavam de nós.

FMD: Acho que os dois precisavam de vocês mais do que vocês percebiam; e agora, mais do que nunca, eles precisam de vocês de um jeito especial. Mas quero ouvir um pouco mais de vocês, Ana e Joa, sobre sua perspectiva de Tellie e por que o percebiam como diferente e/ou mais dependente do que seus outros dois filhos.

[*Foi nessa altura da exploração que um ponto foi revelado diante dos filhos, do qual ninguém havia falado anteriormente. Resumindo, Ana continuou nos informando de que eles não tinham planejado ter um terceiro filho e que, quando ela ficou grávida, houve uma tensão importante entre ela e Joa. A verdade é que eles estavam preocupados se conseguiriam sustentar um terceiro filho. Isso também aconteceu durante um período em que seu relacionamento estava conturbado, e eles tinham até contemplado a separação por algum tempo. Joa ficou zangado com Ana por "se permitir ficar grávida" e na verdade a culpou. Ana ficou muito abalada e, como aborto não era uma opção por serem católicos portugueses rígidos, inclusive pensou em entregar Tellie para adoção. Ana estremecia só em dizer isso, mas tanto ela quanto Joa admitiram que Tellie tinha nascido em um momento em suas vidas em que eles não estavam prontos para a responsabilidade e as despesas adicionais de um terceiro filho, e ambos guardaram muita culpa por experienciarem essas emoções, particularmente depois que Tellie nasceu. Consequentemente, pude depreender que os dois tinham muita recriminação relacionada às suas atitudes na época e, consequentemente, compensaram isso tratando Tellie como um pouco mais especial que seus dois irmãos mais velhos, sob o pretexto de que isso se devia ao fato de ele ser o bebê da família.*]

Paulo: Meu Deus, estou chocado com isso! Eu nunca soube disso.

Bea: (*ouvindo atentamente*) Bem, isso diz muito e explica muito!

FMD: (*para Joa e Ana*) Vocês percebem como isso causou um tipo de desequilíbrio no seu relacionamento com seus filhos e na sua percepção de Tellie? Isso deve ter acontecido durante toda a vida dele.

Bea: Sim, com certeza, e algumas vezes eu tinha aquele pensamento maluco quando era mais nova de que Tellie era tratado praticamente como outro adulto e Paulo e eu éramos as duas crianças da família. Odeio dizer isso, mas sempre tive algum ressentimento com ele por causa dessa falta de equilíbrio.

[*Nesse momento, continuei o trabalho com a família e empreguei muitas das técnicas que são tradicionais na abordagem cognitivo-comportamental da terapia com famílias. Tentei ajudá-los a reestruturar seus processos de pensamento automáticos sobre seus papéis específicos como membros da família, abordando aspectos das distorções cognitivas e a irracionalidade dos sentimentos de culpa por parte de Ana e Joa e como seus dois filhos, Bea e Paulo, percebiam a situação. Isso claramente se tornou a questão subjacente que parecia estar interferindo na sua capacidade de seguir em frente e lamentar apropriadamente a morte do membro mais novo da sua família. Continuei a vê-los juntos em família e abordei o que era identificado por eles como suas distorções cognitivas com seu respectivo pensamento, além de um sistema de crenças irrealistas. Também abordamos algumas habilidades de comunicação para que pudessem se expressar entre si, e até mesmo consegui que combinassem agendar horários específicos para conversar sobre os problemas em família.]*

FMD: Joa e Ana, como pais, vocês são o que muitos terapeutas sistêmicos de família consideram como os "arquitetos da família" [Satir, 1967]. Se considerarmos vocês dois como os arquitetos da família, já que vocês têm um impacto significativo na maneira como a dinâmica familiar existe e interage, esta pode ser uma maneira de começarmos a criar algumas modificações que podem ajudar sua família a se relacionar melhor. Isso é algo que vocês considerariam? (*Os membros da família concordam em uníssono.*) Talvez se vocês estiverem confortáveis com isso, Joa e Ana podem começar a abordar a questão não resolvida antes do nascimento de Tellie sobre o momento difícil que eles enfrentaram e sua culpa ou recriminações por lidarem com a carga e as despesas com outra criança.

Joa: Bem, nós éramos muito jovens, obviamente, e lutando para sobreviver, e só me lembro de ficar muito zangado por Ana ter ficado grávida. É difícil para mim até mesmo falar sobre isso, porque tivemos um lindo bebê e o amamos tanto. (*Começa a chorar profusamente, assim como o resto da família.*) Mas achei que tínhamos superado isso e que estivéssemos curados.

FMD: Aparentemente não! Ainda há algumas questões pendentes na maneira como vocês dois trataram Tellie que teve um impacto direto em Bea e Paulo e em vocês mesmos como pais.

Ana: Nunca tivemos a intenção de tratar Paulo ou Bea como menos que Tellie. O que acontece é que nos tornamos superprotetores com ele por causa da nossa culpa, e então isso continuou até... bem, você sabe, sua morte e aquela tragédia terrível.

FMD: Ok, mas vamos tentar corrigir agora para que possamos curar essas feridas e prosseguir com nossas vidas. Acho que isso é certamente algo que Tellie teria desejado. Preciso que vocês se expressem um pouco mais acerca dos seus estilos de pensamento sobre a situação e se vocês podem estar se engajando em alguma distorção cognitiva.

[Posteriormente, examinei mais uma vez com a família as várias distorções cognitivas nas quais os indivíduos e os membros das famílias frequentemente se engajam e que afetam suas interações. Joa e Ana foram capazes de identificar que eles se engajavam em "pensamentos do tipo tudo ou nada" e em "magnificação", juntamente com "raciocínio emocional". Muitas das autoafirmações que vinham às suas mentes contribuíam para suas reações emocionais e comportamentais. Foi importante para mim trabalhar com eles nessas questões na frente de sua filha e seu filho para que eles pudessem utilizar as mesmas intervenções. A ideia de então buscar respostas alternativas para esses pensamentos automáticos e distorções nas suas crenças delineou como eles poderiam reestruturar a forma como abordavam a questão.]

A partir desse ponto, as intervenções na terapia se mostraram eficazes com essa família. Sua capacidade de se curar dessas questões subjacentes em relação ao que julgavam ser uma falta de equilíbrio em seus padrões interacionais pavimentou o caminho para prosseguirmos e abordarmos o processo de luto e permitir que se curassem. Continuamos a nos encontrar em família a cada semana por cerca de 10 a 15 visitas durante o curso de um ano. Abordamos todos os tipos de questões em relação às deficiências nos padrões de comunicação (i.e., se fechando e se afastando durante situações emocionalmente carregadas) e nas interações e algumas ideias que cada membro da família tinha em relação aos ideais de como eles gostariam que sua família funcionasse e o que precisavam fazer para continuar a viver uma vida enriquecedora juntos. Também foi importante, nessa conjuntura, que discutissem como Bea e Paulo queriam projetar suas famílias imediatas quando fossem se casar e ter filhos.

Com o tempo, observei que os membros dessa família se tornaram muito mais próximos. Também fiquei um tanto surpreso por eles terem-se mantido firmes e abordado algumas questões muito difíceis: uma em particular eram as distorções consistentes que cada membro da família tinha sobre a ideia de expressar emoções e os medos relacionados de expor uns para os outros suas vulnerabilidades emocionais. Isso foi particularmente proeminente com Joa e Ana. Depois que essas questões foram abordadas com sucesso, todos eles pareciam estar avançando para a expressão mais produtiva dos seus pensamentos e emoções. Eles também acabaram decidindo a melhor maneira de usar o dinheiro que haviam recebido do Governo pela morte prematura de Tellie e criaram uma rotina de manter um fim de semana para a memória de Tellie na cabana da família nas montanhas da Pensilvânia.

A terapia com essa família terminou com uma nota positiva e produtiva, e eles até chamaram sua casa de férias nas montanhas como "O lugar de Tellie".

Referências

Araújo-Lane, Z. (2005). Portuguese families. In M. McGoldrick, J. Giorando, & N. Garcia-Preto (Eds.), *Ethnicity in family therapy* (pp. 629–640). Guilford Press.

Baucom, D. H., Epstein, N., Sayers, S., & Sher, T. (1989). The role of cognition in marital relationships: Defunctional, methodological, and conceptual issues. *Journal of Consulting and Clinical Psychology, 57,* 31–38.

Beck, A. T. (1976). *Cognitive therapy and the emotional disorders*. International Universities Press.

Beck, A. T. (1988). *Love is never enough*. Harper & Row.

Beck, A. T., Rush, J. A., Shaw, B. F., & Emery, G. (1979). *Cognitive therapy of depression*. Guilford Press.

Crespi, T. D., & Howe, E. A. (2001). Facing the family treatment crisis: Changing parameters in marriage and family therapy education. *Family Therapy, 28*(1), 31–38.

Dattilio, F. M. (1993a). Cognitive techniques with couples and families. *The Family Journal, 1*(1), 51–65.

Dattilio, F. M. (1993b). Un abordaje cognitivo en la terapia de parejas. *Revista Argentina de Clínica Psicológica, 2*(1), 45–57.

Dattilio, F. M. (Ed.). (1998a). *Case studies in couple and family therapy: Systemic and cognitive perspectives*. Guilford Press.

Dattilio, F. M. (Ed.). (1998b). Cognitive-behavioral family therapy. In *Case studies in couple and family therapy: Systemic and cognitive perspectives* (pp. 62–84). Guilford Press.

Dattilio, F. M. (1998c, July/August). Finding the fit between cognitive-behavioral and family therapy. *Family Therapy Networker, 22*(4), 67–73.

Dattilio, F. M. (2005). Restructuring family schemas: A cognitive-behavioral perspective. *Journal of Marital and Family Therapy, 31*(1), 15–30.

Dattilio, F. M. (2006). A cognitive-behavioral approach to reconstructing intergenerational family schemas. *Contemporary Family Therapy, 28*(2), 191–200.

Dattilio, F. M. (2007). Breaking the pattern of interruption in family therapy. *The Family Journal, 15*(2), 163–165.

Dattilio, F. M. (2010). *Cognitive-behavioral therapy with couples and families: A comprehensive guide for clinicians*. Guilford Press.

Dattilio, F. M., & Epstein, N. B. (2021). Cognitive and behavioral couple and family therapy. In A. Wenzel (Ed.), *Handbook of cognitive behavioral therapy: Vol. 2. Applications* (pp. 513-548). American Psychological Association.

Dattilio, F. M., & Freeman, A. (2007). *Cognitive-behavioral strategies in crisis intervention* (3rd ed.). Guilford Press.

DeRubeis, R. J., & Beck, A. T. (1988). Cognitive therapy. In K. S. Dobson (Ed.), *Handbook of cognitive-behavioral therapies* (pp. 349-392). Guilford Press.

Ellis, A. (1978). Family therapy: A phenomenological and active-directive approach. *Journal of Marriage and Family Counseling, 4*(2), 43-50.

Epstein, N., & Baucom, D. H. (2002). *Enhanced cognitive-behavioral therapy for couples: A contextual approach*. American Psychological Association.

Epstein, N., Schlesinger, S., & Dryden, W. (1988). Concepts and methods of cognitive behavioral family treatment. In N. Epstein, S. Schlesinger, & W. Dryden (Eds.), *Cognitive-behavior therapy with families* (pp. 5-48). Brunner/Mazel.

Gerrity, D. A. (2001). A biopsychosocial theory of infertility. *Family Journal, 9*(2), 151-158.

Gold, J. R. (1988). An integrative psychotherapeutic approach to psychological crises of children and families. *Journal of Integrative and Eclectic Psychotherapy, 7*(2), 135-151.

Huber, C. H. (2000). Rational-emotive family therapy: ABC, A´B´C´, DE. In J. Carlson & L. Sperry (Eds.), *Brief therapy with individuals and couples* (pp. 71-105). Zeig, Tucker, & Theisen.

Huber, C. H., & Baruth, L. G. (1989). *Rational-emotive family therapy: A systems perspective*. Springer.

Langsley, D. G., & Kaplan, D. M. (1968). *The treatment of families in crisis*. Grune & Stratton.

Miller, I. W., Keitner, G. I., Epstein, N. B., Bishop, D. S., & Ryan, C. E. (1993). Inpatient family therapy, part A. In J. H. Wright, M. E. Thase, A. T. Beck, & J. W. Ludgate (Eds.), *Cognitive therapy with inpatients: Developing a cognitive milieu* (pp. 154-190). Guilford Press.

Pittman, F. S. (1976). Brief guide to office counseling: Counseling incestuous families. *Medical Aspects of Human Sexuality, 10*, 54-58.

Regehr, C. (2005). Crisis support for families of emergency responders. In A. R. Roberts (Ed.), *Crisis intervention handbook: Assessment treatment and research* (3rd ed., pp. 246-261). Oxford University Press.

Roberts, A. R. (Ed.). (2005). *Crisis intervention handbook: Assessment treatment and research* (3rd ed.). Oxford University Press.

Roehling, R. V., & Robin, A. L. (1986). Development and validation of the Family Beliefs Inventory: A measure of unrealistic beliefs among parents and adolescents. *Journal of Consulting and Clinical Psychology, 54*, 693-697.

Russell, T., & Morrill, C. M. (1989). Adding a systematic touch to rational-emotive therapy for families. *Journal of Mental Health Counseling, 11*(2), 184-192.

Satir, V. (1967). *Conjoint family therapy*. Science & Behavior Books.

Schwebel, A. I., & Fine, M. A. (1994). *Understanding and helping families: A cognitive behavioral approach*. Erlbaum.

Siskind, D. (2005). Psychotherapy with children and parents during divorce. In P. Hymowitz (Ed.), *A handbook of divorce and custody: Forensic, developmental and clinical perspectives* (pp. 331-341). Analytic Press.

Straus, M. A., Hamby, S. L., Boney-McCoy, S., & Sugarman, D. B. (1996). The revised Conflict Tactics Scales (CTS2): Development and preliminary psychometric data. *Journal of Family Issues, 17*, 283-316.

Teichman, Y. (1992). Family treatment with an acting-out adolescent. In A. Freeman & F. M. Dattilio (Eds.), *Comprehensive casebook of cognitive therapy* (pp. 331-346). Plenum Press.

Watts, R. (2001). Integrating cognitive and systemic perspectives: An interview with Frank M. Dattilio. *Family Journal, 9*(4), 422-476.

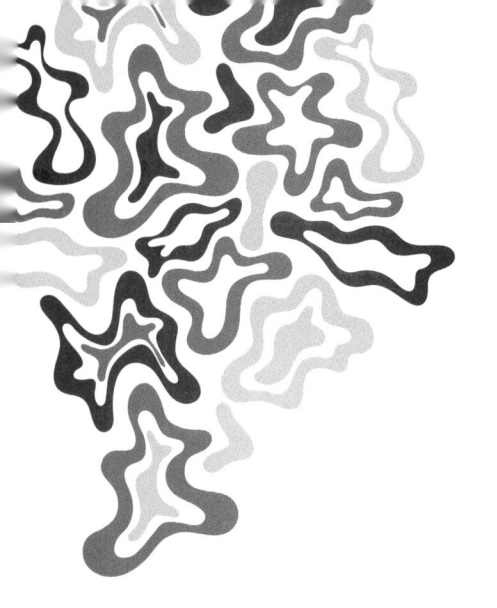

14

Transtornos em crianças e adolescentes

Stephen Timchack

John é um jovem branco de 15 anos de idade que foi encaminhado para avaliação psicológica para auxiliar na atribuição de um diagnóstico, fornecer recomendações de tratamento e estabelecer uma linha de base do funcionamento psicológico para futura comparação/contraste com a eficácia do tratamento. O encaminhamento para essa avaliação psicológica foi motivado pelo recente envolvimento de John com o sistema de justiça juvenil posteriormente a uma série de acusações graves em que incorreu, incluindo assalto com arma letal, roubo por apropriação ilícita e resistência à prisão. A gravidade dos delitos alegados de John levou à sua adjudicação como adulto. Ele agora está enfrentando acusações de delito grave como adulto e pode ser sentenciado como adulto, caso não seja "descertificado" para o Juizado da Infância e da Juventude.

A título de breve história, John tem um longo histórico de tratamentos psiquiátricos e psicológicos desde o jardim de infância. Naquela época, foi encaminhado para a equipe de estudos infantis afiliada à sua escola por exibir comportamento altamente perturbador na sala de aula. As avaliações psicológicas e psiquiátricas anteriores revelaram que John preenchia os critérios diagnósticos para transtorno de déficit de atenção/hiperatividade (TDAH); transtorno de oposição desafiante (TOD); e, mais recentemente, transtorno da conduta (início na adolescência). Do ponto de vista comportamental, ele costumava ser descrito como um jovem irritado, exibindo períodos de "raiva", impaciência, destemor e comportamento violento. Com o crescimento, também amadureceram a sofisticação e a rebeldia do seu comportamento perturbador. Aos 12 anos, John experienciou uma variedade de estressores psicossociais que se somaram à sua apresentação clínica – isto é, ele era amplamente conhecido por socializar com um grupo de pares altamente negativo, frequentemente matava aula, começou a usar e vender maconha e tinha um histórico significativo de agressão verbal e física para atingir seus objetivos e vontades.

Os pais de John, embora morassem juntos, nunca foram consistentes com a disciplina, estrutura ou mesmo o simples engajamento em rotinas positivas com o filho. A família de John, composta dos pais e uma irmã mais velha, raramente passava algum tempo recreativo ou "tempo em família" juntos. Embora tivessem meios financeiros, eles nunca tiravam férias em família, normalmente não compartilhavam a hora do jantar, nem participavam juntos regularmente em atividades comuns na comunidade, como o envolvimento em esportes em equipe, participação em serviços religiosos, tampouco desfrutavam de tradições familiares em épocas festivas. Por uma perspectiva da parentalidade, a mãe e o pai de John podem ser descritos como pais permissivos. Embora sejam aparentemente "boas" pessoas que se importam "intelectualmente" com seus filhos, seu estilo parental de indiferença, não urgência e sem envolvimento provavelmente contribuiu para as dificuldades sociais, emocionais e comportamentais de John.

Os pais de John tinham crenças filosóficas diferentes quando se tratava de tratamento psiquiátrico e psicológico. Seu pai era especialmente contra o uso de medicações psicotrópicas por John, embora não apresentasse nenhuma objeção fundamentada além de "Não quero que meu filho use esses comprimidos, ele só está sendo um garoto". A mãe, que geralmente era a única a tomar decisões quando se tratava dos cuidados de saúde em geral dos seus filhos, com muita frequência não recebia o apoio parental do marido quando tomava decisões essenciais de cuidados à saúde em nome dos filhos. Quando se tratava da administração e supervisão consistente das medicações psicotrópicas, a mãe de John era deixada inteiramente sozinha; ela costumava se perguntar se estava fazendo o que era certo pelo filho. Ela também tinha sido diagnosticada com TDAH na infância e com frequência se esquecia de gerenciar as medicações do filho. Ambos os pais admitiam história de parentalidade "apagada" e manejo comportamental inconsistente de John e da irmã. Os dois filhos receberam pouca estrutura e não tinham praticamente nenhuma rotina previsível e comum em casa (p. ex., horário de dormir consistente, regulação e supervisão dos aparelhos eletrônicos, supervisão do dever de casa).

Infelizmente, no início da adolescência, o comportamento de John se tornou tão incontrolável que ele foi internado em uma unidade de tratamento residencial (RTF) por um período de 5 meses. É importante mencionar que ele progrediu academicamente, comportamentalmente e emocionalmente no ambiente estruturado. Os registros do tratamento indicam que "ele é um jovem adolescente inteligente, com quociente de inteligência (QI) 116, e é capaz de articular razoavelmente bom *insight* com a equipe terapêutica sobre a história do seu comportamento perturbador". O contexto e a estrutura da RTF permitiram que John tivesse acesso a um tratamento de saúde mental consistente e altamente monitorado, um sistema estruturado de modificação comportamental que permitia o acesso previsível, mas contingente, a reforçadores materiais de grande valor e atividades altamente preferidas, além de redirecionamento consistente e extinção de comportamentos problemáticos. Durante a permanência de 5 meses, John aderiu à sua medicação, era cooperativo com as intervenções psicossociais e teve progresso considerável na substituição de seu comportamento perturbador por comportamento mais pró-social, ao mesmo tempo que alcançou um nível elevado de autoconfiança e sentimento de realização. Um pouco antes da alta da instituição, foi realizada uma reunião abrangente sobre a alta e a assistência posterior com seus pais, um representante do distrito escolar e representantes de um prestador que assumiria seu tratamento de saúde mental e psicossocial, mas em contexto ambulatorial. Os pais de John receberam instruções e treinamento em seu plano de gerenciamento comportamental, que incluía concordar com as visitas semanais de um analista comportamental para garantir a integridade do plano de tratamento, além de resolver eventuais dificuldades e a assistência estabelecida de um psiquiatra.

Três semanas após a alta, o plano de assistência a John da RTF começou a fracassar. Seus pais faltaram a duas das três reuniões em casa com o analista comportamental e, infelizmente, relaxaram com a administração das medicações psicotrópicas, especialmente as substâncias psicoestimulantes que ajudavam o jovem a controlar a impulsividade. O comportamento dos pais de John gradualmente regrediu até os níveis prévios de permissividade, e, consequentemente, o comportamento de John regrediu proporcionalmente ao baixo nível de investimento dos pais. Infelizmente, não demorou muito para que o comportamento do jovem se desviasse e ele se tornasse disruptivo. Ele se tornou mais questionador e usava raiva para intimidar e desafiava as diretivas dos adultos. Começou a matar aula regularmente e voltou a fumar maconha para "ajudar a acalmar os nervos".

John era frequentemente irritável porque ficava acordado até tarde da noite e passava tempo excessivo nas redes sociais. Por sua vez, essa irritabilidade alimentava discussões frequentes, mau humor, raiva e comportamento desafiador, ao mesmo tempo que o aproximava da socialização com colegas não desejáveis. O grupo de colegas de John era sua fonte de influência. Na maioria das noites da semana, eles encorajavam encontros até tarde da noite, muito depois do toque de recolher. Por fim, o roubo de dinheiro das carteiras dos seus pais já não era suficiente para sustentar seu crescente desejo por maconha; então ele, juntamente com seus colegas, começou a roubar dinheiro e assaltar outros adolescentes por meio de ameaça ou coerção. O comportamento perturbador, e agora antissocial, de John escalou até o ponto de ele e três colegas assaltarem uma mulher, apontando uma faca quando ela saía de uma loja de conveniência por volta da meia-noite de uma quarta-feira. Ele não sabia que a mulher estava a caminho do trabalho no turno da noite como enfermeira em um departamento de emergência (DE). De fato, ela era uma profissional da saúde que já conhecia John devido às suas múltiplas idas ao centro de crise no DE. Embora ele e seus comparsas estivessem disfarçados usando bandanas vermelhas sobre o rosto, a enfermeira do DE reconheceu suas características faciais e sua voz devido a encontros anteriores. A enfermeira, ilesa, mas abalada, notificou as autoridades quando chegou ao trabalho e forneceu uma descrição dos assaltantes. Mais tarde, eles foram detidos pela polícia, aproximadamente à 1h15min da madrugada, em outra loja de conveniência em uma cidade vizinha, depois que o atendente dessa loja notificou a polícia sobre adolescentes vagando ao lado da loja.

Fatores internalizantes *versus* externalizantes

Segundo o *Manual diagnóstico e estatístico de transtornos mentais, 5ª edição, texto revisado* (DSM-5-TR; American Psychiatric Association, 2022), existe uma estrutura empiricamente apoiada para agrupar os elementos emocionais e comportamentais da disfunção mental em duas categorias principais: (1) os transtornos internalizantes representam principalmente dificuldades que se originam de experiências internas subjetivas relacionadas a ansiedade, depressão ou estresse somático; e (2) os transtornos externalizantes são apresentações proeminentes de comportamento observável que se originam de dificuldades com o controle de impulsos, conduta perturbadora ou outras manifestações similares de comportamento problemático que resulta em alterações evidentes do ambiente imediato de um indivíduo. Como um resumo de todos os fatores potenciais subjacentes à psicopatologia de crianças e adolescentes é muito extenso para cobrir em profundidade aqui (ver Lewis & Rudolph, 2014, para uma revisão), este capítulo adota a dicotomia de fatores/comportamentos internalizantes *versus* externalizantes na descrição dos elementos comuns de uma formulação do problema e as estratégias cognitivo-comportamentais para abordá-los. Essas condições sempre existem no contexto dos marcos do desenvolvimento e requerem considerações adicionais para conceituação da complexa interação dos catalisadores biológicos, comportamentais e ambientais na manifestação de psicopatologia em crianças e adolescentes. Diferentemente do DSM-IV-TR (American Psychiatric Association, 2000), o DSM-5-TR foca em uma abordagem de desenvolvimento e ao longo da vida ao classificar o desenvolvimento da psicopatologia, enquanto o primeiro oferecia uma taxonomia mais tradicional de base nosológica relativa à descrição dos transtornos mentais.

No contexto de um enquadramento da terapia cognitivo-comportamental (TCC), mais uma vez, os clínicos podem conceitualizar os fatores/comportamentos internalizantes como um conjunto de experiências internas (p. ex., pensamentos, imagens, memórias, estados de humor) que estabelecem a estrutura interpretativa para uma criança ou adolescente usar como sua "lente" primária através da qual eles interpretam, adaptativa ou desadaptativamente, suas experiências subjetivas de si mesmos, do seu ambiente e do seu futuro. Em geral, indivíduos que são descritos como tendo um transtorno internalizante têm mais probabilidade de ser intrapunitivos e adotam um lócus de controle externo ou estão em uma fase do desenvolvimento de construção de um esquema negativo sobre si mesmos, sobre o mundo e sobre seu futuro (p. ex., "Não sou atraente e não sou inteligente"; "O mundo é um lugar crítico, hostil e implacável, com um futuro de medo, incerteza e dúvida"). De certo modo, talvez a consideração de fatores internalizantes únicos (p. ex., específicos da criança) como fontes adicionais de influência para a tríade cognitiva possa aumentar a compreensão da psicogênese de crenças nucleares imprecisas, negativas ou totalmente errôneas (p. ex., desenvolvimento de esquemas). A questão de como os fatores internalizantes podem se manifestar em condições clínicas é brevemente discutida posteriormente neste capítulo.

Fatores/comportamentos externalizantes referem-se a um conjunto de comportamentos (p. ex., ações físicas, repertórios verbais) que visam causar/produzir uma ação, reação ou outra resposta física para efetuar mudança no ambiente de uma criança ou adolescente. Em outras palavras, os fatores/comportamentos externalizantes podem ser considerados um processo de "meio-fim", em que a manifestação comportamental da criança/adolescente serve a uma função intencional, mas pode ser adaptativa ou desadaptativa. Agressão, destruição de propriedade, *bullying*, violência ou comportamentos disruptivos relacionados são exemplos de fatores/comportamentos externalizantes que são facilmente observáveis pelas outras pessoas.

Crises envolvendo raiva, agressão e violência

Nos Estados Unidos, a tendência nacional de crimes violentos felizmente está declinando – no entanto, estatísticas do Departamento Federal de Investigação (FBI, do inglês Federal Bureau of Investigation) relatam que um número considerável de adolescentes e adultos continuam a ser presos por perpetrar atos violentos e agressivos. Dados do FBI de 2012 indicaram que 43.278 adolescentes foram presos por cometerem algum tipo de crime violento nos Estados Unidos; desse número, perto de 500 desses crimes foram homicídios cometidos por infratores juvenis (FBI, 2013). Embora a prevalência de atos criminais violentos cometidos por jovens pareça ter atingido o auge em 1994 (Daane, 2003), atos juvenis de agressão continuam a ser preocupantes e recebem muita atenção da mídia.

A edição anterior deste capítulo (Freeman & Timchack, 2007) apresentou descrições funcionais e históricas de agressão e violência na infância. Para facilitar e deixar a discussão concisa, agressão física (p. ex., violência) é discutida como agressão reativa ou agressão proativa. *Agressão reativa* refere-se à agressão que é gerada por raiva, origina-se da frustração e ocorre em resposta a uma ameaça ou provocação (Connor et al., 2004). A agressão reativa tem origens na hipótese da frustração-agressão, que sugere que os indivíduos ficam frustrados quando são impedidos de atingir um objetivo – consequentemente, a probabilidade de agressão se torna maior quando aumenta a frustração e o atingimento do objetivo é impedido. Como uma estratégia alternativa, a agressão reativa é, então, uma forma desadaptativa de atingir o objetivo original (p. ex., ficar quite com o agressor percebido). O objetivo da agressão reativa é enfraquecer ou incapacitar a pessoa que é o objeto da agressão. Essa visão, originalmente desenvolvida por Dollard e colaboradores (1939), sugere que essa sequência de raiva-agressão é natural e previsível. Igualmente, Kendrick et al. (1999) denominaram isso como *agressão emocional*.

Agressão instrumental ou *agressão proativa* (Kendrick et al., 1999) ocorre quando a agressão é concebida para algum ganho pessoal (p. ex., tomar alguma coisa de outra criança). Na agressão proativa, uma estratégia coerciva deliberada é implementada para atingir um objetivo, obter um objeto desejado ou controlar o ambiente de alguma maneira (Connor et al., 2004). Um exemplo de agressão funcional é dado por Aronson et al. (2005), quando explicam agressão instrumental como uma forma de agressão que é comumente demonstrada também como um comportamento meio-fim. O termo *agressão instrumental* é usado quando dor física não é, necessariamente, o objetivo final – mas obter alguma coisa de valor material do alvo do ato agressivo. Infelizmente, esse tipo de agressão é facilmente aprendido e altamente eficaz. A agressão instrumental é frequentemente modelada por outras crianças, cuidadores ou outros modelos e é fortemente reforçada devido à eficácia e à celeridade na obtenção dos resultados desejados.

Igualmente, Bandura e Walters (1963) enfatizaram o papel da imitação, da modelação, da aprendizagem social e do reforçamento no desenvolvimento e na manutenção do comportamento agressivo em crianças e adolescentes. A perspectiva da aprendizagem social postula que a modelação de comportamento agressivo por modelos proeminentes (p. ex., pais, irmãos mais velhos, amigos, pares ou personalidades públicas populares) conduz a comportamento agressivo por parte da criança. Idealmente, a criança reduziria o uso da agressão à medida que se tornasse mais socializada e aprendesse novos modos de influenciar o ambiente com sua vontade – por exemplo, algumas atividades pró-sociais aprendidas podem incluir o desenvolvimento da competitividade, a orientação para a realização ou desenvolvimento de maior autoconfiança para evitar a necessidade de interações hostis. Lamentavelmente, nossa cultura orientada para o sucesso e o desempenho não se presta prontamente a uma filosofia do tipo "os mansos herdarão a terra", mas a uma máxima de "sobrevivência do mais apto".

Embora a identificação de um compêndio exaustivo de fatores internalizantes e externalizantes potenciais não seja prática para um capítulo de livro como este, as seções a seguir descrevem as principais influências que condições proeminentes impõem na consideração da agressão e da violência na infância e na adolescência.

Influência dos transtornos do neurodesenvolvimento

Por definição, transtornos do neurodesenvolvimento causam comprometimentos comportamentais, intelectuais ou na comunicação provenientes de disfunção no sistema nervoso central e duram por toda a vida. Essas disfunções, predominantemente identificadas com origens na estrutura cerebral, têm prejuízos abrangentes no funcionamento de um indivíduo durante toda a sua vida (Thapar et al., 2017). Embora transtornos como deficiências intelectuais, dificuldades de aprendizagem, distúrbios da fala-linguagem e transtorno de tique sejam classificados como transtornos do neurodesenvolvimento, o TDAH e o transtorno do espectro autista (TEA) são as duas principais categorias diagnósticas discutidas aqui. Dado o aumento na prevalência e a relação com o potencial comportamento de encenação agressiva, o TDAH e o TEA merecem consideração adicional. Um dos sintomas centrais de TDAH é de particular interesse quando consideramos a agressão: a impulsividade é um dos fatores externalizantes mais salientes que causa mais dificuldades para crianças e adolescentes. Frustração, decepção e fracasso são experiências individuais diárias inegáveis que precisam ser gerenciadas e mitigadas com sucesso para desfrutar de um dia produtivo. Considerando-se um transtorno em que a característica de fraco controle dos impulsos está sempre presente, a realização de atividades diárias desafiadoras inevitavelmente produzirá vários níveis de frustração e acrescentará um nível de dificuldade para aqueles que também têm o fardo da impulsividade. A impulsividade não permite a um indivíduo a habilidade de atenuar, ou reconsiderar, sua resposta à frustração ou ao desapontamento.

Com frequência, uma réplica verbal hostil, uma reação física não planejada ou mesmo um pensamento privado não são mitigados por componentes estruturais do cérebro que, em outros aspectos, está em pleno funcionamento. Pedir que um indivíduo com TDAH "pare e pense" antes de agir é, de fato, um bom conselho, mas tão eficaz quanto pedir que alguém use psicoterapia como um tratamento para uma febre. Dito de outra forma, se adolescentes com TDAH tivessem a habilidade de "parar e pensar" antes de agir, isso sugeriria que eles não estão agindo impulsivamente e talvez não preencham todos os critérios para TDAH. A ausência de impulsividade é adaptativa, favorável, encorajada, recompensada e esperada. Professores e pais recompensam esperar a sua vez, ter paciência, esperar na fila, compartilhar e atitudes similares. A criança ou adolescente com TDAH pode certamente aprender a contingência, e infelizmente eles com frequência sabem, intelectualmente, qual é a resposta apropriada, mas impulsividade é o fator externalizante que simplesmente impede a ação ou reação correta. Medicação psicoestimulante e alternativa não estimulante é amplamente considerada o tratamento de ponta para TDAH. Os psicoestimulantes melhoram a habilidade de manter a atenção e reduzem muito a impulsividade. Embora os pais e cuidadores possam optar por não usar psicoestimulantes por várias razões pessoais, deve ocorrer uma discussão franca sobre a eficácia do tratamento. Planos de intervenção no comportamento ou tratamentos psicossociais têm maior probabilidade de sucesso depois que um déficit no neurodesenvolvimento é corrigido farmacologicamente.

O TEA, por sua vez, é muito mais complexo em termos do conjunto de sintomas, da gravidade dos sintomas e do nível de comprometimento global. O TEA representa uma miríade de sintomatologia clínica em vários domínios importantes do desenvolvimento infantil. Deficiências nos repertórios de linguagem receptiva e expressiva, desenvolvimento de habilidades sociais, excessos/déficits no sistema sensório, comportamento atípico (p. ex., estereotipia, ecolalia) e possíveis déficits intelectuais são apenas algumas categorias de sintomas que podem se sobrepor umas às outras e se somar à complexidade de uma apresentação clínica. Déficits na habilidade de produzir e entender a linguagem irão, sem dúvida, preparar o terreno para aumentar os níveis de frustração. Uma incapacidade consistente de comunicar efetivamente os desejos e as necessidades, se não mitigada, quase seguramente dará origem a maior frustração, promovendo, assim, um comportamento de encenação hostil (p. ex., automutilação, destruição de propriedade, agressão física). Os leitores são incentivados a revisar a literatura sobre treino de comunicação funcional (FCT, do inglês *functional communication training*) para mais informações (ver Tiger et al., 2008, para uma revisão).

Influência da ansiedade

Respostas de medo e ansiedade são respostas inatas valiosas, se não essenciais, em humanos e animais que são altamente adaptativas e permitem uma resposta ideal ao evitar ou escapar do perigo. A "resposta de luta ou fuga" é uma resposta reflexa muito conhecida que se origina no sistema nervoso simpático com importante valor para a sobrevivência (Panksepp, 1998). Além disso, paralisar pode permitir que o humano ou o animal permaneça imóvel e escape da atenção, usando a estratégia passiva de imobilidade para evitar detecção, permitindo que a ameaça passe (Steimer, 2002). Nos humanos, a agressão induzida pelo medo tem uma longa história de interesse na literatura acadêmica, remontando ao início da década de 1900 com a discussão analítica original de Freud sobre as origens da agressão e da violência (Mizen & Morris, 2007). Agressão induzida por medo certamente postula uma resposta de sobrevivência adaptativa evolucionária quando explicada como agressão usada em autodefesa – no entanto, considerar medo, ou ansiedade, como um fator internalizante precipitante para manifestação de agressão sugeriria que agressão e violência têm elementos associados à avaliação cognitiva (p. ex., avaliação da ameaça) e respostas agressivas instintivas geradas de estruturas cerebrais particulares, como o hipotálamo e a amígdala (Gouveia et al., 2019). Embora inúmeras estruturas cerebrais envolvidas no comportamento agressivo sejam mais difusas do que apenas o hipotálamo e a amígdala, esses dois componentes do sistema límbico foram objeto de pesquisas consideráveis das origens biológicas do comportamento humano (Siever, 2008). Embora as evidências indiquem que o sistema límbico tem um papel central na explicação da agressão, talvez uma preocupação de limitar a discussão às origens biológicas primárias da agressão não explique plenamente a generalização da agressão e a má avaliação de eventos ambientais neutros que servem como catalisadores para uma resposta agressiva.

Influência do temperamento e desenvolvimento da personalidade

Considerando temperamento como as diferenças individuais e estilísticas de um bebê, que servem como precursores de desenvolvimento para a formação de estruturas da personalidade, alguns indicadores precoces no temperamento do bebê podem prenunciar uma predisposição caracterológica para agressão. Tolerância à frustração, adaptabilidade a um ambiente em mudança, sociabilidade e inteligência com frequência são alguns dos descritores centrais usados na discussão do temperamento do bebê. Os primeiros trabalhos de Thomas e Chess (1977) forneceram nove dimensões do temperamento que continuam a ser amplamente utilizados no campo do desenvolvimento infantil: atividade, aproximação, adaptabilidade, distratibilidade, persistência, humor, intensidade do comportamento, limiar para estimulação e ritmicidade são as dimensões originais usadas para avaliar o temperamento da criança. Thomas e Chess sugerem que todas as dimensões do temperamento têm fortes raízes biológicas e persistem, em alguma capacidade, ao longo da vida como traços de personalidade. Além disso, essas dimensões moldam as experiências pelas quais uma criança navega e percebe seu mundo, ao mesmo tempo que fornecem um leque de pontos de ancoragem individual, que servem como marcadores para respostas e funcionamento potenciais em um ambiente em mudança.

Há evidências significativas indicando que certos transtornos da personalidade têm taxas de hereditariedade moderadas a fortes, estimadas entre 30 e 80%, de acordo com uma revisão de estudos de gêmeos e de adoção (Fontaine & Viding, 2008). No caso do transtorno da personalidade antissocial (TPAS), uma revisão de estudos metanalíticos mostra que 56% da variância no TPAS se devem a influências genéticas e outras influências herdáveis (Ferguson, 2010). Isso é particularmente digno de nota, já que algumas das características típicas do TPAS incluem impulsividade, agressividade, hostilidade, violência e ausência de remorso, sugerindo que traços "hostis" particulares são transmitidos pelos pais.

Nomenclatura diagnóstica, prevalência e taxas de incidência

O âmbito de um diagnóstico de agressão, violência ou raiva como uma taxonomia distinta com etiologia específica pode ser difícil, se não impossível, de limitar. Com frequência, os transtornos em crianças e adolescentes têm sinais e sintomas sobrepostos de vários outros transtornos, sugerindo que uma análise da função de um comportamento pode produzir uma conceitualização mais profícua – por exemplo, Durand (1990) sugere que problemas de comportamento graves, incluindo agressão, devem ser conceitualizados da seguinte maneira: "Problemas de comportamento não são anormalidades. Essas respostas são adaptações comportamentais razoáveis exigidas pelas habilidades dos nossos alunos e as limitações dos seus ambientes" (p. 6).

A TCC e a análise do comportamento aplicada (ABA, do inglês *applied behavior analysis*) fazem uso da avaliação comportamental funcional (FBA, do inglês *functional behavioral assessment*). O leitor interessado é aconselhado a examinar a pesquisa seminal e volumosa de Brian Iwata para uma revisão mais detalhada da análise funcional (Iwata & Dozier, 2008). Igualmente, os leitores interessados são aconselhados a visitar o *site* do Behavior Analyst Certification Board (*www.bacb.com*) para uma revisão detalhada do impressionante e oportuno desenvolvimento da disciplina.

Etiologia, avaliação e conceitualização de caso

Em geral, é nessa conjuntura que os descritores psiquiátricos ou psicológicos para a avaliação e a explicação da agressão em crianças/adolescentes se tornam mais aparentes – por exemplo, os progressos de uma criança ao longo de um currículo gradual do sistema escolar, as designações "ativo", "irritado", "hiper", "exigente" ou "controlador" passam para uma descrição mais baseada no diagnóstico, incluindo TOD, transtorno disruptivo da desregulação do humor, TDAH, transtorno bipolar, transtorno explosivo intermitente (TEI) ou transtorno da conduta (TC). A identificação e a avaliação da causa percebida de agressão, raiva ou violência em crianças/adolescentes adotam um modelo de avaliação explanatória mais baseado na autoridade em oposição a uma explicação das variáveis funcionais do comportamento – por exemplo, o exemplo clássico do início da lógica circular começa como "A criança se comporta de maneira desafiadora porque ela tem TOD, e, portanto, seu TOD é avaliado como a causa do seu comportamento desafiador". Igualmente, em uma disciplina como a TCC, em que o foco do tratamento gira em torno da elucidação de um viés cognitivo ou falácias lógicas do paciente como uma fonte do seu estresse, os clínicos também devem estar conscientes dos erros na sua própria lógica (p. ex., a falácia da falsa causa, falácia do *post hoc ergo proctor hoc*).

Quando ocorrem crises ou tragédias envolvendo agressão, os profissionais de saúde mental são considerados para fornecer uma conceitualização do comportamento da criança/adolescente. Surgem questionamentos urgentes, especialmente em situações de crise, sobre se a "personalidade" da criança é culpada por criar os pensamentos raivosos, hostis e agressivos, ou se o seu sistema nervoso está configurado de uma maneira que torna mais provável que ela utilize a agressão como uma "ferramenta de enfrentamento"; ocorreu algum incidente particular que moldou as visões negativas e os comportamentos agressivos da criança, ou é o ambiente social que deve ser responsabilizado? É claro, a resposta básica e segura invariavelmente parece estar associada ao amálgama complexo e multifatorial de todas as dimensões anteriormente mencionadas. Por uma perspectiva de desenvolvimento, alguns níveis de agressão em crianças são esperados. Em geral, a criança em desenvolvimento, muito simplesmente, ainda não teve tempo de aprender e experienciar a gama e variedade de consequências sociais para modificar seu comportamento agressivo; sua história de reforço ainda deve ser estabelecida. Além disso, cientistas de desenvolvimento demonstraram que as funções executivas de uma criança, incluindo o desenvolvimento de lógica, pensamento abstrato e habilidades cognitivas superiores, como o raciocínio moral e o julgamento social, só ocorrem muito mais tarde na infância ou adolescência (Miller, 2002). A agressão pode servir como uma resposta básica se uma criança carece de outras habilidades adequadas para lidar com situações sociais complexas em que uma solução aceitável não está imediatamente disponível (Short & Simeonson, 1986). A eficiência e a conveniência da agressão, inicialmente, podem ser muito mais fáceis de engajar, ao mesmo tempo que produzem resultados mais imediatos em comparação com outros comportamentos socialmente aceitáveis, como pedir, compartilhar ou esperar a sua vez. Por uma perspectiva do desenvolvimento, os estágios iniciais do desenvolvimento cognitivo e moral de Piaget e Kohlberg propõem que os níveis superiores de cognição e raciocínio moral estão simplesmente subdesenvolvidos.

Foco do tratamento

O ponto onde o tratamento começa e como ele é desenvolvido depende da gravidade dos problemas emocionais e comportamentais. Os níveis de cuidado para o tratamento de saúde comportamental de crianças e adolescentes costumam ser descritos em um *continuum* de cuidados, geralmente evoluindo dos contextos e modelos de intervenção menos restritivos para os mais restritivos. Alguns níveis de cuidado ou modelos de serviço potenciais são enumerados a seguir:

1. A criança ou adolescente pode ser visto sozinho para terapia individual. O que deve ser levado em consideração é a motivação da criança e sua capacidade de se reunir com um adulto por períodos relativamente longos (45-50 minutos) e se engajar em uma aliança terapêutica.

2. Para a maioria das crianças e adolescentes, é recomendado que, por algumas sessões, o indivíduo seja atendido sozinho durante metade do tempo da sessão, e durante a outra metade sejam atendidos os pais ou a família. Isso reduz o estresse na criança de estar tão próximo de um adulto. Essa prática requer que o terapeuta estabeleça uma agenda, estruture a sessão e faça uso máximo do tempo disponível, ao mesmo tempo que tem em mente que um tempo estendido com um terapeuta pode, na verdade, servir funcionalmente como uma forma de punição ou, no mínimo, como um conjunto de condições de agravamento para a criança ou adolescente.

3. É fortemente recomendado entrevistar os pais separadamente e incluí-los no plano de tratamento. Quando é necessária intervenção profissional, muitos pais estão cheios de frustração, exaustos pelos esforços fracassados, irritados e simplesmente derrotados pelos anos de constantes problemas comportamentais graves. Se este for o caso, é provável que os pais falem mal do filho, o que se soma à hostilidade e ao ressentimento do filho. Provavelmente, muitos dos problemas encontrados com crianças agressivas têm suas causas em interações cotidianas da família. Não é aconselhável permitir que ocorram interações agressivas entre pais e filhos no contexto do tratamento.

4. As visitas domiciliares de um terapeuta também são altamente recomendadas. Isso permite o monitoramento das contingências e das interações dentro do ambiente natural da criança/adolescente. Se o ambiente da família, da escola ou da comunidade não for monitorado para intervenções consistentes do tratamento, ou a criança/adolescente continuar a ser reforçada pelo comportamento agressivo pelos pais e cuidadores, provavelmente o tratamento será ineficaz.

5. Deve ser considerada terapia dos sistemas familiares estendendo-se a todos os membros do sistema familiar, no momento apropriado. As ações agressivas do paciente podem causar estresse significativo, constrangimento, problemas sociais ou preocupação com os irmãos.

6. Treinamento dos pais, psicoeducação e *coaching* são componentes essenciais para uma intervenção de sucesso. Fornecer aos pais educação e instrução quanto aos princípios básicos da modificação do comportamento (p. ex., escolha do reforçador, tipos de reforço, extinção, contingência de três termos) e demonstrar os procedimentos para os pais são práticas que melhoram as chances de uso acurado e efetivo.

7. Dependendo da gravidade, da adesão ao tratamento e da praticabilidade do uso seguro de estratégias cognitivas e comportamentais, o tratamento residencial pode ser uma possibilidade ou necessidade – tanto para os filhos quanto para as famílias (p. ex., modelo da RTF).

8. O uso de opções de tratamento intensivas ambulatoriais ou de hospital-dia, como programas de hospitalização parcial, pode servir para dar suporte à criança, removendo-a de uma situação de crise.

9. Para crianças que foram adjudicadas, colocá-la em uma instituição segura e fechada pode ser considerada a estratégia mais restritiva se a agressão e a violência forem suficientemente graves para justificar o afastamento da criança da população em geral.

10. Quanto a crianças que têm comorbidades graves e significativas (p. ex., drogas/álcool), podem ser indicados tratamento hospitalar, desintoxicação hospitalar com supervisão médica e farmacoterapia em um contexto hospitalar.

Por uma perspectiva da terapia cognitiva, o clínico que trata agressão em crianças e adolescentes foca em três áreas principais de cognição. Em última análise, essas áreas se tornam alvos de intervenção. Elas incluem (1) pensamentos automáticos, (2) esquemas e (3) distorções cognitivas. Freeman et al. (2004, p. 6) postulam: "Pensamentos automáticos, pressupostos subjacentes, distorções cognitivas e o impacto do humor na cognição se combinam para abrir caminho para um ciclo autoperpetuador...". Howell (1998) ilustra estratégias de tratamento específicas para ajudar o indivíduo com agressão a funcionar mais efetivamente. De início, é útil auxiliar o paciente a entender os componentes do problema em um processo psicoeducacional, especialmente no curso inicial da terapia. A análise dos eventos ativadores no ambiente e a discussão dos processos cognitivos, além da ativação comportamental e fisiológica, devem ser compartilhadas com os clientes para ajudar a estabelecer e entender a natureza da sua agressão. A modificação de esquemas desadaptativos e da atribuição cognitiva é outra estratégia indicada para o tratamento da raiva e da agressão em adolescentes com funcionamento superior. A identificação de esquemas para a raiva é explorada com o cliente, e, dependendo do nível de funcionamento, o processo de reestruturação cognitiva é envolvido. Estratégias de intervenção específicas podem precisar ser ensinadas – por exemplo, Howell fornece um exemplo do contato visual – isto é, o contato visual sustentado de outra pessoa não indica que a outra criança pode ter uma intenção agressiva. Esses pensamentos automáticos e disfuncionais frequentemente estão na raiz de como o indivíduo se sente e podem, em última análise, energizar uma resposta agressiva. Além disso, para a criança que tem a capacidade cognitiva, a exploração das origens dos esquemas de raiva é útil. Isso envolve a identificação de experiências precoces que predispõem a criança agressiva a interpretar o comportamento de outra como ridicularizante, opressivo ou ameaçador.

A compreensão da agressão, da raiva ou de tendências antissociais de uma criança envolve uma discussão do desenvolvimento de seus esquemas nucleares. Esquemas são pressupostos subjacentes habituais, não falados e não reconhecidos de um indivíduo sobre eventos que ele experiencia (Freeman et al., 2004). Os esquemas para ansiedade incluem temas de ameaça, perigo ou medo de fracasso, enquanto um esquema para depressão geralmente inclui temas de perda, fracasso ou privação. Um esquema para raiva inclui temas de insulto, humilhação ou violação de regras (Leahy, 2003, p. 256). Os esquemas são moldados e criados a partir de várias interações com os pais, irmãos e amigos dentro do seu contexto cultural. O desenvolvimento de agressão e raiva é alimentado pelos esquemas que um indivíduo internalizou ao longo da sua vida. Os esquemas, então, servem como o substrato para os pensamentos automáticos ou para as distorções cognitivas.

Novaco e Welsh (1989) identificaram inúmeras variáveis cognitivas de raiva e agressão, tais como o erro fundamental de atribuição, falso consenso e efeitos de ancoragem (p. ex., atribuir a agressão à personalidade da criança, ao mesmo tempo que se minimizam as variáveis situacionais; presumir qualidades pessoais, comportamentos ou pensamentos que são comuns na população em geral; ou usar uma fonte de dados iniciais quase exclusivamente na solução de problemas). Estes são apenas alguns dos vieses errôneos que predispõem as pessoas a episódios de raiva e agressão. Igualmente, Beck et al. (2004, p. 177) sugerem que indivíduos com traços antissociais precisam desenvolver habilidades nas áreas de tomada de perspectiva, controle de impulsos, comunicação efetiva, regulação emocional, tolerância à frustração, assertividade, pensamento consequencial, atraso de resposta e reestruturação cognitiva. Além disso, Howell (1998) relata que indivíduos, incluindo crianças e adolescentes, com raiva e agressão avaliam os eventos ou julgam as pessoas como aversivos, negligentes ou que intencionalmente estão cometendo atos de injustiça contra eles. Com frequência, esse viés na avaliação é o foco da intervenção terapêutica.

O desenvolvimento de uma compreensão do sistema de crenças de uma criança/adolescente não é uma taxonomia prescrita ou predefinida de critérios a serem selecionados – em vez disso, descobrir colaborativamente o sistema de crenças de uma criança com comportamento agressivo pode revelar inúmeras crenças nucleares que são mediadoras do seu comportamento. Estas podem incluir, mas não estão limitadas a (ou combinações e derivativos; adaptado de Beck et al., 2004):

- *Justificação:* "Querer algo (ou querer evitar algo) justifica minhas ações."
- *Pensar é acreditar:* "Meus pensamentos e sentimentos são completamente acurados, simplesmente porque eles ocorrem para mim."
- *Infalibilidade pessoal:* "Sempre faço boas escolhas."
- *Sentimentos criam fatos:* "Sei que tenho o direito de agir do modo como ajo porque sinto que estou certo sobre o que faço."
- *Impotência dos outros:* "As visões ou ações dos outros são irrelevantes para minhas decisões, a menos que elas possam controlar diretamente minhas consequências imediatas."
- *Consequências de baixo impacto:* "Se houver consequências limitadas ou indesejáveis, elas não vão importar para mim."
- *Narcisismo:* "Sou mais especial do que todos os outros."
- *Falta de empatia:* "Não tenho que me preocupar com os sentimentos dos outros."
- *Falta de foco social:* "Regras são para os tolos."
- *Falta (ou falha) de informação:* "Há muitos lugares no mundo onde meu comportamento é aceitável."

Mais uma vez, uma consideração detalhada das determinantes cognitivas, comportamentais e sociais/culturais ou ambientais da agressão permite uma conceitualização de caso mais detalhada. Quanto mais detalhada a conceitualização, melhor a oportunidade de sucesso do tratamento. Na elaboração de um plano de tratamento, três questões fundamentais devem ser consideradas. A conceitualização de caso:

1. Explica o comportamento passado da criança e alguns dos antecedentes que o motivam?
2. Explica todas as determinantes potenciais do comportamento presente da criança?
3. Prediz comportamento e/ou risco futuro?

Se a conceitualização do tratamento não puder satisfazer esses critérios, ela precisa ser revista até que satisfaça adequadamente. Deve ser reconhecido que uma criança agressiva pode ser difícil de tratar na medida em que o comportamento agressivo pode ter sido consistentemente reforçado, conscientemente ou inadvertidamente, por um longo período, com frequência com o reforço de modelos poderosos e críveis. Inúmeros fatores também devem ser considerados na estruturação de um protocolo de tratamento realista. A dificuldade na implementação do plano de tratamento, o esforço de implementação, a integridade da intervenção ao longo do tempo, as variáveis motivacionais, o valor da substituição dos reforçadores e a complexidade dos múltiplos ambientes são alguns dos fatores que podem desafiar um plano de tratamento de sucesso. Para ajudar a compensar as ameaças intervencionais, há quatro perguntas no tratamento que os clínicos, e os pais/cuidadores, devem fazer a si mesmos *rotineiramente*:

1. Como podemos tornar o comportamento *irrelevante*?
2. Como podemos tornar o comportamento *ineficiente*?
3. Como podemos tornar o comportamento *inefetivo*?
4. Como podemos tornar o comportamento *incompatível*?

As respostas a essas perguntas com frequência resultam em estratégias que envolvem a manipulação das variáveis ambientais usadas para evocar e manter a mudança comportamental.

Por uma perspectiva motivacional, tanto a criança/adolescente quanto seus pais devem ser capazes de compreender e se sentir razoavelmente autoassegurados de que eles podem seguir as sugestões do tratamento e participar dos processos terapêuticos de forma significativa. O clínico bem-treinado nunca deve presumir que crianças, ou adolescentes, conseguem entender, e então apreciar, a abstração da empatia. Nem deve ser assumido que os pais são capazes de usar abstrações e generalizações. O tratamento, portanto, deve focar em objetivos, ideias e intervenções concretos e simples, idealmente com um ciclo de *feedback* dos dados verificando o entendimento dos conceitos do tratamento, em última análise levando ao atingimento dos objetivos. De forma similar, a criança e os pais devem ser capazes de sentar-se, ouvir, concentrar-se, focar e integrar as diversas partes. Os clínicos são fortemente incentivados a considerar planos de tratamento no contexto da dinâmica estática do paciente e encontrar soluções alternativas (p. ex., deficiências físicas, limitações financeiras, barreiras de linguagem, dificuldades intelectuais).

Em alguns casos, como o de John, discutido anteriormente, o comportamento da criança (talvez isso valha especialmente para pacientes adolescentes) terá um impacto negativo no curso da terapia. O adolescente, ou pai/cuidador, pode ser verbalmente desafiador, fisicamente ameaçador, não cooperativo ou sabotador. Esse tipo de problema adiciona mais um nível de complexidade ao caso, e a continuidade em uma instituição terapêutica depende, em grande parte, do nível de conforto do clínico.

É mais provável que ocorra agressão se o efeito do comportamento produzir ou melhorar as condições para o agressor. O uso de linguagem agressiva por uma criança ou adolescente é também moldado pelos mesmos princípios operantes usados na modelagem de repertórios de todos os outros comportamentos. Ameaças, palavras ofensivas e tons de voz agressivos ou zangados, além da combinação complexa de pares de palavras, são padrões aprendidos do comportamento verbal que, em última análise, influenciam os padrões de pensamento. Crianças e adolescentes que usam linguagem agressiva como uma forma de exercer controle sobre o ambiente aprendem rapidamente que isso é muito mais eficiente do que esmurrar, chutar ou praticar outros atos agressivos. Skinner (1957) foi o primeiro a descrever uma análise funcional de como a linguagem, ou o que chamamos de comportamento verbal, se desenvolveu. Não é coincidência que adultos com padrões de comportamento agressivo frequentemente tenham filhos que podem preencher os mesmos critérios. Como a linguagem é aprendida em um ambiente compartilhado entre faltante e ouvinte, o impacto e a eficiência do comportamento agressivo são prontamente demonstrados e rapidamente aprendidos. Esse tipo de ambiente compartilhado exemplifica a necessidade de incluir pais e cuidadores no tratamento do jovem agressivo.

Por uma perspectiva do tratamento programático, programas baseados em controle ou gerenciamento da raiva apresentam alguns resultados promissores no tratamento. Feindler e colaboradores (Feindler & Ecton, 1986; Feindler & Kalfus, 1990) desenvolveram uma abordagem de tratamento focada na ativação emocional que frequentemente precede uma crise agressiva. Essa abordagem foca em ensinar a criança a reconhecer os aumentos progressivos na ativação da raiva, identificar os desencadeantes para a ativação e desenvolver habilidades cognitivas e comportamentos para mitigação da ativação com ênfase direta nos componentes fisiológicos e cognitivos da raiva. Os componentes dos protocolos de gerenciamento da raiva focam em três componentes hipotéticos da experiência de raiva: respostas fisiológicas, processos cognitivos e respostas comportamentais (Novaco, 1977). Algumas abordagens de gerenciamento da raiva incentivam a criança a identificar e rastrear os ativadores mais comuns da sua raiva usando uma avaliação de automonitoramento chamada "Registro de problemas" (Feindler & Ecton, 1986). Isso envolve acompanhar e identificar ocorrências diárias de raiva (se bem manejadas ou não) e ajudar a criança a reconhecer padrões particulares de perda e controle da raiva juntamente com a consciência crescente dos ativadores externos e das reações fisiológicas e cognitivas internas.

Por fim, várias habilidades de gerenciamento da ativação, como respiração profunda, imagem mental e relaxamento, foram ensinadas para ajudar um jovem a reduzir a tensão física acumulada e aumentar a probabilidade de ele elaborar o evento interpessoal de maneira mais racional. Muitas das estratégias de reestruturação cognitiva foram transformadas em jogos aos quais os participantes em tratamento de grupo parecem bastante receptivos. Os clientes são capazes de desenvolver perspectivas alternativas e gerar atribuições não hostis em resposta a situações hipotéticas de conflito. Os jovens clientes também podem aprender uma estratégia gradual e estruturada para a solução de problemas, como *The BEST way to solve problems* (A MELHOR maneira de resolver problemas) (Greenaway & Batkins, 2009), para melhorar as habilidades nessa área. Com essa estratégia, as crianças aprendem a B (*breath*), "respirar lentamente para se acalmar"; E (*explain*), "explicar o problema e o que eu quero"; S (*solution*), "gerar uma solução"; e T (*try*), "experimentar uma solução da lista". Então, a dramatização com *coaching* ajuda o jovem a praticar essas respostas cognitivas melhoradas a situações problemáticas que ele acha provocadoras – por exemplo, na vinheta do caso de John, essas estratégias foram de fato úteis no contexto do tratamento estruturado, mas talvez seus pais pudessem ter-se beneficiado de mais instrução sobre *coaching*, incentivando John a usar essas estratégias depois que ele voltasse para casa.

Influência da dinâmica familiar

A família é um sistema interativo com inúmeros ciclos de *feedback* e *feed-forward* (p. ex., usando imagens para instruir o comportamento adaptativo futuro, como vídeos de autodemonstração praticando o comportamento adaptativo). Os membros da família, como pais, irmãos ou membros da família estendida, influenciam os comportamentos da criança e do adolescente, servindo como modelos para imitação. Os resultados dessas influências são frequentemente refletidos na frequência e na gravidade do comportamento problemático em crianças e adolescentes. É claro, por uma perspectiva tradicional, as famílias têm sido vistas como uma fonte importante para os pontos fortes e as dificuldades da criança. As famílias de crianças agressivas foram agrupadas, historicamente, com um dos dois tipos possíveis: a família hiperenvolvida, ou "emaranhada", e a família menos envolvida, ou ambivalente. Por uma perspectiva dos sistemas familiares, o comportamento agressivo de uma criança ou adolescente pode ser visto como uma manifestação da dinâmica da família (ver Dattilio, 2010). Por conseguinte, o terapeuta sistêmico veria o sistema familiar como o foco do trabalho terapêutico, acreditando que o comportamento de um membro da família, ou a sintomatologia, serve a uma função no contexto maior do sistema familiar, e a mudança ocorre somente quando o comportamento aberrante de outros membros da família mudar simultaneamente.

Os membros da família podem negar a gravidade do comportamento agressivo e minimizar a necessidade de alguma ação. Desse modo, os familiares operam como sabotadores potenciais do tratamento. Gunderson (1984), ao discutir o envolvimento parental no tratamento de adolescentes hospitalizados, diz: "Se o hospital não os envolver, eles se tornarão ativamente hostis com o tratamento. Os esforços para excluir a família do envolvimento aumentam a ansiedade de separação da família e os leva a retirar o apoio para o tratamento individual" (p. 16). Igualmente, Pardini e Lochman (2003) também mencionaram a importância do treinamento dos pais em programas de tratamento abrangentes para comportamentos perturbadores na infância. Além disso, as famílias que percebem a terapia, ou a relação paciente-terapeuta, como ameaçadora, excludente ou potencialmente prejudicial podem trabalhar para retirar a criança do tratamento. Elas podem fazer isso de forma encoberta, encorajando a não adesão ou possibilitando comportamentos disfuncionais (p. ex., instigando a criança).

Barreiras à intervenção

É impossível saber com precisão o que acontece nas vidas das famílias além do tempo que elas passam na nossa presença observável. As barreiras ao tratamento incluem eventos leves, como esquecer uma consulta agendada, até o mais flagrante e prejudicial uso de drogas ilícitas. Circunstâncias estáticas, ou imutáveis, como viver em um bairro violento, abuso e negligência parental, disponibilidade e acesso a cuidados de qualidade, pobreza, recursos educacionais escassos, história de trauma e recompensa cultural para violência, são barreiras ao tratamento efetivo. Algumas dessas barreiras podem ser modificadas oportunamente, enquanto outras não. O clínico é aconselhado a reconhecer essas barreiras no início do curso da terapia e a ter uma discussão franca sobre a probabilidade de sucesso. No caso de John, infelizmente, há muitas barreiras interferindo no sucesso do tratamento. Embora tenha sido sentenciado a um breve período de encarceramento, ele conseguiu completar o ensino médio e aprendeu um ofício de que gostava. Na época da liberação da prisão, John tinha motivação mais forte para evitar seu estilo de vida anterior. Por fim, ele se conectou com um terapeuta a quem descreve como "um bom *match*" e se mantém comprometido com a autodescoberta, simultaneamente aplicando as estratégias para evitar e/ou mitigar seu comportamento problemático.

Resumo e conclusão

Conceitualizar a criança ou adolescente agressivo incorporando os determinantes biológicos, cognitivos e comportamentais é um passo integrante na formulação de uma conceitualização de caso apropriada e abrangente que conduz ao plano inicial de tratamento mais eficaz. A identificação inicial das variáveis que estabelecem, incentivam e mantêm a agressão em crianças e adolescentes está se tornando muito mais importante no trabalho atual de profissionais de saúde mental, educadores, profissionais de cuidados primários e profissionais do serviço de justiça juvenil. Uma lista resumida dos fatores importantes para a conceitualização de caso abrangente inclui:

1. Fatores biológicos, que incluem a constituição genética da criança, hereditariedade dos traços de personalidade, déficits no controle de impulsos, problemas estruturais do sistema nervoso, processos de doença ou efeitos residuais de lesões cerebrais.
2. Fatores cognitivos, incluindo crenças nucleares, avaliação, erros no raciocínio, esquemas, raciocínio moral deficiente e déficits na habilidade para solução de problemas.
3. Fatores comportamentais, que incluem comportamentos aprendidos, histórias de reforço, influência dos pares, habilidades sociais desadaptativas, modelação ou uso de substância.
4. Fatores familiares, que incluem conflito parental, expressões de psicopatologia familiar e individual; uso de substância na família; falha na supervisão da criança; abuso físico, verbal, sexual ou emocional; e disciplina rígida, inapropriada, extrema ou inconsistente.
5. Fatores culturais, em que agressão e expressões diretas de raiva e frustração são ensinadas, esperadas, modeladas e reforçadas.

Infelizmente, a vinheta de John ilustra um caso real e recente. Felizmente para John, ele recebeu tratamento baseado em evidências e começou a fazer mudanças significativas e positivas em sua vida. Compreender a multiplicidade de catalisadores sob os quais essas crianças agressivas reagem é frequentemente a primeira tarefa para ajudar a escolher respostas mais aceitáveis e pró-sociais. Embora apenas algumas estratégias e recomendações sejam fornecidas aqui para consideração, em virtude das limitações do espaço, foi apresentada uma abordagem teórica da TCC para auxiliar o clínico com uma antologia dos recursos essenciais para conceitualização de casos que o ajudarão a compreender e auxiliar jovens com raiva a resolverem seus conflitos e desenvolver respostas saudáveis de mais longo prazo aos estressores cotidianos. Por sua vez, essas respostas pró-sociais recentemente aprendidas, em última análise, irão melhorar a qualidade de vida desses jovens e prevenir o sofrimento das suas vítimas.

Referências

American Psychiatric Association. (2000). *Diagnostic and statistical manual of mental disorders* (4th ed., text rev.). Author.

American Psychiatric Association. (2022). *Diagnostic and statistical manual of mental disorders* (5th ed., text rev.). Author.

Aronson, E., Wilson, T. D., & Akert, R. M. (2005). *Social psychology* (5th ed.). Pearson/Prentice Hall.

Bandura, A., & Walters, R. H. (1963). *Social learning and personality development*. Holt, Rinehart & Winston.

Beck, A., Freeman, A., Davis, D., & Associates. (2004). *Cognitive therapy of personality disorders* (2nd ed.). Guilford Press.

Connor, D. F., Steingard, R. J., Cunningham, J. A., Anderson, J. J., & Melloni, R. H. (2004). Proactive and reactive aggression in referred children and adolescents. *American Journal of Orthopsychiatry, 74*(2), 129–136.

Daane, D. M. (2003). Child and adolescent violence. *Orthopedic Nursing, 22*(1), 23–29. Dattilio, F. M. (2010). *Cognitive-behavioral therapy with couples and families*. Guilford Press.

Dollard, J., Doob, J., Miller, N. E., Mowrer, O. H., & Sears, R. R. (1939). *Frustration and aggression*. Yale University Press.

Durand, V. M. (1990). *Severe behavior problems: A functional communication training approach*. Guilford Press.

Federal Bureau of Investigation. (2013). Crime in the United States in 2012. *www.fbi.gov/about-us/cjis/ucr/crime-in-the-u.s/2012/crimein-the-u.s.-2012/persons-arrested/persons-arrested*

Feindler, E. L., & Ecton, R. B. (1986). *Adolescent anger control*. Elsevier.

Feindler, E. L., & Kalfus, G. R. (Eds.). (1990). *Adolescent behavior therapy handbook*. Springer.

Ferguson, C. J. (2010). Genetic contributions to antisocial personality and behavior: A meta-analytic review from an evolutionary perspective. *The Journal of Social Psychology, 150*(2), 160–180.

Fontaine, N., & Viding, E. (2008). Genetics of personality disorders. *Psychiatry, 7*, 137–141. Freeman, A., Pretzer, J., Fleming, B., & Simon, K. (2004). *Clinical applications of cognitive therapy* (2nd ed.). Springer.

Freeman, A., & Timchack, S. M. (2007). Anger and aggression in children and adolescents. In F. M. Dattilio & A. Freeman (Eds.), *Cognitive behavioral strategies in crisis intervention* (3rd ed., pp. 353–376.) Guilford Press.

Gouveia, F. V., Hamani, C., Fonoff, E. T., Brentani, H., Alho, E., de Morais, R., Martinez, R. (2019). Amygdala and hypothalamus: Historical overview with focus on aggression. *Neurosurgery, 85*(1), 11–30.

Greenaway, D. S., & Batkins, F. (2009). Cognitive behavioral treatment for depressed adolescents. In B. Glick (Ed.), *Cognitive behavioral interventions for at-risk youth* (pp. 1–34). Civic Research Institute.

Gunderson, J. G. (1984). *Borderline personality disorder*. American Psychiatric Press.

Howell, K. (1998). Cognitive behavioural interventions for anger, aggression, and violence. In N. Tarrier, A. Wells, & G. Haddock (Eds.), *Treating complex cases: The cognitive behavioural therapy approach* (pp. 319–339). Wiley.

Iwata, B. A., & Dozier, C. L. (2008). Clinical application of functional analysis methodology. *Behavior Analysis in Practice 1*, 3–9.

Kenrick, D. T., Neuberg, S. L., & Cialdini, R. B. (1999). *Social psychology: Unraveling the mystery*. Allyn & Bacon.

Leahy, R. L. (2003). *Cognitive therapy techniques: A practitioner's guide*. Guilford Press.

Lewis, M., & Rudolph, K. D. (Eds.). (2014). *Handbook of developmental psychopathology* (3rd ed.). Springer.

Miller, P. H. (2002). *Theories of developmental psychology* (4th ed.). Worth.

Mizen, R., & Morris, M. (2007). *On aggression and violence: An analytic perspective*. Macmillan.

Novaco, R. W. (1977). Stress inoculation: A cognitive therapy for anger and its application to a case of depression. *Journal of Consulting and Clinical Psychology, 45*(4), 600.

Novaco, R. W., & Welsh, W. N. (1989). Anger disturbances: Cognitive mediation and clinical prescriptions. In K. Howells & C. R. Hollins (Eds.), *Clinical approaches to violence* (pp. 39–60). Wiley.

Panksepp, J. (1998). *Affective neuroscience: The foundations of human and animal emotions*. Oxford University Press.

Pardini, D. A., & Lochman, J. E. (2003). Treatments for oppositional defiant disorder. In M. A. Reinecke, F. M. Dattilio, & A. Freeman (Eds.), *Cognitive therapy with children and adolescents: A casebook for clinical practice* (pp. 43–69). Guilford Press.

Short, R., & Simeonson, F. T. (1986). Social cognition and aggression in delinquent adolescent males. *Adolescence, 66*, 361–366.

Siever, L. J. (2008). Neurobiology of aggression and violence. *American Journal of Psychiatry, 165*(4), 429–442.

Skinner, B. F. (1957). *Verbal behavior*. Copley.

Steimer, T. (2002). The biology of fear- and anxiety-related behaviors. *Dialogues in Clinical Neuroscience, 4*, 231–249.

Thapar, A., Cooper, M., & Rutter, M. (2017). *Lancet Psychiatry, 4*(4), 339–346.

Thomas, A., & Chess, S. (1977). *Temperament and development*. Brunner/Mazel.

Tiger, J. H., Hanley, G. P., & Bruzek, J. (2008). Functional communication: A review and practical guide. *Behavior Analysis in Practice, 1*(1) 16–23.

15
Crises com idosos

Allison Schoenly e Robert J. Berchick

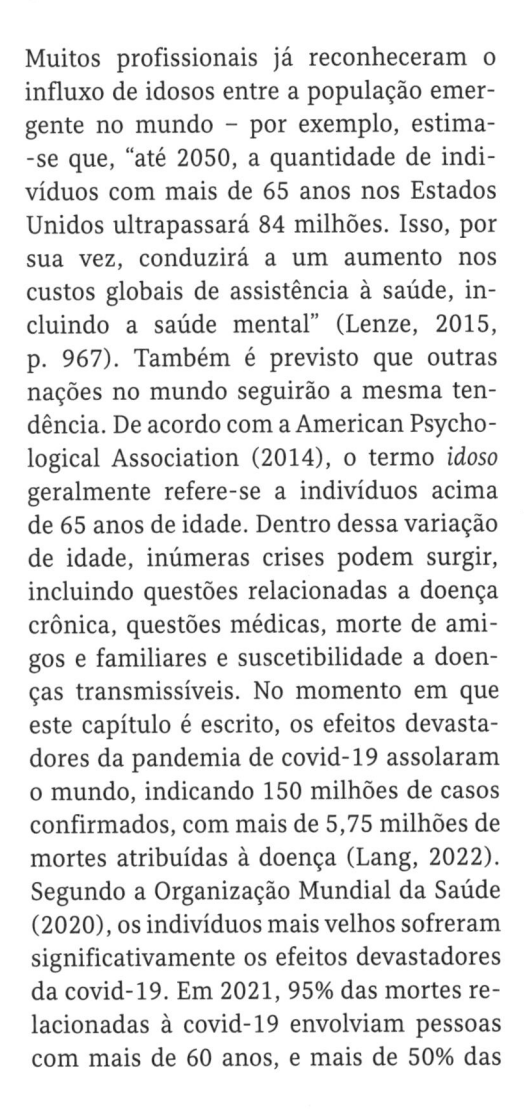

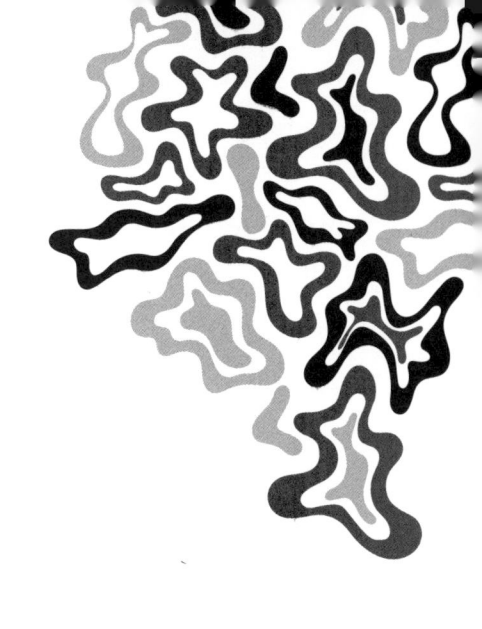

Muitos profissionais já reconheceram o influxo de idosos entre a população emergente no mundo – por exemplo, estima-se que, "até 2050, a quantidade de indivíduos com mais de 65 anos nos Estados Unidos ultrapassará 84 milhões. Isso, por sua vez, conduzirá a um aumento nos custos globais de assistência à saúde, incluindo a saúde mental" (Lenze, 2015, p. 967). Também é previsto que outras nações no mundo seguirão a mesma tendência. De acordo com a American Psychological Association (2014), o termo *idoso* geralmente refere-se a indivíduos acima de 65 anos de idade. Dentro dessa variação de idade, inúmeras crises podem surgir, incluindo questões relacionadas a doença crônica, questões médicas, morte de amigos e familiares e suscetibilidade a doenças transmissíveis. No momento em que este capítulo é escrito, os efeitos devastadores da pandemia de covid-19 assolaram o mundo, indicando 150 milhões de casos confirmados, com mais de 5,75 milhões de mortes atribuídas à doença (Lang, 2022). Segundo a Organização Mundial da Saúde (2020), os indivíduos mais velhos sofreram significativamente os efeitos devastadores da covid-19. Em 2021, 95% das mortes relacionadas à covid-19 envolviam pessoas com mais de 60 anos, e mais de 50% das mortes envolviam indivíduos com mais de 80 anos.

Na mesma linha, em geral os idosos também experienciam muitos dos mesmos sintomas de saúde mental que adultos mais jovens. Foi constatado que "20% das pessoas acima de 55 anos sofrem de um transtorno de saúde mental, e dois terços dos residentes em lares de idosos exibem problemas mentais ou comportamentais" (American Psychological Association, 2014) – no entanto, essas condições com frequência se apresentam de forma diferente nas populações de idosos. Especificamente, sintomas de depressão maior e transtorno de ansiedade generalizada podem estar presentes em um adulto idoso, mas, devido a uma variedade de questões, muitos sintomas com frequência podem ser negligenciados ou subdiagnosticados. Também há poucos profissionais treinados que se especializam unicamente no tratamento de idosos e do envelhecimento, o que certamente se soma a muitos dos problemas que são discutidos posteriormente neste capítulo. Deve ser fornecido aos profissionais um enquadramento para compreender os idosos e o processo de envelhecimento segundo um ponto de vista da intervenção em crises. Isso é vital, sobretudo porque o número de pessoas vivendo até a velhice provavelmente aumentará no futuro.

Entendendo o processo de envelhecimento

Segundo os National Institutes of Health (2016), "mais de 8% da população mundial tem mais de 65 anos. A projeção é de que esse número duplique durante as próximas quatro décadas". À medida que essa população aumenta, a necessidade de serviços e de clínicos especializados para trabalhar com idosos também aumentará, incluindo aqueles focados em depressão, ansiedade, luto, uso de substância, prejuízos cognitivos, mudanças na dinâmica familiar e doenças crônicas. Os gerontólogos previamente dividiam a velhice em quatro categorias distintas com base nas fases do envelhecimento: pré-idoso (55-65 anos); idoso jovem (65-75 anos); idoso (75-85 anos); e uma categoria final, o idoso mais velho (a partir de 85 anos). Mais recentemente, a divisão por idade mudou para três coortes: idoso mais jovem (65-74 anos), idoso intermediário (75-84 anos) e idoso mais velho (a partir de 85 anos). A divisão dos idosos em faixas etárias particulares é importante por inúmeras razões, já que há muitas necessidades e dificuldades que os idosos enfrentam à medida que passam pelos estágios da velhice – por exemplo, as gerações de idosos mais jovens são significativamente mais saudáveis e mais instruídas. Elas ingressaram na velhice com substancialmente mais recursos quando comparadas com as gerações de idosos intermediários e idosos mais velhos (DeVries & Ogland-Hand, 2007) – no entanto, a geração *baby boomer* (aqueles nascidos entre 1946 e 1964) agora está na transição de idoso mais jovem para a coorte dos idosos intermediários, o que está subsequentemente levando a uma mudança nas intervenções terapêuticas com essa população. Essa geração é significativamente mais aberta à ideia de psicoterapia e outras intervenções terapêuticas em comparação com as coortes mais velhas. Groden et al. (2017) demonstram que os *baby boomers* têm mais probabilidade de usar medicina complementar e alternativa (MCA), que são simplesmente práticas médicas e de cuidados à saúde que não são consideradas parte da medicina convencional – os exemplos incluem práticas mente-corpo, como ioga, medicina quiroprática, massagem e práticas com base biológica, como vitaminas. Quando essas práticas são combinadas com a medicina convencional, elas complementam o tratamento convencional. Para explicar melhor, os *baby boomers* têm probabilidade de continuar a procurar novas abordagens de cuidados à saúde à medida que envelhecem – isso inclui a utilização de MCA para cuidados de saúde mental, ou seja, eles têm maior probabilidade de buscar intervenções psicoterápicas do que intervenções de base farmacológica que se incluiriam na medicina convencional. Posteriormente, isso leva a uma probabilidade maior de que esses indivíduos continuem a procurar serviços psicoterápicos – porém, mesmo assim, ainda podem surgir crises.

Os idosos passam por mudanças drásticas na vida à medida que envelhecem – por exemplo, muitos estão se aposentando; mudando hábitos no estilo de vida; lidando com a morte de cônjuges, familiares e amigos; ou experienciando um declínio da saúde e das habilidades cognitivas. Muitos indivíduos passam por essas mudanças e lidam com elas de maneira efetiva – no entanto, para alguns, esta é uma época da vida muito mais difícil. Eles podem se preocupar, ruminar ou divagar com suas preocupações sobre como viveram sua vida, o que pode se estender além do que é geralmente encontrado em indivíduos dessa faixa etária. Além disso, se os pensamentos vão além do que é típico e se desenvolverem como distorções cognitivas (i.e., pensamento do tipo "tudo ou nada", "Não vou durar muito mais tempo" ou "De que adianta a essas alturas?"), isso pode impedi-los de viver no presente. As mudanças que alguns indivíduos experienciam podem ser graves, como ter problemas de saúde significativos ou mudanças drásticas em seu estilo de vida, e vários desses estressores podem ocorrer mais ou menos ao mesmo tempo. Em geral, quando um indivíduo tem dificuldades para lidar com mudanças no fim da vida, é significativamente mais provável que ele experiencie uma crise.

Uma crise é uma experiência subjetiva. Situações que podem constituir uma crise para um indivíduo podem parecer uma experiência normal para outro.

Suicídio

Homens idosos experienciam uma das mais altas taxas de suicídio. Foi somente na década mais recente que o suicídio foi a segunda causa principal de morte em indivíduos com menos de 35 anos de idade – no entanto, o suicídio ainda está entre as principais causas de morte em qualquer idade, depois de câncer, doença cardíaca e morte não intencional (National Institute of Mental Health, 2022). Globalmente, homens acima de 50 anos são particularmente vulneráveis ao suicídio, e as taxas mais altas estão entre homens com mais de 75 anos (National Institute of Mental Health, 2022). Além disso, muitos idosos não procuram psicoterapia quando se sentem suicidas – em vez disso, eles costumam procurar médicos de atenção primária que provavelmente não têm o mesmo nível de treinamento em avaliações de risco de suicídio que os profissionais de saúde mental (Liptzin, 1991). Pesquisas mostraram que há vários fatores que aumentam o risco de suicídio em idosos. Eles incluem doença psiquiátrica, traços de personalidade e habilidades de enfrentamento, doença médica, estressores na vida e desconexão social, além de comprometimento funcional (Conwell, 2014) – no entanto, vale mencionar que cada um desses fatores isoladamente não equivale à suicidabilidade, mas, quando combinados, há probabilidade aumentada de ideações suicidas e tentativas de suicídio. Como em qualquer idade, o segredo para a redução do suicídio em idosos é a detecção precoce. Também vale mencionar que nem todos os idosos que morrem por suicídio preenchem os critérios diagnósticos para depressão maior, o que também explica por que a doença isoladamente não é suficiente para determinar suicidabilidade nessa população.

Avaliação e opções de tratamento

São muitas as dificuldades que surgem quando diagnosticamos crise em idosos. Os idosos geralmente procuram tratamento com seus médicos de cuidados primários para vários problemas, incluindo os relacionados à saúde mental. Pesquisas mostram que idosos deprimidos acreditam que existe um alto nível de estigma público associado a ter uma doença mental. Assim, isso leva esses indivíduos a terem menor probabilidade de procurar ou se engajar em tratamento de saúde mental (Conner et al., 2010). Consequentemente, os idosos costumam ter menos probabilidade de procurar o tratamento de um psiquiatra, psicólogo ou outro profissional de saúde mental de forma independente, embora eles possam acatar um encaminhamento dos seus médicos de atenção primária ou familiares. Isso apresenta aos profissionais de saúde mental um conjunto de circunstâncias únicas em que eles precisam desenvolver uma relação de confiança com o paciente e seu médico de cuidados primários.

Há muitas razões para que idosos busquem tratamento, especialmente em situações de crise. Este é um exame desses domínios:

Depressão

Depressão é um dos problemas de saúde mental mais prevalentes no mundo, inclusive entre os idosos – no entanto, indivíduos idosos com depressão significativa podem ter menos sintomas que o número exigido para preencher os critérios diagnósticos para depressão maior (Hyer, 2013).

Embora adultos idosos e suas coortes mais jovens provavelmente experienciem um conjunto de sintomas depressivos semelhantes, surgem desafios significativos quando trabalhamos com idosos – por exemplo, os clínicos percebem que os idosos que expressam sentimentos de desesperança ou inutilidade, admitem pensamentos de morte e/ou suicídio e têm pelo menos dois outros sintomas de depressão podem estar em risco aumentado de incapacidade funcional, comprometimento cognitivo e estresse psicológico. Muitos idosos provavelmente também irão experienciar sintomas somáticos que podem se apresentar de forma semelhante a uma doença crônica ou condição médica (Hyer, 2013) – por exemplo, no caso daqueles que são afetados pela doença de Alzheimer com início precoce (antes dos 65 anos), há forte tendência a experienciar prejuízos cognitivos, como perda de memória, fraca tomada de decisão e/ou julgamento prejudicado. A mesma sintomatologia também pode aparecer como parte de um episódio depressivo maior. Pacientes com doença de Alzheimer também costumam apresentar apatia e agitação e/ou aumento nos problemas de concentração, que também são sinais comuns de depressão. Pacientes com doença de Alzheimer que não estão experienciando transtorno depressivo maior relatam prevalência mais baixa de culpa e ideação suicida (Kasl-Godley et al., 1998; Koenig & Blazer, 1992). Quando pessoas idosas estão deprimidas, têm maior probabilidade de se retrair, restringir-se a uma área e descuidar-se das suas funções corporais (Cavanaugh, 2018). Elas tendem a negligenciar tarefas, como comer durante o dia, manter-se hidratadas e tomar banho. Por essas razões, é muito importante que os profissionais de saúde mental trabalhem com os seus pacientes mais velhos no autocuidado e na compreensão do que significa cuidar de si mesmos.

Existem inúmeras medidas de autoavaliação que podem ser usadas para diagnosticar sintomas de depressão. Uma das medidas de autorrelato mais comuns de sintomas de depressão é o Inventário de Depressão de Beck – Segunda Edição (BDI-II, do inglês Beck Depression Inventory – Second Edition; Beck et al., 1996), embora os profissionais de saúde mental devam ser cautelosos, pois essa medida particular não foi planejada especificamente para idosos. A Escala de Depressão Geriátrica (GDS, do inglês Geriatric Depression Scale; Yesavage et al., 1983) é voltada mais especificamente para adultos a partir de 55 anos com prejuízos cognitivos e menos instruídos, já que requer um nível mais baixo de capacidade de leitura e concentração. Ela pode ser completada em um período mais curto quando comparada com o BDI-II. Essa avaliação também procurou resolver a questão psicossocial referente ao problema do viés da idade do BDI-II, mas, como mencionado anteriormente, só é considerado que a pessoa atingiu a "velhice" aos 75 anos. Subica et al. (2014) examinaram a estrutura fatorial e a validade do BDI-II e concluíram que ele pode não ser capaz de discriminar entre transtornos que compartilham características subjacentes (p. ex., depressão e ansiedade) devido à sua sobreposição diagnóstica, especialmente em pacientes clínicos adultos internados, que, como já mencionado, têm alta taxa de comorbidade. A GDS era originalmente um questionário de autorrelato de 30 itens. Uma versão resumida da avaliação foi lançada em 1986, consistindo em 15 itens. É essencial entender que um diagnóstico de depressão não pode ser feito unicamente com a pontuação de medidas de autorrelato; estas precisam ser acompanhadas por entrevistas clínicas conduzidas por um profissional de saúde mental e pelo exame dos registros médicos.

Luto complicado

À medida que os indivíduos envelhecem, desenvolvem risco aumentado de experienciar múltiplas perdas (cônjuge, irmãos, amigos, família), já que seus pares envelhecem com eles. O luto foi reconhecido como um fenômeno universal inerente ao ciclo de vida-morte da experiência de todos os humanos (Shah & Meeks, 2012). Simplificando, ninguém está imune ao luto, e ele afeta cada indivíduo de maneira única. Essas perdas são especificamente desafiadoras para os idosos, pois levam a risco aumentado de comprometimento físico, níveis mais altos de estresse, solidão, declínio no funcionamento da memória e aumento no risco de suicídio, o que subsequentemente aumenta as chances de desenvolver um transtorno do humor (Shah & Meeks, 2012).

A morte de um cônjuge é talvez a perda mais profunda que um indivíduo pode experienciar, assemelhando-se à perda de um filho. Como demonstram as pesquisas, a porcentagem de idosos viúvos aumenta com a idade: 17,7% dos indivíduos entre 65 e 75 anos são viúvos. Isso aumenta para 37,5% para indivíduos entre 76 e 84 anos e para 62,1% para aqueles com mais de 85 anos (Shah & Meeks, 2012). Como o luto de um cônjuge é incrivelmente estressante, os idosos geralmente requerem muito apoio quando se trata do processo de luto, embora muitos deles não recebam ou tenham recursos adequados. Os recursos para o processo de luto podem assumir uma variedade de formas, incluindo a construção de uma nova identidade, luta pela independência, ser socialmente interativo com os familiares e amigos (i.e., ter um sistema de apoio consistente), associar-se a grupos que trabalham o luto, presencialmente ou em plataformas nas mídias sociais, ou ligar para linhas diretas voltadas para trabalho do luto (Naef et al., 2013). Esses recursos são mais efetivos no tratamento quando utilizados nos primeiros meses. Também é essencial que os profissionais de saúde mental saibam e entendam que os indivíduos que estão em mais alto risco para crises psicológicas são aqueles que experienciam altos níveis de estresse psicológico 1 a 2 anos depois da morte de um cônjuge (Thompson et al., 1991). Durante esses períodos, o profissional de saúde mental deve conduzir avaliações do risco de suicídio e monitorar continuamente seus pacientes.

Na condução da avaliação de uma crise com um paciente idoso que experienciou a perda do cônjuge, é de suma importância avaliar seu nível de enfrentamento – por exemplo, uma mulher de 85 anos chega ao tratamento 3 anos depois da perda do marido, com quem foi casada durante 50 anos. Ela explica que tem muitas crises ao longo do dia e que "simplesmente não consegue se recompor". Ela procura tratamento para ajudá-la a lidar com a perda do marido. O Inventário de Luto Complicado (ICG, do inglês Inventory of Complicated Grief; Prigerson et al., 1995) demonstrou ser significativamente efetivo na determinação dos níveis do luto complicado.

Mudanças na dinâmica familiar

No trabalho com idosos, é importante considerar fatores ambientais e estruturais que podem contribuir para crise ou estresse – por exemplo, um homem idoso é encaminhado para psicoterapia pelo médico de cuidados primários devido à depressão porque sua família acha que ele não pode mais morar sozinho depois de um incidente em que ele não saiu da cama por 3 dias, precisando ser levado ao serviço de emergência por desidratação. Como resultado, a família acredita que seria melhor se ele fosse morar com eles, o que levará a uma forte probabilidade de mudança em boa parte da sua dinâmica e rotinas diárias. Essa dinâmica incluirá mudar sua moradia, realocando-o para a casa de um dos filhos ou para uma residência assistida, desse modo renunciando à sua autonomia. Isso, por si só, já pode acarretar muitos problemas. Será mudada não só a dinâmica desse indivíduo como uma pessoa independente; ele também passará a ser dependente de outras pessoas. Muitos idosos sentem como se estivessem sobrecarregando seus filhos. Os filhos podem precisar se tornar cuidadores do idoso, o que pode criar tensão no relacionamento e mudar a dinâmica familiar entre eles. Com frequência ocorre um efeito em cascata, em que a responsabilidade adicional de cuidar do idoso causa tensão entre os integrantes família do filho, particularmente se o paciente passar a morar com eles.

Os profissionais de saúde mental devem considerar e dedicar algum tempo para entender o significado da dinâmica familiar e dos papéis de cada paciente idoso. Eles podem e devem explorar muitos tópicos relacionados à relação de cuidados com o paciente e suas famílias. Esses tópicos incluem sentimentos de culpa e de ser um fardo, abandono pela família, solidão e estresse dos cuidadores e relações entre os cuidadores e o paciente. Os profissionais de saúde mental também devem monitorar de perto a possibilidade de abuso do idoso, já que o estresse em uma família pode causar danos significativos. Embora existam algumas leis federais referentes ao abuso de idosos, cada localidade (p. ex., país, estado) tem seu próprio conjunto de leis que fornecem assistência por meio de serviços de proteção ao adulto – entretanto, há muitas variações referentes a quem é considerado idoso, o que constitui abuso, se o indivíduo está física ou mentalmente comprometido, etc. Tal como as leis sobre abuso infantil, muitos governos exigem denúncia obrigatória caso haja suspeita de abuso a idosos.

Uso de álcool e drogas

O uso de álcool e drogas em idosos é prevalente por muitos motivos. A maioria dos idosos toma inúmeros medicamentos prescritos por várias razões, de hipertensão a artrite e problemas de saúde mental. Por isso, os idosos estão em risco significativamente mais alto de sensibilidade fisiológica e psicológica e inúmeras questões relacionadas às interações de múltiplos medicamentos. Segundo o U.S. Department of Health and Human Services (2020), indivíduos com mais de 65 anos consomem mais medicamentos prescritos e sem prescrição do que qualquer outra faixa etária nos Estados Unidos, o que os torna especialmente vulneráveis aos efeitos de álcool e drogas. Qualquer uso de drogas em combinação com álcool aumenta o risco significativo. Ocorrem muitas reações desfavoráveis entre álcool e medicamentos prescritos, como aumento na toxicidade do lítio, hepatotoxicidade grave e aumento na depressão do sistema nervoso central.

A detecção e o possível mau uso de álcool e/ou abuso de drogas em idosos apresentam desafios significativos. Uma metanálise conduzida por Rosen et al. (2013) demonstra que os idosos estão em risco particularmente alto de resultados de saúde negativos como consequência de transtornos por abuso de substâncias, incluindo inúmeros problemas em múltiplos domínios, como quedas, hipertensão, demência com início precoce, comprometimento cognitivo e inúmeras condições de saúde crônicas. Os transtornos por uso de substâncias também têm fortes tendências comórbidas com transtornos de saúde mental que resultam em complicações no tratamento efetivo e no diagnóstico. As tendências em idosos também podem se assemelhar a sinais de abuso de substância – por exemplo, ausentar-se do trabalho ou de eventos sociais pode não ser incomum para alguns idosos, ao passo que, quando comparados com coortes mais jovens, estar ausente dessas ocasiões pode ser considerado uma bandeira vermelha para abuso de substância. O álcool ainda é a substância mais prevalente abusada por idosos (Bogunovic, 2012) – no entanto, depois do álcool, o uso de Cannabis está se tornando gradualmente mais prevalente. Pesquisas demonstram que, em 2012, mais de 4 milhões de indivíduos nos Estados Unidos acima de 50 anos relataram o uso de maconha, ao passo que menos de 1 milhão relataram o uso de outras substâncias, como cocaína, metanfetaminas e/ou heroína (Kuerbis et al., 2014). Além disso, os idosos estão tomando mais medicamentos sem prescrição e recebem mais prescrições de medicamentos controlados que indivíduos mais jovens (Colliver et al., 2006). Como resultado, há risco significativamente maior de interações medicamentosas prejudiciais e abuso. É essencial que os profissionais de saúde mental coordenem os cuidados com os médicos de cuidados primários referentes aos medicamentos dos indivíduos e aos possíveis efeitos ou interações medicamentosas.

O Teste de Rastreio de Alcoolismo de Michigan – Versão Geriátrica (MAST-G, do inglês Michigan Alcoholism Screening Test Geriatric Version; Blow et al., 1992) foi criado como uma medida de avaliação específica para idosos que podem estar abusando de álcool. Outra medida de avaliação comumente usada é o Substance Abuse Subtle Screening Inventory-4 para adultos (SASSI-4; Lazowski et al., 2016), que pode ser administrado a qualquer indivíduo com mais de 18 anos e é projetado para acomodar indivíduos com um nível de leitura relativamente baixo. Outras habilidades que devem ser consideradas durante uma avaliação incluem a possibilidade de prejuízos na memória, o nível de *insight* e a habilidade do paciente de autorrelato acurado.

Comprometimento cognitivo

As habilidades cognitivas também devem ser consideradas quando são administrados questionários a idosos. É importante usar uma avaliação breve padronizada, como o Miniexame do Estado Mental (MMSE; Folstein et al., 2010) ou a Avaliação Cognitiva de Montreal (MoCA, do inglês Montreal Cognitive Assessment; Nasreddine et al., 2005), para avaliar o comprometimento cognitivo amplo.

Muitos idosos com prejuízos cognitivos experienciam fraca flexibilidade cognitiva e reestruturação cognitiva (Johnco et al., 2013), o que pode resultar em inúmeros pensamentos negativos, como desamparo e desesperança significativos. Esses pensamentos podem ser ativados por diversas circunstâncias. Como consequência, é essencial conduzir um exame médico, juntamente com os testes neurológicos, e uma avaliação funcional, bem como um histórico psicossocial, pois estes são fatores importantes a serem descartados, e fazer um diagnóstico dos prejuízos cognitivos.

Doença crônica

Grande parte dos idosos tem doenças crônicas comórbidas, incluindo artrite, hipertensão, problemas cardíacos, diabetes e problemas respiratórios que prejudicam o funcionamento diário.

São inúmeras as demandas físicas e psicológicas associadas a doenças crônicas. Essas doenças frequentemente requerem que os pacientes se desviem das suas escolhas preferidas no estilo de vida. Distúrbio do sono é comum a muitos problemas de saúde e tem consequências como o desenvolvimento de transtornos do humor, irritabilidade, sistema imune debilitado e problemas de atenção (Medic et al., 2017). As doenças crônicas também podem sobrecarregar os apoios sociais e emocionais de um indivíduo, o que secundariamente impacta a saúde mental. Por uma perspectiva psicológica, as demandas de enfrentamento de uma doença crônica podem ser extremamente estressantes. Conviver com uma doença crônica pode afetar negativamente o senso de identidade e o amor próprio do paciente, o que o coloca em risco aumentado para crises.

Outro fator importante a ser considerado é o *excesso de incapacidade*. Esse termo se refere ao impacto psicológico adicional das limitações impostas pela condição médica (DeVries & Ogland-Hand, 2007) – por exemplo, um indivíduo com artrite nos joelhos, que adora caminhadas e se orgulha de participar de aventuras ao ar livre desse tipo, provavelmente se sentirá deprimido por não poder sair de casa sem o uso de um andador.

Nos últimos anos, a população idosa tem sido particularmente desafiada pelos efeitos da pandemia de covid-19. Os adultos mais velhos têm experimentado maior isolamento social e têm preocupações únicas relacionadas com a pandemia, como uma aceitação mais lenta da tecnologia, que, de outra forma, lhes proporcionaria algum contato social *on-line*, em comparação com as populações mais jovens (Kazantzis et al., 2021). Isso é da maior importância, uma vez que muitos idosos estão experimentando maior isolamento por uma série de razões, incluindo visitas limitadas ou inexistentes em instalações como os lares de idosos; *lockdowns* locais ou estaduais; e acesso limitado a lojas de alimentos, centros religiosos, locais de reunião da comunidade, etc. Desde o início da pandemia, verificou-se um aumento massivo da utilização da tecnologia, e muitos idosos estão sentindo uma desconexão significativa entre eles e suas famílias e as gerações mais jovens em geral.

Por isso, também houve aumento na incerteza quanto ao futuro. Muitas pessoas, especialmente as mais velhas, se perguntam sobre o que as espera. Um estudo recente mostra que a diminuição da vida social, menos interações sociais presenciais, dificuldades no acesso a serviços e redução da atividade física foram associadas à redução na qualidade de vida e ao aumento da depressão durante a pandemia de covid-19 (Lebrasseur et al., 2021), o que, quando combinado com todos os outros estressores relacionados com a pandemia, provoca reflexão nessa população e nos profissionais que trabalham com ela.

Abordagens cognitivo--comportamentais

Felizmente, estudos têm demonstrado que a psicoterapia é tão eficaz em idosos quanto em populações mais jovens no tratamento da depressão e de outros transtornos de saúde mental (Engels & Vermey, 1997; Gallagher-Thompson & Thompson, 1992, 1996; Gallagher-Thompson et al., 1990; Mohlman, 2013; Sadler et al., 2018). Embora existam muitas opções de tratamento disponíveis para os idosos, todas elas são tremendamente subutilizadas. Essas opções de tratamento incluem farmacologia e várias formas de psicoterapia, como terapia cognitivo-comportamental, interpessoal e psicodinâmica breve. Embora subutilizadas em geral, quando lhes são dadas opções, os idosos geralmente preferem a psicoterapia à medicação (Mackenzie et al., 2006, p. 575). A psicoterapia é provavelmente uma opção mais viável para os idosos e pode ser mais atrativa para aqueles que já estão em um regime de medicação extensivo. A seguir, apresentamos um exemplo de caso que ilustra algumas das intervenções cognitivo-comportamentais que podem ser usadas com a população idosa.

Exemplo de caso

O Sr. Albert é um homem afro-americano de 76 anos de idade que está aposentado há mais de 10 anos. Anteriormente, era engenheiro metalúrgico em uma empresa siderúrgica local. Apresentou-se para sua consulta inicial bem arrumado, mas parecia um pouco tímido e retraído. Durante a avaliação inicial, o Sr. Albert revelou que recentemente sua esposa tinha sido diagnosticada com doença renal de fase IV e foi transferida para uma unidade de cuidados paliativos local.

Durante a avaliação inicial, o Sr. Albert revelou que ele e sua esposa nunca tiveram filhos, o que fez ele ficar sozinho em casa a maior parte do tempo depois que a esposa foi diagnosticada com uma doença terminal. Consequentemente, o Sr. Albert estava passando por um episódio depressivo significativo em que raramente saía de casa, raramente saía do quarto que ele e a esposa compartilhavam, afastou-se dos amigos e da família e começou a beber álcool em excesso. Recentemente, o Sr. Albert começou a ter ideações suicidas. Explicou que vinha pensando em pegar sua pistola 9 mm que estava na mesa de cabeceira e "acabar com todo o sofrimento". Ele explicou, ainda, que sempre havia sido apenas ele e sua esposa e que os últimos 3 meses tinham sido extremamente difíceis para os dois. O Sr. Albert era o provedor principal, enquanto sua esposa trabalhava meio período em uma padaria. Era ela quem tomava conta de toda a casa, desde cozinhar e limpar até administrar as finanças, passando pelo planejamento de eventos sociais. O Sr. Albert continuou a explicar: "Nunca tivemos muito dinheiro, mas estávamos confortáveis e sempre tivemos um ao outro. Nós nos contentávamos com o que ganhávamos e aproveitávamos a vida juntos".

Avaliação e diagnóstico

Durante a avaliação inicial, o Sr. Albert foi entrevistado por um psicoterapeuta. Com base nas informações iniciais apresentadas, ele foi diagnosticado com transtorno depressivo maior com estresse ansioso. Na época da avaliação, preenchia os critérios para um episódio depressivo grave. Não referiu histórico anterior de problemas de saúde mental. Ele não relatou história prévia de problemas de saúde mental. O Sr. Albert revelou que, durante sua infância, "as coisas nem sempre foram fáceis, mas nós conseguimos". Não revelou muitos detalhes sobre esse assunto, mas, durante essa avaliação, posteriormente revelou que cresceu em um bairro predominantemente branco como jovem afro-americano, acrescentando que "sua família era claramente uma minoria, mas não tinha passado por muitos problemas".

Durante essa avaliação inicial, o terapeuta obteve consentimento escrito para falar com o médico de atenção primária do Sr. Albert, que lhe forneceu mais informações do histórico geral de saúde do paciente. O terapeuta achou que obter informações com o médico do Sr. Albert poderia fornecer informações sobre problemas médicos não reconhecidos, doenças crônicas ou possíveis prejuízos cognitivos. Também daria ao terapeuta uma lista de todos os medicamentos que foram prescritos ao Sr. Albert. O terapeuta também consultou um neuropsicólogo geriátrico para excluir quaisquer prejuízos cognitivos e/ou início de demência. O terapeuta ficou sabendo que o Sr. Albert tomava um inibidor da enzima conversora da angiotensina (ECA) juntamente com um diurético para hipertensão e uma estatina para o colesterol elevado. Parecia que ele compreendia o objetivo das suas medicações – no entanto, informou que, desde que sua esposa ficou gravemente doente, ele estava menos aderente aos seus medicamentos, tomando-os apenas cerca de 4 a 5 dias por semana em vez de diariamente.

O terapeuta solicitou uma avaliação psicológica, que incluiu uma bateria de inventários de autorrelato, como o BDI-II (Beck et al., 1996), o Inventário Clínico Multiaxial de Millon, Quarta Edição (MCMI-IV, do inglês Millon Clinical Multiaxial Inventory, Fourth Edition; Millon et al., 2015), e o Questionário de Transtornos do Humor (QTH; Hirschfeld, 2000). O Sr. Albert obteve um escore de 40 no BDI-II, localizando-o no nível grave de depressão autorrelatada. Seus resultados no MCMI-IV apoiaram o diagnóstico de depressão e indicaram grau elevado de ansiedade. Mesmo com esses valores elevados, as escalas de validade do MCMI-IV indicavam alta probabilidade de o Sr. Albert estar subnotificando os sintomas. Isso é muito comum entre idosos, especialmente porque a maioria deles, incluindo o Sr. Albert, cresceu em uma época em que "aguentar firme" era altamente valorizado (Cavanaugh, 2018). Simplificando, os indivíduos não expressavam suas emoções com facilidade. Durante muito tempo, eles foram ensinados a guardar suas emoções para si e a não partilhar seus problemas pessoais com os outros. O Sr. Albert explicou que nunca havia considerado que suas emoções poderiam estar ligadas aos seus pensamentos. Ele relatou que enfrentava as dificuldades a cada dia, que era o máximo em que conseguia pensar.

Como nunca havia estado em tratamento antes, o Sr. Albert estava cético quanto à eficácia da psicoterapia, porque sua principal razão para procurar tratamento era a preocupação com a doença da esposa. Explicou que era muito improvável que em algum momento procurasse tratamento se não fosse por ela. Devido à declaração do Sr. Albert durante a avaliação inicial de admissão sobre "acabar com todo o sofrimento", também foi conduzida uma avaliação do risco de suicídio, posteriormente repetida a cada duas semanas e, por fim, semanalmente, depois da morte da esposa.

Depois de consultar o médico de cuidados primários, foi determinado que o Sr. Albert estava com depressão reativa à morte iminente de sua esposa, juntamente com sintomas de ansiedade. A primeira tarefa do terapeuta foi discutir o estresse do Sr. Albert ao assumir mais funções em casa na ausência da esposa, especialmente porque era a primeira vez que tinha que lidar com essas tarefas. Com base nisso, o terapeuta discutiu o prognóstico atual da esposa. Ele e o Sr. Albert trabalharam em conjunto para determinar os mecanismos de enfrentamento que funcionavam melhor para ele e iniciar uma discussão sobre questões de luto. Embora sua esposa ainda não tivesse falecido, o Sr. Albert já tinha começado a lamentar a perda da sua presença em casa, e era evidente que sua morte era iminente. Por fim, o terapeuta discutiu a saúde do Sr. Albert e o estresse associado à doença e a enfrentar a vida sem a esposa.

Considerando todas as informações anteriormente referidas, foi determinado que seriam necessárias pelo menos 20 sessões para resolver os múltiplos problemas do paciente. O Sr. Albert e o terapeuta combinaram de se reunir semanalmente, com o entendimento de que os encontros poderiam ser aumentados para duas vezes por semana, se necessário.

Tratamento

O Sr. Albert recebeu 35 sessões de terapia individual, utilizando uma abordagem cognitivo-comportamental. Seus objetivos iniciais de tratamento consistiam em (1) gerenciar o estresse de assumir tarefas adicionais em casa, (2) gerenciar e lidar com a morte da esposa e (3) mudar o foco para a sua própria saúde. Ao longo do tratamento, o terapeuta desenvolveu uma relação terapêutica e forjou uma aliança terapêutica sólida com o paciente que facilitou um vínculo mais franco e honesto durante seu tratamento. Apesar da sua hesitação e reserva iniciais, o Sr. Albert compareceu com consistência e pontualidade a todas as suas consultas e parecia ansiar por elas.

A estrutura da terapia se desenvolveu conforme descrito a seguir. As seis sessões iniciais foram usadas para construir uma forte relação terapêutica com o Sr. Albert. O desenvolvimento de uma relação sólida levou mais tempo do que com a maioria dos pacientes, uma vez que o Sr. Albert nunca tinha estado em tratamento antes e inicialmente se mostrou bastante reservado. Seguindo um protocolo da terapia cognitivo-comportamental (TCC), o terapeuta dedicou algum tempo para discutir as expectativas do paciente em relação à terapia e para informá-lo sobre os aspectos da TCC. Foram estabelecidos os objetivos terapêuticos específicos e discutidos tópicos, como a forma como as sessões de terapia seriam estruturadas, o que o Sr. Albert poderia esperar do terapeuta, quanto tempo duraria cada sessão, de quantas sessões provavelmente necessitaria, etc. O Sr. Albert também pediu mais informações sobre o consentimento para o tratamento e sobre as opções de tratamento disponíveis. Também vale salientar que, durante essas primeiras sessões, o paciente foi submetido a uma avaliação do risco de suicídio a cada duas semanas. Foi perguntado se ele era suicida, se havia tido ideações ou tentativas suicidas, se tinha a sensação de desesperança, etc.

O Sr. Albert e o terapeuta também colaboraram no desenvolvimento de um plano de segurança, dada a ideação suicida inicial do paciente. Este foi um passo crucial no tratamento, uma vez que idosos do sexo masculino apresentam maior risco de suicídio comparados com indivíduos mais jovens e do sexo feminino, particularmente até 6 meses após a morte do cônjuge. Depois disso, o Sr. Albert e o terapeuta começaram a trabalhar no seu primeiro objetivo do tratamento, focado em gerenciar e lidar com o estresse de assumir mais tarefas e responsabilidades em casa. O terapeuta colaborou com o Sr. Albert para identificar os pensamentos negativos que surgem quando se trata dessas tarefas. Ele explica que é uma sobrecarga porque ele não sabe por onde começar, tem medo de que sua esposa desaprove, e isso faz a realidade de ela não estar presente ser mais real para ele. Depois de compreender isso, o Sr. Albert e o terapeuta trabalharam juntos para reconstruir esses pensamentos sob uma luz mais positiva. Como já foi referido, a esposa do Sr. Albert se encarregava de quase todas as responsabilidades em casa, como cozinhar, limpar, pagar as contas, gerenciar os recursos e ir ao mercado. O Sr. Albert começou a assumir essas tarefas após o diagnóstico da esposa, mas isso lhe causou uma dose significativa de estresse e ansiedade, particularmente quando ele encontrou várias anotações que ela tinha deixado para ele sobre como realizar certas tarefas, já prevendo a sua morte. Ele continuou a explicar que achava que não estava fazendo nada direito e que sua esposa sempre lidava com essas coisas muito melhor do que ele. Durante as sessões 7 a 10, o Sr. Albert percebeu que a maior parte da sua ansiedade em relação às tarefas domésticas se devia ao fato de não querer decepcionar sua esposa.

Durante o intervalo das sessões 11 e 12, a esposa do Sr. Albert faleceu. O foco, então, passou a ser o luto e a tristeza pela sua morte. Apesar de estar preparado, ele ainda sentia a morte dela como irreal e tinha dificuldade de aceitá-la. Um dos principais aspectos da sua dificuldade era seu sentimento de abandono. As sessões 12 a 25 focaram principalmente no seu luto. O Sr. Albert e a esposa se casaram com 20 e poucos anos e estavam juntos desde então. O casal não podia ter filhos devido a uma complicação cirúrgica que o Sr. Albert teve quando era jovem. Ele explicou, ainda, que tinha pensado nessa condição esporadicamente ao longo dos anos e durante o casamento e que sua esposa sempre o tinha apoiado e confortado. Ele referiu a culpa que carregava nos últimos 50 anos devido à sua incapacidade. Conta que nunca expressou essa culpa para ninguém porque "há pessoas que passam por coisas muito piores [do que ele passou]". Essa afirmação revela a minimização e as crenças negativas subjacentes do Sr. Albert sobre as virtudes de não reconhecer sua dor real. Ele continuou explicando que estava muito assustado por viver sem sua esposa. Com base nessas informações, o terapeuta realizou uma avaliação adicional do risco de suicídio para garantir a segurança do paciente. Essa prática foi continuada semanalmente até que seu nível de risco diminuísse. O terapeuta também avaliou alguns dos pensamentos recorrentes do Sr. Albert associados ao seu medo e como sua tendência a "desistir" em resposta servia para reforçar seu medo e o sentimento de impotência.

A seguir apresentamos um trecho das suas sessões:

Sr. Albert: Quando estou em casa, fico muito estressado e sei que não estou fazendo as coisas direito. Quase consigo ouvir a minha falecida esposa me repreendendo!

Terapeuta: Quem diz isso? O que você não está fazendo bem?

Sr. Albert: Bem, tudo.

Terapeuta: O que é tudo? Isso parece extremo. O que você acha que não está fazendo direito? As tarefas são muito desafiadoras? Você sente que não tem nenhuma motivação para realizá-las? Será que isso acontece porque as anotações da sua esposa não lhe dão informação suficiente?

Sr. Albert: É simplesmente tudo em casa. Não sei cozinhar como ela. Não sei limpar tão bem como ela. Não sei arrumar as coisas no lugar certo sem que pareça que estão fora do lugar. Até tive que telefonar para uma amiga da família para perguntar como se usa a máquina de lavar pratos na minha cozinha.

Terapeuta: Bem, parece que você está dizendo que há apenas uma forma correta de fazer essas tarefas. Tem que ser do jeito que ela fazia?

Sr. Albert: Não, eu não diria isso, é que ela fez tudo durante tanto tempo, tenho medo de decepcioná-la, mesmo que ela não possa ver.

Terapeuta: Entendo que você queira fazer as coisas como ela faria, mas você acha que ela concordaria, dadas as circunstâncias, se você tivesse seu próprio jeito de fazer as coisas agora?

Sr. Albert: Talvez. Ainda não consigo aceitar o fato de que ela se foi. Não sei, talvez seja a minha negação. Nunca tinha pensado muito nisso até ela ficar doente.

Terapeuta: Você acha que pode estar criando expectativas irrealistas que na verdade não precisam ser atendidas? Sei que muitos cônjuges sobreviventes tiveram dificuldades com esse mesmo problema. Deixe-me fazer uma pergunta: se você tivesse sido o primeiro a falecer e a sua esposa tivesse que assumir as tarefas que você assumia, como a manutenção do carro, cortar a grama ou outras coisas como essas, você iria querer que ela fosse dura consigo mesma para fazer essas tarefas corretamente ou do mesmo jeito que você faria?

Sr. Albert: Ah, não, de modo algum! Não é possível que ela saiba fazer tudo!

Terapeuta: É interessante você pensar que ela esperaria isso de você, especialmente porque você disse antes que ela era uma pessoa muito gentil e compreensiva.

Sr. Albert: Bem lembrado! Sabe, acho que ela realmente entenderia e não iria querer que eu ficasse tão estressado com tudo isso.

Ao longo das sessões seguintes, o foco do tratamento envolveu orientar o Sr. Albert no processo de luto. Cabe salientar que, embora seja comum os idosos sofrerem de depressão enquanto assistem à deterioração do seu cônjuge devido a uma doença terminal ou após a perda do cônjuge, um forte fator de proteção no caso do Sr. Albert é o fato de ele ter iniciado o tratamento antes da morte da esposa.

No decorrer das suas sessões, o Sr. Albert explicou que estava tendo dificuldades para lidar com a morte da esposa e estava se engajando em comportamentos que estavam prejudicando a sua saúde – por exemplo, ele conta que só estava fazendo uma refeição por dia. Disse, ainda, que a esposa costumava cozinhar todas as refeições e que, inicialmente, ele nem sabia por onde começar. Também revelou que estava recorrendo a um copo de vodca todas as noites porque não conseguia dormir e ficava exausto durante o dia. Usando o modelo da TCC, o terapeuta e o Sr. Albert trabalharam colaborativamente para ajudá-lo a desenvolver habilidades para lidar com o falecimento de sua esposa. O terapeuta também ajudou o Sr. Albert a criar uma lista de hábitos de saúde positivos e atingíveis que ele poderia realizar ao longo do dia. Eles elaboraram colaborativamente "tarefas de casa" semanais que lhe proporcionavam oportunidades de praticar as habilidades ou novas perspectivas de que tinham falado nas sessões de terapia. Uma dessas tarefas consistia em um *checklist* diário. O Sr. Albert preencheu um *checklist* diário para acompanhamento do autocuidado positivo (ver a Figura 15.1).

O Sr. Albert e o terapeuta decidiram que seria melhor fixar esse *checklist* na sua gela-

	Segunda	Terça	Quarta	Quinta	Sexta	Sábado	Domingo
Manhã	• Escovar os dentes • Tomar café • Tomar os remédios	• Escovar os dentes • Tomar café • Tomar os remédios	• Escovar os dentes • Tomar café • Tomar os remédios	• Escovar os dentes • Tomar café • Tomar os remédios	• Escovar os dentes • Tomar café • Tomar os remédios	• Escovar os dentes • Tomar café • Tomar os remédios	• Escovar os dentes • Tomar café • Tomar os remédios
Tarde	• Almoçar • Exercício diário	• Almoçar • Exercício diário	• Almoçar • Exercício diário	• Almoçar • Exercício diário	• Almoçar • Exercício diário	• Almoçar • Exercício diário	• Almoçar • Exercício diário
Noite	• Jantar • Escovar os dentes	• Jantar • Escovar os dentes	• Jantar • Escovar os dentes	• Jantar • Escovar os dentes	• Jantar • Escovar os dentes	• Jantar • Escovar os dentes	• Jantar • Escovar os dentes

FIGURA 15.1 *Checklist* diário para o Sr. Albert.

deira, e, cada vez que ele completasse uma tarefa, ele a riscaria na lista. Colaborativamente, eles optaram pela geladeira porque ele passava a maior parte do tempo na cozinha. Na sessão seguinte, o Sr. Albert apresentou ao terapeuta o seu *checklist* preenchido, o que constituiu um passo positivo no tratamento.

No curso da terapia, o Sr. Albert expressou sentimentos de isolamento desde o falecimento da esposa. Como o casal não podia ter filhos, a possibilidade de ir morar com um filho não era uma opção. Também era a esposa do Sr. Albert quem marcava todas as suas atividades sociais e mantinha contato com os amigos. Ele sentia-se culpado por não se comunicar com seus amigos tanto quanto sua esposa fazia, mas explicou que ele não tinha "a habilidade dela". O terapeuta perguntou o que ele queria dizer com isso, e ele explicou que ela era sempre muito melhor em se comunicar e manter-se em contato com os amigos. Ela podia ficar ao telefone com os amigos por horas, enquanto o Sr. Albert não fazia ideia de como alguém podia falar ao telefone tanto tempo. Ele expressava isolamento extremo, mas não conseguia se aproximar de ninguém. Nas sessões seguintes, o Sr. Albert e o terapeuta usaram dramatização para ajudá-lo a se sentir mais confortável com a ideia de entrar em contato com os amigos.

Sr. Albert: Quero muito entrar em contato com os meus amigos. Só não sei como fazer. Ela sempre cuidou dessas coisas.
Terapeuta: Que tal fazermos uma dramatização?
Sr. Albert: Como assim?
Terapeuta: Vamos fazer de conta que eu sou um dos amigos que você gostaria de contatar. O que você diria?
Sr. Albert: Nem sei por onde começar.
Terapeuta: Talvez pegando o telefone.

Sr. Albert: Olá, Jim. É o Albert... (*silêncio*). Está vendo? Isso é o máximo que eu consigo fazer.
Terapeuta: O que está impedindo você?
Sr. Albert: Acho que tenho medo de que eles digam não ou que só digam sim porque se sentem mal por mim.
Terapeuta: Por que você pensa assim? Eles são seus amigos há muitos anos, não é?

Esse exemplo ilustra o processo de pensamento negativo do Sr. Albert e um esquema autodestrutivo. Ele realmente acreditava que não podia fazer algo tão simples como telefonar para um amigo, porque essa era uma tarefa que sua esposa sempre fazia. Ao longo das sessões seguintes, o paciente fez grandes progressos para lidar com a perda da esposa. Completou seus *checklists* semanais, contatou amigos e familiares e começou a sair de casa com regularidade. Também aprendeu que precisava desenvolver uma identidade própria em casa e que já não podia viver através da sua esposa. Uma das coisas que começou a fazer foi ler o jornal, como sua esposa fazia todas as manhãs. Durante uma das sessões, ele chegou com o jornal do dia anterior para informar o terapeuta de que tinha visto um anúncio de aulas de culinária gratuitas em uma comunidade de aposentados. Ele achava que poderia tentar, especialmente porque era de graça. O terapeuta o felicitou e o incentivou a experimentar. Esta foi uma das primeiras vezes, desde o início do tratamento, que o Sr. Albert tinha um sorriso no rosto. Ele disse: "Só queria que a minha mulher estivesse comigo". O terapeuta respondeu: "Acho que ela vai estar com você em espírito". Os dois discutiram os pensamentos difíceis ou estressores que poderiam surgir durante as aulas e elaboraram um plano de enfrentamento para lidar com eles.

Depois de ter trabalhado o estresse de assumir mais funções em casa e da perda da esposa, o foco das sessões passou a ser a verificação do próprio Sr. Albert. Uma vez que ele passou por vários estressores significativos em um curto período, era fundamental verificar a sua saúde e seu bem-estar geral. Ao longo de cinco sessões, o terapeuta e o Sr. Albert discutiram uma série de questões, incluindo seu estado de saúde física, o gerenciamento dos seus próprios medicamentos e receios de morrer. Os dois trabalharam para criar um plano que o ajudasse a fazer da sua saúde física e mental uma nova prioridade. Depois disso, trabalharam em conjunto para ajudar o Sr. Albert a gerenciar e a lidar com o seu medo de morrer, uma prioridade comum para os idosos. Esse medo está significativamente relacionado com a morte recente da esposa, mas também com a sua própria família. Os pais do Sr. Albert morreram aos 75 anos, e, como agora ele tinha 76 anos, surgiram emoções negativas. Ele acreditava que "seus dias estavam contados" e partia do princípio de que, uma vez que seus pais não tinham ultrapassado os 75 anos, era provável que ele também não o fizesse. O terapeuta utilizou técnicas de reestruturação cognitiva para ajudar o paciente a mudar seu padrão de pensamento negativo. O Sr. Albert foi guiado pelo processo de registro dos seus pensamentos no papel com os *registros de pensamentos automáticos* e aprendeu a identificar *distorções cognitivas*. Usando o *questionamento socrático*, o terapeuta fez perguntas ao Sr. Albert que desafiavam suas visões automáticas, como as evidências que ele tinha que provavam que seus dias estavam contados. O terapeuta também questionou a exatidão das evidências. O Sr. Albert não conseguiu dar nenhum exemplo concreto para além do fato de os seus pais terem morrido aos 75 anos. Ao longo das sessões, as distorções cognitivas do Sr. Albert tornaram-se menos frequentes, e ele até começou a desafiar suas próprias distorções, demonstrando grande progresso.

Como estratégia adicional, foi introduzido o conceito de *mindfulness*. O Sr. Albert tinha lido um artigo de jornal sobre *mindfulness* e lembrava-se de que sua esposa havia falado sobre o assunto no passado, o que despertou seu interesse. Com o passar do tempo, ele conseguiu perceber que seus pensamentos sobre a sua morte inevitável (algo que podia influenciar até certo ponto, mas sobre a qual não tinha controle total) permeavam seu humor e tinham um impacto negativo sobre ele. O paciente aprendeu estratégias cognitivas que o ajudaram a aceitar sua própria morte eventual, enquanto vivia o momento e se concentrava na vida cotidiana.

As oito sessões restantes focaram no término da terapia e na manutenção das habilidades adquiridas por meio da TCC. Quando a ideia de terminar a terapia foi inicialmente abordada, o Sr. Albert ficou um pouco estressado e resistente à ideia. Ele não achava que estivesse pronto para terminar as sessões e admitiu que começou a gostar muito das visitas semanais ao terapeuta, porque tinha alguém com quem conversar. Também admitiu que as sessões semanais lhe davam uma razão para sair de casa e lhe deram um forte sentido de rotina. O terapeuta e o Sr. Albert discutiram a ideia de que o término não significava que ele não pudesse voltar a procurar tratamento. O terapeuta explicou que ele tinha permissão para voltar à terapia se necessário, mesmo que fosse apenas para uma *sessão de reforço*. Os dois reviram o que o Sr. Albert tinha aprendido ao longo do seu tratamento. Também discutiram os possíveis ativadores que poderiam levar ao sofrimento. Por último, o Sr. Albert e o terapeuta criaram uma lista de números de telefone para ligar caso ele precisasse de assistência e uma lista das técnicas que havia aprendido durante seu tratamento. Depois de tudo isso, o paciente se sentiu pronto para concluir o tratamento, sentindo-se confiante em si mesmo e na sua capacidade de lidar com as situações. Como objetivo adicional, a ideia de o Sr. Albert se juntar a um grupo social de idosos na comunidade foi cultivada para lhe proporcionar socialização. Surpreendentemente, ele achou que esta era uma grande ideia.

Depois das 35 sessões, o Sr. Albert completou o BDI-II e uma avaliação final do risco de suicídio. Foi determinado que ele já não tinha tendências suicidas. O novo escore do BDI-II tinha baixado de 40 (seu escore original) para 14, o que, embora ainda o colocasse no limite inferior da variação de "depressão leve", representava uma melhoria significativa. Seus ganhos foram mantidos, e seu humor melhorou com um escore de 7 no BDI-II (depressão mínima a nenhuma) em uma sessão de acompanhamento aos 6 meses. Nessa consulta, o Sr. Albert parecia estar vivendo uma vida bem-adaptada. Embora continuasse a sentir a falta da esposa e a experienciar momentos normais de breve tristeza, ele tinha uma sólida rede de apoio de amigos e membros da comunidade que o ajudavam a manter o que havia aprendido durante seu tratamento.

Referências

American Psychological Association. (2014). Guidelines for psychological practice with older adults. *American Psychologist, 69*(1), 34–65.

Beck, A. T., Steer, R. A., & Brown, G. K. (1996). *Manual for the Beck Depression Inventory–II*. Psychological Corporation.

Blow, F. C., Brower, K. J., Schulenberg, J. E., Demo-Danaberg, L. M., Young, J. P., & Beresford, T. P. (1992). The Michigan Alcoholism Screening Test—Geriatric Version (MAST-G): A new elderly-specific screening instrument. *Alcoholism: Clinical and Experimental Research, 16*, 372.

Bogunovic, O. (2012). Substance abuse in aging and elderly adults: New issues for psychiatrists. *Psychiatric Times, 29*(8), 39.

Cavanaugh, J. C. (2018). *Adult development and aging*. Cengage Learning.

Colliver, J. D., Compton, W. M., Gfroerer, J. C., & Condon, T. (2006). Projecting drug use among aging baby boomers in 2020. *Annals of Epidemiology, 16*(4), 257–265.

Conner, K. O., Copeland, V. C., Grote, N. K., Koeske, G., Rosen, D., Reynolds, C. F., III, & Brown, C. (2010). Mental health treatment seeking among older adults with depression: The impact of stigma and race. *American Journal of Geriatric Psychiatry, 18*(6), 531–543.

Conwell, Y. (2014). Suicide later in life: Challenges and priorities for prevention. *American Journal of Preventative Medicine, 47*(3), S244–S250.

DeVries, H. M., & Ogland-Hand, S. M. (2007). Crisis with older adults. In F. M. Dattilio & A. Freeman (Eds.), *Cognitive-behavioral strategies in crisis intervention* (3rd ed., pp. 377–396). Guilford Press.

Engels, G., & Vermey, M. (1997). Efficacy of nonmedical treatments of depression in elders: A quantitative analysis. *Journal of Clinical Geropsychology, 3*(1), 17–35.

Folstein, M. F., Folstein, S. E., White, T., & Messer, M. A. (2010). *Mini-Mental State Examination, 2nd Edition* (MMSE-2). Psychological Assessment Resource.

Gallagher-Thompson, D., Hanley-Peterson, P., & Thompson, L. (1990). Maintenance of gains versus relapse following brief psychotherapy for depression. *Journal of Consulting and Clinical Psychology, 58*, 371–374.

Gallagher-Thompson, D., & Thompson, L. W. (1992). The older adult. In A. Freeman & F. Dattilio (Eds.), *Comprehensive casebook of cognitive therapy* (pp. 193–200). Plenum Press.

Gallagher-Thompson, D., & Thompson, L. W. (1996). Applying cognitive-behavioral therapy to the psychological problems of later life. In S. H. Zarit & B. G. Knight (Eds.), *A guide to psychotherapy and aging: Effective clinical interventions in a life-stage context* (pp. 61–82). American Psychological Association.

Groden, S. R., Woodward, A. T., Chatters, L. M., & Taylor, R. J. (2017). Use of complementary and alternative medicine among older adults: Differences between baby boomers and pre-boomers. *American Journal of Geriatric Psychiatry, 25*(12), 1393–1401.

Hirschfeld, R. M. A., Williams, J. B. W., Spitzer, R. L., Calabrese, J. R., Flynn, L., Keck, P. E., Jr., . . . Zajecka, J. (2000). Development and validation of a screening instrument for bipolar spectrum disorder: The Mood Disorder Questionnaire. *American Journal of Psychiatry, 157*(11), 1873–1875.

Hyer, L. (2013). *Psychological treatment of older adults: A holistic model*. Springer.

Johnco, C., Wuthrich, V. M., & Rapee, R. M. (2013). The role of cognitive flexibility in cognitive restructuring skill acquisition among older adults. *Journal of Anxiety Disorders, 27*(6), 576–584.

Kasl-Godley, J., Gatz, M., & Fiske, A. (1998). Depression and depressive symptoms in old age. In I. Nordhus, G. VandenBos, S. Berg, & P. Fromholt (Eds.), *Clinical geropsychology* (pp. 211– 217). American Psychological Association.

Kazantzis, N., Carper, M. M., McLean, C. P., & Sprich, S. E. (2021). Applications of cognitive and behavioral therapy in response to COVID-19. *Cognitive and Behavioral Practice, 28*(4), 455–458.

Koenig, H., & Blazer, D. (1992). Mood disorders and suicide. In J. Birren, R. B. Sloane, & G. Cohen (Eds.), *Handbook of mental health and aging* (2nd ed., pp. 379–407). Academic Press.

Kuerbis, A., Sacco, P., Blazer, D. G., & Moore, A. A. (2014). Substance abuse among older adults. *Clinics in Geriatric Medicine, 30*(3), 629–654.

Lang, K. (2022, March 11). How are COVID-19 deaths counted, and what does it mean? *Medical News Today*.

Lazowski, L. E., Kimmell, K. S., & Baker, S. L. (2016). *The Adult Substance Abuse Subtle Screening Inventory–4 (SASSI-4): User guide & manual*. SASSI Institute.

Lebrasseur, A., Fortin-Bédard, N., Lettre, J., Raymond, E., Bussières, E. L., Lapierre, N., . . . Routhier, F. (2021). Impact of the COVID-19 pandemic on older adults: Rapid review. *JMIR Aging, 4*(2), e26474.

Lenze, E. J. (2015). Solving the geriatric mental health crisis in the 21st century. *JAMA Psychiatry, 72*(10), 967–968.

Liptzin, B. (1991). The treatment of depression in older suicidal persons. *Journal of Geriatric Psychiatry, 24*, 203–215.

Mackenzie, C. S., Gekoski, W. L., & Knox, V. J. (2006). Age, gender, and the underutilization of mental health services: The influence of help-seeking attitudes. *Aging and Mental Health, 10*(6), 574–582.

Medic, G., Wille, M., & Hemels, M. E. (2017). Short- and long-term health consequences of sleep disruption. *Nature and Science of Sleep, 9*, 151.

Millon, T., Grossman, S., & Millon, C. (2015). *Millon Clinical Multiaxial Inventory–IV*. Pearson Assessments.

Mohlman, J. (2013). Executive skills in older adults with GAD: Relations with clinical variables and CBT outcome. *Journal of Anxiety Disorders, 27*(1), 131–139.

Naef, R., Ward, R., Mahrer-Imhof, R., & Grande, G. (2013). Characteristics of the bereavement experience of older persons after spousal loss: An integrative review. *International Journal of Nursing Studies, 50*(8), 1108–1121.

Nasreddine, Z. S., Phillips, N. A., Bédirian, V., Charbonneau, S., Whitehead, V., Collin, I., . . . Chertkow, H. (2005). The Montreal Cognitive Assessment, MoCA: A brief screening tool for mild cognitive impairment. *Journal of the American Geriatrics Society, 53*(4), 695–699.

National Institute of Mental Health. (2022). *Suicide*. Author.

National Institutes of Health. (2016). *World's older population grows dramatically*. Author.

Prigerson, H. G., Maciejewski, C. F., Reynolds, C. F., III, Bierhals, A. J., Newsom, J. T., Fasiczka, A., . . . Miller, M. (1995). Inventory of Complicated Grief: A scale to measure maladaptive symptoms of loss. *Psychiatry Research, 59*, 65–79.

Rosen, D., Engel, R. J., Hunsaker, A. E., Engel, Y., Detlefsen, E. G., & Reynolds, C. F. (2013). Just say know: An examination of substance use disorders among older adults in gerontological and substance abuse journals. *Social Work in Public Health, 28*(3–4), 377–387.

Sadler, P., McLaren, S., Klein, B., & Jenkins, M. (2018). Advancing cognitive behaviour therapy for older adults with comorbid insomnia and depression. *Cognitive Behaviour Therapy, 47*(2), 139–154.

Shah, S. N., & Meeks, S. (2012). Late-life bereavement and complicated grief: A proposed comprehensive framework. *Aging and Mental Health, 16*(1), 39–56.

Subica, A. M., Fowler, J. C., Elhai, J. D., Frueh, B. C., Sharp, C., Kelly, E. L., & Allen, J. G. (2014). Factor structure and diagnostic validity of the Beck Depression Inventory–II with adult clinical inpatients: Comparison to a gold-standard diagnostic interview. *Psychological Assessment, 26*(4), 1106.

Thompson, L. W., Gallagher-Thompson, D., Futterman, A., & Peterson, J. (1991). The effects of late-life spousal bereavement over a thirty-month interval. *Psychology and Aging, 6*, 434– 441.

U.S. Department of Health and Human Services. (2020). The scope of substance abuse in older adults. www.samhsa.gov/data

Yesavage, J. A., Brink, T. L., Rose, T. L., Lum, O., Huang, V., Adey, M., & Leirer, V. O. (1983). Development and validation of a geriatric depression scale: A preliminary report. *Journal of Psychiatric Research, 17*, 37–49.

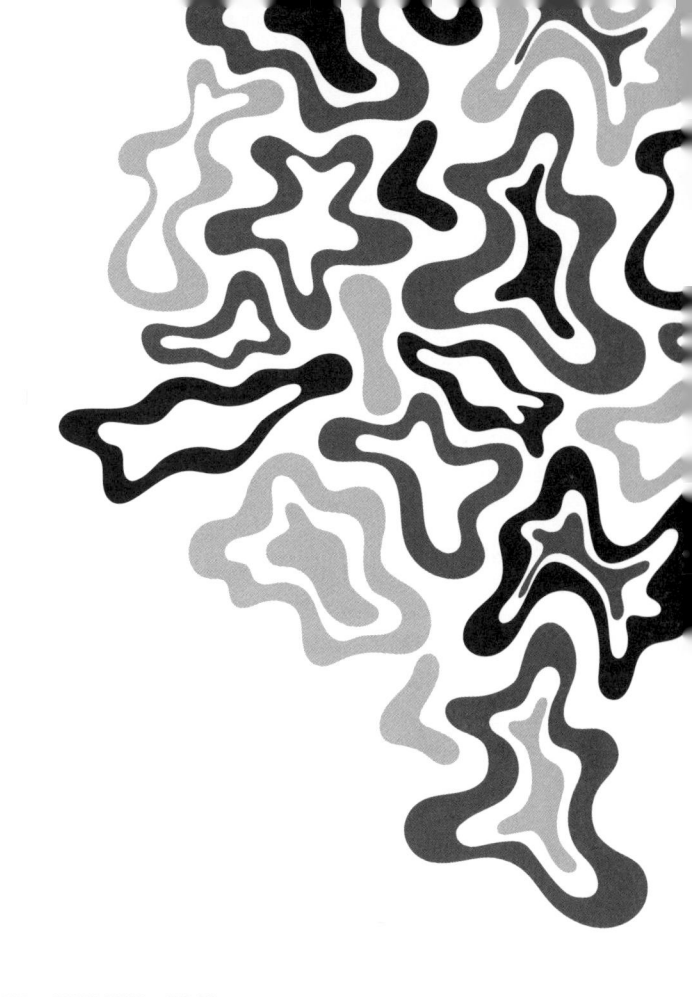

PARTE V

Crises ambientais e situacionais

16

Trauma em situações de catástrofe

Lata K. McGinn, Lauren Bonavitacola e William Buerger

Andrea é uma mulher branca de 37 anos de idade, casada, que trabalha em uma empresa de gestão de dados e é mãe de uma menina de 4 anos e um menino recém-nascido. Ela foi exposta pela primeira vez à covid-19 pelo contato com um colega de trabalho em um evento da equipe em março de 2020. Andrea começou a ter sintomas que se assemelhavam a um resfriado comum e pediu para fazer o teste do vírus, mas seu médico disse que não era necessário. Dado seu histórico de ansiedade, o médico acreditava que seu estresse resultava da sua ansiedade desadaptativa em relação à saúde e da hipervigilância que a acompanhava em relação às sensações somáticas. Esses sintomas coincidiram com a festa do quarto aniversário da filha, à qual ambos os avós esperavam ir para celebrar e ver o neto pela primeira vez. Embora Andrea estivesse preocupada com a possibilidade de se reunirem, seus pais manifestaram um forte desejo de se encontrarem, referindo que talvez não tivessem outra oportunidade de ver seu filho que era recém-nascido. Com a garantia do seu médico, e porque ninguém no trabalho estava apresentando sintomas de covid-19, ela concordou em realizar a festa. Embora durante a festa tenha havido piadas ansiosas sobre os espirros e a tosse de Andrea, não houve distanciamento social, e a comida foi compartilhada abertamente.

Nos dias seguintes, o estado de Andrea persistiu, e mais uma vez ela contatou seu médico, perguntando se não seria melhor fazer um teste de covid. O médico reiterou que não acreditava que ela estivesse com covid, mas acabou cedendo e disse que ela podia fazer o teste "se isso faria ela se sentir melhor". Andrea fez o teste e, dois dias depois, foi informada de que o teste tinha dado positivo para o vírus, e então ela começou sua quarentena no porão de casa, onde sua condição continuou a piorar. Ela começou a acordar com suores frios, a transpirar abundantemente e a sentir falta de ar. As dificuldades respiratórias e os níveis de oxigênio no sangue pioraram no sexto dia, e consequentemente ela foi levada com urgência para um hospital. Mais tarde, ela descreveria essa transição como altamente angustiante, pois não tinha certeza de quando e se voltaria a ver sua família. Seu isolamento social tornou-se mais estressante nos dias seguintes, à medida que o seu estado de saúde se deteriorava. Ela entrava e saía do estado de consciência, geralmente passando seus momentos de vigília ruminando o medo da morte e sentindo ansiedade e culpa por não ter conseguido se despedir dos filhos. A deterioração do estado de Andrea fez a responsabilidade pelas decisões médicas ser delegada ao marido. Quando se tornou evidente que ela corria risco de não sobreviver à doença, seu marido concordou que ela fosse entubada. Ela permaneceu ligada a um ventilador por duas semanas, durante as quais recebeu anticorpos monoclonais por via intravenosa que, lentamente, levaram a uma melhora em seus sintomas. O pessoal do hospital tentou extubá-la várias vezes, tendo conseguido depois de quatro tentativas de remoção do tubo de respiração, devido à sua ansiedade. Seguiu-se uma semana de internação em uma unidade de cuidados intensivos, onde se debateu com desconforto físico e sentimentos de confusão relacionados com o que tinha acontecido. Em consequência disso, muitas vezes ela não conseguia dormir.

Quando teve alta do hospital, Andrea tomou conhecimento das mudanças que tinham ocorrido na sua ausência. Seu marido agora estava trabalhando em turnos dobrados como gerente de um restaurante para complementar a renda familiar, e os filhos estavam morando com os avós maternos. Essa transição tinha sido difícil para seus filhos e para seus pais, que tinham-se recuperado do seu próprio surto mais leve de covid-19 após a festa de aniversário. Essa situação temporária era insustentável, uma vez que os seus filhos teriam de regressar às aulas presenciais e seus pais viviam a mais de 2 horas de distância dela. Embora esses fatores tenham aumentado a pressão sobre Andrea para regressar ao trabalho, ela continuou a enfrentar dificuldades físicas significativas (p. ex. dificuldade para andar, falta de ar, sensação crônica de fadiga). Ela também começou a demonstrar sintomas de transtorno de estresse pós-traumático (TEPT), incluindo hipervigilância a possíveis sinais de notícias negativas sobre o vírus, aumento do estresse e excitação fisiológica quando confrontada com recordações do processo de hospitalização e pesadelos relacionados com o processo de extubação. No momento da admissão, Andrea descreveu um sentimento de culpa pela dor que a sua doença tinha causado aos outros e uma ansiedade antecipatória diante da possibilidade de não poder voltar a trabalhar.

Diagnóstico e descrição

A característica que define uma catástrofe é que ela ameaça a segurança de toda uma comunidade, bem como dos seus membros (Norwood et al., 2000; International Federation of Red Cross and Red Crescent Societies, 2023). O trauma relacionado a uma catástrofe afeta os indivíduos diretamente, devido à sua exposição ao evento e às suas consequências, bem como pela comunidade onde vivem, pelos comentários, pela cobertura da mídia e pelas perturbações nos serviços e eventos que constituem a vida cotidiana (Busso et al., 2014; Galea et al., 2003; Goldman & Galea, 2014). A pandemia de covid-19 constitui um exemplo impressionante dos profundos efeitos políticos, psicológicos e econômicos que podem se seguir a uma catástrofe (Alessi et al., 2021; Bridgland et al., 2021) – assim, a sociedade precisa enfrentar não só as necessidades dos indivíduos afetados pela catástrofe, mas também as da comunidade.

As catástrofes incluem eventos ambientais naturais, como furacões, tornados, inundações e terremotos, que frequentemente ocorrem sem aviso prévio e não podem ser evitados (Fullerton et al., 2003; Guha-Sapir et al., 2015; Norwood et al., 2000; Severin & Jacobson, 2020). O furacão Sandy, que matou 233 pessoas em oito países em 2012, é um exemplo. As catástrofes provocadas pelo homem resultam de ações humanas e incluem atos intencionais, como violência em massa e terrorismo, e atos não intencionais, como acidentes ou desastres tecnológicos (Norris et al., 2001, 2002; Severin & Jacobson, 2020) – além disso, as "catástrofes complexas", como o furacão Katrina em 2005, cujo impacto natural da tempestade foi exacerbado pela ruptura dos diques em Nova Orleans e pelo sistema de assistência a catástrofes dos Estados Unidos, incluem elementos naturais e criados pelo homem. A pandemia de covid-19 é também uma catástrofe complexa, dada a sua cronicidade e o impacto contínuo ao longo de vários anos nas pessoas diretamente afetadas, bem como na sociedade global em geral (Alessi et al., 2021).

Estudos comunitários sugerem que aproximadamente dois terços dos indivíduos expostos a um trauma terão uma resposta aguda normal ao estresse que diminuirá com o tempo, sugerindo que a resiliência é o resultado mais comum do trauma (Bonanno et al., 2006; Yehuda & McFarlane, 1995; Yehuda et al., 2015). Várias reações emocionais, cognitivas e físicas, além de problemas de vida, são vistas como consequências naturais das adaptações que os indivíduos precisam fazer após uma catástrofe (Tol & van Ommeren, 2012; Ursano et al., 2006; van Etten & Taylor, 1998). As reações emocionais comuns podem incluir choque temporário, medo, ansiedade e descrença. Os indivíduos também podem reagir com raiva, tristeza, irritabilidade, ressentimento, culpa e vergonha. Os elevados níveis de excitação frequentemente conduzem a um entorpecimento emocional ou perturbações do sono (Norwood et al., 2000; Ursano et al., 2006; Young et al., 2005). O sentimento de impotência é comum, e os indivíduos podem recorrer a álcool, tabaco, cafeína ou outras substâncias para ajudá-los a lidar com a situação (Ezard et al., 2011; Kearns et al., 2021; Norwood et al., 2000).

Os sobreviventes de catástrofes com frequência descrevem uma série de reações cognitivas que acompanham a ansiedade, como confusão, desorientação, indecisão, diminuição da capacidade de atenção e perda de memória. Além disso, também são comuns os pensamentos de preocupação e de autoculpa, bem como memórias intrusivas e indesejadas da experiência da catástrofe (Constans et al., 2012; Young et al., 2005). As queixas somáticas incluem tensão e dores musculares, fadiga, inquietação, redução da libido e alterações do apetite (Young et al., 2005). O impacto direto na infraestrutura comunitária também conduz a problemas de vida, como o estresse financeiro e profissional. As vítimas de catástrofes podem sofrer uma perda do apoio social, devido à realocação ou a relações sociais conflituosas resultantes de maior desconfiança, irritabilidade, retração e isolamento (Norris et al., 2002; Saltzman et al., 2020; Tracy et al., 2011; Young et al., 2005).

Os impactos também podem variar muito, dependendo do tipo de trauma sofrido. Norris et al. (2002) descobriram que o nível mais elevado de prejuízo foi observado em casos de violência em massa (67%), seguido de desastres naturais (39%) e desastres tecnológicos (34%). Pesquisas sugerem que as consequências das catástrofes provocadas pelo homem também podem persistir durante mais tempo do que as dos desastres naturais (Solomon & Green, 1992; Yehuda et al., 2015). O significado que os indivíduos atribuem às catástrofes provocadas pelo homem e à violência, incluindo a maldade e o descuido humano, pode explicar parte dessa diferença (Norris et al., 2002). As catástrofes também afetam geralmente a comunidade para além da destruição da paisagem física e da infraestrutura. Na sequência de um trauma, a afluência de pessoas de fora, incluindo equipes de socorro, cobertura da mídia ou curiosos, pode perturbar a cultura e a rotina natural da comunidade. Dependendo da forma como é prestada, a ajuda externa também pode ser sentida como intrusiva e insensível. Embora as comunidades frequentemente respondam com compaixão pelas vítimas de uma catástrofe, pode-se desenvolver raiva contra aqueles que são responsabilizados por não terem tomado medidas que poderiam ter evitado a catástrofe ou a extensão dos seus efeitos (Fullerton et al., 2003; Norwood et al.,

2000). Também pode-se desenvolver raiva contra aqueles que parecem ser responsáveis pela perpetuação dos efeitos do trauma, conforme demonstrado pela raiva sentida contra o governo por instituir a obrigação do uso de máscara ou de distanciamento social durante a pandemia de covid-19 ou contra aqueles que se recusaram a ser vacinados ou a obedecer à obrigatoriedade do uso de máscara.

Embora o impacto de um trauma varie muito dependendo do tipo de catástrofe, evidências sugerem que as reações às catástrofes e a outros eventos traumáticos são transitórias e desaparecem com o tempo para a maioria dos indivíduos (Breslau, 2009; Fullerton et al., 2003; Gargano et al., 2019; Kessler et al., 1995; Yehuda et al., 2015) – no entanto, cerca de um terço dos indivíduos expostos acaba desenvolvendo sintomas patológicos (Yehuda & McFarlane, 1995; Kessler et al., 1995; Yehuda et al., 2015). O *Manual diagnóstico e estatístico de transtornos mentais, quinta edição, texto revisado* (DSM-5-TR; American Psychiatric Association, 2022) diferencia TEPT de transtorno de estresse agudo, com base na longevidade dos sintomas.

Prevalência de TEPT entre as vítimas de traumas em catástrofes

O TEPT tem prevalência ao longo da vida de 5 a 10% na população em geral (Ballenger et al., 2000; Yehuda et al., 2015) – no entanto, as estimativas de prevalência variam de aproximadamente 15 a quase 50%, dependendo do tipo de trauma, da amostra populacional, da metodologia e do *design* do estudo e dos critérios de diagnóstico utilizados (Breslau et al., 1998; Gargano et al., 2019; Kessler et al., 1995; Kilpatrick et al., 1987; Yehuda et al., 2015).

Mesmo nas populações afetadas por catástrofes, existe uma grande variabilidade nas taxas. As taxas podem variar entre 0 e 100%, dependendo do tipo de catástrofe, da seleção da amostra e do tipo de avaliações utilizado (NSW Health, 2000). Por exemplo, os relatórios indicam taxa de prevalência de TEPT de 4% entre as vítimas de chuvas torrenciais e deslizamentos de terra (Canino et al., 1990), 54% após os incêndios florestais que ocorreram na Austrália em 1983 (McFarlane, 1986) e 45% após o furacão Katrina em Nova Orleans (Voelker, 2006, p. 259). Um estudo realizado durante a pandemia de covid-19 revelou que 13,2% dos participantes satisfaziam os critérios para TEPT, apesar de os tipos de exposição (p. ex., *lockdown*) não se enquadrarem nos critérios tradicionais de um evento traumático (Bridgland et al., 2021).

Uma revisão sugeriu que aproximadamente 28% dos indivíduos que experienciam ataques terroristas desenvolvem TEPT (ver Gidron, 2002, para uma revisão) – no entanto, uma revisão posterior de dados recolhidos após 14 incidentes de tiroteio em massa de 1984 a 2008 demonstrou que as taxas de TEPT variaram entre 3 e 91% (Lowe & Galea, 2015). Schlenger et al. (2002) relataram uma taxa de prevalência provável de 11,2% entre as pessoas que estavam em Nova York no dia dos ataques do 11 de setembro, em comparação com uma estimativa nacional de 4,3%, enquanto outro estudo constatou que a taxa provável de TEPT era de 7,5% entre os indivíduos que viviam nas proximidades do World Trade Center 6 semanas após o ataque (Galea et al., 2003).

Mesmo entre as pessoas que desenvolvem TEPT, os sintomas geralmente tendem a diminuir com o tempo. Uma metanálise de 177 estudos concluiu que os sintomas costumam atingir um pico no primeiro ano e depois declinam em termos de prevalência (Norris et al., 2001). Galea et al. (2003)

descobriram que a prevalência de provável TEPT diminuiu de 7,5 para 0,6% durante o primeiro ano após o 11 de setembro, em um levantamento telefônico com 1.000 residentes de Manhattan que viviam abaixo da 110th Street. Outro estudo realizado com uma amostra semelhante mostrou que a maioria das pessoas relatou sintomas mínimos ou inexistentes 3 anos após o 11 de setembro (McGinn & Massey, 2004).

Fatores de risco para TEPT

Embora uma minoria de indivíduos que experienciam traumas desenvolva TEPT (Breslau, 2009; Kelley et al., 2010; Kessler et al., 1995, Yehuda et al., 2015), parece haver maior probabilidade de os sintomas persistirem em intensidade e duração se não tiverem remitido no prazo de 12 meses (Cancro, 2004). A probabilidade de desenvolver sintomas clinicamente significativos parece ser, pelo menos em parte, determinada pela existência de fatores de risco e de proteção específicos (Ballenger et al., 2000; Yehuda, 1999; Yehuda et al., 2015). Assim, um aspecto essencial da intervenção em situações de crise é a identificação dos indivíduos que estão em risco e o desenvolvimento de intervenções focadas para atender às suas necessidades.

Muitos fatores parecem aumentar o risco de desenvolver estresse psicológico em longo prazo depois de sobreviver a uma catástrofe. Mulheres de todas as idades correm maior risco do que os homens de desenvolver TEPT, transtorno depressivo maior (TDM) e transtorno de ansiedade generalizada (TAG) após a exposição (Breslau, 2009; Norris et al., 2001, 2002; North et al., 1999; Sayed et al., 2015; Udwin et al., 2000; Yehuda et al., 2015). A gravidade das consequências psicológicas depois de uma catástrofe parece diminuir ao longo da vida (Bonanno et al., 2007; Norris et al., 2001, 2002; Sayed et al., 2015).

História de doença psiquiátrica, em particular ansiedade ou depressão pré-existentes, pode ser um dos mais fortes preditores individuais de sintomas pós-catástrofe entre sobreviventes de trauma em geral (Breslau, 1991; North et al.,1999; Perkonigg et al., 2000; Yehuda et al., 2015) e em sobreviventes de catástrofes (Norris et al., 2002; Sullivan et al., 2013). As crenças negativas preexistentes também parecem estar associadas ao desenvolvimento e à manutenção de TEPT (Ali et al., 2002; Constans et al., 2012; Dunmore et al., 2001). Além disso, as reações dos sobreviventes e as formas de enfrentamento podem amortecer ou, pelo contrário, manter os sintomas (Kearns et al., 2021; Norris et al., 2001) – por exemplo, aqueles que usam aceitação, reestruturação positiva e planejamento em vez de negação, autoculpa e evitação parecem apresentar menos estresse pós-traumático após uma catástrofe (Kearns et al., 2021; McGinn & Massey, 2004; Schlenger et al., 2002).

A proximidade da catástrofe, a gravidade da exposição, a duração da exposição, os ferimentos durante a exposição e a exposição a cenas aterrorizantes aumentam a probabilidade de consequências psicológicas (Galea et al., 2003; Lowe et al., 2009; Norris et al., 2001, 2009; Rubonis & Bickman, 1991; Schlenger et al., 2002; Shore et al., 1986; Udwin et al., 2000; Young et al., 2005). A perda de recursos posteriormente a uma catástrofe, tais como danos à propriedade, destruição da comunidade, interrupção do emprego e perdas financeiras, tem sido repetidamente associada a maior patologia (Phifer & Norris, 1989; Lowe et al., 2009; Norris et al., 2001; Young et al., 2005). O fraco apoio social também tem sido associado ao TEPT em todos os traumas (p. ex. Brewin et al., 2000; Davidson et al., 1991), incluindo catástrofes (Bonanno et al., 2007; Saltzman et al., 2020).

Estratégias de intervenção

São recomendados vários níveis de intervenção pós-catástrofe com base no tempo decorrido desde a catástrofe e na forma como o indivíduo está funcionando. As seções a seguir descrevem três níveis de intervenção: prevenção primária para as respostas imediatas agudas, prevenção secundária para indivíduos identificados como em risco de desenvolver TEPT e tratamentos para os que satisfazem os critérios para TEPT.

Intervenção primária imediata: ajuda imediata após a catástrofe

A intervenção imediata em caso de catástrofe é multifacetada, indo desde os esforços de salvamento de emergência até o apoio financeiro das agências governamentais e intervenções dos profissionais de saúde. Uma resposta governamental estável e imediata a uma catástrofe é também fundamental para atender às necessidades básicas dos sobreviventes, como segurança e alimentação, desse modo prevenindo ou reduzindo a traumatização contínua ou a retraumatização. Com base nas evidências disponíveis, as intervenções de saúde mental nas respostas imediatas a um trauma devem se limitar a "medidas imediatas de restauração e recuperação" (p. ex., sono adequado, repouso utilizando tranquilizantes de curta duração, se necessário) no "contexto de mensagens de apoio e otimistas sobre a recuperação" (National Institute of Mental Health, 2002, como citado em Herbert & Forman, 2006, p. 9). O objetivo geral na fase aguda é prestar os "primeiros socorros psicológicos" (PFAs, do inglês *psychological first aid*), que visam reduzir o estresse inicial e promover o funcionamento adaptativo em curto e longo prazos por meio da facilitação do processamento emocional natural posteriormente a um evento adverso ou traumático, um desastre natural, uma emergência de saúde pública ou mesmo uma crise pessoal (Feuer, 2021; National Child Traumatic Stress Network e National Center for PTSD, 2004; Padesky et al., 2002). Os PFAs têm sido aplicados como uma abordagem de prevenção de TEPT após muitos desastres naturais e provocados pelo homem e, mais recentemente, com os prestadores de cuidados de saúde durante a pandemia de covid-19 (Mullin et al., 2021). Pesquisas iniciais sugerem que os PFAs podem ser empregados por paraprofissionais e são uma intervenção promissora, particularmente para melhorar o funcionamento global pós-catástrofe (McCart et al., 2020).

Os PFAs são realizados por meio de oito ações fundamentais, que estão disponíveis gratuitamente no Guia de Operações em Campo, no *site* da National Child Traumatic Stress Network (*www.nctsn.org*). A primeira ação principal (contato e engajamento) consiste em iniciar o contato com um sobrevivente ou responder a alguém que necessite. Isso pode implicar ir até um sobrevivente em um abrigo, responder a uma criança angustiada que sobreviveu a um tiroteio em uma escola ou iniciar um diálogo com alguém que passou por uma crise pessoal. Os passos essenciais incluem avaliar quem precisa de ajuda e estar atento às diferenças culturais ao abordar quem precisa. Aumentar a segurança e o conforto é a próxima ação fundamental. Os conselheiros devem abordar os sobreviventes de forma calma e compassiva, validar e normalizar todas as reações sem julgamento, fazer os sobreviventes saberem que não estão sozinhos e oferecer assistência prática para as necessidades básicas e imediatas. Devem ser consideradas as necessidades de desenvolvimento, espirituais, culturais ou religiosas, bem como as necessidades específicas de indivíduos vulneráveis e/ou daqueles que foram notificados da morte ou ferimento de um ente querido. Na medida do possível, os sobreviventes devem ser protegidos de outras situações traumáticas, como as atividades de salvamento ou exposição na mídia, devem ser encorajados a fazer perguntas e devem receber informações oportunas e precisas de fontes confiáveis. Se indicado, os indivíduos que testemunharam uma catástrofe semelhante podem ser reunidos para promover conexão social.

A experiência de um evento traumático pode ser confusa, desorientadora e avassaladora e pode comprometer a capacidade do sobrevivente de lidar com as emoções e problemas. Outra ação fundamental (estabilização) inclui identificar, acalmar e orientar os sobreviventes emocionalmente sobrecarregados, sem reação ou desorientados. Os sobreviventes que apresentem fortes reações emocionais ou físicas, ou comportamentos frenéticos ou erráticos, podem também precisar de estabilização, mesmo que suas reações sejam consideradas apropriadas diante da natureza das circunstâncias. Os sobreviventes que necessitarem de estabilização são levados para um espaço privado, se possível, e gentilmente são feitas perguntas, dadas informações e oferecidas técnicas de aterramento (p. ex., exercícios de respiração ou a técnica 5-4-3-2-1, na qual se pede aos indivíduos que foquem sequencialmente no que eles percebem atualmente no ambiente com cada um dos seus sentidos) para ajudá-los a se acalmar e a permanecer no presente.

A principal ação seguinte (coleta de informações) é identificar as necessidades e as preocupações imediatas e colher informações adicionais para que a ajuda possa ser adaptada. Os conselheiros resumem e dão prioridade às necessidades e colaborativamente desenvolvem um plano de ação prático e realista. A ação principal subsequente (assistência prática) começa com a disponibilização de recursos para satisfazer necessidades básicas e imediatas, como alimento, água, abrigo, vestuário e medicação, ou a conexão com serviços de que eles possam necessitar. Os conselheiros são encorajados a estabelecer colaborativamente objetivos exequíveis, ajudar e incentivar os sobreviventes a satisfazerem suas necessidades imediatas e ajudá-los a aceitar que algumas necessidades podem precisar ser adiadas.

Considerando as conclusões de que a dimensão, a vitalidade e a proximidade das redes sociais estão fortemente relacionadas com resultados positivos em termos de saúde mental (Norris et al., 2001; Saltzman et al., 2020), os sobreviventes são ajudados a estabelecer contatos breves ou contínuos com a família, amigos, serviços de emergência e outras fontes de apoio na comunidade, como parte da próxima ação principal (conexão com os apoios sociais). É imperativo conhecer os tipos e as fontes de apoio social e seus benefícios, bem como a necessidade de atender às preocupações que algumas pessoas possam ter em relação a pedir ou aceitar apoio. Se a comunidade estiver perturbada e traumatizada, torna-se essencial ajudar nos esforços de realojamento e conectar os sobreviventes com apoios sociais fora da zona traumatizada. Embora os sobreviventes sejam encorajados a falar com a família ou amigos, sua inclinação natural, incluindo a relutância em compartilhar experiências traumáticas, deve ser respeitada. Aqueles que são capazes podem ser incentivados a oferecer apoio a outros, o que pode promover um sentimento de confiança e de serem necessários e é mais uma oportunidade de conexão social – por exemplo, os sobreviventes de catástrofes podem ser capacitados para organizar a comunidade em torno de atividades de recuperação; participar na solução de problemas; partilhar informações; e apoiar aqueles que são vulneráveis, retraídos ou isolados.

Como parte da próxima ação central (informação sobre como lidar com a situação), os sobreviventes são informados sobre as reações comuns a eventos traumáticos, recordações traumáticas e estratégias de enfrentamento negativas. Também lhes é oferecida informação sobre as habilidades básicas de enfrentamento para reduzir o estresse emocional e promover o funcionamento adaptativo. O objetivo é desenvolver planos individualizados para lidar com o estresse e as adversidades, para que eles possam se ajustar às circunstâncias imediatas e planejar o futuro imediato. Os problemas iniciais de sono e ansiedade também são tratados sintomaticamente, e, se indicado, os sobreviventes podem precisar de sedação nas horas ou dias logo após o trauma (Herbert & Sageman, 2004). É importante educar os sobreviventes sobre as respostas normais e esperadas ao trauma, como ansiedade, pesadelos e irritabilidade, e que esses efeitos são transitórios para a maioria dos indivíduos (Bryant et al., 2003). Não é feito qualquer esforço terapêutico para obter detalhes das experiências e perdas dos sobreviventes. Em vez disso, os indivíduos são incentivados a envolver-se em alguma forma de atividade significativa para evitar a preocupação mórbida com o trauma (Herbert & Sageman, 2004). Considerando os fatores de risco cognitivos associados ao desenvolvimento de TEPT (Ehlers & Clark, 2000), devem ser feitos todos os esforços para evitar crenças patológicas sobre a possibilidade de danos permanentes e incapacidade. Os elementos terapêuticos críticos parecem ser a validação do sofrimento do indivíduo como real e doloroso, por um lado, mas normal e temporário, por outro. Tendo em conta pesquisas anteriores e as lições aprendidas, é seguro assumir que a maioria dos indivíduos regressa gradualmente à linha de base e, provavelmente, só

precisa de medidas de recuperação imediatas e proximais, incluindo apoio social e de emergência básico combinado com validação, aceitação dos sintomas e expectativa de melhora – no entanto, pode ser necessário facilitar os esforços de resposta adicionais para alguns (National Child Traumatic Stress Network e National Center for PTSD, 2010). Os indivíduos que precisam de serviços, ou os que estão em risco, com sintomas persistentes ou clinicamente significativos e comprometimento do funcionamento podem ser diretamente ligados a serviços adicionais (ligação com serviços colaborativos). Os conselheiros dos PFAs fornecem informações, discutem as necessidades que requerem informações ou serviços adicionais e fazem o que for necessário para conectá-los com esses serviços – por exemplo, dependendo da natureza do problema e/ou da acuidade ou persistência da necessidade, os sobreviventes podem ser ligados a um serviço de emergência hospitalar, um centro de cuidados urgentes ou a um prestador de cuidados para tratamento de problemas médicos ou de saúde mental agudos ou contínuos. Vítimas de maus-tratos podem ser encaminhadas para uma casa de acolhimento ou para serviços de proteção à criança.

Intervenção secundária subaguda: 2 semanas após a catástrofe

Para os indivíduos cujos níveis de estresse permanecem elevados 2 ou 3 semanas após o trauma, pode ser indicado o encaminhamento para intervenções psicológicas ou medicamentosas. Pesquisas sugerem que os programas de terapia cognitivo-comportamental (TCC) breves e preventivos, realizados no período de 2 semanas a 1 mês após o trauma, podem ser eficazes na prevenção do desenvolvimento de sintomas crônicos e graves de TEPT em indivíduos vulneráveis (Bryant et al., 2003; Foa et al., 1995). Com base nessas descobertas, foram desenvolvidas as habilidades para a recuperação psicológica (SPRs, do inglês *skills for psychology recovery*) (National Child Traumatic Stress Network & National Center for PTSD, 2010), que se destinam a ser utilizadas nos meses e anos após uma catástrofe (Heinz et al., 2022). As SPRs são uma extensão natural dos PFAs, já que também se destinam a prevenir o desenvolvimento de sintomas de saúde mental, em vez de atuarem como um tratamento formal para a psicopatologia existente (Berkowitz et al., 2010; Peterson, 2018; Wade et al., 2014). Tal como os PFAs, as SPRs ajudam os sobreviventes a identificarem as necessidades e as preocupações atuais mais prementes, fornecem psicoeducação e os ajudam a acessar e promover sua resiliência natural, com maior enfoque no incentivo ao uso de habilidades de enfrentamento específicas (Berkowitz et al., 2010). Essas habilidades são ensinadas de forma flexível, com base nas necessidades individuais, em módulos de 2 a 6 sessões, e incluem (1) coleta de informação e priorização da assistência, (2) desenvolvimento de habilidades de solução de problemas, (3) promoção de atividades positivas, (4) gerenciamento de reações físicas e emocionais, (5) promoção de pensamento útil e (6) reconstrução de conexões sociais saudáveis (Berkowitz et al., 2010). Um estudo de avaliação de um programa de treinamento em SPRs mostrou decréscimos significativos na confiança dos conselheiros para usar as SPRs entre o pós-treinamento e o acompanhamento de 6 meses (Wade et al., 2014), sugerindo que o treinamento do acompanhamento pode ser essencial para ajudar os conselheiros a manter os ganhos e identificar os clientes necessitados – no entanto, até o momento, não foram publicados ensaios formais sobre a eficácia das SPRs (Heinz et al., 2022).

Intervenção terciária em catástrofes: tratamento de TEPT com 4 semanas ou mais

O tratamento é indicado se a catástrofe ocorreu há mais de 4 semanas e o indivíduo preenche os critérios para TEPT. De acordo com as Diretrizes de Prática Clínica para o Tratamento de TEPT da American Psychological Association (2017), publicadas em 2017, a TCC, a terapia de processamento cognitivo (TPC), a terapia cognitiva e a terapia de exposição prolongada (EP) são fortemente recomendadas como as psicoterapias preferidas para o tratamento de TEPT, dada a força das pesquisas que apoiam sua eficácia. Várias metanálises e revisões demonstram a eficácia global desses tratamentos (Cusack et al., 2016; Lewis et al., 2020; Steenkamp et al., 2015). Vários ensaios clínicos randomizados também demonstraram a eficácia desses tratamentos para TEPT resultante de uma catástrofe (Başoğlu et al., 2005, 2007; Duffy et al., 2007; Zang et al., 2013).

Existem vários mecanismos por meio dos quais se postula que os tratamentos de TEPT baseados na TCC reduzem os sintomas da doença, que devem ser considerados no planejamento do tratamento. É fundamental garantir que a exposição imaginária e ao vivo ative a estrutura do medo específica do evento traumático do sobrevivente (Asnaani et al., 2016; Foa et al., 2006; Foa & Kozak, 1986) – por exemplo, se um indivíduo sobreviveu a um tiroteio em uma escola escondendo-se debaixo de uma mesa na sala de aula, é provável que a proximidade de mesas ou de salas de aula em geral provoque uma resposta de medo. A exposição ao vivo encorajaria a exposição repetida a esses estímulos, que de outra forma seriam seguros, para que ocorra uma nova aprendizagem (p. ex., de que a mesa é segura). Igualmente, a seleção da memória apropriada para a exposição imaginária é importante para que essa intervenção seja o mais bem-sucedida possível na exposição do sobrevivente às emoções evitadas e às memórias que mais o assombram. Pode ser difícil saber qual é o momento a ser selecionado para uso na exposição imaginária quando uma catástrofe dura mais do que um momento ou um dia, como a perda súbita e traumática de um parceiro devido à covid-19. Escolher os momentos que despertaram mais sintomas de revivescência (p. ex. saber que o parceiro morreu, ver o seu cadáver, vê-lo partir em uma ambulância) pode ajudar os clínicos a selecionar aqueles que serão mais eficazes para a exposição imaginária. Avaliar e direcionar as cognições relacionadas com a desesperança e a autoculpa é igualmente crucial (Dillon et al., 2020; Gallagher & Resick, 2011; Ehlers & Clark, 2000; Holliday et al., 2018; Kleim et al., 2013). Em segundo lugar, considerando que os desastres têm muitas vezes um impacto catastrófico nos sobreviventes, os pensamentos de desesperança (p. ex., "A minha comunidade nunca mais será a mesma" ou "Nunca mais serei capaz de lidar de modo eficaz com a situação") e os pensamentos de autoculpa pela *causa* da catástrofe ou específicos do seu *papel* na catástrofe (p. ex., "Eu não deveria ter deixado a cena da catástrofe tão rapidamente como fiz, deixando os outros para trás") podem ser prováveis e devem ser modificados.

Impedimentos comuns ao tratamento e como superá-los

Nas respostas imediatas a uma catástrofe, é importante avaliar completamente os vários fatores de risco pré-traumáticos, específicos do trauma e pós-traumáticos para ter uma noção melhor da necessidade e do nível de intervenção potencial indicado para a pessoa que se apresenta para tratamento.

À medida que o número de fatores de risco aumenta, aumenta também a probabilidade de desenvolver TEPT e a necessidade de intervenção para facilitar a recuperação natural. Independentemente do nível de risco, o modelo PFA sugere que é prudente continuar a transmitir uma mensagem de esperança e resiliência. Além disso, não é recomendável avançar para um tratamento mais intensivo imediatamente após a catástrofe, mesmo que estejam presentes níveis elevados de risco. Recomendamos que se aguarde até que todos os critérios de TEPT tenham sido preenchidos antes de prosseguir com o tratamento.

Por sua vez, não é recomendável suspender a TCC se os sintomas forem graves ou se o funcionamento estiver comprometido, mesmo que ainda haja a possibilidade de ocorrer uma recuperação natural. Ainda que o TEPT possa diminuir sem intervenção até cerca de um ano após o trauma, não há necessidade de adiar o tratamento se o indivíduo estiver sofrendo de sintomas intensos e frequentes, se o seu funcionamento estiver comprometido e se ele estiver motivado para se engajar no tratamento. No entanto, continua a ser importante transmitir esperança e resiliência, com o tratamento sendo um catalisador potencial para reduzir o sofrimento indevido e se recuperar mais rapidamente.

Outro impedimento ao tratamento é a falta de acesso a intervenções baseadas em evidências. As respostas às catástrofes nem sempre têm sido suficientemente adequadas ou imediatas para terem um impacto significativo nas comunidades afetadas, levando potencialmente à exacerbação dos sintomas. Recomendamos que o governo e/ou outras organizações comunitárias aumentem os esforços para apoiar a disseminação e a implementação de intervenções pós-catástrofe, como os PFAs e as SPRs, para que conselheiros treinados estejam prontos para responder quando ocorrerem catástrofes. Depois de superada a crise imediata, é crucial uma educação pública disseminada para ajudar os indivíduos e as comunidades a reconhecerem os sintomas de TEPT e saberem para onde se dirigir para fazer tratamento com TCC. Como os tratamentos com TCC para TEPT requerem treinamento especializado, o acesso a essas intervenções pode ser limitado devido à falta de terapeutas treinados ou devido a outras barreiras, como custos, horários ou problemas de transporte. É de responsabilidade da comunidade mais ampla de profissionais de saúde mental educar e prestar apoio às comunidades afetadas por uma catástrofe, para que as vítimas não só saibam de que forma podem ser ajudadas como também saibam como e onde encontrar ajuda.

Exemplo de caso de avaliação, formulação e aplicação do tratamento

Andrea tinha os seguintes fatores de risco para desenvolver TEPT:

- *Fatores pré-traumáticos (individuais):* sexo feminino, antecedentes psiquiátricos.
- *Fatores traumáticos:* exposição direta e intensa a traumas e sequelas; isolamento social durante as experiências traumáticas, medos e culpa relacionados com o impacto nos outros, perda de autonomia em relação a decisões médicas.
- *Fatores pós-traumáticos:* conhecimento do impacto nos membros da família, incluindo a doença dos pais, o marido trabalhando em turnos dobrados, os filhos que foram morar com os pais da paciente; dificuldades físicas e neuropsicológicas contínuas; pressão para retomar o emprego, apesar de incapacidade funcional significativa; reações cognitivas e comportamentais ao trauma.

Conceitualização cognitiva

Os modelos cognitivos sugerem que ocorre TEPT quando os indivíduos processam o evento e/ou suas sequelas de uma forma que cria avaliações de ameaça atual, iminente e permanente (Ehlers & Clark, 2000).

Em consonância com o modelo, Andrea relatou preocupações de que perderia seu emprego e de que ela ou alguém que amava seria hospitalizado e morreria. Ela acreditava que nunca mais seria a mesma e que a pandemia a tinha mudado permanente e negativamente, em vez de acreditar que acabaria se recuperando. Afirmava que o seu antigo "eu" tinha "morrido" e que havia surgido uma pessoa diferente.

O modelo cognitivo sugere que os indivíduos com TEPT tendem a generalizar excessivamente os medos do trauma para eventos normais da vida e a perceber como perigosos mesmo os eventos seguros. Andrea relatou que sentia medo de contrair o vírus da covid em quase todas as situações, incluindo aquelas em que a transmissão era improvável (p. ex., comer ao ar livre no seu quintal, a mais de 30 metros de distância dos vizinhos). O modelo também sugere que os indivíduos que experienciam derrota mental, dissociação, entorpecimento, confusão e estão sobrecarregados com impressões sensoriais durante o evento traumático têm maior probabilidade de desenvolver avaliações tendenciosas ao longo do tempo e TEPT crônico (Ehlers & Clark, 2000). Andrea relatou várias interpretações desadaptativas sobre seus comportamentos, seus sintomas iniciais e os efeitos da pandemia da covid na sua vida. Ela se angustiava com os eventos com os quais acreditava que poderia ter lidado de forma diferente – por exemplo, lembrava-se de se sentir paralisada, confusa e desamparada enquanto estava em quarentena no porão de casa e percebia isso como se tivesse "ficado em pedaços".

Assim, rotulou a si mesma como uma "fraca" que "não conseguiu proteger e cuidar dos seus filhos e, portanto, falhou como mãe". Ela acreditava que poderia ter ajudado os filhos nas semanas que se seguiram à sua doença e achava que tinha sido "posta à prova" e tinha "falhado", que tinha revelado ser uma mãe inadequada que não conseguia cuidar dos filhos no momento em que o seu amor e apoio eram mais necessários.

Em consonância com o modelo cognitivo, Andrea também relatou interpretações negativas sobre a forma como os outros se comportaram ou a trataram antes e depois da hospitalização. Ela acreditava que sua família não a compreendia e não a apoiava suficientemente. Insistiu que tanto seu marido quanto os velhos amigos queriam que ela abandonasse a hospitalização e seguisse em frente, mas unicamente porque isso seria mais fácil para eles. Acreditava que o objetivo deles era se sentirem melhor, em vez de a ajudarem. Ela expressou raiva e ressentimento pelo fato de o marido e os amigos estarem mais focados em aliviar a própria dor e ansiedade do que na angústia e nas dificuldades dela.

Congruente com o modelo cognitivo (Ehlers & Clark, 2000), a memória de Andrea para os eventos era confusa, e ela não conseguia fornecer um relato contínuo das suas atividades antes da hospitalização – no entanto, tinha pensamentos intrusivos vívidos que a atormentavam durante o dia e à noite. Essas memórias podiam ser ativadas por uma grande variedade de estímulos, como notícias relacionadas com a pandemia ou uma irritação na garganta, que apenas reforçavam ainda mais sua convicção de que ela era um "fracasso" como mãe.

Como resultado dessas avaliações negativas, Andrea experienciava várias emoções negativas, incluindo ansiedade, tristeza, culpa e vergonha. Sua autoavaliação do desempenho profissional também diferia drasticamente da dos seus colegas e provocava sentimentos significativos de vergonha e ansiedade. Essa situação criou um círculo vicioso, em que a hipervigilância de Andrea em relação aos seus sintomas conduziu a mais ansiedade, dificuldades de concentração e ao prejuízo funcional associado.

Embora pudesse trabalhar e parecesse estar funcionando bem, uma avaliação aprofundada revelou que Andrea empregava várias estratégias desadaptativas para lidar com suas emoções negativas. Embora seu consumo de álcool tivesse voltado ao normal, ela não utilizava transportes públicos e estava sempre alerta, verificando frequentemente seu Apple Watch recentemente adquirido para se certificar de que seus níveis de oxigênio no sangue estavam estáveis. Sua "mochila de emergência", que trazia sempre consigo, continha lenços desinfetantes, desinfetantes para as mãos, medicamentos e instruções para levá-la ao serviço de emergência mais próximo. Ela fugia de ambientes onde se sentia em risco de contrair o vírus, mesmo quando o risco era mínimo (p. ex., atravessava a rua se alguém estivesse a menos de 6 metros dela). Essas estratégias de enfrentamento mantinham suas avaliações negativas do mundo como um lugar perigoso, perpetuando seus sintomas de TEPT.

Os sintomas de Andrea na época em que se apresentou para tratamento incluíam:

Cognitivos

- *Fenômenos intrusivos*: pensamentos intrusivos, *flashbacks*, pesadelos.
- *Pensamentos automáticos*: "Nunca mais serei a mesma", "Sou um fracasso como mãe".
- *Processos cognitivos*: superestimação do perigo, catastrofização, subestimação da própria capacidade de enfrentamento, afirmações do tipo "deveria", atenção autofocada, personalização, responsabilidade inflada.

- *Pressupostos*: "Estou sempre em perigo e, por isso, tenho que tomar precauções extraordinárias", "Meus efeitos colaterais atuais significam que nunca serei capaz de funcionar como mãe ou profissional".
- *Esquema*: "Sou fraca e vulnerável ao perigo", "As pessoas são ameaçadoras e podem me fazer mal", "O mundo é um lugar perigoso".

Afetivos

- Ansiedade
- Irritabilidade
- Tristeza
- Culpa
- Vergonha

Psicológicos

- Tensão muscular
- Dificuldade para manter o sono
- Fadiga
- Resposta de sobressalto exagerada
- Hipervigilância
- Inquietação

Estratégias de enfrentamento comportamentais

- *Comportamentos de evitação*: incapacidade de viajar em transportes públicos ou de entrar em contato próximo com outras pessoas.
- *Comportamentos de segurança*: transporta equipamento de emergência constantemente, monitora as notícias, monitora a saúde pessoal.
- *Comportamentos de fuga*: evita o contato com outros indivíduos.

Tratamento

Logo que contraiu o vírus da covid-19, Andrea prontamente recebeu apoio de prestadores locais para responder às suas necessidades urgentes de segurança e abrigo físico. Seus pais também cuidaram dos filhos dela, e seu marido aumentou a carga de trabalho para proporcionar maior apoio financeiro. A necessidade de apoio psicológico de Andrea, no entanto, não foi tão bem atendida, e ela não recebeu os PFAs. Cerca de 10 dias depois de ter tido alta do hospital, foi encaminhada para uma sessão de terapia de grupo com seus colegas de trabalho, o que recordava como uma experiência extremamente negativa. Referiu que não estava no "estado de espírito correto" para participar da terapia porque não dormia e estava extremamente cansada. Lembrou-se de ouvir com pesar as reações das outras pessoas e, em particular, de uma das suas colegas de trabalho chorando, um fato que a envergonhou e perturbou. Andrea descreveu a sensação de estar sufocada e presa ao ouvir histórias aparentemente intermináveis sobre a pandemia. Descreveu ter sido informada de que poderia ter TEPT e necessitar de tratamento, o que provocou seu abandono prematuro das sessões de grupo, pois ficou com medo de enlouquecer e nunca mais se recuperar.

Andrea foi informada sobre a TCC e os medicamentos antidepressivos como tratamentos eficazes para TEPT (Yehuda et al., 2015; Ballenger et al., 2000) no contexto de mensagens otimistas sobre a recuperação. Com base em diretrizes consensuais de especialistas (Foa et al., 1999), foi iniciado um tratamento de TCC multicomponente, incluindo educação sobre reações traumáticas comuns; treino da respiração e relaxamento; exposição imaginária prolongada à agressão; exposição ao vivo a situações temidas, mas seguras; e reestruturação cognitiva das crenças temidas. A exposição imaginária prolongada a memórias traumáticas e a reestruturação cognitiva constituíram a maior parte das sessões de tratamento.

Em contrapartida às mensagens que recebeu nas sessões de grupo, Andrea agora foi informada das reações normais e esperadas ao trauma e de que esses efeitos eram transitórios para a maioria dos indivíduos. Seus sintomas e reações foram normalizados e validados como reais, mas temporários. Utilizando o modelo da TCC para TEPT e os modelos evolutivos da ansiedade, Andrea foi ajudada a compreender por que seus sintomas eram adaptativos na presença de perigo, mas não haviam diminuído com o passar do tempo. Os objetivos e a justificativa do tratamento foram delineados e associados a componentes específicos do tratamento. Ela demonstrou alívio significativo combinado com algum ceticismo inicial ao ouvir mensagens otimistas sobre a sua recuperação.

A hiperexcitação generalizada de Andrea e a dificuldade para conciliar o sono também se tornaram um objetivo imediato do tratamento. Após o treino de higiene do sono, ela aprendeu exercícios de respiração diafragmática profunda e relaxamento muscular progressivo para ajudá-la a dormir e reduzir sua excitação fisiológica. Ela sentiu um alívio imediato, o que resultou em maior otimismo e comprometimento com a terapia. Também foram criadas redes de apoio de amigos, familiares e outros indivíduos que sofrem de TEPT para facilitar a melhora terapêutica de Andrea. Embora ela não tenha sido capaz de ultrapassar imediatamente a distância que a separava da família e dos amigos mais próximos, gradualmente foi se reconectando com essas redes à medida que seus sintomas foram diminuindo no curso do tratamento. Ela foi capaz de aceitar o apoio oferecido pelos outros em vez de se afastar deles, uma vez que percebeu que seu sentimento de ressentimento tinha surgido, em parte, das suas percepções erradas sobre a forma como os outros tinham se comportado em relação a ela. Uma avaliação da vida cotidiana revelou que, nos dias úteis à noite e nos fins de semana, Andrea normalmente ficava em casa. Por meio de uma discussão sobre seus interesses e passatempos prévios, ela foi encorajada a prosseguir com seus passatempos anteriores, como correr no parque, cozinhar e fazer chamadas de vídeo com os amigos pelo FaceTime.

Terapia cognitiva

Foi usada reestruturação cognitiva (Beck et al., 1985; Ehlers & Clark, 2000) para ajudar Andrea a aceitar que ela havia experienciado um acontecimento trágico e catastrófico que a afetou significativamente, mas não de forma irreparável. Ela aceitou gradualmente que suas reações durante e antes da hospitalização eram normais e esperadas e foi ajudada a ver que a recuperação era possível mesmo depois de um acontecimento catastrófico, como a pandemia, e que muitos dos seus sintomas tinham persistido porque ela havia usado evitação no passado para lidar com sua ansiedade. Andrea aprendeu a identificar, testar e rever a sua tendência a superestimar a probabilidade de contrair o vírus e de voltar a ser hospitalizada.

Seus pressupostos e crenças de que o vírus a tinha incapacitado permanentemente, tornando-a fraca e inadequada como mãe, criaram um enorme sofrimento e, por isso, eles foram repetidamente modificados. Ela começou a compreender que sua incapacidade de apoiar seus filhos enquanto seu estado se deteriorava se devia a condições ambientais temporárias, e não à sua "incapacidade" como mãe. Isso ajudou a reduzir seu sentimento de culpa por sua incapacidade de ajudá-los e sua ansiedade em relação a não ser capaz de cuidar deles no futuro. Andrea também reconheceu que seus métodos de enfrentamento estavam perpetuando seu sentimento de perigo e a ansiedade resultante. Isso lhe proporcionou um alívio imenso, porque desafiou pressupostos anteriores de que ela era intrinsecamente fraca. À medida que seu otimismo em relação à sua resiliência inerente aumentava, Andrea também examinou e modificou seus julgamentos severos anteriores em relação ao comportamento dos outros e, lentamente, reparou suas relações abaladas com o marido e os amigos.

Terapia de exposição

Para se preparar para as sessões de exposição, foi pedido a Andrea, no início do tratamento, que fizesse um diário dos seus fenômenos intrusivos. Inicialmente, o diário continha um amontoado de pensamentos, memórias e imagens que espontaneamente se intrometiam na sua consciência. À medida que sua hiperexcitação e ansiedade geral diminuíam por meio de exercícios de relaxamento e reestruturação, Andrea foi encorajada a juntar as cenas na sua mente sequencialmente e desenvolver uma narrativa do seu tempo imediatamente anterior e durante sua hospitalização. Ela confrontou sistematicamente as memórias durante e entre as sessões, utilizando o *script* que desenvolveu e outros auxílios para recriar o evento, como um vídeo da festa de aniversário, mensagens que enviou enquanto estava no hospital e artigos de jornal. Imagens detalhadas e dolorosas, como sua paralisia e confusão iniciais, seu medo e desconforto à medida que seu estado físico piorava e o processo doloroso de extubação, foram acrescentadas às sessões posteriores conforme Andrea se habituava às sessões de exposição iniciais.

À medida que Andrea foi se habituando a essas memórias, a exposição foi conduzida para situações atuais que ela continuava a evitar, suportava com angústia ou com a ajuda de comportamentos de segurança. Embora sua hierarquia global contivesse muitas situações que criavam ansiedade, foi criada uma hierarquia inicial para ajudá-la a atingir seu objetivo específico de se deslocar entre o trabalho, a casa e a escola dos filhos. A distinção entre ansiedade realista e desadaptativa relacionada a ter contraído o vírus foi discutida abertamente, tendo sido tomadas medidas para garantir que Andrea estava tomando precauções razoáveis, mas não excessivas. Como ela não podia descartar todos os comportamentos de segurança logo de início, comportamentos de segurança como levar sua mochila de emergência foram incorporados à sua hierarquia de exposição e eliminados à medida que ela avançava. A exposição imaginária foi conduzida em preparação para a exposição ao vivo a situações que criavam ansiedade grave (p. ex., voltar a entrar no porão, falar com os filhos sobre o que tinha acontecido). Por fim, ela foi gradualmente exposta a sintomas interoceptivos (p. ex., irregularidades respiratórias, batimentos cardíacos acelerados) e a sinais externos que desencadeavam ansiedade (p. ex., contextos sociais, notícias relacionadas com a pandemia de covid-19).

Quatro meses após o início do tratamento, Andrea apresentava declínio significativo na ansiedade e irritabilidade gerais, relatava um mínimo de *flashbacks* e pesadelos, havia reduzido significativamente a hiperexcitação, e seu sono havia melhorado. Depois de 8 meses, ela atingiu seu objetivo de se deslocar entre o trabalho, a casa e a escola dos filhos. Quando a maioria dos sintomas agudos diminuiu, as sessões foram reduzidas para quinzenais e passaram a ser focadas na manutenção dos ganhos e na prevenção de recaídas.

Resumo e conclusões

Pesquisas mostram que a maioria dos sobreviventes de catástrofes experiencia reações comuns que desaparecem com o tempo, mesmo sem tratamento, sugerindo que a resiliência é o resultado mais comum para o trauma. As intervenções em situações de crise no momento agudo devem atender às necessidades básicas de segurança e físicas, promover o apoio social, educar os sobreviventes sobre as respostas normais e transitórias ao trauma e evitar crenças patológicas sobre a possibilidade de danos permanentes. Um aspecto essencial da intervenção em situações de crise é a identificação do subgrupo de indivíduos que enfrentam risco aumentado de prejuízo psicológico e a utilização de intervenções focadas, como PFA e SPR, para abordar suas necessidades. Vários fatores de risco, incluindo gênero, idade, doença psiquiátrica prévia, grau de exposição, perda de recursos e estilos cognitivos específicos, parecem estar relacionados com o desenvolvimento e a manutenção do TEPT. Os programas de prevenção da TCC que enfatizam a exposição e a reestruturação cognitiva têm demonstrado eficácia na redução do desenvolvimento de TEPT em indivíduos em risco. Os clínicos devem encontrar um equilíbrio entre a necessidade de intervir precocemente com indivíduos em risco e o perigo de intervir desnecessariamente nos casos em que os indivíduos podem se recuperar por si mesmos com tempo e apoio suficientes.

Um número substancial de estudos aponta a TCC como tratamento de primeira linha para indivíduos que desenvolvem TEPT. Estratégias baseadas na exposição, que enfatizam a habituação à memória do evento e a exposição ao medo continuado e à evitação de eventos objetivamente seguros, bem como terapia cognitiva para modificar as cognições disfuncionais que mantêm um sentimento de ameaça atual e futura, parecem ser os ingredientes essenciais. Os desenvolvimentos recentes nas novas gerações da TCC que enfatizam aceitação e *mindfulness* também são promissores como tratamentos emergentes para TEPT (Orsillo & Batten, 2005).

Referências

Alessi, E. J., Hutchison, C., & Kahn, S. (2021). Understanding COVID-19 through a complex trauma lens: Implications for effective psychosocial responses. *Social Work, 67*(1), 79–87.

Ali, T., Dunmore, E., Clark, D., & Ehlers, A. (2002). The role of negative beliefs in posttraumatic stress disorder: A comparison of assault victims and non-victims. *Behavioural and Cognitive Psychotherapy, 30*(3), 249–257.

American Psychiatric Association. (2022). *Diagnostic and statistical manual of mental disorders* (5th ed., text rev.). Author.

American Psychological Association. (2017). Clinical practice guidelines for the treatment of PTSD. *www.apa.org/ptsd-guideline/ptsd.pdf*

Asnaani, A., Kaczkurkin, A. N., Tannahill, H., & Fitzgerald, H. (2016). Moderators of change in social anxiety during CBT in a transdiagnostic, naturalistic treatment-seeking sample. *Journal of Experimental Psychopathology, 7*(4), 655–670.

Ballenger, J. C., Davidson, J. R., Lecrubier, Y., Nutt, D. J., Foa, E. B., Kessler, R. C., . . . Shalev, A. Y. (2000). Consensus statement on posttraumatic stress disorder from the International Consensus Group on Depression and Anxiety. *Journal of Clinical Psychiatry, 61*(Suppl. 5), 60–66.

Başoğlu, M., Salcioğlu, E., & Livanou, M. (2007). A randomized controlled study of single-session behavioural treatment of earthquake-related posttraumatic stress disorder using an earthquake simulator. *Psychological Medicine, 37*, 203–213.

Başoğlu, M., Salcioğlu, E., Livanou, M., Kalender, D., & Acar, G. (2005). Single-session behavioral treatment of earthquake-related posttraumatic stress disorder: A randomized waiting list controlled trial. *Journal of Traumatic Stress, 18*(1), 1–11.

Beck, A. T., Hollon, S. D., Young, J. E., Bedrosian, R. C., & Budenz, D. (1985). Treatment of depression with cognitive therapy and amitriptyline. *Archives of General Psychiatry, 42*(2), 142–148.

Berkowitz, S., Bryant, R., Brymer, M., Hamblen, J., Jacobs, A., Layne, C., & Watson, P. (2010). Skills for psychological recovery: Field operations guide. www.ptsd.va.gov/professional/treat/type/SPR/SPR_Manual.pdf

Bonanno, G. A., Galea, S., Bucciarelli, A., & Vlahov, D. (2006). Psychological resilience after disaster. *Psychological Science, 17*(3), 181–186.

Bonanno, G. A., Galea, S., Bucciarelli, A., & Vlahov, D. (2007). What predicts psychological resilience after disaster? The role of demographics, resources, and life stress. *Journal of Consulting and Clinical Psychology, 75*(5), 671–682.

Breslau, N. (1991). Traumatic events and posttraumatic stress disorder in an urban population of young adults. *Archives of General Psychiatry, 48*(3), 216–222.

Breslau, N. (2009). The epidemiology of trauma, PTSD, and other post trauma disorders. *Trauma, Violence, and Abuse, 10*(3), 198–210.

Breslau, N., Kessler, R. C., Chilcoat, H. D., Schultz, L. R., Davis, G. C., & Andreski, P. (1998). Trauma and posttraumatic stress disorder in the community. *Archives of General Psychiatry, 55*(7), 626–632.

Brewin, C. R., Andrews, B., & Valentine, J. D. (2000). Meta-analysis of risk factors for posttraumatic stress disorder in trauma-exposed adults. *Journal of Consulting and Clinical Psychology, 68*(5), 748–766.

Bridgland, V. M., Moeck, E. K., Green, D. M., Swain, T. L., Nayda, D. M., Matson, L. A., . . . Takarangi, M. K. (2021). Why the COVID-19 pandemic is a traumatic stressor. *PLOS One, 16*(1), e0240146.

Bryant, R. A., Moulds, M. L., Guthrie, R. M., Dang, S. T., & Nixon, R. D. V. (2003). Imaginal exposure alone and imaginal exposure with cognitive restructuring in treatment of posttraumatic stress disorder. *Journal of Consulting and Clinical Psychology, 71*(4), 706–712.

Busso, D. S., McLaughlin, K. A., & Sheridan, M. A. (2014). Media exposure and sympathetic nervous system reactivity predict PTSD symptoms after the Boston Marathon bombings. *Depression and Anxiety, 31*(7), 551–558.

Cancro, R. (2004). Mental health impact of September 11. *Molecular Psychiatry, 9*(12), 1055–1056.

Canino, G., Bravo, M., Rubio-Stipec, M., & Woodbury, M. (1990). The impact of disaster on mental health: Prospective and retrospective analyses. *International Journal of Mental Health, 19*(1), 51–69.

Constans, J. I., Vasterling, J. J., Deitch, E., Han, X., Tharp, A. L., Davis, T. D., & Sullivan, G. (2012). Pre-Katrina mental illness, postdisaster negative cognitions, and PTSD symptoms in male veterans following Hurricane Katrina. *Psychological Trauma: Theory, Research, Practice, and Policy, 4*(6), 568–577.

Cusack, K., Jonas, D. E., Forneris, C. A., Wines, C., Sonis, J., Middleton, J. C., . . . Gaynes, B. N. (2016). Psychological treatments for adults with posttraumatic stress disorder: A systematic review and meta-analysis. *Clinical Psychology Review, 43*, 128–141.

Davidson, J. R., Hughes, D., Blazer, D. G., & George, L. K. (1991). Post-traumatic stress disorder in the community: An epidemiological study. *Psychological Medicine, 21*(3), 713–721.

Dillon, K. H., Van Voorhees, E. E., Dennis, P. A., Glenn, J. J., Wilks, C. R., Morland, L. S., . . . Elbogen, E. B. (2020). Anger mediates the relationship between posttraumatic stress disorder and suicidal ideation in veterans. *Journal of Affective Disorders, 269*, 117–124.

Duffy, M., Gillespie, K., & Clark, D. M. (2007). Posttraumatic stress disorder in the context of terrorism and other civil conflict in Northern Ireland: Randomised controlled trial. *British Medical Journal, 334*, 1147.

Dunmore, E., Clark, D. M., & Ehlers, A. (2001). A prospective investigation of the role of cognitive factors in persistent posttraumatic stress disorder (PTSD) after physical or sexual assault. *Behaviour Research and Therapy, 39*(9), 1063–1084.

Ehlers, A., & Clark, D. M. (2000). A cognitive model of posttraumatic stress disorder. *Behaviour Research and Therapy, 38*(4), 319–345.

Ezard, N., Oppenheimer, E., Burton, A., Schilperoord, M., Macdonald, D., Adelekan, M., . . . van Ommeren, M. (2011). Six rapid assessments of alcohol and other substance use in populations displaced by conflict. *Conflict and Health, 5*(1).

Feuer, B. S. (2021). First responder peer support: An evidence-informed approach. *Journal of Police and Criminal Psychology, 36*(3), 365–371.

Foa, E. B., Dancu, C. V., Hembree, E. A., Jaycox, L. H., Meadows, E. A., & Street, G. P. (1999). A comparison of exposure therapy, stress inoculation training, and their combination for reducing posttraumatic stress disorder in female assault victims. *Journal of Consulting and Clinical Psychology, 67*(2), 194–200.

Foa, E. B., Hearst-Ikeda, D., & Perry, K. J. (1995). Evaluation of a brief cognitive-behavioral program for the prevention of chronic PTSD in recent assault victims. *Journal of Consulting and Clinical Psychology, 63*(6), 948–955.

Foa, E. B., & Kozak, M. J. (1986). Emotional processing of fear: Exposure to corrective information. *Psychological Bulletin, 99*(1), 20–35.

Foa, E. B., Stein, D. J., & McFarlane, A. C. (2006). Symptomatology and psychopathology of mental health problems after disaster. *Journal of Clinical Psychiatry, 67*(Suppl. 2), 15–25.

Fullerton, C. S., Ursano, R. J., Norwood, A. E., & Holloway, H. H. (2003). Trauma, terrorism, and disaster. In R. J. Ursano, C. S. Fullerton, & A. E. Norwood (Eds.), *Terrorism and disaster: Individual and community mental health interventions* (pp. 1–20). Cambridge University Press.

Galea, S., Kilpatrick, D., Bucuvalas, M., Gold, J., Susser, E., Ahern, J., . . . Vlahov, D. (2003). Trends of probable post-traumatic stress disorder in New York City after the September 11 terrorist attacks. *American Journal of Epidemiology, 158*(6), 514–524.

Gallagher, M. W., & Resick, P. A. (2011). Mechanisms of change in cognitive processing therapy and prolonged exposure therapy for PTSD: Preliminary evidence for the differential effects of hopelessness and habituation. *Cognitive Therapy and Research, 36*(6), 750–755.

Gargano, L. M., Li, J., Millien, L., Alper, H., & Brackbill, R. M. (2019). Exposure to multiple disasters: The long-term effect of Hurricane Sandy (October 29, 2012) on NYC survivors of the September 11, 2001 World Trade Center attack. *Psychiatry Research, 273*, 719–724.

Gidron, Y. (2002). Posttraumatic stress disorder after terrorist attacks: A review. *Journal of Nervous and Mental Disease, 190*(2), 118–121.

Goldmann, E., & Galea, S. (2014). Mental health consequences of disasters. *Annual Review of Public Health, 35*(1), 169–183.

Guha-Sapir, D., Hoyois, P., & Below, R. (2015). *Annual disaster statistical review 2014: The numbers and trends*. Centre for Research on the Epidemiology of Disasters.

Heinz, A. J., Wiltsey-Stirman, S., Sharin, T., Loskot, T., Mason, D., Jaworski, B. K., & McGovern, M. (2022). Rising from the ashes by expanding access to community care after disaster: An origin story of the Wildfire Mental Health Collaborative and preliminary findings. *Psychological Services, 19*(Suppl. 2), 58–66.

Herbert, J. D., & Forman, E. M. (2006). Posttraumatic stress disorder. In J. E. Fisher & W. T. O'Donohue (Eds.), *Practitioner's guide to evidence-based psychotherapy* (pp. 555–566). Springer.

Herbert, J. D., & Sageman, M. (2004). "First do no harm": Emerging guidelines for the treatment of posttraumatic reactions. In G. M. Rosen (Ed.), *Posttraumatic stress disorder: Issues and controversies* (pp. 213–232). Wiley.

Holliday, R., Holder, N., & Suris, A. (2018). Reductions in self-blame cognitions predict PTSD improvements with cognitive processing therapy for military sexual trauma-related PTSD. *Psychiatry Research, 263*, 181–184.

International Federation of Red Cross and Red Crescent Societies. (2023). *What is a disaster?* www.ifrc.org/our-work/disasters-climate-and-crises/what-disaster

Kearns, N. T., Contractor, A. A., Weiss, N. H., & Blumenthal, H. (2021). Coping strategy utilization among posttraumatic stress disorder symptom severity and substance use co-occurrence typologies: A latent class analysis. *Psychological Trauma: Theory, Research, Practice, and Policy, 13*(8), 929–939.

Kelley, M. L., Self-Brown, S., Le, B., Bosson, J. V., Hernandez, B. C., & Gordon, A. T. (2010). Predicting posttraumatic stress symptoms in children following Hurricane Katrina: A prospective analysis of the effect of parental distress and parenting practices. *Journal of Traumatic Stress, 23*(5), 582–590.

Kessler, R. C., Nelson, C. B., Hughes, M., Bromet, E., & Sonnega, A. (1995). Posttraumatic stress disorder in the National Comorbidity Survey. *Archives of General Psychiatry, 52*(12), 1048.

Kilpatrick, D. G., Saunders, B. E., Veronen, L. J., Best, C. L., & Von, J. M. (1987). Criminal victimization: Lifetime prevalence, reporting to police, and psychological impact. *Crime and Delinquency, 33*(4), 479–489.

Kleim, B., Grey, N., Wild, J., Nussbeck, F. W., Stott, R., Hackmann, A., . . . Ehlers, A. (2013). Cognitive change predicts symptom reduction with cognitive therapy for posttraumatic stress disorder. *Journal of Consulting and Clinical Psychology, 81*, 3.

Lewis, C., Roberts, N. P., Andrew, M., Starling, E., & Bisson, J. I. (2020). Psychological therapies for post-traumatic stress disorder in adults: Systematic review and meta-analysis. *European Journal of Psychotraumatology, 11*(1), 1729633.

Lowe, S. R., & Galea, S. (2015). The mental health consequences of mass shootings. *Trauma, Violence, and Abuse, 18*(1), 62–82.

Lowe, S. R., Rhodes, J. E., Zwiebach, L., & Chan, C. S. (2009). The impact of pet loss on the perceived social support and psychological distress of hurricane survivors. *Journal of Traumatic Stress, 22*(3), 244–247.

McCart, M. R., Chapman, J. E., Zajac, K., & Rheingold, A. A. (2020). Community-based randomized controlled trial of psychological first aid with crime victims. *Journal of Consulting and Clinical Psychology, 88*(8), 681–695.

McGinn, L. K., & Massey, K. (2004, November). The relationship between cognitive factors and coping styles and comorbid symptoms of PTSD, worry, and depression in the NYC metropolitan area two years after the attack on the World Trade Center. Paper presented at the annual convention of the Association for the Advancement of Behavior Therapy, New Orleans, LA.

McFarlane, A. C. (1986). Long-term psychiatric morbidity after a natural disaster: Implications for disaster planners and emergency services. Medical Journal of Australia, 145(11-12), 561-563.

Mullin, D. J., Pearson, S., Eisdorfer, E., Mullarkey, J., & Dykhouse, E. (2021). Prevention of psychological trauma among health care providers during the COVID-19 pandemic. Families, Systems, and Health, 39(3), 518-525.

National Center for PTSD and National Child Traumatic Stress Network. (2010). Skills for psychological recovery: Field operations guide. www.nctsn.org/sites/default/files/resources/special-resource/spr_complete_english.pdf

National Child Traumatic Stress Network and National Center for PTSD. (2004, September). Psychological first aid: Field operations guide. www.ncptsd.va.gov/pfa/PFA_9_6_05_Final.pdf

Norris, F. H., Friedman, M. J., Watson, P. J., Byrne, C. M., Diaz, E., & Kaniasty, K. (2002). 60,000 disaster victims speak: Part 1. An empirical review of the empirical literature, 1981-2001. Psychiatry, 65(3), 207-239.

Norris, F. H., Perilla, J. L., & Murphy, A. D. (2001). Post disaster stress in the United States and Mexico: A cross-cultural test of the multi criterion conceptual model of posttraumatic stress disorder. Journal of Abnormal Psychology, 110(4), 553-563.

Norris, F. H., VanLandingham, M. J., & Vu, L. (2009). PTSD in Vietnamese Americans following Hurricane Katrina: Prevalence, patterns, and predictors. Journal of Traumatic Stress, 22(2), 91-101.

North, C. S., Smith, E. M., Spitznagel, E. L., McMillen, J. C., Mallonee, S., Shariat, S., & Nixon, S. J. (1999). Psychiatric disorders among survivors of the Oklahoma City bombing. JAMA, 282(8), 755-762.

Norwood, A. E., Ursano, R. J., & Fullerton, C. S. (2000). Disaster psychiatry: Principles and practice. Psychiatric Quarterly, 71(3), 207-226.

NSW Health. (2000). Disaster mental health response handbook. https://faculty.uml.edu//darcus/47.474/nswiop_Disaster_Handbook.pdf

Orsillo, S. M., & Batten, S. V. (2005). Acceptance and commitment therapy in the treatment of posttraumatic stress disorder. Behavior Modification, 29(1), 95-129.

Padesky, C. A., Candido, D., Cohen, A., Gluhoski, V., McGinn, L. K., Sisti, M., & Westover, S. (2002). Academy of Cognitive and Behavioral Therapies Trauma Task Force Report. www.academyofct.org

Perkonigg, A., Kessler, R. C., Storz, S., & Wittchen, H.-U. (2000). Traumatic events and posttraumatic stress disorder in the community: Prevalence, risk factors and comorbidity. Acta Psychiatrica Scandinavica, 101(1), 46-59.

Peterson, S. (2018, March 30). Treatments and practices: Psychological first aid and skills for psychological recovery. www.nctsn.org

Phifer, J. F., & Norris, F. H. (1989). Psychological symptoms in older adults following natural disaster: Nature, timing, duration, and course. Journal of Gerontology, 44(6), S207-S217.

Rubonis, A. V., & Bickman, L. (1991). Psychological impairment in the wake of disaster: The disaster-psychopathology relationship. Psychological Bulletin, 109(3), 384-399.

Saltzman, L. Y., Hansel, T. C., & Bordnick, P. S. (2020). Loneliness, isolation, and social support factors in post-COVID-19 mental health. Psychological Trauma: Theory, Research, Practice, and Policy, 12(Suppl. 1), S55-S57.

Sayed, S., Iacoviello, B. M., & Charney, D. S. (2015). Risk factors for the development of psychopathology following trauma. Current Psychiatry Reports, 17(8), 612.

Schlenger, W. E., Caddell, J. M., Ebert, L., Jordan, B. K., Rourke, K. M., Wilson, D., . . . Kulka, R. A. (2002). Psychological reactions to terrorist attacks. JAMA, 288(5), 581-588.

Severin, P. N., & Jacobson, P. A. (2020). Types of disasters. Nursing Management of Pediatric Disaster, 85-197.

Shore, J. H., Tatum, E. L., & Vollmer, W. M. (1986). Psychiatric reactions to disaster: The Mount St. Helens experience. American Journal of Psychiatry, 143(5), 590-595.

Solomon, S. D., & Green, B. L. (1992). Mental health effects of natural and human-made disasters. PTSD Research Quarterly, 3(1), 1-8.

Steenkamp, M. M., Litz, B. T., Hoge, C. W., & Marmar, C. R. (2015). Psychotherapy for military-related PTSD. JAMA, 314(5), 489-500.

Sullivan, G., Vasterling, J. J., Han, X., Tharp, A. T., Davis, T., Deitch, E. A., & Constans, J. I. (2013). Preexisting mental illness and risk for developing a new disorder after Hurricane Katrina. Journal of Nervous and Mental Disease, 201(2), 161-166.

Tol, W. A., & van Ommeren, M. (2012). Evidence-based mental health and psychosocial support in humanitarian settings: Gaps and opportunities. *Evidence Based Mental Health, 15*(2), 25–26.

Tracy, M., Norris, F. H., & Galea, S. (2011). Differences in the determinants of posttraumatic stress disorder and depression after a mass traumatic event. *Depression and Anxiety, 28*(8), 666–675.

Udwin, O., Boyle, S., Yule, W., Bolton, D., & O'Ryan, D. (2000). Risk factors for long-term psychological effects of a disaster experienced in adolescence: Predictors of posttraumatic stress disorder. *Journal of Child Psychology and Psychiatry, and Allied Disciplines, 41*(8), 969–979.

Ursano, R. J., Cerise, F. P., DeMartino, R., Reissman, D. B., & Shear, M. K. (2006). The impact of disasters and their aftermath on mental health. *Primary Care Companion to the Journal of Clinical Psychiatry, 8*(1), 4–11.

van Etten, M. L., & Taylor, S. (1998). Comparative efficacy of treatments for post-traumatic stress disorder: A meta-analysis. *Clinical Psychology and Psychotherapy, 5*, 126–144.

Van Heerden, I., & Bryan, M. (2006). *The storm: What went wrong and why during hurricane Katrina—The inside story from one Louisiana scientist*. Viking.

Voelker, R. (2006). Post-Katrina mental health needs prompt group to compile disaster medicine guide. *JAMA, 295*(3), 259–260.

Wade, N. G., Tucker, J. R., & Cornish, M. A. (2014). Forgiveness interventions and the promotion of resilience following interpersonal stress and trauma. In M. Kent, M. C. Davis, & J. W. Reich (Eds.), *The resilience handbook: Approaches to stress and trauma* (pp. 256–269). Taylor & Francis.

Yehuda, R. (Ed.). (1999). *Risk factors for posttraumatic stress disorder*. American Psychiatric Association.

Yehuda, R., Hoge, C. W., McFarlane, A. C., Vermetten, E., Lanius, R. A., Nievergelt, C. M., . . . Hyman, S. E. (2015). Post-traumatic stress disorder. *Nature Reviews Disease Primers, 1*, 15057.

Yehuda, R., & McFarlane, A. C. (1995). Conflict between current knowledge about posttraumatic stress disorder and its original conceptual basis. *American Journal of Psychiatry, 152*(12), 1705–1713.

Young, B. H., Ford, J. D., & Watson, P. J. (2005, July). Survivors of natural disasters and mass violence— A National Center for PTSD fact sheet. *www.ncptsd.va.gov/facts/disasters/fs_survivors_disaster.html*

Zang, Y., Hunt, N., & Cox, T. (2013). A randomized controlled pilot study: The effectiveness of narrative exposure therapy with adult survivors of the Sichuan earthquake. *BMC Psychiatry, 13*, 41.

17

O processo de hospitalização involuntária

Daniel I. Shapiro e Stephania L. Hayes

O mundo pesava muito sobre os ombros de Sam, um jovem brilhante de 22 anos de idade, não binário, estudante do segundo ano da faculdade, que morava com a mãe e os irmãos mais novos. Dois anos antes, Sam havia sofrido uma violência significativa por parte do seu parceiro íntimo e começou a fazer psicoterapia enquanto fazia a transição do seu relacionamento para um ambiente mais seguro – no entanto, com o tempo, sua saúde mental se deteriorou a ponto de suas atividades favoritas deixarem de ser atrativas. Embora ele geralmente tirasse notas altas nas disciplinas, nos últimos 6 meses elas tinham baixado devido ao seu absenteísmo – Sam alegava que estava cansado demais para frequentar as aulas regularmente. Sua mãe estava especialmente preocupada porque, além de se afastar socialmente, o filho tinha expressado pensamentos de automutilação e parecia estar tendo um interesse especial por notícias de pessoas que tinham acabado com a própria vida. Mais recentemente, ele parecia estar muito menos preocupado com a manutenção da saúde e com atividades da vida diária. Tomava banho com pouca frequência, precisava ser persuadido a comer e não frequentava a psicoterapia há mais de 1 mês, dizendo que "nenhuma terapia vai mudar o fato de eu não ter valor".

A pedido da mãe, Sam voltou ao consultório do terapeuta. A certa altura, durante sua sessão, o terapeuta fez várias perguntas sobre seus pensamentos relativos a querer morrer, sobre seus planos de pôr fim à sua vida e sobre o que costumava fazer quando esses pensamentos surgiam. Então, ele pediu a Sam para "ficar sentado enquanto falo com um colega" e saiu da sala. Voltou quase 10 minutos depois e informou que achava que Sam precisava ir para o hospital porque a depressão estava atrapalhando a sua capacidade de cuidar de si e que tentar melhorar em casa não estava dando certo. O terapeuta perguntou se a mãe de Sam, que estava na sala de espera, podia juntar-se a eles. Imediatamente, o jovem ficou assustado e recuou, prometendo que dali em diante passaria a comer melhor em casa. O terapeuta foi compreensivo, mas afirmou de forma mais assertiva que o hospital seria necessário e que, se ele não quisesse ir por conta própria, ele chamaria uma ambulância. O resto do que o terapeuta disse foi um pouco confuso para Sam. Ele queria fugir, mas sua mãe lhe assegurou de que isso era o melhor a fazer, e eles ficaram jogando damas enquanto esperavam no consultório do terapeuta. Depois do que pareceu ser uma eternidade, chegaram os paramédicos. Eles falaram educadamente com Sam e explicaram o que iria acontecer. Depois,

> pediram gentilmente que ele se sentasse em uma maca, mediram seus sinais vitais e o amarraram com força. Sam mal conseguia se mexer e ficou em pânico quando os paramédicos colocaram alguns formulários assinados sobre o seu abdome e o levaram para a ambulância.

Introdução à hospitalização involuntária

Os ambientes hospitalares de cuidados agudos podem ser de grande importância no tratamento de problemas de saúde mental graves e uso de substâncias, embora a maioria dos usuários e clínicos espere nunca precisar deles. A partir da década de 1960, os cuidados modernos começaram a se concentrar cada vez mais no princípio do "ambiente menos restritivo", apoiando a recuperação, a dignidade e a autonomia dos clientes com um tratamento que apoie seus objetivos e o funcionamento na comunidade, sendo que cada vez mais os ambientes de tratamento mais estruturados são sugeridos somente quando os menos restritivos não abordam adequadamente os objetivos do tratamento e do funcionamento (Saya et al., 2019). Nesse modelo, o tratamento hospitalar é reservado para aqueles que se encontram em uma crise aguda e necessitam de intervenção ou apoio frequente que não é possível em um modelo ambulatorial ou que seriam considerados inseguros na comunidade por uma série de razões. Submeter-se a uma hospitalização pode ser uma experiência transformadora, mas, como qualquer outro tratamento, também pode ter efeitos iatrogênicos. Isso pode catalisar uma mudança para o bem-estar; dar uma trégua aos fatores de estresse e fatores ambientais que mantêm uma crise; e instilar novos conhecimentos, habilidades e recursos de tratamento. Por sua vez, a prestação de cuidados de emergência em um ambiente restritivo também pode envolver experiências assustadoras, perturbadoras e até traumáticas, sobretudo quando os indivíduos não concordam com a necessidade de estar ali ou não estão preparados para o que a hospitalização implicará. Em todos os casos, este é um acontecimento importante na vida que ocorre em um momento de crise e, portanto, como outros eventos de vida importantes, tem o potencial de mudar a forma como as pessoas pensam sobre si mesmas e sobre os outros e como respondem aos sintomas de saúde mental. Este capítulo discute as crises diretamente relacionadas com o processo de hospitalização involuntária e as intervenções importantes antes, durante e depois da hospitalização. Nos concentramos nas razões comuns para buscar cuidados agudos quando nossos clientes não concordam com essa necessidade, nas experiências positivas e negativas comuns que as pessoas têm enquanto estão no hospital, nos fatores a serem avaliados e em como se preparar e integrar esse nível mais alto de cuidados à terapia cognitivo-comportamental (TCC) em andamento. Um dos principais objetivos é ajudar os clínicos e os clientes a avaliarem os prós e os contras da hospitalização para informar suas decisões e apoiar bons resultados em longo prazo após a alta.

A partir de 2017, as internações hospitalares por motivos de saúde mental ocorreram em cerca de 99 a cada 100 mil pessoas por ano no mundo todo, com grandes disparidades em âmbito global (p. ex., 453,4 por ano na Europa vs. 20,2 na África; World Health Organization, 2018). Dados dos Estados Unidos sugerem que o número de pessoas que procuram cuidados para necessidades agudas de saúde mental e uso de substâncias no departamento de emergência (DE) está aumentando (McDermott et al., 2017) e representa cerca de 1 em cada 8 (12,5%) de todas as visitas ao DE (Owens et al., 2010). Uma parte das pessoas que necessitam de tratamento de saúde mental o recebe sem seu consentimento. Nos Estados Unidos, aproximadamente 9 a cada 1.000 pessoas com uma doença mental grave foram internadas em 2015, com grande variabilidade entre os Estados (Substance Abuse and Mental Health Services Administration, 2019). As hospitalizações involuntárias representam até 54% dessas internações (Lutterman et al., 2017). Esses números variam em todo o mundo com base, em grande parte, em fatores que incluem a disponibilidade (leitos hospitalares, médicos, serviços alternativos) e as filosofias de cuidados predominantes (p. ex., predominância de um modelo médico, disponibilidade de cuidados de saúde mental não hospitalares, expectativa de que as famílias prestem cuidados). Há uma crítica generalizada de que os cuidados involuntários seriam ainda menos utilizados se cuidados adequados e abrangentes estivessem prontamente disponíveis para aqueles que necessitam. No entanto, nos sistemas de saúde sobrecarregados, muitos pacientes se encontram em uma situação de crise, enfrentando detenções psiquiátricas involuntárias de curta duração ou com internação civil solicitada por terceiros. Essas situações podem incluir representar um perigo para si mesmo, uma situação em que a pessoa não consegue atender às suas necessidades básicas de sobrevivência e, em casos mais raros, ela representa um perigo para os outros devido a problemas de saúde mental.

Critérios para o tratamento involuntário

Os critérios para o tratamento involuntário variam entre os países e dentro de cada país. As condições para o tratamento involuntário foram bem estudadas na Europa, na América do Norte e na Oceania e são orientadas por várias publicações sobre direitos humanos, como os Princípios para a Proteção das Pessoas Acometidas de Doença Mental (Rosenthal & Rubenstein, 1993) e a Declaração do Havaí (1978). Internacionalmente, as leis relativas ao tratamento de saúde mental são orientadas por duas filosofias. Uma delas é que temos a responsabilidade de intervir com aqueles que são considerados uma ameaça iminente ou incapazes de cuidar de si próprios; a outra é um imperativo para a proteção da segurança dos outros (Saya et al., 2019).

Vemos isso ilustrado repetidamente em inúmeros estatutos relativos a perigo para si próprio (PSP) ou perigo para os outros (PPO). Os critérios para PSP em geral se referem à ideação suicida ou a comportamentos ativos que iminentemente apresentam risco de morte. Esses comportamentos são predominantemente interpretados como um problema médico ligado a uma doença mental, e não como uma doença social, desse modo necessitando da intervenção de profissionais de saúde mental. Embora os comportamentos autolesivos não sejam criminalizados na maioria das jurisdições, em alguns locais a punição por tentativas de suicídio pode incluir prisão ou multas. O aumento da criminalização dos comportamentos autolesivos está associado a maior interface com o sistema de justiça penal, quando na verdade seria mais apropriado um tratamento de saúde mental de qualidade. Nos Estados Unidos, por exemplo, tem havido uma relação inversa entre a restrição dos critérios para tratamento involuntário e o número de pessoas que ingressam no sistema de justiça criminal (Saya et al., 2019). Os defensores do tratamento compulsório citam essas relações para apoiar as reivindicações dos benefícios relativos dos cuidados coercitivos – no entanto, permanece a controvérsia quanto aos danos experienciados pelo processo dessas intervenções.

Incapacidade grave refere-se a uma condição em que um indivíduo não é capaz de prover suas próprias necessidades de sobrevivência, como alimentação, vestuário ou abrigo. Embora não façam automaticamente parte de uma condição de saúde mental, para satisfazer esse critério, as circunstâncias associadas à incapacidade grave devem ser o resultado dessa condição. A incapacidade grave torna-se evidente com o tempo e pode se manifestar como uma incapacidade de prover a própria subsistência ou de obter assistência externa para as necessidades de sobrevivência. Se não for controlada, a autonegligência pode resultar em desnutrição, exposição às intempéries, problemas de saúde e de saneamento ou outros problemas múltiplos relacionados às condições de habitação.

Por fim, PPO envolve a intenção séria de causar danos corporais a outra pessoa. É importante notar que a maioria das pessoas diagnosticadas com doenças mentais não representam PPO. Isso é menos utilizado como motivo de hospitalização do que a incapacidade grave ou o PSP, embora uma revisão narrativa de 18 estudos tenha encontrado associação positiva entre PPO e hospitalização involuntária, observando que há pouca consistência entre os estudos na forma como PPO é avaliado (Walker et al., 2019).

O diagnóstico por si só não é suficiente para justificar uma internação involuntária; a incapacidade grave e PSP ou PPO agudo podem resultar de inúmeros sintomas associados a uma ou mais doenças psiquiátricas reconhecidas. No caso de indivíduos que são enviados para tratamento psiquiátrico, as condições mais típicas incluem psicoses agudas e transtornos afetivos, mas também estão representados os indivíduos diagnosticados com transtornos alimentares progressivos, intoxicação aguda ou transtorno obsessivo-compulsivo grave.

Em todo o território dos Estados Unidos, as leis relativas à internação civil foram criadas no final da década de 1970, e cada lei estatal varia em seus padrões e práticas. Em uma justaposição interessante, o endurecimento das leis relativas à internação civil ocorreu simultaneamente ao movimento de desinstitucionalização, que é frequentemente associado ao início do apoio dos pares dos dias de hoje e ao foco nos cuidados orientados para a recuperação. Muitas leis nos Estados Unidos baseiam-se em elementos da "teoria da gratidão" de Stone, desenvolvida em uma era de práticas médicas altamente paternalistas. O sentimento por trás dessa teoria era o de que as pessoas que inicialmente recusam o tratamento recomendado acabam por se beneficiar dele mais tarde e apreciam-no ostensivamente, apesar de terem sido coagidas a participar (Beck & Golowka, 1988). Embora haja falhas na premissa, e ela não seja de outra forma juridicamente vinculativa, essa teoria influenciou a Model Civil Commitment Law (Lei de Internação Compulsória), que foi aprovada em 1982 pela American Psychiatric Association e constitui um modelo para muitas jurisdições locais (Substance Abuse and Mental Health Services Administration, 2019). A teoria da gratidão baseia-se na percepção de competência do paciente e inclui o diagnóstico confiável de uma doença mental grave, um prognóstico em curto prazo de grande sofrimento na ausência de tratamento, disponibilidade de tratamento eficaz, "incompetência" em termos de poder dar consentimento ou recusar o tratamento e que uma pessoa considerada sensata aceitaria o tratamento oferecido. Embora esteja fora do âmbito deste capítulo, na prática há muitas oportunidades para interpretar incorretamente os princípios dessa teoria e causar danos. Esse fato sublinha a importância de equilibrar um julgamento clínico sólido com uma sintonia empática com nossos clientes, com uma compreensão mais profunda dos efeitos psicológicos secundários e generalizados que podem resultar do tratamento involuntário.

Cenários que geralmente levam à hospitalização involuntária

O tratamento involuntário pode ser iniciado de várias formas, dependendo de quem inicialmente toma conhecimento de que a pessoa está passando por uma crise ou em perigo iminente. Nos Estados Unidos, vários tipos de profissionais da linha da frente estão autorizados a encaminhar detenções involuntárias, embora isso varie em cada Estado, com exceção da polícia, que está autorizada a fazê-lo em todo o País. A maioria dos Estados permite que profissionais de saúde mental iniciem o processo de detenção, e um número menor de Estados permite que profissionais médicos ou outras partes interessadas o façam (Hedman et al., 2016). Independentemente da forma, há inúmeras oportunidades de estresse e trauma adicionais experienciadas pela pessoa que necessita de cuidados.

Uma detenção involuntária pode ocorrer como parte do que, de outra forma, teria sido uma sessão normal de terapia ambulatorial. Essa opção pode ser vista como preferível, já que o profissional que encaminha a detenção pode ter familiaridade com o indivíduo e com os fatores contextuais que justificam sua necessidade de serviços mais intensivos e, provavelmente, dispõe de melhores recursos e controle em um consultório para encaminhar o processo de hospitalização do que se o cliente estiver em outro local – no entanto, o ato de encaminhar uma internação pode ser experienciado como uma quebra de confiança, em prejuízo de uma relação terapêutica entre o paciente e o prestador de cuidados em exercício, bem como com outras pessoas no futuro. Em um estudo qualitativo ($N = 40$), 70% dos jovens relataram que a hospitalização involuntária teve um impacto negativo significativo na sua capacidade de confiar nos prestadores de cuidados de saúde mental e em outras figuras de autoridade, com informações sensíveis relacionadas a sentimentos suicidas. Esse efeito foi mais significativo naqueles que tinham experienciado a sua detenção involuntária como desumanizante e punitiva, em vez de uma oportunidade de receber cuidados (Jones et al., 2021).

Nem sempre é possível avaliar essa necessidade de serviços no contexto dos cuidados de saúde – por exemplo, uma pessoa em crise pode ser conduzida pela primeira vez para cuidados involuntários por meio de uma ligação para a polícia ou para uma equipe de atendimento a crises. Isso pode resultar em sentimentos de desconfiança, medo ou os vários outros pensamentos e crenças potenciais descritos na Tabela 17.1. Em outros cenários, uma pessoa pode ter sido admitida nos serviços de emergência devido a ferimentos autoinfligidos e ser retida a partir daí. Em casos frequentes, uma pessoa pode ter-se internado voluntariamente no hospital e, uma vez lá, ter sido determinado que necessitava urgentemente de serviços continuados, o que exigiu uma alteração na condição voluntária da admissão. Infelizmente, essa prática tem sido associada ao medo de experiências de tratamento adversas entre os consumidores de saúde mental, provavelmente devido à súbita quebra de confiança em um ambiente originalmente percebido como seguro (Hayes & Segal, 2017).

Impacto do tratamento involuntário

A hospitalização psiquiátrica é muitas vezes vista como uma oportunidade de estabilização aguda ou, em alguns casos, como um alívio dos desafios de gerenciar a vida cotidiana juntamente com os sintomas associados à doença mental – no entanto, o processo de institucionalização é rigoroso e perturbador para muitos, resultando no que tem sido referido como "danos da internação", com impactos psicológicos relevantes a serem considerados nos objetivos do tratamento após a alta (Robins et al., 2005). A internação involuntária, em particular, é dispendiosa para o indivíduo sujeito a esse tratamento (sem mencionar as comunidades e famílias dos que estão em crise) e para os sistemas de saúde. O tratamento compulsivo pode ser acompanhado por uma série de novos desafios ao conceito de segurança e ao *self* do indivíduo. Os indivíduos que ingressam em instituições psiquiátricas estão invariavelmente sujeitos à perda da privacidade, da autonomia e de aspectos das suas vidas que os ajudam a se definir. A Tabela 17.1 descreve alguns dos custos para a saúde mental relacionados aos pensamentos recorrentes e às crenças desadaptativas que podem se desenvolver como resultado da experiência de hospitalização.

A certa altura, a grande maioria dos pacientes é liberada da custódia e precisa reingressar e navegar o mundo exterior, idealmente com ferramentas para gerenciar seu estresse de forma eficaz paralelamente aos assuntos cotidianos. No entanto, independentemente do fato de o tratamento hospitalar ter sido ordenado contra a vontade do paciente, o período que se segue a uma internação é sensível. Os hospitais muitas vezes servem como uma oportunidade para estabilização aguda, mas não estão equipados para abordar muitas das circunstâncias que levaram à crise. O período logo após a alta é o de maior risco de automutilação (Chung et al., 2017) e de vitimização por terceiros (Maniglio, 2009).

Além disso, a perturbação aguda das rotinas apresenta grandes obstáculos a uma recuperação significativa e a um engajamento continuado nos cuidados de saúde mental. O tempo passado no hospital significa um tempo afastado do emprego e do gerenciamento da própria vida e dos assuntos pessoais; a internação hospitalar pode desestabilizar questões de habitação, precipitar a perda do emprego e/ou criar desafios para os sistemas de apoio social existentes, de modo a acomodar as necessidades do indivíduo, dependendo da sua compreensão e aceitação das crises de saúde mental. Alguns desses desafios podem ser atenuados pelo engajamento em um tratamento centrado na pessoa e orientado para a recuperação – no entanto, essa incursão na assistência posterior é dificultada pelo desgaste da confiança nos sistemas e nos profissionais da saúde.

Levantando questões éticas adicionais, muitos daqueles que operam os recursos para tomada de decisão não valorizam o custo financeiro significativo associado à estabilização da crise – na verdade, mesmo em circunstâncias em que os pacientes recusam explicitamente o tratamento, eles podem ser responsabilizados pelas despesas (Morris & Kleinman, 2020). Dada a ligação já existente entre doença mental grave e pobreza – e o fato de, nos Estados Unidos, o custo médio dos cuidados de internação variar entre 8.393 e 21.793 dólares (Stensland et al., 2012) –, os pacientes com alta recente são colocados em uma situação especialmente vulnerável, com efeitos em cascata na sua fragilidade financeira e na capacidade atual de cuidar da sua saúde mental e física.

Intervenção cognitivo-comportamental em cada fase da hospitalização

Fase I: pré-hospitalização

A fase de pré-hospitalização inclui a avaliação da necessidade de hospitalização – avaliar a necessidade clínica, o risco para si e para os outros, a incapacidade grave, a capacidade de tomar decisões e as opções alternativas de tratamento – e a preparação do cliente, das pessoas de apoio e de outros serviços de saúde mental para o que vai acontecer.

Avaliação e tomada de decisão durante a fase de pré-hospitalização

Como em outros tipos de tomada de decisão clínica, a avaliação da necessidade de hospitalização envolve a escolha do caminho que maximiza a relação entre risco e benefício. Idealmente, um clínico utilizaria medidas de avaliação com bom poder de previsão de resultados adversos, como a conclusão do suicídio ou o agravamento dos sintomas de mania, e permitiria que estas orientassem a tomada de decisão, dada a fraca confiabilidade e validade da tomada de decisão clínica isoladamente (Garb, 1998) – no entanto, muitos resultados adversos são difíceis de definir ou medir ou não têm uma ciência empírica clara para orientar as decisões, deixando o clínico, o cliente e as pessoas de apoio com decisões difíceis que precisam ser tomadas muito rapidamente.

Na Figura 17.1, utilizamos o conceito de uma balança para equilibrar os prós e os contras que um clínico deve pesar ao considerar se deve prosseguir com o processo de internação involuntária. Embora nosso objetivo seja selecionar a opção que melhor equilibra a relação risco-benefício, nem

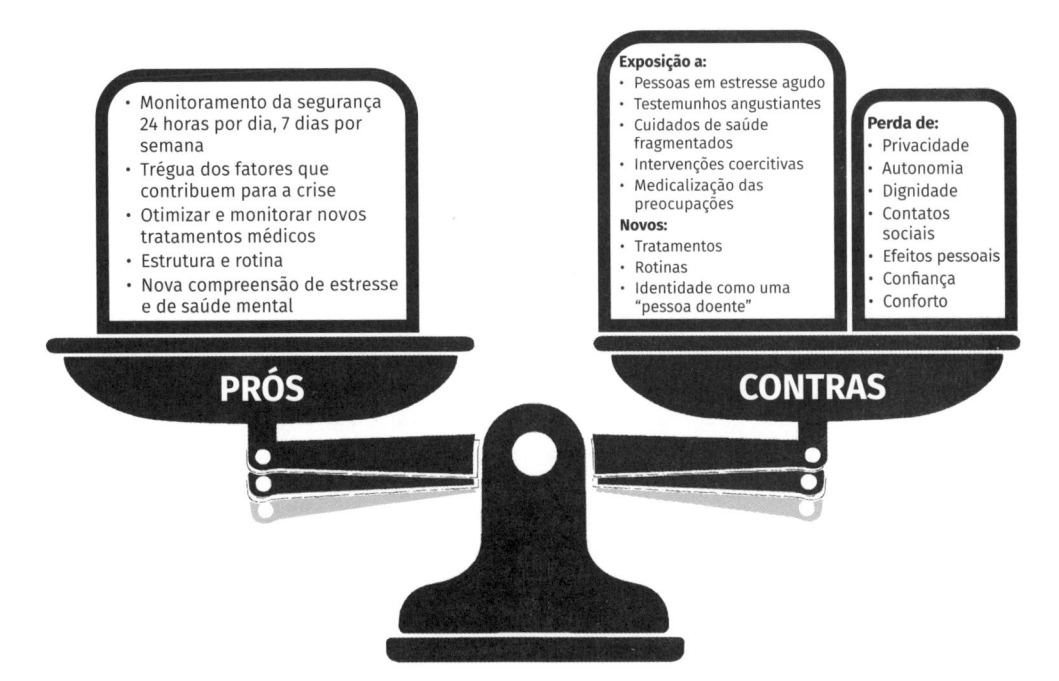

PRÓS
- Monitoramento da segurança 24 horas por dia, 7 dias por semana
- Trégua dos fatores que contribuem para a crise
- Otimizar e monitorar novos tratamentos médicos
- Estrutura e rotina
- Nova compreensão de estresse e de saúde mental

CONTRAS

Exposição a:
- Pessoas em estresse agudo
- Testemunhos angustiantes
- Cuidados de saúde fragmentados
- Intervenções coercitivas
- Medicalização das preocupações

Novos:
- Tratamentos
- Rotinas
- Identidade como uma "pessoa doente"

Perda de:
- Privacidade
- Autonomia
- Dignidade
- Contatos sociais
- Efeitos pessoais
- Confiança
- Conforto

FIGURA 17.1 Equilibrando os benefícios e os riscos de prosseguir com hospitalização involuntária.

todos os itens têm o mesmo peso. A estrutura institucional, como um instrumento para manter a pessoa viva e para lhe proporcionar uma trégua, é um grande fator a favor para as pessoas que têm a responsabilidade de enviar alguém para tratamento involuntário. O início ou a otimização do tratamento com base em um diagnóstico acurado e a vinculação com serviços adequados após a alta também são fundamentais, sobretudo para as pessoas que não estão vinculadas a outros tipos de cuidados. As inúmeras experiências negativas associadas ao processo de hospitalização involuntária não são a intenção do clínico que solicita o tratamento – no entanto, na prática, essas experiências não são prontamente reconhecidas ou consideradas consequências aceitáveis para preservação da vida. A balança na Figura 17.1 representa uma tensão dinâmica entre os dois lados, que precisam de avaliação e reavaliação constantes. O clínico deve avaliar cuidadosamente esse equilíbrio, considerando a situação do paciente, e tomar uma decisão sobre se deve ou não prosseguir com uma hospitalização involuntária. Quando o tratamento indesejado prossegue, o ônus é muitas vezes transferido para o paciente, para que ele entenda esse equilíbrio particular de benefícios e consequências, mas com pouco apoio para fazer isso. Embora os clínicos esperem que os benefícios do tratamento tenham mais peso que as consequências, o paciente sai desse processo como uma pessoa diferente.

É essencial que os clientes e as famílias sejam envolvidos, em conjunto, na avaliação dos fatores-chave e, idealmente, na tomada de decisão sobre a ida para o hospital. Em uma revisão recente das experiências das partes interessadas na internação psiquiátrica involuntária, a tomada de decisão, a comunicação deficiente, os desequilíbrios de poder e as visões paternalistas dos profissionais contribuíram para os sentimentos dos usuários do serviço de não serem ouvidos ou compreendidos (Sugiura et al., 2020). A discordância sobre a decisão de prosseguir com a hospitalização pertence ao lado do "risco". Quando os benefícios superam os riscos, prossegue-se com a hospitalização; quando os contras predominam, um plano com alternativas deve ser explorado. Se existirem alternativas viáveis e aceitáveis, elas podem ser exploradas em primeiro lugar. Os fatores a avaliar são discutidos a seguir por ordem do que é geralmente o "peso" mais pesado até o mais leve em um momento de crise.

A preocupação de maior prioridade e mais fortemente ponderada é a segurança. Como descrito anteriormente, a maioria dos critérios para hospitalização involuntária gira em torno de construtos relacionados à segurança, como PSP, PPO e incapacidade grave – assim, a avaliação envolve examiná-los com um conhecimento sólido das leis e dos critérios de hospitalização na respectiva jurisdição. O ideal é usar avaliações padronizadas para minimizar o papel do viés na tomada de decisão (Garb, 1998), para registrar e apoiar claramente a sua justificativa, facilitar a consulta, garantir que você está avaliando os fatores importantes apresentados na pesquisa para predizer resultados adversos, como suicídio ou homicídio, e para fins de responsabilidade. Um resumo mais detalhado das medidas está além do escopo deste capítulo, mas pode ser encontrado em outro local neste livro (p. ex., Jobes, Gruare & Ryan, Capítulo 3 deste volume). A Escala de Classificação da Gravidade Suicida de Columbia (C-SSRS, do inglês Columbia-Suicide Severity Rating Scale; Posner et al., 2008) é um exemplo de uma ferramenta amplamente utilizada para avaliar o risco de suicídio, a forma mais comum de PSP. Outros tipos de PSP podem incluir comportamentos específicos, padrões de comportamento ou estratégias compensatórias que podem aumentar a vulnerabilidade do indivíduo a ser vitimizado caso não seja hospitalizado. Estas podem incluir ações tomadas quando se está em um estado de mania ou quando se experimentam crenças delirantes que colocam a pessoa em risco de ser machucada por outros, impulsividade perigosa, padrões de comportamento perigosamente arriscado e evitação como uma estratégia que causa danos a si mesmo – por exemplo, a pessoa pode compensar pensamentos/crenças inúteis ameaçando ou agredindo outras pessoas, pode dar a sua casa, viajar para lugares distantes sem nenhum plano ou envolver-se em evitação que pode levar a uma incapacidade grave (não se alimentar, não se abrigar). Existem medidas e rastreios para avaliar o risco para os outros (p. ex., STAMP; Luck et al., 2007), mas não existe um padrão-ouro. Os critérios são geralmente semelhantes aos do PSP – o risco é considerado iminente se não houver intervenção (e se houver um alvo especificamente identificável), se o indivíduo não estiver disposto ou não for capaz de se engajar no planejamento da segurança/minimização dos riscos e se as alternativas não forem viáveis. Diferentemente das leis de "obrigação de comunicação", para hospitalização não é necessário que exista um alvo de dano especificamente identificado, embora a existência de um alvo aumente as preocupações com a iminência de um PPO e a necessidade de hospitalização.

A segunda preocupação com mais peso é a viabilidade de intervenções alternativas. Se você estiver avaliando a necessidade de hospitalização com um cliente, um passo fundamental é fazer o planejamento da segurança. Idealmente, você e seu cliente criariam um plano de segurança antes de surgir a necessidade, que incluísse os sinais de alerta de crise iminente, habilidades de enfrentamento a serem tentadas, passos que os familiares e os apoios da comunidade podem dar para ajudar e os sinais previamente estabelecidos de que a hospitalização é justificada. As alternativas viáveis normalmente envolvem o recrutamento da ajuda de outros ou a remoção do indivíduo de um ambiente ou de circunstâncias que estão exacerbando a crise atual. Serviços residenciais para situações de crise, que dão uma trégua das demandas estressantes da vida, e comprometer-se com um acordo entre a pessoa em crise e um ente querido de adotar um plano de segurança em conjunto, são as alternativas mais comuns – por exemplo, um indivíduo pode satisfazer os critérios para PPS, mas concorda em entregar todos os meios de automutilação ao seu parceiro e passa o fim de semana sob a sua supervisão. O indivíduo pode decidir fazer uma pausa do trabalho ou da escola ou adiar um prazo e, em vez disso, engaja-se em atividades que contrariam as crenças nucleares inúteis, mudando, assim, os ativadores e modificadores de uma crise atual e "esfriando" as crenças nucleares, como sentir-se indesejado, sem esperança de mudança ou impotente, que podem estar contribuindo para um estado de crise. O clínico precisa avaliar se essas alternativas são viáveis e podem realmente ser adotadas e fazer um plano para reavaliação e cuidados caso a crise continue. Uma alternativa viável à hospitalização pode ajudar a remover alguns dos potenciais "prós" da hospitalização e aumentar os "contras" na balança da tomada de decisão, desse modo alterando o equilíbrio.

Os preditores do comportamento e outros fatores individuais também são fatores-chave. Pesquisas empíricas identificaram muitos fatores, como uma tentativa de suicídio prévia, que predizem comportamentos com danos concretizados. Também indicam claramente que os algoritmos e as ferramentas de avaliação validados superam o julgamento clínico sobre quem está realmente em risco iminente (Corke et al.,

2021), particularmente porque a previsão é difícil (Large et al., 2016; Woodford et al., 2019). Existem inúmeras revisões recentemente atualizadas desses fatores (p. ex., Franklin et al., 2017), incluindo guias específicos para a população (p. ex., Pelton et al., 2021; Mars et al., 2019). Os clínicos são responsáveis por se manterem informados, pesquisando a literatura quando se envolvem na tomada de decisão quanto ao risco e consultando-a o máximo possível, particularmente quando um caso não é claro (p. ex., a balança de tomada de decisão não está pendendo de forma marcante para um lado).

É preciso também levar em conta o risco dos sintomas atuais – por exemplo, embora a psicose esteja, por definição, associada a prejuízos na consciência do indivíduo de que ele está experienciando sintomas (Arciniegas, 2015), a psicose não tratada pode ser traumatizante, dado o conteúdo de algumas alucinações e delírios (Lu et al., 2017). Outro exemplo é o medo extremo e a revivência no transtorno de estresse pós-traumático (TEPT) ou a depressão grave que persiste há anos com poucas alterações e com o custo crescente da perda da produtividade, da qualidade de vida e das conexões sociais e funcionais.

O potencial para experiências traumatizantes e suas sequelas (Guzman-Parra et al., 2019) que podem ocorrer no hospital também precisa ser avaliado e considerado no lado dos "contras". A Tabela 17.1 e a Figura 17.1 apresentam uma série de desvantagens comuns. Os riscos potenciais da Figura 17.1 devem ser sempre considerados como possibilidades, pelo menos implícitas. Ao conceitualizar o caso do seu cliente, você deve investigar e pesar as mudanças potenciais nos elementos da sua conceitualização – por exemplo, um cliente que se vê como desamparado ou sem valor pode ter maior risco de reforçar essas crenças do que um que se vê como geralmente capaz, mas em meio a um episódio maníaco. Eles podem precisar de uma preparação e acompanhamento diferentes por parte do clínico ou podem ser mais propensos a responder à estrutura e ao apoio para se engajarem em atividades com maestria. Se o objetivo for diminuir a crise por meio da intervenção em pensamentos, crenças, padrões de comportamento e estratégias compensatórias inúteis, outras mudanças potenciais (ou outras formas de reduzir a crise) devem ser consideradas.

Preparação para hospitalização involuntária

Todos os médicos devem ter um plano para gerenciamento de hospitalizações involuntárias na sua prática clínica. Tal como um plano de segurança para o seu cliente, é importante ter um plano a ser utilizado em um momento de crise já disponível e por escrito e antecipadamente compartilhado com outras pessoas que possam estar envolvidas (outras pessoas da equipe clínica, recepcionista, colegas, pessoal administrativo, etc.). Você deve consultar seus clientes e familiares que tenham vivido a experiência desse processo para estabelecer as melhores práticas e rever seu plano em conformidade. Isso reduz as decisões que você precisa tomar e os detalhes de que precisa se lembrar em um momento de grande estresse em que os recursos cognitivos já estão sobrecarregados. Um exemplo de plano dos Programas de Detecção Precoce de Psicose da UC Davis está incluído na Figura 17.2. Ele também ajuda a ter um plano escrito para os clientes e as famílias para que eles possam saber o que esperar, bem como um *kit* no consultório com lanches, jogos e outros materiais que possam ajudar a manter as pessoas calmas e passar o tempo enquanto aguardam o transporte. Também é importante descrever para o cliente e para qualquer pessoa de apoio

1. Segurança: antes de prosseguir, avalie sua segurança.
   a. Se sua segurança estiver em risco, saia imediatamente da sala e procure ajuda.
   b. Se você estiver passando por uma emergência, aperte o botão do pânico para alertar o pessoal da recepção. Eles virão imediatamente para verificar o que está acontecendo ou ligarão para o 911.
   c. Se você necessitar urgentemente de assistência da polícia, mas achar que não pode telefonar em segurança, você pode ligar para o coordenador da clínica no número 4-9999 e dizer: "Por favor, chame o Dr. Brown IMEDIATAMENTE".
   d. Você também pode telefonar para o coordenador da clínica utilizando o número 4-9999 e dizer: "Por favor, chame o Dr. Brown", e eles virão verificar o que está acontecendo.
2. Determine se é necessário um 5150*.
   a. Os clientes não devem ser deixados sozinhos no seu consultório e não podem esperar na área de espera geral quando você estiver considerando o 5150. Peça aos coordenadores da clínica para o ajudarem a localizar o seu supervisor e/ou pessoal de apoio. Se precisar sair da sala, procure um clínico que possa ficar com o cliente.
3. Depois que você determinou que seu cliente preenche os critérios para um 5150, aplica-se o seguinte:
   a. Você pode optar por não aconselhar o seu cliente se achar que isso será perigoso. Caso contrário, faça o melhor possível para manter o cliente informado sobre o que está acontecendo e o que provavelmente vai ocorrer depois que ele deixar a clínica.
   b. NÃO impeça fisicamente o seu cliente de sair. Se ele sair, chame a polícia da Universidade da Califórnia Davis (UCD).
   c. Os pais/cuidadores/provedores não devem transportar o cliente para nenhum lugar, mas, novamente, você não pode impedi-lo fisicamente.
   d. Os clientes precisarão ser transportados para o departamento de emergência (DE) da UCD com um transporte médico (para autorização médica). Chame uma ambulância pelo número 916-888-8888.
   e. Menores de idade (até 17 anos) podem ir para a Equipe de Resposta de Emergência para Menores (MERT) no Centro de Tratamento de Saúde Mental se o clínico da MERT os aceitar. Ligue para o número 916-888-8888 para conversar com o clínico da MERT. Confirme com o médico assistente que o cliente tem autorização médica e está apto para isso.
   f. Em circunstâncias raras, poderá ser possível conseguir um leito em um hospital psiquiátrico local – no entanto, isso pode demorar até 4 horas ou mais e geralmente não é viável. Para mais detalhes sobre esse procedimento, veja o apêndice.
4. Reúna a sua equipe: você precisa de um médico assistente, um coordenador clínico, uma pessoa de apoio adicional e o seu supervisor, caso seja um estagiário. Você também precisa informar o administrador do consultório.
   a. Notificação: preencha uma breve nota sobre a evolução e preencha o formulário para o 5150. Se você for estagiário, seu supervisor fará isso. Esteja preparado para "reportar" à equipe de emergência quando chegarem. Um exemplo de relatório pode ser encontrado no apêndice. Eles vão querer saber o seguinte:
      • Idade, história médica pregressa, alergias, medicamentos atuais, sinais vitais
      • Breve descrição do motivo pelo qual a pessoa está sob 5150
      • História de danos a si mesmo ou a outros ou de hospitalização psiquiátrica
   b. Coordenador: providencia um local de espera apropriado (uma sala de conferências ou um consultório disponível) e chama o transporte médico (ambulância: 916-888-8888) e/ou a polícia da UCD (4-7777) se houver preocupações com a segurança. Faz três cópias do formulário 5150 e imprime a ficha médica eletrônica do cliente com as informações demográficas e de seguro do paciente.
   c. Pessoa de apoio: faz o *check-in* com o clínico, o cliente e a família, oferece água, lanches, atividades, etc.
   d. Apoio médico: o médico assistente assinará o formulário de transporte por necessidade médica, se solicitado. Os menores de idade que vão para a MERT e os adultos que vão diretamente para um hospital psiquiátrico precisarão de uma autorização médica.

(Continua)

FIGURA 17.2 Hospitalização involuntária (5150). Políticas e Procedimentos dos Programas de Detecção Precoce de Psicose da UC Davis.

5. Quando o transporte médico chegar, o coordenador os encontrará no estacionamento e os orientará para entrarem pela entrada lateral (NÃO pelo saguão).
    a. Explique claramente os passos seguintes ao cliente (e à família) – por exemplo, ele vai para a sala de emergência, MERT; a necessidade de hospitalização será avaliada; ele será transportado até um leito psiquiátrico disponível, se for o caso.
    b. Os supervisores podem ajudar a determinar se é apropriado acompanhar a família até o DE ou a MERT da UCD. Esse tempo NÃO pode ser faturado, portanto o supervisor precisa aprovar.
6. Seguimento e revisão.
    a. Se o seu paciente foi para o DE da UCD, ligue para o assistente social de crise no número 916-555-5555 para fornecer informações (veja os três itens listados no Item 4a anteriormente).
    b. Reúna sua equipe do 5150 e faça um *check-in* com cada membro, identifique e documente o que correu bem e o que foi desafiador e apresente isso na próxima reunião da equipe.
    c. Complete a documentação no Avatar ou EPIC para a visita.
        • Lembre-se de que você não pode faturar a intervenção em crise, uma vez que o cliente foi hospitalizado.
        • Fale com um supervisor se não tiver certeza de como faturar.

Apêndice: Critérios para o 5150
(*Nota*: Substitua pelas leis/critérios da sua jurisdição)

1. Exemplo de anotação breve sobre a evolução:
    • Jane Doe é uma mulher de 22 anos de idade com diagnóstico de esquizofrenia que se apresentou para a sua consulta de terapia. O clínico foi chamado para avaliar a cliente quanto ao perigo para si própria, devido ao fato de ela ter relatado um plano para se matar com uma *overdose* de paracetamol. A cliente tem o medicamento em casa e afirma que vai ter *overdose* assim que sair da clínica. Também refere que deixou de tomar sua medicação há 1 semana.
    • Jane não tem problemas médicos significativos e não tem alergia a medicamentos.
    • O medicamento atual é risperidona 2 mg ao deitar.
    • MSE: Mulher de estatura média, vestida com roupas sujas, um tanto desleixada. Fala suavemente e faz pouco contato visual. Está chorosa e refere depressão significativa. PT tangencial, CT focado em se matar com *overdose* de paracetamol, relata que CAH lhe disse para se matar. O discernimento e o julgamento são fracos.
    • A cliente parece estar experienciando uma recaída dos sintomas psicóticos e refere planos de pôr fim à sua vida com uma *overdose* de paracetamol. Ela satisfaz os critérios para 5150 devido a perigo para si própria (PSP).
2. Exemplo de relatório para o EMS:
    Esta é Jane Doe. É uma mulher de 22 anos com diagnóstico de esquizofrenia e sem problemas médicos significativos. Não tem alergia a medicamentos. Toma risperidona 2 mg ao deitar, mas não o faz há 1 semana. Veio hoje a uma consulta de terapia regular e relatou pensamentos suicidas com um plano de *overdose* com paracetamol. Foi colocada em um 5150 para PSP. A pressão arterial é de 110/85, o pulso é 80, o peso é 63 kg, e a altura é 1,62 m.

*Linha telefônica para solicitação de detenção psiquiátrica involuntária de um indivíduo em situação de crise por até 72 horas, para avaliação do risco que representa a si mesmo ou aos outros.

FIGURA 17.2 *(Continuação)* Hospitalização involuntária (5150). Políticas e Procedimentos dos Programas de Detecção Precoce de Psicose da UC Davis.

importante o que provavelmente ocorrerá no caminho para o hospital e quando chegarem ao hospital; isso pode variar dependendo das políticas e instituições locais – por exemplo, é comum que as pessoas inicialmente sejam "avaliadas" antes de ser determinado se serão mandadas de volta para casa ou mantidas em um hospital. Os hospitais geralmente têm um prazo limitado a 72 horas para fazer isso. O cliente é muitas vezes mantido em uma unidade fechada durante esse período, e o contato com ele ou atualizações sobre seu estado em geral não são possíveis. Os clientes e as famílias devem ter conhecimento disso e de que, uma vez no hospital, eles podem ser transferidos. Na maioria das localidades, a transferência deve ser feita em uma ambulância, e as leis exigem que as pessoas transferidas estejam contidas ou amarradas. O fato de não se saber o que esperar provavelmente tornará a experiência mais assustadora e traumática.

Vinheta do caso, parte 2

Em um estado depressivo profundo, a última coisa que Sam queria ou esperava era o caos que se seguiu como parte do processo de hospitalização involuntária. Inicialmente, ficou com raiva na ambulância e exigiu que o deixassem ir e o levassem para casa. Sam finalmente chegou ao hospital e viu sua mãe brevemente enquanto eram levados até um elevador; sem que ninguém soubesse, ela tinha seguido a ambulância até o hospital. O paciente foi levado às pressas para uma unidade fechada, mas teve que esperar várias horas no departamento de emergência por uma "baixa". Antes de receber qualquer tratamento de saúde mental, Sam teve que trocar de roupa e vestir um camisolão desconfortável, perdeu o acesso aos seus pertences e esperava-se que se mantivesse calmo enquanto estava rodeado de emergências médicas e famílias chorando. Finalmente, um quarto ficou disponível na unidade psiquiátrica – no entanto, Sam não teve acesso a ele; em vez disso, teve que dormir em um colchão no chão frio da área comum, à vista do pessoal de monitoramento, como precaução contra uma possível tentativa de suicídio. Depois de finalmente adormecer, o paciente foi acordado por um jovem estagiário e levado até uma sala minúscula onde o estagiário fez uma série de perguntas sobre seu histórico, seu estado de humor e seus pensamentos suicidas. Depois de cerca de 20 minutos, Sam foi levado para uma sala muito maior, com outras pessoas vestindo o mesmo tipo de camisolão.

Havia tantas regras e procedimentos para aprender como paciente internado que os primeiros dias na unidade foram tudo, menos tranquilos – de fato, durante essa experiência, Sam ficou perplexo com o fato de esse tratamento ter sido ordenado para a sua segurança; ele nunca havia se sentido menos seguro. Os outros pacientes, alguns dos quais também tinham sido mandados involuntariamente para tratamento, eram às vezes incrivelmente estressados e sujeitos a isolamento e restrição. Durante os períodos mais calmos, em sessões de terapia de grupo focadas nas habilidades de enfrentamento, esses mesmos pacientes revelavam experiências e traumas anteriores que Sam considerava verdadeiramente horríveis. O tratamento era extremamente regrado, exaustivo e praticamente igual todos os dias: 4 a 5 grupos obrigatórios, um breve encontro com um psiquiatra que alterou completamente a sua medicação, uma sessão de aconselhamento com diferentes clínicos e reuniões com um assistente social para falar sobre o que ele iria fazer quando saísse do hospital. Embora Sam tivesse iniciado as medicações e se envolvido com a equipe de saúde comportamental apenas na medida do necessário, ele não conseguiu evitar o sentimento crescente de inquietação durante todo o processo. Ele se sentia inseguro e desconfortável nesse ambiente, com a confiança cada vez menor nos profissionais de saúde e perda da fé na bondade inerente das pessoas. Ele sentia que essa experiência, por si só, era algo de que ele precisaria se recuperar.

Fase II: durante a hospitalização

Há menos coisas que se pode fazer enquanto uma pessoa está no hospital, e isso pode ser difícil para os entes queridos e os prestadores de cuidados. Às vezes, é possível que a família veja o indivíduo que vai para o hospital durante a avaliação inicial e, algumas vezes, não. Os entes queridos às vezes podem ajudar se eles chegam ao mesmo hospital, mas isso nem sempre é possível. As avaliações no hospital geralmente são rápidas, portanto, qualquer informação ou registro que os prestadores possam compartilhar ou enviar com antecedência servirá de apoio para essa avaliação.

O ideal é manter contato com um assistente social/gestor de caso durante a hospitalização para compartilhar informações, obter atualizações sobre o progresso e as datas previstas para a alta e participar do planejamento da alta. Sem registros e sem a sua participação, a equipe do hospital geralmente fará o melhor que puder para desenvolver seus próprios planos com as informações que estiverem disponíveis. Os objetivos do tratamento e da medicação são diferentes no hospital (estabilização vs. manutenção), e as alterações ou a interrupção dos regimes são comuns, especialmente se o histórico do paciente for desconhecido. O envio de registros da avaliação, do tratamento e, sobretudo, da medicação contribui para a estabilidade. Os assistentes sociais normalmente estão muito ocupados, então é importante ser assertivo e fazer ligações frequentes para entrar em contato se isso se justificar. Eles também podem receber mensagens, mesmo que não tenham autorizado o contato com você ou não consigam fazer contato. Do mesmo modo, quando chega o momento de planejar a alta, a equipe do hospital geralmente precisa de um plano ou uma confirmação sobre o local onde o paciente vai ficar e sobre os prestadores de cuidados antes de dar alta. Se você estiver em contato, poderá defender as necessidades (p. ex., uma permanência mais longa devido aos riscos de que você tem conhecimento, alta para um nível de cuidados mais elevado do que aquele que você pode prestar), mas, se não estiver envolvido, a equipe do hospital fará o melhor que puder dentro do tempo geralmente limitado e com os recursos de que dispõe.

O envolvimento da família durante a hospitalização está associado a uma série de resultados positivos (p. ex., Dixon et al., 2014; Haselden et al., 2019). Se o seu cliente estiver no hospital durante algum tempo, uma visita pode ter grande impacto. Muitos pacientes internados gostam que a família traga alguns pertences ou itens de conforto, se isso for possível. Os assistentes sociais do hospital também podem ajudar os entes queridos ou os clínicos a ter contato por telefone ou pessoalmente, sempre que possível. A hospitalização pode ser perturbadora para os vários papéis de uma pessoa: pai, empregado, estudante, etc. Os clínicos e os entes queridos devem elaborar um plano para gerenciar essas tarefas e contatar as escolas ou os locais de trabalho para informá-los das ausências futuras. Normalmente, é preferível uma divulgação vaga ou de baixo nível (p. ex., uma carta para informar que o indivíduo atualmente está no hospital para tratamento de uma doença), e, em muitos países, incluindo os Estados Unidos, a privacidade é protegida por lei. Isso permite que o cliente participe de qualquer mensagem que as pessoas à sua volta receberão sobre a sua hospitalização e as condições que levaram a ela. Você poderá até começar a preparar as adaptações, se necessário, para depois da alta.

Também é importante usar o período de hospitalização para descansar e obter apoio. Apoiar um ente querido ou um cliente no período que antecede a hospitalização pode ser exaustivo e diferente do que é típico. Como clínico, você precisa de uma pausa, mas também é fundamental dar algum apoio aos familiares ou a outros prestadores de cuidados e "dar-lhes permissão" para fazerem uma pausa e cuidarem de si próprios. É comum que os prestadores de cuidados se considerem um fracasso, que sintam culpa, vergonha e remorso por terem "colocado" alguém no hospital e que sintam que o tempo todo têm que estar alertas ou prontos para agir. Incentivar o autocuidado, normalizar esses pensamentos comuns, mas geralmente imprecisos, e validar todos os traços e ações positivas que eles normalmente adotam é importante para que você descanse e se prepare, e prepare os outros prestadores de cuidados, para o apoio que será necessário depois do hospital. Se você puder utilizar o seu tempo de tratamento para se reunir com os cuidadores (com autorização), isso é importante.

Vinheta do caso, parte 3

O hospital proporcionou uma trégua dos estressores da vida cotidiana e funcionou para estabilizar Sam durante a crise, mas não conseguiu proporcionar o nível ou a duração do apoio de que ele precisava para elaborar as experiências que levaram à crise. Isso parecia mais uma chamada de atenção, mostrando a Sam como as coisas tinham ficado ruins para ele e como é importante não ignorar a saúde mental. O jovem teve alta depois de 10 dias com um parco "*kit* de ferramentas" para uma reentrada bem-sucedida na sociedade, que incluía duas novas receitas médicas (e seus efeitos colaterais), uma lista desatualizada de serviços de apoio comunitário de baixo custo, um encaminhamento para retornar à terapia ambulatorial e um livro de exercícios de habilidades de enfrentamento e de prevenção de recaída parcialmente preenchido. Sam estava ansioso para restabelecer as rotinas e voltar para a faculdade, mas tinha certeza de que falharia em ambas. Ele achava que não estava tão mal quanto as outras pessoas no hospital, mas também se sentia ansioso e sobrecarregado diante da tentativa de retornar e em relação à forma como a hospitalização poderia ser vista pelas outras pessoas. Além disso, depois de várias semanas faltando às aulas, não havia como recuperar o atraso nas matérias e conseguir uma nota suficiente para ser aprovado. Embora a assistente social do hospital tenha dito a Sam que a instituição tinha um programa para alunos com incapacidades, não estava claro se algum dos serviços se destinava a Sam, que não fazia ideia de como os utilizar ou se valeria a pena procurar uma "incapacidade psiquiátrica". Infelizmente, durante a transição de regresso para casa, o tratamento de saúde mental em regime ambulatorial também não atendeu às necessidades de Sam. Embora a crise inicial tivesse diminuído, ele tinha desenvolvido necessidades diferentes de tratamento e, de certa forma, sentia-se ainda mais vulnerável e sobrecarregado pelo estresse do mundo. O terapeuta ambulatorial de Sam não parecia compreender o quão perturbador e estigmatizante era o processo de internação ou o motivo pelo qual Sam estava sentindo menos confiança nos prestadores de cuidados de saúde depois de ter sido hospitalizado involuntariamente. Ele se sentia isolado, envergonhado, desorientado e incapaz de planejar um caminho para retornar às atividades que antes lhe davam um sentido e um propósito.

Fase III: alta e volta para casa

As necessidades e os sintomas presentes antes de uma hospitalização podem ser muito diferentes dos presentes no momento da alta. Nas reuniões iniciais após a alta, você deve reavaliá-los para determinar sua linha de base atual, usando medidas relevantes para as condições que levaram à hospitalização. A supervisão é útil para abordar seu próprio estigma como clínico e a forma como ele pode afetar um cliente depois do seu período no hospital (p. ex., Lauber et al., 2004) e para gerenciar seus próprios sentimentos ao voltar a atender um cliente que pode ter necessidades elevadas. Um nível intermediário de cuidados entre o tratamento hospitalar e ambulatorial, como uma hospitalização parcial ou um programa diurno, pode ser justificado. Você também precisa determinar o nível de prontidão para o desempenho de funções, e é necessário o gerenciamento do caso para tomar providências. Poderá ser necessário retomar apenas algumas disciplinas, fazer ativação comportamental e planejamento de atividades para estruturar o tempo em casa ou retomar o trabalho em tempo parcial.

Os sistemas familiares também se alteraram. As necessidades do cliente, que estão à beira da hospitalização, muitas vezes dominaram o sistema familiar antes da hospitalização, e um novo equilíbrio pode ter sido estabelecido nesse ínterim. O envolvimento dos familiares ou de outras pessoas de apoio importantes, como empregadores e amigos, é ideal no planejamento da volta para casa. Como a família/amigos podem ajudar? O que seu cliente apreciaria ou não? Ele tem preferências quanto à forma e ao momento em que as outras pessoas podem entrar em contato? Você também poderá querer discutir o que seu cliente gostaria de dizer às pessoas sobre onde esteve. É comum se preocupar e ter algum estigma internalizado sobre o que significa ter estado em um hospital psiquiátrico ou se preocupar com o que os outros vão pensar de você (veja, a seguir, uma discussão mais aprofundada). Planejar como seria um nível alto, médio e baixo de divulgação e determinar quem deve receber cada um – e quando – é uma abordagem útil quando seu cliente estiver pronto. Em suma, sua primeira tarefa é desenvolver um plano para o apoio que seu cliente precisa na ajuda da alta. As taxas de readmissão em hospitais são mais altas entre aqueles que não têm um bom plano de alta e que não participam de cuidados de acompanhamento (Nelson et al., 2000). Uma volta ao ponto em que as coisas estavam antes da hospitalização também tem o risco de reforçar crenças negativas e restabelecer comportamentos inúteis e padrões compensatórios.

Retomando a terapia

Os clínicos devem estar cientes de que, mesmo no melhor cenário, na maioria das equipes/programas de tratamento hospitalar orientados para a recuperação e para a pessoa, a hospitalização costuma ser traumatizante (Cohen, 1994; Paksarian et al., 2014). A evitação é um fator de manutenção e um grupo de sintomas importante no TEPT – assim, é importante falar sobre a hospitalização quando o cliente estiver preparado e estar ciente do seu impacto na relação terapêutica, na formulação de casos e nos cuidados. A intersecção entre crises de saúde mental e tratamento involuntário tem forte potencial de afetar as percepções e crenças de formas que os prestadores de cuidados podem não esperar. Dependendo da duração do tratamento involuntário, da intensidade dos serviços prestados e do momento do desenvolvimento da pessoa em que esse envolvimento ocorreu, as necessidades posteriores que se apresentam aos clínicos assistentes depois da alta variam. É importante perceber que muitos dos tratamentos ainda tidos como prática corrente podem ser experienciados como uma ameaça à própria segurança e ao senso de agência pessoal. Saindo de uma circunstância em que são comuns as restrições corporais, a "camisa de força química" e a completa perda de conforto, rotina pessoal e apoios sociais, existem riscos significativos para o senso de identidade, especialmente em circunstâncias de tratamento prolongado em jovens vulneráveis. Os impactos nas crenças nucleares incluem percepções de inferioridade, de ser um estranho ou uma incapacidade de confiar em si mesmo. Alguns exemplos de experiências específicas devido ao processo de hospitalização estão detalhados na Tabela 17.1. Com o passar do tempo, isso pode levar a uma identificação excessiva com um papel de paciente, ao abandono completo do tratamento necessário ou a uma combinação desses comportamentos. Sem apoio apropriado, é estabelecido um esquema para uma futura vitimização e a busca de ajuda a partir de um lugar de medo.

Ao retomar a terapia, a validação e a reconstrução da confiança são fundamentais. Quer esteja pronto para discutir a hospitalização ou não, o clínico deve estar ciente das respostas inúteis comuns à experiência de ter sido hospitalizado involuntariamente. O clínico também precisa estar ciente de que muitas respostas que parecem "inúteis" para nós podem parecer respostas adaptativas e justificadas para o trauma vivenciado pelo indivíduo. Não podemos patologizar a relutância em voltar a receber cuidados, a fazer o que é necessário para se estabilizar ou o questionamento dos sistemas (ou pessoas) que levaram a uma hospitalização que não foi consentida. Como clínicos, esperamos que nossos clientes percebam as nossas razões para interná-los no hospital, mas precisamos ser cautelosos para garantir que não estamos impondo a nossa visão do mundo e nossos juízos de valor.

Assim como outros acontecimentos importantes na vida (experiência traumática, formatura, casamento/divórcio), a hospitalização é uma transição de vida importante para a maioria das pessoas e, por isso, tem o poder de alterar as crenças nucleares, os padrões de pensamento e os comportamentos. Estratégias compensatórias inúteis e padrões de pensamento rígidos são comuns em momentos de estresse e podem contribuir para a reemergência ou a piora dos sintomas. A Tabela 17.1 inclui aspectos de uma formulação da TCC que pode resultar da experiência de hospitalização, desenvolvida em parceria entre os autores e pares com experiência de hospitalização em saúde mental.

A abordagem "detectar, verificar, mudar" é útil para primeiro tentar avaliar e trazer os elementos inúteis para a consciência e, então, identificar como eles se relacionam entre si (detectar). Em uma abordagem da TCC voltada para a formulação, você pode ensinar aos seus clientes elementos de uma conceitualização da TCC, de forma a compreenderem melhor os ciclos que mantêm qualquer elemento indesejável incluído na tabela. Isso pode gerar um consenso de que o engajamento na fase de "verificação" pode ser útil. Nessa fase, o objetivo é examinar o impacto de cada pensamento, crença e padrão de resposta e como eles mantêm uns aos outros. Se possível, as conceitualizações devem ser desenvolvidas em conjunto e compartilhadas. Depois que você identificou os elementos que não são úteis ou que mantêm o estresse, o passo seguinte é colher alguns dados. De onde vêm esses pensamentos ou crenças e por quê? Qual é o impacto que eles têm em você atualmente? O que aconteceria se algumas alternativas fossem exploradas ou experimentadas? Temos a tendência a ver a informação que está em conformidade com os esquemas, crenças e formas de ser existentes; por isso, em uma abordagem de tratamento com TCC, os dados ideais são recolhidos por meio da ação. Podem ser criados experimentos comportamentais para coletar dados sobre pensamentos e emoções no momento ou para explorar como as outras pessoas pensam ou reagem. Como em qualquer intervenção, é fundamental anotar previamente as previsões e os resultados esperados para

TABELA 17.1 Crenças potencialmente inúteis, respostas e padrões de manutenção por fases da hospitalização

Fase da hospitalização	Situação	Pensamentos recorrentes potenciais	Crenças inúteis que podem ser reforçadas	Resposta inútil/fator de manutenção
Experiência que leva à hospitalização	Retorno de/aumento no estresse e nos sintomas	Não estou me sentindo como meu eu habitual. Algo está/pode estar errado comigo. É assim que eu sou agora? Se eu os ignorar, eles vão embora. Espero que os outros não notem.	Estou danificado e/ou incapaz. Perdi tudo o que tinha. Não consigo... Sou um fracasso. Estou doente. Vou fracassar, então nem devo tentar. (crenças derrotistas)	Evitação/desligamento Projeta/culpa os outros Aumento do conflito nos relacionamentos Ritmo fraco (agitação/exagero) Catastrofiza/foco no negativo Ignora as habilidades/depende demais dos outros
	Estigma: social, self, busca de ajuda, percepção dos outros, preocupações de saúde mental – não tem onde buscar ajuda	Não posso falar sobre meu estresse. Ninguém vai me entender. Os outros vão me julgar. Os outros vão se decepcionar comigo.	Eu sou diferente. As pessoas são rechaçantes/más/desinteressadas. As pessoas menosprezam os mentalmente doentes.* Ter sintomas me torna inferior/mau/não digno de ser amado/incapaz. Serei rejeitado, então por que tentar? (crenças associais)	Desliga-se/afasta-se Esconde os sintomas Minimiza os sinais de alerta de recaída Age com hostilidade com os outros Hipervigilância Trabalha em excesso/perfeccionismo
	Contato com serviços de aconselhamento, filhos e famílias	Procurei ajuda e acabei em uma situação pior. Não posso confiar nos prestadores de saúde. Revivendo experiências do hospital. Estou de volta ao ponto onde iniciei. Eu sou louco.	Sou incapaz. Não consigo lidar... O tratamento é inútil, não pode me ajudar.	Catastrofiza Tira conclusões precipitadas/adivinhação Não se engaja completamente nos cuidados Pensamento/previsão do futuro derrotista Evita se envolver plenamente
	Contato com autoridades policiais ou outros assessores agudos (treinados e não treinados para lidar com crises de saúde mental)	Serei punido pelo estresse. Não posso confiar na aplicação da lei. Eles querem me prejudicar. Eles acham que sou um criminoso. Eles acham que sou louco/perigoso.	Eu sou mau. As pessoas não me entendem. Não posso confiar em ninguém. Ninguém me ouve/confia em mim.*	Age com agressividade Nega os sintomas Culpa os outros Afasta-se dos outros

(Continua)

TABELA 17.1 Crenças potencialmente inúteis, respostas e padrões de manutenção por fases da hospitalização (Continuação)

Fase da hospitalização	Situação	Pensamentos recorrentes potenciais	Crenças inúteis que podem ser reforçadas	Resposta inútil/fator de manutenção
Experiência no departamento de emergência/admissão no hospital	Cercado por pessoas em sofrimento, com apresentação mais aguda, energia caótica na unidade	Eu sou louco também? Este é o meu futuro? O futuro é sombrio. Não preciso de ajuda. Eu não me encaixo. Não me sinto seguro neste lugar onde disseram que eu me sentiria seguro.	Não estou seguro.* Este não é meu lugar. Aceitar cuidados não é seguro. As pessoas não me ouvem/não acreditam em mim.	Nega/minimiza as preocupações Rejeita ajuda Desconta a frustração nos outros Medo do medo Julga os outros Identifica-se excessivamente com o papel de paciente Hipervigilância
Experiência quando a avaliação aguda se transforma em hospitalização	Esperando, sendo transferido (frequentemente em uma maca); retido contra sua vontade	Aqui não é meu lugar. Isso é culpa dos entes queridos/do clínico. Eles estão me forçando a fazer isso.	Eu não tenho doença mental.* O tratamento é inútil, assustador/perigoso.* Meus entes queridos/clínicos não entendem.* Meus entes queridos/clínicos querem me prejudicar.	Entorpecimento/evitação da emoção Contra-ataca/agressão Agarra-se ao controle que está disponível Minimiza Preocupa-se/rumina
	Nível de apoio cai drasticamente – sentindo a perda da disponibilidade dos prestadores na unidade	Eu tenho que estar em crise profunda para ter apoio significativo de novo? Estou tão doente que preciso ficar no hospital por um longo tempo? Meus entes queridos realmente não se importam. Não vou conseguir lidar com isso. Não estou tão mal quanto "os outros". Estou muito bem agora.	As pessoas só ajudam quando coisas grandes acontecem. A ajuda dos outros é ruim. As pessoas não gostam de mim. Estou sozinho. Sou incapaz. Não posso baixar a guarda/ignorar a saúde mental.*	Pensamento derrotista Previsões negativas Retoma antigas estratégias compensatórias inúteis Afasta-se Confronta aqueles que estão envolvidos na hospitalização Assume responsabilidades demais Não utiliza habilidades/planos de enfrentamento
Experiência após a alta	Reintegração – outro choque com a rotina	Sinto falta da estrutura da unidade. Tenho medo do mundo.	Não sou capaz. Estou fragmentado.	Autossabotagem Engaja-se em comportamentos que sabidamente contribuem para crises
	Reintegração – o que dizer para as pessoas?	Não posso contar às pessoas onde eu estava ou pelo que passei. As pessoas vão me considerar incapaz de realizar meu trabalho ou sem valor como amigo.	As pessoas acham que sou louco. Estou louco/fragmentado/defectivo/não tenho valor. As pessoas são críticas e rechaçantes. Estou sozinho. Sou diferente. Eu = minha doença mental.	Evita contar às pessoas/rejeita apoio Compartilha em excesso, além daquilo com que se sente confortável Mente Evita os amigos e a família Assume coisas demais para provar que está bem Agrada às pessoas

(Continua)

TABELA 17.1 Crenças potencialmente inúteis, respostas e padrões de manutenção por fases da hospitalização *(Continuação)*

Fase da hospitalização	Situação	Pensamentos recorrentes potenciais	Crenças inúteis que podem ser reforçadas	Resposta inútil/fator de manutenção
	Possivelmente ainda não acostumado com a medicação, navegando a reentrada na comunidade quando não acostumado com o tratamento	Os efeitos colaterais do meu tratamento reduzem meu funcionamento; isso significa que devo desistir das atividades que eu queria fazer?	Não consigo realizar... Perdi o que eu tinha. O tratamento é prejudicial.*	Menor engajamento no tratamento Menos objetivos e expectativas Sobreidentifica-se como "paciente"
Recuperação – retomando a vida cotidiana	Medo de voltar para o hospital	O que acontecerá se os sentimentos intensos retornarem? Não posso voltar. Voltar seria um fracasso.	Sou um fracasso se precisar de mais ajuda. Sou defectivo. O sistema não funciona para mim.	Rejeita o tratamento/apoio
	Falta de entendimento dos prestadores da experiência no hospital e das necessidades da terapia apresentadas antes e depois da hospitalização	Tenho que reviver essa crise e convencer os outros de como o hospital me afetou, em vez de falar sobre os problemas originais que causam meu estresse.	"Os outros não podem me ajudar." (crenças imprecisas sobre como é o tratamento)* "É melhor tentar sobreviver sozinho." Se eu compartilhar como realmente estou me sentindo, vou ser mandado embora.*	Ignora os ativadores/sinais de alerta Minimiza a gravidade da crise anterior Muda a narrativa do que levou à hospitalização Culpa os outros
	Sentimentos conflitantes sobre a utilidade da intervenção em crises	Essa experiência que possivelmente salvou minha vida me deixou com outras feridas – elas não são válidas? O resultado valeu o custo?	Ajuda sempre está associada à dor. Não sei que tipo de ajuda eu preciso. Ninguém entende o que passei. Preciso evitar o hospital a qualquer custo.*	Autodúvida Fragilização Isolamento Perda de confiança

Nota: Possíveis pensamentos inúteis, crenças, reações que podem se desenvolver no processo de hospitalização – no entanto, alguns pensamentos e crenças, particularmente aqueles denotados com um asterisco (*), podem ser adaptativos, verdadeiros e/ou reações aceitáveis na vida do indivíduo e, assim, não devem ser patologizados.

avaliar o significado dos resultados. Esses experimentos são importantes tanto na fase de "verificação" – examinando o impacto de cada elemento da Tabela 17.1 – quanto na fase de "mudança", em que os pensamentos, crenças e respostas alternativas são discutidos e tentados.

Depois que você identificou os pensamentos, crenças ou padrões inúteis, qualquer estratégia de mudança que possa alterá-los pode ser tentada e pode ser o foco da terapia. Ao identificar alternativas, talvez seja mais importante reunir evidências que apoiem os novos pensamentos, comportamentos e crenças. As crenças são particularmente difíceis de mudar, e até mesmo as evidências contraditórias mais convincentes são difíceis de acreditar. Sam, por exemplo, acreditava piamente que era um fracasso. Voltar à escola e tirar um A em uma disciplina provavelmente não será percebido como uma razão para mudar essa crença sem os lembretes contínuos do terapeuta para incluir isso como evidência de uma crença diferente e com mais variantes. Muitas vezes, os clínicos se apressam em passar pela fase de "detectar", particularmente após uma hospitalização. Desvendar pensamentos complicados e a forma como eles se conectam com emoções complexas e às vezes conflitantes requer tempo. Pode ser necessário colher alguns desses elementos ao vivo por meio de um diário, anotações no telefone ou registros de pensamentos tradicionais.

Um trabalho comportamental e de apoio mais focado também costuma ser fundamental quando a terapia é retomada. A ativação comportamental (AC; p. ex., Martell et al., 2010) pode ser útil se o humor, a falta de vontade ou a falta de motivação forem sintomas preocupantes. O planejamento de atividades diárias que sejam ativas, agradáveis ou que tenham algum senso de domínio/realização também é útil para ajudar as pessoas a regressarem à vida com facilidade e pode fazer parte de um plano de bem-estar gerado na terapia para construir uma base estável sobre a qual começar a retomar outras responsabilidades. Devem ser escolhidas atividades de afirmação – assinalando os pontos fortes, os valores e os papéis valorizados das pessoas. É importante considerar o conceito de ritmo, uma vez que planejar atividades em excesso ou poucas atividades pode levar ao reaparecimento de sintomas ou manter pensamentos e crenças inúteis sobre a habilidade, a capacidade, a esperança ou a forma como o indivíduo é visto pelos outros. Você pode começar programando atividades que sabe que ajudam a manter seu cliente bem, como exercício físico, socialização com pessoas de confiança ou consultas de acompanhamento de saúde. Você também deve incluir algum gerenciamento de caso quando começar a parecer apropriado: pagar as contas, passar um tempo com os apoios necessários, procurar adaptações no trabalho ou na escola, pôr a casa em ordem, e assim por diante. A programação de atividades também dá ao cliente e ao clínico oportunidades de combater alguns desses pensamentos e crenças inúteis no dia a dia e gerar alguns dados positivos para alternativas – por exemplo, o restabelecimento de uma rotina diária; cuidar das tarefas domésticas, como fazer compras no mercado e outras tarefas domésticas simples; e depois explorar opções para retomar as aulas ajudou Sam a se sentir confiante na sua capacidade de ter sucesso e a desafiar a crença de que ele é um fracasso e que suas perspectivas de se formar estão condenadas ao fracasso. Ver que seus amigos estão entusiasmados por vê-lo e que querem visitá-lo também ajuda a desafiar a crença de que os outros acham que ele é "louco" e, com alguma ajuda, a desafiar o pensamento de que os outros estão apenas sendo simpáticos quando, na realidade, o desprezam.

Quando chegar a hora certa, é importante fazer o processamento da hospitalização. Esteja preparado para avaliar o trauma e, enquanto faz isso, use uma lente informada pelo trauma até que você consiga obter as informações de outra maneira (Substance Abuse and Mental Health Services Administration, 2014). Certos tópicos, lugares e até mesmo intervenções podem ser gatilhos, e você deve considerar a avaliação formal do trauma usando um instrumento como o Rastreio de Trauma em Crianças e Adolescentes (CATS, do inglês Child and Adolescent Trauma Screen; Sachser et al., 2017) ou a Lista de Verificação de TEPT para o DSM-5 (PCL-5, do inglês PTSD Checklist for DSM-5; Blevins et al., 2015). Evitação, minimização ou mesmo mudança abrupta na emoção e no afeto são comuns. Os tratamentos de trauma, como a TCC *focada no trauma*, muitas vezes abordam uma discussão dos eventos difíceis com a analogia de um livro. Você pode pensar nessa memória como um livro e começar com uma visão geral dos seus clientes de quais seriam os capítulos. O objetivo é discutir toda a experiência, o que levou à hospitalização, o que aconteceu, o significado decorrente disso, o que mudou, como os outros reagiram, o que será necessário agora – cada um desses aspectos pode ser pensado como um capítulo próprio. Uma boa diretriz para o processamento de uma experiência de hospitalização pode ser encontrada no *NAVIGATE Individual Resiliency Training Manual* de 2020 (NAVIGATE Consultants, 2020, p. 289-306), disponível gratuitamente. A validação e a normalização de que a maioria das pessoas tem experiências úteis e experiências desagradáveis no hospital podem ajudar a apoiar a abertura.

O principal objetivo é entender o que levou à hospitalização, para que se possa desenvolver um plano de prevenção de futuras hospitalizações. Semelhante ao plano de prevenção discutido anteriormente neste capítulo, os clínicos devem desenvolver um plano de prevenção de recaída por escrito que pode ser mantido em algum lugar acessível para consultar e ser compartilhado com pessoas de apoio importantes. Completar um plano com a própria escrita pode ajudar o cliente caso os sinais de alerta comecem a aparecer. Algumas estratégias populares são escrever uma carta para si mesmo, reunir narrativas de membros da família ou completar um plano estruturado, como um Plano de Ação de Recuperação de Bem-Estar (Copeland, 2002) ou o descrito por Plaistow e Birchwood (1996). Os principais elementos a serem discutidos incluem o que mantém os clientes bem em geral, quais os sinais iniciais de alerta a serem procurados e as estratégias de enfrentamento a serem tentadas caso esses sinais surjam. É útil obter a opinião de pessoas que conhecem bem o cliente sobre essa "assinatura de recaída" e compartilhar as preferências dos clientes para o "exercício de recaída". Isso inclui o que fazer se as habilidades independentes de enfrentamento não funcionarem (p. ex., ir ao parque ou à casa da Tia Nan para se distrair), para quem ligar pedindo ajuda, números de telefone importantes de linhas diretas, clínicos e apoio a crises, para onde o cliente gostaria e não gostaria de ir caso fosse necessária uma hospitalização, os medicamentos ou práticas que foram e não foram úteis e quaisquer outras mensagens para compartilhar com os clínicos que podem interagir com seu cliente durante a crise.

Vinheta do caso, parte 4

Sam viu o terapeuta algumas vezes depois de ter saído do hospital, mas descobriu que saía de cada sessão mais frustrado com ele do que antes. Ele sentia que o terapeuta não entendia o que ele precisava e não o ouvia. Sam também tinha uma forte suspeita de que o terapeuta não se preocupava realmente com ele e só se importava consigo mesmo. Além disso, estava tão atrasado nas aulas que percebia que precisava de horas extras para conseguir recuperar o atraso. As idas ao consultório do terapeuta consumiam esse tempo, e ele se sentia cada vez mais defasado. Infelizmente, Sam foi reprovado em duas disciplinas. Sua mãe fez o melhor que podia para o apoiar, mas notou que o filho falava cada vez mais que se sentia inútil. Quando disse que planejava desistir no outono porque "de que adianta, estou condenado a fracassar, então, por que tentar?", sua mãe o convenceu a dar uma última chance ao terapeuta via telessaúde. O terapeuta de Sam começou a sessão com um *mea culpa*. Disse que se sentia triste e preocupado por não terem se reencontrado e que com frequência pensava em Sam. Ao refletir, ele se deu conta de que "começar de onde tinham parado" imediatamente não era a abordagem correta e sugeriu que tentassem um novo começo. O terapeuta validou o quão difícil e assustador o hospital deve ter sido e afirmou que, embora ainda achasse que aquele era um movimento que precisava ter acontecido, uma abordagem diferente após o fato teria sido melhor. O terapeuta sugeriu que se estabelecessem novos objetivos para o momento, incluindo o processamento da experiência no hospital para que Sam pudesse colocar em perspectiva os aspectos bons e ruins e, no futuro, isso pudesse ajudar outras pessoas como ele. Sam sentiu que tinha sido ouvido e concordou em voltar por quatro sessões e depois reavaliar as opções. Na sessão inicial, o terapeuta sugeriu que eles dividissem o tempo ao meio. Durante a primeira metade, focariam em juntos fazer contato com o gabinete da escola de apoio aos alunos com dificuldades. Eles conseguiram facilitar a desistência de Sam das disciplinas reprovadas do semestre anterior por meio de uma dispensa médica e tiveram acesso a algumas adaptações para ajudá-lo a retornar aos estudos com mais tranquilidade.

O terapeuta validou o estresse de Sam e salientou que ele muitas vezes expressava o sentimento de que não era capaz de concluir o curso, frequentemente fazia previsões negativas (p. ex., "vou fracassar", "não vou conseguir fazer isso", "não consigo fazer o que os outros conseguem") e tinha tendência a querer desistir quando as coisas ficavam difíceis. Inicialmente, o terapeuta validou o quanto era normal ter esses pensamentos e impulsos depois de um semestre tão traumático e salientou que a história de vida e as realizações de Sam sugeriam que esses pensamentos não eram verdadeiros. Com o passar do tempo, o terapeuta parou de desafiar esses pensamentos e simplesmente apontou que Sam estava tendo "aquele pensamento de novo" e esperava pacientemente que ele respondesse. Também praticaram como falar com os amigos de Sam sobre o motivo de ele ter "desaparecido" por 6 meses e programaram horários semanais para ele fazer caminhadas e executar alguns projetos de melhorias na casa para a sua mãe. Isso o fez se sentir competente, útil e mais realizado. Eles também desenvolveram uma escala de 1 a 10 de "sobrecarga" e fizeram uma lista de coisas que Sam poderia fazer e dizer a si mesmo depois que atingisse o intervalo amarelo (3-5), o intervalo laranja (6-8) e o intervalo vermelho (8+). A mãe de Sam tinha uma cópia dessa escala para que pudesse sugerir algumas atividades e conversar com o filho de forma agradável e que não exigisse que ele se expressasse por palavras. Isso era difícil para o jovem quando ele estava estressado, o que o fazia se sentir "burro". O terapeuta também usou uma escala de autorrelato de depressão e ansiedade durante a sessão e fez um gráfico dos resultados para que Sam pudesse se dar conta de que, com certeza, gradualmente as coisas estavam melhorando.

Sam voltou às aulas no outono daquele ano, cerca de 5 meses depois da sua hospitalização. Inicialmente, ele não se sentia pronto para falar sobre o hospital durante a segunda metade das sessões, preferindo "nunca mais pensar naquele lugar". Em vez disso, o terapeuta descreveu o "modelo da TCC", e, juntos, eles procuraram identificar as crenças distorcidas que Sam tinha sobre si mesmo e sobre os outros. Estas incluíam o sentimento de não ser amado, de ser diferente dos outros e de não ser tão bom, de ser inútil e não conseguir fazer nada direito. Embora a mãe do jovem sempre tenha confirmado a identidade de gênero de Sam, ele sentia que as pessoas em geral eram críticas e o rejeitariam se soubessem quem era o verdadeiro Sam. Ele também observou uma tendência a evitar, a rejeitar a ajuda dos outros e depois se sentir ressentido e solitário, com uma tendência a usar um viés de confirmação para procurar sinais de que os outros são egoístas, julgadores, não o ouvem e não são confiáveis. Sam fez alguns experimentos para ver como os amigos reagiriam à autorrevelação e escreveu alguns diários para encontrar evidências no mundo de que, na verdade, ele é bastante hábil e que, quando se dedica a alguma coisa, tende a ser bem-sucedido, exceto no semestre da primavera. Este ano tinha sido diferente porque a depressão assumiu o controle.

Certo dia, o terapeuta de Sam compartilhou o pensamento de que a hospitalização poderia mudar as crenças das pessoas, observando que isso poderia ser semelhante a quando sofria *bullying* quando criança, o que levou a algumas crenças inúteis que tinha sobre si mesmo e sobre os outros. Inicialmente, Sam concordou em falar sobre como o hospital e a reprovação nas disciplinas o levaram a se sentir inútil, sem esperança e achando que precisava sobrecompensar para provar que era capaz.

O terapeuta lhe mostrou uma lista de pensamentos e padrões comuns, e Sam se identificou com muitos deles. Isso o levou a se sentir pronto para falar sobre sua hospitalização e o quanto isso havia sido traumático. Inicialmente, as memórias eram um pouco confusas, mas, assim que o jovem começou a pensar sobre o assunto, tudo voltou. Comparando-se agora com antes, Sam percebeu o quanto estava deprimido na época e entendeu por que o terapeuta decidiu que a hospitalização era necessária. Enquanto estava no hospital, ele se sentia infantilizado, louco e como se os outros o vissem como incapaz. Durante algum tempo, sentiu-se inseguro perto dos outros e inseguro sozinho, o que o levou a ter vontade de morrer. O terapeuta o ajudou a relacionar alguns desses fatores com a situação, ao mesmo tempo reconhecendo a força e a resiliência de Sam. Eles falaram sobre os capítulos de sua jornada no hospital e focaram mais nos capítulos finais. Nestes, Sam se concentrou no que havia aprendido, no quanto tinha crescido com os grupos no hospital, com a gama de pensamentos e sentimentos que pôde desenvolver e a compreensão do tipo de esforço que seria necessário para controlar e gerenciar sua saúde mental. Ele também foi incentivado a falar sobre os aspectos positivos e negativos da obtenção de ajuda. Reconheceu que, inicialmente, ficou muito zangado com sua mãe e com o terapeuta, sentindo que o tinham traído ao mandá-lo para o hospital. Dada a crença nuclear de toda uma vida de que as pessoas são insensíveis e só querem saber de si mesmas, foi fácil pensar assim sobre eles também. Sam foi incentivado pelo terapeuta a dar *feedback* sobre como este poderia mudar sua abordagem caso outra pessoa precisasse ser hospitalizada. Eles falaram sobre como as emoções mudam e – porque os pensamentos e os fatos não são os mesmos, apesar de muitas vezes parecerem – que os pensamentos de

Sam sobre seu terapeuta e seu tratamento também haviam mudado ao longo do tempo. Ele sabia que mudar essas crenças mais profundas levaria tempo, mas sentia-se disposto a enfrentar o desafio. Sam podia ver que as coisas estavam indo na direção certa e se sentia bem quando voltava o olhar para seu progresso, e não para seus fracassos. Até agora, as coisas estão indo bem.

Referências

Arciniegas, D. B. (2015). Psychosis. *Behavioral Neurology and Neuropsychiatry, 21*(3), 715–736.

Beck, J. C., & Golowka, E. A. (1988). A study of enforced treatment in relation to Stone's "thank you" theory. *Behavioral Sciences and the Law, 6*(4), 559–566.

Blevins, C. A., Weathers, F. W., Davis, M. T., Witte, T. K., & Domino, J. L. (2015). The Posttraumatic Stress Disorder Checklist for DSM-5 (PCL-5): Development and initial psychometric evaluation. *Journal of Traumatic Stress, 28*(6), 489–498.

Chung, D. T., Ryan, C. J., Hadzi-Pavlovic, D., Singh, S. P., Stanton, C., & Large, M. M. (2017). Suicide rates after discharge from psychiatric facilities: A systematic review and meta-analysis. *JAMA Psychiatry, 74*(7), 694–702.

Cohen, L. J. (1994). Psychiatric hospitalization as an experience of trauma. *Archives of Psychiatric Nursing, 8*(2), 78–81.

Copeland, M. E. (2002). Wellness Recovery Action Plan: A system for monitoring, reducing and eliminating uncomfortable or dangerous physical symptoms and emotional feelings. *Occupational Therapy in Mental Health, 17*(3–4), 127–150.

Corke, M., Mullin, K., Angel-Scott, H., Xia, S., & Large, M. (2021). Meta-analysis of the strength of exploratory suicide prediction models: From clinicians to computers. *BJPsych Open, 7*(1), e26.

Declaration of Hawaii [with commentary by C. D. Blomquist]. (1978). *Journal of Medical Ethics, 42*(2), 71–73.

Dixon, L. B., Glynn, S. M., Cohen, A. N., Drapalski, A. L., Medoff, D., Fang, L. J., . . . Gioia, D. (2014). Outcomes of a brief program, REORDER, to promote consumer recovery and family involvement in care. *Psychiatric Services, 65*(1), 116–120.

Franklin, J. C., Ribeiro, J. D., Fox, K. R., Bentley, K. H., Kleiman, E. M., Huang, X., . . . Nock, M. K. (2017). Risk factors for suicidal thoughts and behaviors: A meta-analysis of 50 years of research. *Psychological Bulletin, 143*(2), 187–232.

Garb, H. N. (1998). *Studying the clinician: Judgment research and psychological assessment.* American Psychological Association.

Guzman-Parra, J., Aguilera-Serrano, C., Garcia-Sanchez, J. A., Garcia-Spinola, E., Torres-Campos, D., Villagran, J. M., . . . Mayoral-Cleries, F. (2019). Experience coercion, post-traumatic stress, and satisfaction with treatment associated with different coercive measures during psychiatric hospitalization. *International Journal of Mental Health Nursing, 28*(2), 448–456.

Haselden, M., Corbeil, T., Tang, F., Olfson, M., Dixon, L. B., Essock, S. M., . . . Smith, T. E. (2019). Family involvement in psychiatric hospitalizations: Associations with discharge planning and prompt follow-up care. *Psychiatric Services, 70*(10), 860–866.

Hayes, S. L., & Segal, S. P. (2017). Fear of adverse mental health treatment experiences: Initial psychometric properties of a brief self-report measure. *Psychological Assessment, 29*(5), 509.

Hedman, L. C., Petrila, J., Fisher, W. H., Swanson, J. W., Dingman, D. A., & Burris, S. (2016). State laws on emergency holds for mental health stabilization. *Psychiatric Services, 67*(5), 529–535.

Jones, N., Gius, B. K., Shields, M., Collings, S., Rosen, C., & Munson, M. (2021). Investigating the impact of involuntary psychiatric hospitalization on youth and young adult trust and help-seeking in pathways to care. *Social Psychiatry and Psychiatric Epidemiology, 56*(11), 2017–2027.

Large, M., Kaneson, M., Myles, N., Myles, H., Gunaratne, P., & Ryan, C. (2016). Meta-analysis of longitudinal cohort studies of suicide risk assessment among psychiatric patients: Heterogeneity in results and lack of improvement over time. *PLOS One, 11*(6), e0156322.

Lauber, C., Anthony, M., Ajdacic-Gross, V., & Rssler, W. (2004). What about psychiatrists' attitude to mentally ill people? *European Psychiatry, 19*(7), 423–427.

Lu, W., Mueser, K. T., Rosenberg, S. D., Yanos, P. T., & Mahmoud, N. (2017). Posttraumatic reactions to psychosis: A qualitative analysis. *Frontiers in Psychiatry, 8*, 129.

Luck, L., Jackson, D., & Usher, K. (2007). STAMP: Components of observable behaviour that indicate potential for patient violence in emergency departments. *Journal of Advanced Nursing, 59*(1), 11–19.

Lutterman, T., Shaw, R., Fisher, W., & Manderscheid, R. (2017). *Trend in psychiatric inpatient capacity, United States and each state, 1970 to 2014.* National Association of State Mental Health Program Directors.

Maniglio, R. (2009). Severe mental illness and criminal victimization: A systematic review. *Acta Psychiatrica Scandinavica, 119*(3), 180–191.

Mars, B., Heron, J., Klonsky, E. D., Moran, P., O'Connor, R. C., Tilling, K., . . . Gunnell, D. (2019). Predictors of future suicide attempt among adolescents with suicidal thoughts or non-suicidal self-harm: A population-based birth cohort study. *Lancet Psychiatry, 6*(4), 327–337.

Martell, C., Dimidjian, S., & Herman-Dunn, R. (2010). *Behavioral activation for depression: A clinician's guide.* New York: Guilford Press.

McDermott, K. W., Elixhauser, A., & Sun, R. (2017, June). *Trends in hospital inpatient stays in the United States, 2005–2014* (HCUP Statistical Brief No. 225). Agency for Healthcare Research and Policy.

Morris, N. P., & Kleinman, R. A. (2020). Involuntary commitments: Billing patients for forced psychiatric care. *American Journal of Psychiatry, 177*(12), 1115–1116.

NAVIGATE Consultants. (2020). NAVIGATE Individual Resiliency Training Manual, April 2020 revised version. http://navigateconsultants.org/2020manuals/irt_2020.pdf

Nelson, E. A., Maruish, M. E., & Axler, J. L. (2000). Effects of discharge planning and compliance with outpatient appointments on readmission rates. *Psychiatric Services, 51*(7), 885–889.

Owens, P. L., Mutter, R., & Stocks, C. (2010, July). *Mental health and substance abuse-related emergency department visits among adults, 2007* (HCUP Statistical Brief No. 92). Agency for Healthcare Research and Policy.

Paksarian, D., Mojtabai, R., Kotov, R., Cullen, B., Nugent, K. L., & Bromet, E. J. (2014). Perceived trauma during hospitalization and treatment participation among individuals with psychotic disorders. *Psychiatric Services, 65*(2), 266–269.

Pelton, M., Ciarletta, M., Wisnousky, H., Lazzara, N., Manglani, M., Ba, D. M., . . . Ssentongo, P. (2021). Rates and risk factors for suicidal ideation, suicide attempts and suicide deaths in persons with HIV: A systematic review and meta-analysis. *General Psychiatry, 34*(2), e100247.

Plaistow, J., & Birchwood, M. (1996). Back in the saddle: A guide to relapse prevention. In M. Birchwood, D. Fowler, & C. Jackson (Eds.), *Early intervention in psychosis: A guide to concepts, evidence and interventions* (pp. 239–244). Wiley.

Posner, K., Brent, D., Lucas, C., Gould, M., Stanley, B., Brown, G., . . . Al, E. (2008). *Columbia-Suicide Severity Rating Scale* (C-SSRS). Resarch Foundation for Mental Hygiene.

Robins, C. S., Sauvageot, J. A., Cusack, K. J., Suffoletta-Maierle, S., & Frueh, B. C. (2005). Consumers' perceptions of negative experiences and "sanctuary harm" in psychiatric settings. *Psychiatric Services, 56*(9), 1134–1138.

Rosenthal, E., & Rubenstein, L. S. (1993). International human rights advocacy under the "Principles for the Protection of Persons with Mental Illness." *International Journal of Law and Psychiatry, 16*(3–4), 257–300.

Sachser, C., Berliner, L., Holt, T., Jensen, T. K., Jungbluth, N., Risch, E., . . . Goldbeck, L. (2017). International development and psychometric properties of the Child and Adolescent Trauma Screen (CATS). *Journal of Affective Disorders, 210*, 189–195.

Saya, A., Brugnoli, C., Piazzi, G., Liberato, D., Di Ciaccia, G., Niolu, C., & Siracusano, A. (2019). Criteria, procedures, and future prospects of involuntary treatment in psychiatry around the world: A narrative review. *Frontiers in Psychiatry, 10*, 271.

Stensland, M., Watson, P. R., & Grazier, K. L. (2012). An examination of costs, charges, and payments for inpatient psychiatric treatment in community hospitals. *Psychiatric Services, 63*(7), 666–671.

Substance Abuse and Mental Health Services Administration. (2019). Civil commitment and the mental health care continuum: Historical trends and principles for law and practice. www.samhsa.gov/sites/default/files/civil-commitment-continuum-of-care.pdf

Sugiura, K., Pertega, E., & Holmberg, C. (2020). Experiences of involuntary psychiatric admission decision-making: A systematic review and meta-synthesis of the perspectives of service users, informal carers, and professionals. *International Journal of Law and Psychiatry, 73*, 101645.

Walker, S., Mackay, E., Barnett, P., Rains, L. S., Leverton, M., Dalton-Locke, C., . . . Johnson, S. (2019). Clinical and social factors associated with increased risk for involuntary psychiatric hospitalisation: A systematic review, meta-analysis, and narrative synthesis. *Lancet Psychiatry, 6*(12), 1039–1053.

Woodford, R., Spittal, M. J., Milner, A., McGill, K., Kapur, N., Pirkis, J., . . . Carter, G. (2019). Accuracy of clinician predictions of future self-harm: A systematic review and meta-analysis of predictive studies. *Suicide and Life-Threatening Behavior, 49*(1), 23–40.

World Health Organization. (2018). *Mental Health Atlas 2017.* Author.

18

Terrorismo

Patricia J. Watson, Daphna Canetti e Stevan E. Hobfoll

O restabelecimento do funcionamento social e comportamental das pessoas afetadas pelo terrorismo é fundamental, pois o terrorismo está entre os acontecimentos mais assustadores e emocionalmente devastadores que podem ocorrer. Um achado consistente é que, embora a maioria dos indivíduos demonstre resiliência ao longo do tempo, as pessoas mais diretamente expostas ao terrorismo correm maior risco de desenvolver transtorno de estresse pós-traumático (TEPT), ansiedade, depressão e uso de substâncias do que as expostas a catástrofes naturais (Norris et al., 2002; Shalev & Freedman, 2005; Williams, 2007). As reações físicas, sociais e psicológicas ao terrorismo variam entre o medo controlável e o terror, dependendo do grau de exposição das pessoas (Bleich et al., 2003; DiMaggio & Galea, 2006; Hobfoll et al., 2006b; Rubin et al., 2005). O terrorismo desafia o repertório habitual dos recursos pessoais, familiares, organizacionais e comunitários e as estratégias de enfrentamento, mesmo em países onde o terrorismo é mais comum, resultando em um sentimento de impotência. Para aqueles mais diretamente afetados, a perda de entes queridos pode ser pior do que os ferimentos ou a ameaça da própria morte. Como o terrorismo é muitas vezes uma ameaça continuada, as pessoas não conseguem se curar facilmente quando novas ameaças surgem continuamente, e a perda da segurança em grande escala caracteriza o terrorismo. Quando as pessoas são confrontadas com uma ameaça constante, elas respondem naturalmente de formas que sinalizam a adaptação de sobrevivência profundamente enraizada no corpo (Shalev et al., 2017; Bryant, 2019; Christopher, 2004; Boyce & Ellis, 2005; Fenster et al., 2018; Pitman et al., 2012). A redução das respostas psicobiológicas que acompanham a ameaça em curso é, portanto, um componente fundamental de uma resposta eficaz em matéria de saúde pública (Bryant, 2021).

Os ataques terroristas resultam em uma vasta gama de efeitos sobre a saúde mental, que se estendem ao longo de um *continuum* desde o mal-estar geral, o medo e a ansiedade até estados de doença psiquiátrica mais formalmente definidos, como transtorno de pânico, transtorno de estresse agudo, transtornos de ansiedade, TEPT e transtornos do humor, como a depressão maior. Uma metanálise dos transtornos mentais relacionados com o terrorismo indicou que, no ano seguinte a um ato terrorista, a prevalência de TEPT nas populações diretamente afetadas variou entre 12 e 16% (DiMaggio & Galea, 2006). Os fatores de risco incluem níveis mais altos de exposição, condições psiquiátricas preexistentes e o gênero feminino, bem como a condição de socorrista, de minoria ou *status* socioeconômico inferior. A perda de recursos psicossociais, além da realocação e da ruptura nos padrões da comunidade local, também são mediadores fundamentais dos problemas (DiMaggio et al., 2008).

Os membros de diferentes grupos etnoculturais merecem atenção especial porque os eventos terroristas com frequência estão relacionados com questões etnoculturais, podem criar uma cultura temporária e podem enfatizar as discrepâncias existentes nas comunidades. Os grupos etnoculturais podem também sentir que foram discriminados e/ou que lhes foram negados serviços. Além disso, existem muitos tipos de barreiras à busca de serviços entre diferentes culturas que precisam ser abordadas. Devido a esses fatores, deve ser dada atenção especial à coleta de informações sobre as necessidades básicas, as barreiras aos cuidados e os conceitos de recuperação que são específicos de populações etnoculturais relevantes – por exemplo, devem ser colhidas informações sobre (1) a percepção de apoio, pertencimento e confiança; (2) participação social e senso de comunidade; (3) afastamento, isolamento, vergonha e remorso; (4) obrigações familiares, conflitos e reciprocidade do apoio; (5) hostilidade, alienação social e percepção de negligência; e (6) identidade etnocultural e estresse aculturativo (Marsella et al., 2007; De Jong, 2004).

Considerando os variados impactos do terrorismo, as reações das pessoas não devem ser tidas como respostas necessariamente patológicas ou como precursoras de transtornos posteriores. No entanto, o que acontece com frequência é que esses eventos são experienciados com extrema angústia e requerem um amplo apoio da comunidade e intervenção clínica, quando necessário (Bleich et al., 2003; DiMaggio et al., 2008).

Muitas pessoas vão precisar de apoio e recursos que maximizem as oportunidades para sua transição para um novo sentido de normalidade, em vez do diagnóstico e tratamento clínico tradicionais. Os clínicos nesses contextos são frequentemente chamados a expandir seu repertório para atender às necessidades mais amplas de saúde pública das comunidades. Assim, são descritos exemplos clínicos e de saúde mental pública de base ampla das *reações agudas ao estresse* diante de uma ameaça contínua, em vez do tratamento do estresse traumático depois que o trauma diminuiu, como é geralmente recomendado (Ragsdale et al., 2020). Muitas das intervenções descritas neste capítulo foram concebidas para serem usadas quando a vida ainda está caótica e quando a segurança relativa é considerada um objetivo do tratamento, e não um estado já alcançado (Hobfoll et al., 2006a, 2021; Bisson et al., 2021).

Intervenção em saúde mental pública

A intervenção em saúde mental pública (SMP) inclui um leque de estratégias, e não protocolos de tratamento específicos (Watson, 2019). Em geral, a intervenção em SMP após o terrorismo pode ser guiada por uma estrutura interconectada informada por evidências identificada por consenso de especialistas que inclui os seguintes elementos relacionados a uma melhor recuperação em situações de ameaça constante: (1) promoção da segurança, (2) devolver às pessoas uma sensação de calma e controle sobre as reações de hiperexcitação e entorpecimento, (3) aumentar o senso de autoeficácia e eficácia comunitária, (4) facilitar as conexões sociais com entes queridos e outras pessoas significativas e (5) restaurar e manter a esperança (Hobfoll et al., 2021; Stene et al., 2022; Foa et al., 2005).

Segurança

O objetivo do terrorismo é romper a ordem social, com a perda do sentimento de segurança pública – de modo que o impacto do ato terrorista vá muito além da esfera das pessoas diretamente afetadas. É da natureza do terrorismo e do trauma das mortes em massa que as pessoas sejam expostas a eventos que ameaçam elas, seus entes queridos e as coisas que mais valorizam (Hobfoll et al., 2006b; De Jong, 2002, 2004, 2010). Essa ameaça vem acompanhada de uma sensação de insegurança e de risco continuado, por vezes referida como perda do "escudo protetor" (Hobfoll et al., 2008). Por isso, um dos objetivos centrais da intervenção é restaurar o escudo protetor, ajudando a criar um sentimento de segurança e fomentando decisões e ações que promovam segurança (ver Tabela 18.1).

Os prestadores de cuidados de saúde mental podem se basear em evidências do tratamento de combatentes da linha da frente, que apoiam a importância de aproximar os indivíduos da segurança, para romper os ciclos cognitivos e fisiológicos associados à ligação ameaça-sobrevivência e restaurar a sua sensação de calma e controle (Vermetten et al., 2014; Solomon et al., 2005). As medidas de saúde pública para promover a segurança incluem o fornecimento de informações acuradas; a recomendação de passos concretos e claros para uma ação exequível; e o fornecimento de *feedback* preciso e em tempo real à medida que as pessoas respondem e as circunstâncias mudam.

Em segundo lugar, os prestadores de cuidados de saúde podem facilitar os esforços de trabalho com os meios de comunicação na transmissão de mensagens. Isso é importante porque, embora a mídia esteja muitas vezes voltada para o exagero dos aspectos mais horríveis dos acontecimentos do momento e os políticos possam usar os eventos para promover as suas agendas, vários estudos concluíram que a exposição a imagens televisivas de acontecimentos traumáticos está relacionada a maior estresse psicológico (Jacobs & van Spanje, 2022). As crianças e as pessoas que já estão experienciando estresse psicológico estão especialmente

TABELA 18.1 Segurança: objetivos e estratégias sugeridas

Objetivos	Estratégias sugeridas
Segurança física • Realizar avaliação médica (alguns indivíduos traumatizados nem mesmo têm consciência de que foram feridos) • Incentivar avaliações realistas do evento traumático e de ameaças futuras • Identificar ameaças reais à segurança • Desenvolver um plano de crise para gerenciar ameaças constantes	• Provisão de ambientes seguros • Desafiar avaliações exageradas de perigo • Plano de segurança • Solução de problemas • Psicoeducação sobre reações agudas ao estresse • Redirecionar o foco do cliente dos aspectos que estão fora do seu controle para aqueles que estão sob seu controle • Fornecer informações acuradas relacionadas a riscos futuros
Segurança emocional • Recuperar uma sensação de poder e controle • Normalizar reações agudas ao trauma • Ensinar estratégias de enfrentamento adaptativas e técnicas de autorregulação (respiração, etc.)	

vulneráveis (Fremont, 2004; Hobfoll, 2021; Gordon & Gentry, 2021).

Os prestadores também podem promover um sentimento de segurança, dando o exemplo de ações calmas durante o seu trabalho e tomando precauções razoáveis, mas não despropositadas. A discussão acurada das chances de ocorrência de uma nova ameaça pode promover um sentimento de segurança. Por exemplo, em Israel, durante o período da Intifada de Al-Aqsa, as probabilidades de ser morto em um ataque terrorista eram de cerca de 1 em 8.000 em um período de 5 anos. Essas mensagens ajudam as pessoas a compreenderem as probabilidades de uma ameaça futura. Isso não significa que as pessoas sejam aconselhadas a correr riscos, mas que é menos provável que generalizem excessivamente os ataques potenciais futuros. O objetivo do terrorismo é desestabilizar a vida das pessoas e fazer elas se sentirem inseguras em qualquer lugar. Essa técnica ajuda as pessoas a reagirem de uma forma mais proporcional (Edwards, 2021; Rahn et al., 2021). A terapia de exposição baseada em evidências consegue esse objetivo ao religar a associação das imagens, pessoas e eventos com a segurança ("O edifício que foi bombardeado era inseguro, mas nem todos os edifícios são inseguros"; "Ir para o trabalho naquele dia era perigoso, mas ir para o trabalho em outros dias é seguro"). Essa abordagem se concentra no ensino da discriminação contextual diante de recordações de traumas e perdas, desenvolve cognições mais adaptativas e habilidades de enfrentamento e utiliza *grounding* para aumentar o sentimento de segurança dos indivíduos (Bryant et al., 2011). Os profissionais de saúde mental podem adaptar essas abordagens aos requisitos de segurança e às cognições associadas ao contexto específico do terrorismo, reconhecendo que o perigo pode ou não ser realista.

Calma

Reações de estresse são comuns depois de ataques terroristas – por exemplo, a ansiedade não só é esperada como contribui para a segurança e a vigilância. A natureza comum e esperada dessas reações pode ser informada para que as pessoas não as interpretem como patológicas. Da mesma forma, deve ser comunicado que algum nível de negação ou distração pode ser saudável, já que permite que os indivíduos processem gradualmente o que ocorreu, deixando emergir apenas aquilo com que conseguem lidar naquele momento (Levi-Gigi et al., 2016). Isso é importante porque há evidências de que certas intervenções precoces que estimulam o "processamento" de eventos recentes, como o exame do estresse de incidentes críticos, podem exacerbar a excitação em um momento em que é preciso se acalmar e restaurar o equilíbrio (McNally et al., 2003; Levy-Gigi et al., 2016) – no entanto, se os níveis de estresse aumentarem a ponto de interferirem no sono, na alimentação, nos cuidados pessoais, nas tomadas de decisão e no desempenho de tarefas essenciais da vida, ou se prosseguirem sem diminuir, eles podem se tornar crônicos e mais intratáveis com o tempo. Eles podem diminuir a sensação de controle dos indivíduos e aumentar reações como ansiedade, tristeza e hipervigilância ao longo do tempo, resultando em ataques de pânico, dissociação, depressão ou TEPT (Levy-Gigi et al., 2016; Bryant, 2021). Por último, o estresse pode competir com outros recursos fisiológicos e psicológicos que são necessários para a atenção e a ação, causando decréscimos funcionais justamente quando é necessário um funcionamento otimizado.

A maioria dos tratamentos psicológicos e farmacológicos para estresse traumático visa à restauração da autorregulação e ao apaziguamento de emoções extremas que estão fora do controle dos indivíduos ou são crônicas (Ruzek et al., 2008; Bernardy & Friedman, 2017; Solomon, 2003). Mesmo as terapias baseadas em exposição que atuam para aumentar temporariamente a emocionalidade por meio da exposição fazem isso com o objetivo de diminuir essa emocionalidade diante de estímulos imaginários e ao vivo que induzem medo (Murray et al., 2022; Ehlers & Wild, 2021) – por exemplo, uma intervenção de exposição prolongada (EP) de três sessões aplicada no espaço de 11 a 12 horas após a exposição a um evento traumático apresentou resultados promissores na redução da gravidade do TEPT e da depressão no seguimento de 1 e 3 meses (Rothbaum et al., 2012). Pesquisas sistemáticas sobre abordagens farmacológicas para induzir calma ainda são necessárias, mas vários medicamentos se mostram promissores, incluindo agentes antiadrenérgicos, antidepressivos e ansiolíticos convencionais (Abdallah et al., 2019; Bernardy & Friedman, 2017).

Há inúmeras ferramentas terapêuticas que podem ser aplicadas para diminuir a hiperexcitação e promover a calma (ver Tabela 18.2). Os indivíduos com agitação grave podem ser ajudados por *grounding* que os fazem lembrar que eles já não se encontram em perigo e que seus pensamentos e sentimentos não podem prejudicá-los como o acontecimento original fez. Dessa forma, o aterramento combate as tendências dissociativas. Treino da respiração, relaxamento muscular progressivo, ioga, *mindfulness*, treino de relaxamento muscular, interrupção do pensamento, reformulação positiva, autodiálogo e técnicas de meditação têm sido empregados para limitar a hiperexcitação e dar aos indivíduos uma sensação de recuperação do controle quando utilizados regularmente (Murray et al., 2022; Ehlers & Wild, 2021; Solomon, 2003; Foa et al., 2005).

Em um nível mais geral de saúde pública, a normalização das reações de estresse, a solução de problemas e o monitoramento da reexposição têm-se revelado úteis para acalmar as pessoas. A normalização envolve comunicar que as reações de estresse são comuns e esperadas e que, na maioria dos casos, irão desaparecer em questão de dias ou semanas (Solomon, 2003). As pessoas se acalmam quando ouvem que não estão "ficando loucas" ou que não são "fracas" por estarem estressadas. A solução de problemas pode ser oferecida para problemas

TABELA 18.2 Calma: objetivos e estratégias sugeridas

Objetivos	Estratégias sugeridas
• Reduzir os níveis de ansiedade • Restaurar a autorregulação física • Reduzir reações de entorpecimento • Abordar ativadores seguros • Melhorar o autocuidado • Limitar a exposição desnecessária aos gatilhos • Reduzir o risco de TEPT futuro	• Psicoeducação sobre reações agudas ao estresse • Autoconforto • Higiene do sono • *Grounding* • Treino de relaxamento • Treinamento de inoculação de estresse • Reestruturação cognitiva • Exposição ao vivo • Exposição imaginária/recapitulação • Medicamentos

instrumentais (p. ex., solicitar ajuda federal ou consertar um telhado), problemas interpessoais (p. ex., explicar as circunstâncias às crianças ou reduzir a irritabilidade) ou problemas emocionais (p. ex., problemas de concentração devido à ansiedade ou a imagens intrusivas). O monitoramento da reexposição pode ajudar a reduzir a ansiedade naqueles que estão respondendo a lembretes – por exemplo, naqueles que procuram informação para diminuir os seus medos, mas descobrem que ocorre o contrário, a visualização das notícias deve ser reduzida (i.e., substituindo a visualização direta por atualizações resumidas feitas por uma pessoa de confiança).

Autoeficácia e eficácia comunitária

Uma das primeiras vítimas da exposição ao terrorismo é a sensação de autoeficácia ou competência das pessoas. Por esse motivo, as intervenções que levam um indivíduo ou um grupo a passar de um sentimento de impotência para um sentimento de competência estão relacionadas a uma melhor recuperação e são mais eficientes se tiverem como base as habilidades ou as competências específicas de que as pessoas necessitam (Luszczynska et al., 2009; Benight, 2004). As pessoas precisam de determinadas habilidades práticas nos ambientes pós-terrorismo; portanto, intervenções que focam em novas habilidades adaptativas para aumentar o senso de eficácia podem ser mais favoráveis a um ajustamento saudável do que as intervenções cognitivo-comportamentais comuns que focam na adaptação das cognições, especialmente considerando que muitas percepções de medo ou de raiva são, na verdade, bem fundamentadas e acuradas (Luszczynska et al., 2009; De Jong, 2002, 2010; Solomon, 2003). Um princípio fundamental dessa abordagem é alcançar "pequenas vitórias", à medida que as pessoas conseguem praticar habilidades e comportamentos cada vez mais difíceis (Harvey et al., 2022; Fogg, 2019; Bisson et al., 2021).

Dar poder às pessoas para se tornarem mais capazes, não fazendo "por elas", mas "com elas", é outro princípio importante. Isso pode ser facilitado por ações como perguntar às pessoas o que elas precisam e encorajá-las a dar ideias sobre o que acham que pode funcionar, envolver os pais no tratamento e nos programas escolares para seus filhos e incluir os líderes escolares e comunitários, líderes espirituais, organizações e grupos nos programas e decisões de saúde pública (ver Tabela 18.3). Por exemplo, em regiões economicamente desfavorecidas, as ações recomendadas incluem a promoção do autogoverno; o fornecimento de apoio culturalmente compatível; e a capacitação das pessoas para restaurar a segurança, fornecer recursos e reconstruir a sua comunidade (De Jong, 2010, 2004). Essas ações podem parecer menos eficientes do que a contratação de voluntários e peritos externos, mas, em última análise, aumentarão mais as suas sensações de poder e incutirão nas comunidades as habilidades que precisarão ter depois que os voluntários voltarem para casa. A consulta sobre como aumentar o senso de eficácia de uma comunidade também pode ser uma ação importante, já que o número de profissionais de saúde mental disponíveis geralmente não é suficiente para atender às necessidades da comunidade em longo prazo.

Outro aspecto importante da autoeficácia e da eficácia comunitária é o acesso a recursos materiais e financeiros. A perda de recursos tem-se revelado um dos mais fortes indicadores de TEPT e de estresse psicológico após o trauma. Em muitos casos, este é o principal fator de previsão do bem-estar e do funcionamento, mas na verdade é ignorado na maioria dos modelos preditivos e

TABELA 18.3 Autoeficácia/eficácia comunitária: objetivos e estratégias sugeridas

Objetivos	Estratégias sugeridas
• Recuperar um senso de poder e controle • Empoderamento • Reduzir os sentimentos de desesperança • Instilar um sentimento de competência • Aumentar a coesão do grupo	• Gerenciamento de caso • Intervenções na comunidade junto a agências locais que fornecem recursos materiais e financeiros • Construção de habilidades • Solução de problemas • Defesa de direitos de pessoas (*advocacy*) • Participação na construção de recursos

dos tratados clínicos sobre trauma (Hobfoll, 2011, 2012, 2014; Hobfoll et al., 2006b). Os segmentos mais vulneráveis da população após o ato de terrorismo são os socioeconomicamente desfavorecidos, crianças, adultos de meia-idade sobrecarregados, idosos frágeis e os grupos de minorias étnicas (Norris et al., 2002; Hobfoll, 2011, 2014). Assim, o apoio psicossocial é mais útil se for integrado aos serviços sociais, à ajuda financeira e ao fornecimento de abrigo, alimentos e oportunidades de proteção, reconstrução ou realocação. Quanto maiores forem os danos à infraestrutura, à perda do emprego, à perda da casa e à perda de renda na sequência do terrorismo, mais importante será esse princípio. Esses esforços também podem reduzir a autoculpa se as pessoas não conseguirem se recuperar devido à falta de acesso aos recursos materiais e financeiros necessários.

Conectividade

O apoio social é inestimável após um ato de terrorismo, uma vez que frequentemente este resulta na perda ou perturbação dos sistemas de apoio e da comunicação interpessoal. Indivíduos que conseguem manter o apoio social se adaptam melhor e têm resultados melhores de saúde mental em curto e médio prazos e até mesmo muitos anos depois (Hobfoll et al., 2020; Kaniasty, 2012; Solomon et al., 2005). A prioridade é reconectar as pessoas com seus entes queridos, restabelecer os laços com a comunidade e recriar a "aldeia" das interconexões sociais que existiam antes do evento (Kaniasty, 2012; De Jong, 2002, 2004, 2010; Litz & Gray, 2002).

Pesquisas sugerem que as pessoas são ajudadas pelo apoio social depois de catástrofes e terrorismo (Kaniasty, 2012; Hobfoll et al., 2006a) – no entanto, embora os períodos iniciais sejam caracterizados por um elevado grau de apoio, os sistemas de apoio se deterioram rapidamente sob a pressão do uso excessivo e da necessidade de os indivíduos seguirem suas vidas. Isso sugere que aqueles que começam com baixos níveis de apoio social estão vulneráveis, mas também que as demandas crônicas e contínuas esgotarão mesmo os sistemas de apoio mais robustos. Os processos de apoio podem ser otimizados se as pessoas forem informadas sobre esse padrão e ensinadas a melhor ativar e moderar o apoio social (Hobfoll et al., 2020). Além disso, as pessoas que não dispõem de recursos ou habilidades sociais podem receber mais ajuda para ativar seus sistemas de apoio (De Jong, 2002, 2010).

Muitas vezes, o apoio social não ocorre espontaneamente e requer cuidados, especialmente depois de situações de mortes em massa (Kaniasty, 2012). Além disso, embora o apoio social geralmente ajude as pessoas a lidarem com a situação, com as reações emocionais e os esforços, nem todos os pressupostos ou processos sociais são de apoio – por exemplo, mesmo as mensagens com intenções positivas, como "Você só precisa confiar em Deus", podem ter um impacto negativo, uma vez que as orações podem parecer não ter sido atendidas. Outras interações sociais negativas podem ocorrer quando as pessoas minimizam os problemas, criam expectativas irrealistas de um regresso rápido ao pleno funcionamento, transmitem mensagens invalidantes ou sobrecarregam os indivíduos ao compartilharem as más notícias sem uma trégua (Hobfoll et al., 2020). Por último, relações que são historicamente caracterizadas por influências negativas, como superioridade, competitividade ou egocentrismo, podem ser exacerbadas no contexto de recursos limitados que se segue ao terrorismo (Song et al., 2021; Seo et al., 2012). Assim, pode ser útil ajudar as pessoas a modificarem os pressupostos e as interações sociais negativas (ver Tabelas 18.4 e 18.5).

Esperança

Uma das primeiras vítimas do terrorismo é o sentimento de esperança e expectativas positivas. O restabelecimento da esperança torna-se crítico e exige atenção tanto às ocorrências evidentes quanto aos valores arraigados, pois esses traumas frequentemente abalam a visão que as pessoas têm do mundo (Gallagher et al., 2020; Dickstein et al., 2012). O TEPT costuma ser acompanhado pela dificuldade de imaginar um

TABELA 18.4 Pressupostos equivocados e cognições e ações corretivas

Pressuposto equivocado	Pressuposto ou ação corretiva
"Só o apoio espontâneo é válido."	"As pessoas podem não ter consciência das nossas necessidades, mas ainda podem se preocupar muito conosco."
"Não quero sobrecarregar os outros."	"O que você gostaria que sua família ou seus melhores amigos fizessem se eles precisassem de apoio?" (Resposta: "Que contassem para mim. Eu quero ajudar.")
"Pedir apoio significa que sou fraco."	"Você veria um amigo ou familiar como fraco se ele precisasse de você para conversar, ajudar a cuidar das crianças ou ajudar a consertar o telhado?"
"As outras pessoas têm seus próprios problemas."	"É verdade, partilhar o apoio é, muitas vezes, a chave. Mesmo que você tenha dificuldades, há coisas que pode fazer pelos outros. Seja um bom ouvinte, cuide dos seus filhos, compre algumas gulodices para eles quando você vai ao mercado."
"Vou me sentir pior se compartilhar meus sentimentos."	"Na verdade, as pesquisas mostram que as pessoas se sentem melhor quando compartilham seus sentimentos. Muitas vezes é difícil começar."
"Agora que o apoio já começou, tudo deve correr bem."	"Não, o apoio é como uma coceira nas costas. Ela se mexe e muda o tempo todo. Por isso, você tem que se atualizar e verificar se você é o apoio ou quem recebe o apoio."

TABELA 18.5 Conexões/relações: objetivos e estratégias sugeridas

Objetivos	Estratégias sugeridas
• Incentivar o uso de fontes existentes de apoio social • Conectar-se com novas fontes de apoio social • Reduzir a deterioração do apoio social • Limitar o acesso a fontes negativas de apoio e enfraquecimento social	• Grupos de apoio/meio apoiador • Gerenciamento de caso • Religião/espiritualidade • Psicoeducação sobre a importância do apoio social • Desafiar os pressupostos errados que interferem no pedido de ajuda • Estratégias de comunicação • Estabelecer limites • Diversificar os recursos de apoio para não sobrecarregar fontes de apoio específicas

futuro positivo e provavelmente será acompanhado de um sentimento exagerado de ameaça futura que mina a esperança e encoraja um sentimento de desespero, fatalismo e resignação. Essa perda da esperança e esse sentimento de impotência não são, de forma alguma, inevitáveis, já que estudos também indicam que muitas pessoas afetadas pelo estresse traumático são resilientes. Foi demonstrado que as pessoas são mais capazes de lidar com os estressores quando têm expectativas positivas ou um *senso de coerência*, uma capacidade de entender e integrar experiências estressantes, gerenciar suas consequências e dar-lhes sentido ou significado (Gallagher et al., 2020; Schäfer et al., 2019). Essa capacidade aumenta a confiança de que os ambientes interno e externo são previsíveis e de que existe uma probabilidade elevada de as coisas correrem tão bem quanto é possível razoavelmente esperar.

São várias as formas de aumentar a esperança após o terrorismo (ver Tabela 18.6). As reações agudas ao estresse respondem bem ao aconselhamento de apoio, mas as terapias cognitivo-comportamentais podem ser mais eficazes na obtenção de resultados positivos e de esperança. Elas fazem isso identificando objetivos positivos, amplificando cognições e emoções saudáveis e reforçando os pontos fortes das pessoas, bem como modificando pensamentos que minam a esperança. Isso é particularmente importante em situações pós-terrorismo, em que as pessoas normalmente sentem culpa por ações como, por exemplo, não terem conseguido salvar seus entes queridos e não estarem onde "deveriam" estar, e têm ideias religiosas sobre o terrorismo ser uma punição por alguma transgressão no passado (Aakvaag et al., 2014; Aten et al., 2019).

A descoberta de benefícios e o crescimento traumático também demonstraram melhorar o bem-estar e aumentar a esperança e a adaptação psicológica depois do estresse traumático, particularmente quando associados a alta integração social, maior apoio social e maior autoeficácia (Pollari et al., 2021) – no entanto, estudos sugerem que se deve ter cautela ao promover qualquer um deles. Por exemplo, foi demonstrado que os esforços para incentivar a descoberta de benefícios podem ser potencialmente percebidos como insensíveis, inadequados ou uma tentativa indesejada de minimizar a sobrecarga e os desafios únicos que precisam ser superados (Lechner et al., 2012). Os pesquisadores recomendam, em vez disso, que as

TABELA 18.6 Esperança: objetivos e estratégias sugeridas

Objetivos	Estratégias sugeridas
• Promover senso de coerência • Identificar objetivos positivos • Desafiar cognições fatalistas • Encorajar o enfrentamento positivo • Encorajar um senso de resiliência na comunidade	• Fornecer avaliações acuradas dos danos e dos esforços de recuperação • Focar nos aspectos positivos • Redirecionar o foco dos clientes dos aspectos que estão fora do seu controle para aqueles que estão no seu controle • Reestruturação cognitiva • Planejamento de atividades prazerosas • Uso de objetivos claros e alcançáveis ou "pequenas vitórias"

respostas de apoio realcem o crescimento ou os benefícios, apontando-os *depois* que a pessoa os mencionar ou *quando forem exibidos*, o que pode aumentar as expectativas positivas e o senso de autoeficácia do indivíduo. Estudos relacionados ao crescimento pós-traumático após a evacuação e o terrorismo em Israel também identificaram vias de intervenção mais precisas. Nas pessoas que experienciaram terrorismo, o crescimento pós-traumático estava relacionado a níveis mais elevados de TEPT e a maior ódio e desconfiança de outros grupos étnicos e maior apoio à retaliação violenta (Hall et al., 2008; Hobfoll et al., 2007). Por sua vez, nas pessoas que experienciaram uma evacuação forçada, o crescimento traumático estava relacionado a melhores resultados de saúde mental (Hall et al., 2008). Os pesquisadores concluíram que não é apenas uma concepção mental do crescimento traumático que resulta em maior bem-estar, mas sim a transformação do crescimento traumático em comportamentos destinados a realizar sonhos que têm mais probabilidades levar a resultados benéficos (Hobfoll et al., 2007).

As medidas de saúde pública podem aumentar a esperança quando ajudam as comunidades a trabalharem em conjunto para avaliar os danos, retomar as tarefas da vida cotidiana, lidar com os danos psicológicos e físicos causados pelo terrorismo, criar recursos, estabelecer objetivos positivos, neutralizar a culpa e o conflito, expandir e reparar as redes sociais e participar de rituais que reverenciam as perdas e realçam os pontos fortes de uma comunidade (Adger et al., 2005; Hobfoll et al., 2003).

Exemplos de casos

Caso de grupo

O cenário é um campo de refugiados. Uma organização não governamental (ONG) comprometeu-se a tratar um campo de refugiados temporário como aldeias, e não como campos, porque as aldeias têm estruturas de liderança, locais de culto, locais de entretenimento e congregação de atividades femininas e masculinas, bem como locais para as crianças brincarem sob supervisão (De Jong, 2002, 2010). Os serviços eram gratuitos e facilmente acessíveis, baseados na comunidade e oferecidos em conjunto com outras atividades. De acordo com as diretrizes etnoculturais, os prestadores de serviços desestigmatizaram o estresse e a busca de ajuda, enfatizaram os pontos fortes e valorizaram a interdependência, bem como a independência, como objetivos adequados. Os prestadores de serviços trabalharam com os membros da comunidade para especificar os resultados que eles queriam atingir, como os priorizavam na sua própria definição de recuperação e como a equipe de saúde mental pública poderia trabalhar em conjunto com eles para apoiar seus objetivos prioritários, que incluíam não só trabalhar as reações psicológicas como também reverter a perda de recursos, melhorar a capacidade de lidar com a religião/espiritualidade e reduzir o estresse relacionado com a raça.

Essa abordagem aumentou a probabilidade de as intervenções estarem em consonância com os valores culturais da comunidade e preservarem ou proporcionarem a conexão que manteve as comunidades intactas. O *sentimento de segurança* foi estimulado, levando as pessoas para um local seguro e deixando claro que ele era seguro, informando as mídias para transmitirem mensagens de segurança e resiliência sempre que possível e preservando as regras e leis sociais existentes quando o caos levava ao aumento de atividades violentas ou criminosas. As medidas *tranquilizadoras* incluíram ajudar as pessoas a resolverem diretamente suas preocupações, fortalecer os recursos e fornecer atualizações sobre a situação da família e dos amigos. A *conexão* foi reforçada ajudando os indivíduos a identificarem e a estabelecerem ligações com seus entes queridos e recomendando-lhes que aumentassem a quantidade, a qualidade e a frequência das interações de apoio. A *autoeficácia* foi fomentada, fornecendo recursos às pessoas, ajudando-as a identificar prioridades e objetivos e a resolver problemas, envolvendo-as nas tomadas de decisão e promovendo a preservação e o envolvimento em atividades comunitárias que melhorassem as capacidades de sobrevivência ou estimulassem um sentimento de controle e domínio. Por fim, a *esperança* recebeu atenção, ouvindo e ajudando as pessoas a darem sentido às suas experiências quando queriam partilhá-las, preservando o apoio religioso/espiritual, contrariando qualquer autoculpa quando necessário e inquirindo sobre os pontos fortes e reforçando-os sempre que possível.

Caso individual

Lily, uma mulher na casa dos 50 anos de idade, foi trazida para um centro de crise pela sua família na manhã seguinte ao atentado a bomba em uma cafeteria. Ela estava com dois dos seus filhos na cafeteria, já tarde da noite, depois de ter tido uma conversa amigável com o segurança, que foi morto minutos depois ao tentar impedir o terrorista. Esse atentado reativou memórias e medos de alguns anos antes, quando Lily foi gravemente queimada pelas bombas incendiárias de um terrorista em uma festa de família. Lily foi dominada pela convicção de que não existia um lugar seguro para ela ou para seus filhos, dizendo repetidamente: "Como posso ter a certeza de que isso não vai acontecer uma terceira vez?". Enquanto recontava essas experiências, ela estava hiperventilando, perturbada, oprimida e chorando, depois de uma noite sem dormir durante a qual a imagem do segurança morto a atormentava. Ela não conseguia comer e se sentia sufocada. Continuava revivendo os momentos, sentia-se culpada por ter saído do local e ruminava sobre o que havia acontecido.

O terapeuta normalizou a reação de Lily e *acalmou* sua ansiedade usando a regulação da respiração. Quando Lily estava mais calma, ela e seus familiares começaram a discutir o evento a partir de suas diferentes perspectivas. O terapeuta salientou como os membros da família haviam procurado uns aos outros e se ajudaram a sair da cafeteria e como seus filhos haviam apoiado fisicamente a mãe e telefonado a um familiar para informá-lo que tinham sobrevivido. Essas recordações tiveram um efeito calmante em Lily, que começou a encontrar significado na *conexão social* que tinha ocorrido durante o evento. Nas sete sessões posteriores, Lily processou seu trauma e reafirmou sua crença na importância da família em sua vida. Ela *aumentou seu sentimento de segurança e autoeficácia*, enfrentando seus medos e superando sua evitação de lugares públicos por meio de técnicas de exposição *in vivo*.

Após o tratamento, Lily continuava tendo sonhos em que ouvia explosões e pessoas gritando, mas considerava normal e relatava uma sensação geral de bem-estar. Ela mudou suas prioridades e alterou seus pensamentos para "Não tenho controle sobre certas coisas e posso estar em outro bombardeio, mas quero ter influência sobre o que realmente tenho controle. Quero viver a minha vida o melhor possível". Ela aumentou seu sentimento de esperança ao dar significado ao evento por meio do voluntariado com outras pessoas que haviam passado por experiências semelhantes.

Resumo e conclusões

Os cinco elementos essenciais relacionados com a recuperação de adversidades contínuas (segurança, tranquilidade, conectividade, autoeficácia e esperança) fornecem uma estrutura para intervenções potenciais após o terrorismo (Hobfoll et al., 2021). Eles também podem justificar o investimento de recursos em intervenções que refletem esses elementos e orientam estudos empíricos de respostas psicossociais e de SMP ao terrorismo.

Um dos fundamentos para qualquer esforço de intervenção é compreender que o terrorismo frequentemente resulta em diminuição drástica dos recursos necessários para recuperar ou manter o bem--estar (Hobfoll et al., 2020). Compreender esse declínio nos recursos pode ajudar os profissionais de saúde mental a evitarem sua frustração com pessoas que não conseguem responder aos esforços de ajuda psicossocial. Embora os profissionais de saúde mental normalmente encaminhem os clientes para recursos ou serviços financeiros, materiais, sociais e comunitários após o terrorismo, a oferta de serviços em um pacote integrado e único tem mais probabilidade de resultar em uma utilização bem-sucedida dos recursos. Isso é particularmente evidente porque muitos dos indivíduos e comunidades mais devastados pelo terrorismo não se encontravam anteriormente em um estado saudável e dotado de recursos. Assim, o objetivo de fazê-los regressar ao seu nível de funcionamento anterior muitas vezes não é suficiente, já que aqueles que estão em maior risco muitas vezes já não estavam bem (Fullilove, 2005; DiMaggio et al., 2008). Isso oferece uma oportunidade de intervenção que pode abordar esses desequilíbrios e oferecer a esses indivíduos, grupos e comunidades uma oportunidade de participarem não só da reconstrução como também da obtenção de um futuro melhor, focando em levá-los a uma maior sensação de segurança, calma, conectividade, autoeficácia e eficácia da comunidade e esperança.

Por último, com frequência os clínicos também estão sob ameaça nos locais onde o terrorismo ocorre. Mesmo que estejam oferecendo os seus serviços depois de terem vindo de longe, eles estão expostos à mesma ameaça de um ataque subsequente e podem muitas vezes testemunhar as consequências traumáticas das cenas de mortes em massa em que os corpos ainda estão sendo retirados dos escombros, em que seus próprios entes queridos podem estar desaparecidos ou sob ameaça contínua ou em que precisam viver em condições difíceis em cidades de tendas com notificação diária de mortes. Eles perdem o sono; muitas vezes não têm roupa adequada, cobertores, comida ou água; e podem até se sentir visados porque representam um "sistema" que pode ser visto como tendo falhado em proteger ou em responder de forma apropriada (Powell et al., 2020; Pulido, 2012; Brooks et al., 2015). É particularmente importante que aqueles que oferecem intervenções apliquem os mesmos cinco elementos ao autocuidado e ao apoio aos colegas de trabalho com intervenções como o Stress First Aid (Watson, 2021; Watson & Westphal, 2020).

Referências

Aakvaag, H. F., Thoresen, S., Wentzel-Larsen, T., Røysamb, E., & Dyb, G. (2014). Shame and guilt in the aftermath of terror: The Utøya Island study. *Journal of Traumatic Stress, 27*(5), 618–621.

Abdallah, C. G., Averill, L. A., Akiki, T. J., Raza, M., Averill, C. L., Gomaa, H., . . . Krystal, J. H. (2019). The neurobiology and pharmacotherapy of posttraumatic stress disorder. *Annual Review of Pharmacology and Toxicology, 59*, 171–189.

Adger, W. N., Hughes, T. P., Folke, C., Carpenter, S. R., & Rockstrom, J. (2005). Social-ecological resilience to coastal disasters. *Science, 309*, 1036–1039.

Aten, J. D., Smith, W. R., Davis, E. B., Van Tongeren, D. R., Hook, J. N., Davis, D. E., . . . Hill, P. C. (2019). The psychological study of religion and spirituality in a disaster context: A systematic review. *Psychological Trauma, 11*(6), 597–613.

Benight, C. C. (2004). Collective efficacy following a series of natural disasters. *Anxiety, Stress, and Coping, 17*(4), 401–420.

Bernardy, N. C., & Friedman, M. J. (2017). Pharmacological management of posttraumatic stress disorder. *Current Opinion in Psychology, 14*, 116–121.

Bisson, J. I., Wright, L. A., Jones, K. A., Lewis, C., Phelps, A. J., Sijbrandij, M., . . . Roberts, N. P. (2021). Preventing the onset of post traumatic stress disorder. *Clinical Psychology Review, 86*, 102004.

Bleich, A., Gelkopf, M., & Solomon, Z. (2003). Exposure to terrorism, stress-related mental health symptoms, and coping behaviors among a nationally representative sample in Israel. *Journal of the American Medical Association, 290*(5), 612–620.

Boyce, W. T., & Ellis, B. J. (2005). Biological sensitivity to context: I. An evolutionary–developmental theory of the origins and functions of stress reactivity. *Development and Psychopathology, 17*(2), 271–301.

Brooks, S. K., Dunn, R., Sage, C. A., Amlôt, R., Greenberg, N., & Rubin, G. J. (2015). Risk and resilience factors affecting the psychological wellbeing of individuals deployed in humanitarian relief roles after a disaster. *Journal of Mental Health, 24*(6), 385–413.

Bryant, R. A. (2019). Post-traumatic stress disorder: A state-of-the-art review of evidence and challenges. *World Psychiatry, 18*(3), 259–269.

Bryant, R. A. (2021). A critical review of mechanisms of adaptation to trauma: Implications for early interventions for posttraumatic stress disorder. *Clinical Psychology Review, 85*, 101981.

Bryant, R. A., Ekassawin, S., Chakkraband, M. L. S., Suwanmitri, S., Duangchun, O., & Chantaluckwong, T. (2011). A randomized controlled effectiveness trial of cognitive behavior therapy for post-traumatic stress disorder in terrorist-affected people in Thailand. *World Psychiatry, 10*(3), 205–209.

Christopher, M. (2004). A broader view of trauma: A biopsychosocial–evolutionary view of the role of the traumatic stress response in the emergence of pathology and/or growth. *Clinical Psychology Review, 24*(1), 75–98.

De Jong, J. (Ed.). (2002). *Trauma, war and violence: Public mental health in socio-cultural context*. Plenum-Kluwer.

De Jong, J. (2004). Public mental health and culture: Disasters as a challenge to western mental health care models, the self, and PTSD. In J. P Wilson & B. Drozdek (Eds.), *Broken spirits* (pp. 189–210). Routledge.

De Jong, J. T. (2010). A public health framework to translate risk factors related to political violence and war into multi-level preventive interventions. *Social Science and Medicine, 70*(1), 71–79.

Dickstein, B. D., Schorr, Y., Stein, N., Krantz, L. H., Solomon, Z., & Litz, B. T. (2012). Coping and mental health outcomes among Israelis living with the chronic threat of terrorism. *Psychological Trauma: Theory, Research, Practice, and Policy, 4*(4), 392–399.

DiMaggio, C., & Galea, S. (2006). The behavioral consequences of terrorism: A meta-analysis. *Academic Emergency Medicine, 13*(5), 559–566.

DiMaggio, C., Madrid, P. A., Loo, G. T., & Galea, S. (2008). The mental health consequences of terrorism: Implications for emergency medicine practitioners. *Journal of Emergency Medicine, 35*(2), 139–147.

Edwards, D. J. (2021). Ensuring effective public health communication: Insights and modeling efforts from theories of behavioral economics, heuristics, and behavioral analysis for decision making under risk. *Frontiers in Psychology, 12*, 715159.

Ehlers, A., & Wild, J. (2021). Cognitive behavior therapies for posttraumatic stress disorder. In A. Wenzel (Ed.),

Handbook of cognitive behavioral therapy: Vol. 2. Applications (pp. 99–147). American Psychological Association.

Fenster, R. J., Lebois, L. A., Ressler, K. J., & Suh, J. (2018). Brain circuit dysfunction in post-traumatic stress disorder: From mouse to man. *Nature Reviews Neuroscience, 19*(9), 535– 551.

Foa, E. B., Cahill, S. P., Boscarino, J. A., Hobfoll, S. E., Lahad, M., McNally, R. J., & Solomon, Z. (2005). Social, psychological, and psychiatric interventions following terrorist attacks: Recommendations for practice and research. *Neuropsychopharmacology, 30*(10), 1806–1817.

Fogg, B. J. (2019). *Tiny habits: The small changes that change everything*. Eamon Dolan Books.

Fremont, W. P. (2004). Childhood reactions to terrorism-induced trauma: A review of the past 10 years. *Journal of the American Academy of Child and Adolescent Psychiatry, 43*(4), 381–392.

Fullilove, M. (2005). *Root shock: How tearing up city neighborhoods hurts America, and what we can do about it*. Random House.

Gallagher, M. W., Long, L. J., & Phillips, C. A. (2020). Hope, optimism, self-efficacy, and post-traumatic stress disorder: A meta-analytic review of the protective effects of positive expectancies. *Journal of Clinical Psychology, 76*(3), 329–355.

Gordon, A., & Gentry, K. H. (2021). *Homeland insecurity: Terrorism, mass shootings, and the public*. Routledge.

Hall, B. J., Hobfoll, S. E., Palmieri, P. A., Canetti-Nisim, D., Shapira, O., Johnson, R. J., & Galea, S. (2008). The psychological impact of impending forced settler disengagement in Gaza: Trauma and posttraumatic growth. *Journal of Traumatic Stress, 21*(1), 22–29.

Harvey, A. G., Callaway, C. A., Zieve, G. G., Gumport, N. B., & Armstrong, C. C. (2022). Applying the science of habit formation to evidence-based psychological treatments for mental illness. *Perspectives on Psychological Science, 17*(2), 572–589.

Hobfoll, S. E. (2011). Conservation of resource caravans and engaged settings. *Journal of Occupational and Organizational Psychology, 84*(1), 116–122.

Hobfoll, S. E. (2012). Conservation of resources and disaster in cultural context: The caravans and passageways for resources. *Psychiatry: Interpersonal and Biological Processes, 75*(3), 227–232.

Hobfoll, S. E. (2014). Resource caravans and resource caravan passageways: A new paradigm for trauma responding. *Intervention, 12*(1), 21–32.

Hobfoll, S. E., Briggs-Phillips, M., & Stines, L. R. (2003). Fact or artifact: The relationship of hope to a caravan of resources. In R. Jacoby & G. Keinan (Eds.), *Between stress and hope: From a disease-centered to a health-centered perspective* (pp. 81–104). Praeger.

Hobfoll, S. E., Canetti-Nisim, D., & Johnson, R. J. (2006a). Exposure to terrorism, stress-related mental health symptoms, and defensive coping among Jews and Arabs in Israel. *Journal of Consulting and Clinical Psychology, 74*, 207–218.

Hobfoll, S. E., Gaffey, A. E., & Wagner, L. M. (2020). PTSD and the influence of context: The self as a social mirror. *Journal of Personality, 88*(1), 76–87.

Hobfoll, S. E., Hall, B. J., Canetti-Nisim, D., Galea, S., Johnson, R. J., & Palmieri, P. A. (2007). Refining our understanding of traumatic growth in the face of terrorism: Moving from meaning cognitions to doing what is meaningful. *Applied Psychology, 56*(3), 345–366.

Hobfoll, S. E., Horsey, K. J., & Lamoureux, B. E. (2008). Resiliency and resource loss in times of terrorism and disaster: Lessons learned for children and families and those left untaught. In D. Brom, R. Pat-Horenczyk, & J. D. Ford (Eds.), *Treating traumatized children* (pp. 168–181). Routledge.

Hobfoll, S. E., Tracy, M., & Galea, S. (2006b). The impact of resource loss and traumatic growth on probable PTSD and depression following terrorist attacks. *Journal of Traumatic Stress, 19*(6), 867–878.

Hobfoll, S. E., Watson, P., Bell, C. C., Bryant, R. A., Brymer, M. J., Friedman, M. J., ... Ursano, R. J. (2021). Five essential elements of immediate and mid-term mass trauma intervention: Empirical evidence. *Psychiatry, 84*(4), 311–346.

Jacobs, L., & van Spanje, J. (2022). Who's afraid of terror news? The interplay between news consumption patterns, personal experiences and fear of terrorism. *Mass Communication and Society*, 1–23.

Kaniasty, K. (2012). Predicting social psychological well-being following trauma: The role of post-disaster social support. *Psychological Trauma: Theory, Research, Practice, and Policy, 4*(1), 22–33.

Lechner, S. C., Tennen, H., & Affleck, G. (2012). Benefit-finding and growth. In S. J. Lopez & C. R. Snyder (Eds.), *The Oxford handbook of positive psychology* (2nd ed., pp. 633–640). Oxford University Press.

Levy-Gigi, E., Bonanno, G. A., Shapiro, A. R., Richter-Levin, G., Kéri, S., & Sheppes, G. (2016). Emotion regulatory flexibility sheds light on the elusive relationship between repeated traumatic exposure and posttraumatic stress disorder symptoms. *Clinical Psychological Science, 4*(1), 28–39.

Litz, B. T., & Gray, M. J. (2002). Early intervention for mass violence: What is the evidence? What should be done? *Cognitive and Behavioral Practice, 9*(4), 266–272.

Luszczynska, A., Benight, C. C., & Cieslak, R. (2009). Self-efficacy and health-related outcomes of collective trauma: A systematic review. *European Psychologist, 14*(1), 51–62.

Marsella, A. J., Johnson, J. L., Watson, P., & Gryczynski, J. (Eds.). (2007). *Ethnocultural perspectives on disaster and trauma: Foundations, issues, and applications*. Springer Science & Business Media.

McNally, R. J., Bryant, R. A., & Ehlers, A. (2003). Does early psychological intervention promote recovery from posttraumatic stress? *Psychological Science in the Public Interest, 4*(2), 45–79.

Murray, H., Grey, N., Warnock-Parkes, E., Kerr, A., Wild, J., Clark, D., & Ehlers, A. (2022). Ten misconceptions about trauma-focused CBT for PTSD. *Cognitive Behaviour Therapist, 15*, s1754470x22000307.

Norris, F. H., Friedman, M. J., & Watson, P. J. (2002). 60,000 disaster victims speak, part II: Summary and implications of the disaster mental health research. *Psychiatry: Interpersonal and Biological Processes, 65*(3), 240–260.

Pitman, R. K., Rasmusson, A. M., Koenen, K. C., Shin, L. M., Orr, S. P., Gilbertson, M. W., . . . Liberzon, I. (2012). Biological studies of post-traumatic stress disorder. *Nature Reviews Neuroscience, 13*(11), 769–787.

Pollari, C. D., Brite, J., Brackbill, R. M., Gargano, L. M., Adams, S. W., Russo-Netzer, P., . . . , Cone, J. E. (2021). World trade center exposure and posttraumatic growth: Assessing positive psychological change 15 years after 9/11. *International Journal of Environmental Research and Public Health, 18*(1), 104.

Powell, T. M., Yuma, P. J., Scott, J., Suarez, A., Morales, I., Vinton, M., . . . Li, S. J. (2020). In the aftermath: The effects of hurricanes Harvey and Maria on the well-being of health-care and social service providers. *Traumatology, 26*(3), 298–307.

Pulido, M. L. (2012). The ripple effect: Lessons learned about secondary traumatic stress among clinicians responding to the September 11th terrorist attacks. *Clinical Social Work Journal, 40*(3), 307–315.

Ragsdale, K. A., Watkins, L. E., Sherrill, A. M., Zwiebach, L., & Rothbaum, B. O. (2020). Advances in PTSD treatment delivery: Evidence base and future directions for intensive out-patient programs. *Current Treatment Options in Psychiatry, 7*(3), 291–300.

Rahn, M., Tomczyk, S., & Schmidt, S. (2021). Storms, fires, and bombs: Analyzing the impact of warning message and receiver characteristics on risk perception in different hazards. *Risk Analysis, 41*(9), 1630–1642.

Rothbaum, B. O., Kearns, M. C., Price, M., Malcoun, E., Davis, M., Ressler, K. J., . . . , Houry, D. (2012). Early intervention may prevent the development of posttraumatic stress disorder: A randomized pilot civilian study with modified prolonged exposure. *Biological Psychiatry, 72*(11), 957–963.

Rubin, G. J., Brewin, C. R., Greenberg, N., Simpson, J., & Wessely, S. (2005). Psychological and behavioural reactions to the bombings in London on 7 July 2005: Cross sectional survey of a representative sample of Londoners. *British Medical Journal, 331*(7517), 606–611.

Ruzek, J. I., Walser, R. D., Naugle, A. E., Litz, B., Mennin, D. S., Polusny, M. A., . . . Scotti, J. R. (2008). Cognitive-behavioral psychology: Implications for disaster and terrorism response. *Prehospital Disaster Medicine, 23*(5), 397–410.

Schäfer, S. K., Becker, N., King, L., Horsch, A., & Michael, T. (2019). The relationship between sense of coherence and post-traumatic stress: A meta-analysis. *European Journal of Psychotraumatology, 10*(1), 1562839.

Seo, M., Sun, S., Merolla, A. J., & Zhang, S. (2012). Willingness to help following the Sichuan earthquake: Modeling the effects of media involvement, stress, trust, and relational resources. *Communication Research, 39*(1), 3–25.

Shalev, A. Y., & Freedman, S. (2005). PTSD following terrorist attacks: A prospective evaluation. *American Journal of Psychiatry, 162*(6), 1188–1191.

Shalev, A. Y., Liberzon, I., & Marmar, C. (2017). Post-traumatic stress disorder. *New England Journal of Medicine, 376*(25), 2459–2469.

Solomon, Z. (2003). *Coping with war-induced stress: The Gulf War and the Israeli response*. Plenum Press.

Solomon, Z., Shklar, R., & Mikulincer, M. (2005). Front line treatment of combat stress reaction: A 20 year longitudinal evaluation study. *American Journal of Psychiatry, 162*, 2309–2314.

Song, L., Pettis, P. J., Chen, Y., & Goodson-Miller, M. (2021). Social cost and health: The downside of social relationships and social networks. *Journal of Health and Social Behavior, 62*(3), 371–387.

Stene, L. E., Vuillermoz, C., Overmeire, R. V., Bilsen, J., Dückers, M., Nilsen, L. G., & Vandentorren, S. (2022). Psychosocial care responses to terrorist attacks: A country case study of Norway, France and Belgium. *BMC Health Services Research, 22*(1), 1–21.

Vermetten, E., Greenberg, N., Boeschoten, M. A., Delahaije, R., Jetly, R., Castro, C. A., & McFarlane, A. C. (2014). Deployment-related mental health support: Comparative analysis of NATO and allied ISAF partners. *European Journal of Psychotraumatology, 5*(1), 23732.

Watson, P. J. (2019). PTSD as a public mental health priority. *Current Psychiatry Reports, 21*(7), 1–12.

Watson, P. J. (2021). Application of the five elements framework to the COVID pandemic. *Psychiatry, 84*(4), 415–429.

Watson, P. J., & Westphal, R. (2020). *Stress first aid for health care workers*. National Center for PTSD.

Williams, R. (2007). The psychosocial consequences for children of mass violence, terrorism and disasters. *International Review of Psychiatry, 19*(3), 263–277.

19

Ameaças graves de violência
Avaliação e manejo

John S. Rozel, Patrick McCormick e Jaqulyn Stilson

> Alex é um jovem de 17 anos de idade que já esteve envolvido em vários programas de tratamento desde criança. Em diferentes momentos, ele preenchia os critérios para transtorno da conduta, transtorno de déficit de atenção/hiperatividade, transtorno de Tourette e transtorno de ansiedade generalizada e tem episódios anteriores de transtorno depressivo maior com características mistas. Alex teve uma deterioração aguda durante meses, incluindo uma hospitalização por ideação homicida e comportamento de atear fogo no contexto de um tratamento. Na época, ele vinha se engajando ativamente em fóruns *on-line*, incluindo Gab, 4chan, Discord e outros canais conhecidos por conteúdos violentos, misóginos e racistas. O jovem adotou pontos de vista semelhantes e se tornou cada vez mais desconfiado dos outros, tendo afirmado que os membros da sua congregação, em particular, estavam tentando constrangê-lo e humilhá-lo. Revelou desejos cada vez mais intensos de matar pessoas, referiu a facilidade com que poderia adquirir armas de fogo e que "disparar" contra seu local de culto "seria tão fácil quanto foi na Nova Zelândia" (i.e., o tiroteio na mesquita de Christchurch).[1]

[1] Os detalhes do caso foram alterados para proteger a identidade do paciente.

Com uma previsibilidade dolorosa, os incidentes de violência em massa geralmente são seguidos de lamentações nas mídias populares de que o agressor deveria ser um doente mental (Hirschtritt & Binder, 2018). Na realidade, a maioria da violência – incluindo a maior parte da violência com armas de fogo e tiroteios em massa – é apenas minimamente atribuível a doenças mentais (Medical Directors' Institute, 2019). Na verdade, as pessoas que vivem com doença mental têm maior probabilidade de serem vítimas de violência do que perpetradoras (Choe et al., 2008). No entanto, os profissionais de saúde mental, sobretudo em ambientes de crise e de emergência, precisam entender seu papel de potencialmente evitar esses ataques antes que eles ocorram, avaliando e tratando pessoas que fizeram essas ameaças e gerenciando a enxurrada de encaminhamentos que muitas vezes se seguem a tiroteios em massa altamente divulgados (Haddad et al., 2021).

Embora os tiroteios em massa representem apenas uma pequena fração da violência em geral com armas de fogo nos Estados Unidos, o País continua tendo uma estatística atípica internacional, tanto pela frequência dos tiroteios em massa quanto pelo acesso a armas de fogo (Lankford, 2016).

Além disso, a frequência dos tiroteios em massa pode estar aumentando nos últimos anos (U.S. Departament of Justice, Federal Bureau of Investigation [FBI], 2021). Os Estados Unidos têm mais armas de fogo nas mãos de civis do que os 39 países em sua proximidade (Karp, 2018) e representam 83% de todas as mortes por armas de fogo em países economicamente desenvolvidos, incluindo 91% das mortes de mulheres por armas de fogo e 98% de crianças pequenas (Grinshteyn & Hemenway, 2019).

Este capítulo explora a avaliação de pacientes que podem estar em risco de se envolver em violência direcionada ou em massa. Violência direcionada descreve as situações em que "um perpetrador identificável (ou potencialmente identificável) representa (ou pode representar) uma ameaça de violência para determinado indivíduo ou grupo" (Fein et al., 1995, p. 1). Violência em massa é definida de forma variável – a ponto de as definições entre conjuntos de dados se aproximarem da exclusão mútua (Booty et al., 2019) –, mas, para efeitos deste capítulo, é definida como qualquer intenção ou risco de envolvimento em violência contra várias pessoas. Deve ser mencionado enfaticamente que não existe um "perfil" útil de um atirador em massa: eles podem ser encontrados em todos os gêneros, idades, religiões, etnias, origens sociais, e assim por diante (U.S. Department of Justice, FBI, 2021; Alathari et al., 2019). Cabe ao clínico abordar cada caso com um novo olhar e um raciocínio objetivo e imparcial.

Considerações diagnósticas

Não existe um diagnóstico psiquiátrico claramente associado ao risco de violência em massa ou violência direcionada. Diferentemente do que acontece com o comportamento suicida, não existe um diagnóstico no *Manual diagnóstico e estatístico de transtornos mentais, quinta edição, texto revisado* (DSM-5-TR; American Psychiatric Association, 2022) para o comportamento puramente relacionado com violência em massa, e não há uma sobreposição robusta com outros diagnósticos estabelecidos. Uma síndrome ligada à cultura anteriormente considerada, conhecida como *amok* (impulso de matar), foi sugerida como um possível diagnóstico para descrever "assassinatos de estilo desenfreado" (Vogl, 2019). O entendimento comum de *amok* como um ato de violência espontâneo, não planejado e não provocado é bem diferente dos eventos de atiradores ativos nos Estados Unidos, que geralmente estão associados a um planejamento sustentado, intencional e meticuloso (Meloy & O'Toole, 2011; Silver al., 2018b).

Vários pesquisadores compilaram bases de dados de tiroteios ativos e em massa com critérios variados para os próprios tiroteios em massa e para doenças mentais. Embora esses conjuntos de dados sejam, em geral, transparentes na concepção e no processo e visem ostensivamente medir fenômenos semelhantes, com critérios, fontes e metodologias diferentes, eles conduzem a uma variabilidade substancial nos resultados (Booty et al., 2019) – por exemplo, em 2020, o Departamento de Justiça dos Estados Unidos, FBI (2021), identificou 40 incidentes com atiradores ativos no País (*Active Shooter Incidents in the United States in 2020*); a revista *Mother Jones*, que mantém uma base de dados com acesso livre, identificou dois incidentes (Follman et al., 2022); e o Gun Violence Archive (2022) identificou 610 incidentes (*Past Summary Ledgers: Gun Violence Archive*). É evidente que existem problemas subjacentes aos dados e às definições quando investigadores competentes e imparciais chegam a resultados tão discrepantes.

A falta de clareza resultante da terminologia complexa na pesquisa sobre violência com armas de fogo é agravada quando são feitos esforços para identificar se um agressor tem uma doença mental. A aplicação de critérios rigorosos para doença mental (p. ex., história documentada dos serviços de doenças mentais suficientemente significativa para impedir a compra de uma arma de fogo) produz uma prevalência baixa de 4,7% em atiradores em massa em público (Silver et al., 2018a). Vários estudos se concentraram em taxas estimadas de cerca de 25% (Corner & Gill, 2017; Silver et al., 2018b; Stone, 2015), baseados em história documentada ou em evidências objetivas claras. Outros conjuntos de dados usaram critérios mais amplos para doença mental (i.e., relatos na mídia de comportamentos estranhos) e, sem surpresa, identificaram doenças mentais em 60% ou mais dos agressores (Duwe, 2007). A extrapolação dos achados clinicamente úteis sobre diagnósticos psiquiátricos de atiradores ativos ou atiradores ativos potenciais a partir desses conjuntos de dados é, no mínimo, um desafio, especialmente porque é difícil discernir a causalidade.

É digno de nota que alguns estudos identificaram esquizofrenia, transtorno delirante e transtornos da personalidade como significativamente mais comuns na violência direcionada em comparação com a população em geral (Corner et al., 2018). Da mesma forma, um estudo exaustivo de 120 anos de dados sobre assassinatos em massa identificou evidências de doença psicótica em 11% dos perpetradores (Brucato et al., 2021), e um estudo sobre 172 atiradores em massa identificou a doença psicótica desempenhando um papel importante em 11% dos casos e um papel menor ou moderado em mais 22% dos casos (Peterson et al., 2022). Um estudo do FBI sobre as características pré-ataque dos atiradores em massa em público identificou doença psicótica em apenas 6% (Silver et al., 2018b), com transtornos mais leves (p. ex., depressão e ansiedade) sendo os mais comuns. Em geral, quando crenças persecutórias e tendências paranoicas estão presentes em pessoas em risco de violência, isso pode ser uma indicação para maior preocupação (Knoll & Meloy, 2014).

Provocativamente, há pelo menos um estudo que sugeriu que a prevalência real de doenças mentais em atiradores em massa é substancialmente mais comum do que o refletido nas pesquisas disponíveis e que a falta de achados de doenças mentais prévias em atiradores se deve a um conhecimento inadequado sobre o agressor, e não a provas reais da ausência de doença psiquiátrica (Lankford & Cowan, 2021). Mesmo que isso seja verdade, o problema da taxa de base se mantém e diminui a utilidade do diagnóstico psiquiátrico como caraterística distintiva dos atiradores ativos – por exemplo, estudos populacionais identificaram doença psiquiátrica diagnosticável em 56% dos adultos nos Estados Unidos e 86% na Nova Zelândia (Caspi et al., 2020; Kessler et al., 2005). Assim, uma história de doença psiquiátrica em uma pessoa violenta tem menos utilidade para diferenciar o risco quando a população em geral apresenta taxas tão elevadas de doença mental. Quando um clínico está avaliando um paciente e procura determinar seu risco de se envolver em violência direcionada ou em massa, um diagnóstico psiquiátrico, por si só, lança pouca luz sobre o risco real. Doença psiquiátrica, associada a outros fatores, pode ser um fator de risco significativo em alguns doentes, e, independentemente disso, a identificação e o tratamento de doenças psiquiátricas devem criar uma oportunidade substancial de reduzir outros riscos e aliviar o sofrimento e devem ser sempre uma prioridade clínica.

Teorias sobre a situação de crise

Os profissionais de saúde mental podem identificar pessoas em risco de violência direcionada de várias formas. As pessoas podem ser encaminhadas por terem feito uma ameaça direta de ataque a um alvo ou vazado informações indiretamente – ou seja, compartilharam sua intenção explícita ou secretamente com terceiros (Meloy & O'Toole, 2011). As pessoas podem chegar ao clínico por outras crises ou problemas de saúde mental, e a intenção violenta é identificada durante a avaliação global. Por fim, as pessoas podem ser encaminhadas para avaliação quando declarações ou comportamentos em outros aspectos benignos ou anteriormente ignorados são levados mais a sério na sequência de eventos violentos em massa altamente divulgados devido a um efeito heurístico de disponibilidade. Qualquer um desses motivos para encaminhamento pode ou não estar associado a um risco real de violência ou a uma psicopatologia subjacente real. Mesmo que uma pessoa encaminhada para avaliação não apresente risco, deve ser oferecido o tratamento adequado das doenças psiquiátricas identificadas, bem como recursos para lidar com outros fatores de estresse biopsicossocial.

Crises agudas e crônicas são onipresentes em estudos retrospectivos de pessoas que se envolvem em violência direcionada e tiroteios em massa. Inúmeros estudos encontraram altas taxas de crises agudas (p. ex., problemas com relacionamentos, emprego, finanças, moradia e educação), variando de 62 a 100% dos casos, e estressores psicossociais crônicos (p. ex., histórico de vitimização ou abuso) na maioria dos casos (Alathari et al., 2019; National Threat Assessment Center, 2015; Silver et al., 2018b). Estresse psicossocial subjacente e prolongado também foi identificado como uma inquietação (e como uma oportunidade de intervenção) para os extremistas violentos (Koehler, 2020). Identificar e gerenciar crises agudas pode ser uma melhor oportunidade para prevenir violência em massa do que se concentrar apenas nos diagnósticos psiquiátricos.

Vale mencionar que, embora ameaças ou vazamentos possam preceder atos de violência grave, eles não são universais, e um número substancial de pessoas que se envolvem em atos de violência grave nunca revelaram sua intenção ou negaram a intenção quando questionadas. Como tal, a abordagem para avaliar o risco de atos graves de violência é semelhante à forma como a maioria dos riscos de violência deve ser avaliada e gerenciada: identificar e interromper os fatores de risco de violência e apoiar ou acrescentar fatores de proteção, independentemente da presença ou da ausência de uma ameaça manifesta (Amman et al., 2016). Essa abordagem condicional ou dinâmica do gerenciamento do risco constitui a espinha dorsal das melhores práticas para avaliação e gerenciamento do risco de violência e elimina o capricho de tentar prever claramente o risco de violência. Dito de outra maneira: os clínicos podem ajudar a prevenir violência sem precisar prever violência (Simons & Meloy, 2017).

Não existe um fator de risco único para violência, inclusive violência em massa, que seja necessário e suficiente; o comportamento violento é complexo, e seu manejo ideal envolve uma reavaliação contínua e o gerenciamento das intervenções (Amman et al., 2016). Os motivos para o engajamento em violência direcionada ou em massa variam. Foram identificados alguns fatores de risco preocupantes que podem justificar maior atenção, incluindo a fixação na violência em massa (Raitanen & Oksanen, 2019), a identificação com agressores notórios, a idolatria da capacidade para violência, a ênfase na vingança como uma missão (Knoll, 2010) e o extremismo ideológico ou a radicalização (McBride et al., 2022).

Métodos de avaliação

Há uma infinidade de instrumentos psicometricamente aprovados para agressão e agitação (Fazel et al., 2012), mas relativamente poucos são específicos para violência direcionada ou em massa. Três instrumentos especificamente concebidos para avaliação do risco de violência direcionada incluem o Protocolo de Avaliação da Radicalização Terrorista-18 (TRAP-18, do inglês Terrorist Radicalization Assessment Protocol-18) para agressores com motivação ideológica, o Workplace Assessment of Targeted Violence Risk (WAVR-21) para violência no local de trabalho e o Cawood Assessment Grid (CAG) para o local de trabalho e ambientes organizacionais (Cawood et al., 2020; Meloy, 2018; Meloy et al., 2013). Essas ferramentas são bem projetadas, e os clínicos que trabalham extensivamente com populações ou contextos relevantes podem considerar um treinamento especializado para esses instrumentos. Sua aplicação restrita limita a sua utilidade em contextos gerais de emergência ou crise. Há muito tempo se debate o uso de instrumentos atuariais *versus* abordagens clínicas gerais na avaliação do risco de violência, com uma preferência tendendo para o julgamento profissional estruturado em contextos não especializados (Brook, 2017). Na avaliação e no gerenciamento de ameaças graves, a integração do julgamento profissional estruturado com equipes multidisciplinares de gestão de ameaças que incluem especialistas em matéria de aplicação da lei e segurança, questões legais, incluindo direito do trabalho, direito da saúde mental e outras disciplinas, surgiu como a melhor prática (Amman et al., 2016; Medical Directors' Institute, 2019).

Essa abordagem multidisciplinar, frequentemente descrita como avaliação e gerenciamento de ameaça comportamental (BTAM, do inglês *behavioral threat assessment and management*), baseia-se em fontes que incluem a pesquisa clínica sobre pessoas que se envolvem em atos de violência, análises detalhadas de casos de ataques consumados e incipientes, metodologia de análise de inteligência e investigação criminal e os conjuntos de ferramentas de vários domínios complementares. Ela está centrada no objetivo fundamental de identificar pessoas que estão a caminho da violência e desviá-las para uma trajetória mais segura antes que ocorram atos violentos. Está além do escopo deste capítulo fornecer um tutorial detalhado sobre a BTAM, mas os leitores são incentivados a procurar recursos definitivos (p. ex., Amman et al., 2016; Follman, 2022; Meloy & Hoffman, 2021) e a entrar em contato com especialistas locais no assunto, incluindo capítulos regionais da Association of Threat Assessment Professionals (*www.atapworldwide.org*) nos Estados Unidos ou outras organizações profissionais regionais de avaliação de ameaças. A BTAM é cada vez mais reconhecida como a melhor prática para organizações maiores de atenção à saúde, e os programas de avaliação de ameaças frequentemente estão sediados nos departamentos de segurança pública (Henkel, 2019), embora não estejam presentes em todas as organizações de atenção à saúde. O envolvimento com a liderança local da aplicação da lei para explorar os recursos da comunidade para o gerenciamento de ameaças pode ser uma estratégia útil.

Sempre que possível, a avaliação do risco de violência inclui uma entrevista clínica ou investigativa, entrevistas com informantes colaterais, análise das redes sociais ou de outras comunicações escritas, quando disponíveis, análise do histórico clínico e legal disponível, consulta, acompanhamento e testes ou avaliações formais, conforme indicado ou disponível. Os contextos de emergência e de crise, especialmente quando se trata de participantes relutantes ou de critérios insuficientes para intervenções involuntárias, raramente permitem avaliações tão exaustivas. Dependendo da linha temporal percebida da evolução desde uma ameaça até um comportamento violento, pode ser necessário encaminhar o paciente para uma avaliação aguda em um contexto de emergência psiquiátrica ou para uma internação breve, a fim de excluir completamente ou identificar os fatores de doença psiquiátrica que afetam o risco de violência (Barnhorst & Rozel, 2021).

Uma mnemônica útil para resumir os fatores a serem considerados na avaliação clínica do risco de violência é *investigar todas as THREATS* (AMEAÇAS) (ver Tabela 19.1; Barnhorst & Rozel, 2021). Se uma pessoa apresentar ameaças ou vazamentos, ou se apresentar história de violência e qualquer um dos outros fatores de risco, os clínicos devem considerar uma avaliação detalhada do risco de violência.

Formulação e intervenção com terapia cognitivo-comportamental

Embora não exista um diagnóstico específico associado à violência direcionada ou em massa, qualquer psicopatologia identificada passível de intervenção psicoterápica ou psicofarmacológica deve ser abordada (Barnhorst & Rozel, 2021). Com frequência, um perpetrador está experienciando emoções que são comuns à experiência humana, como sentimentos de raiva, solidão ou insatisfação (Corner et al., 2018), que podem responder bem à terapia cognitivo-comportamental (TCC; Henwood et al., 2015). Os elementos da TCC, incluindo a abordagem da dissonância cognitiva e defesas como a autojustificação, o deslocamento da culpa e a falta de empatia com as vítimas, há tempo são considerados como uma ferramenta potencial para pessoas com ideologia

TABELA 19.1 Investigue todas as THREATS

T	Ameaças (*threats*), vazamento ou outras declarações da intenção de causar danos
H	**H**istória de violência, especialmente com o alvo identificado ou com um padrão similar
R	Estressores ou crises **r**ecentes (relacionamentos, dinheiro, habitação, emprego, problemas de saúde ou vitimização violenta)
E	Intoxicação por **e**tanol/outras drogas ou uso frequente/recente
A	**A**gitado/irritado facilmente (estilo de atribuição hostil)
T	Não assume (*takes no*) responsabilidade (estilo de atribuição externo)
S	**S**uicidabilidade, desesperança crescente
S	Doença psiquiátrica **s**intomática, especialmente psicose
S	Alvo específico (**s**pecific), acesso, meios, plano

Nota: De Barnhorst e Rozel (2021). Copyright © 2021 Barnhorst e Rozel. Reproduzida com autorização.

extremista e intenção de se envolver em violência, podendo ajudar a reduzir o risco como parte de um plano de gerenciamento abrangente (Dalgaard-Nielsen, 2013).

A terapia racional emotiva comportamental (TREC), um tratamento relacionado com a TCC, foi identificada como uma ferramenta potencial para trabalhar com pessoas que abraçam ideologias extremistas, que são vistas em alguns perpetradores potenciais e reais de violência direcionada e em massa. A TREC sustenta que as crenças racionais são flexíveis, consistentes com a realidade, lógicas e melhoram a própria pessoa e as relações. As crenças irracionais/inúteis são rígidas, inconsistentes com a realidade, ilógicas e destruidoras de si mesmo e das relações (Dryden, 2005). As ideologias extremistas também são rígidas, dogmáticas, absolutistas e enfáticas sobre "a forma como devemos ser, a forma como os outros devem ser ou a forma como o mundo deve ser" (Aldahadha, 2018). Essas crenças profundamente arraigadas com frequência entram em conflito com as normas sociais mais amplas ou são versões extremas destas. Elas são particularmente problemáticas porque, se essas crenças são rigidamente mantidas, e um indivíduo espera que a realidade as siga, ocorre dissonância quando essas expectativas não correspondem ao resultado. A dissonância pode ser resolvida atualizando uma crença ou distorcendo a forma como o resultado é interpretado para que ele se ajuste à crença rígida. Se não for resolvida, a dissonância pode resultar em respostas emocionais como sentir-se zangado, ansioso, maltratado, indignado, desapontado ou insultado. Um indivíduo pode ter pensamentos sobre ser rejeitado, não receber o que merece ou ser tratado injustamente. A dissonância também pode levar a uma ação que pode corrigir a dissonância ou a injustiça, o que também pode ser ditado por essas regras e expectativas rígidas ou extremas.

A crença central irracional proposta relaciona-se com as demandas absolutas do ambiente, subdividida em crenças relativas à autoestima e à intolerância à própria frustração. Os problemas de autoestima resultam da crença de que o valor humano é avaliável e de que a nossa autoestima depende de atingir determinados padrões de sucesso ou aprovação. Os indivíduos que têm crenças irracionais são mais propensos a condenar a si próprios ou os outros (Harrington, 2013) – por exemplo, no caso do tiroteio de 2014 em Isla Vista, Califórnia, Estados Unidos, perpetrado por Elliot Rodger, a fonte da sua frustração residia no fato de ele não conseguir corresponder a um ideal ocidental tradicional de masculinidade quanto à capacidade física e a proezas sexuais. Quando não se alinhou com esses ideais, ele recorreu à retribuição violenta contra aqueles que considerava representarem esses ideais e contra aqueles que pensava que o impediam de fazê-lo (as mulheres em particular). Alguns dos erros cognitivos observados em celibatários involuntários violentos incluem pensamento do tipo tudo ou nada, generalização excessiva, negação da vítima, direito e grandiosidade (Williams et al., 2021).

Existem crenças similares em outros atiradores com relação a minorias raciais, como no tiroteio na igreja de Charleston, Carolina do Sul, Estados Unidos, em 2015, perpetrado por Dylann Roof. Em ambos os casos, os atores esperavam e acreditavam que precisavam ocupar um lugar específico na sociedade devido a um traço inato seu (sua identidade de gênero, raça, etc.). Nesses exemplos, os atores acreditavam que ser "digno" era ser uma ideia específica de masculinidade e associavam sua autoestima e valor a ela. Tanto Rodger quanto Roof acreditavam tão firmemente em suas convicções sobre o seu papel e os papéis dos outros na sociedade que achavam que sua raiva era útil e justificada (Harrington, 2013).

Na teoria da TREC, as emoções negativas não saudáveis são consideradas as consequências emocionais de uma crença irracional. As consequências cognitivas dessas crenças são, em grande parte, inferências distorcidas sobre as implicações presentes e futuras do evento. Elas também interferem na capacidade da pessoa de pensar claramente em respostas alternativas (Dryden, 2012). Usando a TREC, o clínico ajuda o paciente a identificar as suas crenças extremas sobre como as coisas devem ser e o ajuda a (1) ver a natureza irrealista dos seus ideais e (2) tolerar a frustração que experimenta sobre o fato de o mundo real não poder satisfazer seu conjunto de ideais. Por meio dessa modalidade, o paciente identificado é orientado a ver a natureza "irracional" das suas crenças (irracionais de acordo com a definição discutida anteriormente na seção) e a desafiá-las. O objetivo é desafiar o "imperativo absoluto" de que as suas crenças se tornem realidade (Harrington, 2013).

A técnica da discussão desafia as crenças errôneas de uma pessoa por meio de persuasão filosófica, apresentações didáticas, diálogo socrático, experiências vicárias e outros modos de expressão verbal. Nos indivíduos identificados como extremistas, a discussão resultou em diminuição substancial das crenças irracionais (Aldahadha, 2018). O modelo corretivo de atitudes-comportamento (ABC, do inglês *attitudes-behavior corrective*) para a desradicalização de extremistas violentos adota uma abordagem semelhante, mas se concentra mais na mudança de comportamentos do que nas crenças subjacentes (Khalil et al., 2022; McCauley, 2022). O modelo ABC fornece um eixo para examinar a oposição e a simpatia à violência ideologicamente justificada, bem como uma maneira de examinar a história de vida de uma pessoa e as trajetórias das suas crenças relacionadas à violência. O modelo fornece um meio para ajudar os profissionais a fazerem as perguntas "certas" sobre a violência. Ele também leva em conta a força das crenças de uma pessoa e suas mudanças ao longo do tempo e discute os vários processos pelos quais as pessoas se envolvem em extremismo violento. Por fim, o modelo descreve os caminhos para a diminuição da radicalização e a desvinculação como processo final para reduzir o risco de violência.

A pesquisa sobre intervenções de diminuição da radicalização e desvinculação produziu resultados variados e, por vezes, controversos. A TCC ou a TREC isoladas são provavelmente insuficientes, e os resultados positivos com frequência requerem abordagens abrangentes e multidisciplinares (Cherney, 2022). Por fim, deve ser mencionado que, embora racismo, misoginia e outras ideologias baseadas no ódio não sejam enfaticamente uma forma ou extensão de doença mental (Gilman & Thomas, 2016), essas ideologias geralmente envolvem crenças falsas, mas mutáveis, associadas a fortes emoções e comportamentos inadequados que podem, em suma, prestar-se a intervenções da TCC/TREC.

Armadilhas/ impedimentos comuns

O trabalho com pessoas em risco de se envolverem em atos graves de violência é estressante para os clínicos, e, infelizmente, isso pode predispor o clínico a erros e vieses cognitivos (Saposnik et al., 2016). Como referido anteriormente, a colaboração com uma equipe multidisciplinar pode ser uma estratégia útil para reduzir esses riscos e garantir uma avaliação e um plano de gerenciamento abrangentes e uma estratégia em geral prudente no gerenciamento do risco com pacientes potencialmente violentos (Resnick & Saxton, 2019). Opiniões formais ou informais de terceiros também podem ser benéficas para o clínico primário quando o envolvimento formal de BTAM não está disponível, com o mérito adicional de obter segundas opiniões de pessoas com experiência em saúde mental forense ou de emergência.

O compartilhamento de informações a partir de contextos clínicos para não clínicos pode ser assustador. Deve ser mencionado que, nos Estados Unidos, o Health Insurance Portability and Accountability Act de 1996 permite expressamente o compartilhamento de informações para prevenir atos graves de violência (U.S. Department of Health and Human Services, Office for Civil Rights, 2017). As leis e normas locais relativas a obrigações com terceiros variam substancialmente. A National Conference of State Legislatures (2022) mantém uma listagem geralmente acurada e atualizada de estatutos e jurisprudência relevantes por Estado. A maioria dos países economicamente desenvolvidos parece ter algum tipo de obrigação com terceiros, com as possíveis exceções do Japão e da Áustria (Barnhorst & Rozel, 2021). (Não identificamos uma lista de recursos permanentemente atualizada para clínicos fora dos Estados Unidos.) Como sempre, aconselha-se a consulta de profissionais jurídicos locais para esclarecer as normas legais dos cuidados de saúde mental de emergência, incluindo as obrigações com terceiros, os limites da confidencialidade e o compromisso. Procurar e obter eticamente informações colaterais de familiares e conhecidos pode ser um elemento vital da investigação no gerenciamento de ameaças (Petrik et al., 2015). As ordens protetivas contra riscos extremos estão disponíveis em alguns Estados e podem ser uma tática útil para limitar o acesso a armas de fogo por indivíduos em risco de violência direcionada ou em massa (Swanson et al., 2021).

Fundamentalmente, o maior desafio que um clínico pode enfrentar é manter-se dentro do seu papel clínico enquanto colabora intencionalmente com profissionais de outras disciplinas. Compreender e priorizar seu papel principal (e, presumivelmente, clínico) ao trabalhar com pessoas de diferentes disciplinas com diferentes padrões éticos pode ser complicado. Estabelecer proativamente programas formais de gerenciamento de ameaças e equipes de consulta, bem como fornecer educação sobre o gerenciamento de ameaças em contextos de cuidados de saúde, pode ser essencial para abordar esses desafios e apoiar o desenvolvimento de equipes com alto funcionamento (Terry, 2015). Idealmente, um programa de BTAM inserido em uma organização de cuidados de saúde deve incluir especialistas em segurança e aplicação da lei, direito da saúde mental, gerenciamento de riscos, recursos humanos, ciências comportamentais (com ênfase em perícia forense e de saúde mental de emergência) e operações clínicas. Esses programas devem estar disponíveis para investigação e consulta de uma variedade de ameaças, incluindo ameaças contra a instituição ou funcionários por pessoas de fora, pacientes ou familiares; ameaças internas e conflitos entre funcionários; e análise de ameaças por parte de pacientes contra outros alvos (p. ex., cenários do tipo Tarasoff). Os primeiros passos para criar e operar programas de BTAM são descritos em detalhes em outro trabalho (Amman et al., 2016).

Prevenção de recaída e objetivos em longo prazo

O gerenciamento do risco de violência não é uma avaliação ou intervenção pontual. Um gerenciamento eficaz exige cuidados constantes, reavaliação e reconsideração das intervenções adequadas. Embora o objetivo ostensivo seja a prevenção do comportamento violento, o risco é dinâmico e persistente. Muitas vezes, o melhor que se pode dizer é que ainda não houve nenhum ato violento e que as intervenções clínicas reduziram o risco em um futuro previsível. O envolvimento contínuo com a pessoa suspeita pode ser uma estratégia ideal para o gerenciamento sustentado do risco por várias razões. A terapia contínua ou o tratamento inicial, seguido de sessões de controle e de reforço, podem constituir um enquadramento útil para assegurar uma conexão contínua entre uma equipe que monitora ameaças ou um prestador de tratamento e um indivíduo em risco de violência. O programa de monitoramento de ameaças da escola Salem-Keizer, um programa paradigmático de gerenciamento de ameaças, está fortemente ancorado nesse conceito de "verificar e conectar", reconhecendo que isso serve a uma série de propósitos, incluindo reavaliação contínua, engajamento social e identificação e reforço dos pontos fortes e dos objetivos pró-sociais (Follman, 2022; Van Dreal et al., 2022).

Exemplo de caso: o tratamento de Alex

Alex, o estudante de 17 anos do ensino médio com pensamentos de atirar e matar seus pares em seu local de culto em um feriado religioso importante, teve seu tratamento transferido de uma clínica para transtornos do humor para um programa especializado que usava intervenções manualizadas de TCC para trabalhar com jovens incendiários e agressores sexuais (Kolko, 2001; Kolko et al., 2004). Embora Alex não tivesse antecedentes criminais, ele tinha um histórico de incêndios e foi considerado uma boa opção para o terapeuta da clínica de combate a incêndios, que tinha vasta experiência em trabalhar com comportamento de adolescentes de alto risco. O diagnóstico primário de Alex era de transtorno disruptivo da desregulação do humor e foi manejado com o uso de medicamento com uma dose terapêutica de lamotrigina. Ao longo do seu tratamento, não houve indicadores significativos de uso de substâncias, transtorno bipolar, psicose ou transtorno do espectro autista.

Inicialmente, Alex estava relutante em encontrar seu novo clínico. Afirmou que o único benefício de trabalhar com seu novo clínico era o fato de ele ser um homem branco. Alex achava que tinha que se censurar em relação aos seus clínicos anteriores, que considerava excessivamente emotivos ou incapazes de ouvir seus pensamentos "ousados" sem que ficassem ofendidos. Alex era, inicialmente, profundamente ambivalente, tanto em relação aos seus impulsos de se engajar em violência quanto em relação à sua disposição de participar do tratamento.

Durante sua primeira sessão de tratamento, Alex foi recebido com uma entrevista motivacional e exercícios para construção da relação terapêutica. Ele se mostrou particularmente entusiasmado em compartilhar seus valores e realizou uma tarefa relacionada com a classificação e ordenação dos seus valores. Ele valorizava a responsabilidade, o intelecto, as realizações e a sua família. No final da sua primeira sessão de tratamento, recordou ao seu clínico que acreditava que se manter fiel à sua palavra e aos seus comprometimentos era algo importante em sua vida – assim, concordou em rever um plano de tratamento e as expectativas relacionadas a ele, incluindo o engajamento, a assiduidade e um plano de segurança que enfatizasse a busca de apoio.

Os pais de Alex estiveram estreitamente envolvidos desde o início do tratamento em uma série de questões, incluindo a educação sobre o acesso a armas de fogo e medidas de segurança. Com a orientação do terapeuta, eles também falaram com os pais da namorada de Alex sobre o acesso a armas de fogo, uma vez que o pai dela era um entusiasta de armas de fogo e tinha discutido com Alex a possibilidade de irem praticar tiro juntos. Outros elementos iniciais do planejamento de segurança incluíam a presença permanente de um adulto informado em casa e um plano de prevenção de incêndios que incluía uma discussão com os pais sobre a remoção de riscos de incêndio em casa e a proibição de brincar com fogo em casa.

As fases iniciais do tratamento centraram-se no estabelecimento de rotinas de controle semanal e no monitoramento rigoroso do acesso a armas de fogo e da ideação homicida. Alex com frequência desejava discutir seus pensamentos relacionados a raça, gênero e política, e a equipe de tratamento decidiu não desencorajar suas opiniões. O foco das sessões de tratamento voltou-se para a educação em TCC, com ênfase no desenvolvimento de *insight* relacionado à identificação de pensamentos e sentimentos. Alex revisou o conceito de espiral descendente, em que um erro de pensamento pode levar a erros e comportamentos subsequentes com consequências adversas graves e sustentadas. Alex foi ensinado a utilizar registros de pensamentos de seis colunas, focando na situação, em pensamentos, sentimentos, ações e impulsos, novos pensamentos e ação/correção final. Foram introduzidos conceitos adicionais de TCC, incluindo habilidades para identificar e desafiar padrões de pensamento inúteis, como rotulagem global (generalização excessiva), justificação (raciocínio emocional) e erros de avaliação, como a minimização. Com o tempo, Alex afirmou que aprendeu a apreciar a TCC, pois achava que era uma habilidade que desafiava seu intelecto. Esse ponto de vista fez ele se abrir para que seus pensamentos relacionados com raça fossem desafiados como padrões inúteis.

Os pais de Alex notaram que sua apresentação nas sessões de tratamento nem sempre refletia o que estavam observando em casa. Eles revelaram que seus dias "bons" eram sempre os dias em que estava marcado para se encontrar com o clínico. Observavam irritabilidade durante a noite, declarações depreciativas relacionadas a raça/gênero e aumento nas discussões em casa. A família relatou dois incidentes no início do tratamento, em que sua mãe ficou preocupada com o fato de uma discussão verbal ter-se tornado física. Além disso, afirmaram que Alex tinha começado a atacar o cão da família. A família declarou que ele disciplinava fisicamente o cão, a ponto de o ouvir uivar e chorar.

Como resultado, a frequência do tratamento foi aumentada para duas vezes por semana, e foram introduzidos elementos de Alternatives for Families CBT (AF-CBT), em que os pais são ensinados a treinar jovens de alto risco em habilidades da TCC (Kolko et al., 2018). Essas intervenções ajudaram a mitigar a ansiedade dos pais e a melhorar o comportamento em casa e começaram a apoiar uma maior independência à medida que Alex progredia no ensino médio e previa sua entrada na faculdade. Nas sessões de tratamento, o jovem estava aprendendo a desenvolver, de maneira eficaz, um pensamento baseado em consequências e formas adequadas de responder a comportamentos que seus pais consideravam preocupantes – no entanto, ele tinha dificuldade de realizar de forma independente qualquer prática de habilidades fora das sessões de tratamento. A introdução de elementos da AF-CBT permitiu que seus pais estendessem e reforçassem o tratamento de TCC que ele estava recebendo nas sessões.

Com o tempo, Alex chegou à conclusão de que seus comportamentos não o estavam ajudando atualmente, nem o ajudariam na universidade. Ele estava determinado a mostrar aos seus pais que podia ter sucesso na universidade. Entrou em contato com seu clínico depois de ter sido retirado de um evento social no seu local de culto e declarou: "Estou farto de bancar o certinho o tempo todo, eu me irrito com as coisas mais estúpidas, acabo sempre parecendo o cara mau".

Os conflitos com a namorada fizeram ela romper com ele, o que se tornou uma crise grave para Alex. Ele fez uma análise comportamental em cadeia sobre o que havia acontecido e identificou que estava em um estado de espírito "em que tudo me irritava". Ele foi capaz de identificar que escolheu discutir tópicos que sabia que iriam aborrecê-la. Alex disse: "Eu estava descarregando meus sentimentos nela, porque estava com ciúmes por ela estar mandando mensagens". Esse conflito ocorreu no contexto do seu grupo de jovens, que recorrentemente era identificado como um apoio e, ao mesmo tempo, um fator de estresse para ele. Nessa ocasião, Alex relatou uma série de impulsos de provocar conflitos físicos com outros colegas, com sua namorada e a família dela. Alex, seus pais, seu clínico e seu psiquiatra tiveram uma reunião conjunta. Durante a reunião, seus pais manifestaram preocupação com a continuidade do seu envolvimento na comunidade religiosa que ele ameaçava. Falaram da preocupação com seu envolvimento no grupo de jovens e a proximidade com a sua ex-namorada. Alex discutiu os prós e os contras de continuar participando das atividades religiosas e tomou a decisão de que não era seguro para ele, e ele nem estava se beneficiando naquele ambiente.

Antes do feriado que Alex havia identificado como o dia em que iria realizar o ataque, ele já tinha se retirado de todas as atividades na casa de culto. Ele e a sua família criaram um plano específico para o feriado, que envolvia levá-lo para fora da cidade para a residência de familiares, o que foi bem-sucedido. Alex e a família conseguiram passar o fim de semana sem se depararem com uma situação de crise.

À medida que o tratamento prosseguia, Alex declarou: "Antes eu estava sempre zangado; dizia coisas racistas e sexistas ou comentários sobre violência sem pensar". Ele afirmou, em várias ocasiões, que as raças não brancas e as pessoas que considerava insuficientemente piedosas não mereciam estar vivas e as culpava por interferirem no seu sucesso: "Eu ficava chateado e pensava em me vingar das pessoas, mas agora não quero mais ser assim".

Alex começou a aumentar a utilização das habilidades da TCC fora das sessões. Começou a revisar tópicos relacionados com a construção de empatia pelos outros. Permitiu que seu clínico identificasse e desafiasse processos de pensamento possivelmente rígidos ou tendenciosos e se mostrou aberto ao debate durante as sessões. Continuou a aprender com os momentos em que entrou em uma espiral descendente e se deparou com um castigo em casa. Alex começou a falar de um jeito menos "irritadiço" com os colegas e declarou: "Percebo que tenho esses pensamentos, mas falar sobre eles faz as pessoas me odiarem".

Com o passar do tempo, a capacidade de Alex para empatizar com os outros e limitar a discussão aberta de ideias racistas e misóginas melhorou. As abordagens de TCC manualizadas adaptadas para os cuidados do jovem enfatizavam o uso da TCC para desenvolver uma abordagem para deduzir logicamente quais eram os sentimentos de outra pessoa: em essência, usar a cognição para se aproximar de um estado de empatia. Alex também trabalhou com seu terapeuta para avaliar o uso pessoal e a utilidade de expressar crenças racistas e misóginas para os outros: essas declarações ajudam ou prejudicam seus interesses pessoais em geral? Com o tempo, ele relatou que essa abordagem reduziu os próprios pensamentos subjacentes.

Conforme o tratamento progredia, Alex desenvolveu conexões sociais estreitas com colegas e prosseguiu com sucesso até ao final do ensino médio, com diminuição dos conflitos com os pais. Ele conseguiu utilizar seu conjunto de habilidades de empatia para decidir "não fazer coisas que sei que os aborrecem, só porque eu posso" e se baseou em uma nova crença mais equilibrada de que "só porque meus pais ouviriam as coisas ousadas que eu digo, isso não significa que não tem problema eu dizer isso para eles".

Alex e seus pais começaram a planejar a sua transição para a universidade. A mãe disse que já conseguia se deitar antes do filho e adormecer mais facilmente. Revelou que, durante anos, não conseguia fazer isso por receio de que algo negativo acontecesse se não estivesse acordada. Ela declarou: "Se é assim que é a parentalidade, não me admira que os outros pais adorem". Após mais um mês de progressos, de aplicação consistente das habilidades de tratamento e demonstrações de empatia, chegou o momento de a família fazer a transição de Alex para a faculdade.

Alex tinha escolhido frequentar uma faculdade fora do Estado. Ele e seus pais combinaram várias condições, incluindo o contato semanal com um profissional de tratamento no *campus* e a autorização para a equipe de tratamento se comunicar com o centro de aconselhamento do *campus* (que assumiria o tratamento de Alex) e com a equipe de gerenciamento de ameaças do *campus*. A divulgação completa de seus comportamentos, ideações e impulsos anteriores foi compartilhada, assim como seu engajamento clínico substancial e sua melhora. O centro de aconselhamento da faculdade disponibilizou para Alex um terapeuta do sexo masculino que pôde participar virtualmente de duas sessões de tratamento com sua equipe atual para ajudar na transição dos cuidados. Alex continuaria a se encontrar com o seu psiquiatra atual para controle da lamotrigina. Foram marcadas reuniões da equipe de tratamento com todos os prestadores de serviço para que seu progresso na faculdade pudesse ser monitorado.

Duas semanas antes de entrar para a faculdade, Alex foi informado de que lhe seria designado um colega de quarto de forma aleatória. Ele e a sua equipe de tratamento achavam que ele poderia morar em um quarto individual no seu dormitório – no entanto, a faculdade não conseguiu atender à solicitação. Quando Alex ficou aborrecido depois de saber que o colega que lhe tinha sido designado era de um país, raça e etnia diferentes, ele e seus pais agendaram uma sessão em família. Alex começou a fazer declarações racistas e falou sobre como achava que as outras raças eram automaticamente inferiores ou não mereciam existir com base na raça, gênero ou etnia. Seus pais contestaram suas afirmações e classificaram suas crenças como odiosas e não condizentes com os seus valores ou expectativas que tinham para ele. Trabalhando individualmente com o terapeuta, Alex conseguiu focar na identificação de erros de pensamento que podiam estar desempenhando um papel importante, como tirar conclusões apressadas e fazer generalização excessiva. Desafiado a usar suas habilidades de empatia para considerar a perspectiva do seu futuro colega de quarto, Alex reconheceu que não estava lhe dando uma chance justa e que não sabia nada sobre o indivíduo além do seu nome.

Alex descobriu que o colega era entusiasta do basquete. Decidiu desafiar-se, enviando uma mensagem ao jovem e convidando-o para se encontrarem e jogarem basquete juntos. Alex planejou esse experimento para ver se o seu pensamento correspondia à realidade da situação. Ele prosseguiu e fez planos com o colega. Ele se divertiu e percebeu que eles tinham muito em comum. A última sessão de tratamento com seu clínico focou no estabelecimento de um plano para continuar a praticar as habilidades durante seu primeiro semestre na faculdade.

Alex continuou fazendo acompanhamentos com seu terapeuta nas pausas da faculdade. Depois do seu primeiro ano de estudos, refletindo sobre as barreiras que havia superado e a diversidade do seu grupo de pares, ele declarou: "As minhas opiniões estão mudando; se eu dissesse isso um ano atrás, não teria acreditado". Agradeceu ao seu clínico e à equipe de tratamento por "não passarem a mão na minha cabeça ou me tratarem como se eu fosse uma má pessoa quando estava zangado e precisava de ajuda". Ele gostou especificamente de "aprender a TCC para que, quando eu dissesse alguma coisa irracional ou errada, me chamassem a atenção". Em uma carta posterior ao seu terapeuta, Alex disse: "É bom não ter tantos pensamentos de ódio na minha cabeça. Devo muito disso a você. Obrigado por tudo o que você faz. Acho que eu não estaria aqui onde estou agora sem isso".

Resumo e conclusões

Avaliar e manejar um paciente em risco de se envolver em atos graves de violência pode ser uma das experiências mais desafiadoras e pesadas que um clínico pode encontrar. Embora as doenças psiquiátricas sejam pouco comuns nessa população, e a relação causal entre doença mental e a incidência de violência seja mais frequente, ainda pode haver oportunidades para um engajamento terapêutico construtivo. Vários elementos de risco de violência podem ser abordados por meio de estratégias generalizadas de intervenção em situações de crise para atenuar os fatores de estresse agudos e crônicos, e a TCC pode desempenhar um papel fundamental no desenvolvimento de tendências mais pró-sociais e de maior empatia nos pacientes em risco. Essas estratégias terapêuticas podem ser fundamentais na redução do risco de violência em alguns pacientes.

Referências

Advanced Law Enforcement Rapid Response Training Center (ALERRT) at Texas State University and U.S. Department of Justice, Federal Bureau of Investigation. (2021). *Active shooter incidents in the United States in 2020*. www.fbi.gov/file-repository/active-shooter-incidents-in-the-us-2020-070121.pdf/view

Alathari, L., Drysdale, D., Driscoll, S. M., Blair, A., Carlock, A., Cotkin, A., . . . Nemet, J. (2019). Protecting America's schools: A U.S. Secret Service analysis of targeted school violence (p. 35). U.S. Secret Service, Department of Homeland Security. www.secretservice.gov/sites/default/files/2020-04/Protecting_Americas_Schools.pdf

Aldahadha, B. (2018). Disputing irrational beliefs among convicted terrorists and extremist beliefs. *Journal of Rational-Emotive and Cognitive-Behavior Therapy, 36*(4), 404–417.

American Psychiatric Association. (2022). *Diagnostic and statistical manual of mental disorders* (5th ed., text rev.). Author.

Amman, M., Bowlin, M., Buckles, L., Burton, K. C., Brunell, K. F., Gibson, K. A., . . . Robins, C. J. (2016). Making prevention a reality: Identifying, assessing, and managing the threat of targeted attacks. U.S. Department of Justice, Federal Bureau of Investigation, Behavioral Analysis Unit. www.fbi.gov/file-repository/making-prevention-a-reality.pdf

Barnhorst, A., & Rozel, J. S. (2021). Evaluating threats of mass shootings in the psychiatric setting. *International Review of Psychiatry, 33*(7), 607–616.

Booty, M., O'Dwyer, J., Webster, D., McCourt, A., & Crifasi, C. (2019). Describing a "mass shooting": The role of databases in understanding burden. *Injury Epidemiology, 6*(1), 47.

Brook, M. (2017). Structured approaches to violence risk assessment: A critical review. *Psychiatric Annals, 47*(9), 454–459.

Brucato, G., Appelbaum, P. S., Hesson, H., Shea, E. A., Dishy, G., Lee, K., . . . Girgis, R. R. (2021). Psychotic symptoms in mass shootings v. mass murders not involving firearms: Findings from the Columbia mass murder database. *Psychological Medicine*, 1–9.

Caspi, A., Houts, R. M., Ambler, A., Danese, A., Elliott, M. L., Hariri, A., . . . Moffitt, T. E. (2020). Longitudinal assessment of mental health disorders and comorbidities across 4 decades among participants in the Dunedin Birth Cohort Study. *JAMA Network Open, 3*(4), e203221.

Cawood, J. S., Scalora, M. J., & Viñas-Racionero, R. (2020). The Cawood Assessment Grid for organizational (workplace) violence: Initial testing for interrater reliability and predictive validity. *Journal of Threat Assessment and Management, 7*(3-4), 200-213.

Cherney, A. (2022). Working with radicalised individuals: Insights from a secondary and tertiary prevention program. *Behavioral Sciences of Terrorism and Political Aggression*, 1-21.

Choe, J. Y., Teplin, L. A., & Abram, K. M. (2008). Perpetration of violence, violent victimization, and severe mental illness: Balancing public health concerns. *Psychiatric Services, 59*(2), 153-164.

Corner, E., & Gill, P. (2017, January). Is there a nexus between terrorist involvement and mental health in the age of the Islamic state? *Counterterrorism Center Sentinel, 10*(1), 1-10.

Corner, E., Gill, P., Schouten, R., & Farnham, F. (2018). Mental disorders, personality traits, and grievance-fueled targeted violence: The evidence base and implications for research and practice. *Journal of Personality Assessment*, 1-12.

Dalgaard-Nielsen, A. (2013). Promoting exit from violent extremism: Themes and approaches. *Studies in Conflict and Terrorism, 36*(2), 99-115.

Dryden, W. (2005). Rational emotive behavior therapy. In A. Freeman, S. H. Felgoise, C. M. Nezu, A. M. Nezu, & M. A. Reinecke (Eds.), *Encyclopedia of cognitive behavior therapy* (pp. 321-324). Springer.

Dryden, W. (2012). Flexibility and passionate non-extremism versus absolutism and extremism: Teaching the basics of REBT theory and showing its wider applicability. *Journal of Rational-Emotive & Cognitive-Behavior Therapy, 30*(1), 38-51.

Duwe, G. (2007). *Mass murder in the United States: A history.* McFarland.

Fazel, S., Singh, J. P., Doll, H., & Grann, M. (2012). Use of risk assessment instruments to predict violence and antisocial behaviour in 73 samples involving 24,827 people: Systematic review and meta-analysis. *BMJ, 345*(2), e4692.

Fein, R. A., Vossekuil, B., & Holden, G. A. (1995). Threat assessment: An approach to prevent targeted violence. National Institute of Justice Research in Action. www.secretservice.gov/ntac/ntac_threat.pdf

Follman, M. (2022). *Trigger points: Inside the mission to stop mass shootings in America.* Dey St.

Follman, M., Aronsen, G., & Pan, D. (2022, May 24). U.S. mass shootings, 1982-2022: Data from *Mother Jones'* investigation. *Mother Jones.* www.motherjones.com/politics/2012/12/mass-shootings-mother-jones-full-data

Gilman, S. L., & Thomas, J. M. (2016). *Are racists crazy? How prejudice, racism, and antisemitism became markers of insanity.* New York University Press.

Grinshteyn, E., & Hemenway, D. (2019). Violent death rates in the U.S. compared to those of the other high-income countries, 2015. *Preventive Medicine, 123,* 20-26.

Gun Violence Archive. (2022, May 28). Past summary ledgers. Author. www.gunviolencearchive.org/past-tolls

Haddad, J., Curtis, K., Kilpatrick, C., Chambers, A., Hoffman, P., & Donise, K. (2021). Assessing how violent threats from students toward schools are affected before and after a school shooting. *Psychiatric Annals, 51*(2), 88-94.

Harrington, N. (2013). Irrational beliefs and sociopolitical extremism. *Journal of Rational-Emotive and Cognitive-Behavior Therapy, 31*(3), 167-178.

Henkel, S. J. (2019). Threat assessment strategies to mitigate violence in healthcare. IAHSS Foundation. https://iahssf.org/assets/IAHSS-Foundation-Threat-Assessment-Strategies-to-Mitigate-Violence-in-Healthcare.pdf

Henwood, K. S., Chou, S., & Browne, K. D. (2015). A systematic review and meta-analysis on the effectiveness of CBT informed anger management. *Aggression and Violent Behavior, 25,* 280-292.

Hirschtritt, M. E., & Binder, R. L. (2018). A reassessment of blaming mass shootings on mental illness. *JAMA Psychiatry, 75*(4), 311-312.

Karp, A. (2018). Estimating global civilian-held firearms numbers [Briefing Paper No. 9]. Small Arms Survey. www.smallarmssurvey.org/fileadmin/docs/T-Briefing-Papers/SAS-BP-Civilian-Firearms-Numbers.pdf

Kessler, R. C., Berglund, P., Demler, O., Jin, R., Merikangas, K. R., & Walters, E. E. (2005). Lifetime prevalence and age-of-onset distributions of DSM-IV disorders in the National Comorbidity Survey Replication. *Archives of General Psychiatry, 62*(6), 593.

Khalil, J., Horgan, J., & Zeuthen, M. (2022). The ABC model: Clarifications and elaborations. *Terrorism and Political Violence, 34*(3), 460-467.

Knoll, J. L. (2010). The "pseudocommando" mass murderer: Part I. The psychology of revenge and obliteration. *Journal of the American Academy of Psychiatry and the Law Online, 38*(1), 87–94.

Knoll, J. L., & Meloy, J. R. (2014). Mass murder and the violent paranoid spectrum. *Psychiatric Annals, 44*(5), 236–243.

Koehler, D. (2020). Violent extremism, mental health and substance abuse among adolescents: Towards a trauma psychological perspective on violent radicalization and deradicalization. *Journal of Forensic Psychiatry and Psychology, 31*(3), 455–472.

Kolko, D. J. (2001). Efficacy of cognitive-behavioral treatment and fire safety education for children who set fires: Initial and follow-up outcomes. *Journal of Child Psychology and Psychiatry and Allied Disciplines, 42*(3), 359–369.

Kolko, D. J., Herschell, A. D., Baumann, B. L., Hart, J. A., & Wisniewski, S. R. (2018). AF-CBT for families experiencing physical aggression or abuse served by the mental health or child welfare system: An effectiveness trial. *Child Maltreatment, 23*(4), 319–333.

Kolko, D. J., Noel, C., Thomas, G., & Torres, E. (2004). Cognitive-behavioral treatment for adolescents who sexually offend and their families: Individual and family applications in a collaborative outpatient program. *Journal of Child Sexual Abuse, 13*(3–4), 157–192.

Lankford, A. (2016). Public mass shooters and firearms: A cross-national study of 171 countries. *Violence and Victims, 31*(2), 187–199.

Lankford, A., & Cowan, R. G. (2021). Has the role of mental health problems in mass shootings been significantly underestimated? *Journal of Threat Assessment and Management, 7*(3–4), 135–156.

McBride, M. K., Carroll, M., Mellea, J. L., & Savoia, E. (2022). Targeted violence: A review of the literature on radicalization and mobilization. *Perspectives on Terrorism, 16*(2), 24–38.

McCauley, C. (2022). The ABC model: Commentary from the perspective of the two pyramids model of radicalization. *Terrorism and Political Violence, 34*(3), 451–459.

Medical Directors' Institute. (2019). Mass violence in America: Causes, impacts & solutions. National Council for Behavioral Health. *www.thenationalcouncil.org/wp-content/uploads/2019/08/Mass-Violence-in-America_8-6-19.pdf*

Meloy, J. R. (2018). The operational development and empirical testing of the Terrorist Radicalization Assessment Protocol (TRAP-18). *Journal of Personality Assessment, 100*(5), 483–492.

Meloy, J. R., & Hoffman, J. (Eds.). (2021). *International handbook of threat assessment* (2nd ed.). Oxford University Press.

Meloy, J. R., & O'Toole, M. E. (2011). The concept of leakage in threat assessment. *Behavioral Sciences and the Law, 29*(4), 513–527.

Meloy, J. R., White, S. G., & Hart, S. (2013). Workplace assessment of targeted violence risk: The development and reliability of the WAVR-21. *Journal of Forensic Sciences, 58*(5), 1353–1358.

National Conference of State Legislatures. (2022, March 16). Mental health professionals' duty to warn. Author. *www.ncsl.org/research/health/mental-health-professionals-duty-to-warn.aspx*

National Threat Assessment Center. (2015, December). Attacks on federal government 2001–2013: Threat assessment considerations. U.S. Secret Service, Department of Homeland Security, National Threat Assessment Center. *www.secretservice.gov/data/protection/ntac/Attacks_on_Federal_Government_2001-2013.pdf*

Peterson, J. K., Densley, J. A., Knapp, K., Higgins, S., & Jensen, A. (2022). Psychosis and mass shootings: A systematic examination using publicly available data. *Psychology, Public Policy, and Law, 28*(2), 280–291.

Petrik, M. L., Billera, M., Kaplan, Y., Matarazzo, B., & Wortzel, H. (2015). Balancing patient care and confidentiality: Considerations in obtaining collateral information. *Journal of Psychiatric Practice, 21*(3), 220–224.

Raitanen, J., & Oksanen, A. (2019). Deep interest in school shootings and online radicalization. *Journal of Threat Assessment and Management, 6*(3–4), 159–172.

Resnick, P., & Saxton, A. (2019). Malpractice liability due to patient violence. *Focus, 17*(4), 343–348.

Saposnik, G., Redelmeier, D., Ruff, C. C., & Tobler, P. N. (2016). Cognitive biases associated with medical decisions: A systematic review. *BMC Medical Informatics and Decision Making, 16*(1), 138.

Silver, J., Fisher, W., & Horgan, J. (2018a). Public mass murderers and federal mental health background checks. *Law and Policy, 40*(2), 133–147.

Silver, J., Simons, A., & Craun, S. (2018b). A study of the pre-attack behaviors of active shooters in the United States between 2000 and 2013. U.S. Department of Justice, Federal Bureau of Investigation. *www.fbi.gov/file-repository/pre-attack-behaviors-of-active-shooters-in-us-2000-2013.pdf/view*

Simons, A., & Meloy, J. R. (2017). Foundations of threat assessment and management. In V. B. Van Hasselt & M. L. Bourke (Eds.), *Handbook of behavioral criminology* (pp. 627–644). Springer International.

Stone, M. H. (2015). Mass murder, mental illness, and men. *Violence and Gender, 2*(1), 51–86.

Swanson, J. W., Nestadt, P. S., Barnhorst, A. V., & Frattaroli, S. (2021). Risk-based temporary firearm removal orders: A new legal tool for clinicians. *Harvard Review of Psychiatry, 29*(1), 6–9.

Terry, L. P. (2015). Threat assessment teams. *Journal of Healthcare Protection Management, 31*(2), 23–35.

U.S. Department of Health and Human Services, Office for Civil Rights. (2017). HIPAA helps caregiving connections: HIPAA helps mental health professionals to prevent harm. Author. *www.hhs.gov/sites/default/files/hipaa-helps-prevent-harm.pdf*

U.S. Department of Justice, Federal Bureau of Investigation. (2021). Active shooter incidents: 20-year review, 2000–2019. Author. *www.fbi.gov/file-repository/active-shooter-incidents-20-year-review-2000-2019-060121.pdf/view*

Van Dreal, J., McCarthy, C., & Van Dreal, C. (2022). *Youth violence prevention: The pathway back through inclusion and connection.* Rowman & Littlefield.

Vogl, J. (2019). The age of "amok." *October, 168,* 83–91.

Williams, D. J., Arntfield, M., Schaal, K., & Vincent, J. (2021). Wanting sex and willing to kill: Examining demographic and cognitive characteristics of violent "involuntary celibates." *Behavioral Sciences and the Law, 39*(4), 386–401.

# 20

Intervenção para agentes da polícia após confrontos com força letal

Laurence Miller

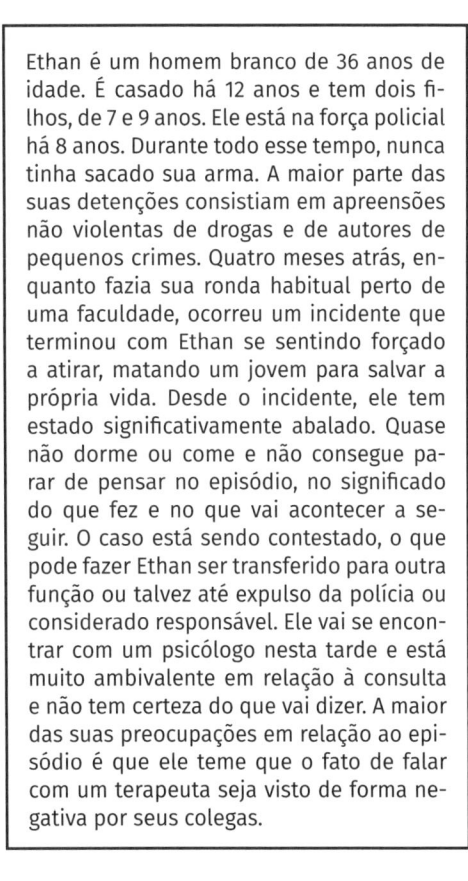

Ethan é um homem branco de 36 anos de idade. É casado há 12 anos e tem dois filhos, de 7 e 9 anos. Ele está na força policial há 8 anos. Durante todo esse tempo, nunca tinha sacado sua arma. A maior parte das suas detenções consistiam em apreensões não violentas de drogas e de autores de pequenos crimes. Quatro meses atrás, enquanto fazia sua ronda habitual perto de uma faculdade, ocorreu um incidente que terminou com Ethan se sentindo forçado a atirar, matando um jovem para salvar a própria vida. Desde o incidente, ele tem estado significativamente abalado. Quase não dorme ou come e não consegue parar de pensar no episódio, no significado do que fez e no que vai acontecer a seguir. O caso está sendo contestado, o que pode fazer Ethan ser transferido para outra função ou talvez até expulso da polícia ou considerado responsável. Ele vai se encontrar com um psicólogo nesta tarde e está muito ambivalente em relação à consulta e não tem certeza do que vai dizer. A maior das suas preocupações em relação ao episódio é que ele teme que o fato de falar com um terapeuta seja visto de forma negativa por seus colegas.

Os policiais lidam regularmente com os membros mais violentos, impulsivos e predadores da sociedade, colocando suas vidas em risco e lidando com crises traumáticas que a maioria de nós vê a uma distância segura nos jornais e na tela da TV. Infelizmente, alguns segmentos da sociedade norte-americana passaram a encarar a sua relação com as forças policiais locais como adversária, o que tem sido realçado por notícias amplamente divulgadas sobre tiroteios envolvendo policiais (TEPs) e outras mortes de cidadãos sob custódia, com alguns relatos na mídia caracterizando a polícia como valentões saqueadores, que usam o seu poder para assediar, abusar e matar quem quiserem impunemente. Essa imagem faz muitos agentes da polícia se sentirem difamados e perseguidos pelo que consideram ser esforços sem reconhecimento para proteger um público ingrato e hostil (Miller, 2020; Harmening, 2021; Simonelli, 2021).

Embora este capítulo não possa abordar todas as questões que envolvem o uso da força pela polícia (FPP; ver Artwohl &

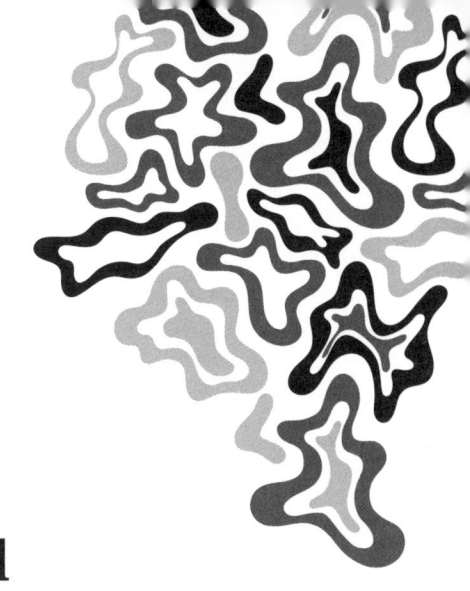

Christensen, 2019; Miller, 2020; Ross & Vilke, 2018, para revisões abrangentes), ele foca em uma série de aplicações cognitivo-comportamentais à intervenção em crises e serviços de saúde mental de acompanhamento para agentes da polícia que estiveram envolvidos em confrontos com força letal (CFLs), incluindo os que foram considerados justificáveis e os contestados.

Força, força excessiva e força letal

Os relatos de uso da força pela polícia frequentemente começam com a pistola – tanto como arma quanto como símbolo. Entre todo o pessoal civil da segurança pública e dos serviços de emergência, nenhum outro grupo é obrigado a portar uma arma de fogo letal como parte do seu equipamento diário, nem tem a responsabilidade de usar seu próprio critério e julgamento ao tomar decisões em frações de segundo para tirar uma vida (Geller & Scott, 1992; Henry, 2004). Os CFLs da polícia, bem como os TEPs, formam um pequeno subconjunto de uma gama mais ampla de cenários de uso de FPP, que foram definidos como "atos que ameaçam ou infligem danos físicos aos sujeitos" (Terrill, 2003, p. 56).

Na realidade, força de qualquer tipo é utilizada em menos de 1,5% dos contatos entre a polícia e os cidadãos, e as chances de um cidadão norte-americano ser morto por um policial são de aproximadamente 0,0003% – muito menos provável do que ser atingido por um raio ou ganhar na loteria. As ações com força letal no cumprimento do dever são mais prováveis de ocorrer nas seguintes circunstâncias, por ordem decrescente de probabilidade: (1) chamadas por violência doméstica ou outras, (2) roubo em curso, (3) assalto em curso, (4) infração de trânsito, (5) disputa pessoal e/ou acidente, e (6) tocaia e apreensão de drogas (Federal Bureau of Investigation [FBI], 2015; Ross & Brave, 2018).

Distorções cognitivas e perceptivas

Em circunstâncias de emergência de vida ou de morte, o cérebro faz coisas extraordinárias para permitir que o seu dono sobreviva. No entanto, os agentes em um CFL precisam fazer mais do que sobreviver; suas funções não lhes permitem o luxo de fugir. A responsabilidade de um agente de polícia é controlar a cena, preservar a vida e, além disso, agir legalmente ao fazê-lo – tudo isso nos momentos em que ele pode ser morto instantaneamente e, por vezes, em cenários que exigem uma tomada de decisão muito rápida. A maioria dos agentes que se envolveram em um episódio de disparo com força letal descreveu uma ou mais alterações na percepção, no pensamento e no comportamento que ocorreram durante o evento (Artwohl, 2018; Artwohl & Christensen, 2019; Miller, 2006, 2019, 2020). A maioria dessas alterações pode ser entendida como reações defensivas adaptativas naturais de um sistema nervoso que está conservando energia e alocando recursos sob exigência cognitiva e emocional extrema. Os exemplos incluem a aceleração ou desaceleração da percepção do tempo, visão de túnel, distorções do volume auditivo, ampliação do nível de ameaça percebido, automatismo comportamental (no piloto automático), desrealização/dissociação, alterações no estresse e efeitos na memória (recorda vividamente alguns aspectos do evento enquanto se esquece de outros).

Em geral, para agentes que experimentam esses estranhos fenômenos cognitivos e perceptivos pela primeira vez, e especialmente quando a sua recordação aparentemente vívida dos acontecimentos é questionada, o episódio como um todo pode deixá-los questionando sua própria sanidade. Ainda, o agente pode temer ser ridicularizado pelos colegas ou ser transferido para funções que não envolvam o porte de uma arma (pejorativamente designadas como "esquadrão da arma de borracha").

Consequências psicológicas de um TEP/CFL

Deve-se notar que, especialmente no caso de um TEP/CFL não contestado, a maioria dos policiais apresenta poucas reações adversas, e aqueles que as apresentam tendem a se recuperar dentro de alguns dias ou semanas, com ou sem ajuda externa (Artwohl & Christensen, 2019; Miller, 2020). A resposta de todas as pessoas, incluindo os agentes da polícia, a qualquer tipo de incidente potencialmente ameaçador à vida combinará as características de *universalidade* e *diversidade* – ou seja, existem alguns princípios gerais de resposta e recuperação de incidentes críticos que a maioria das pessoas compartilha, mas a forma como esses fatores são expressos em determinado caso varia de acordo com a personalidade, o temperamento, o estilo cognitivo, a história de vida, a experiência profissional, fatores de estresse concomitantes e sistemas de apoio existentes de cada agente (Askey et al., 2018; Loughlin & Flora, 2017; Miller, 2019, 2020). Os efeitos potenciais de um TEP/CFL costumam envolver sintomas físicos, mais frequentemente cardíacos, gastrintestinais e distúrbios do sono. Os sintomas psicológicos tendem a centrar em torno de ansiedade, confusão, euforia do sobrevivente, arrependimento, ruminação obsessiva e sintomas pós-traumáticos e costumam ser temporários em casos não contestados. Nos casos contestados, os efeitos psicológicos podem persistir, e o agente também pode sentir desamparo/desesperança, descuido/revanche, culpa, humor deprimido e ideação suicida. De modo geral, quanto menor o controle e maior o conflito experienciado pelo agente durante e após o evento, mais grave será o impacto psicológico.

Casos de emprego de força letal contestados: consequências potenciais e reações dos agentes

A maior parte das tensões e dos desafios descritos nas seções anteriores são aqueles enfrentados pelos agentes que sobreviveram a um incidente de TEP/CFL ou outro incidente de uso de FPP que tenha sido administrativamente apurado e considerado justificado. No entanto, quando suas ações são questionadas, desafiadas ou condenadas, isso muitas vezes é experienciado como se todo o seu autoconceito e identidade profissional estivessem sendo esmagados e aniquilados, muitas vezes pelas próprias pessoas que sempre assumiram que "sempre estariam ao seu lado" (Artwohl & Christensen, 2019; Miller, 2020).

Reações dos agentes a um incidente de TEP/CFL contestado

Os agentes de polícia ocupam posições de grande autoridade e confiança pública. A sociedade deposita grande poder e responsabilidade em suas mãos, e esperamos deles um padrão mais elevado de conduta pessoal e profissional do que de outros tipos de trabalhadores. Assim, quando há a percepção de que eles violaram, exploraram ou abusaram dessa confiança, somos especialmente duros com eles. É por isso que, além de tudo aquilo por que um policial pode passar depois de um incidente de TEP ou outro incidente de uso de FPP esclarecido e justificado, aqueles que enfrentam ações adicionais adversas em um caso contestado podem ter alguma(s) das seguintes experiências:

- *Medo*. De repente, a carreira do agente está em jogo e, com ela, todo seu senso de identidade pessoal e profissional, sem falar da perspectiva de calamidade pessoal e da perda de certas liberdades.
- *Raiva*. Se o agente achar que suas ações foram justificadas e que o departamento está mantendo o caso em aberto e sem resolver (por razões políticas, de relações públicas, por uma vingança pessoal ou simplesmente por falta de preocupação), ele pode ficar furioso. Uma espiral de medo e raiva pode dificultar que o agente consiga pensar de forma racional justamente quando a lucidez pode ser vital.
- *Desesperança/impotência*. Muitos agentes investigados ou acusados passam por períodos em que se sentem desmoralizados e derrotados. A motivação é minada, a energia é drenada, e ele pode ter um sentimento de desesperança ou impotência.
- *Culpa*. Embora seja difícil admitir, pode ser que de alguma forma ele tenha contribuído – muitas vezes inadvertidamente, algumas vezes por negligência ou, em casos raros, deliberadamente – para a sua própria situação. Nesses casos, medo, culpa, raiva e paranoia podem se infiltrar e amplificar o estresse do agente.
- *Síndromes clínicas*. Com todo esse estresse, os agentes podem experienciar sintomas físicos, como dores de cabeça, espasmos musculares, problemas de estômago ou perturbações do sono. Alternativamente, as doenças podem ser psicológicas, incluindo ansiedade, transtorno de pânico, depressão e, raramente, o quadro completo de transtorno de estresse pós-traumático (TEPT). Abuso de álcool ou de substâncias pode ser um risco, dada a combinação de estar confinado em casa com o sofrimento do estresse emocional da situação.

Estratégias de intervenção psicológica no local da ocorrência para agentes após um TEP/CFL

Todas as agências policiais levam muito a sério os CFLs, e a maioria tem políticas específicas para lidar com eles (International Association of Chiefs of Police [IACP], 2009; Webb, 2011). Independentemente da presumível legitimidade e justificabilidade de um tiroteio ou de outro incidente de uso de FPP, *todos* os agentes envolvidos devem ser tratados com a cortesia e o respeito devidos a uma pessoa cuja responsabilidade profissional inclui arriscar a sua vida.

O melhor tipo de intervenção em situações de crise é a prevenção das crises. Assim, as ações tomadas no local da ocorrência, nos momentos imediatamente seguintes a um TEP/CFL, podem ter um impacto profundo na capacidade de enfrentamento posterior e na estabilidade psicológica de um agente. Apresentamos aqui um modelo composto de protocolo administrativo e saúde mental para resposta no local da ocorrência e a avaliação de acompanhamento de agentes que estiveram envolvidos em TEP/CFL, tiroteios sem mortes e outros incidentes críticos. Esse protocolo foi escolhido e agrupado a partir de uma variedade de fontes (Baruth, 1986; Blau, 1994; IACP, 2009) e da minha própria experiência com agências de aplicação da lei, segurança pública, unidades especiais, militares e outras agências civis e de resposta de emergência (Miller, 2006, 2019, 2020, no prelo). Ele pode ser adaptado e modificado de acordo com as necessidades de uma agência de polícia particular ou de outra organização. Os três níveis de resposta incluem (1) resposta no local da ocorrência, em que são avaliados o estado mental e a aptidão psicológica do agente para prestar declarações, e é feito um plano para o acompanhamento subsequente; (2) avaliação psicológica pós-incidente crítico, que normalmente ocorre vários dias após o incidente; e (3) aconselhamento/psicoterapia especializada para a aplicação da lei.

Como parte da equipe de intervenção de uma agência de polícia, o psicólogo ou outro clínico de saúde mental tem um papel específico a desempenhar. Note que, na maior parte das interações com um profissional de saúde mental licenciado, a privacidade, a confidencialidade e o privilégio estão protegidos pela decisão da Suprema Corte dos Estados Unidos no processo *Jaffee versus Redmond* (1996), e os clínicos são aconselhados a se familiarizarem com os parâmetros e as limitações dessa norma, como na questão da manutenção da privacidade e da confidencialidade.

Mesmo antes de chegar ao local da ocorrência, procure determinar a natureza do incidente. Quando chegar lá, certifique-se de falar com o comandante do incidente e depois tente encontrar um local confortável para conduzir sua entrevista com o agente. Avalie o estado mental atual do agente envolvido, que pode variar entre os extremos de pânico, confusão e desorientação (raro, na minha experiência) e uma calma anormal e negação estoica (uma resposta muito mais comum). Como esse encontro pode ser breve, essa avaliação inicial pode incluir suas observações da emoção, do afeto, do processo de pensamento, da postura, da fluidez de movimentos, da qualidade e processo do discurso, do nível de excitação, da orientação e outras observações comportamentais. As emoções podem oscilar no local da ocorrência, com o agente se mostrando frio e indiferente, em um momento, e nervoso e trêmulo no momento seguinte. A validação dessas reações como respostas normais ao estresse é uma parte importante da intervenção no local da ocorrência.

Para o agente que está visivelmente perturbado, você poderá ter que usar técnicas de tranquilização e distração para trazer seu estado mental para um modo mais racional e receptivo. Para o agente que está na defensiva e completamente fechado, o que descobri ser útil, muitas vezes, é um modelo tripartido e individual de intervenção em crise, chamado *desfusão*. Primeiro, peça que o agente lhe conte o que aconteceu. Normalmente, isso leva a uma descrição rígida, seca e muito detalhada dos eventos, como se o agente estivesse testemunhando diante de uma comissão de avaliação do departamento ou no tribunal:

Ethan (E): Vi o indivíduo saindo do beco escuro, carregando uma caixa ou algo volumoso do gênero, abraçando a parede como se estivesse tentando se esconder. Então me identifiquei como policial e o mandei parar e colocar a caixa no chão devagar e virar para a parede. Ele largou a caixa e meteu a mão no bolso. Saquei a minha arma e ordenei que ficasse parado. Ele tirou alguma coisa de metal do bolso, que me pareceu ser uma lâmina ou uma arma de fogo. Abaixei a arma e mandei que largasse o objeto. Ele o levantou mais alto e começou a vir na minha direção. Temendo pela minha vida, disparei, acho que três ou quatro vezes. Ele caiu e ficou em silêncio, e o objeto que estava segurando escorregou por vários metros até a grama. Pedi reforços pelo rádio e tentei prestar socorro, mas acho que ele já estava morto. Localizei o objeto e descobri que se tratava de uma faca de borboleta estilo antigo com a lâmina estendida.

Ouça a história até que possa ter uma boa noção da sequência dos acontecimentos. Em seguida, pergunte ao agente: "O que estava passando pela sua cabeça enquanto isso acontecia?". Essa pergunta frequentemente permite obter pistas sobre o estado cognitivo e emocional do agente:

E: Eu e o indivíduo meio que surpreendemos um ao outro. Acho que nenhum de nós esperava que o outro estivesse no *campus* naquela hora da noite, então nós dois nos sobressaltamos quando nos vimos. Eu podia sentir a adrenalina subindo pelo meu corpo. Na verdade, acho que não tive tempo para ficar nervoso, eu meio que entrei no "modo automático", e a coisa toda tinha um aspecto surreal, entende o que quero dizer? – era eu fazendo aquilo, mas não era eu. Depois que encontrei a faca e fiz o chamado pelo rádio foi que me dei conta de que eu poderia ter morrido se esperasse mais um segundo para disparar. E se não fosse uma faca, mas apenas um celular ou algo parecido? – então eu estaria realmente em apuros. Agora, de repente, estou tremendo como uma criança. Aquilo foi embaraçoso. Mas eu não queria desmoronar antes que os outros chegassem, por isso consegui aguentar firme.

Forneça informações e apoio em relação às reações perturbadoras que o agente possa estar tendo no local da ocorrência. Lembre-se de que o objetivo da intervenção psicológica no local da ocorrência não é realizar uma psicoterapia aprofundada – isso pode ou não ser necessário mais tarde. Por enquanto, você quer permitir que o agente se sinta à vontade o suficiente para que você possa avaliar seu estado mental, mas ao mesmo tempo ajudá-lo a "manter a calma" até que a crise imediata seja resolvida:

Socorrista (S): Parece que você só está seguindo as regras. Sempre que alguém se encontra em um modo de emergência ou crise, nosso cérebro entra no piloto automático para sabermos apenas o suficiente a ser feito para podermos sobreviver à experiência. É como se a adrenalina atuasse como novocaína mental para anestesiá-lo apenas o suficiente para sobreviver e deixar que o instinto de sobrevivência e o treinamento entrem em cena. Depois que essa "novocaína" passa, você sente todas as emoções como uma reação retardada. Portanto, pelo que me está me dizendo, não há nada incomum na sua reação. Esta não é a minha avaliação final, mas, pela forma como você descreveu, me parece que você fez o que tinha que fazer.

Tratamento psicológico de acompanhamento dos agentes envolvidos em um TEP/CFL

Depois do incidente de TEP/CFL, alguns agentes podem solicitar um contato adicional com um clínico de saúde mental, enquanto outros podem ser encaminhados ou mesmo obrigados pelos seus supervisores a buscarem esse atendimento, embora esta última situação seja rara e levante questões administrativas delicadas. As recomendações clínicas a seguir são dirigidas ao clínico responsável pelo tratamento e são sintetizadas e resumidas a partir de várias fontes (Blau, 1994; Horn, 1991; Kirschman et al., 2014; Miller, 2006, 2020, no prelo; Wester & Lyubelsky, 2005; Wittrup, 1986; Zeling, 1986), bem como pela minha experiência clínica.

O processo de tratamento

Os elementos da terapia cognitivo-comportamental (TCC) são adequados tanto para intervenção imediata na crise quanto para o tratamento de acompanhamento posterior dos agentes que estiveram envolvidos em um cenário de TEP/CFL. Essa abordagem se assemelha mais a uma abordagem de TCC breve/de tempo limitado ou orientada para o problema.

Durante o tratamento, deve prevalecer uma atmosfera realisticamente positiva. O pressuposto orientador deve ser o de que, seguindo seu próprio julgamento, o agente agiu corretamente, consegue gerenciar com sucesso a crise atual com pouca ajuda e, por fim, será absolvido e talvez até retorne ao serviço ativo, se esta ainda for uma opção, e, se não for, ele acabará encontrando uma via alternativa para uma carreira e uma vida satisfatórias. Isso não significa camuflar os fatos – de fato, um dos principais componentes do processo de tratamento é fornecer verificações contínuas da realidade. Especialmente em casos de TEP/CFL contestados, o consultório do psicólogo pode ser o único lugar onde o agente não se sente como um criminoso perseguido, e o clínico responsável pelo tratamento deve ser capaz de compartimentar seus próprios sentimentos e opiniões sobre a justificabilidade do TEP/CFL, para que possa fornecer um tratamento eficaz – assim, o papel do clínico responsável pelo tratamento é o de um defensor da saúde mental do agente, independentemente do *status* legal do caso.

Diretrizes do tratamento

A maior parte das recomendações a seguir aplica-se igualmente aos agentes em TEP/CFL esclarecidos e contestados, mas, para estes últimos, algumas considerações especiais podem se aplicar. No contato inicial com o agente, o clínico de saúde mental deve focar na estabilização e no fortalecimento.

Em primeiro lugar, discuta privilégio e confidencialidade com o agente. Se houver aspectos do seu trabalho que devem ser relatados ou documentados para o departamento, os superiores ou um tribunal, o agente deve estar ciente disso como parte do nosso dever de deixar claros os limites da confidencialidade logo no início de uma relação terapêutica. Em seguida, reveja os fatos do caso com o agente. Isso permite uma narrativa relativamente não emocional do incidente, e muitos desses agentes já podem ter fornecido a sua versão dos acontecimentos a vários investigadores, muitas vezes sob um escrutínio cético, crítico ou mesmo flagrante – no entanto, no ambiente terapêutico não antagônico, o agente pode se sentir mais livre para descrever e expressar os detalhes do que ele percebeu e sentiu sobre a experiência, desse modo proporcionando maior oportunidade para esclarecer os eventos e processos de pensamento na sua mente.

De fato, Solomon (1991) descreve essa aplicação terapêutica como um processo de revisão do incidente "quadro a quadro", o que permite ao agente verbalizar os pensamentos, as percepções, os detalhes sensoriais, os sentimentos e as ações momento a momento que ocorreram durante o TEP/CFL ou outro incidente crítico. Isso pode ajudar o agente a tomar consciência, ordenar e compreender o que aconteceu. No entanto, seja sensível ao ritmo e à intensidade dessas recordações, de modo a não retraumatizar o agente ou encorajá-lo a lembrar-se erroneamente de eventos que podem ter sido processados de forma incompleta ou que, na verdade, não ocorreram. O objetivo é a recordação e a consolidação, e não a fabricação ou a confabulação.

Em seguida, reveja os pensamentos e os sentimentos do agente sobre o incidente do disparo, mas não espere que tudo seja resolvido de uma só vez. Lembre-se, um TEP/CFL representa um tipo especial de incidente crítico, e podem ser necessárias mais que uma ou algumas tentativas para que o agente consiga desemaranhar e revelar de forma produtiva o que está se passando em sua mente. Dê-lhe mais tempo e mais sessões para expressar seus pensamentos e sentimentos e não deixe de monitorar as reações para não encorajar a expressão improdutiva ou a perda do controle. Uma das coisas mais importantes que o clínico pode fazer nesse estágio é ajudar o agente a modular sua catarse emocional de modo que ela ocorra como um alívio, e não um fardo.

Como clínicos de saúde mental baseados na ciência, uma das contribuições mais valiosas que podemos dar é fornecer informações factuais sobre as reações psicológicas comuns a um TEP/CFL. Os tipos de distorções cognitivas e perceptivas que ocorrem durante um incidente crítico, os sintomas e transtornos pós-traumáticos e as reações por vezes desgastantes e angustiantes de colegas e familiares são provavelmente muito estranhos à experiência normal do agente e podem ser interpretados por eles como sinais de que eles estão "fraquejando" ou "ficando loucos". Normalize essas reações para o agente e tente fazer uma projeção realista do que virá a seguir. Muitas vezes, este tipo de garantia oficial de um profissional de saúde mental competente e confiável pode mitigar consideravelmente a ansiedade do agente.

Por fim, forneça recomendações para serviços de acompanhamento que podem incluir sessões individuais adicionais, terapia familiar, encaminhamento para serviços de apoio departamentais ou comunitários, possível consulta para medicação, programas para abuso de substâncias, etc. (em casos contestados, certifique-se sempre de contatar primeiro o advogado do agente). Como ocorre com a maioria dos casos de intervenção com agentes da segurança pública, o tratamento de saúde mental voltado para as reações ao TEP tende a ser de curto prazo, embora possam ser procurados serviços adicionais posteriormente para outros problemas parcialmente relacionados ou mesmo não relacionados com o evento precipitante. Na verdade, a resolução psicológica bem-sucedida de um incidente crítico serve como um estímulo para explorar e lidar com outros aspectos problemáticos da vida de um agente de polícia, como as questões familiares e de relacionamento (Blau, 1994; Miller, 2006).

Psicoterapia com pessoal das forças policiais: princípios e práticas básicas

Os psicoterapeutas qualificados, que são experientes e confiantes no seu ofício, com frequência descobrem que encontram menos dificuldades do que haviam previsto quando ingressam na área dos serviços psicológicos para as forças policiais. Isso acontece porque *uma boa terapia é uma boa terapia*, e, contanto que estejam dispostos a dedicar algum tempo para aprender e a assimilar a cultura das forças policiais, os clínicos podem adaptar suas habilidades de forma apropriada. Por conseguinte, a seguir estão algumas diretrizes gerais e específicas para aplicar os seus conhecimentos terapêuticos na ajuda a agentes em dificuldades (Blau, 1994; Kirschman et al., 2014; Miller, 2006, 2019, 2020; Solomon, 1995; Wittrup, 1986).

Confiança e a relação terapêutica

A dificuldade com a confiança parece ser um risco ocupacional para os policiais, que normalmente mantêm um forte senso de autossuficiência e persistência em resolver seus próprios problemas. O desenvolvimento da confiança durante o estabelecimento da aliança terapêutica depende da habilidade do terapeuta em interpretar declarações, pensamentos, sentimentos, reações e comportamento não verbal do agente. No melhor cenário, o agente começa a se sentir à vontade com o terapeuta e encontra conforto e um sentido de previsibilidade no processo de psicoterapia. Silva (1991) articulou várias diretrizes para estabelecer a confiança terapêutica mútua:

- *Empatia acurada.* O terapeuta transmite a sua compreensão do passado e da experiência do agente, mas fica atento à falsa familiaridade prematura e ao falso "vínculo" (veja a seguir).
- *Autenticidade.* O terapeuta é espontâneo, mas com tato, flexível e criativo e se comunica da forma mais direta e não defensiva possível.
- *Disponibilidade.* O terapeuta é acessível e disponível (dentro do razoável) quando necessário e evita fazer promessas e assumir compromissos que não pode cumprir.
- *Respeito.* O respeito reconhece e reforça o sentido de autonomia, controle, responsabilidade e autorrespeito do agente dentro da relação terapêutica. Aqui é importante que os clínicos evitem, por um lado, o excesso de familiaridade, paternalismo ou depreciação do agente e, por outro lado, tentem não "se fazer de policial" ou forçar uma falsa camaradagem, assumindo o papel de um colega ou supervisor (veja anteriormente).
- *Praticidade.* A terapia deve, pelo menos inicialmente, ser orientada para objetivos e para a solução de problemas. Os agentes da polícia gostam de ação e de resultados, e, na medida em que seja clinicamente realista, a abordagem terapêutica deve enfatizar abordagens ativas de solução de problemas antes de explorar questões psicológicas mais sensíveis e complexas.

Estratégias e técnicas terapêuticas

Blau (1994) delineou uma série de estratégias de intervenção individual eficazes para trabalhar com agentes da polícia:

- *Escuta atenta.* Inclui um bom contato visual, linguagem corporal apropriada, interesse genuíno e envolvimento interpessoal, sem comentários ou interrupções inapropriados. Os clínicos experientes reconhecerão esse tipo de intervenção como uma forma de "escuta ativa".
- *Estar presente com empatia.* Essa atitude terapêutica transmite disponibilidade, preocupação e consciência das emoções que estão sendo expressas pelo agente estressado. Também é útil informar o agente, sem alarme, sobre o que provavelmente ele experienciará nos próximos dias e semanas.
- *Tranquilização.* Em situações de estresse agudo, isso deve assumir a forma de tranquilizar realisticamente o agente de que os assuntos de rotina serão tratados, as responsabilidades interrompidas serão assumidas por outros e o agente tem apoio administrativo e do comando.
- *Aconselhamento de apoio.* Inclui escuta efetiva, reafirmação do conteúdo, clarificação de sentimentos e validação. Também pode incluir serviços concretos, como o encaminhamento para a comunidade e o trabalho conjunto com agências de ligação, se necessário.
- *Aconselhamento interpretativo.* Esse tipo de intervenção deve ser utilizado quando a reação emocional do agente for significativamente maior que as circunstâncias do incidente crítico parecem justificar. Em casos apropriados, essa estratégia terapêutica pode estimular o agente a explorar questões emocionais subjacen-

tes ou ligadas à história que intensificam um evento traumático naturalmente estressante (Rudofossi, 2011). Em alguns casos, isso pode levar à continuidade da psicoterapia.

- O *humor* tem seu lugar em muitas formas de psicoterapia (Fry & Salameh, 1987), mas pode ser especialmente útil no trabalho com policiais e pessoal de serviços de emergência (Fullerton et al., 1992; Miller, 2006, 2020; Silva, 1991). Contanto que o terapeuta seja capaz de manter o controle sobre as formas destrutivas de zombaria de si mesmo ou hostilidade projetiva inapropriada, o humor serve para trazer um sentido de equilíbrio, perspectiva e clareza para um mundo que parece ter sido distorcido pela malevolência e cinismo. "Mostre-me um homem que sabe o que é engraçado", nos diz Mark Twain, "e eu lhe mostrarei um homem que sabe o que não é". No entanto, alguns acontecimentos extremos, como o abuso de uma criança ou a morte de um colega em serviço, podem nunca ser engraçados, e isso deve ser respeitado.

Utilizando defesas cognitivas

Para os clínicos de saúde mental, os *mecanismos de defesa* geralmente são entendidos como estratagemas mentais que a mente usa para se proteger de pensamentos, sentimentos, impulsos e memórias desagradáveis e são tradicionalmente vistos como barreiras ao progresso terapêutico orientado para o *insight* – no entanto, diante de incidentes críticos imediatamente traumatizantes, a última coisa de que uma pessoa afetada precisa é que suas defesas sejam retiradas. Pelo contrário, a utilização adequada das defesas psicológicas pode servir como uma "tala psicológica" importante que permite à pessoa funcionar logo após o evento traumático, até que mais tarde seja capaz de resolver e integrar produtivamente a experiência traumática (Horowitz, 1986; Janik, 1991).

Os agentes de aplicação da lei e da segurança pública normalmente precisam de pouca ajuda para aplicar mecanismos de defesa por conta própria, mas os clínicos podem orientar seus pacientes agentes da lei a empregarem esses "primeiros socorros psicológicos" de forma construtiva e a identificar quando eles estão sendo usados de forma inútil. Os exemplos incluem:

- *Negação*. "Tirar o assunto da cabeça; focar em outras coisas; evitar situações ou pessoas que me façam lembrar do assunto".
- *Racionalização*. "Não tive escolha; as coisas acontecem por uma razão; poderia ter sido pior; outras pessoas passam por coisas piores; a maioria das pessoas reagiria dessa forma".
- *Deslocamento/projeção*. "A culpa foi do comando por ter dado uma ordem tão estúpida; eu não tinha o apoio correto; eles me colocaram nessa posição".
- *Voltar o foco para os atributos positivos*. "Este foi um erro isolado – normalmente sou um ótimo policial. Não vou deixar que isso me puxe para baixo".
- *Concentrar-se em comportamentos futuros positivos*. "Ok, vou receber mais treinamento, aumentar meus conhecimentos e habilidades para nunca mais passar por esse tipo de situação".

Janik (1991) propõe que, em curto prazo, os terapeutas apoiem e reforcem ativamente as defesas psicológicas que permitem temporariamente que o agente continue a funcionar. Assim como uma bengala física é uma parte essencial da reabilitação ortopédica quando um paciente lesionado está aprendendo a andar novamente, uma bengala psicológica é proporcionalmente adaptativa e produtiva se possibilitar que o agente tenha de volta seus dois pés psicológicos logo após um incidente crítico traumático. Só mais tarde, quando ele estiver fazendo a transição de volta ao funcionamento normal de rotina, é que as defesas podem ser revisitadas como possíveis barreiras ao progresso. É importante explicar os prós e os contras dessa abordagem se você ensinar ou reforçar ativamente a utilização de estratégias de defesa.

O caso de Ethan

Quatro meses após o incidente do disparo, Ethan apareceu no consultório do terapeuta com estresse considerável. Uma análise do caso pelos Assuntos Internos (AI) havia determinado que, apesar da presença de uma arma branca perto do morto, o disparo não se justificava devido à distância entre o falecido e Ethan. Além disso, a videovigilância mostrou que a faca tinha caído do bolso do suspeito vários segundos depois que Ethan atirou e que o suspeito ainda tinha as duas mãos na caixa quando foi atingido. Também não estava claro se Ethan realmente havia dado uma ordem verbal para largar o objeto. Nos últimos 4 meses, Ethan estava suspenso administrativamente e em confinamento domiciliar, e a agência estava considerando a possibilidade de encaminhar o caso para o Departamento Estadual de Aplicação da Lei para ação penal. Ethan tinha sido encaminhado ao terapeuta pela sua família, que lhe disse que "era melhor ver alguém antes que ficasse louco".

O que apresentamos a seguir é um resumo do diálogo terapêutico que ocorreu ao longo de várias sessões.

Estabeleça confiança e segurança

E: Olha, estou vindo aqui por minha conta; ninguém no meu trabalho está me obrigando a fazer isso. Tudo o que falamos é confidencial? [*O terapeuta expressou apreciação pela postura de Ethan e explicou a confidencialidade entre paciente e terapeuta e seus limites.*]

Avalie as principais preocupações do paciente

E: Minha esposa está certa. Estar em "prisão domiciliar" administrativa está me deixando louco. Mas o pior é que, em apenas algumas semanas, passei de um oficial de polícia de alto desempenho, com 13 anos na polícia, para ser tratado como mentiroso e criminoso.

Obtenha a versão do paciente sobre os acontecimentos

Terapeuta (T): Como aconteceu?

E: Juro que vi o cara segurando uma faca ou uma arma e vindo na minha direção, apenas a alguns metros de distância quando atirei. Mas, supostamente, algum vídeo e os investigadores dos AI afirmam que em nenhum momento ele foi uma ameaça real e que o disparo foi um uso ilegal de força letal.

Ajude o paciente a esclarecer seus pensamentos e sentimentos

T: Sei que isso parece uma pergunta estúpida, mas como é que tudo isso tem afetado você?

E: Por onde eu começo? Depois de todo esse tempo como policial com boa reputação, de repente sou afastado do serviço. Ninguém pode falar comigo. Só posso sair de casa para consultas médicas ou para levar meus filhos à escola e, com tanta gente dizendo que o que eu vi e ouvi não aconteceu realmente, fico me perguntando se não estou ficando louco. Provavelmente vou ser despedido, então nada de emprego, e talvez adeus família. Os vídeos de protesto já estão todos no YouTube. E, ah, sim, talvez eu vá para a prisão – ótimo, não é?

Explore a possibilidade de que o paciente esteja tirando conclusões precipitadas e estabeleça uma base de realidade

T: O que você sabe com certeza neste momento?

E: Apenas que ainda estou "sob investigação", o que é uma besteira!

T: Então, ainda não há decisão sobre o seu emprego, e não há acusações criminais de que você saiba. Você tem um advogado? O que ele diz?

E: Quando isso começou, eu estava usando o representante da PBA [Police Benevolent Association], mas, quando as coisas ficaram mais complicadas, eles me aconselharam a contratar um advogado particular que me recomendaram, que é especializado em casos de policiais, então estou trabalhando com essa pessoa há alguns meses.

T: O que ele diz?

E: Ele é muito direto. Sem promessas ou garantias, mas acha que temos um caso mais forte do que eles. Só que está se arrastando indefinidamente.

Forneça garantias realistas

T: Essas coisas sempre levam tempo. Pelo que você me diz, parece que ninguém tomou nenhuma decisão ainda, por isso há uma boa possibilidade de que a investigação possa absolvê-lo.

E: Mas o que eu devo fazer enquanto isso? Estou ficando doido e deixando minha família maluca.

Oriente o paciente na solução de problemas

T: Sei que isso é perturbador. Ao mesmo tempo, será que não há alguma coisa produtiva que você possa fazer enquanto espera que isso se resolva?

E: Provavelmente eu deveria estar usando meu tempo para criar estratégias para o meu caso.

T: Eu sugiro que você não faça nada sem consultar primeiro o seu advogado, mas me parece que pode ser útil aprimorar e clarificar a sua própria versão dos acontecimentos e não dizer ou fazer nada que traga atenção negativa para você. Há alguma coisa que você pode planejar ou para a qual possa se preparar?

E: Eu deveria começar a pensar nos planos B, C e D. Só o fato de pensar nisso já me faz muito mal, mas, se eu tiver que deixar a polícia, a minha vida estará arruinada.

T: Pensar em um plano de contingência parece razoável, e isso seria mais construtivo do que gastar sua energia ruminando até entrar em pânico. Mas o que você quer dizer com "minha vida estará arruinada"?

E: Ser policial é a única coisa que eu sempre quis fazer. Não sou bom em mais nada.

[*O terapeuta faz um registro desses exemplos de pensamento do tipo tudo ou nada para se referir a eles mais tarde.*]

Forneça psicoeducação baseada na ciência para o que o paciente está experienciando

E: Agora que você mencionou, vamos falar sobre a minha "versão" dos acontecimentos. Como é que eu posso me lembrar das coisas de uma maneira e todos os outros acharem que estou mentindo ou demente?

T: Falaremos mais sobre isso à medida que formos avançando, mas, por enquanto, é importante compreender que distorções perceptivas, cognitivas e de memória são comuns durante incidentes críticos e encontros de vida ou morte. Basicamente, é o modo predefinido do cérebro de ampliar a ameaça para colocar você em um modo imediato de luta ou fuga, para que esteja vivo para falar sobre o assunto. [*O terapeuta explica o quanto for necessário para normalização e tranquilização.*] Mais tarde, podemos entrar em mais detalhes sobre por que isso acontece.

Use reestruturação cognitiva

E: A outra parte disso, que não contei aos investigadores, é que às vezes surgem dúvidas. Começo a me perguntar se eu estava errado. E se eu for culpado por uso excessivo da força? Quando esse ciclo começa, o que devo fazer para não ficar totalmente deprimido?

T: Nesse tipo de caso, o ruído negativo é sempre mais alto que o positivo. Você disse que sente como se todos estivessem contra você e que você não tem a mínima chance. Vamos anotar qualquer evidência que possa indicar que isso não é 100% verdade. Vamos olhar para isso com lógica.

E: Vejamos, estou há 13 anos no departamento, com avaliações de serviço pelo menos médias e, algumas vezes, superiores, sem queixas graves. Tenho uma família que me apoia e um advogado competente – e agora você. Há razões científicas para que o meu relato sobre o disparo seja diferente das outras versões, e, com sorte, o meu advogado encontrará uma testemunha especializada para explicá-lo, se for necessário. Agora sei o que fazer para maximizar as chances de as coisas correrem o melhor possível. Há muitas pessoas lá fora que estão do meu lado, mesmo que não digam isso abertamente.

T: Tudo isso é verdade. Agora, sem promessas de que tudo vai dar certo, mas depois de pensar nessas coisas, como é que você se sente?

E: Isso me deixa um pouco mais esperançosos, e não me parece tanto o pior dos cenários.

[*Nas sessões seguintes, o terapeuta também discutiu a preocupação de Ethan de que sua vida estaria arruinada se ele tivesse que deixar a força policial. Mais uma vez, o terapeuta o ajudou a identificar isso como um exagero, e, por fim, Ethan foi capaz de usar evidências e lógica para pensar em outras habilidades de carreira às quais ele poderia recorrer se a necessidade surgisse.*]

Forneça aconselhamento de apoio

E: Todos dizem que matei aquele garoto sem uma boa razão. Eu lhes contei tudo o que consigo lembrar. Então, tenho que lhe perguntar isso, doutor: Você acredita em mim? [*Quase inevitavelmente, essa pergunta é feita em algum momento pelo agente ao profissional responsável pelo tratamento.*]

T: Não sou um investigador do caso, por isso sigo o que você me conta. Estou assumindo a responsabilidade de ser seu terapeuta. Isso significa que vou defender a sua saúde mental, aconteça o que acontecer, enquanto você precisar de mim. Poderei até discordar de você e apresentar uma verificação da realidade em alguns assuntos, mas, salvo algumas exceções que discutimos anteriormente, vou manter o seu sigilo, independentemente do que você me disser. Se houver alguma coisa relacionada com esse caso que você acha que seria muito delicado de mencionar, pergunte primeiro ao seu advogado, e, se ele lhe disser para se calar, tudo bem; por enquanto, podemos trabalhar em torno disso. Mais uma vez, lembre-se, não sou um investigador, sou seu terapeuta.

Aborde áreas de preocupação

E: Você está me dando algo em que pensar, e isso é útil. Mas, ainda assim, e a minha família? Eles estão sempre dizendo que estão do meu lado, mas não consigo deixar de pensar que eles têm vergonha de mim. E os meus filhos já estão ouvindo comentários maldosos dos colegas – isso tudo é um pesadelo.

T: Só para deixar claro: você não é o único que está passando por isso. Estes são problemas comuns para os policiais que se encontram no meio desse tipo de investigação, mas, à medida que avançarmos, vamos abordar cada componente do pesadelo, um fantasma de cada vez. (*Os dois riem.*) De fato, a certa altura, se parecer que isso ajudaria, podemos incluir seus familiares no processo.

E: Isso seria ótimo. Ok, vou dar uma chance para essa coisa de terapia. Mas tente encontrar essa varinha mágica até a próxima sessão.

T: Um policial voltando para mais terapia? Isso precisa mesmo de uma varinha mágica.

Eduque o paciente sobre o uso de mindfulness *e seus benefícios*

T: Eu gostaria de usar algum tempo hoje para falar sobre uma estratégia baseada em evidências chamada *mindfulness*.

E: Obrigado, mas não gosto dessas coisas de gurus orientais.

T: É verdade que algumas das ideias em torno de *mindfulness* tiveram origem na Ásia, há mais de 2 mil anos, mas, nos últimos 20 anos, têm sido feitas muitas pesquisas sobre como as pessoas podem usar essa prática para reduzir o estresse e a ansiedade – por exemplo, e se você tivesse um problema e tentasse tudo o que pudesse para resolvê-lo? Digamos que você estava fazendo uma patrulha, e estava frio. Você vestiu um casaco, mas não foi suficiente. Você está com frio e tem que ficar lá fora assim mesmo – o que você faria?

E: Eu aguentaria. Isso já me aconteceu. Eu só penso: "Vamos lá. Eu aguento". Ouvi um fuzileiro naval em um programa de televisão dizer algo assim, ele abraça a dor quando tem que suportar algo do tipo. E realmente funciona.

T: Exatamente. Você e aquele fuzileiro naval estavam usando *mindfulness*. *Mindfulness*, na verdade, é mais útil em situações em que você tem que suportar algo de que não gosta e que não tem como resolver. Você só tem que "aguentar". Assim, em vez de se distrair ou pensar em formas de resolver tudo, você aceita de bom grado. E essa disposição de reconhecer e aceitar a situação realmente muda a atitude e as emoções em torno dela. Agora, há algumas filosofias que você precisa adotar para ser capaz de fazer isso – por exemplo, você tem que aceitar a realidade de que o desconforto, ou a dor, ou o que quer que seja, tem um pico e que, de fato, você pode tolerá-lo, mesmo que seja desconfortável. Uma pessoa também precisa acreditar que esse sofrimento que foi aceito é temporário. Com isso em mente, uma pessoa pode tolerar muito mais do que pensava que seria possível anteriormente.

E: É verdade, mas o que isso tem a ver comigo e com as coisas que estamos trabalhando?

T: Bem, uma das coisas sobre as quais não temos muito controle é a opinião das outras pessoas. Às vezes, podemos ser capazes de influenciá-las, mas elas não estão sob o nosso controle direto. Você falou que estava muito preocupado com o que seus colegas pensam de você. Você realmente quer que eles o admirem.

E: Não quero que pensem que sou um mau policial ou algum idiota.

T: Certo. É inquietante pensar que eles o veem de forma negativa. Você está fazendo tudo o que pode para se comportar de uma forma que resulte em um julgamento positivo – no entanto, você não tem 100% de controle sobre as atitudes deles ou sobre suas crenças a seu respeito, e pode ser que tenha que aprender a aceitar que algumas pessoas, provavelmente uma porcentagem muito pequena, vejam-no de forma negativa. Pense nos benefícios que você teria se conseguisse aceitar isso, em vez de ficar ruminando e se preocupando com alguma coisa que, de qualquer modo, está fora do seu controle.

E: Isso é verdade. Provavelmente seriam apenas alguns idiotas, de qualquer forma. Na verdade, eu não deveria me importar. De qualquer modo, a opinião deles não me afeta diretamente.

Ethan participou de 14 sessões semanais. Depois de várias semanas, aprendeu a identificar erros de pensamento, como o pensamento do tipo tudo ou nada, catastrofização, magnificação, minimização, deveres e conclusões precipitadas. Embora inicialmente ele tivesse a crença de que era "um policial da cabeça aos pés" e de que "não era bom em mais nada", percebeu que seu interesse por armas de fogo poderia ser aproveitado em uma carreira de comerciante de armas e começou a considerar outras possibilidades de carreira. Ele também gostava de assuntos acadêmicos e, depois de mais algumas sessões, começou a considerar a ideia de dar aula em uma faculdade local que oferecia um programa de criminologia. Ethan aprendeu e praticou exercícios de relaxamento diariamente, o que ajudou a reduzir significativamente seu estresse e ansiedade. Com uma combinação de reestruturação cognitiva e aceitação consciente, foi capaz de ver que apenas um pequeno número de pessoas poderia vê-lo de forma negativa e que essas pessoas tinham pouca ou nenhuma influência direta sobre a sua vida. Ele aprendeu sobre sua crença mais profunda de que "todos deveriam respeitá-lo e ter grande consideração [por ele]". Acabou por conseguir aceitar a realidade indesejável de que este poderia não ser o caso e sentia-se menos estressado quando pensava nisso.

Resumo e conclusões

Ajudar psicologicamente agentes da polícia que estiveram envolvidos em um TEP/CFL é um subcampo seleto, mas importante, da psicologia policial. Uma abordagem específica, semelhante a uma TCC breve ou focada no problema, pode ser benéfica. Os seres humanos que enfrentaram o risco de perda da sua vida e, em resposta, tiveram que tirar uma vida experimentam um tipo especial de desafio que compartilha algumas características com os estressores traumáticos em geral, mas também contém algumas características únicas que requerem habilidades clínicas especializadas. Quando, além disso, esses agentes enfrentam a drástica implosão da vida criada por um TEP/CFL contestado ou outro caso de uso de FPP, as pressões podem ser catastróficas e exigem que os profissionais de saúde mental ampliem seus papéis e estratégias clínicas de forma única e produtiva.

Referências

Artwohl, A. (2018). Memory and decision making under stress. In D. L. Ross & G. M. Vilke (Eds.), *Guidelines for investigating officer-involved shootings, arrest-related deaths, and deaths in custody* (pp. 96–115). Routledge.

Artwohl, A., & Christensen, L. W. (2019). *Deadly force encounters: Cops and citizens defending themselves and others* (2nd ed.). LWC Books.

Askey, A., Cowell, B., Burch, J., & Stephens, D. (2018, May). Insights on officer safety from officer-involved shooting and near-miss incidents. *The Police Chief*, pp. 42–45.

Baruth, C. (1986). Pre-critical incident involvement by psychologists. In J. T. Reese & H. A. Goldstein (Eds.), *Psychological services for law enforcement* (pp. 413–417). U.S. Government Printing Office.

Blau, T. H. (1994). *Psychological services for law enforcement*. Wiley.

Federal Bureau of Investigation. (2015). *Law enforcement officers killed and assaulted, 1987– 2014*. U.S. Department of Justice.

Fry, W. F., & Salameh, W. A. (1987). *Handbook of humor and psychotherapy*. Professional Resource Exchange.

Fullerton, C. S., McCarroll, J. E., Ursano, R. J., & Wright, K. M. (1992). Psychological response of rescue workers: Firefighters and trauma. *American Journal of Orthopsychiatry, 62*, 371–378.

Geller, W. A., & Scott, M. (1992). *Deadly force: What we know*. Police Executive Research Forum.

Graham v. Connor, 490 U.S. 386 (1989).

Harmening, W. (2021). *The deadly force script: How the police in America defend the use of excessive force*. American Bar Association.

Henry, V. E. (2004). *Death work: Police, trauma, and the psychology of survival*. Oxford University Press.

Horn, J. M. (1991). Critical incidents for law enforcement officers. In J. T. Reese, J. M. Horn, & C. Dunning (Eds.), *Critical incidents in policing* (rev. ed., pp. 143–148). Federal Bureau of Investigation.

Horowitz, M. J. (1986). *Stress response syndromes* (2nd ed.). Jason Aronson.

International Association of Chiefs of Police. (2009). *Officer-involved shooting guidelines*. Author.

Jaffee v. Redmond, 518 U.S. 1 (1996).

Janik, J. (1991). What value are cognitive defenses in critical incident stress? In J. Reese, J. Horn, & C. Dunning (Eds.), *Critical incidents in policing* (pp. 149–158). U.S. Government Printing Office.

Kirschman, E. F., Kamena, M., & Fay, J. (2014). *Counseling cops: What clinicians need to know*. Guilford Press.

Loughlin, J. K., & Flora, K. C. (2017). *Shots fired: The misunderstandings, misconceptions, and myths about police shootings*. Skyhorse.

Miller, L. (2006). *Practical police psychology: Stress management and crisis intervention for law enforcement*. Charles C Thomas.

Miller, L. (2019). Police deadly force encounters: Psychological reactions and recovery patterns. In L. Territo & J. D. Sewell (Eds.), *Stress management in law enforcement* (4th ed., pp. 115– 144). Carolina Academic Press.

Miller, L. (2020). *The psychology of police deadly force encounters: Science, practice, and policy*. Charles C. Thomas.

Miller, L. (in press). Force aftermath: Advice for officers and their counselors on coping with the consequences of an adverse/contested use of force action. *AELE Monthly Law Journal*.

Ross, D. L., & Brave, M. (2018). Vital statistics and arrest-related deaths. In D. L. Ross & G. M. Vilke (Eds.), *Guidelines for investigating officer-involved shootings, arrest-related deaths, and deaths in custody* (pp. 19–20). Routledge.

Ross, D. L., & Vilke, G. M. (Eds.). (2018). *Guidelines for investigating officer-involved shootings, arrest-related deaths, and deaths in custody*. Routledge.

Rudofossi, D. (2011). Police and public safety complex trauma and grief: An eco-ethological existential analysis. In J. Kitaeff (Ed.), *Handbook of police psychology* (pp. 437–468). Routledge.

Silva, M. N. (1991). The delivery of mental health services to law enforcement officers. In J. T. Reese, J. M. Horn, & C. Dunning (Eds.), *Critical incidents in policing* (pp. 335–341). Federal Bureau of Investigation.

Simonelli, M. (2021). *Justified deadly force and the myth of systemic racism*. Palmetto.

Solomon, R. M. (1991). The dynamics of fear in critical incidents: Implications for training and treatment. In J. T. Reese, J. M. Horn, & C. Dunning (Eds.), *Critical incidents in policing* (pp. 347–358). Federal Bureau of Investigation.

Solomon, R. M. (1995). Critical incident stress management in law enforcement. In G. S. Everly (Ed.), *Innovations in disaster and trauma psychology: Applications in emergency services and disaster response* (pp. 123–157). Chevron.

Terrill, W. (2003). Police use of force and suspect resistance: The micro process of the police– citizen encounter. *Police Quarterly, 6*, 51–83.

Webb, H. (2011). *Managing the use of force incident: For criminal justice officers, supervisors, and administrators*. Charles C. Thomas.

Wester, S. R., & Lyubelsky, J. (2005). Supporting the thin blue line: Gender-sensitive therapy with male police officers. *Professional Psychology: Research and Practice, 36*, 51–58.

Wittrup, R. G. (1986). Police shooting—An opportunity for growth or loss of self. In J. T. Reese & H. Goldstein (Eds.), *Psychological services for law enforcement* (pp. 405–408). U.S. Government Printing Office.

Zeling, M. (1986). Research needs in the study of post-shooting trauma. In J. T. Reese & H. A. Goldstein (Eds.), *Psychological services for law enforcement* (pp. 409–410). U.S. Government Printing Office.

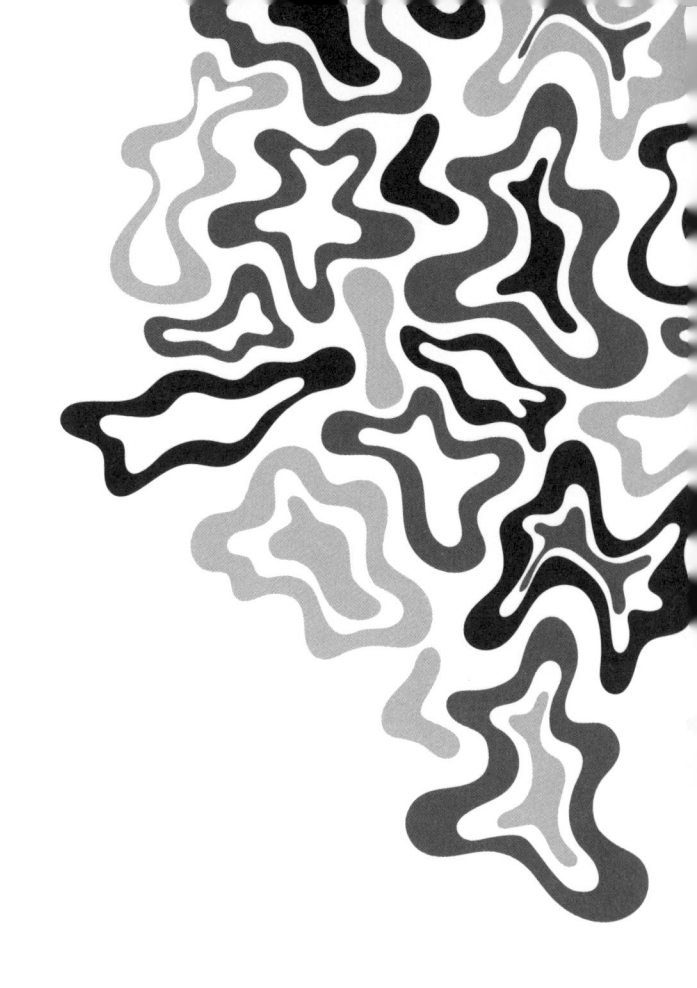

PARTE VI
Tópicos finais

21

Autocuidado de profissionais de saúde mental que trabalham em situações de crise

Frank M. Dattilio

> *O propósito da vida humana é servir, demonstrar compaixão e vontade de ajudar os outros.*
>
> Albert Schweitzer

Embora os profissionais de saúde mental que trabalham em situações de crise devam ser elogiados por seus esforços corajosos e compassivos, muitos deles frequentemente são negligentes em uma área séria: o autocuidado. Surpreendentemente, os profissionais de saúde mental que trabalham em situações de crise tendem, em geral, a negar suas próprias necessidades de saúde mental, apesar de trabalharem em uma área que promove a saúde e o bem-estar dos outros (Dattilio, 2015).

Mas essa negação é um erro – e provavelmente um erro crítico. Pela própria natureza desse trabalho, ocorre uma exposição repetida a situações algumas vezes extremas e psicologicamente tóxicas. Para aqueles que enfrentam pandemias, pessoas em nações devastadas pela guerra, vítimas de catástrofes naturais e outras situações de crise, o estresse pode muitas vezes ser implacável. O impacto que o estresse nessas situações causa nos profissionais que trabalham em situações de crise pode ser grave e tem conduzido a resultados trágicos, como o abuso de drogas e álcool, outros comportamentos aditivos, problemas conjugais e familiares, depressão, suicídio, violações dos limites profissionais e éticos, prática fora da sua competência (por vezes diminuída) e distúrbios físicos induzidos pela ansiedade. Em casos raros, o estresse pode até causar transtornos da personalidade secundários e características psicóticas (Compean & Hamner, 2019).

Quando se trata dos efeitos nocivos, somos apenas humanos, e, por essa razão, todos os profissionais de saúde mental em situações de crise correm o risco de, mais cedo ou mais tarde, sofrerem dos problemas mencionados. Em termos simples, a natureza do seu trabalho é ajudar outras pessoas em situação de extrema necessidade. É inerente que muitos profissionais que são atraídos para o campo da intervenção em situações de crise tenham a tendência a colocar as necessidades dos outros acima das suas próprias necessidades. De acordo com o National Institute for Occupational Safety and Health, entre mais de 230 profissões, os profissionais de saúde mental do sexo masculino, em particular, têm maior probabilidade de cometer suicídio devido ao estresse do seu trabalho, com uma razão de probabilidade 3,5 vezes superior à do público em geral (Ukens, 1995). Sem contar os suicídios consumados, a ideação suicida entre os profissionais de saúde mental é predominante, com 29% dos inquiridos indicando que já se sentiram suicidas em algum momento. Cerca de 4% indicaram ter feito pelo menos uma tentativa de suicídio durante sua vida profissional (Pope & Tabachnick, 1994). Resultados similares também foram encontrados em um estudo mais recente realizado por Gilroy et al. (2002). Quarenta e dois por cento dos inquiridos relataram ter experienciado ideação ou comportamento suicida. Essas estatísticas são preocupantes, particularmente quando assumimos que os profissionais de saúde mental devem se encontrar em um estado psicológico e emocional mais saudável do que a média das pessoas – e, além disso, quando presumimos que eles, mais do que ninguém, devem se planejar para serem responsáveis pelos próprios cuidados. Uma vez que a "pessoa do terapeuta" é uma ferramenta real para tratar pessoas em crise, essa ferramenta precisa ser protegida. É importante notar que muitos dos sujeitos nos estudos mencionados estavam, na verdade, tratando indivíduos deprimidos e suicidas enquanto eles mesmos estavam concomitantemente deprimidos e suicidas.

Por que existe uma taxa tão elevada de deterioração entre os profissionais de saúde mental que trabalham em situações de crise? Mais importante ainda, o que pode explicar o seu comportamento "complexo de salvador"? É importante notar que os profissionais de saúde mental estão geralmente em alto risco de traumatização vicária, *burnout* e fadiga por compaixão, sem mencionar os efeitos da contratransferência e outros estressores que podem afetá-los nas esferas cognitiva, afetiva e comportamental (Burwell-Pender & Halinski, 2008; Phillips, 2011). Muitos de nós temos a crença distorcida de que somos invencíveis aos estressores psicológicos e outros estressores e dificuldades, às vulnerabilidades pessoais e aos aspectos estressantes inerentes à prática clínica em contextos de emergência (Barnett & Cooper, 2009). Não está claro se se trata de um mecanismo de defesa que se desenvolve em uma fase anterior da vida do profissional ou de um comportamento de enfrentamento que emerge no curso do seu trabalho na área. Pode até mesmo resultar de um componente preexistente da dinâmica da sua personalidade. Outra explicação menos complicada para a cegueira em relação à sua vulnerabilidade pode ser a de que o seu forte desejo de ajudar em situações de crise esteja ofuscando a consciência das suas próprias necessidades (Dattilio, 2023).

Infelizmente, os profissionais de saúde mental tradicionalmente têm subestimado a importância dos estressores inerentes ao trabalho de crise que os afetam, quase a ponto de ser o oposto do que eles pregam para os outros. Isso tem sido repetidamente documentado na literatura profissional, que retrata um desrespeito crônico pelo autocuidado dos profissionais de saúde mental em geral (Walsh, 2011). Não é de surpreender que a taxa de *burnout* seja muito alta entre os profissionais que trabalham em situações de crise. Em 2018, quando a American Psychological Association analisou vários estudos que examinaram o *burnout* entre os prestadores de serviços de saúde mental, seus pesquisadores descobriram que "entre 21 e 61% dos profissionais de saúde mental apresentavam sinais de *burnout*" (Clay, 2018). Uma das subcategorias específicas de *burnout* que envolve a *fadiga por compaixão* ganhou notoriedade nos últimos anos na literatura profissional (Figley, 2002; Weiss, 2004). Joinson (1992, p. 119) é considerado o primeiro a usar esse termo, depois de ter notado que seus colegas enfermeiros exibiam "distanciamento, sentimentos de irritabilidade, raiva, depressão e falta de alegria, juntamente com o medo de ir trabalhar e queixas somáticas". Fadiga por compaixão é definida como a condição que compromete a capacidade de um profissional de saúde mental de expressar ou experienciar empatia pelos outros e responder efetivamente. A reserva emocional costuma estar esgotada nos profissionais que sofrem de fadiga por compaixão, deixando pouco para o próximo cliente – e para os próprios trabalhadores em crise, sem mencionar suas famílias e colegas. Esse esgotamento é amplamente considerado prejudicial para a sensação de bem-estar do profissional (Pavia-Salisbury & Schwartz, 2022). Se essa condição proliferar, ela pode produzir efeitos debilitantes para um profissional de saúde mental. O *burnout* também contém muitos dos componentes da fadiga por compaixão, juntamente com exaustão emocional e um sentimento de realização pessoal reduzido. Pode também incluir um forte componente de apatia pelo trabalho e, por vezes, até cinismo (Dattilio, 2015). Para uma discussão ampliada sobre esse tópico, consulte Miller (Capítulo 20 deste livro).

Outro termo bem-conhecido na literatura profissional é o *transtorno de exaustão relacionado ao estresse*, que está descrito na versão sueca da *Classificação internacional de doenças* (Grossi et al., 2015). Esse transtorno envolve "uma condição clínica caracterizada por sintomas psicológicos e físicos de exaustão desenvolvidos em resposta ao estresse em longo prazo" (Grossi et al., p. 628). Ele tem sido associado a desempenho cognitivo prejudicado, particularmente o funcionamento executivo, a memória de trabalho, a atenção e a velocidade do processamento (Ellbin et al., 2018; Gavelin & Boraxbekk, 2020).

Por que os profissionais de saúde mental em situações de crise ignoram suas próprias necessidades?

A teoria da terapia cognitivo-comportamental (TCC), particularmente no que diz respeito aos esquemas individuais, fornece uma explicação viável do motivo pelo qual os profissionais de saúde mental ignoram suas próprias necessidades e se engajam em negação. Por um lado, muitos profissionais desenvolvem a distorção cognitiva de que são, de alguma forma, mais fortes (ou de que deveriam ser mais fortes) do que aqueles que estão ajudando durante situações de crise. Em essência, essa distorção é acompanhada do conceito de negação (Bearse et al., 2013). Ela pode, também, servir como uma forma de os profissionais evitarem lidar com os seus próprios desafios emocionais e psicológicos.

Outra razão pode ser o receio de serem considerados incapacitados ou incompetentes e, por conseguinte, proibidos de regressarem ao seu trabalho ou terem que enfrentar limitações ou restrições. Estão relacionadas as pressões institucionais, de produtividade ou da síndrome do impostor para que se esforcem ainda mais. A negação também pode resultar do receio de ser denunciado por ter tido um comportamento antiético ao não procurar ajuda mais cedo (Dattilio, 2023). Isso é particularmente verdadeiro nos casos que envolvem o uso/vício de drogas ilícitas ou álcool entre os profissionais de saúde mental que trabalham em situações de crise (Dattilio, 2015). A maioria dos princípios éticos exige que eles se esforcem para permanecer atentos aos efeitos potenciais que seu trabalho tem sobre sua própria saúde física e mental enquanto estão no processo de tratar os outros (Wise et al., 2012) e que reconheçam quando sua competência para praticar foi comprometida. Por essas razões, a American Psychological Association, além de outras organizações de saúde mental, exigiu educação especial sobre esse tópico em programas de treinamento de pós-graduação (American Psychological Association, 2017; Maranzan et al., 2018).

Autoavaliação

Os profissionais de saúde mental podem avaliar sistematicamente os efeitos negativos que o seu trabalho tem sobre si mesmos. Pode ser prudente que utilizem alguns dos inventários ou questionários de medição que são especificamente concebidos para avaliar *burnout*. O Inventário de Burnout de Maslach (MBI, do inglês Maslach Burnout Inventory) é uma medida bem-conhecida que tem sido aplicada em mais de 90% de todos os estudos empíricos sobre *burnout* no mundo (Maslach & Jackson, 1981, 1986). Este e outro inventário, conhecido como questionário de Medida de Burnout (BM, do inglês Burnout Measure) (Malach-Pines, 2005), têm excelentes classificações empíricas. O MBI é especificamente limitado a indivíduos que trabalham no domínio dos serviços humanos. É um inventário de 22 itens usado para avaliar exaustão emocional, despersonalização e baixo sentimento de realização pessoal.

Uma medida adicional baseada em evidências é a Qualidade de Vida Profissional (ProQOL, do inglês Professional Quality of Life; Stamm, 2009, 2010). Esse instrumento consiste em um autorrelato de 30 itens que fornece três subescalas: *Burnout*, Estresse Traumático Secundário e Satisfação por Compaixão. (Essa medida está disponível gratuitamente e pode ser obtida em *www.proqol.org*) Essas medidas também podem ser usadas como complemento de inventários típicos de avaliação breve, como o Inventário de Depressão de Beck – Segunda Edição (BDI-II, do inglês Beck Depression Inventory – Second Edition; Beck et al., 1996) e a Escala de Ideação Suicida de Beck (BSS, do inglês Beck Scale for Suicide Ideation; Beck & Steer, 1993), bem como o Inventário de Ansiedade de Beck (BAI, do inglês Beck Anxiety Inventory; Beck & Steer, 1990).

Alguns profissionais de intervenção em situações de crise demonstram reações emocionais semelhantes às do transtorno de estresse pós-traumático (TEPT) depois de trabalharem com vítimas fortemente traumatizadas. Segundo a American Psychiatric Association (2022), esses sintomas de "traumatização secundária" estão agrupados em três categorias: revivência do evento traumático, aumento da excitação, e evitação persistente e entorpecimento dos pensamentos em geral associados a estímulos relacionados. Tal como o conceito de tabagismo passivo para indivíduos expostos a fumantes na comunidade, o diagnóstico de estresse traumático secundário faz referência ao estresse e à perturbação emocional associados ao contato contínuo com indivíduos que experienciaram uma traumatização primária (Bride, 2007). Essa traumatização vicária é avaliada por medidas de pontuação rápida que os profissionais de saúde mental que trabalham em situações de crise podem administrar a si mesmos para obterem uma noção da sua posição em comparação com amostras padronizadas de clínicos que experienciaram *burnout*, depressão ou ansiedade.

Além da utilização dessas escalas, a consulta de colegas que não estão necessariamente no campo da intervenção em crises pode servir como uma segunda via para *feedback*. Ademais, é prudente fazer a si mesmo as seguintes perguntas:

- Tenho um estilo pessoal adequado para lidar com o estresse com que me deparo regularmente no meu trabalho de intervenção em situações de crise?
- Minhas crenças e expectativas sobre a minha capacidade de lidar com o estresse são realistas?
- Tenho apoio acadêmico e pessoal suficiente na minha vida?
- Minha carga de trabalho é excessiva e/ou tenho casos desafiadores em excesso?
- Quanto tempo dedico a assuntos não relacionados com o estresse no trabalho?
- Há outros fatores ou responsabilidades na minha vida e no meu ambiente que diminuem minha capacidade de fazer bem o meu trabalho?
- Houve alguma alteração no meu comportamento/atitudes ou estilo de pensamento?
- Outras pessoas fizeram comentários negativos sobre o que observam em mim?
- Outras pessoas que me conhecem bem mostraram reações diferentes em relação a mim?
- Os pacientes reagiram de forma diferente a mim como terapeuta?
- Estou tendo um sentimento de temor ou falta de satisfação quando penso a respeito ou desempenho o meu papel?

E devemos levar em consideração os primeiros sinais de alerta em nós mesmos:

- Sentir-se frequentemente cansado.
- Discutir com os outros por questões menores.
- Incapacidade de relaxar.
- Sentir-se constantemente solicitado ou sob pressão.
- Falta de paciência ou tolerância.
- Cansaço por compaixão.
- Sentir que não há tempo suficiente para si mesmo e para a família.
- Lapsos de memória e de concentração.
- Falta de interesse ou de tempo para socializar ou participar de atividades recreativas.
- Sentir-se irritável, cansado e insatisfeito ao fim de um dia de trabalho.

Estratégias de autocuidado

Além de procurarem a psicoterapia tradicional (TCC, psicologia positiva, meditação *mindfulness*, terapia de aceitação e compromisso, etc.), os profissionais podem querer considerar estratégias de autocuidado para si mesmos. Há inúmeras estratégias que eles podem utilizar para reduzir seu estresse, tanto preventiva quanto reativamente. Uma das principais intervenções para o autocuidado e estilos de vida saudáveis envolve um modelo baseado em princípios que foi desenvolvido explicitamente para psicólogos por Norcross e VandenBos (2018). Essa intervenção foi concebida para ser flexível e abrangente. Baseia-se nas filosofias tradicionais de *mindfulness*, espiritualidade e psicologia positiva, tendo como pano de fundo a TCC e programas de bem-estar físico.

Outra abordagem, conhecida como "TLC", apresentada por Walsh (2011), oferece um sistema de mudanças terapêuticas no estilo de vida. Esse modelo utiliza explicitamente uma combinação de elementos que envolvem espiritualidade, psicologia positiva e *mindfulness*, além de recomendações específicas baseadas em evidências para a prática de exercício físico extensivo, uma alimentação saudável e a promoção da saúde física e do bem-estar. A TLC é um exemplo de uma estratégia de autocuidado preventiva que é posta em prática para *prevenir burnout* em vez de intervir depois que se desenvolveram sinais e sintomas.

Além disso, a TLC incorpora a consciência das necessidades e enfatiza a compreensão do impacto negativo da exposição excessiva aos estressores. (Este é um componente extremamente importante, porque muitos profissionais de saúde mental precisam ter conhecimento de como o estresse os afeta de forma única.)

Wise et al. (2012) também sugerem quatro princípios fundamentais que podem ser usados para integrar atitudes e práticas contínuas que apoiam o bem-estar e o autocuidado dos profissionais de saúde mental. O foco aqui está em distinguir entre meramente sobreviver e prosperar (Keyes, 2002). Prosperar abrange um leque mais amplo de possibilidades no repertório profissional/pessoal, com ênfase na construção não só da consciência, mas também da resiliência e de atitudes positivas de uma forma mais ampla como ser humano, e não apenas como profissional. O segundo aspecto envolve a escolha intencional de um plano de autocuidado com a disposição de mudar sua atitude e prática. Esse conceito adota a noção de flexibilidade e pode envolver o exame de algumas das crenças rígidas que os profissionais de saúde mental têm sobre si mesmos, particularmente no que diz respeito ao estabelecimento de expectativas irrealistas e à incapacidade de impor limites nas atividades profissionais.

O terceiro princípio que Wise et al. (2012) propõem é um conceito denominado *reciprocidade*, referindo-se a trocas dinâmicas de atitudes e práticas de vida benéficas entre um profissional de saúde mental e um cliente.

Por fim, os profissionais de saúde mental em situação de crise dispõem de um arsenal de técnicas para reduzir o estresse nas suas próprias *caixas de ferramentas* terapêuticas. Um praticante da TCC, em particular, deve ter um bom sistema para identificar seu nível de estresse, as práticas e competências que tendem a reduzir o estresse e como construir essas estratégias na sua própria vida e utilizá-las em resposta à detecção de um aumento do estresse. Isso inclui uma alimentação adequada e exercícios físicos, que podem servir como um modificador efetivo do estresse (Hackney, 2006).

Exemplo de caso

Ricardo, um psiquiatra na casa dos 40 anos de idade, trabalhava em um hospital metropolitano como chefe dos serviços de saúde mental. Eu o conhecia desde o início da sua formação clínica. Recentemente, ele me contatou com um pedido incomum. Eu o conhecia porque, em dado momento, tinha sido seu mentor e tínhamos ficado amigos nos anos seguintes. Ele me telefonou no fim da tarde de uma sexta-feira, antes de sair, e pediu para me ver no meu consultório a respeito de algo urgente. Disse-lhe que poderia vir em seguida.

Ricardo chegou ao meu consultório depois que a minha equipe já tinha saído para o fim de semana. Ele estava com o pior aspecto que eu já tinha visto. Convidei-o a sentar-se, e ele se instalou na cadeira estofada com um ar de assustado no rosto. Começou dizendo, encabulado: "Frank, estou realmente em apuros e preciso da sua ajuda". Eu nunca tinha ouvido esse tom na voz de Ricardo e fiquei muito preocupado. Uma dúzia de pensamentos passou pela minha cabeça. Ele estaria com algum tipo de problema financeiro, ou será que aconteceu alguma coisa com um dos seus pacientes ou com a administração do hospital? Aguardei com expectativa que ele me contasse o seu dilema. Foi a essa altura que Ricardo começou a chorar:

Ricardo (R): Frank, acho que estou perdendo o controle.

Frank (F): O que você quer dizer? Do que está falando?

R: Não estou muito bem.

F: O que está acontecendo?

R: Bem, você sabe que eu tenho tido muita responsabilidade com o meu cargo no hospital e, ultimamente, tenho tido dificuldades. Com essa coisa da covid, temos pessoal médico que está trabalhando horas a fio, sobrecarregados, com máscaras e todo o tipo de equipamento de proteção. Eles estão estressados ao máximo, têm ataques de ansiedade porque estão sobrecarregados e exaustos. Não conseguem respirar bem com todo esse equipamento de proteção em seus corpos. Muitos deles estão expostos a pacientes mortalmente doentes e receiam contrair o vírus e levá-lo para casa, até suas famílias e filhos pequenos.

F: Prossiga.

R: Tenho sido inundado com pedidos de ajuda da equipe e atendo muitos dos próprios profissionais como pacientes, além da minha carga normal de casos, tarefas administrativas e ensino aos residentes. (*A essa altura, Ricardo parou e apenas olhou para mim com um olhar desolado. Em seguida disse:*) Estou afundando, amigo! Não consigo mais fazer isso! Eu mesmo comecei recentemente a ter ataques de ansiedade. Como você sabe, não posso tomar benzodiazepínico (medicamento ansiolítico) ou qualquer outra coisa, e nem quero, pois isso vai aparecer nos exames de rastreio para drogas que somos obrigados a fazer no hospital, e vou ter que me explicar.

F: Bem, há outras coisas que você pode fazer. E quanto à terapia? Você já pensou em trabalhar com alguém?

R: Não, amigo, não consigo fazer isso por muitas razões. Além disso, quem diabos eu vou procurar? Todo mundo me conhece. Pensei em você. Eu confio muito em você, e você sempre foi como um pai para mim. Consigo falar com você com facilidade.

F: Bem, eu agradeço o sentimento Ric, e estou contente por você ter-me procurado hoje. Você sabe que eu odiaria recusar. Mas, ao mesmo tempo, não posso tratar você. Não tenho como ser objetivo. Mas certamente posso ouvi-lo como amigo e mentor. Conte-me mais. O que está acontecendo com você internamente? Por que você está se permitindo assumir tanta responsabilidade?

R: Bem, é que eu tenho problemas em dizer não. Todos querem um pedaço de mim; eles querem ver a mim e a mais ninguém. Eles sabem que tive uma ótima formação. E, não quero parecer arrogante, mas sou bom no que faço. Então, continuo acrescentando mais ao meu prato já cheio, apesar de não conseguir fazer tudo.

F: Bem, eu sei. A questão é: por que você está tentando fazer tudo isso, e por que não faz uma triagem de alguns desses encaminhamentos e manda para outros profissionais?

R: Eu faço isso, e eles vão falar com outros profissionais, se sentem desconfortáveis e voltam até mim e dizem: "Preciso ver você, Ric, quero ver você", e isso me abala. Eu sei que deveria dizer não. Mas não me sinto muito bem em dizer não porque tenho muita culpa, e, eu não sei...

F: Não, termine a frase, Ric. Você tem muita culpa e o quê? Tem medo de me dizer que isso tem alguma coisa a ver com o seu ego?

R: Não, bem, não sei, talvez. Apenas o sentimento de culpa, e simplesmente não gosto de recusar-me a ajudar pessoas que parecem precisar de mim.

F: Mas você sabe que isso é um grande problema, Ric, porque você não pode fazer um clone de si mesmo. Você está correndo o risco de um *burnout*, amigo.

R: Eu sei, eu sei! Já estou nesse ponto! Fico me lembrando daquela analogia que você usou quando estávamos no nosso programa de bolsas, sobre as máscaras de oxigênio que caíam do teto do avião durante o voo. "Você coloca a sua máscara primeiro, antes de ajudar outra pessoa."

[Ric estava se referindo a uma frase que desenvolvi quando treinava e tratava indivíduos que estavam lidando com situações de crise, essa noção das instruções em voo que comissários de bordo dão aos passageiros quando viajam de avião – eles indicam rotineiramente que, "no caso de uma situação de emergência, as máscaras de oxigênio cairão do teto". A instrução prossegue com: "Se você estiver viajando com uma criança pequena ou com uma pessoa idosa ou incapacitada, primeiro coloque a máscara em si mesmo antes de colocá-la na criança ou no idoso". A justificativa é que, se você desmaiar devido à falta de oxigênio, não poderá ajudar mais ninguém e, portanto, precisa priorizar-se.]

R: Estou sempre pensando naquele conselho e não sei por que tenho tanta dificuldade em colocá-lo em prática. O problema é que agora comecei a ter esses ataques de pânico e estou começando a absorver alguns dos sintomas de TEPT que os meus pacientes têm. Não estou dormindo à noite, e isso está começando a ficar evidente. A minha namorada e meus colegas já notaram e, o que é pior, estão insinuando que eu pareço esgotado, e eu não posso ficar esgotado!

F: Parece que o seu corpo está tentando lhe dizer alguma coisa. Explique-me isso, Ricardo. O que você quer dizer com "não posso ficar esgotado"? O que você está me dizendo, que não é humano?

R: Não, eu sou humano, mas as pessoas comentam muitas vezes que eu devo ser feito de ferro... que sou muito forte.

F: Eu estou olhando, Ric, e não vejo nenhuma parte metálica em você. Acho que você é feito de carne e osso como todos nós.

R: Eu tenho um problema! Não consigo me permitir deixar que as pessoas vejam meu lado vulnerável. Sempre tive problemas com isso, mas nunca ficou fora de controle como agora.

F: Escute bem, estamos no meio de uma pandemia terrível, uma situação que não se via há mais de 100 anos. Além disso, sempre houve escassez de profissionais de saúde mental. Alguns deles, inclusive, estão doentes com covid. Então, todos estão sobrecarregados e extremamente estressados. Ao mesmo tempo, certamente há pessoas suficientes que podem assumir no seu lugar para que você possa fazer uma pausa rápida. Se você se estiver com *burnout*, não vai conseguir ajudar ninguém. Acima de tudo, Ric, com todo o devido respeito, você pode ser um expoente na área, mas não é a única pessoa que sabe tratar esses casos, não é verdade?

R: Eu sei, mas isso é um problema, e é por isso que estou procurando você.

F: Ok, bem, nem preciso dizer que você tem que começar a trabalhar com outra pessoa. Eu não posso ser objetivo com você. Gosto muito de você!

R: Eu sei, mas isso também é um problema. Todos me conhecem. Pensei em fazer por chamada de vídeo com alguém mais afastado, mas algumas pessoas de fora conhecem o meu nome, e, se vazar que eu mesmo estou fazendo tratamento, o que as pessoas vão pensar?

F: Bem, o que as pessoas vão pensar? Deus me livre, que você é humano? Você não é vulnerável como o resto de nós? Você seria um bom modelo para elas. Além disso, provavelmente eu poderia encaminhá-lo para um colega meu no Canadá. Atualmente, tudo é virtual, de qualquer forma.

R: Eu sei que poderia dar um bom exemplo aqui. Mas o meu receio é o de que, se as pessoas pensarem que não estou na minha melhor forma, elas percam a confiança em mim.

Ric estava se debatendo com algo que não é tão incomum entre os profissionais que trabalham muito em intervenção em situações de crise e que sofrem daquilo que chamo de "síndrome do super-homem/ supermulher".[1] Eles tendem a pensar em si como mais fortes e mais resilientes do que todos os outros – super-humanos – quando, na verdade, são tão humanos como todos nós. E, obviamente, Ric precisava fazer terapia porque esses problemas são mais complexos do que parece. Pensei em como poderia ajudá-lo nesse intervalo de tempo até que ele começasse tratamento com alguém, pois aquela era claramente uma situação de crise para ele, e era preciso que ocorresse uma intervenção imediata.

Também queria abordar com ele se não estaria caindo na armadilha com que muitos profissionais que atuam em situações de crise se deparam, que é agir como uma esponja, absorvendo demais e vivendo indiretamente alguns dos mesmos sintomas que muitas das pessoas que ele estava tentando tratar também enfrentavam. Com frequência, os trabalhadores em situações de crise não utilizam a estratégia de compartimentação adequada, ficando entorpecidos diante de algumas das histórias terríveis que ouvem ou veem em situações de crise. A noção de compartimentar adequadamente alguns desses conteúdos pode lhes permitir manter a objetividade e ajudar seu paciente sem ficarem sobrecarregados pelo efeito negativo. Muitos têm tendência a interpretar isso erroneamente como falta de compaixão ou "fadiga por compaixão", em vez de serem capazes de se distanciar profissionalmente para não confundirem as coisas e poderem ajudar o indivíduo em crise com a sua própria luta, em vez de se tornarem parte dela.

F: Ric, conte-me o que você acha que está fazendo de errado nessa situação.

R: Bem, definitivamente estou assumindo casos demais.

F: E a razão para isso é...?

R: Bem, em primeiro lugar, como eu disse, estamos sobrecarregados. Em segundo lugar, eu me saio bem ao lidar com esses casos. Isso vai parecer arrogante, mas eu criei uma espécie de precedente por ser o rei do tratamento desses casos difíceis, e, por isso, todos querem encaminhar seus casos para mim. Também falo espanhol, e temos muitos cirurgiões, médicos de emergência, enfermeiros, administradores, etc., de língua espanhola que me procuram às escondidas e me pedem ajuda. Acho que é um pouco egoísta, mas eu gosto da reverência.

F: Parece que você está ficando um pouco viciado nisso, "Rei".

R: (*Risos*) Sim, talvez, mas, ao mesmo tempo, isso está acabando comigo.

F: Certo, exatamente. Isso vai sobrecarregá-lo a ponto de não ser capaz de funcionar adequadamente.

R: Acho que estou chegando a esse ponto agora, e é por isso que estou aqui.

F: Ok, bem, estou contente por você ter vindo, e acho que precisamos começar a falar sobre algumas estratégias que você pode usar até começar a ver alguém em tratamento. Que tal encontrarmos algumas alternativas para as pessoas que o abordam para pedir ajuda – especialmente aquelas que dizem que você é o único que pode ajudá-las? Além disso, há algumas pequenas coisas que você pode fazer durante o dia para reduzir

---

[1] Isso não deve ser confundido com o popular livro de Gene N. Landrum (2005), *The Superman Syndrome: The Magic of Myth in the Pursuit of Power.*

o estresse ou recarregar um pouco as energias? Como, por exemplo, pegar um pouco de sol por 5 minutos durante o dia de trabalho? Sair do consultório e movimentar seu corpo? Definir uma data para suas próximas férias?

[*A essa altura, conversei com Ric sobre uma série de sugestões, mais uma vez como mentor e amigo, e não como terapeuta. Ele precisava ver alguém que pudesse ser objetivo com ele. Os limites precisam ser observados. Se eu tentasse tratá-lo, estaria dando um mau exemplo. Então começamos a falar sobre possíveis encaminhamentos.*]

F: Ric, em que você está pensando neste momento em que estamos discutindo tudo isso?

R: Sinto como se eu fosse uma "esponja encharcada", e estou tão carregado de emoções que ela está pingando para todos os lados. Sabe, uma esponja só pode absorver uma certa quantidade de água.

F: Sabe, é engraçado que você tenha usado essa analogia. Lembro-me de que, quando você estava no programa de bolsas de estudo, algumas vezes em que saímos para almoçar, você me contou que, quando era estudante universitário em Londres, certa vez assumiu um trabalho de verão na Grécia, em um barco, mergulhando à procura de esponjas no Mar Egeu. Você se lembra? Acho que você disse que estava em uma ilha... qual era o nome dela? Acho que começa com K ou algo parecido, e você estava trabalhando na indústria do mergulho à procura de esponjas?

R: Sim, eu me lembro, a ilha de Kalymnos, aquela foi uma época ótima! Eu coletei muitas esponjas naquele verão. Foi muito divertido.

F: Bem, vamos continuar com essa analogia. Então, você diz que se vê como uma esponja que está cheia de emoções. Agora, se tentasse falar com uma esponja e a instruísse a não absorver tanta água, isso seria a antítese da natureza da esponja, correto? Seria quase como dizer à água para não ser molhada!

R: Ah! Correto.

F: Mas e se colocássemos uma dessas esponjas em um congelador durante um curto período, sem que ficasse completamente congelada, mas limitada quanto à quantidade de água que poderia absorver. O que isso lhe pareceria?

R: É uma analogia interessante. Nunca tinha pensado nisso, uma "esponja parcialmente congelada". Acho que ela absorveria um pouco de água, mas não totalmente, certo?

F: Exatamente. Você precisa começar a pensar em si como se fosse essa esponja, mas com uma consistência diferente. Uma parte dela tem que congelar para que você limite a quantidade de emoções que consome. Porque, assim como um barco, se entrar muita água, ele vai afundar, não é? E uma esponja que absorve muita água, ou, no seu caso, "emoções", não vai ser muito útil, correto? Isto é, até a espremermos!

R: Sim. Então, como é que vamos atacar a minha situação? Me espremendo?

F: Não. É a forma como você vai lidar com isso, em primeiro lugar. Além de fazer terapia com alguém que possa ser mais objetivo com você, você também precisa começar a se dessensibilizar para ser capaz de dizer "não" para o seu próprio bem. Isso não significa que você está sendo insensível ou que não tem compaixão. Mas, lembra do que acontece com o passageiro de avião que não coloca primeiro a sua própria máscara de oxigênio? Ele perde a consciência e não tem utilidade para ninguém. Por isso, você pode ser um médico bem qualificado em medicina de emergência em um voo durante uma situação de crise, mas, se estiver inconsciente, você não será útil.

[*A partir desse momento, abriu-se uma porta para que Ric começasse a pensar naquilo que provavelmente já sabia no fundo da sua mente, mas que precisava que eu lhe desse um empurrão para que começasse a pensar.*]

F: Muito bem, aqui está o nome de um dos meus colegas no Canadá para quem vou ligar na próxima semana com o encaminhamento. Tenho certeza de que ele vai concordar em atendê-lo pelo Zoom. Depois eu ligo para você e lhe digo quando você pode ligar para marcar uma hora com ele.

R: Ok, vou tentar. Confio muito em você, Frank, você sabe disso.

F: Eu sei – e é por isso que espero que você me ouça. Por isso, depois que eu lhe avisar, ligue para ele assim que puder e marque uma consulta. Nesse meio tempo, você e eu vamos fazer um *brainstorm* e ver o que você pode fazer para aliviar um pouco a pressão que sente – por exemplo, fazer um levantamento de algumas outras fontes para encaminhamento. Talvez o que também possamos fazer é oferecer aos outros profissionais algum treinamento sobre como lidar com pessoas com essa crise específica.

[*Ric e eu discutimos posteriormente as opções que ele tinha no hospital para recursos adicionais, incluindo o treinamento da equipe de psiquiatria para lidar com parte dos casos, e como ele poderia ser mais firme com as pessoas quanto à limitação da sua própria carga de trabalho.*]

R: Sinto que parte do peso já saiu dos meus ombros. Também percebi o quanto não tinha me dado conta de que estava ficando esgotado. Quer dizer, eu sabia, mas não queria encarar isso.

Se eu estivesse tratando Ric, uma das áreas em que teria focado seria na sua abordagem aos pacientes em crise. Ric precisava aprender como se relacionar com a dor dos seus pacientes, mas não a absorver e não deixar que ela fique emaranhada com suas próprias emoções. Este é um erro que muitos profissionais de intervenção em crise cometem inadvertidamente. Quando você faz coisas em excesso, o que acontece frequentemente é que você fica exausto, e sua guarda baixa. É por isso que muitos confundem esse "emaranhamento" como uma questão de compaixão, mas, na minha opinião, muitas vezes é "o beijo da morte", e é como muitos trabalhadores absorvem os sintomas dos pacientes. Outra questão é trabalhar no enfrentamento preventivo – dar a si mesmo uma pausa com exercícios; outras atividades, como esportes, corrida, longas caminhadas; socialização com amigos; e leitura de histórias agradáveis ou divertidas. Os clínicos que trabalham com pessoas em crise precisam criar algum contraste nos seus dias para contrabalançar o conteúdo traumático negativo. A chave para isso é avaliar o seu estresse e construir um sistema que deixe a água sair gradualmente da esponja ao longo do dia, em vez de esperar até que ela esteja tão saturada que a água respingue em você. Você também precisa conhecer seus próprios limites. Vá devagar e desenvolva seu próprio mecanismo para medir a sua temperatura psicológica.

Seguimento

Um mês e meio depois, encontrei Ric por acaso quando parei em um posto de gasolina depois de um dia de trabalho. Perguntei como estavam as coisas, e ele me disse que tinha se acertado de cara com meu colega no Canadá e que tinha feito bons progressos na terapia até então. Inclusive, tinha começado a vê-lo duas vezes por semana pelo Zoom e informou que seu nível de ansiedade tinha diminuído significativamente:

> Cara, é assustador. Eu não tinha me dado conta de como estava esgotado. De fato, tenho que lhe dizer que firmei o compromisso de cuidar melhor de mim e não me sobrecarregar com tantos pacientes e outras responsabilidades. Na verdade, penso em você o tempo todo. Além da minha máscara normal e do equipamento de proteção contra a covid, também levo comigo uma pequena máscara de oxigênio na mochila, que uso de tempos em tempos quando começo a assumir responsabilidades demais. Também tenho uma pequena esponja na prateleira do meu consultório, onde só eu posso vê-la. Os dois são bons lembretes para me manter no caminho certo.

Em conversas posteriores, Ric continuou a explicar como seu terapeuta no Canadá utilizou muitas das técnicas semelhantes às que Ric utiliza no tratamento dos seus próprios pacientes, mas com um pequeno toque diferente e de uma forma com a qual ele conseguia se identificar. "Acho que o que ele fez foi não falar comigo como se eu fosse alguém extremamente necessitado. Ele tinha um estilo agradável e levou-me a olhar para mim mesmo e utilizar algumas dessas técnicas, que têm sido muito eficazes." Ric também me disse que algumas das questões mais profundas envolviam seus esquemas de se preparar para o fracasso, o que era algo que eu nunca soube a respeito dele. Ele sempre escondeu isso de mim. Ric também disse que tinha discutido algumas crenças nucleares inúteis na terapia – sentia-se inferior em algum lugar no seu íntimo e temia que essa questão viesse à tona para os outros. A essa altura, informei-o de que já estava me contando coisas demais e que isso era algo que ele tinha que resolver na terapia. Ele me agradeceu por tê-lo pressionado a entrar em tratamento e reconheceu que a objetividade do meu colega, que não o conhecia profissionalmente, também foi muito eficaz.

Referências

American Psychiatric Association. (2022). *Diagnostic and statistical manual of mental disorders* (5th ed., text rev.). Author.

American Psychological Association (2017). *Ethical principles of psychologists and code of conduct-amendment 1/1/17, p. 15.* American Psychological Association.

Barnett, J. E., & Cooper, N. (2009). Creating a culture of self-care. *Clinical Psychology: Service and Practice, 16*, 16–20.

Bearse, J. L., McMinn, M. R., Seegobin, W., & Free, K. (2013). Barriers to psychologists seeking mental health care. *Professional Psychology: Research and Practice, 44*(3), 150–157.

Beck, A. T., & Steer, R. A. (1990). *Manual for the Beck Anxiety Inventory.* Psychological Corporation.

Beck, A. T., & Steer, R. A. (1993). *Manual for the Beck Scale for Suicide Ideation.* Psychological Corporation.

Beck, A. T., Steer, R. A., & Brown, G. K. (1996). *Manual for the Beck Depression Inventory–II.* Psychological Corporation.

Bride, B. (2007). Prevalence of secondary traumatic stress among social workers. *Social Work, 52*(1), 63–70.

Burwell-Pender, L., & Halinski, K. H. (2008). Enhanced awareness of countertransference. *Journal of Professional Counseling: Practice, Theory and Research, 36*, 38–51.

Clay, R. A. (2018). Are you burned out? *Monitor on Psychology, 49*(2), 30.

Compean, E., & Hamner, M. (2019). Posttraumatic stress disorder with secondary psychotic features (PTSD-SP): Diagnostic and treatment challenges. *Progress in Neuropsychopharmacology and Biological Psychiatry, 88*, 265–275.

Dattilio, F. M. (2015). The self-care of psychologists and mental health professionals: A review and practitioner guide. *Australian Psychologist, 50*, 393–399.

Dattilio, F. M. (2023). Why some mental health professionals avoid self-care: Viewpoint. *Journal of Consulting and Clinical Psychology, 91*(5), 251–253.

Ellbin, S., Engen, N., Jonsdottir, I. H., & Nordlund, A. L. K. (2018). Assessment of cognitive function in patients with stress related exhaustion using the cognitive assessment battery (CAB). *Journal of Clinical Experimental Neuropsychology, 40*(6), 567–575.

Figley, C. R. (2002). Compassion fatigue: Psychotherapists' chronic lack of self-care. *Journal of Clinical Psychology, 58*, 1433–1441.

Gavelin, H. M., & Boraxbekk, C. J. (2020). Mental fatigue in stress-related exhaustion disorder: Structural brain correlates and relations with cognitive functioning. *Neuroimage: Clinical, 27*, 102337.

Gilroy, P. J., Carroll, L., & Murra, J. (2002). A preliminary survey of counseling psychologists' personal experience with depression and treatment. *Professional Psychology: Research and Practice, 33*, 402–407.

Grossi, G., Perski, A., Osika, W., & Savic, I. (2015). Stress related exhaustion disorder—clinical manifestations of burnout? A review of assessment methods, sleep impairments, cognitive disturbances and neurobiological and physiological changes in clinical burnout. *Scandinavian Journal of Psychology, 56*(6), 626–636.

Hackney, A. C. (2006). Stress and the neuroendocrine system: The role of exercise as a stressor and modifier of stress. *Expert Review Endocrinological Metabolism, 1*(6), 783–792.

Joinson, C. (1992). Coping with compassion fatigue. *Nursing, 22*(4), 116–122.

Keyes, C. L. M. (2002). The mental health continuum: From languishing to flourishing in life. *Journal of Health and Social Behavior, 43*, 207–222.

Landrum, G. N. (2005). *The Superman syndrome: The magic of myth in the pursuit of power.* iUniverse.

Malach-Pines, A. (2005). The burnout measure, short version. *International Journal of Stress Management, 12*(1), 78–88.

Maranzan, K. A., Kowatch, K. R., Mascioli, B. A., McGeown, L., Popwich, A. D., & Spiroiu, F. (2018). Self-care and the Canadian code of ethics: Implications for training in professional psychology. *Canadian Psychology, 59*(4), 361–368.

Maslach, C., & Jackson, S. E. (1981). The measurement of experienced burnout. *Journal of Occupational Behavior, 2*, 99–113.

Maslach, C., & Jackson, S. E. (1986). *Maslach Burnout Inventory manual, second edition.* Consulting Psychologists Press.

Norcross, J. C., & VandenBos, G. R. (2018). *Leaving it at the office: A guide to psychotherapists' self-care* (2nd ed.). Guilford Press.

Pavia-Salisbury, M. L., & Schwartz, K. A. (2022). Building compassion fatigue resilience: Awareness, prevention and intervention for pre-professionals and current practitioners. *Journal of Health Service Psychology, 48*(1), 39–46.

Phillips, S. B. (2011). Up close and personal: A consideration of the role of personal therapy in the development of psychotherapists. In R. H. Kline, H. S. Bernard, & V. L. Schermer (Eds.), *On becoming a psychotherapist: The personal and professional journey* (pp. 144–164). Oxford University Press.

Pope, K. S., & Tabachnick, B. G. (1994). Therapists as patients: A national survey of psychologists' experience, problems and beliefs. *Professional Psychology: Research and Practice, 25*, 247–258.

Stamm, B. H. (2009). *Professional quality of life: Compassion, satisfaction and fatigue* (Version 5). ProQOL.

Stamm, B. H. (2010). *The concise ProQOL manual* (2nd ed.). ProQOL.org. Ukens, C. (1995). The tragic truth. *Drug Topics, 139*, 66–74.

Walsh, R. (2011). Lifestyle and mental health. *American Psychologist, 66*, 579–592.

Weiss, L. (2004). *Therapist's guide to self-care.* Brunner-Routledge.

Wise, E. H., Hersh, M. A., & Gibson, C. M. (2012). Ethics, self care and well-being for psychologists: Reenvisioning the stress–distress continuum. *Professional Psychology: Research and Practice, 43*(5), 487–494.

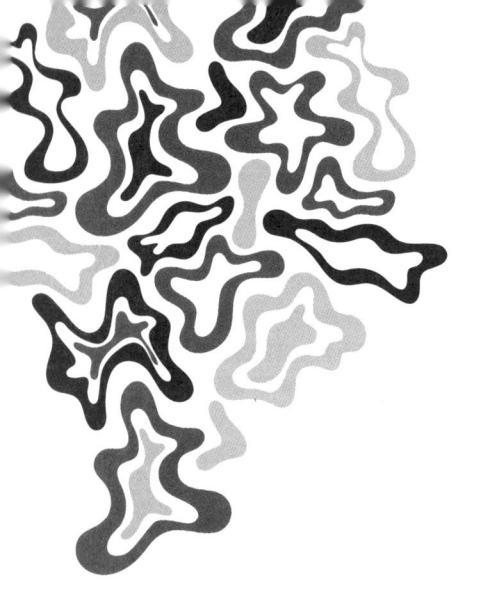

22

Epílogo

Frank M. Dattilio, Daniel I. Shapiro e D. Scott Greenaway

Durante a evolução deste livro, que agora já conta com quatro edições ao longo de mais de 30 anos, uma mensagem indelével tem sido constante: uma crise é um acontecimento inevitável e, algumas vezes, inesperado para o qual podemos nunca estar suficientemente bem-preparados. Desde que este livro surgiu pela primeira vez na literatura, ocorreram inúmeros eventos imprevistos, como o ataque terrorista de 11 de setembro aos Estados Unidos, bem como outros ataques terroristas pelo mundo, seguidos pela recente pandemia global, que quase tirou o mundo do seu eixo. De fato, esse acontecimento não tinha sido testemunhado nem previsto em uma escala global há mais de 100 anos, ainda que algumas partes do mundo tenham-se tornado muito familiarizadas com a resposta a epidemias. Durante esse tempo, também começamos a observar crescentes evidências da devastação causada pelo aquecimento global, juntamente com um tremendo crescimento da população mundial e com a proliferação concomitante de doenças mentais, *cyberbullying* e taxas crescentes de suicídio entre crianças e adolescentes. A mensagem importante que levamos para casa a partir de todos esses acontecimentos sublinha a noção de que as técnicas de intervenção e gestão de crises se tornaram mais necessárias do que nunca. Acompanhando tudo isso, também tem crescido a preocupação com eventos futuros imprevistos, como a ameaça de uma guerra nuclear, a extinção em massa e a constante erosão da nossa atmosfera terrestre. Estas certamente são crises que a população deste mundo enfrenta e que, sem dúvida, em algum momento, trarão ameaças contínuas à humanidade.

Ao refletirmos sobre as mudanças ocorridas no mundo na última década – a crescente globalização; a marcha na direção de abordagens de medicina de precisão; os avanços na ciência dos grandes volumes de dados e ciências biológicas; o acesso desigual, mas sem precedentes, à informação em todo o mundo –, na qualidade de editores, fizemos uma tentativa ávida de selecionar os vários tópicos mais pertinentes no domínio da intervenção em situações de crise. Considerando as crises que a humanidade tem enfrentado com mais frequência, tentamos antecipar aquelas que serão mais relevantes na próxima década. Para isso, enfatizamos áreas de intervenção cognitivo-comportamental que estão na vanguarda ou que têm sido tópicos importantes de estudo – o estado da ciência. Também atualizamos alguns dos capítulos anteriores para refletir as mudanças em nossa compreensão das causas e do processo de manutenção em crises. Os tópicos abordados neste compêndio incluem tratamentos aplicáveis ao *burnout* em socorristas, depressão grave, ansiedade, psicose, transtornos da personalidade, transtornos neurocognitivos, abuso de substâncias e condições de dor aguda e crônica. Também incluímos capítulos que abordam pacientes com doenças com risco de morte e pacientes hospitalizados em contextos de saúde comportamental integrativa. Procuramos incluir métodos de intervenção relevantes para os clínicos que se encontram respondendo a traumas em larga escala, como terrorismo, catástrofes naturais e desastres provocados pelo homem. Você também constatará que fornecemos informações valiosas sobre o trabalho com questões que abundam em determinados grupos demográficos, como crianças, adolescentes, casais/famílias e idosos que se aproximam do fim da vida.

Por fim, este livro abordou questões legais e éticas relacionadas ao trabalho com pacientes em crise, bem como uma discussão importante sobre como nós, profissionais de saúde mental, podemos abordar nosso próprio autocuidado. Gostaríamos de ter incluído intervenções para trabalhar com a população de desabrigados, com situações de reféns e outras circunstâncias imprevistas – no entanto, devido às limitações de espaço, não nos foi possível fazê-lo. Espera-se que os clínicos que trabalham com pacientes nessas situações encontrem informações valiosas nos capítulos que *incluímos* – por exemplo, embora não haja um capítulo específico sobre o trabalho com desabrigados, os profissionais nesses contextos poderão adaptar os tratamentos que discutimos, como a terapia cognitivo-comportamental (TCC) para depressão, ansiedade, suicídio, uso de substâncias, trauma, etc.

Esperamos que este compêndio seja uma ferramenta útil para os clínicos e cientistas clínicos que trabalham na área da psicoterapia, para que, quando surgirem situações de crise, eles tenham um recurso que ajude a orientá-los nos cuidados mais atualizados, seguindo as diretrizes das melhores práticas. Para tanto, procuramos apresentar componentes teóricos e de pesquisa, bem como técnicas de intervenção mais refinadas. Também procuramos dar mais ênfase ao material de casos detalhados, que dá vida aos conceitos e modelos e aumenta a compreensão das aplicações de estratégias e princípios cognitivo-comportamentais aos vários desafios da vida. Todos nós, sem dúvida, enfrentaremos crises nas próximas décadas e seremos desafiados pelas crises novas e habituais enfrentadas pelos nossos clientes. Se o trabalho aqui reunido servir para reduzir o sofrimento humano ou fornecer alguma luz em meio a um desafio desconhecido, ele terá sido um sucesso retumbante!

Índice

Nota: *t* ou *f* depois de um número de página indica uma tabela ou figura.

A

Abandono, definição e questões éticas/legais, 37-38
Abordagens de 12 passos, 136, 142-143, 147-148
Abrigos para mulheres vítimas de agressão, 4-6
Abuso de álcool. *Ver também* Abuso/dependência de substâncias
    consequências em curto e longo prazos de, 140-141*t*
Abuso de anfetamina, consequências em curto e longo prazos de, 140-141*t*
Abuso/dependência de substâncias
    prevalência mundial de, 148-149
    vulnerabilidade do paciente e, 21-22
Abuso infantil, teorias da TCC sobre, 194-195
Abuso sexual e físico infantil, 191-208
    curso da terapia, 199-206
    descrição de, 192-193
    exemplo de caso, 191-192, 198-206
    impedimentos ao tratamento, 197-199
    intervenções da TCC para, 195-197
    intervenções para
        definição de limites e, 200-202
        habilidades de segurança pessoal, 205
        identificação emocional, habilidades de expressão na, 200-202
        processamento do abuso, 201-205
        processamento do cuidador e, 202-203
        psicoeducação em, 201-202
        revisão das habilidades, término, 205-206
    métodos de avaliação e, 195
    objetivos do tratamento em longo prazo e, 198-199
    prevalência e sintomatologia de, 193-194
Aceitação *mindfulness*, exemplo de caso de, 75-76
Ações por negligência, gerenciamento de risco e, 30-32
Aconselhamento de apoio, em crises relacionadas à demência, 129-130
Aconselhamento em situações de crise, Segunda Guerra Mundial e, 4-5
Acrônimo STABLE MOOD, 65-67, 66*f*
Agorafobia, terapia de exposição para, 69-70
Agressão. *Ver também* Avaliação/manejo de ameaça violenta
    crianças/adolescentes, 251-252, 255-257
    predisposição à, 254-255
    sistema de crenças e, 258-260
Agressão, abuso de substâncias e, 138-150
Aliança terapêutica, em aconselhamento de casais, 224-225
Alto risco clínico de psicose (ARCP), 83-84

Ameaças de violência em escolas,
   programa de monitoramento de
   Salem-Keizer e, 354-355
Ameaças violentas, concepções erradas
   sobre doença mental e, 346
Ansiedade
   idosos e, 273-275
   teorias e conhecimento sobre, 62
   transtornos em crianças/adolescentes
      e, 253-255
Apoio social, terrorismo e, 336-338, 338t,
   340t, 341-342
Armas de fogo, posse de civis nos Estados
   Unidos, 347
Ataque de 11 de setembro, 6-7
Ativação comportamental
   crises medicamente relacionadas e,
      177-179
   crises suicidas e, 52-55
   doença com risco de morte e, 177-179
   dor aguda/crônica e, 160-161
   hospitalização involuntária e, 321,
      325-326
   TPB e, 106-107, 111-112
Aumentar o senso de poder do paciente,
   barreiras ao, 20-21
Aumentar o senso de poder, terrorismo e,
   336-337
Autocuidado, 27, 381-393
   estratégias para, 385-387
   exemplo de caso, 386-393
   recursos para, 39-41
Autoeficácia, terrorismo e, 335-337, 337t,
   341-342
Autoinstrução, 144-145
Auto-ódio, como motorista suicida, 54-55
Autovalorização, problemas com,
   ideologias extremistas e, 351-353
Avaliação Colaborativa e Gerenciamento de
   Suicídio (CAMS), 45
   pesquisa sobre, 53-54
   pilares da, 51-53
   prevenção de recaída e objetivos, 54-56
   TPB e, 99-100
   visão geral da, 50-53

Avaliação e gerenciamento de ameaça
   comportamental (BTAM), 350-351,
   353-355
Avaliação/manejo de ameaça violenta,
   346-362. *Ver também* Violência com arma
   de fogo
   considerações diagnósticas, 347-349
   exemplo de caso, 346, 354-360
   impedimentos à intervenção, 353-355
   métodos de avaliação, 349-351
   prevenção de recaída/objetivos,
      354-355
   TCC e, 350-354
   teorias sobre, 348-350

B

Beck, Aaron T., 82-83
Bleuler, Eugene, 80-81
Burnout. *Ver também* Autocuidado
   clínico, 16-17, 382-383
   exemplo de caso, 386-393
   prevenindo, 38-40, 385-387
   terapeuta, 16-17

C

Casais em crise, 209-229
   e estressores que afetam a qualidade do
      relacionamento, 211-213
   e estressores que afetam os
      relacionamentos, 210-212
   exemplo de caso, 209-210, 225-228
   formulação de caso/intervenções na
      TCCC para, 218-225
   impedimentos ao tratamento, 224-226
   métodos de avaliação para, 216-219
   modelo da TCC e, 215-217
   objetivos em longo prazo, 225-226
   prevenção de recaída, 225-226
   teoria da crise familiar e, 212-216
Casos legais
   exemplos de, 33-34
   relacionados a abuso de substâncias,
      137-138
Catástrofe, definição e tipos, 286-287
Cawood Assessment Grid (CAG), 349-350

Centros de prevenção de suicídio,
    emergência de, 4-5
Choosing to Live (Ellis & Newman), 54-55
Clinical Dementia Rating Informant
    Interview (CDI), 127-128
Clínicas Coordinated Specialty Care (CSC),
    83-84
Clínico. *Ver* Profissionais de saúde mental
Coach de recuperação de pares, para
    abusador de substâncias, 146-148
Código de ética, 25
Combinações sobre o consentimento
    informado, 27
"Complexo de salvador", 382-383
Comportamento de autolesão não suicida
    (ALNS), transtorno da personalidade
    do Grupo B e, 108-109, 111-112
Comportamentos suicidas, TPB e, 103-104
Condições médicas, abuso de substâncias
    e, 139
Confidencialidade, 18-19, 36-37
Confrontos com força letal (CFLs), 360-378
    casos contestados, 365-366
    definições relativas a, 364
    desfusão e, 367-369
    estratégias de intervenções psicológicas
        na cena da ocorrência e, 366-369
    exemplo de caso, 363
    prevenção de crises e, 366-369
    sequelas psicológicas de, 365
    tratamento psicológico de
        acompanhamento, 368-371
Conjunto de Ferramentas de Perguntas
    para Triagem de Suicídio (ASQ), 49-50
Consentimento informado
    documentação do, 32-34
    estratégias de gerenciamento de risco
        do, 31-33
Construção da relação terapêutica, com
    criança abusada, 199-201
Consulta, 33-36
    como estratégia de gerenciamento de
        risco, 34-36
    versus supervisão, 33-36
Contexto de saúde integrada, 169-188

estresse psicológico no, 171-173
modelos biopsicossocial e de
    enfrentamento do estresse do,
    173-175
Controle dos impulsos, fraco, 21-22
Crenças errôneas. *Ver também* Distorções
    cognitivas
    desafiando, 351-354
Crianças
    dor crônica em, 156
    prevalência suicida e, 47
Crise
    consequências negativas *versus*
        positivas da, 6-7
    definição, 5-7
    padrão crônico da, 5-7
    percepções negativas da, 3
    percepções *versus* o próprio evento, 3
    respostas à, 6-7
    teoria do desenvolvimento de Erickson
        e, 7-8
Crise da semana (CDS), 197-198
Crises com idosos, 265-281
    abordagens cognitivo-
        -comportamentais para, 272-273
    avaliação/opções de tratamento,
        267-273
        comprometimento cognitivo,
            271-272
        depressão, 268-269
        doença crônica, 271-273
        luto complicado, 269
        mudanças na família, 269-270
        uso de álcool e drogas, 270-272
    exemplo de caso, 273-280
        avaliação e diagnóstico, 273-275
        tratamento, 274-280, 277f
    processo de envelhecimento e, 266-267
    suicídio e, 267
Crises de dor aguda/crônica, 153-168
    barreiras e inovações no tratamento,
        161-162
    descrição e diagnóstico de, 153-155
    exemplo de caso, 153-154, 162-165
    impactos de, 164-165

métodos de avaliação, 157-159
prevenção de recaída, 161-163
TCC para, 158-161, 164-165
teoria da dor e, 156-158
Crises em abuso/dependência de substâncias, 136-152
   aconselhamento em, 142-149
      barreiras à mudança e, 142-143
      com entrevista motivacional, 142-143
      estratégias de mudança e, 143-146, 146t
   agressão e, 138-139
   com transtornos de saúde mental comórbidos, 138
   crises financeiras e, 139, 141-142
   crises legais, 137-138
   déficits cognitivos/outras condições de saúde e, 139-140, 141t
   ferimentos e, 139
   história do cliente, 141-142
   ilustração de caso, 136-137, 148-149
   intervenções adjuvantes em, 146-149
   overdose, 137
   violência por parceiro íntimo e relacionamentos, 138
Crises financeiras, abuso de substâncias e, 139, 141-142
Crises relacionadas à ansiedade, 60-78
   estatísticas sobre, 61-62
   exemplo de caso, 60-61, 74-76
   impedimentos ao tratamento, 72-75
   intervenções de TCC para, 63-73
      exercícios de relaxamento, 63-65
      habilidades de assertividade, 70-72
      habilidades para solução de problemas, 70-71
      mindfulness e aceitação consciente, 71-73
      reestruturação cognitiva, 64-69, 66f
      terapia de exposição, 67-71, 68f
   métodos de avaliação para, 62-63
   sintomas de ansiedade e, 61

Crises relacionadas à demência, 119-135. *Ver também* Demência leve/transtorno neurocognitivo leve
   consciência e apoio da família/cuidador em, 124-125
   e definição de demência leve/ transtorno neurocognitivo leve, 121-122
   e impedimentos à TCC, 126-128
   estatísticas sobre, 120-121
   exemplo de caso, 119-120, 127-143
      aconselhamento de apoio, 129-130
      avaliação, 127-128
      estratégias de manutenção das habilidades, 131-132
      estratégias para humor e ansiedade, 129-131
      formulação terapêutica, 128-129
      ioga, 132-133
      psicoeducação, 128-130
      solução de problemas social--cognitiva, 131-132
      tratamento, 128-133
   objetivos psicoterápicos e, 123-125
   prevenção de recaída e objetivos em longo prazo, 127-128
   TCC e, 123-128
   TCC para o paciente e, 124-127
Crises suicidas, 45-59
   CAMS como estratégia da TCC para, 52-53
   diagnóstico de, 46
   epidemiologia e incidência, 47
   exemplo de caso, 45-46, 48-49, 54-56
   impedimentos ao tratamento, 52-55
   métodos de avaliação para, 48-51
   prevenção de recaída e objetivos, 54-56
   transtorno afetivo suicida agudo e, 46
Crisis State Assessment Scale, 14-15
Crystal Meth Anonymous (CMA), 136
Cuidadores, não apoiadores, 197-198

D

Debate sobre natureza-criação, esquizofrenia e, 80-83

Déficits cognitivos, abuso de substâncias e, 139
Demência leve/transtorno neurocognitivo leve
    avaliando, 122-123
    definição, 121-122
Descatastrofizar, 144-145
Desesperança, como fator de risco para comportamento suicida, 102-103
Diário, crises relacionadas à ansiedade e, 65-66
Dificuldades de enfrentamento, reais *versus* percebidas, 19-20
Diminuição da radicalização, intervenções para, 351-354
Dinâmica familiar, transtornos em crianças/adolescentes e, 261-262
Distorções cognitivas
    abuso infantil e, 201-203
    confrontos com força letal (CFLs) e, 364-365
    de crianças e adolescentes, 257-259
    em crise suicida, 52-55
    em famílias em crise, 241-246
    identificando, 17-18
    idosos e, 279-280
    outros termos para, 65-66
Distúrbio afetivo suicida agudo (ASAD), 46
Diversidade
    competência clínica e, 35-37
    consentimento informado e, 32-33
Doença crônica, idosos e, 271-273
Doença de Alzheimer, 268
Doença mental
    falsas concepções sobre, 346-349
    idosos e, 267
    movimento dos direitos civis e, 82-83
    prevalência de, 80-81
Doença pulmonar obstrutiva crônica (DPOC), exemplo de caso, 169-170, 180-185
Doenças que ameaçam a vida, 169-188
    estratégias de intervenção da TCC, 176-180
    estresse psicológico em, 170-171
    exemplo de caso, 169-170, 180-185
    impedimentos ao tratamento, 179-181
    métodos de avaliação, 174-177
    modelos biopsicossociais e de enfrentamento do estresse de, 173-175
Dor. *Ver também* Crises de dor aguda/crônica
    descrição e diagnóstico de, 153-156
    fatores psicossociais na, 156
Dor crônica, vulnerabilidade do paciente e, 21-22
Dramatização, 145-146
Drogas que alteram o humor, para tratamento de TUS, 148-149
Duração da psicose não tratada (DPNT), reduzindo, 83-84

E

Educação sobre *mindfulness*, agentes de aplicação da lei e, 376-377
Eficácia comunitária, terrorismo e, 335-337, 337t
Empatia, CAMS e, 51-52
Enfrentamento diádico, 222-223
Ensaio comportamental, 145-146
Entorpecimento psíquico, 8-9
Entrevista Clínica Estruturada, 14-15
Entrevista Clínica Estruturada para os Transtornos do DSM-5 (SCID-5), 84-85, 86t
Entrevista de Formulação Cultural (CFI), 80-81
Entrevista Estruturada para Síndromes com Risco de Psicose (SIPS), 84-86, 86t
Entrevista motivacional, abuso de substâncias e, 142-143
Envelhecimento, fases do, 266-267
Erros de pensamento, 65-66. *Ver também* Distorções cognitivas
    exemplo de caso, 74-75
Escala Breve de Avaliação Psiquiátrica (BPRS), 86t, 86-87
Escala das Síndromes Positiva e Negativa (PANSS), 86t, 86-87

Escala de Avaliação da Fadiga (DLF), 127-128
Escala de Avaliação de Sintomas de Edmonton (EASE), 175-176, 181-184, 186
Escala de Catastrofização da Dor (PCS), 158-159
Escala de Classificação da Gravidade Suicida de Columbia (C-SSRS), 49-51, 313
Escala de Depressão Geriátrica (GDS), 127-128
Escala de Ideação Suicida – Pior, 102-103
Escala de Ideação Suicida de Beck, 102-103, 384-385
Escala de Reajustamento Social, 11-13
Escala Freeman de Impedimentos à Mudança (FICS) – versão para Abuso de Substâncias, 142-143
Escuta ativa, 71-72
Esquemas, 7-14
   ativos *versus* latentes, 8-9
   características dos, 64-66
   definição, 7-9
   TCC e, 8-11
   TCCF e, 231-232
Esquizofrenia
   diagnóstico de, 80
   perspectiva histórica na, 80-81
Estados Unidos, posse de arma de fogo, 347
Esteroides anabolizantes, consequências em curto e longo prazos de, 140-141*t*
Estilo de vida, paciente, 19-20
Estratégia para solução de problemas, em transtornos em crianças/adolescentes, 260-262
Estratégias de *mindfulness*, para dor aguda, 159-161
Estratégias de relaxamento
   doença com risco de morte e, 183-184
   exemplo de caso de, 75-76
   para crises relacionadas à ansiedade, 63-65
   para dor aguda, 159-161
Estresse psicológico
   doença médica e, 170-171
   no contexto de saúde integrada, 171-173
      prevalência e impacto, 171-173
Estressores no relacionamento, avaliações dos, 222-225
Estruturas cerebrais, transtornos em crianças/adolescentes e, 254-255
Ética positiva, 29
Eventos desencadeantes
   na psicose, 88-89, 90*f*
   para pacientes suicidas com TPB, 101
Evidências, questionando, 143
Evitação
   abuso infantil e, 202-203
   ansiedade e, 61, 62
   e manutenção de falsas crenças, 67-69
   habilidades de assertividade e, 70-71
Exploração, 36-38
Exposição com prevenção de resposta (EPR), 67-69
Exposição interoceptiva, 69-70

F

Fadiga por compaixão, clínico, 382-384
Fadiga, vulnerabilidade do paciente e, 21-22
Falácias lógicas, 65-66
Falsas crenças, evitação e, 67-69
Família
   de paciente internado involuntariamente, 317
   e prevenção de suicídio com TPB, 108-110
   extremista propenso à violência, 355-356
Famílias em crises, 230-247
   avaliação de, 233-234
   e abordagem da TCC para terapia de família, 230-232
   exemplo de caso, 233-246
      conceitualização de caso, 242-246
      distorções cognitivas em, 241-243
      visitas iniciais, 234-242
   intervenção em crises e, 232-233

Fatores de vulnerabilidade, 20-23
Fatores externalizantes, em transtornos na infância/adolescência, 250
Fatores genéticos, transtornos da personalidade e, 254-255
Fatores internalizantes, em transtornos em crianças/adolescentes, 250
Fentanila, 137
Fibrilação atrial (FA), abuso de substâncias e, 139-140, 141t
Fobias, crises de ansiedade e, 61
Fórmula do *Status* Suicida (SSF), 45, 50-51
Funcionamento cognitivo, 18-19

G
Ganhos terapêuticos, reforçando, 19-20
Gerenciamento de risco, 29-36

H
Habilidades de assertividade, crises relacionadas à ansiedade e, 70-72
Habilidades de enfrentamento, 200-201
Habilidades de enfrentamento, abuso sexual e físico infantil e, 195-197, 200-201
Habilidades de regulação emocional, intervenções em abuso infantil e, 200-201
Habilidades de segurança, no tratamento de abuso infantil, 205
Habilidades de solução de problemas
    crise relacionada à ansiedade e, 70-71
    treinamento em, 221-223
Habilidades FIRST
    exemplo de caso, 90-94
    TCCp e, 87-94, 89t
Habilidades para a recuperação psicológica (SPRs), 292-295
Health Information Portability and Accountability Act de 1996, 353-354
Hierarquia do medo, crises relacionadas à ansiedade e, 74-75

I
Ideação suicida
    como fator de risco para comportamento suicida, 102-104
    em idosos, 273-276
Ideologias baseadas no ódio
    exemplo de caso, 346, 354-360
    intervenções e, 351-354
Idoso, definição, 265
Índice de Gravidade de Insônia (IGI), 181-182
Intensive Care Psychological Assessment Tool, para avaliar estresse psicológico, 175-177
International Association for the Study of Pain (IASP), 153-154
Intervenção em situações de crise
    categorias de pacientes e, 16-18
    e o impacto das mudanças globais, 394-395
    esquemas e, 7-14
    estágios do tratamento em, 15-17
    gerenciamento de risco, 29-36
    história de, 4-6
    objetivos iniciais da, 12-13
    passos da avaliação em, 13-16
    problemas na, 18-23
    teleatendimento de saúde mental e, 38-39
    visão geral da, 3-24
Intervenção precoce na psicose (IPP), 83-84
Intervenções calmantes, terrorismo e, 334-336, 335t
Intervenções de saúde mental, terrorismo e, 332-341
Intervenções de segurança, terrorismo e, 333-335, 333t, 339-342
Intervenções psicofarmacológicas
    para TUSs, 147-148
    terrorismo e, 334-335
Inventário Breve de Dor (IBD), 158-159, 162-163
Inventário de *Burnout* de Maslach (MBI), 384-385
Investigue todas as THREATS, 350-351, 351t
Isolamento, como motorista suicida, 54-55

J

Jogos terapêuticos estruturados (JTEs), abuso infantil e, 196-197
Justiça, código de ética de saúde mental e, 27

K

Kennedy, John F., 4-5
Kraepelin, Emil, 80-81

L

Lei de 1963 de criação dos Centros Comunitários de Saúde Mental, 4-5
Lemberg Rescue Society, 4-5
Limiar de enfrentamento, 20-23
Limites
    intervenções em abuso infantil e, 200-202
    questões éticas/legais e, 36-38
    transtornos da personalidade do Grupo B e, 108-109
Linhas telefônicas diretas para controle de envenenamento, 4-5
Luto, 18-20
    complicado, 269
    e perda do cônjuge, 277-278

M

Manejo da ansiedade, doenças que ameaçam a vida e, 178-180
Manejo da excitação, em transtornos em crianças/adolescentes, 260-261
Manual diagnóstico e estatístico de transtornos mentais (DSM-5-TR), suicidabilidade e, 46
Markkula Center for Applied Ethics, 28
Medicações. *Ver também* Intervenções psicofarmacológicas
    para dor, 161-162
    para tratamento de TUS, 147-148
Medicamentos antipsicóticos, 80-83
Melhoria do sono, doença com risco de morte e, 179-180, 183-184
Melzack, Ronald, 157-158
Mindfulness, idosos e, 279-280
Mnemônica BEST, habilidades de solução de problemas e, 70-71

Modelo ABC, diminuição da radicalização e, 352-353
Modelo ABCX, 211-215, 223-224, 227-228
Modelo biopsicossocial
    da dor, 157-158
    doença com risco de morte e, 173-175
Modelo corretivo de atitudes--comportamento (ABC), diminuição da radicalização e, 352-353
Modelo de aprendizagem inibitório, 70-71
Modelo de enfrentamento do estresse, doença com risco de morte e, 173-175
Modelo de estágios de mudança (SOC), abuso de substâncias e, 142-143
Modelo de Moss-Morris, doença com ameaça à vida e, 173-175
Movimento de desinstitucionalização, 82-83, 308-309
Movimento dos direitos civis, doença mental e, 82-83
Mudança
    barreiras à, com abuso de substâncias, 142-144
    estratégias para, 143-146, 146*t*
Mudança de comportamento guiada, 218-220, 222-223
Mudanças na família, idosos e, 269-270

N

Naloxona, para *overdose* de opioides, 137
Não adesão, crises relacionadas à ansiedade e, 72-73
Não maleficência, 27
Narcóticos Anônimos (NA), 136
National Child Traumatic Stress Network, guia dos PFAs, 290-291
National Save-a-Life League, 4-5
NAVIGATE: Individual Resiliency Training Manual, 325-326
Negligência, definição e os quatro Ds da, 30-31
Nocicepção, processo e função da, 156
Normas culturais, psicose e, 80-81

O

Oncologia psicossocial, 172

Overdose, abuso de substâncias e, 137
Overdose de opioides, 137

P

Pandemia da covid-19, 6-7
    como catástrofe complexa, 287
    impacto em idosos, 265, 270-273
    mortes devido à, 3
Pensamentos automáticos
    abuso infantil e, 194
    agressão em crianças/adolescentes e, 257-259
    desafiando, 66-67
    doenças com ameaça à vida e, 182-185
    dor crônica e, 160-161
    e famílias em crise, 242-246
    esquemas e, 8-9
    evocando, 73-74
    suicidabilidade e, 110-111
Personalidade, criança/adolescente, 254-255
Personalidade pré-mórbida, 19-20
Plano de Estabilização da CAMS (CSP), 45-46, 53-55
Plano de implementação em situações de crise, 14-15
Polícia. *Ver* Confrontos com força letal (CFLs); Tiroteios envolvendo policiais (TEPs)
Prejuízo cognitivo, idosos e, 271-272
Prevenção de suicídio e TPB, 98-115
    abordagens para, 99-101
        avaliação colaborativa e manejo, 99-100
        TCC para, 99-101
        terapia comportamental dialética, 99-100, 109-110
    avaliação clínica do risco e, 101-104
    avaliação cognitivo-comportamental do risco e, 102-104
    características do transtorno da personalidade, 98-99
    comportamentos de autolesão não suicida e, 108-109, 111-112
    conceitualização da TCC e tratamento para, 103-108
    definição de limites e, 108-109
    e risco de danos, 99
    envolvimento da família e, 108-110
    fatores de proteção e, 103-104
    ilustração de caso, 109-113
    kit da esperança e, 106-107
    obstáculos à, 107-110
    plano de segurança e, 104-106
    prevenção de recaída, objetivos em longo prazo, 109-110
    razões para viver e, 106-108
Primeiro episódio psicótico (PEP), 83-84
Primeiros socorros psicológicos (PFAs)
    doença com risco de morte e, 177-178
    trauma em catástrofes e, 290-294, 296-297
Princípios éticos dos psicólogos e Código de Conduta, 26
Processo de hospitalização involuntária, 305-330
    cenários típicos, 308-310
    critérios para, 307-309
    determinada, 309-310
    e crenças potencialmente inúteis, respostas, manutenção, 320-321, 322-324*t*, 325
    e perigo para si/perigo para os outros, 307-309, 313
    impactos do, 309-312
    intervenções e, 310-329
        alta (fase III), 319-321, 325-329
        no hospital (fase II), 317-320
        pré-hospitalização (fase I), 310-317
    introdução ao, 306-312
    prós e contras do, 310, 311*f*
    questões legais, 308-309
    vinheta de caso, 305-306, 317, 319-320, 326-329
Profissionais de saúde mental
    autoavaliação por, 383-386
    autocuidado de (*Ver* Autocuidado)
    burnout e, 16-17

competência dos, 35-37
e negligência das próprias
   necessidades, 383-384
explorando as próprias crenças sobre
   ansiedade, 73-74
impactos em crises e, 381-383
papel no aconselhamento de casais,
   224-226
risco de suicídio e, 381-383
sentimentos com transtornos da
   personalidade do Grupo B,
   109-110
valores éticos dos, 27
Programa de monitoramento de ameaças
   da escola Salem-Keizer, 354-355
Programa SMART, 147-148
Programas de Detecção Precoce de Psicose,
   UC Davis, 314, 315-316f
Protocolo de Avaliação da Radicalização
   Terrorista-18 (TRAP-18), 349-350
Psicoeducação
   abuso sexual e físico de crianças e,
      195-197
   doença com risco de morte e, 177-178,
      183-184
   em crises relacionadas à demência,
      128-130
   em intervenções em abuso infantil,
      201-202
   envolvendo CFLs e TEPs, 372-373
   modelo da TCC e, 11
Psicose, 79-97
   continuum de, 80
   definição, 84-85
   exemplo de caso, 79-80
   intervenções hospitalares históricas
      para, 80-85
   intervenções precoces para, 83-84
   medidas de avaliação, 84-86, 86t
   normas culturais e, 80-81
   tratamento biopsicossocial de,
      82-83
Psicose/esquizofrenia
   definição, 80
   prevalência de, 80-81

Q

Qualidade de Vida Profissional (ProQOL),
   384-385
Questionamento socrático, 65-66
Questionário de Dor McGill (MPQ),
   158-159
Questionário de Medida de *Burnout*,
   384-385
Questionário Prodrômico – Versão Breve
   (PQ-B), 85-86, 86t
Questionários sobre a Saúde do Paciente
   (PHQs)
   para avaliação do estresse psicológico,
      176-177
   para crises suicidas, 50-51
   para doença que ameaça a vida, 185
Questões éticas/legais, 25
   abandono/término, 37-38
   competência, 35-37
   confidencialidade, 36-37
   entendendo, 26-29
   exemplo de caso, 26
   limites/relações múltiplas, 36-38
   profissões de saúde mental e, 27
   queixas e processos por imperícia e,
      30-32
Questões legais. *Ver* Questões éticas/legais

R

Racismo, violência em massa e, 352-353
Raiva
   em transtornos em crianças/
      adolescentes, 251-252
   vulnerabilidade do paciente e, 21-22
Reestruturação cognitiva
   envolvendo CFLs e TEPs, 375
   para crises relacionadas à ansiedade,
      6-69, 66f
Reforço Comunitário e Treinamento
   Familiar (CRAFT), 148-149
Registro de pensamentos automáticos
   crises relacionadas à ansiedade e,
      65-67, 73-74
   exemplo de caso, 74-75
   idosos e, 279-280

Registro de pensamentos disfuncionais, crises relacionadas à ansiedade e, 65-66
Relação terapêutica
  colaborativa, 19-21
  com pessoal de aplicação da lei, 370-373
Risco de violência, avaliação do, 349-351
Rodger, Elliot, 352-353
Roof, Dylan, 352-353

S

Salvation Army, Anti-Suicide Department of, 4-5
Significado idiossincrásico, clarificando, 143
Síndrome da crise suicida (SCS), 46
Síndrome de Korsakoff, 139
Síndrome do bom demais, 73-74
Síndrome do super-homem/supermulher, 388-389
Síndrome pós-cuidados intensivos (PICS), 172
Slovic, Paul, 8-9
Solidão, vulnerabilidade do paciente e, 21-22
Solução de problemas
  colaborativa, 71-72
  doença com risco de morte e, 178-179
  envolvendo CFLs e TEPs, 372-373
  social-cognitiva, em crises relacionadas à demência, 131-132
  vulnerabilidade do paciente e, 21-22
Suicidabilidade
  modelo integrado motivacional volitivo de, 48-49
  teorias de pensamento-ação de, 48-49
Suicídio, teorias psicológicas do, 47-49

T

TCC baseada em *mindfulness*, crises relacionadas à ansiedade e, 71-73
TCC focada no trauma (TCC-FT)
  abuso sexual e físico infantil e, 195
  doença com risco de morte e, 179-180
Teleatendimento de saúde mental
  intervenção em crises e, 38-39
  recursos para, 40-41
Temperamento, crianças/adolescentes, 254-255
Teoria A-B-C, 231
Teoria da ansiedade de James-Lange, 62
Teoria da coerção, abuso infantil e, 194-195
Teoria da crise, 5-8
Teoria da especificidade da dor, 156-158
Teoria do portão de controle da dor, 157-158
Teoria do processamento emocional (EPT), 62, 194
Teoria do suicídio de três passos, 48-49
Teoria psicológica interpessoal (TPI), do suicídio, 47
Teoria social cognitiva, abuso infantil e, 194
Teoria talâmica da ansiedade de Cannon-Bard, 62
Teorias do suicídio de pensamento-ação, 48-49
Teorias racionais emotivas, 230
TEPT, 4-5, 61
  abuso sexual infantil e, 193
  complexo, 14-15
  doenças com risco de morte e, 171, 182-183
  em vítimas de catástrofes, 288-290, 292-295
  profissionais de saúde mental e, 384-385
  relacionado à agressão sexual, 139
  terapia de exposição para, 69-70
Terapeuta. *Ver* Profissionais de saúde mental
Terapia cognitiva
  para prevenção do suicídio (TC-SP), TPB e, 99-101
  trauma em catástrofes e, 292-294, 297-299
Terapia cognitiva orientada para a recuperação (TC-R), 87-89
Terapia cognitivo-comportamental (TCC)

atributos da, 9-11
estágios da, 8-10
estágios da intervenção em crises e, 15-17
focada no trauma, 325-326
psicoeducação e, 11
tarefa de casa e, 73-74
trauma em catástrofes e, 292-294, 297-298, 300
vantagens da intervenção em crises, 17-19
Terapia cognitivo-comportamental baseada em jogos (TCC-BJ), abuso infantil e, 196-197
Terapia cognitivo-comportamental combinada de pais e filhos (TCC-CPF), abuso infantil e, 196-197
Terapia cognitivo-comportamental de casal (TCCC)
  avaliações dos estressores no relacionamento em, 222-225
  focos da, 215-217
  formulação de caso e estratégias de intervenção, 218-225
  intervenções para redução dos estressores, 218-220
  mudança comportamental guiada e, 218-220
  padrões comportamentais aversivos e, 218-220
  treino de habilidades de comunicação e, 220
Terapia cognitivo-comportamental para famílias (TCCF), 230
  esquemas e, 231-232
  pressupostos da, 233
  teoria dos sistemas e, 231
Terapia cognitivo-comportamental para prevenção de suicídio (TCC-PS), 53-54
Terapia cognitivo-comportamental para psicose (TCCp), 82-83
  em contextos hospitalares, 86-95
    desafios para, 86-89
    habilidades FIRST e, 87-94, 89t

prevenção de recaída, planejamento do bem-estar e, 93-95
terapia cognitiva orientada para a recuperação e, 87-89
vantagens da, 83-85
vencendo os desafios, 94-96
Terapia comportamental dialética (DBT), 145-146
  crises relacionadas à ansiedade e, 71-72
  prevenção de suicídio com TPB e, 99-100
  prevenção de suicídio e, 53-54
Terapia de aceitação e compromisso (ACT)
  abuso/dependência de substâncias e, 145-146
  crises relacionadas à ansiedade e, 71-73
Terapia de exposição
  ao vivo/imaginária, 69-71
  exemplo de caso, 74-76
  métodos de adoção para, 69-70
  para crises relacionadas à ansiedade, 67-71, 68f
  terrorismo e, 334-335
  trauma em catástrofes e, 298-300
Terapia de exposição prolongada (EP), trauma em desastres e, 292-294
Terapia de família
  abordagem da TCC para, 230-232
  abordagem racional emotiva para, 230
Terapia de processamento cognitivo (TPC), 65-66
Terapia racional emotiva comportamental (TREC), 230-231
Terapia racional emotiva (TRE), ideologias extremistas e, 351-353
Término, questões éticas/legais e, 37-38
Termômetro de Estresse, para avaliar o estresse psicológico, 174-176
Termômetros emocionais (TEs), 175-176, 181-184
Terrorismo, 331-345
  efeitos na saúde mental, 331-332
  exemplos de caso
    grupo, 339-342

individual, 341-342
impactos do, 331
intervenção de saúde mental pública e, 332-341
    acalmando, 334-336, 335t
    autoeficácia e eficácia comunitária, 335-337, 337t
    conectividade, 336-338, 338t, 340t
    esperança, 338-341, 340t
    segurança, 333-335, 333t
    pressupostos equivocados sobre apoio, 338t
    questões etnoculturais, 332
Tiroteios de Isla Vista, 352-353
Tiroteios em massa, 347
Tiroteios envolvendo policiais (TEPs), 363-378
    consequências psicológicas de, 365
    exemplo de caso, 363, 372-377
    psicoterapia com agentes, 370-373
    tratamento psicológico de acompanhamento, 368-371
Tomada de decisão ética, 27-29
    exemplo de caso, 29-36
    passos na, 28-29
Transtorno da personalidade antissocial (TPAS), 254-255
Transtorno da personalidade *borderline* (TPB)
    prevenção de suicídio com (Ver Prevenção de suicídio e TPB)
    risco de danos em, 99
Transtorno de ansiedade generalizada (TAG)
    doenças que ameaçam a vida e, 170
    estatísticas sobre, 61
Transtorno de ansiedade social, 61-62
Transtorno de déficit de atenção/hiperatividade (TDAH), 252-254
    exemplo de caso, 248
Transtorno de estresse pós-traumático (TEPT). Ver TEPT
Transtorno de estresse pós-traumático complexo, na CID-11, 14-15

Transtorno de exaustão relacionado ao estresse, 383-384
Transtorno de oposição desafiante (TOD), exemplo de caso, 248
Transtorno de pânico, 61-62
    doenças com risco à vida e, 170
    terapia de exposição e, 67-70
Transtorno do espectro autista (TEA), 252-254
Transtorno obsessivo-compulsivo, terapia de exposição e, 67-69
Transtornos da personalidade, Grupo B, 98, 104-105, 108-109
Transtornos de ansiedade, doenças que ameaçam a vida e, 170
Transtornos de saúde mental
    abuso de substâncias e, 138
    em idosos, 265-266
Transtornos depressivos
    condições médicas associadas a, 172
    doenças com risco de morte e, 170
    idosos e, 268-269, 273-275
Transtornos do desenvolvimento neurológico, em crianças/adolescentes, 152-153
Transtornos em crianças e adolescentes
    barreiras à intervenção, 261-263
    desafios ao tratamento em, 259-260
    envolvendo raiva, agressão, violência, 251-252
    esquemas nucleares e, 258-259
    etiologia, avaliação, conceitualização, 255-257
    exemplo de caso, 248-249
    fatores internalizantes *versus* externalizantes em, 250-251
    fatores para conceitualização de caso, 262-263
    foco do tratamento, 256-262
    influências da ansiedade, 253-255
    influências sobre os, 252-255, 261-262
    nomenclatura diagnóstica, prevalência, incidência, 255-256
    principais áreas cognitivas em, 257-259

Transtornos por uso de substâncias (TUSs)
  em idosos, 270-272
  prevalência de, 137
  transtornos comórbidos e, 137
Trauma em catástrofes, 285-304
  diagnóstico e descrição, 286-289
  estratégias de intervenção, 289-294
  exemplo de caso, 285-286, 294-299
  impedimentos ao tratamento, 293-295
  resiliência dos sobreviventes e, 287
  TEPT e, 288-290, 292-295
Treinamento de assertividade, 145-146
Treino de comunicação pessoal (TCP), 253-254
Treino de habilidades de comunicação, 220
Treino de habilidades sociais, 145-146
Trump, Donald, 5-6

U
Unidades subjetivas de ansiedade (USAs), crises relacionadas à ansiedade e, 67-69, 68f
University of California, Davis, Programas de Detecção Precoce de Psicose da, 314, 315-316f
Uso de cocaína, consequências em curto e longo prazos do, 140-141t
Uso de fenciclidina, consequências de curto e longo prazos do, 140-141t
Uso de heroína, consequências em curto e longo prazos de, 140-141t
Uso de maconha, consequências em curto e longo prazos do, 140-141t
Uso de MDMA, consequências em curto e longo prazos de, 140-141t
Uso de metanfetamina, consequências em curto e longo prazos do, 140-141t
Uso de PCP, consequências em curto e longo prazos do, 140-141t

V
Velhice, definição, 265
Violência
  direcionada, 347
  transtornos em crianças/adolescentes, 251-252
Violência com arma de fogo. Ver também Avaliação/manejo de ameaça violenta
  dilemas de pesquisa e, 347-349
Violência por parceiro íntimo (VPI), abuso de substâncias e, 138
Violência sexual facilitada por drogas (DFSA), 138

W
Wall, Patrick, 157-158
Workplace Assessment of Targeted Violence Risk (WAVR-21), 349-350